Offer之上：本书教你如何去学习，而不是仅仅教你如何拿Offer！
愿本书成为你入行的起点，而不是终点！

内 容 提 要

本书主要介绍了作为一名软件工程师应具备的能力。内容主要包括Java的基础知识和JVM、死锁、CPP技术、Java8技术、G1 GC的实践、Java的优化方向、代码规范深度解读等深度知识，Spring Boot、Spring Cloud、Spring里的设计模式，关系型数据库的代表PostgresSQL和NoSQL数据库的代表Cassandra，分布式技术、消息中间件、大数据框架、搜索引擎、事务、Linux隔离技术、Go语言入门等高端技术。最后一章，包含了作者多年的经验总结，列举了可能会遇到的问题，并提出了解决思路。

本书适合所有软件工程师，尤其适合工作两年以下的人，力求覆盖应用软件开发岗位的校招面试范围。

图书在版编目(CIP)数据

程序员炼成记：从小白到工程师 / 周明耀著. —北京：北京大学出版社，2018.10
ISBN 978-7-301-29893-0

Ⅰ.①程… Ⅱ.①周… Ⅲ.①程序设计 Ⅳ.①TP311.1

中国版本图书馆CIP数据核字(2018)第210124号

书　　名 程序员炼成记：从小白到工程师
CHENGXUYUAN LIANCHENG JI：CONG XIAOBAI DAO GONGCHENGSHI

著作责任者 周明耀　著

责 任 编 辑 尹　毅

标 准 书 号 ISBN 978-7-301-29893-0

出 版 发 行 北京大学出版社

地　　址 北京市海淀区成府路205 号　100871

网　　址 http://www.pup.cn　　新浪微博：@ 北京大学出版社

电 子 信 箱 pup7@ pup.cn

电　　话 邮购部 010-62752015　发行部 010-62750672　编辑部 010-62570390

印 刷 者 北京市科星印刷有限责任公司

经 销 者 新华书店

787毫米×1092毫米　16开本　35印张　939千字

2018年10月第1版　2018年10月第1次印刷

印　　数 1-4000册

定　　价 99.00 元

序

Preface

可能是因为之前报社记者的工作经历，本书作者周工（周明耀）在我周围的同事当中，是那种特别善于总结并将其用文章表达出来的人。也正是这种优势，让他能将工作学习中的经验惠及更大的人群。

这本书是写给从事软件行业的时间在 -2（准备选择软件行业的求职者）到 +2（软件行业的职场新人）年之间的人的，全书的前半部分内容结合了作者自己在长期的校招，以及后续的新人导师的工作中积累的心得感受，从职业认知和基础知识储备两个方面总结了软件行业对那些准备选择这个行业的求职者的基本要求，并就行业工作特点做了适度展开，这也有利于求职者充分认识软件行业的基本工作状态，结合自身的特点做出更合适的职业选择。

国内软件行业近些年来发展得如火如荼，千百万个年轻人从大学甚至中学时起就憧憬着有一天可以像扎克伯格那样从工程师到 CEO，成为人生赢家。那么现实是怎么样的呢？我工作了 20 多年，负责过各种各样的软件团队，深感哪里都有江湖，在软件的江湖里，有许多的事情要初入职场的你去经历和体悟，但其实你并不孤单。在“预见未来的自己”一章里，你也许会读到一样的困顿和纠结，这时你才发现，大家都是在自己成长的道路上艰难跋涉而已。更为难得的是，书中除了有作为研发经理的作者的经验，还引入了同为我的同事的资深系统架构师季怡的成长感悟，从软件管理通道和软件技术通道两个角度更加全面地为职场新人提供建议和指导。

这本书的题目叫《程序员炼成记：从小白到工程师》，作者的上一本书叫《技术领导力：程序员如何才能带团队》，据悉后续还有更加宏大的计划。让我们一起期待吧！

——海康威视研究院大数据技术部总监 闫春

前　言

Preface

7 岁那年，当我读完《上下五千年》上、中、下三册全书时，我对自己说："我想当个作家。"2016 年 4 月我出版了《大话 Java 性能优化》，4 个月后第 2 次印刷；2017 年 5 月，我出版了《深入理解 JVM&G1 GC》，半年后第 2 次印刷；2018 年，我的第三本书《技术领导力：程序员如何才能带团队》面世，这本书在京东创下了连续几个月 100% 好评的纪录；如今，我的第四本书《程序员炼成记：从小白到工程师》也即将面世。我对自己的每一本书都怀着忐忑、惊喜的心情，就像第一次面对我的女儿。

我一直在考虑如何写这么一本书，它能够反映出我自己是如何学习软件技术、如何去积累的，因为有情怀，所以我在做这样的事。以技术管理知识为例，2018 年年初，我总结自己和朋友的经验并结合软件工程理论出版了《技术领导力：程序员如何才能带团队》一书，现在我想写一本书分享给工作两年以下的人，使他们知道如何去学习，而不是仅仅教他们如何拿到 Offer。当然，也希望这本书能够覆盖应用软件开发岗位的校招面试范围，帮助学生拿到 Offer。这也是本书的由来。

本书分为以下 8 个章节。

第 1 章　了解这份职业：主要介绍自己对于这份职业的理解，以及这份职业的责任、内容、发展、困难等。

第 2 章　学习准备：主要介绍软件安装、数据结构和难题解释。

第 3 章　Java 基础知识：主要介绍由各种 Java 基础知识引申出来的内容。

第 4 章　Java 深度知识：主要介绍 JVM、死锁、CPP 技术、Java 8 技术、G1 GC 的实践、Java 的优化方向及代码规范深度解读等 Java 深度知识。

第 5 章　Spring 相关知识：主要介绍热门的 Spring Boot、Spring Cloud 和 Spring 中的设计模式。

第 6 章　数据库知识：主要介绍关系型数据库 PostgresSQL 和 NoSQL 数据库 Cassandra。

第 7 章　高端技术汇总：主要介绍分布式技术、消息中间件、大数据框架、搜索引擎、事务、Linux 隔离技术及 Go 语言入门等。

第 8 章　预见未来的自己：主要介绍未来可能会遇到的挫折、不愿意面对的领导，以及在工作的不同时期会遇到的不同状况，针对这些情况的分析和总结。

本书提供源代码下载，扫描下方二维码可进行下载。

扫描二维码下载源代码

本书的目的并不仅仅是帮助读者拿到 Offer，还包括帮助读者找到学习方法、了解未来的发展方向。最后送大家一句话：不要担心眼前安逸的生活即将结束，而是应该担心真正的生活从未开始。

感谢我的家人，我的妻子美丽、细心、博学，并且还很温柔，我很爱她；我的女儿性格很像我，希望她能够踏踏实实做人，保持创新精神，平平安安、健健康康地生活下去；感谢我的岳父母、我的父母，他们帮我照顾孩子，我才有时间编写此书；感谢浙江省特级教师、杭州高级中学（杭一中）化学老师郑克良，郑老师的一句“永远不要放弃”，推动着我多年不断前进；感谢数学老师张老师在公开场合对我的褒奖，张老师的赞赏对性格内向、内心细腻的我起着重要的作用。感谢我生命中出现的恩师、良友，有你们的存在，让我得以绽放。

本书的稿费将会捐献给杭州慈善总会的小额命名款项——“郑克良先生的学生”，用于感谢郑克良老师在我人生中播种下的“永远不要放弃”的种子。

我相信这本书不是终点，它是“麦克叔叔”一系列技术书籍中的一员，欢迎加入我的朋友圈，可以通过微信号 michael_tec 或者微信公众号“麦克叔叔每晚 10 点说”和我联系。

Write a great book that millions could read is my passion!

目　录

CONTENTS

第1章 了解这份职业

正式了解技术前，先讲一下我和我的朋友们的经历，以及我对程序员这份工作的理解。看完后，你再决定是否要成为一名程序员，或者是否坚持下去。

这也是本章需要解决的问题，它主要包括以下内容。

- 程序员这份工作涉及哪些方面的知识、前景如何
- 关于思考、工作时间、公司选择等的个人看法
- 关于软件人员地位、高难度技术的个人看法
- 关于技术人员的上升通道、跟进最新技术的重要性的个人看法

1.1 写在前面

某一天我和两位发小聚餐，了解到我们 3 个人都选择了程序员作为自己的职业，刚开始时都是做最基础的工作，往后的十几年开始出现了发展偏差。十四五年过去了，我们都在职业的重要选择点上面临选择，虽然选择不同，幸运的是我们都走在了适合自己的道路上。

我一直认为，如果勉强自己做一件不喜欢的事情，那么很难有动力在今后的工作中继续前进。选择成为一名程序员，大概是在十六七岁时，那时候父母给我买了第一台电脑（一台 586 电脑），在我的内心种下了一颗种子。IT 行业是个知识更新非常快的行业，而我又是一个喜欢尝试新事物的人，心理承受能力也较强，所以程序员是一个不错的选择。此外，IT 行业的机会很多，也适合我。以现在的年纪回顾过去，我认为，自己没有选错。

这里我只是挑选了在选择程序员这份工作时所需面对问题中的一部分大家关注的话题来讲我的理解，并不是对程序员的职业规划进行分享。本章分为入行前和入行后两个部分分别进行介绍。

1.2 入行前

所谓入行前，其实是对于还是学生的你，或者还在迷茫是否需要坚持这份工作，是否应该选择程序员作为工作职业及如何获得这份工作的你。作为一名在这个行业从事多年的人，我觉得真的要想清楚程序员这份工作是否适合你，因为这份职业牵扯的个人精力实在太多，导致自己不可能有太多的个人爱好，也确实没有太多陪伴家人的时间，加班几乎是这个行业的标签。大家都知道，很多程序员会自嘲地称自己为“码农”。目前来看，程序员是最容易逆袭的职业，从收入角度也是最容易逆袭的工作。

入行前，以学生为例，除了正常的上课、实习之外，还可以通过一些竞赛类的准备工作提升自己的技术能力；此外，学生一般也需要通过校招进入技术含量较高的科技公司。针对这两点，我分别谈谈自己的看法。

1.2.1 对于 ACM 国际大学生程序设计竞赛的理解

以个人的经验，参加 ACM 国际大学生程序设计竞赛（ACM-ICPC）的学生遇到的问题有点类似于高中各学科竞赛，需要为了提高竞争力而学习比较深层次的知识，需要做大量的题来积累经验，但致命的是除了顶尖高中竞赛选手和顶尖大学的 ACM-ICPC 爱好者（ACMer）外，其他人学习的知识都不太系统，尤其是数学上的。

大多数人对数学的学习仅仅局限于数据结构、离散数学，可能因为 ACM-ICPC 要有数论题而学习了一些数论和组合数学的基础，具体就不会去深入学习。结果，ACMer 的数学功底并没有因为 ACM-ICPC 的做题训练而提高，对算法的理解甚至可能仅局限于套用算法模板，这对于未来想从事算法研究的人来说，无论是在公司为了某个任务做优化，还是在研究机构发表论文，都会存在致命的基础短板。

ACM-ICPC 除了算法以外，带来的间接好处是可以提高编程能力，但很明显提升编程能力的主要途径就是编程，至于写什么样的代码、什么语言的代码，区别不是很大。但不可否认，准备 ACM-ICPC 确实是一个可以锻炼写代码能力的机会。

公平地说，ACM-ICPC 依然是我接触的大学里所有比赛中最公平、最锻炼能力的，它的准备时间长、比赛时间短、评价体系又比较客观。如果想参加比赛，ACM-ICPC 应该是计算机专业的首选，但并不是说ACM-ICPC 有很大价值，因为 ACM-ICPC 本身就是一种游戏，它可以让人痴迷，可以形成一种容不得别人说 ACM-ICPC 不好的圈子。不管怎么说，可以肯定的是，ACM-ICPC 的经历让学生更容易被公司录用，因为“平均水平”高一些，参加 ACM-ICPC 的人可能更有能力，尤其是编码这种无法体现在简历上的实际能力。

1.2.2 参加校招

连续几年参与了公司组织的校园招聘工作，每次去都会见到大量的学生，我喜欢和他们交流，观察他们的一言一行。为了进一步了解他们的性格特点和综合能力，我每次都会自己准备面试题目，这些题目包括编程基本概念、算法编程、操作系统、数据库编程、开源代码阅读、垃圾回收机制、系统架构描述、实习期经历回顾、人生过程中遇到过的挫折、对于工作氛围的想法、未来的职业发展方向设定等。

这些问题其实大多数都是开放式问题，一些没有固定的答案，另一些甚至是完全开放式的，需要学生提出问题。我的这组题目中，可能只有编程基本概念这一条有固定的标准答案；算法编程、数据库编程都有多种回答方案，只不过每一种回答的运行效率不同，这些都属于半开放式的技术问答；操作系统、开源代码阅读、垃圾回收机制、系统架构描述，这些问题则属于是自己出题的题目，为什么这么说？因为我会根据你所了解的知识一点点地深究下去，一点点往下问，所以这是完全开放式的技术问答；实习期经历回顾、人生过程中遇到过的挫折、对于工作氛围的想法、未来的职业发展方向设定这 4 个问题属于非技术领域的完全开放问答，我之所以提出这些问题，是希望能够更加接近学生的真实生活、内心想法，了解学生的过往经历、内心想法，以及生活环境和周边朋友，这样可以决定是否录用，以及如何更好地发挥他们的能力。

我讲一下自己的应聘面试经历。很多年前，我去参加一家德国企业的面试，总经理是位中国人，50 来岁的老博士，他让我谈谈对公司情况的了解。我已经做足了功课，把他们网站上的英文背出来了，我一边背，他一边睁大了眼睛，扶了扶眼镜，还纠正了我对于创始人德文名字的发音错误，然后和我说：“你有什么要求，现在就可以提”。

除了实际的技术基础能力外，我觉得一名学生还需要具备大的格局，不要局限于眼前利益，不要只考虑自己。推荐大家担任大公司的“校园大使”，这个工作一定要尽自己最大可能做好，积极配合 HR，其实在这个过程中你也在被观察。我有次就遇到了 3 位截然不同的校园大使，第一位校园大使非常认真，两天时间忙上忙下，布置会场、参与宣讲会、电话联系学生、引导学生面试流程等，还找了几位好朋友过来帮忙，忙到自己没有时间参加面试，虽然他存在不太善于沟通的弱点，但是我在结束面试后，单独给他留出了面试时间，并且和 HR 一起邀请他加入；第二位校园大使面试当天就坐下来面试了，技术一般，他自己介绍是校园大使，我正在犹豫时 HR 和我聊起了他，说：

“这个人责任心太差，请他帮忙招呼学生，他都懒得说话，只管自己玩手机，请他打电话联系没有来的学生问明情况，他一脸不屑，好像很看不起我们公司。”“既然他看不上我们，我们也不用给他机会了。”他就这么错过了一家很棒的公司；第三位校园大使面试当天，她给自己安排了一天的面试，在我们这里出现了一下就消失了，等她所有公司都面试完后才来，我们选择直接忽略了她。

1.3 入行后

1.3.1 深度思考

我觉得技术能力是可以培养的，而且可以快速培养，只要这个人具备深度思考的能力。为什么这么认为？因为知识体系的建立一定是基于思考之上的，也就是说，是具有逻辑感的，是思考后的总结，而不是单纯的内容填充。

我多年来养成一种习惯，或者说不得不养成这样的习惯，就是在夜深人静时，静静地思考一天的经历。白天，大部分时间是在异常忙乱中度过的，没有时间思考。夜幕降临，一切归于宁静，望着窗外闪烁的路灯，可以静静地思考自己和世界，思考在自己从事的工作中发生的各种各样或大或小的事情，从中找出有意义的东西，做一点小小的思想享受。这种思考，对人是有益的。一个人做多了自己的职业活动，如果不调整，就会变得单一，思想也慢慢定向，没有开放式的思维方式。所以要在紧张的大脑和肢体活动之余，发现思维的新空间。

作为一名软件工程师，我的大部分时间都用在了这个领域。我发现，生活中的几乎所有细节也可以在这个领域中找到对应点或面。此外，程序员也需要从产品、运营方面思考技术，这样才能不断拓宽自己的思考方式。我之所以愿意把这些思想“沉淀”积累起来，不是因为它们有特别的价值，而是因为它们是在宁静的外界和宁静的内心状态下形成的。“宁静致远”对拥有技术愿景的程序员来说，是一个值得追求的境界。

1.3.2 工作时间

时间是很值钱的，这种事情很多时候必须等到毕业开始工作了才能理解。一个原因是对绝大多数学生来说，工作之后的空闲时间会变少，那么原来业余生活中快感度比较低的事情就不做了，这是因为时间可以换来收入，而收入可以用来在空闲时间换取更多的快感，那么你的选择空间也就更多了。上学时，空闲的时间太多，以至于连写东西吐槽都能排上日程。

我在一篇描述自我管理方式的文章中不小心说出了自己每天的工作时间（这里说的工作时间，其实也是学习时间。对于程序员来说，所有工作时间都是可以用来学习的）是 10~12 小时，引起了读者的评论，我可以肯定地回答，确实是这样的。作为一名程序员，我认为每周的工作时间应该保持在 60~65 小时，因为这个行业的技术更新速度实在太快了，我认识的所有厉害的“大牛”都是这么熬过来的，没有人可以用很短的时间学会别人花费很长时间学会的技术。当然，每周的工作时间最好能够控制在 75~80 小时，毕竟一个人的睡眠时间是需要保证的，也需要有一些陪伴家人和个人娱乐的时间。

1.3.3 公司的选择

我们的三个朋友毕业后走上了不同的道路。一位一直在小型公司做主力程序员，虽然也去过大公司，但是受不了那里的管理方式，最终走上了自己创业的道路，开了工作室；一位进了军工行业的研究所，已经工作了 15 年，习惯了固定节奏的开发模式，虽然收入不能与外面的企业比，但是也挺舒服的，准备工作到退休；一位在几家大公司工作，公司的规模越来越大，他习惯了按照研发流程和技术管理方法论工作，虽然每天需要面对的是激烈的内部和外部竞争环境、技术变更、产品驱动压力，但是也已经习惯了压力，继续着自己的道路。人各有志，也都有自己的优劣势，找到属于自己的那一个点，尽力放大吧。

如果你希望自己在某一个或几个领域成为资深“码农”，就应该选择既有技术又有业务的大公司。在技术层面上，既要有技术积累，也要有高水平的同事。在业务层面上，要让业务对基础架构有足够的挑战性。其实当前满足后者的公司比前者多得多，毕竟对大多数互联网公司所做的事情来说，技术都不是决定性的，提前对技术做过于超前的储备是浪费。反过来，假设一个公司有技术积累又有高水平的员工，一旦业务上不去，高水平员工也留不住，最终只剩下那些当年技术比较不错的技术人员，长期来看，技术早晚要落后。这些原因导致业界很多公司存在业务发展非常快而技术跟不上的情况，去这样的公司也一样有挑战，但做的工作未必系统，而且同事的能力也不一定有保障。

1.3.4 为什么软件基础设施技术人员话语权不高

一位朋友原来是做分布式数据库的，后来跳槽去了一家做无人车的公司。做无人车与做软件基础设施相比，最大的区别是做软件基础设施的技术人员，尤其是做数据库开发的程序员，很多时候解决的是技术门槛问题。我们认为数据库的一切问题本质上可归纳为“可用”的问题，对业务来说，能扛住压力、不丢数据、不超时，并且各种功能都支持，这就是“可用”，至于在高并发情况下依然“可用”，那就是“高可用”。一旦把技术问题转为“可用”的问题，就会让技术变成一个门槛，如果达不到，业务就会受影响；如果能达到，那么业务做得好或坏，就与技术的关系不大了。这也是很多公司技术人员话语权不高的原因。

1.3.5 为什么去做高难度的技术

像百度、阿里巴巴、腾讯、华为、小米这样的大公司，对软件基础设施的门槛要求比较高，所以这种工作比较有技术含量，尤其是比大多数实现业务逻辑的项目经理的工作有技术含量。就前面提到的情况而言，无人车有更大的吸引力，因为它更难，难到我们并不确定什么时候才能真正做出来。从表面上看，它也是一个技术门槛——一个“可用”的无人驾驶技术，但因为难度足够大，所以有挑战性，必须不断地改善技术，做全球范围内还没有做出来的技术。做数据库时处理的一些问题可能是其他公司已经解决的，并非人类都还没有解决的问题。很多时候需要和其他公司交流，互相借鉴经验，或者看看 Google 这样的领航者是怎么做的。而做无人车是因为这个领域很新，也都没有做成熟，不存在谁跟随谁的问题，甚至可以说并不存在领航者。做到了一定程度后，自己取得的里程碑可能就是行业的里程碑了。无人驾驶是新兴行业，谁做出来谁赚大钱。相应地，有些创业项目是解决了不存在的需求，有些项目是解决了存在的需求但不怎么赚钱。无人车是存在、市场规模很大、技术含量很高的需求。无人车并不是今年才有的，但在这个行业的人也不算太多。这个时候去做，虽然不算行业先驱，但是也算亲身经历行业比较初期的发展了。当然，无人车本质上也是个大数据的行业，必然还会涉及数据的存储、计算等，这就更好了。

另外，这个世界的进步，尤其是科技进步一定是需要有能力的人去推动的，有能力的人集中的地方进步就会快。

1.3.6 技术人员的上升通道

为什么说技术人员的上升通道局限比较大？曾经听移动公司的一位总经理说，所有的高层管理者都需要一个抓手，也就是管理基点，他是不会放手这个基点的，如运营、产品、业务逻辑或技术。项目主管出身的管理者会继续考虑产品，运营出身的管理者还是要考虑运营，但技术出身的管理者到了一定级别不一定还要考虑技术，特别是技术细节，这样的人时间久了就做不回“码农”了，可能连一线的技术经理都做不了。大公司高级别的“码农”就算不写代码至少知道最新技术的发展方向，还能当个同级别架构师。小公司首席技术官（CTO）很容易既不写代码又不了解大方向，只能接着当 CTO，还可能被人觉得没水平。

1.3.7 跟进最新技术的重要性

工作上一定要跟进最新技术的发展动向，这在某种程度上和炒股类似，需要看准方向提前选择。如若干年前刚有安卓、iOS 时，很多人还在塞班上开发，但眼光好的第一时间就转行到了安卓、iOS，因为抢占了先机，可能比晚两年转行的人获得更多优势，差距越来越大。当然也有可能赌输，如 Windows 编程。

每一次业界的革命，都会让一些公司没落而让另一些公司崛起；“码农”也一样，每一次技术换代也都会让一些“码农”没落而让另一些“码农”崛起。在技术换代面前，之前的工作经验虽不至于一文不值，但也会大打折扣。另外，正因为技术不断换代，学得快的人才比单纯年轻的人有优势，如果技术完全停滞，工作 5 年左右技术就不再成长，那么毕业 5 年后还当基层“码农”的失业风险就越来越大，这也是某通信大厂被传闻的所谓“35 岁裁员”的写实，而且 35 岁主要针对的就是这些基层“码农”，45 岁针对的是基层“码农”和技术团队一线管理者。不断地盼望（如果能力够强也可以自己创造）新技术的出现，并且保持着不亚于年轻人的学习能力，自然就降低了高龄失业风险。做管理也是一种出路，因为在管理的经验积累上很难有“职场天花板”的说法，10 年管理经验可能有很大一部分确实是后 5 年积累的，而不像写代码，但是也要考虑做管理和技术脱节的问题，要保证管理经验能用在其他公司。作为技术管理者，实际上也是要掌握最先进的技术并且能用于自身业务，比如你说你懂大数据、高并发访问的架构设计，但前公司的产品系统吞吐量只有几百，你觉得你的技术有实践过吗？如果只能强调自己管理多少人，可能不是互联网公司技术出身管理者的出路。

1.4 自勉

作为一名程序员，你需要保持 3 种感觉，饥饿感、孤独感和疲劳感，学习的目的是因为想要学习，学习的过程是很单调的，经常需要独自搜索网上的资料、独自前进，学习时间长了会很累。做技术的人容易仰望星空，但是仰望星空前需要脚踏实地，掌握好基础技术，并拥有动手能力强、三观正及较强的为人处事能力，这 4 点是一切可持续发展的基础。

通过阅读本章，希望能够帮助读者理解程序员这份工作的本质及未来会遇到的一些困惑，其他没有讨论的问题和困惑会放在第 8 章通过举例分享。

第2章 学习准备

基础知识很重要，对于软件工程师来说，数据结构是一个重要的基础知识，所以本章主要对常用的数据结构进行总结。为了方便零基础者学习，本章新增了“软件安装”内容，用于解释哪些软件需要安装。

通过阅读本章，可以学习以下内容。

- 软件安装，包括 JDK、Eclipse、虚拟机及 Eclipse 的快捷键
- 数据结构、数据类型、面向对象、程序设计等简介
- 算法效能分析介绍
- 线性表、链表、二叉树、队列

2.1 软件安装

2.1.1 JDK 安装

在百度首页上输入 JDK 下载网址，找到下载链接。安装 JDK 是为了在本地开发环境上安装一个 Java 虚拟机，会显示 JDK 下载地址是：http://java.sun.com/javase/downloads/index.jsp。选择 JDK 版本进行下载，单击“DOWNLOAD”按钮，如图 2-1 所示。

注意：需要选中“Accept License Agreement”单选按钮，否则会出现不可下载提示，如图 2-2 所示。

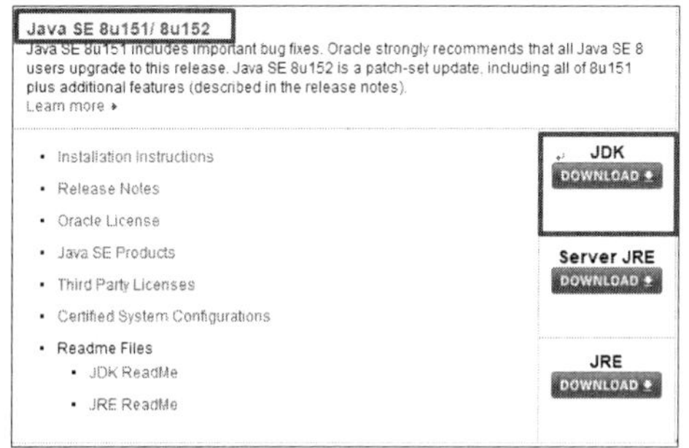

图 2-1　下载 JDK 版本

图 2-2　不可下载提示

根据配置选择所需安装程序，即 32 位 /64 位的选择，如图 2-3 所示。

可自行选择下载位置，也可为默认地址，但不建议存储于 C 盘，如图 2-4 所示。

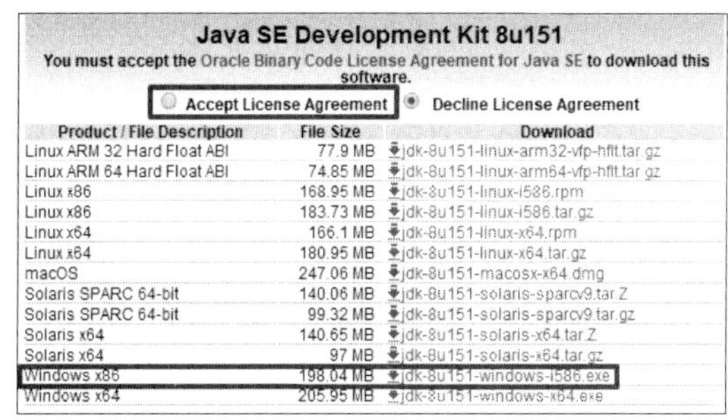

图 2-3　选择所需安装程序

图 2-4　自行选择下载位置

打开计算机 E 盘并安装 JDK，如图 2-5 所示。

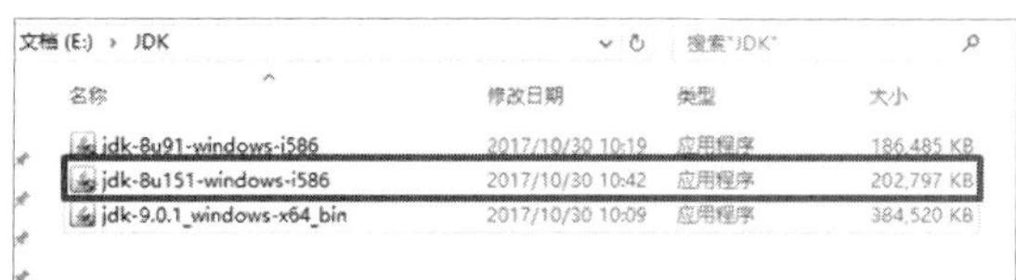

图 2-5　安装 JDK

单击“下一步”按钮，开始安装 JDK，如图 2-6 所示。

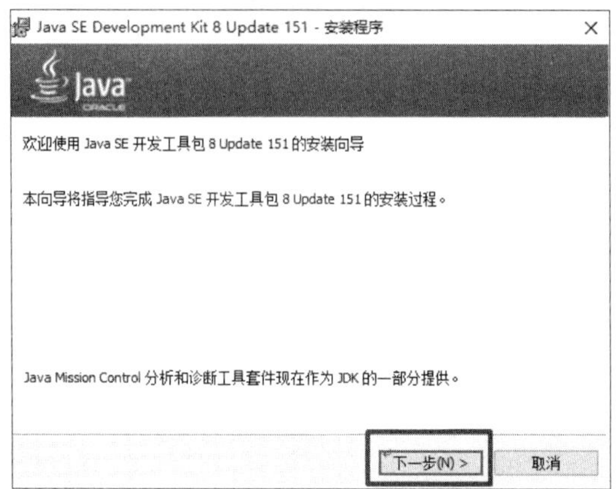

图 2-6 开始安装 JDK

自定义选择安装位置，安装过程如图 2-7 所示。

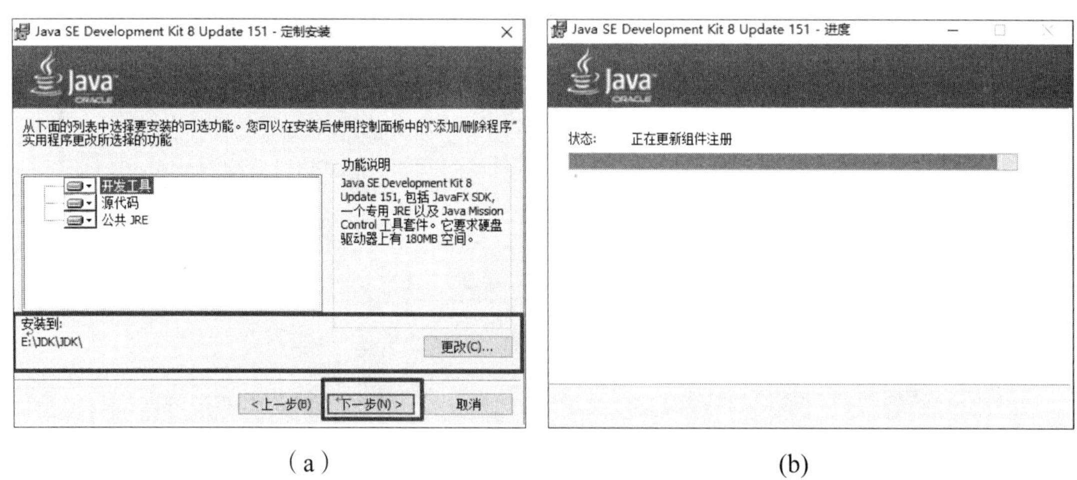

(a)

(b)

(c)

(d)

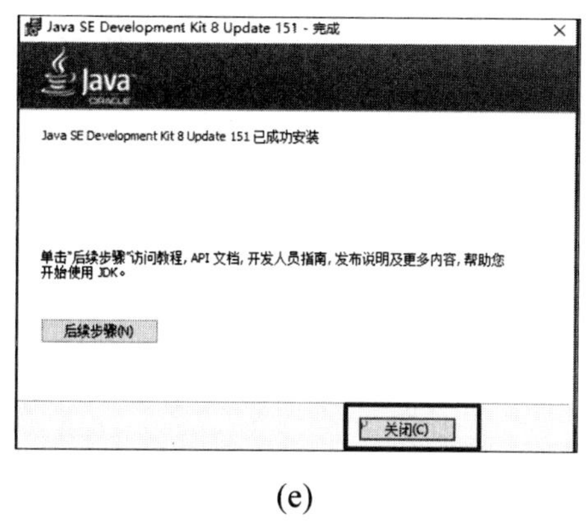

(e)

图 2-7　自定义选择安装位置

选择“高级系统设置”选项，在弹出的对话框中单击“高级”→“环境变量”按钮，如图 2-8 所示。

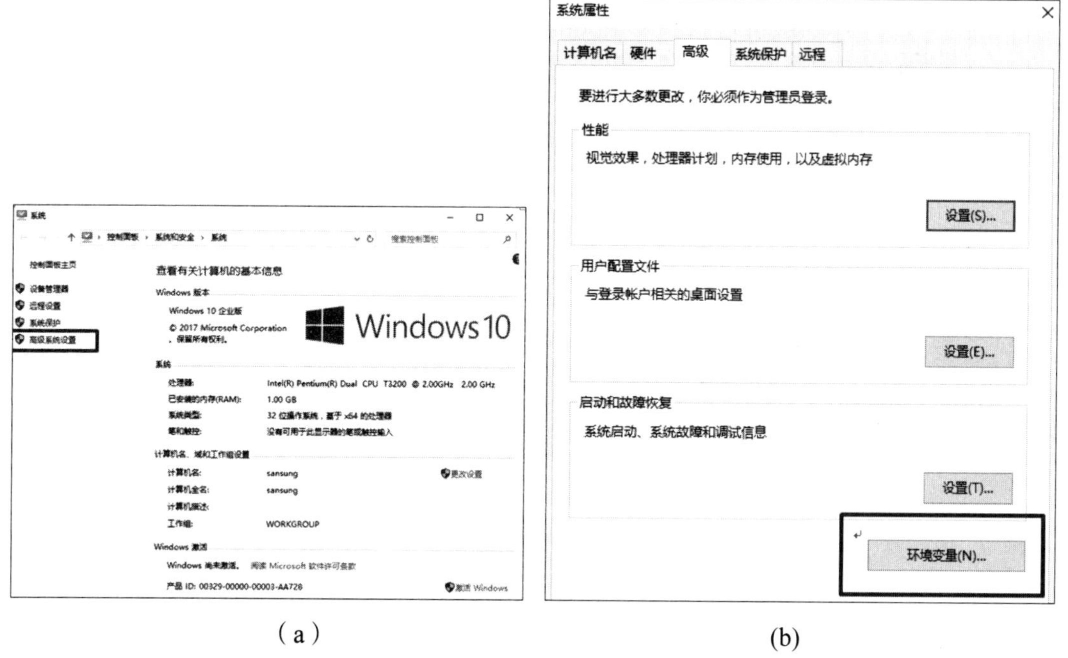

（a）　　　　(b)

图 2-8　环境变量配置

①在“系统变量”对话框中新建“JAVA_HOME”变量，设置“变量值”为“E:\JDK\JDK”（根据自己的安装路径填写），如图 2-9 所示。

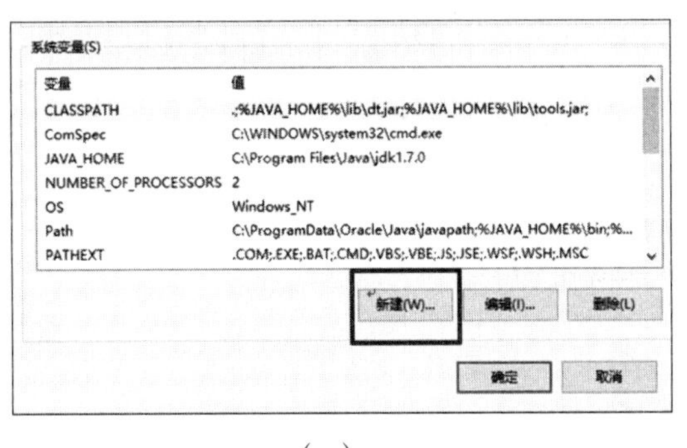

（a）

(b)

图 2-9　新建“JAVA_HOME”变量

②在“系统变量”列表框中选择“Path”变量（已存在不用新建），单击“编辑”按钮，在打开的对话框中新建变量值“%JAVA_HOME%\bin;%JAVA_HOME%\jre\bin”（注意变量值之间用“;”隔开），并置于起始位置，如图 2-10 所示。

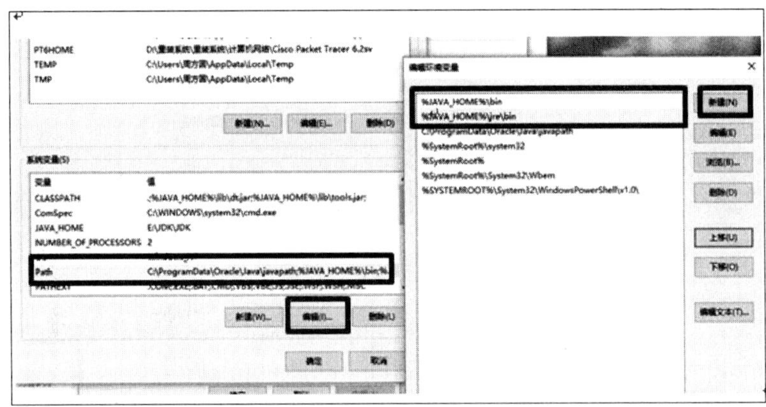

图 2-10　“Path”变量

③新建“CLASSPATH”变量，变量值为“.;%JAVA_HOME%\lib\dt.jar;%JAVA_HOME%\lib\tools.jar”，如图 2-11所示。

图 2-11　新建 CLASSPATH 变量

安装成功后，测试是否安装成功。按“Window+R”组合键，在打开的“运行”对话框中输入“cmd”，单击“确定”按钮。在命令提示符界面中输入“JAVAC”并按“Enter”键，若出现图 2-12（b）所示的结果，即为安装成功。

（a）　　　　　　　　　　(b)

图 2-12　测试是否安装成功

2.1.2　Eclipse 安装与卸载

1.　安装 Eclipse

在百度首页输入网址“http://www.eclipse.org/downloads/”，进入 Eclipse 官网，下载 Eclipse 应用程序，如图 2-13 所示。

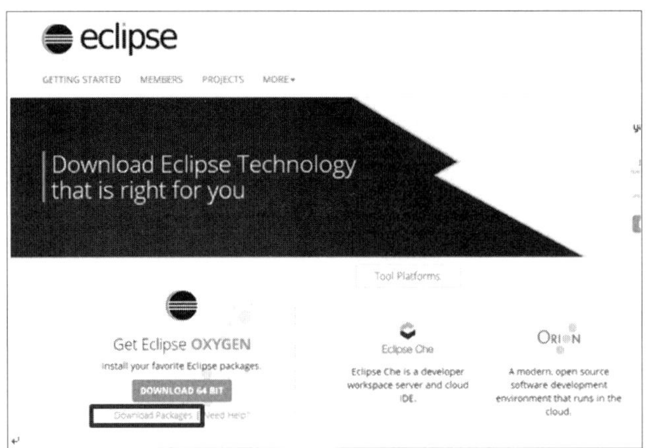

图 2-13　下载 Eclipse

单击“Download Packages”按钮进行下载，再根据自己的计算机配置选择相应的32/64位数，单击“DOWNLOAD”按钮，如图 2-14 所示。

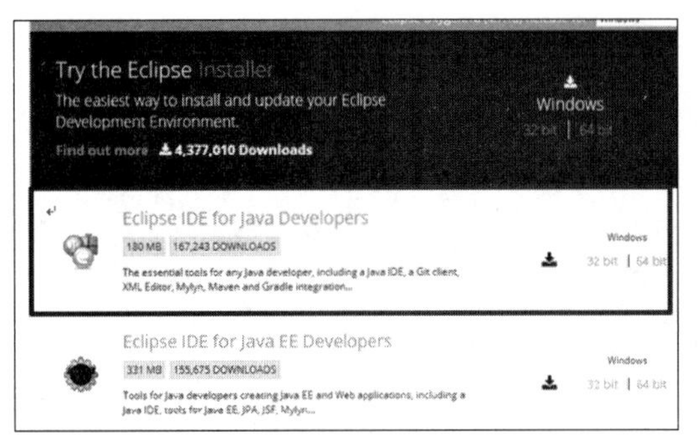

(a)

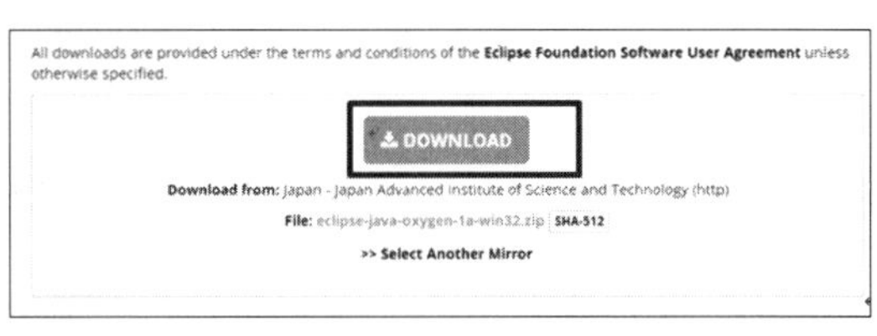

(b)

图 2-14 选择相应的 32/64 位数

也可自行选择下载位置，如图 2-15 所示。

图 2-15　自行选择下载位置

将其解压到当前文件夹，如图 2-16 所示。

找到并打开 eclipse 应用程序，如图 2-17 所示。

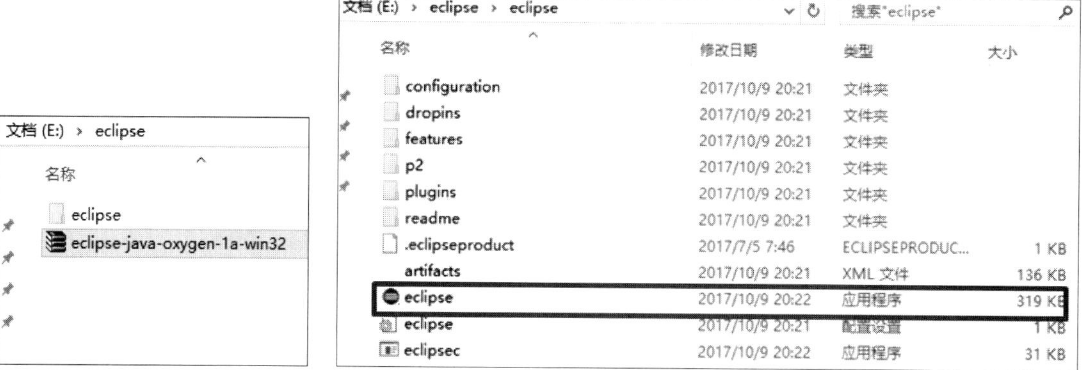

图 2-16　解压到当前文件夹　　　　图 2-17　找到并打开 eclipse 应用程序

工作文档的位置设置，如图 2-18 所示。

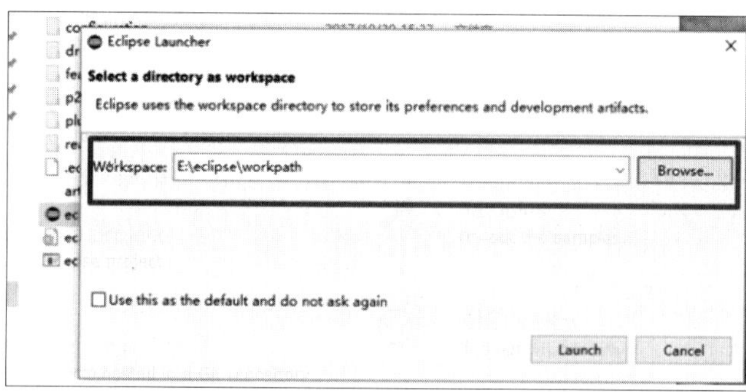

图 2-18　工作文档的位置设置

进入“workpath-eclipse”界面，选择“File → New Project → Java”选项，创建主题，如图 2-19 所示。

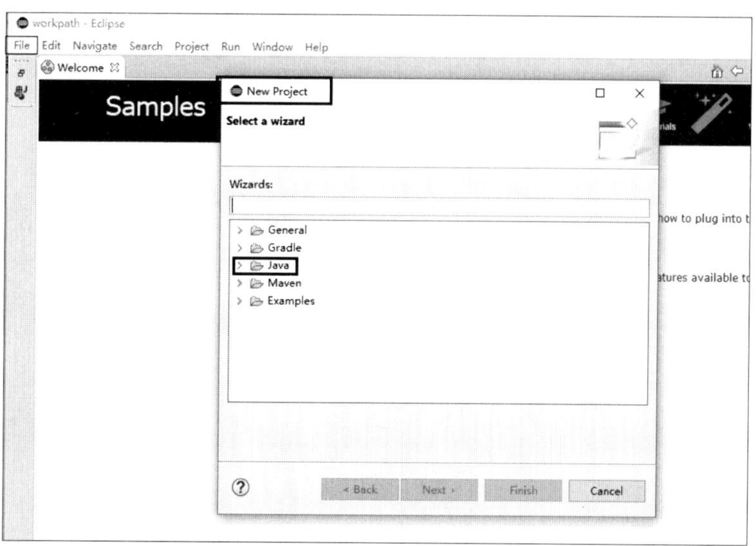

图 2-19　创建主题

在安装 Eclipse 之前，需要安装 JDK。JDK 的安装已在前文说明，此处就不再详细介绍。

2. 卸载 Eclipse

选择“Help→About Eclipse”选项，打开“About Eclipse”对话框，如图 2-20 所示。

图 2-20　打开“About Eclipse”对话框

单击“Installation Details”按钮，打开“Eclipse Installation Details”对话框，查看已经安装的插件，如图 2-21 所示。

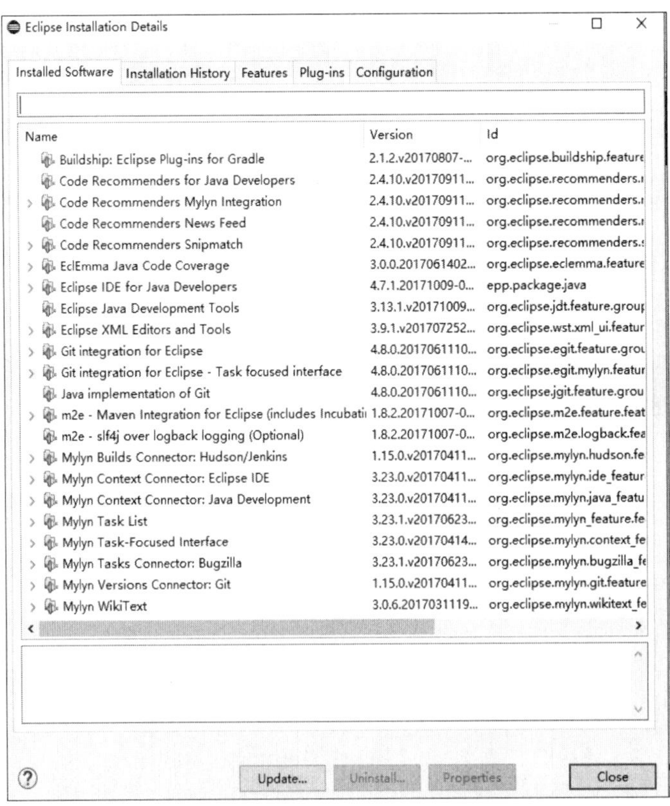

图 2-21　查看已经安装的插件

选择“Installed Software”选项卡，在列表框中选择要卸载的软件，然后单击“Uninstall”按钮，如图 2-22 所示。

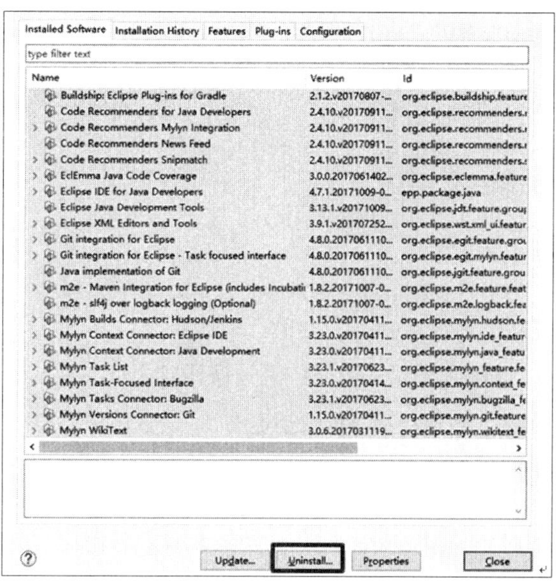

图 2-22　选择要卸载的软件

卸载完成后单击“Finish”按钮，如图 2-23 所示。

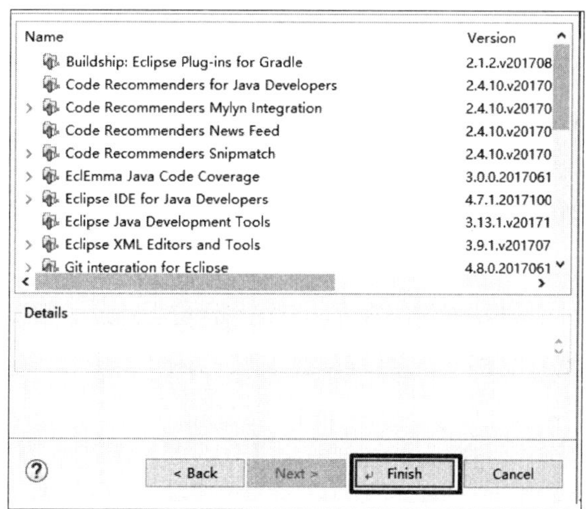

图 2-23　卸载完成

2.1.3　Eclipse 快捷键介绍

1.　菜单命令系列

Edit → content Assist → add　　Alt+/　代码关联

Window → Next Editor → add　　Ctrl+Tab 切换窗口

Run → Debug Toggle Line Breakpoint → add　　Ctrl+` 在调试的时候增删断点

Source → Surround with try/Catch Block → Ctrl+Shift+V　　增加 try catch 框

Source → Generate Getters and Setters → Ctrl+Shift+.　　增加 get set 方法

2. F 快捷键系列

【F3】：打开声明该引用的文件

【F4】：类型层次结构

【F5】：跟踪到方法中

【F6】：单步执行程序

【F7】：执行完方法，返回到调用此方法的后一条语句

【F8】：继续执行，到下一个断点或程序结束

【F11】：调试最后一次执行的程序

3. Ctrl 系列

【Ctrl+C】：复制

【Ctrl+D】：定位光标，删除当前行

【Ctrl+E】：快速显示当前 Editor 的下拉列表

【Ctrl+F】：查找

【Ctrl+H】：进行全局搜索

【Ctrl+J】： 查找当前选中的文本

【Ctrl+K】：快速向下查找选定的内容

【Ctrl+L】：定位在当前编辑器的某行

【Ctrl+M】：最大化或最小化当前的 Edit 或 View

【Ctrl+O】：显示类中方法和属性的大纲，能快速定位类的方法和属性

【Ctrl+Q】：快速定位到最后一个编辑的地方

【Ctrl+S】：保存文件

【Ctrl+T】：快速显示当前类的继承结构

【Ctrl+V】：粘贴

【Ctrl+X】：剪切

【Ctrl+Y】：重复

【Ctrl+Z】：撤销

【Ctrl+/】：注释当前行，再按则取消注释

【Ctrl+ 鼠标停留】：显示类和方法的源码

【Ctrl+/(小键盘)】：显示当前类中的所有代码

【Ctrl+*(小键盘)】：关闭当前类中的所有代码

【Ctrl+F6】：切换到下一个编辑器

【Ctrl+F7】：切换到下一个视图

【Ctrl+F8】：切换到下一个透视图

【Ctrl+F11】：运行最后一次执行的程序

4. Ctrl+Shift 系列

【Ctrl+Shift+B】：在当前行设置断点或取消设置的断点

【Ctrl+Shift+E】：显示管理当前打开的所有 View 的管理器

【Ctrl+Shift+F】：格式化当前代码

【Ctrl+Shift+G】：查找类、方法和属性的引用

【Ctrl+Shift+J】：反向查找当前选中的文本（从后往前找）

【Ctrl+Shift+K】：快速向上查找选定的内容，和 Ctrl+K 查找的方向相反

【Ctrl+Shift+L】：显示所有的快捷键

【Ctrl+Shift+O】：快速地导入（import）

【Ctrl+Shift+P】：定位到对应的匹配符

【Ctrl+Shift+R】：查找工作空间中的所有文件（包括 Java 文件）

【Ctrl+Shift+S】：保存所有

【Ctrl+Shift+T】：查找工作空间构建路径中，可找到的 Java 类文件

【Ctrl+Shift+X】：把当前选中的文本全部变为大写

【Ctrl+Shift+W】：查找当前文件所在项目中的路径，可以快速定位浏览器视图的位置

【Ctrl+Shift+Y】：把当前选中的文本全部变为小写

【Ctrl+Shift+F6】：切换到上一个编辑器

【Ctrl+Shift+F7】：切换到上一个视图

【Ctrl+Shift+F8】：切换到上一个透视图

5. Alt 系列

【Alt+/】：提供内容的帮助（记不全方法、类或属性时）

【Alt+ ←】：向前查看历史记录

【Alt+ →】：向后查看历史记录

【Alt+ ↓】：当前行和下面一行交互位置

【Alt+ ↑】：当前行和上面一行交互位置

【Ctrl+Alt+ ↓】：复制当前行到下一行

【Ctrl+Alt+ ↑】：复制当前行到上一行

6. Alt +Shift 系列

【Alt+Shift+C】：修改函数结构

【Alt+Shift+F】：把 Class 中的 local 变量变为 field 变量

【Alt+Shift+I】：合并变量

【Alt+Shift+L】：抽取本地变量

【Alt+Shift+M】：抽取方法

【Alt+Shift+R】：重命名

【Alt+Shift+V】：移动函数和变量

【Alt+Shift+Z】：重构

2.1.4 虚拟机安装

虚拟机是在计算机的硬盘和内存上虚拟出的一台或若干台计算机，可以加载任意操作系统，但又不影响自己的计算机系统。

第一步：下载 VMware。

①在网页上搜索“vmware workstation”，如图 2-24 所示。

图 2-24　在网页上搜索“vmware workstation”

②在页面上单击“普通下载”按钮，如图 2-25 所示。

③存储时，不要选择安装在 C 盘，自定义一个目录，如图 2-26 所示。

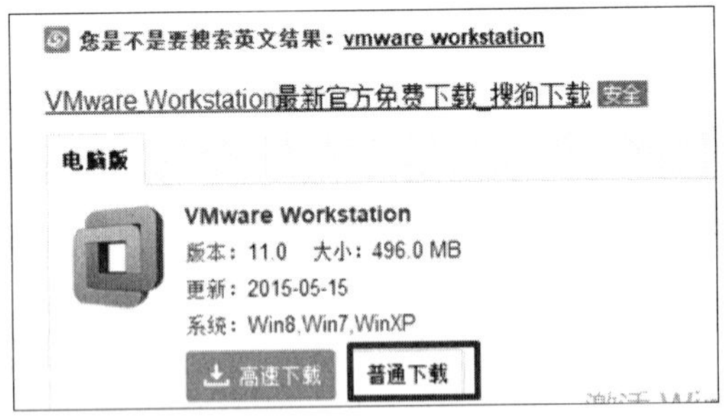

图 2-25　普通下载

图 2-26　自定义目录

④进入下载界面，如图 2-27 所示。

图 2-27　下载界面

第二步：安装 VMware。

①打开文件夹，找到应用程序并进行安装，如图 2-28 所示。程序加载界面如图 2-29 所示。

图 2-28　找到应用程序并进行安装

图 2-29　加载界面

②在“欢迎使用 Vmware Workstation 安装向导”界面中，单击“下一步”按钮，如图 2-30 所示。

③选中“我接受许可协议中的条款”单选按钮，单击“下一步”按钮，如图 2-31 所示。

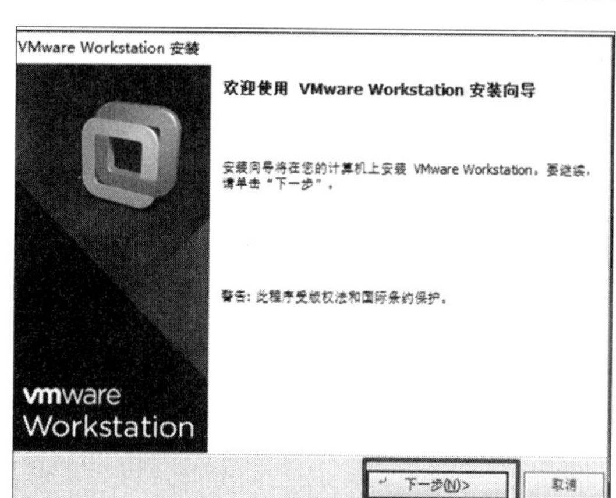

图 2-30　安装向导界面

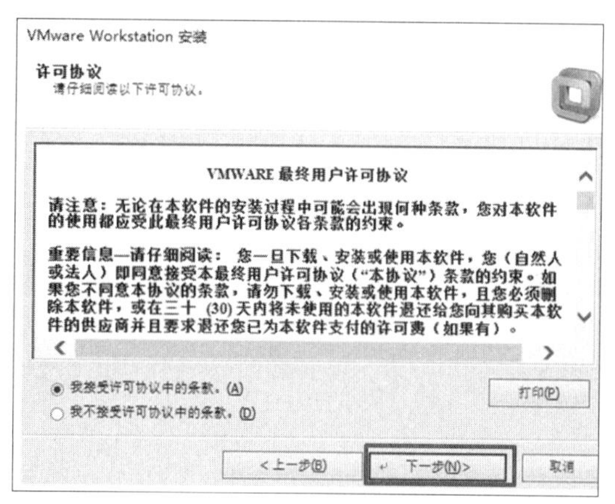

图 2-31　确定许可协议

④在“目标文件夹”界面中单击“更改”按钮，更改安装地址，然后单击“下一步”按钮，如图 2-32 所示。

⑤在“安装类型”界面选择“典型”选项，然后单击“下一步”按钮，如图 2-33 所示。

⑥在“软件更新”界面选中“启动时检查产品更新”复选框，单击“下一步”按钮，如图 2-34 所示。

⑦在“快捷方式”界面选中需要的复选框，单击“下一步”按钮，在打开的界面中单击“继续”按钮，如图 2-35 所示。

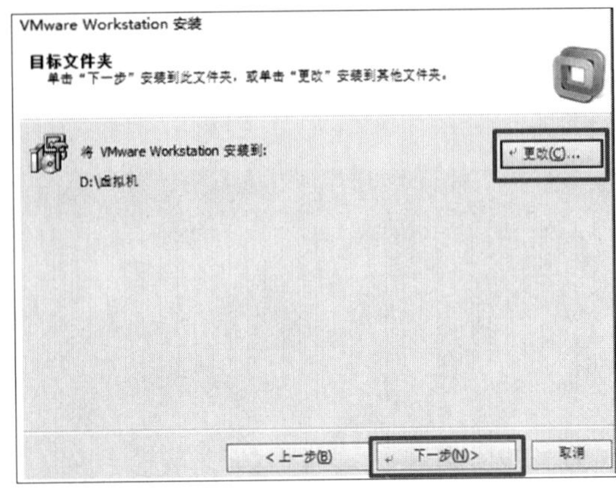

图 2-32　更改安装地址

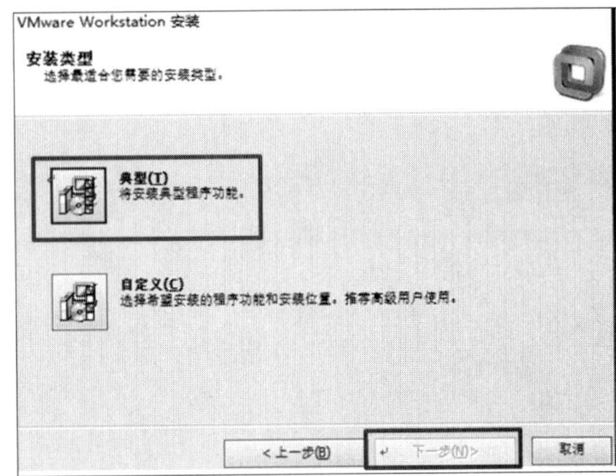

图 2-33　“安装类型”界面

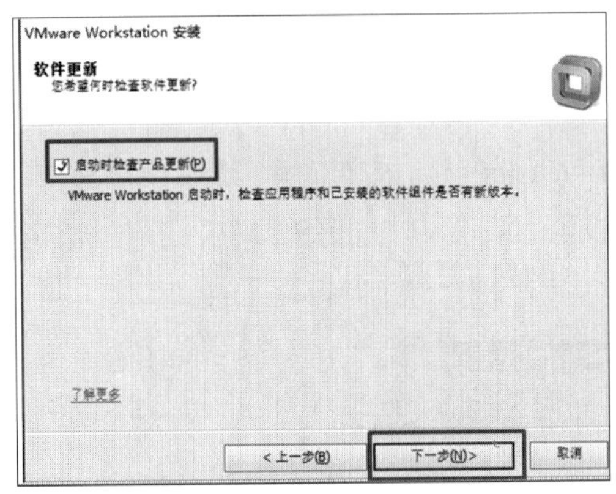

图 2-34　“软件更新”界面

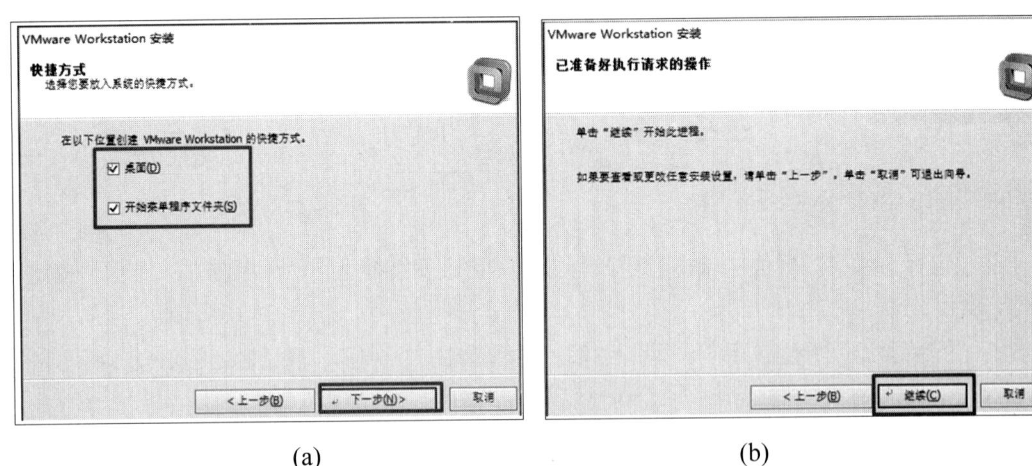

(a)　　(b)

图 2-35　自由选择快捷方式

⑧打开“正在执行请求的操作”界面，单击“下一步”按钮，如图 2-36 所示。

⑨在“输入许可证密钥”界面输入许可证密钥，如图 2-37 所示。

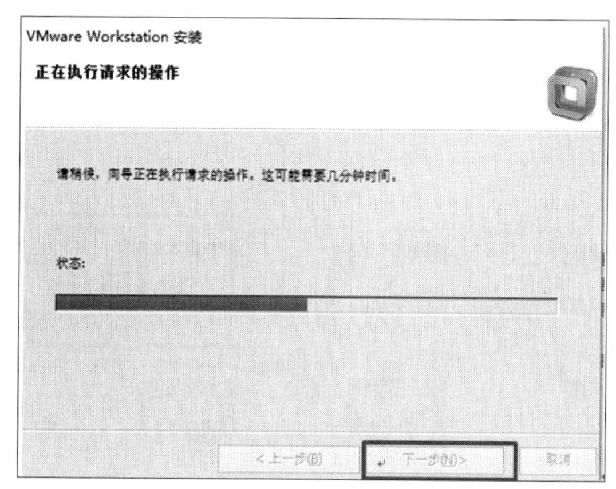

图 2-36　执行请求操作

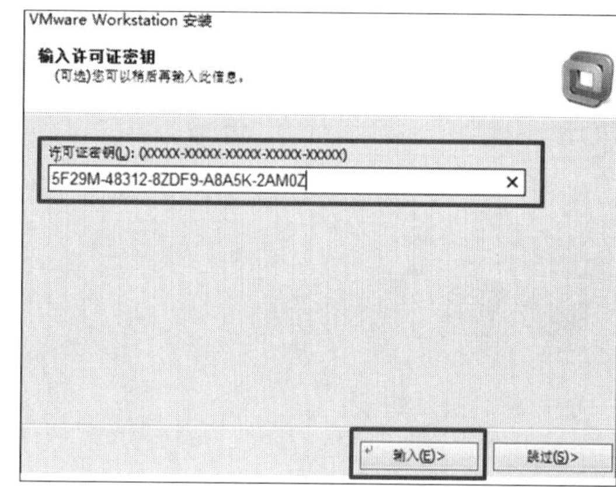

图 2-37　输入许可证密钥

⑩在“安装向导完成”界面单击“完成”按钮，如图 2-38 所示。

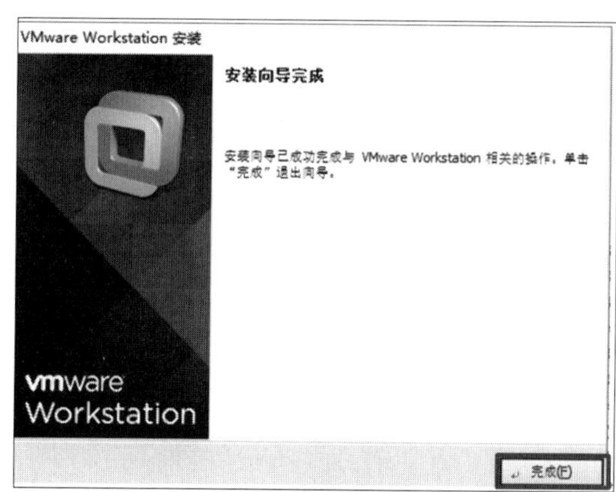

图 2-38　“安装向导完成”界面

⑪如果当时并没有输入许可证密钥，运行该软件时会要求输入，如图 2-39 所示。

⑫完成输入后，界面如图 2-40 所示。

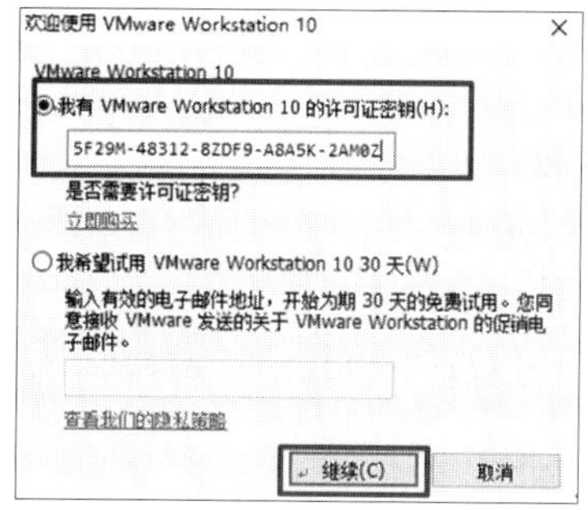

图 2-39　输入许可证密钥

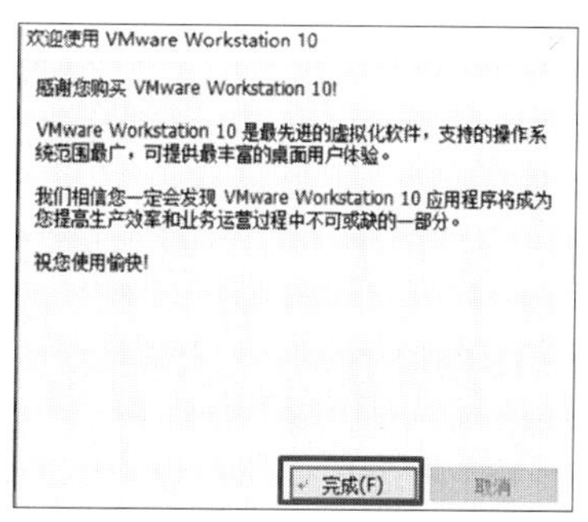

图 2-40　完成安装

第三步：下载 iOS Windows 7。

①在网页上搜索“系统之家”，如图 2-41 所示。

②按照自己计算机的装配，选择合适的系统进行下载，如图 2-42 所示。

图 2-41　搜索“系统之家”

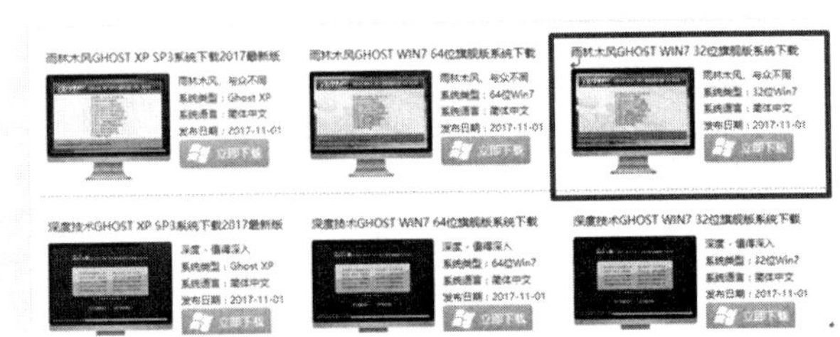

图 2-42　选择合适的系统进行下载

③进行下载，单击“本地下载 1”链接，如图 2-43 所示。

④打开下载对话框，确定下载位置，如图 2-44 所示。

图 2-43　进行下载

图 2-44　确定下载位置

第四步：创建虚拟机。

①进入“VMware Workstation 10”界面，单击“创建新的虚拟机”图标，如图 2-45 所示。

图 2-45　单击“创建新的虚拟机”图标

②选中“典型（推荐）”，单击“下一步”按钮，如图 2-46 所示。

③选择单选按钮下载的位置，然后单击“下一步”按钮，如图 2-47 所示。

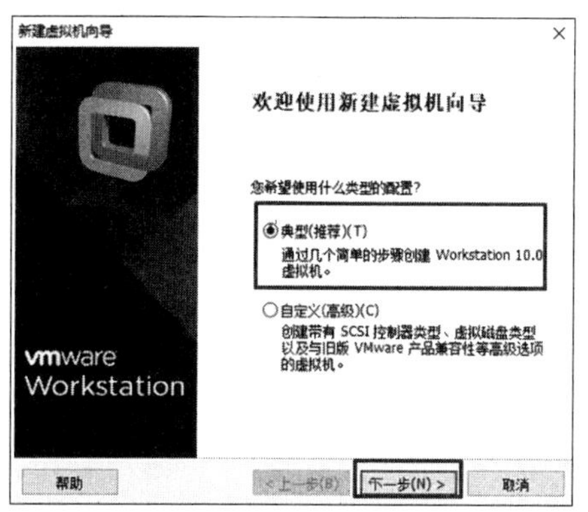

图 2-46　选中“典型（推荐）”单选按钮

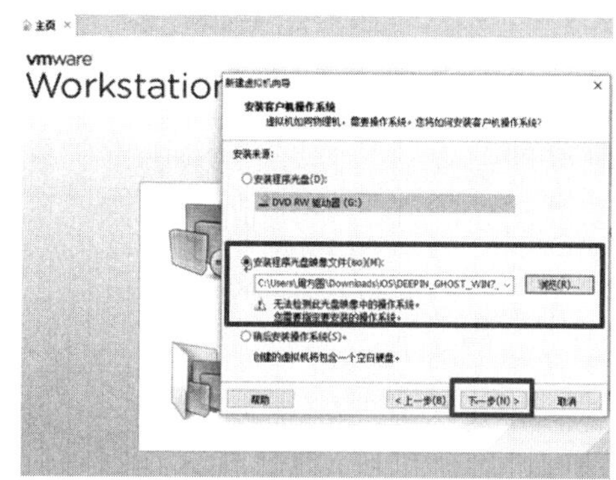

图 2-47　选择下载的位置

④选择版本为 Windows 7，然后单击“下一步”按钮，如图 2-48 所示。

⑤选择 Windows 7 虚拟机的安装位置，可默认或自定义，然后单击“下一步”按钮，如图 2-49 所示。

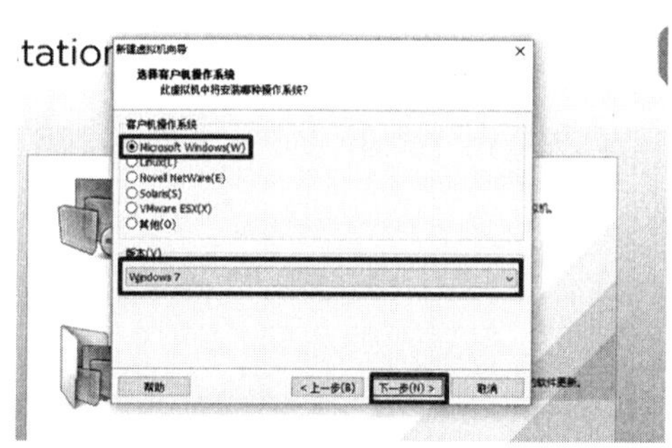

图 2-48　选择版本

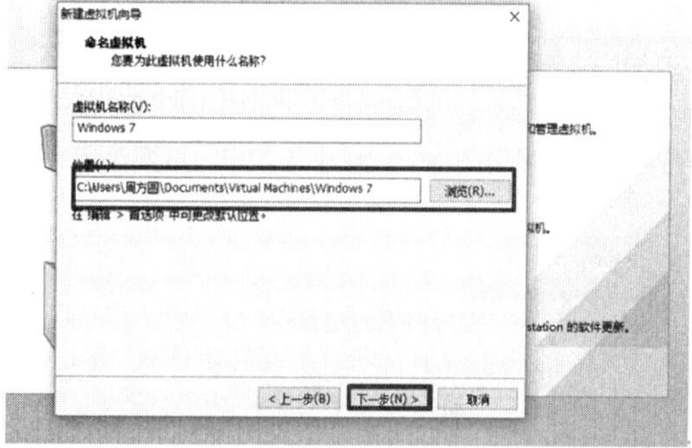

图 2-49　选择 Windows 7 虚拟机的安装位置

⑥指定磁盘容量，单击“下一步”按钮，如图 2-50 所示。

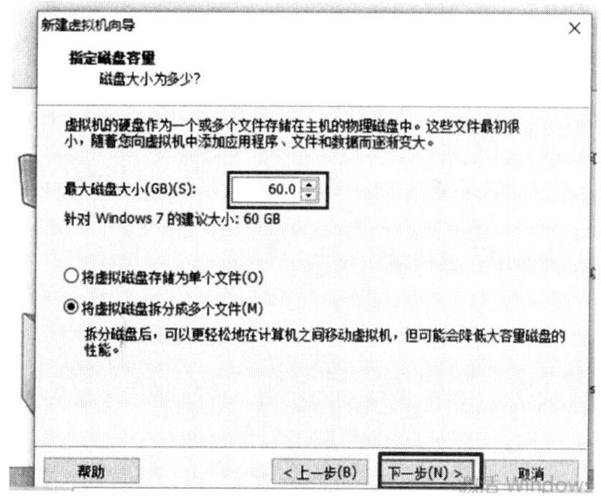

图 2-50　指定磁盘容量

⑦如果有修改，单击“自定义硬件”按钮；修改完成，单击“关闭”按钮，如图 2-51 所示。

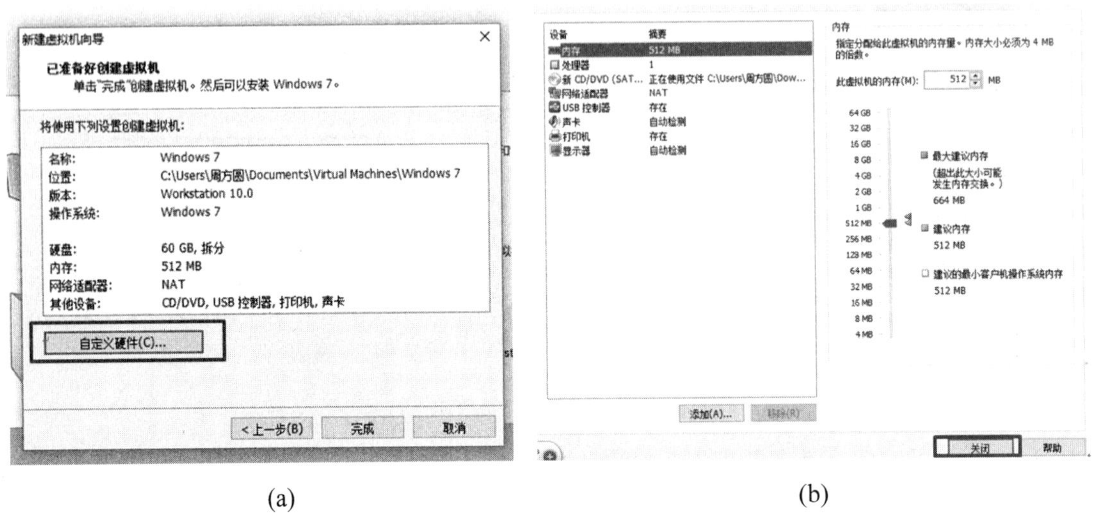

(a) (b)

图 2-51 确认是否有修改

⑧如果没有修改，直接单击“完成”按钮，如图 2-52 所示。

⑨当前 Windows 正处于关机状态，可单击“开启此虚拟机”按钮将其开启，如图 2-53 所示。

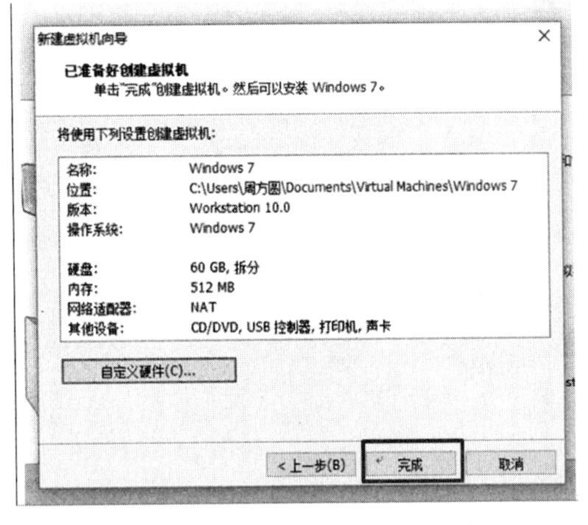

图 2-52 完成虚拟机创建

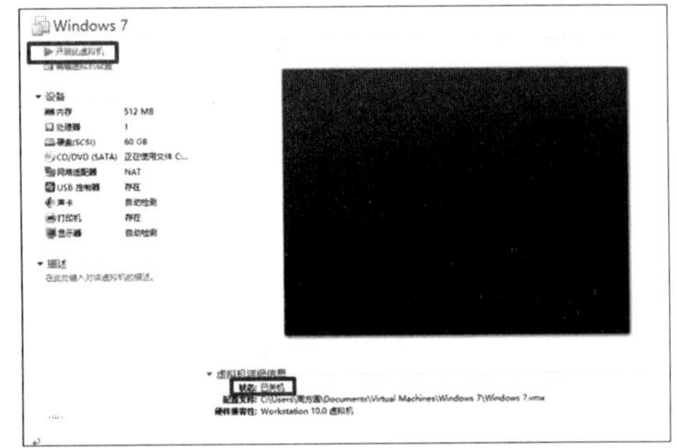

图 2-53 开启虚拟机

⑩进入开机界面，开机过程如图 2-54 所示。

(a)

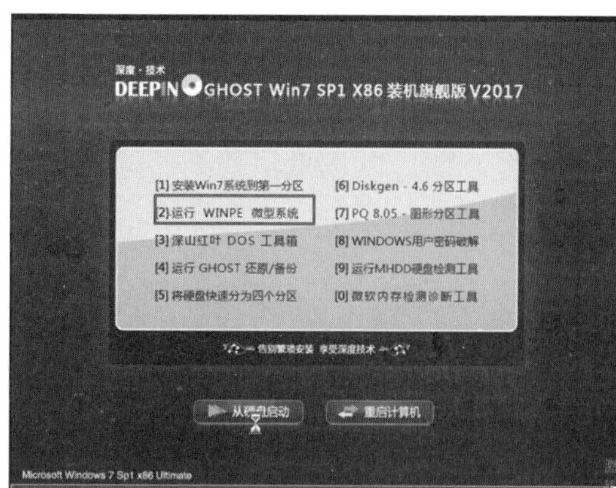

(b)

```
QCDROM V4.2, 1-14-2007.
Driver name is "PATACD01".
EIDE DMA controller at I-O address 1060h, Chip I.D. 80867111h.
No drives to use; QCDROM not loaded!

GCDROM DOS Driver V2.4, 2-6-2007
Driver name is "SATACD01".
No CD-ROM drive to use; GCDROM not loaded!

GCDROM DOS Driver V2.4, 2-6-2007
Driver name is "SATACD02".
No CD-ROM drive to use; GCDROM not loaded!

GCDROM DOS Driver V2.4, 2-6-2007
Driver name is "SATACD03".
No CD-ROM drive to use; GCDROM not loaded!

SHSUCDX by Jason Hood <jadoxa@yahoo.com.au>.   | Derived from v1.4b by:
Version 3.04 (1 October, 2006).  Freeware.     | John H. McCoy, October 2000.
http://shsucdx.adoxa.cjb.net/                  | Sam Houston State University.

No drives assigned.  SHSUCDX can't install.
_
```

(c)

(d)

图 2-54　开机过程

2.2 数据结构

数据结构属于基础知识范围，是每个程序员都需要掌握的，无论将来使用哪一门编程语言。

2.2.1 算法简介

算法（Algorithm）是指解题方案的准确而完整的描述，是一系列解决问题的清晰指令，算法代表着用系统的方法描述解决问题的策略机制。也就是说，能够对一定规范的输入，在有限时间内获得所要求的输出。

1. 算法的定义

数据结构与算法是程序设计实践中最基本的思想。程序能否快速而有效地完成预定的任务，取决于是否选对了数据结构，而程序是否能清晰而正确地把问题解决，则取决于算法。所以可以认为

“数据结构加上算法等于可执行的程序”，如图 2-55 所示。

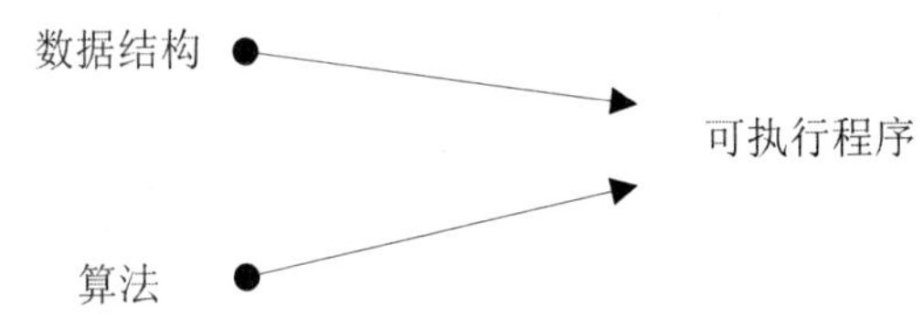

图 2-55　数据结构加上算法等于可执行的程序

不过在韦氏词典中算法却定义为：“在有限步骤内解决数学问题的程序。”如果运用在计算机领域中，也可以把算法定义为：“为了解决某项工作或某个问题，所需要有限数目的机械性的重复性指令与计算步骤。”

2.　算法的条件

理解了算法的定义后，还需要说明算法所必须符合的 5 个条件，如表 2-1 所示。

表 2-1　算法特征的内容与说明

算法特征	内容与说明
输入（Input）	0 个或多个输入数据，这些输入必须有清楚的描述或定义
输出（Output）	至少会有一个输出结果，不可以没有输出结果
明确性（Definiteness）	每一个指令或步骤必须简洁、明确
有限性（Finiteness）	在有限步骤后一定会结束，不会产生无限循环
有效性（Effectiveness）	步骤清晰且可行，能让用户用纸笔计算而求出答案

3.　程序设计语言

一般评判程序设计语言优劣的 4 项原则。

①可读性高：阅读与理解都很容易。

②平均成本低：成本考虑不局限于编码的成本，还包括执行、编译、维护、学习、调试与日后更新等成本。

③可靠度高：所编写出来的程序代码稳定性高，不容易产生边际错误。

④可编写性高：对于针对需求所编写的程序相对容易。

一个程序的产生过程的 5 个步骤。

①需求认识（Requirements）：了解程序所要解决的问题是什么，有哪些输入及输出等。

②设计规划（Design and Plan）：根据需求选择合适的数据结构，并以合适的表示方式编写一个算法以解决问题。

③分析讨论（Analysis and Discussion）：思考其他可能适合的算法及数据结构，再选出最适当的目标。

④编写程序（Coding）：把分析的结论写成初步的程序代码。

⑤测试检验（Verification）：确认程序的输出是否符合要求，这个步骤需要执行程序并进行许多的相关测试。

2.2.2 数据类型简介

数据类型是指程序设计语言的变量所能表示的数据种类。因其在存储层次上的不同，分为以下 3 类。

1. 基本数据类型（Atomic Data Type）

基本数据类型又称为物理数据类型（Physical Data Type），是一个基本的数据实体，如一般程序设计语言中的整数、实数、字符等。基本上每种语言都拥有略微不同的基本数据类型。例如，C 语言的基本数据类型为整数（int）、字符（char）、单精度浮点数（float）与双精度浮点数（double）。

2. 结构数据类型（Structure Data Type）

结构数据类型又称为虚拟数据类型（Virtual Data Type），是指一个数据结构包含其他的数据类型，如字符串（String）、集合（Set）、数组（Array），它比基础数据类型更高级。

3. 抽象数据类型（Abstract Data Type）

抽象数据类型（ADT），是指定义一些结构数据类型所具备的数学运算关系，用户无须考虑 ADT 的制作细节，只要知道如何使用即可。也就是说，只针对数据的运算，而非数据本身的性质。例如，某个数据对象可以插入一个列表，或者在列表中增删数据对象，而不需关心这个对象的类型是字符串、整数、实数还是逻辑值。通常出现在面向对象程序设计语言（OOP）中的堆栈（Stack）或队列（Queue）就是一种很典型的 ADT 模式，它比结构数据类型更高级。

2.2.3 面向对象程序设计

面向对象程序设计具备以下 3 种特性，如图 2-56 所示。

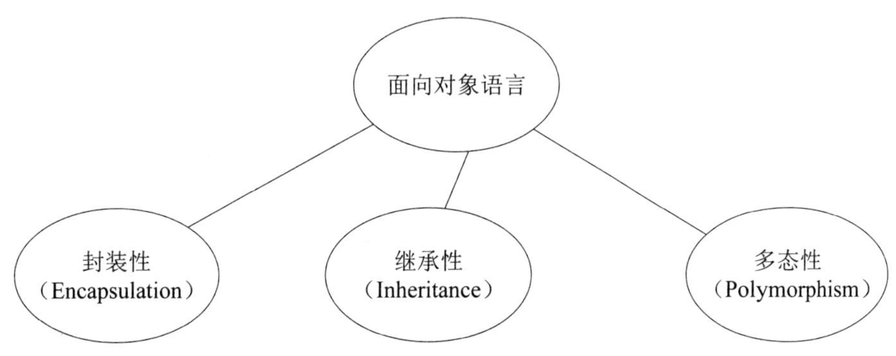

图 2-56　面向对象程序设计具备的 3 种特性

1. 封装性（Encapsulation）

“封装”就是利用“类”来实现抽象数据类型。所谓“抽象”，就是将代表事务特征的数据隐藏起来，并定义一些方法来作为操作这些数据的接口，让用户只能接触到这些方法，而无法直接使用数据，也符合了信息隐藏的意义。这种自定义的数据类型就称为“抽象数据类型”。

每个类都有其数据成员与函数成员，可将数据成员定义为私有的（private），而将用来运算或操作数据的函数成员定义为公有的（public）或受保护的（protected）来实现信息隐藏的功能，这就是“封装”的作用。

2. 继承性（Inheritance）

“继承”接近现实生活中的遗传，就像子女一定会遗传到父母的某些特征。当面向对象技术以这种生活实例去定义其功能时，则称为“继承”。

在继承关系中，被继承者称为“基类”或“父类”，而继承者则称为“派生类”或“子类”。继承允许定义一个新的类来继承现有的类，进而使用或修改继承而来的方法，也支持在子类中加入新的数据成员与函数成员。

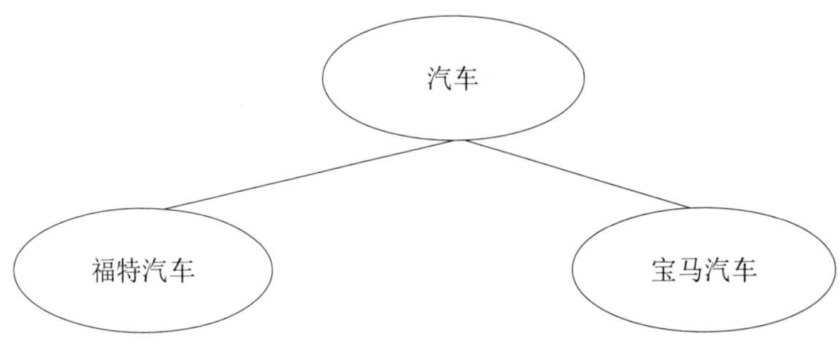

图 2-57　继承关系

3. 多态性（Polymorphism）

“多态”是面向对象设计的重要特性，也称为“同名异式”。“多态”的功能可让软件在开发和维护时，达到充分的延伸。简单地说，“多态”最直接的定义就是让具有继承关系的不同类对象可以调用相同名称的成员函数，并产生不同的反应或结果。

2.2.4 算法效能分析

对一个程序（或算法）效能的评估，经常从时间和空间两个因素来进行考虑。时间方面是指程序的运行时间，称为“时间复杂度”（Time Complexity）；空间方面则是此程序在计算机内存所占的空间大小，称为“空间复杂度”（Space Complexity）。

注意，“空间复杂度”是一种以“概量”来衡量所需要的内存空间，而这些所需要的内存空间，通常可以分为“固定空间内存”（包括基本程序代码、常数、变量等）和“变动空间内存”（随程序或程序进行过程而改变大小的使用空间，如引用类型变量）。

1. 时间复杂度

程序设计师可以就某个算法的执行步骤计数来衡量运行时间，但同样是两行指令：

```
a=a+1
```

与

```
a=a+0.3/0.7*10005
```

由于涉及变量存储类型与表达式的复杂度，因此真正绝对精确的运行时间一定不相同。但如此大费周章地去考虑程序的运行时间毫无意义。这时可以利用一种“概量”的概念来衡量运行时间，又称为“时间复杂度”，即在一个完全理想状态下的计算机中，定义 $T(n)$ 来表示程序执行所要花费的时间，其中 n 代表数据输入量。当然程序的最坏运行时间或最大运行时间是时间复杂度的衡量标准，一般以 Big-oh 表示。

2. 空间复杂度

空间复杂度是对一个算法在运行过程中临时占用存储空间大小的量度。一个算法在计算机存储器上所占用的存储空间，包括存储算法本身所占用的存储空间，算法的输入输出数据所占用的存储空间和算法在运行过程中临时占用的存储空间这三个方面。算法的输入输出数据所占用的存储空间是由要解决的问题决定的，是通过参数表由调用函数传递而来的，它不随本算法的不同而改变。存储算法本身所占用的存储空间与算法书写的长短成正比，要压缩这方面的存储空间，就必须编写出较短的算法。算法在运行过程中临时占用的存储空间随算法的不同而异，有的算法只需要占用少量的临时工作单元，而且不随问题规模的大小而改变，是节省存储的算法；有的算法需要占用的临时工作单元数与解决问题的规模 n 有关，它随着 n 的增大而增大，当 n 较大时，将占用较多的存储单元，如快速排序和归并排序算法就属于这种情况。

3. Big-on

$O(f(n))$ 可视为某算法在计算机中所需运行时间不会超过某一常数倍的 $f(n)$，也就是说，当某算法的运行时间 $T(n)$ 的时间复杂度为 $O(f(n))$，表示存在两个常数 c 与 n_0，则若 $n>=n_0$，则 $T(n)<=cf(n)$，$f(n)$ 又称为运行时间的成长率。

（1）常见的 Big-oh

事实上，时间复杂度只是执行次数的一个概略的量度层级，并非真实的执行次数。而 Big-oh 则是一种用来表示最坏运行时间的表现方式，它也是最常用于描述时间复杂度的渐进式表示法，如图 2-58 所示。常见的 Big-oh 如表 2-2 所示。

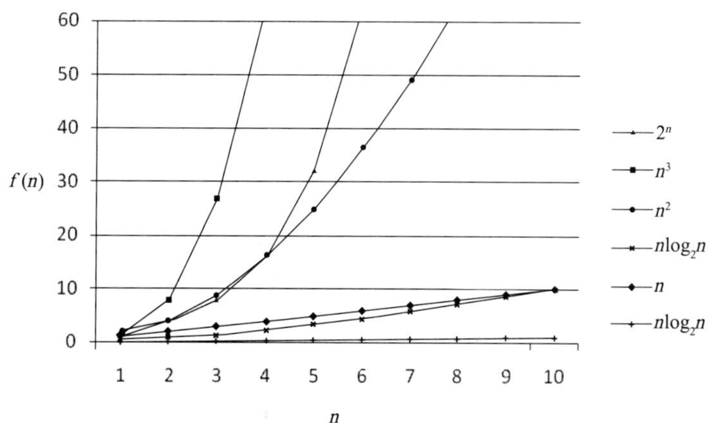

图 2-58　常见的 Big-oh 描述时间复杂度

表 2-2 常见的 Big-oh

Big-oh	特色与说明
$O(1)$	称为常数时间（Constant Time），表示算法的运行时间是一个常数倍
$O(n)$	称为线性时间（Linear Time），执行的时间会随数据集合的大小而呈线性增长
$O(\log_2 n)$	称为次线性时间（Sub-linear Time），成长速度比线性时间还慢，而比常数时间还快
$O(n^2)$	称为平方时间（Quadratic Time），算法的运行时间会呈二次方的增长
$O(n^3)$	称为立方时间（Cubic Time），算法的运行时间会呈三次方的增长
$O(2^n)$	称为指数时间（Exponential Time），算法的运行时间会呈 2 的 n 次方增长。例如，解决 Nonpoilnomial Problem 问题算法的时间复杂度即为 $O(2^n)O(2^n)$
$O(n\log_2 n)$	称为线性乘对数时间，介于线性及二次方增长的时间行为模式

对于 n>=16 时，时间复杂度的优劣结果为：

$O(1) < O(\log_2 n) < O(n) < O(n\log_2 n) < O(n^2) < O(n^3) < O(2^n)$

（2）Ω (omega)

Ω 也是一种时间复杂度的渐进表示法，如果说 Big-oh 是运行时间量度的最坏情况，那么 Ω 就是运行时间量度的最好状况。以下是 Ω 的定义。

对 $f(n)=\Omega(g(n))$，意思是存在常数 c 和 n_0，对所有的 n 值而言，$n>=n_0$ 时，$f(n)>=cg(n)$ 均成立。例如 $f(n)=5n+6$，存在 c=5,n_0=1，对所有 n>=1 时，$5n+5>=5n$，因此对于 $f(n)=\Omega(n)$ 而言，n 就是成长的最大函数。

2.2.5 线性表

线性表也被称为有序表（Ordered List），是数学概念应用在计算机科学中一种相当基本的数据结构。简单地说，线性表是 n 个元素的有限序列（$n \geqslant 0$），如 26 个英文字母的字母表：A,B,C,D,E,…,Z 就是一个线性表。

1. 线性表定义

基本上，线性表数据元素可以是任何一种类型，但同一线性表的每一个元素都必须属于同一类型。例如，10 个阿拉伯数字的序列（0,1,2,3,4,5,6,7,8,9）就是一个线性表，而且序列中元素的数据类型是数字。有序列表的定义，可以形容如下。

①有序列表可以是空集合，或者写成（$a_1, a_2, a_3, a_4 \ldots a_n$）。

②存在唯一的第一个元素 a_1 和最后一个元素 a_n。

③除了第一个元素 a_1 外，每一个元素都有唯一的前驱 (processor)。

④除了最后一个元素 a_n 外，每一个元素都有唯一的后继（successor）。

2. 线性表在计算机中的应用

线性表也可应用在计算机的数据结构中，基本上按照内存存储的方式，可分为以下两种。

（1）静态数据结构（Static Data Structure）

静态数据结构又或称为“密集表”(Dense List)，是一种将有序列表的数据使用连续分配空间 (contiguous allocation) 来存储的。例如，数组类型就是一种典型的静态数据结构。

静态数据结构的优点是设计时相当简单，读取与修改列表中任一元素的时间都固定。缺点是删除或加入数据时，需要移动大量的数据；内存在编译时分配，而且必须分配给相关的变量。因此数组的建立初期，必须事先声明最大可能的固定存储空间，否则容易造成内存的浪费。

（2）动态数据结构（Dynamic Data Structure）

动态数据结构又称为“链接列表”（Linked List，简称链表），将线性表的数据使用不连续存储空间来存储。例如，指针类型就是一种典型的动态数据结构。

动态数据结构的优点是数据的插入或删除都相当方便，不需要移动大量数据；内存分配发生在执行时，不需要事先声明，能够充分节省内存。缺点是设计数据结构时较为麻烦；查找数据时也无法像静态数据一样可随机读取，必须顺序找到该数据为止。

2.2.6 链表

链表是由许多相同数据类型的元素按照特定顺序排列而成的线性表，其特性是在计算机内存的位置是不连续与随机存储的，可分为单向链表、环形链表和双向链表 3 种。

1. 单向链表

（1）单向链表的定义

单向链表（Singly Linked List）是链表中最常用的一种，它就像火车，所有节点串成一列，而且指针所指的方向一样。也就是说，链表中每个数据除了要存储原本的数据外，还必须存储下一个数据的存储地址。所以在程序设计语言中，一个链表节点由数据字段和链接字段两个字段组成，链表的组成基本要件为节点（node），而且每一个节点不必存储于连续的内存地址。

单向链表中第一个节点是“链表指针头”；指向最后一个节点的链接字段设置为 null，表示该节点是“链表指针尾”，不指向任何地方。

例如，链表 A={a,b,c,d,x}，其单向链表数据结构如图 2-59 所示。

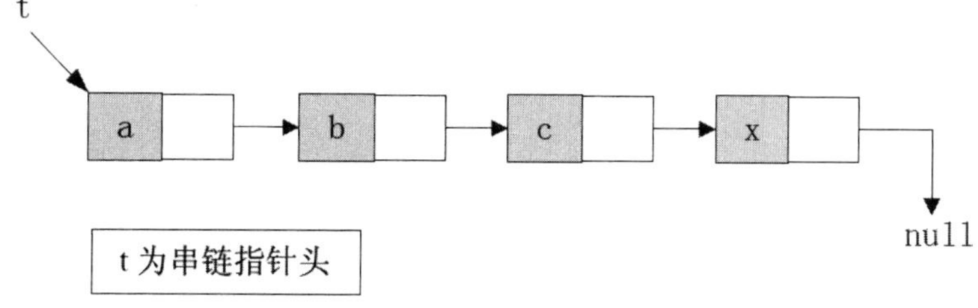

图 2-59 单向链表数据结构

在 Java 语言中要模拟链表中的节点，必须声明如下的 Node 类。

```
class Node
```

```
{
    int data;
    Node next;
    public Node(int data)    // 节点声明的构造函数
{
    this.data=data;
    this.next=null;
}
}
```

由于 Java 程序设计中没有指针类型，因此可以声明 LinkedList 类。该类定义两个 Node 类型的节点指针，分别指向链表的第一个节点和最后一个节点，代码如下所示。

```
class LinkedList
{
    private Node first;
    private Node last;
    // 定义类的方法
}
```

如果链表中的节点不是记录单一数值，如每一个节点除了有指向下一个节点的指针字段外，还包括学生的姓名 (name)、学号 (no)、成绩 (score)，则其链表如图 2-60 所示：

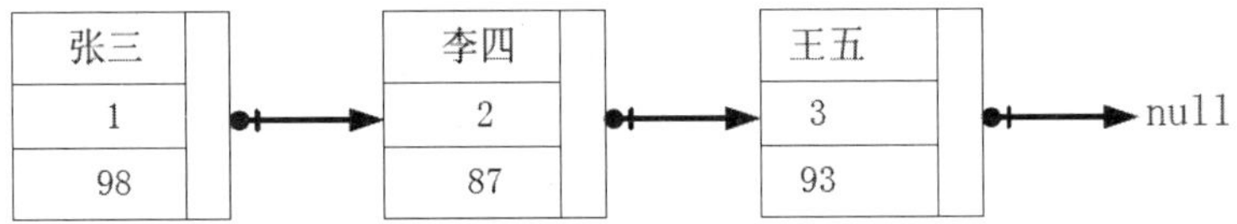

图 2-60　学生信息链表

在 Java 中要模拟链表中的此类节点，其 Node 类的声明如下。

```
class Node
{
    String name;
    int no;
    int score;
    Node next;
    public Node(String name,int no,int score)
    {
    this.name=name;
    this.no=no;
    this.score=score;
    this.next=null;
    }
}
```

（2）建立单向链表

下面试着使用 Java 语言中的链表处理学生的成绩问题，字段如表 2-3 所示。

表 2-3　学生成绩问题

学号	姓名	成绩
01	黄晓华	85
02	方晓源	95
03	林大辉	68
04	孙阿毛	72
05	王小明	79

首先，必须声明节点的数据类型，让每一个节点包含一个数据，并且包含指向下一个数据的指针，使所有数据能被串在一起而形成一个链表结构，如图 2-61 所示。

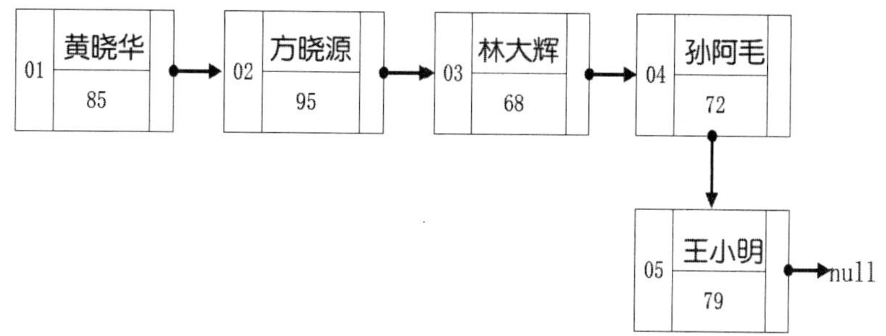

图 2-61　学生成绩链表结构

其次，可以先建立 LinkedList.java 程序，在此程序中声明了 Node 类及 LinkedList 类。在 LinkedList 类中，除了定义两个 Node 类节点指针分别指向链表的第一个节点和最后一个节点外，还在该类中声明了 3 个方法，如表 2-4 所示。

表 2-4　类中声明的 3 个方法

方法名称	功能说明
public booleanisEmpty()	用来判断目前的链表是否为空列表
public void print()	用来将目前的链表内容打印出来
public void insert(int data ,String names,int np)	用来将指定的节点插入目前的链表

范例程序：

```
class Node
{
   int data;
   int np;
   String names;
   Node next;
   public Node(int data,String names,int np)
   {
   this.np=np;
   this.names=names;
```

```
        this.data=data;
        this.next=null;
        }
    }
    public class LinkedList
    {
        private Node first;
        private Node last;
        public BooleanisEmpty()
            {
            return first=null;
            }
        public void print()
            {
            Node current=first;
            while(current!=null)
            {
                    System.out.println("[+current.data+""+current.names+""+current.
np+"]");
                    current=current.next;
    }
        System.out.ptintln();
    }
    public void insert(int data,String names,int np)
        {
        Node newNode=new Node(data,names,np);
        If(this.isEmpty())
            {
            first=newNode;
            last=newNode;
            }
        else
            {
            last.next=newNode;
            last=newNode;
                }
                }
    }
```

最后，利用数据声明来建立这 5 名学生成绩的单向链表，并访问每一个节点来打印成绩。

范例程序：

```
//=================Program Description=================
// 程序名称 :Ch01_01.java
// 程序目的：建立 5 名学生成绩的单向链表，并访问每一个节点来打印成绩
//=====================================================
import java.io*;
```

```
public class CH01_01
{
   Public static void main(String args[])throws IOException
      {
      BufferedReaderbuf;
      buf=new BufferedReader(new InputStreamReader(System.in));
      int num;
      String name;
      int score;
      System.out.println(" 请输入 5 名学生数据：  ");
      LinkedList list=new LinkedList();
      for(int i=1;i<6;i++)
      {
         System.out.print(" 请输入学号：  ");
         num=Integer.parseInt(buf.readLine());
         System.out.print(" 请输入姓名：  ");
         name=buf.readLine();
         System.out.print(" 请输入成绩：  ");
         score=Integer.parseInt(buf.readLine( ));
         list.insert(num,name,score);
         System.out.println("-------------");
      }
      System.out.println(" 学生  成绩 ");
      System.out.println(" 学号  姓名  成绩 =======");
      list.print();
      }
}
```

上述程序的运行原理详细说明如下。

①建立新节点，如图 2-62 所示。

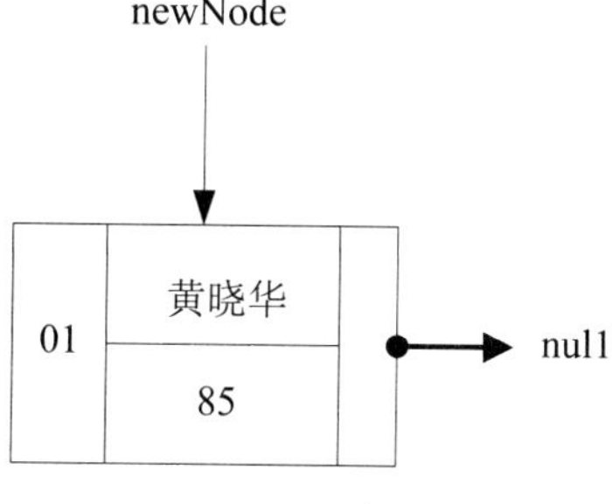

图 2-62　建立新节点

②将链表的 first 及 last 指针字段指向 newNode，如图 2-63 所示。

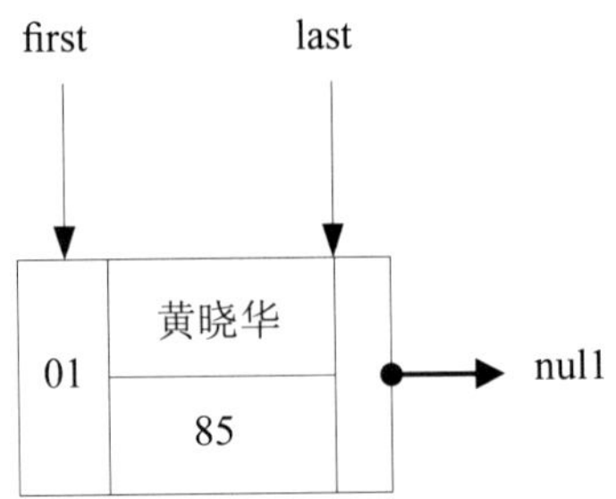

图 2-63　将链表的 first 及 last 指针字段指向 newNode

③建立另一个新节点，如图 2-64 所示。

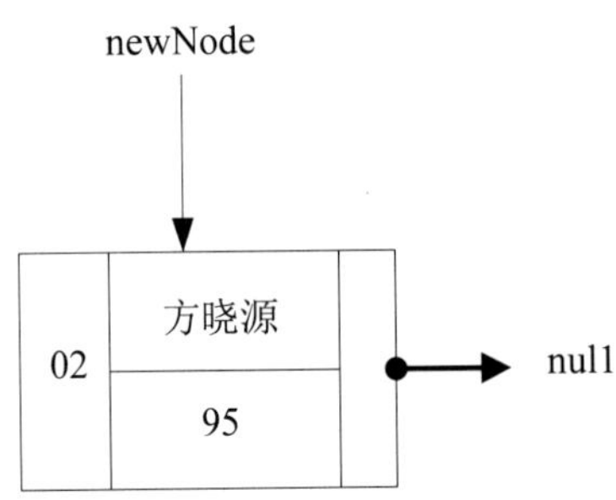

图 2-64　建立另一个新节点

④将两个节点串起来。

```
last.next=newNode;
last=newNode;
```

⑤按顺序完成图 2-65 所示的链表结构。

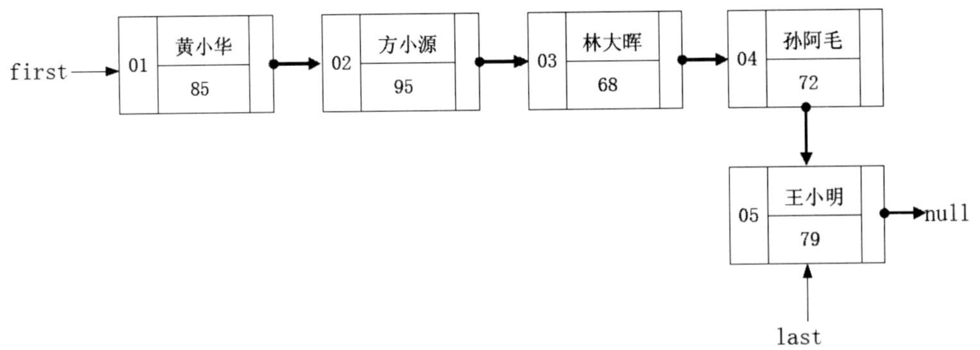

图 2-65　链表结构

由于链表中所有节点都指向下一个节点的位置，对于前一个节点的位置却无法指明，因此“链表首”就显得相当重要。只要有链表首存在，就可以对整个链表进行遍历、加入及删除节点等操作。而之前建立的节点若没有串起来就会形成无人管理的节点，并一直占用内存空间。因此在建立链表时必须有一链表指针指向链表首，并且除非必要，否则不可移动链表首指针。

（3）单向链表的节点删除

在单向链表类型的数据结构中，若要在链表中删除一个节点，依据所删除节点的位置会有以下 3 种不同的情形。

①删除链表的第一个节点：只要把链表首指针指向第二个节点即可。

```
if(first.data==delNode.data)
first=first.next;
```

②删除链表内的中间节点：只要将删除节点的前一个节点指针指向欲删除节点的下一个节点即可，其程序代码如下图。

```
newNode=first;
tmp=first;
while(newNode.data!=delNode.data)
    {
    tmp=newNode;
    newNode=newNode.next;
    }
tmp.next=delNode.next;
```

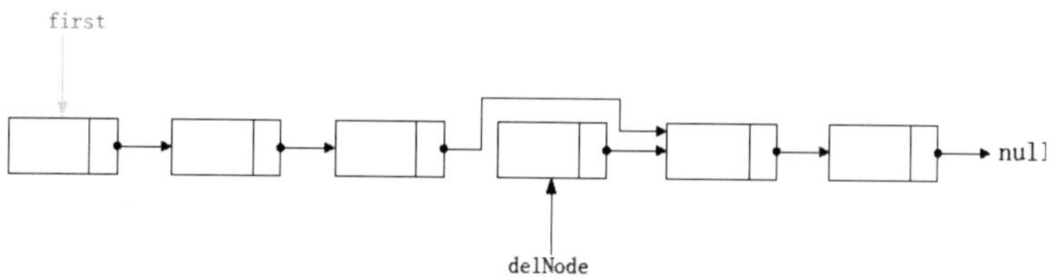

图 2-66　删除链表内的中间节点

③删除链表后的最后一个节点：只要将指向最后一个节点的指针直接指向 null 即可，如图 2-67 所示，加入下述代码即可删除节点。

```
if(last.data==delNode.data)
    {
    newNode=first;
    while(newNode.next!=last) newNode=newNode.next;
    newNode.next=last.next;
    last=newNode;
    }
```

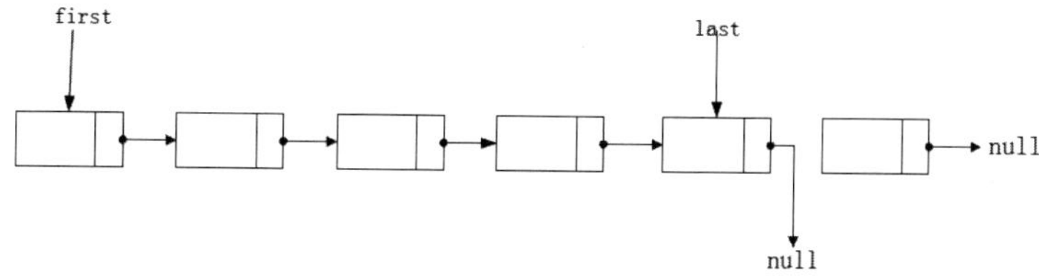

图 2-67　删除链表后的最后一个节点

接着利用 Java 语言来实现建立一组学生成绩的单向链表程序，包含学号、姓名和成绩 3 种数据。只要输入要删除学生的成绩，就可以遍历该链表，并清除该学生的节点。要结束输入时，输入“-1”，则此时会列出该链表未删除的所有学生数据。

范例程序：

```
class Node
{
int data;
int np;
String names;
Node next;
public Node(int data,String names,int np)
{
this.np=np;
this.names=names;
this.data=data;
this.next=null;
}
public class StuLinkedList
{
public Node first;
public Node last;
public booleanisEmpty()
{
return first==null;
}
public void print()
{
Node current=first;
while(current!=null)
{
System.out.println("["+current.data+""+current.names+""+current.np+"]");
current=current.next
}
System.out.println();
}
public void insert(int data,String names,int np)
{
Node newNode=new Node(data,names,np);
if(this.isEmpty())
{
first=newNode;
last=newNode;
}
else
{
```

```
Last.next=newNode;
last=newNode;
}
}
public void delete(Node delNode)
{
Node newNode;
Node tmp;
if(first.data==delNode.data)
{first=first.next;
}
else if(last.data==delNode.data)
{
System.out.println("I am here\n");
newNode=first;
while(newNode.next!=last)  newNode=newNode.next;
newNode=newNode.next;
last=newNode;
}
else
{
newNode=first;
tmp=first;
while(newNode.data!=delNode.data)
{
tmp=newNode;
newNode=newNode.next;
}
tmp.next=delNode.next;
}
}
}
```

```
//================Program Description================
// 程序名称 :Ch03_02.java
// 程序目的: 利用链表来建立、删除和打印学生成绩
//===================================================
import java.util.*;
import java.io.*;
public class CH03_02
{
public static void main(String args[])throws IOException
{
BufferedReader buf;
Random rand= new Random();
buf=new BufferedReader (new InputStreamReader(System.in));
```

```
    StuLinkedList list =new StuLinkedList();
    inti,j,findword=0,data[ ][ ]=new int[12][10];
    String name[ ]=new String[]
    {"Allen","Scott","Marry","Jon","Mark","Ricky","Lisa","Jasica",
"Hanson","Amy","Bob","Jack"};
    System.out.println(" 学号  成绩  学号  成绩  学号  成绩  学号  成绩 \n");
    for(i=0;i<12;i++)
    {
    data[i][0]=i+1;
    data[i][1]=(Math.abs(rand.nextInt(50)))+50;
    list.insert(data[i][0],name[i],data[i][1]);
    }
    for(i=0;i<3;i++)
    {
    for(j=0;j<4;j++)
    System.out.println("["+data[j*3+i][0]+"]["+data[j*3+i][1]+"];
    System.out.println();
    }
    while (true)
    {
    System.out.println(" 输入要删除成绩的学号，结束输入 -1：");
    findword=Integer.parseInt(buf.readLine());
    if(findword==-1)
    break;
    else
    {
    Node current=new
    Node(list.first.data,list.first.names,list.first.np);
    current.next=list.first.next;
    while(current.data!=findword)
    current=current.next;
    list.delete(current);
    }
    System.out.println(" 删除后成绩链表，请注意！要删除的成绩其学号必须在此链表中 \n");
    List.print();
    }
    }
    }
```

（4）单向链表的节点插入

单向链表节点的插入方法和删除方法类似，都只需要移动指针即可。

①在列表的第一节点后插入节点：只需把新节点的指针指向链表头，再把链表头移到新节点上即可，如图 2-68 所示。

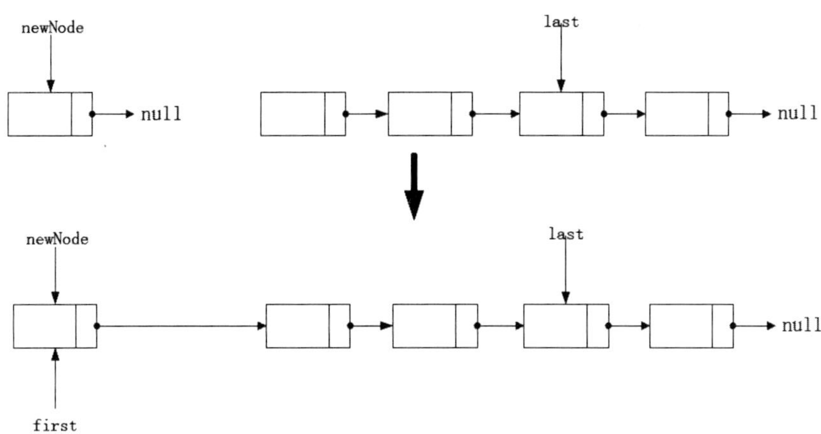

图 2-68　在链表的第一节点后插入节点

②在链表的最后一个节点后面插入节点：把链表的最后一个节点的指针指向新节点，新节点再指向 null 即可，如图 2-69 所示。

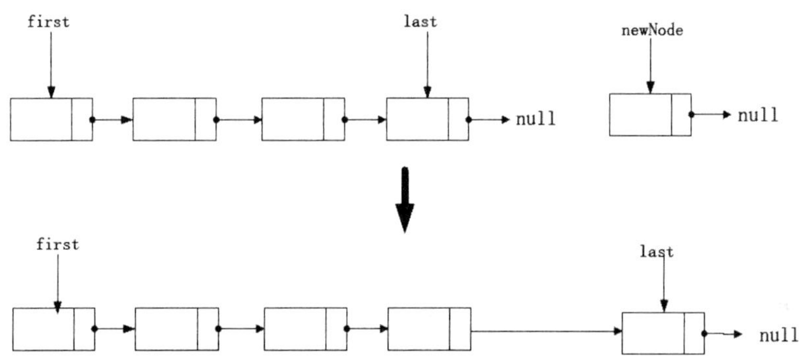

图 2-69　在链表的最后一个节点后面插入节点

③在链表的中间位置插入节点：如果插入的节点在 X 与 Y 之间，只要将 X 节点的指针指向新节点，新节点的指针指向 Y 节点即可，如图 2-70 所示。

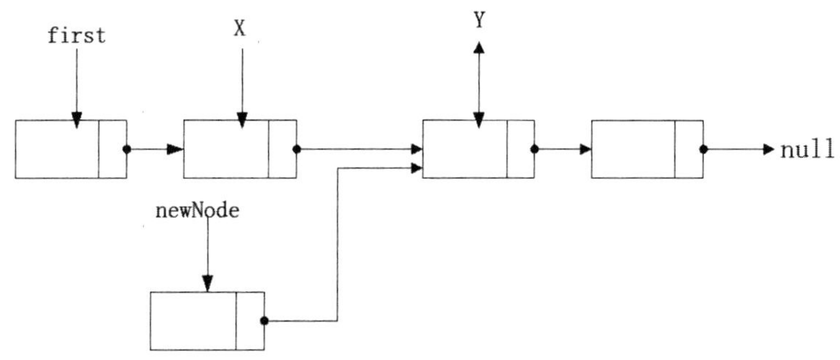

图 2-70　在链表的中间位置插入节点

接着把插入点指针指向新节点，如图 2-71 所示。

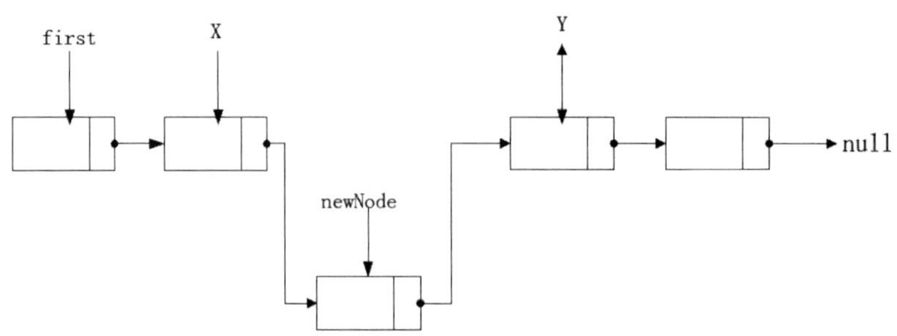

图 2-71　插入点指针指向新节点

以下是以 Java 语言实现的插入节点算法。

```
/* 插入节点 */
public void insert(Node ptr)
{
Node tmp;
Node newNode;
if(this.isEmpty())
{
first=ptr;
last=ptr;
}
else
{
if(ptr.next==first)    /* 插入第一个节点 */
{
ptr.next=first;
first=ptr;
}
else
{
if(ptr.next==null)    /* 插入最后一个节点 */
{
last.next=ptr;
last=ptr;
}
else     /* 插入中间节点 */
{
newNode=first;
tmp=first;
while(ptr.next!= newNode.next)
{
tmp=newNode;
newNode=newNode.next;
}
tmp.next=ptr;
```

```
ptr.next=newNode;
}
}
}
}
```

（5）单向链表的反转

在介绍节点的删除及插入后，大家可以发现在这种具有方向性的链表结构中增删节点相当容易。而要从头到尾打印整个链表也不难，但是如果要反转出来打印就需要某些技巧了。由于在链接中的节点特性是指向下一个节点的位置，而不指向上一个节点的位置。因此，如果要将列表反转，则必须使用 3 个指针变量，如图 2-72 所示。

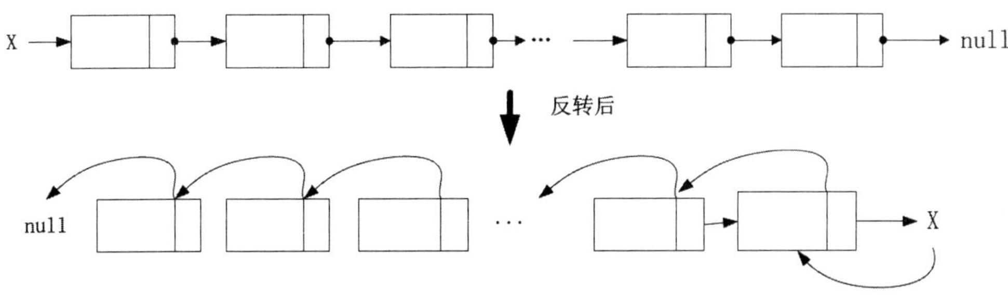

图 2-72　单向链表的反转

下面以 Java 语言来实现将前面的学生成绩程序（CH4_02.java）中的学生成绩按照学号反转打印出来。在这个程序中会用到在 StuLinkedList.java 程序中定义的类。以下是该程序的完整代码。

范例程序：

```
class Node
{
int data;
int np;
String names;
Node next;

public Node (int data,String names,int np)
{
this.np=np;
this.names=names;
this.data=data;
this.next=null;
}
}
public class StuLinkedList
{
public Node first;
```

```
public Node last;
public boolean isEmpty()
{
return first=null;
}
public void print()
{
Node current=first;
while(current!=null)
{
System.out.println("["+current.data+""+current.names+""+current.np+"]");
current=current.next;
}
System.out.println();
}
public void insert(int data,String names,int np)
{
Node newNode=new Node(data,names,np);
if(this.isEmpty())
{
first=newNode;
last=newNode;
}
else
{
last.next=newNode;
last=newNode;
}
}
public void delete(Node delNode)
{
Node newNode;
Node tmp;
if(first.data==delNode.data)
(
first=first.next;
}
else if(last.data==delNode.data)
{
System.out.println("I am here\n");
newNode=first;

while(newNode.next!=last)  newNode=newNode.next;
newNode.next=last.next;
last=newNode;
}
```

```
Else
{
newNode=first;
tmp=first;
while(newNode.data!=delNode.data)
{
tmp=newNode;
newNode=newNode.next;
}
tmp.next=delNode.next;
}
}
}
```

```
//=======================Program Description====================
// 程序名称：CH03_03.java
// 程序目的：将 CH03_02.java 中的学生成绩按学号反转打印出来

import java.util.*;
import java.io*;

class ReverseStuLinkedList extends StuLinkedList
{
public void reverse_print()
{
Node current=first;
Node before=null;
System.out.println(" 反转后的链表数据 : ");
while(current!=null)
{
last=before;
before=current;
current=current.next;
before.next=last;
}
current=before;
while(current!=null)
{
System.out.println("["+current.data+""+current.names+""+current.np+"]");
current=current.next;
}
System.out.println();
}
}

public class CH03_03
```

```
{
public static void main(string args[ ] throws IOException{
Random rand=new Random();
ReverseStuLinkedList list=new ReverseStuLinkedList();
int i,j,data[ ][ ]=new String[ ]
{"Allen","Scott","Marry","Jon","Mark","Ricky","Lisa","Jasica",
"Hanson","Amy","Bob", "Jack"};
Systm.out.println(" 学号  成绩  学号  成绩  学号  成绩  学号  成绩 \n");
for(i<0;i<12;i++)
{
data[i][0]=i+1;
data[i][1]=(Math.abs(rand.nextInt(50)))+50;
list.insert(data[i][0],name[i],data[i][1]);
}
for(i=0;i<3;i++)
{
for(j=0;j<4;j++)
System.out.print("["+data[j*3+i][0]+"]["+data[j*3+i][1]+"]");
System.out.println();
}
list.reverse_print();
}
}
```

（6）单向链表的串联

两个或两个以上链表的串联(Concatenation)，其实现也很容易，只要将链表的首尾相连即可，如图 2-73 所示。

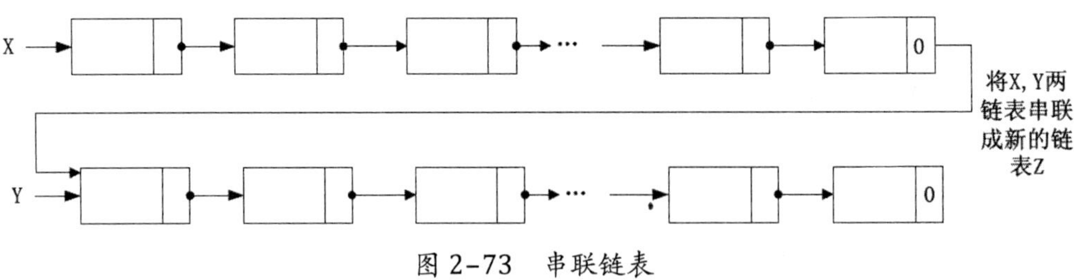

图 2-73　串联链表

Java 语言的算法如下。

```
class Node
{
int data;
Node next;
public Node(int data)
{
this.data=data;
this.next=null;
}
```

```
}
public class LinkedList
{
public Node first;
public Node last;
public Boolean isEmpty()
{
return first==null;
}
public void print()
{
Node current=first;
while(current!=null)
{
System.out.print("["+current.data+"]");
current=current.next;
}
System.out.println();
}
/* 串联两个链表 */
public LinkedList Concatenate (LinkedList head1,LinkedList head2)
{
LinkedList ptr;
ptr=head1;
while(ptr.last.next!=null)
ptr.last=ptr.last.next;
ptr.last.next=head2.first;
return head1;
}
```

（7）多项式的链表表示法

前面曾介绍有关多项式的数组表示法，不过使用数组表示法经常会出现以下的困扰。

①多项式内容变动时，对数组结构的影响很大，算法处理不容易。

②由于数组是静态数据结构，因此事先必须寻找一块连续的、足够大的内存，否则容易形成内存空间的浪费。

如果使用链表来表示多项式，就可以避免以上的问题。多项式的链表表示法主要是存储非零项，并且每一项均符合如图 2-74 所示的数据结构。

图 2-74　多项式的链表

① COEF: 表示该变量的系数。

② EXP: 表示该变量的指数。

③ LINK: 表示指到下一个节点的指针。

假设多项式有 n 个非零项，且 $p(x)=a_{n-1}x^{e_{n-1}}+a_{n-2}x^{e_{n-2}}+\ldots+a_0$，则可以表示为，如图 2-75 所示。

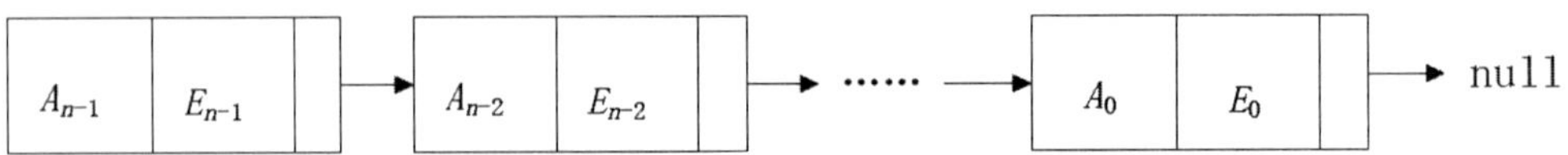

图 2-75　n 个多项式表示法

$A(x)=3x^2+6x-2A(x)=3x^2+6x-2$ 的表示法为如图 2-76 所示

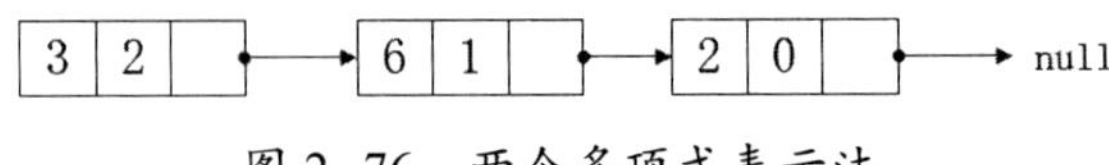

图 2-76　两个多项式表示法

另外，多项式的加法也相当简单，只要逐一比较 A、B 链表节点指数，把指数相同的系数相加即可，否则照抄入新列表，如图 2-77 所示。下面就是多项式相加的 Java 语言算法范例。

$A=3x^2+4x+2$

$B=6x^3+8x^2+6x+9$

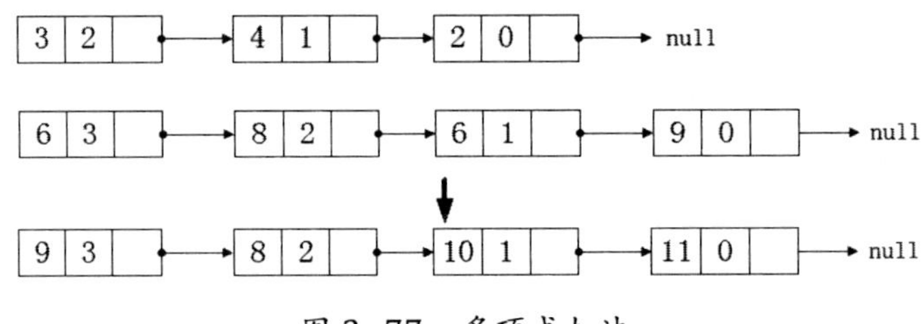

图 2-77　多项式加法

范例程序：

```
//=======================  Program Description  ======================
// 程序名称：CH03_04.java
// 程序目的：多项式相加
//===================================================================

import java.io.*;
class Node
{
int coef;
int exp;
Node next;
public Node(int coef,int exp)
{
this.coef=coef;
this.exp=exp;
this.next=null;
}
}
```

```
class PolyLinkedList
{
public Node first;
public Node last;
public boolean isEmpty()
{
return first==null;
}
Public void create_link(int coef,int exp)
{
Node newNode=new Node(coef,exp);
if(this.isEmpty())
{
first=newNode;
last=newNode;
}
else
{
last.next=newNode;
last=newNode;
}
}
public void print_link()
{
Node current=first;
while(current!=null)
{
if(current.exp==1 &&current.coef!=0) //X^1 时不显示指数
System.out.print(current.coef+"X + ");
else if(current.exp!=0 &&current.coef!= 0(
System.out.print(current.coef+"X^"+current.exp+ " + ");
else if(current.coef!=0)  //X^0 时不显示变量
System.out.print(current.coef);
current=current.next;
}
System.out.println();
}
public PolyLinkedList sum_link(PolyLinkedList b)
{
int sum[ ]=new int[10];
int i=-;maxnumber;
PolyLinkedList tempLinkedList=new PolyLinkedList();
PolyLinkedList a=new PolyLinkedList();
int tempexp[ ]=new int[10];
Node ptr;
a=this;
```

```
ptr=b.first;
while(a.first!=null)    //判断多项式1
{
b.first=ptr;                    //重复比较A及B的指数
while(b.first!=null)
{
if(a.first.exp==b.first.exp)     //指数相等，系数相加
{
sum[i]=a.first.coef+b.first.coef;
tempexp[i]=a.first.exp;
a.first=a.first.next;
b.first=b.first.next;
i++;
}
else if (b.first.exp>a.first.exp)    //B指数较大，指定系数给C
{
sum[i]=b.first.coef;
tempexp[i]=b.first.exp;
b.first=b.first.next;
i++;
}
else if (a.first.exp>b.first.exp)    //A指数较大，指定系数给C
{
sum[i]=a.first.coef;
tempexp[i]=a.first.exp;
a.first=a.first.next;
i++;
}
} // end of inner while loop
} //end of outer while loop
maxnumber=i-1;
for (int j=0;j<maxnumber+1;j++)
tempLinkedList.create_link(sum[j],maxnumber-j);
return temp LinkedList;
} //end of sum_link
} //end of class PolyLinkedList

public class CH03_04
{
public static void main(String args[]) throws IOException
{
PolyLinkedList a=new PolyLinkedList();
PolyLinkedList b=new PolyLinkedList();
PolyLinkedList c=new PolyLinkedList();

int data1[ ]={8,54,7,0,1,3,0,4,2};    //多项式A的系数
```

```
int data2[ ]={-2,6,0,0,0,5,6,8,6,9};  // 多项式 B 的系数
System.out.print(" 原始多项式 : \nA=");

for(int i=0;i<data1.length;i++)
a.create_link(data1[i],data1.length-i-1); // 建立多项式 A，系数由 3 递减

for(int i=0;i<data2.length;i++)
b.create_link(data2[i],data2.length-i-1); // 建立多项式 B，系数由 3 递减

a.print_link();     // 打印多项式 A
system.out.print("B=");

b.print_link();     // 打印多项式 B
system.out.print(" 多项式相加结果:  \nC=");
c=a.sum_link(b);              //C 为 A、B 多项式相加结果
c.print_link();               // 打印多项式 C
}
}
```

2. 环形链表

单向链表的结构可以衍生出许多有趣的链表结构，本节要介绍的环形链表（Circular List）结构，其特点是在链表的任何一个节点，都可以到达此链表内的各个节点。

（1）环形链表的定义

在前面曾提到，维持表头很重要。因为链表有方向性，所以如果表头指针被破坏或遗失，则整个链表就会遗失，并且占据整个链表的内存空间。但是如果把链表的最后一个节点指针指向表头，整个链表就称为单向的环形结构。如此一来便不用担心表头遗失的问题了，因为每一个节点都可以是表头，可以从任意一个节点来追踪其他节点。建立的过程与单向链表相似，唯一的不同点是必须要将最后一个节点指向第一个节点，如图 2-78 所示。

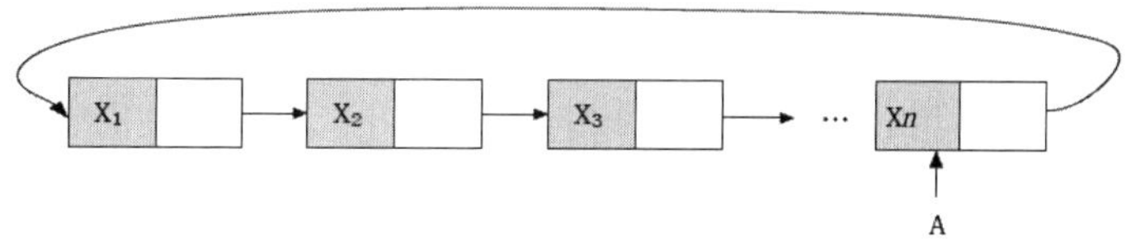

图 2-78　环形链表

（2）环形链表的节点插入

环形链表在插入节点时，通常会出现以下两种情况。

第一种：直接将新节点插在第一个节点前成为表头，如图 2-79 所示。

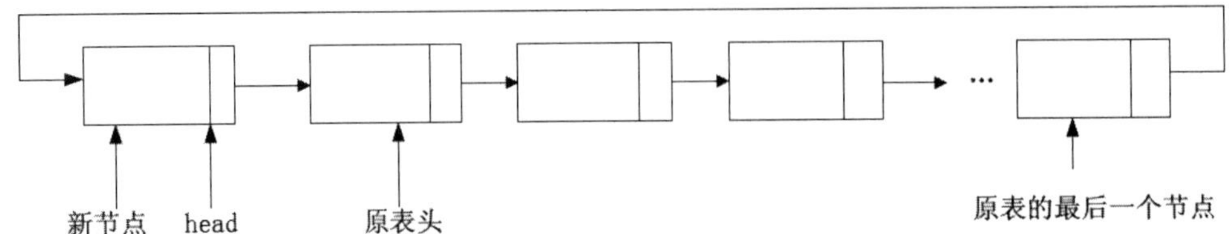

图 2-79　环形链表节点的插入

具体操作步骤如下。

①将新节点的指针指向原表头。

②找到原表的最后一个节点，并将指针指向新节点。

③将表头指向新节点。

第二种：将新节点 I 的指针指向 X 节点后，如图 2-80 所示。

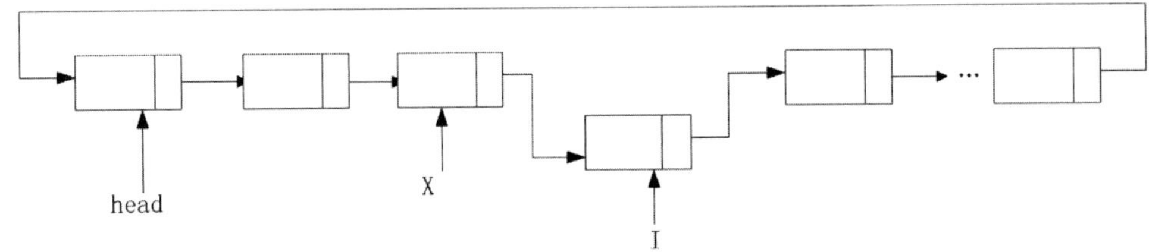

图 2-80　将新节点 I 指针指向 X 节点

具体操作步骤如下。

①将新节点 I 的指针指向 X 节点的下一个节点。

②将 X 节点的指针指向 I 节点。

（3）环形链表的节点删除

环形链表的节点删除，也有以下两种情况。

第一种：删除环形链表的第一个节点，如图 2-81 所示。

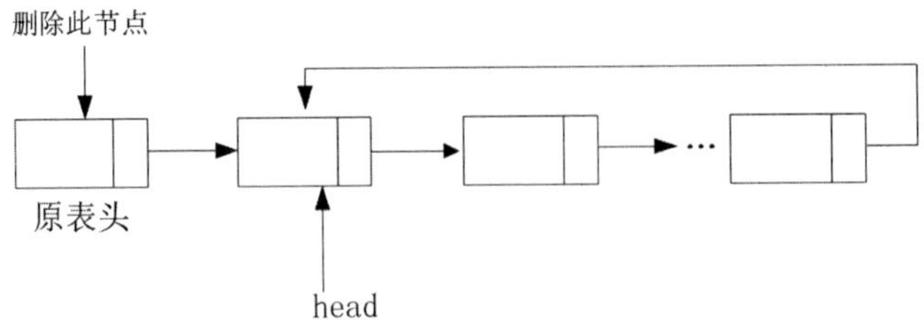

图 2-81　删除环形链表的第一个节点

具体操作步骤如下。

①将表头 head 移到下一个节点。

②将最后一个节点指针移到新的表头。

第二种：删除环形链表的中间节点，如图 2-82 所示。

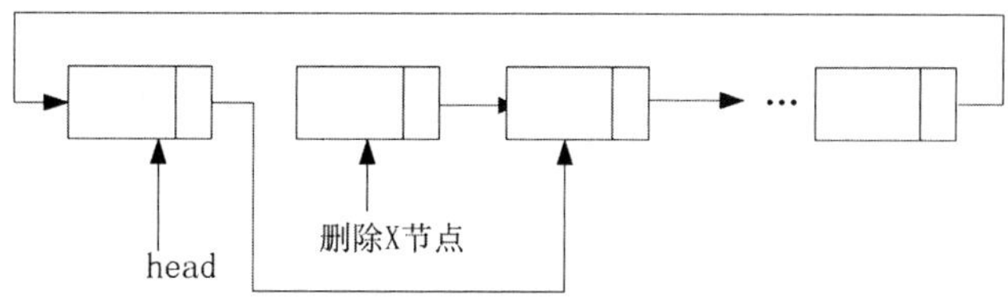

图 2-82　删除环形链表的中间节点

具体操作步骤如下。

①找到所要删除节点 X 的前一个节点。

②将 X 节点的前一个节点指针指向节点 X 的下一个节点。

以下是环形链表的插入与删除算法。

范例程序：

```
/*CircleLink.java*/
import java.util.*;
import java.io.*;

class Node
{
int data;
Node next;
public Node(int data)
{
this.data=data;
this.next=null;
}
}
public class CircleLink
{
public Node first;
public Node last;
public Boolean isEmpty()
{
return first==null;
}
public void print()
{
Node current=first;
while(current!=last)
{
System.out.print("["+current.data+"]");
current=current.next;
```

```
}
System.out.print("[+current.data+"]");
System.out.print();
}
/* 插入节点 */
public void insert(Node trp){
Node tmp;
Node newNode;
if(this.isEmpty())
{
first=trp;
last=trp;
last.next=first;
}
else if(trp.next==null)
{
first=trp;
last=trp;
last.next=first;
}
{
newNode=first;
tmp=first;
while(newNode.next!=trp.next)
{
if(tmp.next==first)
break;
tmp=newNode;
newNode=newNode.next;
}
tmp.next=trp;
trp.next=newNode;
}
}

/* 删除节点 */
public void delete(Node delNode)
{
Node nexNode;
Node tmp;
if(this.isEmpty())
{
System.out.print("[ 环形链表已经空了 ]\n");
return;
}
if(first.data==delNode.data)// 要删除的节点是表头
```

```
{
first=first.next;
if(first==null)
System.out.print("[ 环形链表已经空了 ]\n");
return;
}
else if (last.data==delNode.data)// 要删除的节点是表尾
{
newNode=first;
while(newNode.next!=last) newNode=newNode.next;
newNode.next=last.next;
last=newNode;
last.next=first;
}
else
{
newNode=first;
tmp=first;
while(newNode.data!=delNode.data)
{
tmp=newNode;
newNode=newNode.next;
}
tmp.next=delNode.next;
}
}
}
```

（4）环形链表的串联

单向链表的串联只需改变一个指针即可，如图 2-83 所示。

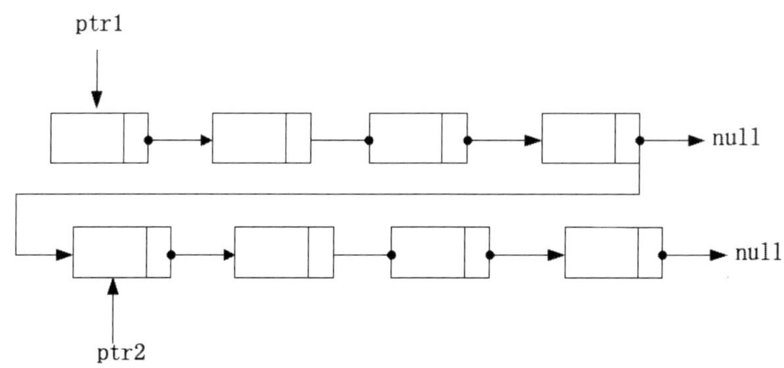

图 2-83　单向链表的串联

如果要将两个环形链表串联在一起也并不复杂。因为环形链表没有头尾之分，所以无法直接将表 1 的尾指向表 2 的头。正是因为环形链表不分头尾，所以无须遍历表去寻找表尾，直接改变两个指针就可以把两个环形链表串联在一起，如图 2-84 所示。

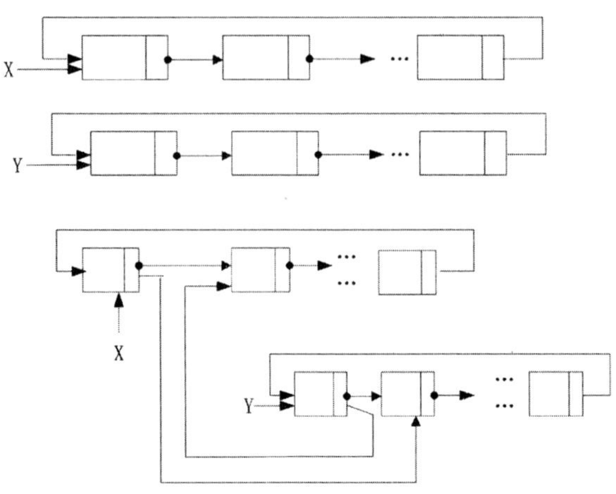

图 2-84　改变指针串联环形链表

下面仍以两名学生成绩处理的环形链表为例，介绍环形链表串联后的新表，并打印新表中学生的成绩与学号。

范例程序：

```
class Node
{
int data;
int np;
String names;
Node next;
public Node(int data,string names,int np)
{
this.np=np;
This.names=names;
this.data=data;
this.next=null;
}
}
public class StuLinkedList
{
public Node first;
public Node last;
public Boolean isEmpty()
{
return first==null;
}
public void print()
{
Node current=first;
while(current!=null)
{
```

```
System.out,println("[+current.data+""+current.names+""+current.np+" ]");
current=current.next;
}
System.out.println();
}
public void insert(int data,string names,int np)
{
Node newNode=new Node(data,names,np);
if(this.isEmpty())
{
first=newNode;
last=newNode;
}
else
{
last.next=newNode;
last=newNode;
}
}
public void delete(Node delNode)
{
Node newNode;
Node tmp;
if(first.data==delNode.data)
{
first=first.next;
}
else if (last.data==delNode.data)
{
System.out.println("I am here\n");
newNode=first;
while(newNode.next!=next)newNode=newNode.next;
newNode.next=last.next;
last=newNode;
}
else
{
newNode=first;
tmp=first;
while(newNode.data!=delNode.data){
tmp=newNode;
newNode=newNode.next;
}
tmp.next=delNode.next;
}
}
```

```
}
```

```
//=====================  Program Description  =====================
// 程序名称：CH03_05.java
// 程序目的：将两名学生的成绩表串联起来，然后打印串联后的表内容
//==================================================================
import java.util.*;
import java.io.*;

class ConcatStuLinkedList extends  StuLinkedList
{
public StuLinkedList concat(StuLinkedList stulist)
{
this.last.next=stulist.first;
this.last=stulist.last;
return this;
}
}

public class CH03_05
{
public static void main(String args[ ] throws IOException
{
random rand=new Random();
ConcatStuLinkedList list1=new ConcatStuLinkedList();
StuLinkedList list2=new StuLinkedList();
int i,j,data[ ] [ ]=new int [12][10];
String name1[ ]=new string[ ]
{"Allen","Scott","Marry","Jon","Mark","Ricky","Michael","Tom"};
String name2[ ]=new String[ ]
{"Lisa","Jasica","Hanson","Amy","Bob","Jack","John","Andy"};
System.out.println(" 学号  成绩  学号  成绩  学号  成绩  学号  成绩 \n");
for(i=0;i<8;i++)
{
data[i][0]=i+1;
data[i][1]=(Math.abs(rand.nextInt(50)))+50;
list1.insert(data[i][0],name1[i],data[i][1]);
}
for(i=0;i<2;i++)
{
for(j=0;j<4;j++)
System.out.print("["+data[j+i*4][0]+"] ["+data[j+i*4][1]+"]");
System.out.println();
}
for(i=0;i<8;i++)
```

```
{
data[i][0]=i+9;
data[i][1]=(Math.abs(rand.nextInt(50)))+50;
list2.insert(data[i][0],name2[i],data[i][1]);
}
for(i=0;i<2;i++)
{
for(j=0;j<4;j++)
System.out.print("["+data[j+i*4][0]+"]["+data[j+i*4][1]+"]");
System.out.println();
}
list1.concat(list2);
list1.print();
}
}
```

（5）环形链表表示稀疏矩阵

前面介绍过使用数组结构来表示稀疏矩阵，不过当非零项大量改动时，需要对数组中的元素做大规模的移动，这不但费时，而且麻烦。其实环形链表也可以用来表现稀疏矩阵，而且简单、方便许多。它的数据结构如表 2-5 所示。

表 2-5　环形链表表现稀疏矩阵的数据结构

<table>
<tr><td>Down</td><td>Row(i)</td><td>Col(j)</td><td>Right</td></tr>
<tr><td colspan="4">Value(a_{ij})</td></tr>
</table>

① Down：为指向同一列中下一个非零项元素的指针。

② Row：以 i 表示非零项元素所在行数。

③ Col：以 j 表示非零项元素所在列数。

④ Right：为指向同一行中下一个非零项元素的指针。

⑤ Value：表示此非零项的值。

另外，在此稀疏矩阵的数据结构中，每一行与每一列必须用一个环形链表附加一个表头来表示。例如，下面的稀疏矩阵：

$$A = \begin{bmatrix} 0 & 0 & 0 \\ 12 & 0 & 0 \\ 0 & 0 & -2 \end{bmatrix}_{3\times 3}$$

以三维数组表示为

	1	**2**	**3**
A(0)	3	3	3
A(1)	2	1	12
A(2)	3	3	−2

以环形链表表示则如图 2-85 所示。

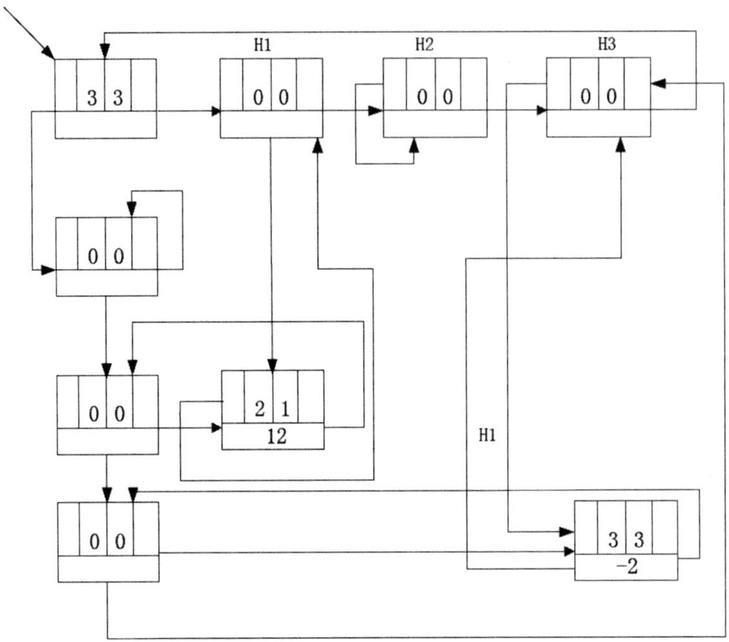

图 2-85　环形链表

3. 双向链表

双向链表（Double Linked List）是另外一种常用的表结构。在单向链表或环形链表中，只能沿着同一个方向查找数据，如果不小心有一个链接断裂，则后面的链表就会消失而无法找回。双向链表可以改善这两个缺点，因为它的基本结构和单向链表类似，至少有一个字段存放数据，只是它有两个字段存放指针，其中一个指针指向后面的节点，另一个指针则指向前面的节点。

双向链表的数据结构可以定义如下。

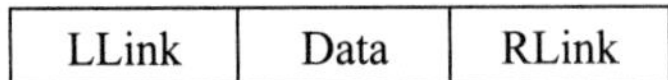

LLink	Data	RLink

①每个节点都具有 3 个字段：中间为数据字段，左右各有两个链接字段分别为 LLink 和 RLink。

②通常加上一个表头，此表中不存在任何数据，LLink 链接字段指向表中最后一个节点，而 RLink 链接字段指向第一个节点。

③假设 ptr 为指向此表上任一节点的链接，则有：

```
ptr=RLink(LLink(ptr))=LLink(RLink(ptr))
```

（1）双向链表的节点插入

双向链表的节点插入有以下 3 种可能情况。

第一种：将新节点加入此表的第一个节点前，如图 2-86 所示。

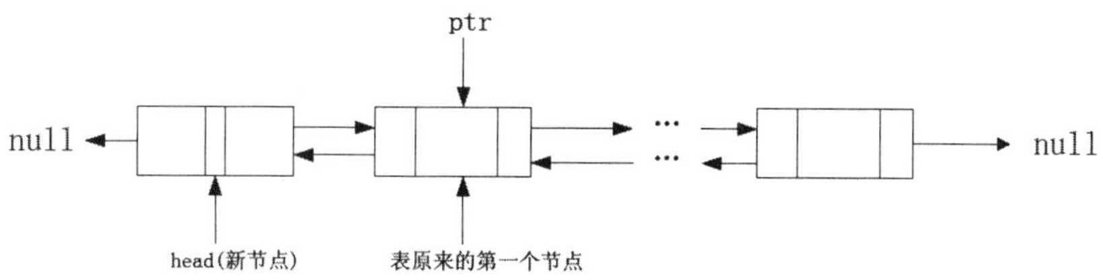

图 2-86　新节点加入此表的第一个节点前

具体操作步骤如下。

①将新节点的右链接 (RLink) 指向原表的第一个节点。

②将原表第一个节点的左链接 (LLink) 指向新节点。

③将原表的表头指针 head 指向新节点，且新节点的左链接指向 null。

第二种：将新节点加入此表的最后一个节点，如图 2-87 所示。

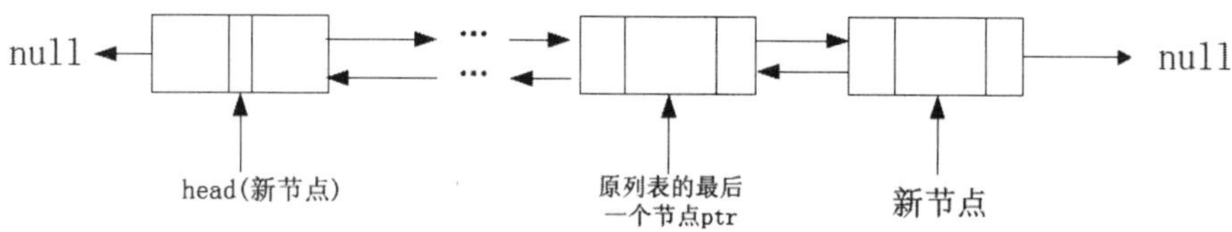

图 2-87　新节点加入此表的最后一个节点

具体操作步骤如下。

①将原表的最后一个节点的右链接指向新节点。

②将新节点的左链接指向原表的最后一个节点，并将新节点的右链接指向 null。

第三种：将新节点加到 ptr 节点后，如图 2-88 所示。

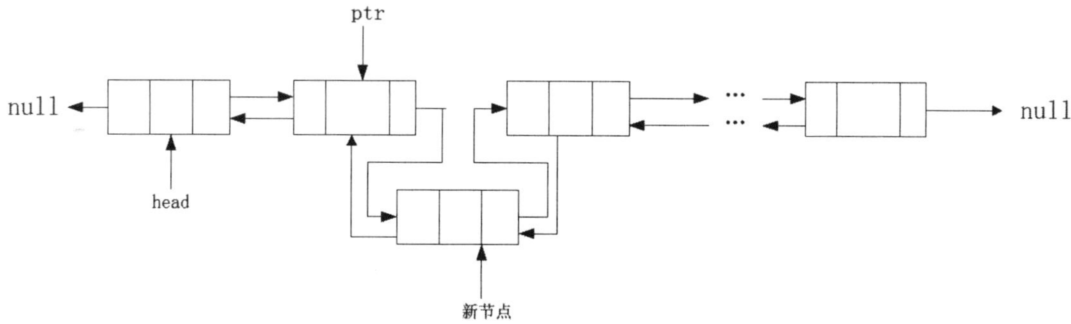

图 2-88　将新节点加到 ptr 节点后

具体操作步骤如下。

①将 ptr 节点的右链接指向新节点。

②将新节点的左链接指向 ptr 节点。

③将 ptr 节点的下一个节点的左链接指向新节点。

④将新节点的右链接指向 ptr 的下一个节点。

（2）双向链表的节点删除

双向链表的节点删除可能有以下 3 种情况。

第一种：删除表的第一个节点，如图 2-89 所示。

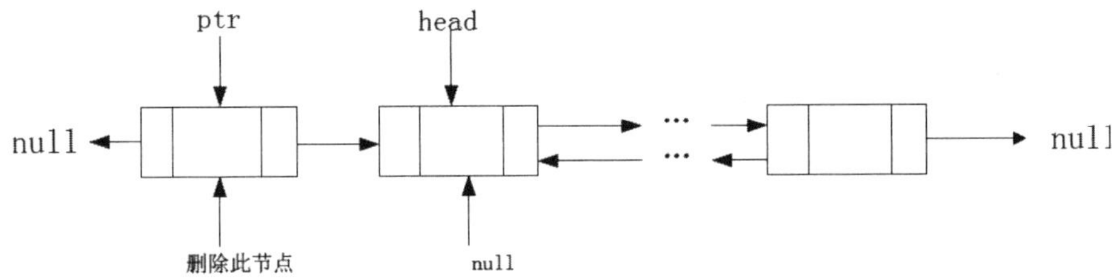

图 2-89　删除表的第一个节点

具体操作步骤如下。

①将表头指针 head 指到原表的第二个节点。

②将新的表头指针指向 null。

第二种：删除此表的最后一个节点，如图 2-90 所示。

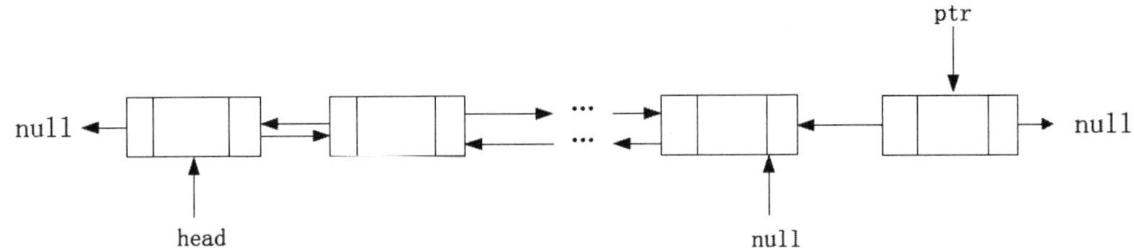

图 2-90　删除表的最后一个节点

具体操作步骤如下。

将原表的最后一个节点之前的一个节点的右链接指向 null 即可。

第三种删除表中间的 ptr 节点，如图 2-91 所示。

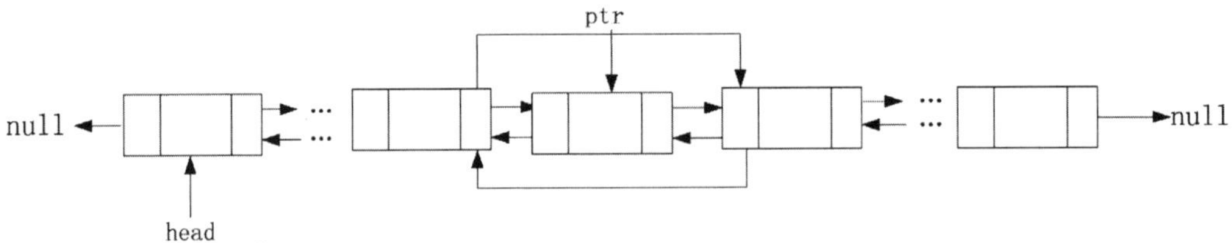

图 2-91　删除表中间的 ptr 节点

具体操作步骤如下。

①将 ptr 节点的前一个节点的右链接指向 ptr 节点的下一个节点。

②将 ptr 节点的下一个节点的左链接指向 ptr 节点的上一个节点。

有关双向链表声明的数据结构、建立节点、加入及删除节点的 Java 程序算法如下。

范例程序：

```
/Doubly.java/
import java.util.*/
import java.io.*/

class Node
{
int data;
Node rnext;
Node lnext;
public Node(int data)
{
this.data=data;
this.rnext=null;
this.lnext=null;
}
}
public class Doubly
{
public Node first;
public Node last;
public Boolean isEmpty()
{
return first==null;
}
public void print()
{
Node current=first;
while(current!=null)
{
system.out.print("["+current.data+"]");
current=current.rnext;
}
System.out.println();
}
/* 插入节点 */
public void insert(Node newN)
{
Node tmp;
Node newNode;
if(this.isEmpty())
{
first=newN;
```

```
first.rnext=last;
last=newN;
last.lnext=first;
}
else
{
if(newN.lnext==null)/* 插入表头的位置 */
{
first.lnext=newN;
newN.rnext=first;
first=newN;
}
else
{
if(newN.rnext==null)/* 插入表尾的位置 */
{
last.rnext=newN;
newN.lnext=last;
first=newN;
}
else      /* 插入中间节点的位置 */
{
newNode=first;
tmp=first;
while(newN.rnext!=newNode.rnext)
{
tmp=newNode;
newNode=newNode.rnext;
}
tmp.rnext=newN;
newN.rnext=newNode;
newNode.lnext=tmp;
newN.lnext=tmp;
}
}
}
}
/* 删除节点 */
public void delete(Node delNode)
{
Node newNode;
Node tmp;
if(first==null)
{
System.out.print("[ 表是空的 ]\n");
return;
```

```
}
if(delNode==null)
{
System.out.print("[ 错误：del 不是表中的节点 ]\n");
return;
}
if(first.data==delNode.data)          // 要删除的节点是表头
{
first=first.rnext;
First.lnext=null;
}
else if(last.data==delNode.data)  // 要删除的节点是表尾
{
newNode=first;
while(newNode.rnext!=last)
newNode=newNode.rnext;
newNode.rnext=null;
last=newNode;
}
else
{
newNode=first;
tmp=first;
while(newNode.data!=delNode.data)
{
tmp=newNode;
newNode=newNode.rnext;
}
tmp.rnext=delNode.rnext;
tmp.lnext=delNode.lnext;
}
}
}
```

2.2.7 堆栈

1. 认识堆栈

堆栈 (Stack) 是一组相同数据类型的组合，所有的操作均在堆栈顶端进行，具有“后进先出”(Last In First Out，LIFO) 的特性。堆栈结构在计算机中的应用相当广泛，时常被用来解决计算机的问题，如前面所谈到的递归调用、子程序的调用等。在日常生活中也随处可以看到堆栈的应用，如大楼电梯、货架上的货品等，都类似于堆栈的数据结构原理。

所谓“后进先出”，其实就如同餐厅中餐盘由桌面向上一个一个叠放，且取用时由最上面先拿。图 2-92 所示为典型堆栈概念的应用。

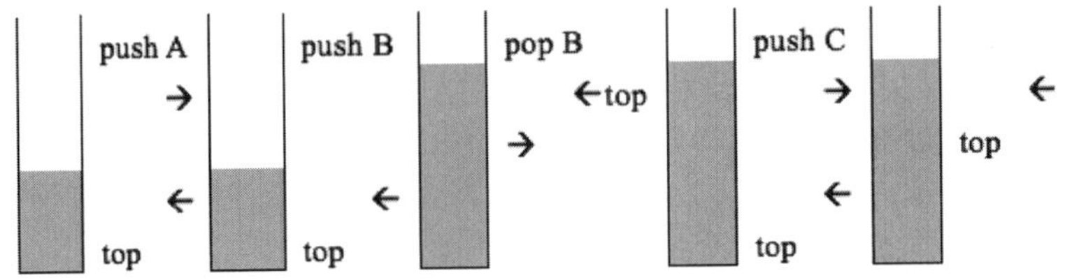

图 2-92　典型堆栈概念的应用

2. 堆栈的运算

堆栈是一种抽象数据类型，具有下列特性：只能从堆栈的顶端访问数据，数据的访问符合“后进先出”的原则，其基本运算如表 2-6 所示。

表 2-6　堆栈的基本运算

运算指令	功能说明
Create	建立一个空堆栈
Push	存放顶端数据，并返回新堆栈
Pop	删除顶端数据，并返回新堆栈
Empty	判断堆栈是否为空堆栈，是则返回 true，不是则返回 false
Full	判断堆栈是否已满，是则返回 true，不是则返回 false

3. 堆栈的数组实现

基本上，堆栈本身可以使用静态数组结构或动态链表结构来实现，只要维持堆栈后进先出与顶端读取数据的两个基本原则即可。当然，以数组结构来制作堆栈的好处是制作与设计的算法都相当简单。下面以数组来模拟堆栈的各种运算。

范例程序：

```
//========================Program Description===================
// 程序名称：CH04_01.java
// 程序目的：用数组模拟堆栈
//============================================================

Import java.io.*;
class StackByArray {            // 以数组模拟堆栈的类声明
private int[ ] stack;           // 在类中声明数组
private int[ ] top;             // 指向堆栈顶端的索引
// StackByArray 类构造函数
public StackByArray (intstack_size) {
stack=new int[stack_size];     // 建立数组
top=-1;
}
// 类方法：push
// 存放顶端数据，并更正新堆栈的内容
```

```
public Boolean push(int data){
if(top>=stack.length) {   // 判断堆栈顶端的索引是否大于数组大小
System.out.println(" 堆栈已满，无法再加入 ");
return false;
}
else{
stack[++top]=data;   将数据存入堆栈
return true;
}
}
// 类方法：empty
// 判断堆栈是否为空堆栈，是则返回 true，不是则返回 false
public Boolean empty(){
if(top==1) return true;
else return false;
}
// 类方法：pop
// 从堆栈取出数据
public int pop() {
if(empty()) {   // 判断堆栈是否为空，如果是，返回 -1 值
return -1;
else
return stack[top--]; // 先将数据取出后，再将堆栈指针往下移
}
}
// 主类的声明
public class CH04_01 {
public static void main(String args[ ]) throws IOException {
BufferedReader buf;
int value;
StackByArray  stack=new StackByArray(10);
buf=new BufferedReader(
new InputStreamReader(system.in));
System.out.println(" 请依次输入 10 个数据：  ");
for(inti=0;i<10;i++) {
value=Integer.parseInt(buf.readLine());
stack.push(value);
}
System.out.println("=========================");
while(!stack.empty())   // 将堆栈数据陆续从顶端弹出
System.out.println(" 堆栈弹出的顺序为 :"+stack.pop());
}
}
```

下面是一个堆栈应用的范例程序，以数组模拟扑克牌洗牌及发牌的过程。以随机数取得扑克牌后放入堆栈，放满 52 张牌后开始发牌，同样使用堆栈功能来发给 4 个人。

范例程序：

```
//========================Program Description==================
// 程序名称：CH04_02.java
// 程序目的：堆栈应用 - 洗牌与发牌的过程
           0~12  梅花
           13~25 方块
           26~38 红桃
           39~51 黑桃
//==============================================================

import java.io.*;
public class CH04_02
{
static int top=-1;
public static void main(String args[ ]) throws IOException
{
int card[ ]=new int[52];
int stack[ ]=new int[52];
inti,j,k=0,test;
char ascVal='H';
int style;
for(i=0;i<52;i++)
card[i]=i;
System.out.println("[ 洗牌中 ...... 请稍后 !]");
while(k<30)
{
for(i=0;i<51;i++)
{
for(j=i+1;j<52;j++)
{
if(((int)(Math.random()*5))==2)
{
test=card[i];     // 洗牌
card[i]=card[j];
card[j]=test;
}
}
}
k++;
}
i=0;
while(i!=52)
{
push(stack,52,card[i]);     // 将 52 张牌推入堆栈
i++;
```

```
}
System.out.println("[逆时针发牌]");
System.out.println("[显示各家牌子] \n 东家\t 北家\t 西家\t  南家");
System.out.println("=========================================")
while(top>=0)
{
style=stack[top]/13;    //计算牌的花色
switch(style)           //牌的花色图示对应
{
case=0;                 //梅花
ascVal='C';
break;
case=1;                 //方块
ascVal='D';
break;
case=2;                 //红桃
ascVal='H';
break;
case=3;                 //黑桃
ascVal='S';
break;
}
System.out.println("["+ ascVal+(stack[top]%13+1)+" ]");
System.out.print('\t');
if(top%4==0)
System.out.println( );
top--;
}
}
public static void push(int stack[ ],int MAX,int val)
{
if(top>=MAX-1)
System.out.println("[堆栈已经满了]");
else
{
top++;
stack[top]=val;
}
}
public static int pop(int stack[ ])
{
if(top<0)
System.out.println("[堆栈已经满了]");
else
top--;
return stack[top];
```

```
}
}
```

4. 堆栈的链表实现

虽然以数组结构来制作堆栈的好处是制作与设计的算法都相当简单，但如果堆栈本身是变动的，数组大小并无法事先规划声明。这时往往必须考虑使用最大可能性的数组空间，这样会造成内存空间的浪费。而用链表来制作堆栈的优点是随时可以动态改变表的长度，但缺点是设计时算法较为复杂。下面以链表来模拟堆栈实现。

范例程序：

```
//========================Program Description==================
// 程序名称：CH04_03.java
// 程序目的：链表制作堆栈
//===============================================================

import java.io,*;

class Node  // 链接节点的声明
{
int data;
Node next;
public Node(int data)
{
this.data=data;
this.next=null;
}
}

class StackByLink
{
public Node front;    // 指向堆栈底端的指针
public Node rear;     // 指向堆栈顶端的指针
// 类方法：isEmpty()
// 判断堆栈如果为空堆栈，则 front==null;
public BooleanisEmpty()
{
return front==null;
}
// 类方法：output_of_Stack( )
// 打印堆栈内容
public void output_of_Stack( )
{
Node current=front;
while(current!=null)
{
```

```
System.out.print("["+current.data+"]");
current=current.next;
}
System.out.println( );
}
// 类方法：output_of_Stack( )
// 在堆栈顶端加入数据
public void insert( int data)
{
Node newNode=new Node(data);
if(this.isEmpty())
{
front=newNode;
rear=newNode;
}
else
{
rear.next=newNode;
rear=newNode;
}
}
// 类方法：output_of_Stack( )
// 在堆栈顶端删除数据
public void pop()
{
Node newNode;
if(this.isEmpty())
{
System.out.print("=== 目前为空堆栈 ==="\n);
return;
}
newNode=front;
if(newNode==rear)
{
front=null;
rear=null;
System.out.print("=== 目前为空堆栈 ==="\n);
}
else
{
while(newNode.next!=rear)
newNode=newNode.next;
newNode.next=rear.next;
rear=newNode;
}
}
```

```
}
class CH04_03
{
public static void main(String args[ ] throws IOException
{
BufferedReader buf;
buf=new BufferedReader(new InputStreamReader(System.in));
StackByLink stack_by_linkedlist=new StackByLink( );
int choice=0;
while(true)
{
System.out.print("(0) 结束 (1) 在堆栈中加入数据 (2) 弹出堆栈数据 :");
choice=Integer.parseInt(buf.readLine( ));
if(choice==2)
{
stack_by_linkedlist.pop();
System.out.println(" 数据弹出后的堆栈内容 :");
stack_by_linkedlist.output_of_Stack();
}
else if(choice==1)
{
System.out.print(" 请输入要加入堆栈的数据 ");
choice=Integer.parseInt(buf.readLine( ));
stack_by_linkedlist.insert(choice);
System.out.print(" 数据加入后的堆栈内容 ");
stack_by_linkedlist.output_of_Stack();
}
else if(choice==0)
break;
else
{
System.out.println(" 输入错误 !!");
}
}
}
}
```

5. 堆栈的应用

堆栈在计算机领域的应用相当广泛，主要特性是限制了数据插入与删除的位置和方法，属于有序表的应用。下面将它的应用列举如下。

①二叉树及森林的遍历运算，如中序遍历 (Inorder)、前序遍历 (Preorder) 等。

②计算机中央处理单元中的中断处理 (Interrupt Handling)。

③图形的深度优先 (DFS) 遍历法。

④某些堆栈计算机 (Stack Computer)，采用零地址 (Zero-address) 指令，其指令没有操作

数字段，大部分通过弹出 (Pop) 及推入 (Push) 两个指令来处理程序。

⑤递归程序的调用及返回。在每次递归之前，必须先将下一个指令的地址及变量的值保存到堆栈中。当以后递归返回时，则依次从堆栈顶端取出这些相关值，回到原来执行递归前的状态，再往下执行。

⑥算术式的转换和求值，如中序法转换成后序法。

⑦调用子程序及返回处理。例如，要执行调用的子程序前，必须先将返回位置（下一个指令的地址）存储到堆栈中，然后再执行调用子程序的操作，等到子程序执行完毕后，再从堆栈中取出返回地址。

⑧编译错误处理 (Compiler Syntax Processing)。例如，当编译程序发生错误或警告信息时，会先将所在的地址推入堆栈中，然后才显示错误相关的信息对照表。

2.2.8 算术表达式的求值法

算术表达式由运算符（+、-、*、/）与操作数（1,2,3,… 及间隔符号）组成。下式为一个典型的算术表达式：

（6*2+5*9）/3

以上表达式的表示法称为中序表示法 (Infix Notation)，这也是一般人所习惯的写法。运算过程中需注意括号内的表达式先进行运算，且需注意运算符的优先权。

由于中序法有优先权与结合性的问题，在计算机编译程序的处理上相当不方便，因此在计算机中解决方法是将它换成后序法（较常用）或前序法。至于表达式种类，如果依据运算符在表达式中的位置，可分为以下 3 种表达式。

（1）中序法（Infix）

< 操作数 1>< 运算符 >< 操作数 2>

例如，2+3、3*5、8-2 等都是中序表示法。

（2）前序法（Prefix）

< 运算符 >< 操作数 1>< 操作数 2>

例如，中序表达式 2+3，前序表达式则为 +23，而 2*3+4*5 的前序表达式则为 +*23*45。

（3）后序法（Postfix）

< 操作数 1>< 操作数 2>< 运算符 >

例如，中序表达式 2+3，后序表达式为 23+，而 2*3+4*5 的后序表达式为 23*45*+。

接下来介绍如何利用堆栈来进行中序、前序与后序 3 种表示法的求值计算。

1. 中序表示法求值

用中序表示法来求值，可按照以下 5 个步骤进行。

步骤 1：建立两个堆栈，分别存放运算符及操作数。

步骤 2：读取运算符时，必须先比较堆栈内的运算符优先权，若堆栈内运算符的优先权较高，则先计算堆栈内运算符的值。

步骤 3：计算时，取出一个运算符及两个操作数进行运算，运算结果直接存回操作数堆栈中，当成一个独立的操作数。

步骤 4：当表达式处理完毕后，一步一步清除运算符堆栈，直到清空堆栈为止。

步骤 5：取出操作数堆栈中的值就是计算结果。

下面就用上述 5 个步骤，求解中序表示法 2+3*4+5 的值。

表达式必须使用两个堆栈分别存放运算符及操作数，并按优先权进行运算。

运算符：			
操作数：			

步骤 1：依序将表达式存入堆栈，遇到两个运算符时先比较优先权再决定是否要先行运算。

运算符：	+		
操作数：	2	3	

步骤 2：遇到运算符“*”，与堆栈中最后一个运算符“+”比较，优先权较高，故存入堆栈。

运算符：	+	*	
操作数：	2	3	4

步骤 3：遇到运算符“+”，与堆栈中最后一个运算符“*”比较，优先权较低，故先计算运算符“*”的值。取出运算符“*”及两个操作数进行运算，运算完毕则存回操作数堆栈。

运算符：	+		
操作数：	2	(3*4)	

步骤 4：把运算符“+”及操作数 5 存入堆栈，等表达式完全处理后，开始进行清除堆栈内运算符的操作，等运算符清理完毕后结果也就完成了。

运算符：	+	+	
操作数：	2	(3*4)	5

步骤 5：取出一个运算符及两个操作数进行运算，运算完毕存入操作数堆栈。

运算符：

+		

操作数：

2	（3*4）+5	

完成：取出一个运算符及两个操作数进行运算，运算完毕存入操作数堆栈，直到清空运算符堆栈为止。

2. 前序表示法求值

使用前序表示法求值的好处是不需要考虑括号及优先权的问题，所以直接使用一个堆栈来处理表达式即可，不需要把操作数及运算符分开处理。下面来实现前序表达式 +*23*45 使用堆栈计算的步骤。

前序表达式堆栈：

+	*	2	3	*	4	5

步骤 1：从堆栈中取出元素 5 和 4。

前序表达式堆栈：

+	*	2	3	*		

操作数堆栈：

5	4					

步骤 2：从堆栈中取出元素，遇到运算符则进行运算，结果存回操作数堆栈。

前序表达式堆栈：

+	*	2	3			

操作数堆栈：

5*4						

步骤 3：从堆栈中取出元素 3 和 2。

前序表达式堆栈：

+	*					

操作数堆栈：

20	3	2				

步骤 4：从堆栈中取出元素，遇到运算符则从操作数堆栈中取出两个操作数进行运算，运算结果存回操作数堆栈。

前序表达式堆栈：

+						

操作数堆栈：

20	3*2					

完成：把堆栈中最后一个运算符取出，从操作数堆栈中取出两个操作数进行运算，运算结果存回操作数堆栈。最后取出操作数堆栈中的值即为运算结果。

前序表达式堆栈：							

操作数堆栈：	20+6						

3. 后序表示法求值

后序表示法具有和前序表示法类似的好处，它没有优先权的问题，而且可以直接在计算机上进行运算，不需先将全部数据放入堆栈再读回。另外，后序表示法使用循环直接读取表达式，如果遇到运算符就从堆栈中取出操作数进行运算。下面来实现后序表达式 23*45*+ 的求值运算。

步骤 1：直接读取表达式，遇到运算符则进行运算。放入 2 及 3 后取回“*”，这时取回堆栈内两个操作数进行运算，运算完毕后将结果放回堆栈中。

操作数堆栈：	2	3					

步骤 2：放入 4 及 5，遇到运算符“*”，取回两个操作数进行运算，运算完后将结果放回堆栈中。

操作数堆栈：	6	20					

完成：最后取回运算符“+”，重复上述步骤。

操作数堆栈：	20+6						

2.2.9 队列

1. 认识队列

同样可以使用数组或链表来建立一个队列。不过堆栈只需要一个 top，指针指向堆栈顶，而队列则必须使用 front 和 rear 两个指针分别指向前端和尾端，如图 2-93 所示。

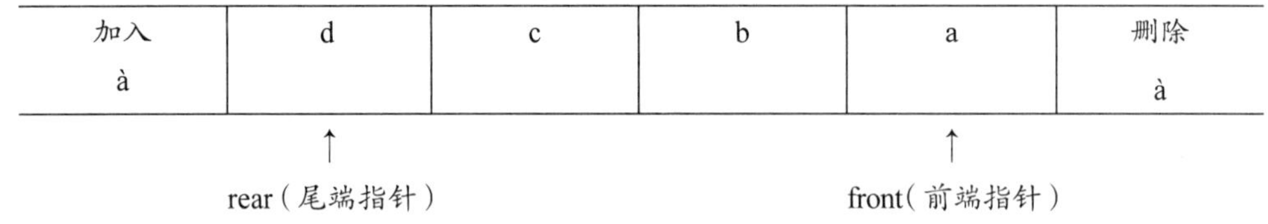

图 2-93 队列

2. 队列的运算

由于队列是一种抽象数据类型，具有下列特性：先进先出 (FIFO)，拥有两种基本操作，即加入与删除，而且使用 front 和 rear 两个指针来分别指向队列的前端与尾端，其基本运算如表 2-7 所示。

表 2-7 队列的基本运算

运算指令	功能说明
Create	建立空队列
Add	将新数据加入队列的尾端，返回新队列
Delete	删除队列前端的数据，返回新队列
Front	返回队列前端的值
Empty	若队列为空集合，返回 true，否则返回 false

3. 队列的数组实现

下面简单地实现队列的工作运算，其中队列声明为 queue[20], 且一开始 front 和 rear 均预设为 -1（因为 Java 语言数组的索引从 0 开始），表示空队列。加入数据时可输入 1；要取出数据时可输入 2，将会直接打印队列前端的值；要结束可输入 3。

范例程序：

```
//===========================Program Description================
// 程序名称：CH05_01.java
// 程序目的 : 实现队列数据的存入和取出
//==============================================================

import java.io.*;
public class CH05_01
{
public static int front=-1,rear=-1,max=20;
public static int val;
public static char ch;
public static int queue[ ]=new int [max]
public static void main(String args[ ]) throws IOException
{
String strM;
int M=0;
BufferedReader keyin= new BufferedReader( new InputStreamReader(System.in));
while(rear<max-1 && M!=3)
{
System.out.print("[1] 存入一个数值 [2] 取出一个数值 [3] 结束 : ");
strM= keyin.readLine( );
M=Integer.parseInt(strM);
switch(M)
{
case 1:
System.out.print("\n[ 请输入数值 ]: ");
strM= keyin.readLine( );
val= Integer.parseInt(strM);
rear++;
```

```
queue[rear]=val;
break;
case2:
if(rear>front)
{
front++;
System.out.print("\n[ 取出数值为 ]: ["+queue[front]+"]"+"\n");
queue[front]=0;
}
else
{
System.out.print("\n[ 队列已经空了 ]\n");
break;
}
break;
default:
System.out.print("\n");
break;
}
}
if(rear==max-1)  System.out.print("\n[ 队列已经满了 ]\n");
System.out.print("\n[ 目前队列中的数据 ]: ");
if(front>=rear)
{
System.out.print(" 没有 \n");
System.out.print("\n[ 队列已经空了 ]\n");
}
else
{
while(rear>front)
{
front++;
System.out.print("["+queue[front]+"]");
}
System.out.print("\n");
}
}
}
```

经过以上有关队列数组的实现与说明过程，发现在队列中加入与删除数据时，因为队列需要两个指针 front、rear 来指向它的底部和顶端，当 rear=*n*（0 队列容量）时，会产生一个小问题，如表 2-8 所示。

表 2-8　队列的加入与删除数据

事件说明	front	rear	Q(1)	Q(2)	Q(3)	Q(4)
空队列 Q	0	0				
data1 进入	0	1	data1			
data2 进入	0	2	data1	data2		
data3 进入	0	3	data1	data2	data3	
data1 离开	1	3		data2	data3	
data4 进入	1	4		data2	data3	data4
data2 离开	2	4			data3	data4
data5 进入					data3	data4

↑
data5 无法进入

从表 2-8 中可以发现，队列中实际还有 Q(1) 和 Q(2) 两个空间，因为 rear=*n*(*n*=4), 所以会认为队列已满 (Queue-Full)，新的数据 data5 不能再加入。这时可以将队列中的数据往前挪移，移出空间让新数据加入，如图 2-94 所示。

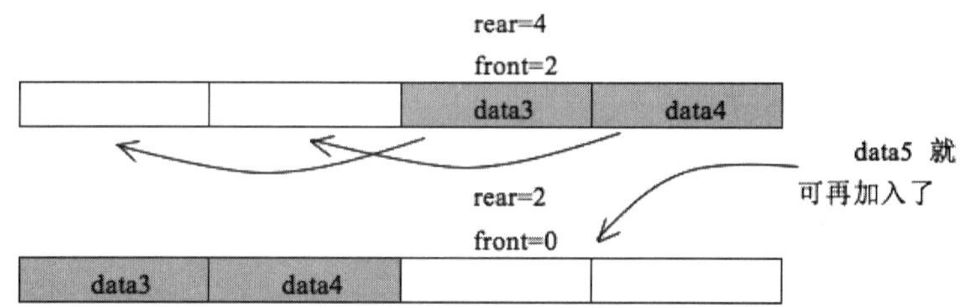

图 2-94　数据的加入

该方法虽然可以解决队列空间浪费的问题，但如果队列中的数据过多，将会造成时间的浪费，如图 2-95 所示。

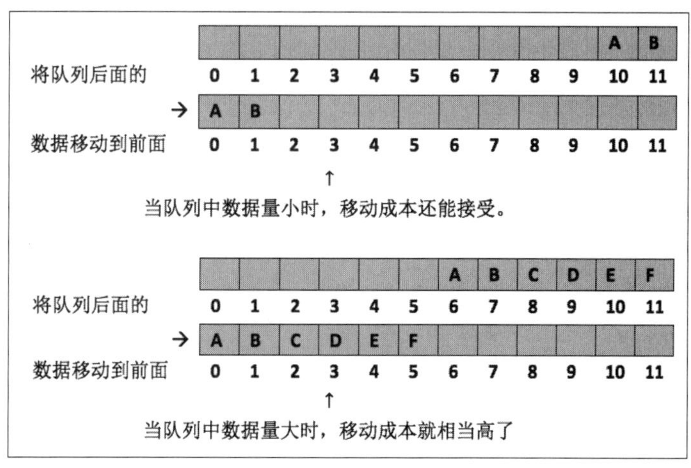

图 2-95　队列的数据移动

4. 队列的链表实现

队列除了能以数组方式实现外，还可以用链表实现。在声明队列类时，除了与队列类相关的方法外，还必须有指向队列前端及队列尾端的指针，即 front 和 rear。

范例程序：

```
//============================Program Description=================
// 程序名称：CH05_02.java
// 程序目的：实现以链表建立队列
//===============================================================

import java.io.*;
class QueueNode         // 队列节点类
{
int data;               // 节点数据
QueueNode next;         // 指向下一个节点
// 构造函数
public QueueNode(int data) {
this.data=data;
next=null;
}
};

class Linked_List_Queue{        // 队列表
public QueueNode front;         // 队列的前端指针
public QueueNode rear;          // 队列的尾端指针

// 构造函数
public Linked_List_Queue( ) { front=null ;rear=null; }

// 方法 enqueue：队列数据的存入
public Boolean enqueue(int value) {
QueueNode node=new QueueNode(value); // 建立节点
// 检查是否为空队列
if(rear==null)
front=node;             // 新建立的节点成为第一个节点
else
rear.next=node;         // 将节点加入队列的尾端
rear=node;              // 将队列的尾端指针指向新加入的节点
return true;
}

// 方法 dequeue：队列数据的取出
public int dequeue( ) {
int value;
// 检查队列是否为空队列
```

```
if(!(front==null){
if(front==rear) rear=null;
value=front.data;  // 将队列数据取出
front=front.next;    // 将队列的前端指针指向下一个
return value;
}
else return -1;
}
}  // 队列类声明结束

public class CH05_02{
// 主程序
public static void main(String args[ ] )throws IOException {
Linked_List_Queue queue =new Linked_List_Queue( ); // 建立队列对象
int temp;
System.out.println(" 以链表来实现队列 ");
System.out.println("=========================================");
System.out.println(" 在队列前端加入第 1 个数据，此数据值为 1");
queue.enqueue(1);
System.out.println(" 在队列前端加入第 2 个数据，此数据值为 3");
queue.enqueue(3);
System.out.println(" 在队列前端加入第 3 个数据，此数据值为 5");
queue.enqueue(5);
System.out.println(" 在队列前端加入第 4 个数据，此数据值为 7");
queue.enqueue(7);
System.out.println(" 在队列前端加入第 5 个数据，此数据值为 9");
queue.enqueue(9);
System.out.println("=========================================");
while(true) {
if(!(queue.front==null)) {
temp=queue.dequeue( );
System.out.println(" 从队列前端依序取出的元素数据值为： "+temp);
}
else
break;
}
System.out.println( );
}
}
```

5. 队列的应用

队列在计算机领域中的应用相当广泛，常见的包括以下 3 个方面。

①图形遍历中的广度优先搜索法（BFS），就是利用队列。

②可用于计算机模拟（Simulation）。在模拟过程中，由于各种事件的输入时间不一定，可以利用队列来反映真实状况。

③可用于 CPU 的工作调度（Job Scheduling）。利用队列来处理，可达到“先到先做”的要求。

例如，“外围设备脱机批处理系统”的应用就是让输出输入的数据先在高速磁盘驱动器完成，把磁盘当成一个大型的工作缓冲区，不仅可让输出 / 输入操作快速完成，也缩短了系统响应的时间，接下来将磁盘数据输出到打印机由系统软件来负责，这也是应用了队列的工作原理。

6. 环形队列

前面提到的线性队列中有空间浪费的问题，其实除了移动数据外，利用环形队列也可以解决。基本上，环形队列就是一种环形结构的队列，它是 Q（0:n−1）的一组数组，同时 Q(0) 为 Q(n−1) 的下一个元素。

如图 2-96 所示，指针 front 永远以逆时针方向指向队列中第一个元素的前一个位置，指针 rear 则指向队列当前的最后位置。刚开始时，front 和 rear 指针均预设为 −1，表示为空队列，也就是说，如果 front=rear 则为空队列。

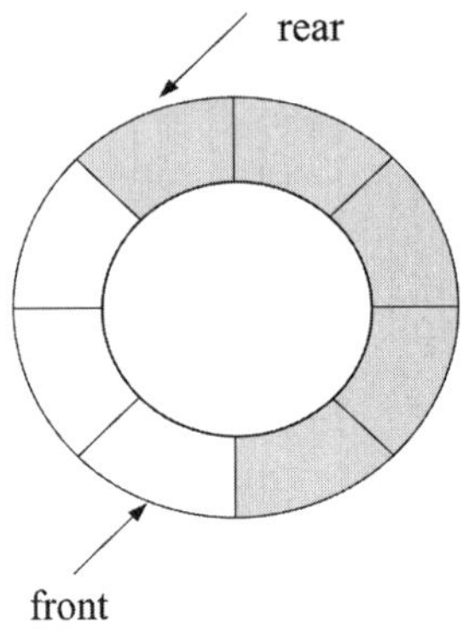

图 2-96　环形队列

之所以将指针 front 指向队列中第一个元素的前一个位置，原因是环形队列为空队列和满队列时，指针 front 和 rear 都会指向同一个地方，便无法利用 front 是否等于 rear 来判断当前到底是空队列还是满队列。

为了解决此问题，仅允许队列最多只能存放 n−1 个数据（牺牲最后一个空间），当 rear 指针的下一个是 front 的位置时，就认定队列已满，无法再将数据加入，如图 2-97 所示。

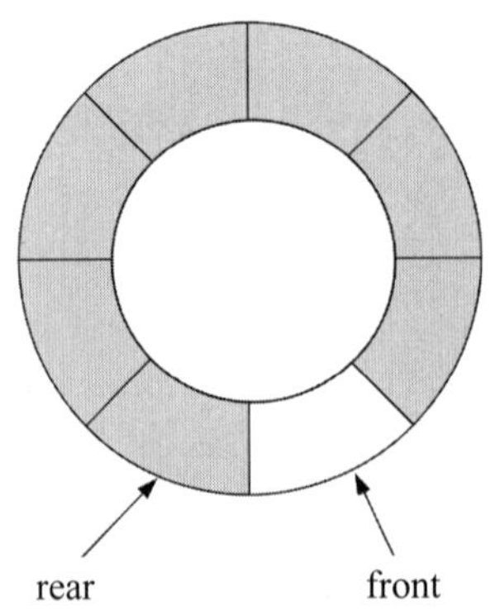

图 2-97　填满的环形队列

环形队列的整个过程如图 2-98 所示。

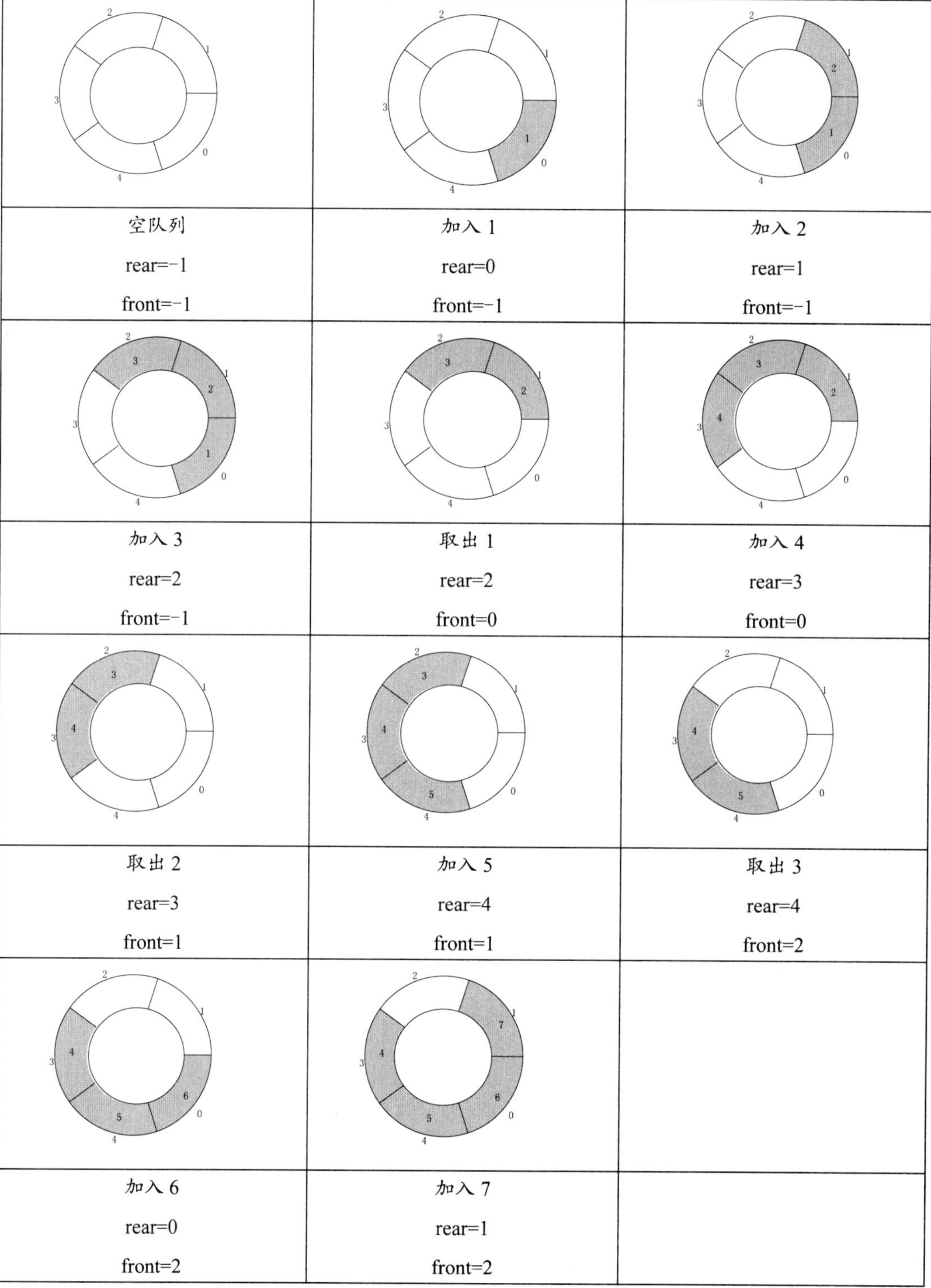

图 2-98 环形队列的整个过程

下面以 Java 语言来实现一个环形队列的运算。当要取出数据时可输入 0，要结束时可输入 −1。

范例程序：

```
//========================Program Description=================
// 程序名称：CH05_03.java
// 程序目的：实现环形队列数据的存入和取出
//==========================================================

import java.io.*;
public class CH05_03
{
public static int front=-1,rear=-1,val;
public static int queue[ ]=new int[5];
public static void main(String args[ ]) throws IOException
{
String strM;
BufferedReader keyin= new BufferedReader(new InputStreamReader(System.in));
while(rear<5 && val!=-1)
{
System.out.print(" 请输入一个值已存入队列，要取出值请输入 0。（结束输入 -1）： ");
strM=keyin.readLine( );
val=Integer.parseInt(strM);
if(val==0)
{
if(front==rear)
{
System.out.print("[ 队列已经空了 ]\n");
break;
}
front++;
if(front==5)
front=0;
System.out.print(" 取出队列值 ["+queue[front]+"] \n");
queue[front]=0;
}
else if (val!=-1 && rear<5)
{
if(rear+1==front || rear==4 && front<=0)
{
System.out.print("[ 队列已经满了 ]\n");
break;
}
rear++;
if(rear==5)
rear=0;
```

```
queue[rear]=val;
}
}
System.out.print("\n 队列剩余数据 : \n");
if(front==rear)
System.out.print(" 队列已空 !!\n");
else
{
while(front!=rear)
{
front++;
if(front==5)
front=0;
System.out.print("["+queue[front]+"]");
queue[front]=0;
}
}
System.out.print("\n");
}
}
```

7. 优先队列

优先队列（Priority Queue）是一种不必遵守队列特性——FIFO(先进先出)的有序表，其中的每一个元素都赋予一个优先权，加入元素时可任意加入，但有最高优先权者(Highest Priority Out First,HPOF)则最先输出。就像医院的急诊室，将最严重的病患优先诊治，与医院挂号的顺序无关。在计算机的CPU工作调度中，优先权调度(Priority Scheduling,PS)就是一种挑选任务的“调度算法”(Scheduling Algorithm)，也会用到优先队列，级别高的用户就比一般用户拥有较高的权利。假设有P1、P2、P3、P4这4个任务，在很短的时间内先后到达等待队列，每个任务所需运行时间如表2-9所示。

表2-9 队列中的任务运行时间

任务名称	各任务所需的运行时间
P1	30
P2	40
P3	20
P4	10

在此设定P1、P2、P3、P4的优先次序值分别为2、8、6、4（此处数值越小，优先权越低；数值越大，优先权越高），图2-99所示为以甘特图（Gantt Chart）绘制优先权调度的情况。

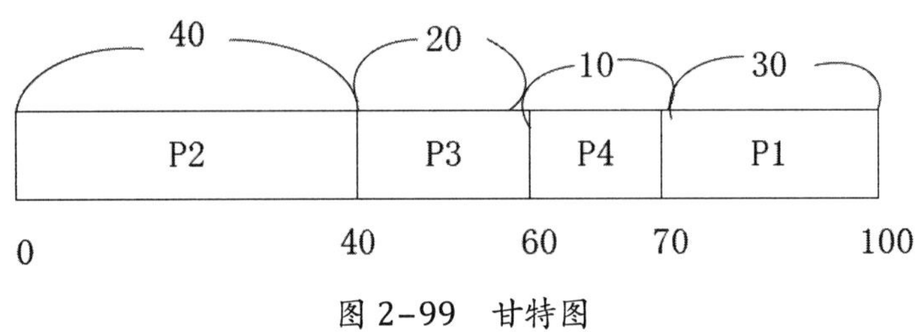

图 2-99　甘特图

值得注意的是，当各元素以输入先后次序为优先权时，此队列就是一般的队列；假如不是以输入先后次序作为优先权时，此优先队列即为堆栈。

8. 双向队列

双向队列 (Double-ends Queues) 是一种前后两端都可输入或取出数据的有序表，如图 2-100 所示。

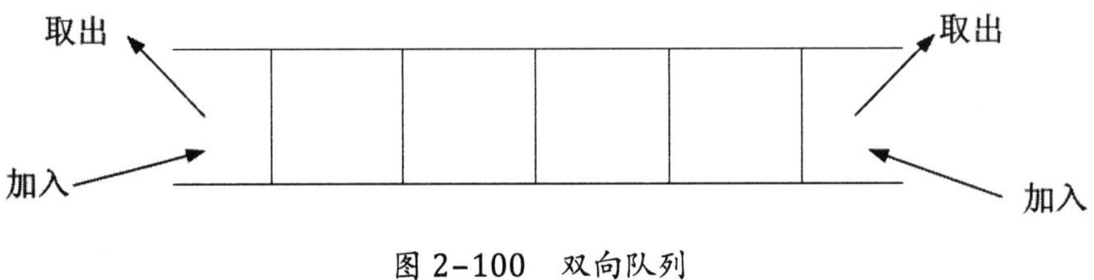

图 2-100　双向队列

在双向队列中仍然使用两个指针，分别指向加入和取回端。只是加入和取回数据时，指针所扮演的角色不再是固定的加入或取回，而且两边的指针都向队列中央移动，其他部分则与一般队列无异。

假设尝试利用双向队列输入 1、2、3、4、5、6、7 这 7 个数字，试问是否能够得到 5174236 的输出队列？由于输入 1、2、3、4、5、6、7 且要输出 5174236，因此可得出图 2-101 所示的队列。

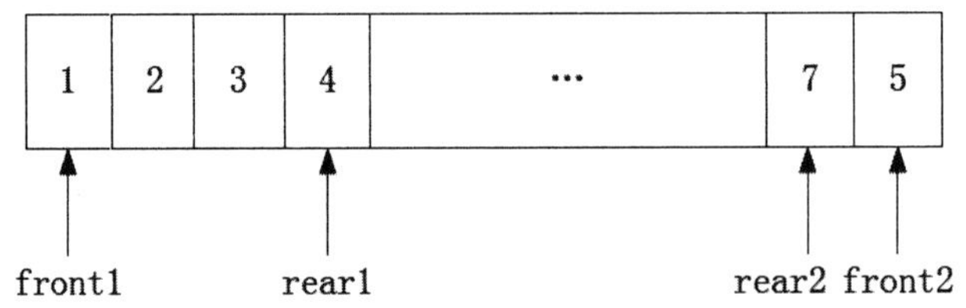

图 2-101　利用双向队列输入 7 个数字

因为要输出 5174236，6 为最后一位，所以可得出图 2-102 所示的队列。

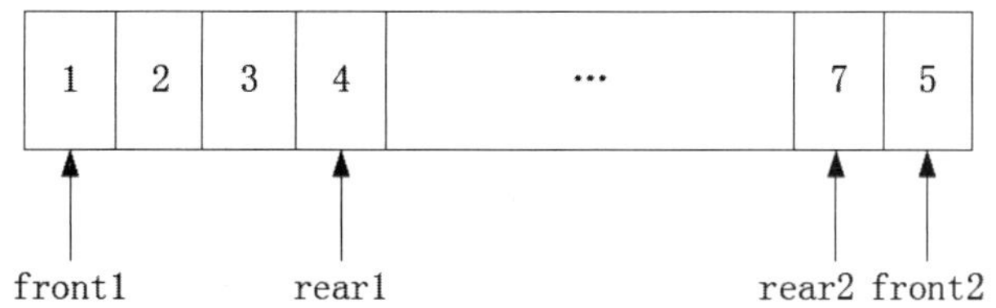

图 2-102　输出 5174236，6 为最后一位

由图 2-102 得知，无法输出 5174236 的排列。

范例程序：

```
//=========================Program Description=================
// 程序名称：CH05_04.java
// 程序目的 ：输入限制性双向队列
//============================================================

import java.io*;
class QueueNode                              // 队列节点类
{
int data;                                    // 节点数据
QueueNode  next;                             // 指向下一个节点
// 构造函数
public QueueNode(int data) {
this.data=data;
next=null;
}
};

class Linked_List_Queue {                    // 队列类
public QueueNode front;                      // 队列的前端指针
public QueueNode rear;                       // 队列的尾端指针

// 构造函数
public Linked_List_Queue( ) { front=null; rear=null; }

// 方法 enqueue: 队列数据的存入
public Boolean enqueue (int value) {
QueueNode node=new QueueNode(value);   // 建立节点
// 检查是否为空队列
if(rear==null)
front=node;                                  // 新建立的节点成为第一个节点
else
rear.next=node;                              // 将节点加入队列的尾端
rear=node;                                   // 将队列的尾端指针指向新加入的节点
return true;
}
```

```
// 方法 dequeue: 队列数据的取出
public int dequeue(int action) {
int value;
QueueNode tempNode,startNode;
// 从前端取出数据
if(!(front==null)) && action==1) {
if(front==rear) rear=null;
value=front.data;        // 将队列数据从前端取出
front=front.next;            // 将队列的前端指针指向下一个
return value;  }
// 从尾端取出数据
else if(!=(rear==null) && action==2){
startNode=front;     // 先记下前端的指针值
value=rear.data;     // 取出目前尾端的数据
// 找寻最尾端节点的前一个节点
tempNode=front;
while(front.next!=rear && front.next!=null)
{ front=front.next; tempNode=front;}
front=startNode;    // 记录从尾端取出数据后的队列前端指针
rear=tempNode;    // 记录从尾端取出数据后的队列尾端指针
// 下一个程序是指当队列中仅剩下最后节点时，取出数据后便将 front 及 rear 指向 null
if((front.next==null) || (rear.next==null)) { front=null;rear=null;}
return value; }
else return -1;
}
}  // 队列类声明结束

public class CH05_04{
// 主程序
public static void main(String args[ ]) throws IOException {
Linked_List_Queue queue=new Linked_List_Queue( );     // 建立队列对象
int temp;
System.out.println(" 以链表来实现双向队列 ");
System.out.println("====================================");
System.out.println(" 在双向队列前端加入第 1 个数据，此数据值为 1");
queue.enqueue(1);
System.out.println(" 在双向队列前端加入第 2 个数据，此数据值为 3");
queue.enqueue(3);
System.out.println(" 在双向队列前端加入第 3 个数据，此数据值为 5");
queue.enqueue(5);
System.out.println(" 在双向队列前端加入第 4 个数据，此数据值为 7");
queue.enqueue(7);
System.out.println(" 在双向队列前端加入第 5 个数据，此数据值为 9");
queue.enqueue(9);
System.out.println("====================================");
```

```
temp=queue.dequeue(1);
System.out.println(" 从双向队列前端依序取出的元素数据值为： " +temp);
temp=queue.dequeue(2);
System.out.println(" 从双向队列尾端依序取出的元素数据值为： " +temp);
temp=queue.dequeue(1);
System.out.println(" 从双向队列前端依序取出的元素数据值为： " +temp);
temp=queue.dequeue(2);
System.out.println(" 从双向队列尾端依序取出的元素数据值为： " +temp);
temp=queue.dequeue(1);
System.out.println(" 从双向队列前端依序取出的元素数据值为： " +temp);
System.out.println();
}
}
```

2.3 难题解释

2.3.1 两个数字相加

1. 题目

给出表示两个非负整数的非空链表，它们的每个节点都包含一个数字，数字以相反的顺序存储。添加两个数字，并作为链表返回。

假设这两个数字不包含任何前导零，但数字 0 本身除外。

输入：(2 → 4 → 3) + (5 → 6 → 4)

输出：7 → 0 → 8

解释：342 + 465 = 807

2. 画图思考

使用变量跟踪进位，并从链表的头部开始，以最小有效数字来模拟位数和总数。如图 2-103 所示，增加两个数字的可视化：342 + 465 = 807。

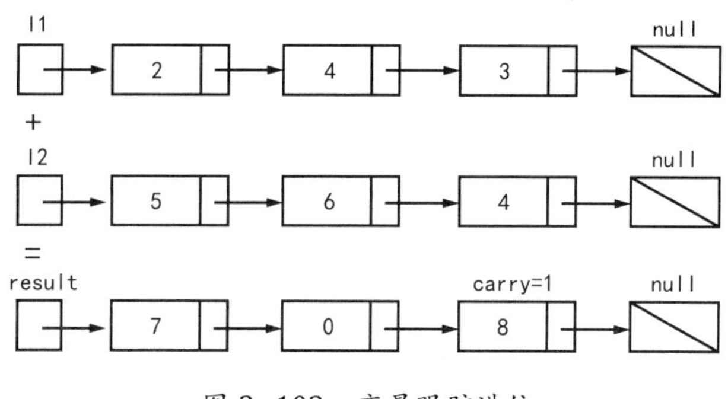

图 2-103　变量跟踪进位

3. 思路详解

就像将一张纸上的两个数字相加一样，首先将最低有效数字相加，即 l1 和 l2 的开头。由于每个数字都在 0~9 的范围内，两个数字相加可能会“溢出”，如 5 + 7 = 12。在这种情况下，将当前数字设置为 2，并将进位 1 带入下一个迭代。进位必须是 0 或 1，因为两个数字（包括进位）的最大可能总和是 9 + 9 + 1 = 19。

伪代码如下。

①将当前节点初始化为返回链表的虚拟头。

②将进位初始化为 0。

③将 p 和 q 分别初始化为 l1 和 l2 的头。

④循环查看列表 l1 和 l2，直至到达两端。

⑤将 x 设置为节点 p 的值。如果 p 已到达 l1 的末尾，则设置为 0。

⑥将 y 设置为节点 q 的值。如果 q 已到达 l2 的末尾，则设置为 0。

⑦设置总和 = $x + y$ + 进位。

⑧更新进位 = 总和 / 10。

⑨创建一个数字值为 sum mod 10 的新节点，并将其设置为当前节点的下一个节点，然后将当前节点推进到下一个节点。

⑩同时提高 p 和 q。

⑪检查进位是否为 1，如果是，则在返回链表中追加一个带有数字 1 的新节点。

⑫返回虚拟磁头的下一个节点。

注意，这里使用虚拟头来简化代码。如果没有虚拟头，则必须编写额外的条件语句来初始化头部的值。特别注意表 2-10 所示的情况。

表 2-10　测试例子及解释

测试例子	解释
l1=[0,1] l2=[0,1,2] l2=[0,1,2]	一个列表比另一个长
l1=[] l2=[0,1]	当一个列表为 null 时，这意味着一个空列表
l1=[9,9] l2=[1]	总数在最后可能有一个额外的进位，这很容易忘记

4. 代码

```
public ListNode addTwoNumbers(ListNode l1, ListNode l2) {
ListNode dummyHead = new ListNode(0);
ListNode p = l1, q = l2, curr = dummyHead;
```

```
    int carry = 0;
        while (p != null || q != null) {
    int x = (p != null) ? p.val : 0;
    int y = (q != null) ? q.val : 0;
    int sum = carry + x + y;
            carry = sum / 10;
    curr.next = new ListNode(sum % 10);
    curr = curr.next;
            if (p != null) p = p.next;
            if (q != null) q = q.next;
        }
        if (carry > 0) {
    curr.next = new ListNode(carry);
        }
        return dummyHead.next;
    }
```

2.3.2 寻找两个数组的中间数

1. 题目

有两个大小为 m 和 n 的排序数组 nums1 和 nums2，找到两个排序数组的中间数。整体运行时间复杂度应该为 O（log（$m+n$））。

示例 1：

```
nums1 = [1,3]
nums2 = [2]
```

中间数为 2.0。

示例 2：

```
nums1 = [1,2]
nums2 = [3,4]
```

中间数为（2 + 3）/ 2 = 2.5。

2. 思路详解

要解决这个问题，需要了解“中间数的用途是什么”。在统计中，中间数用于将一个集合分成两个相等长度的子集，即一个子集总是大于另一个子集。

首先把 A 分成两部分。

```
        left_A             |          right_A
  A[0],A[1],...,A[i-1]     |  A[i],A[i+1],...,A[m-1]
```

由于 A 有 m 个元素，因此有 m + 1 种切割方法（i = 0~m）。大家知道：len（left_A）= i，len（right_A）= $m-i$。注意：当 i = 0 时，left_A 是空的，当 $i=m$ 时，right_A 是空的。

以同样的方式，在随机位置 j 将 B 切成两部分。

```
     left_B                    |          right_B
B[0],B[1],...,B[j-1]    |  B[j],B[j+1],...,B[n-1]
```

把 left_A 和 left_B 放入一个集合，并把 right_A 和 right_B 放到另一个集合中。并将它们命名为 left_part 和 right_part。

```
     left_part                 |          right_part
A[0],A[1],...,A[i-1]    |  A[i],A[i+1],...,A[m-1]
B[0],B[1],...,B[j-1]    |  B[j],B[j+1],...,B[n-1]
```

如果能保证：

```
len(left_part)== len(right_part)
max(left_part)<= min(right_part)
```

而且把 {A，B} 中的所有元素分成长度相等的两部分，其中一部分总是大于另一部分。那么 median =（max（left_part）+ min（right_part））/ 2。

为了确保这两个条件，只需要保证：

① $i + j == m - i + n - j$（或 $m - i + n - j + 1$）

如果 $n> = m$，只需要设置 $i = 0\sim m$，$j =（m + n + 1）/ 2 - i$。

② B [j−1] <= A [i] 和 A [i−1] <= B [j]

为简单起见，即使 $i = 0$, $i = m$, $j = 0$, $j = n$，并假设 A [i−1]、B [j−1]、A [i]，B [j]。最后会介绍如何处理这些边缘值。

为什么 $n> = m$？因为 $0 <= i <= m$ 且 $j =（m + n + 1）/ 2-i$，所以必须确定 j 是非感性的。如果 $n <m$，那么 j 可能是不好的，那会导致错误的结果。

所以需要做的如下。

在 [0，m] 中搜索，找到一个对象“i”。

B [j−1] <= A [i] 和 A [i−1] <= B [j]（其中 $j =（m + n + 1）/ 2-i$）

可以按照以下 3 个步骤进行二进制搜索。

<1> 设置 imin = 0，imax = m，然后开始搜索 [imin，imax]。

<2> 设定 i =（imin + imax）/ 2，$j =（m + n + 1）/ 2-i$。

<3> 现有 len（left_part）== len（right_part），且只有以下 3 种情况。

可能遇到：

<a> B [j−1] <= A [i] 和 A [i−1] <= B [j]

意思是已经找到了对象“i”，所以停止搜索。

<b> B [j−1]> A [i]

意思是 A [i] 太小了。必须让 i 得到 B [j−1] <= A [i]。

可以增加 i 吗?

可以。因为当 i 增加时，j 会减少。

所以 B [j−1] 减少，A [i] 增加，B [j−1] <= A [i] 可能满足条件。

可以减少 i 吗?

不可以！因为当 i 减少时，j 会增加。

所以 B [j−1] 增加，A [i] 减少，B [j−1] <= A [i] 永远不会满足条件。

因此，必须增加 i。也就是说，必须调整搜索范围 [i + 1，imax]。设置 imin = i + 1，然后转到 <2>。

<c> A [i−1]> B [j]

意思是 A [i−1] 太大了，必须减少 i，得到 A [i−1] <= B [j]。

也就是说，必须把搜索范围调整到 [imin，i−1]。

设置 imax = i−1，然后转到 <2>。

当找到对象 i 时，中间数是：

max（A [i−1]，B [j−1]）（当 $m + n$ 是奇数时）

或（max（A [i−1]，B [j−1]）+ min（A [i]，B [j]））/ 2（当 $m + n$ 偶数时）。

现在考虑边缘值 i = 0、$i = m$、j = 0，$j = n$，其中 A [i−1]、B [j−1]、A [i]、B [j] 可能不存在。其实这种情况比想象的要容易得多。

这里需要做的是确保 max（left_part）<= min（right_part）。因此，如果 i 和 j 不是边缘值（意味着 A [i−1]、B [j−1]、A [i]、B [j] 都存在），那么必须检查 B [j−1] <= A [i] 和 A [i−1] <= B [j]。但是如果 A [i−1]、B [j−1]、A [i]、B [j] 中的一些不存在，那么不需要检查这两个条件中的一个（或两个）。例如，如果 i = 0，A [i−1] 不存在，那么不需要检查 A [i−1] <= B [j]。所以，需要做的如下。

在 [0，m] 中搜索 i，找到一个对象“i”：

（j == 0 或 $i == m$ 或 B [j−1] <= A [i]）和（i == 0 或 $j == n$ 或 A [i−1] <= B [j]）。

其中 j =（$m + n$ + 1）/ 2−i。

而在搜索循环中，只会遇到 3 种情况。

<a>（j == 0 或 $i == m$ 或 B [j−1] <= A [i]）和（i == 0 或 $j = n$ 或 A [i−1] <= B [j] ）意思是 i 是完美的，故可以停止搜索。

<b> j> 0、$i < m$ 和 B [j − 1]> A [i] 意思是 i 太小了，必须增加它。

<c> i> 0、$j < n$ 和 A [i − 1]> B [j] 意思是 i 太大了，必须减少它。

$i < m ==> j > 0$ 和 $i > 0 ==> j < n$。因为

$m <= n, i < m ==> j = (m+n+1)/2 - i > (m+n+1)/2 - m >= (2*m+1)/2 - m >= 0$

$m <= n, i > 0 ==> j = (m+n+1)/2 - i < (m+n+1)/2 <= (2*n+1)/2 <= n$

所以在情况 <b> 和 <c> 中，不需要检查 $j>0$ 和 $j<n$。

3. 代码

（1）Java 版本

```
class Solution {
    public double findMedianSortedArrays(int[] A, int[] B) {
        int m = A.length;
        int n = B.length;
        if (m > n) { // to ensure m<=n
            int[] temp = A; A = B; B = temp;
            int tmp = m; m = n; n = tmp;
        }
        int iMin = 0, iMax = m, halfLen = (m + n + 1) / 2;
        while (iMin <= iMax) {
            int i = (iMin + iMax) / 2;
            int j = halfLen - i;
            if (i < iMax && B[j-1] > A[i]){
                iMin = iMin + 1; // i is too small
            }
            else if (i > iMin && A[i-1] > B[j]) {
                iMax = iMax - 1; // i is too big
            }
            else { // i is perfect
                int maxLeft = 0;
                if (i == 0) { maxLeft = B[j-1]; }
                else if (j == 0) { maxLeft = A[i-1]; }
                else { maxLeft = Math.max(A[i-1], B[j-1]); }
                if ( (m + n) % 2 == 1 ) { return maxLeft; }
                int minRight = 0;
                if (i == m) { minRight = B[j]; }
                else if (j == n) { minRight = A[i]; }
                else { minRight = Math.min(B[j], A[i]); }
                return (maxLeft + minRight) / 2.0;
            }
        }
        return 0.0;
    }
}
```

（2）Python 版本

```
def median(A, B):
    m, n = len(A), len(B)
    if m > n:
        A, B, m, n = B, A, n, m
    if n == 0:
```

```
        raise ValueError

    imin, imax, half_len = 0, m, (m + n + 1) / 2
    while imin <= imax:
        i = (imin + imax) / 2
        j = half_len - i
        if i < m and B[j-1] > A[i]:
            # i is too small, must increase it
            imin = i + 1
        elif i > 0 and A[i-1] > B[j]:
            # i is too big, must decrease it
            imax = i - 1
        else:
            # i is perfect

            if i == 0: max_of_left = B[j-1]
            elif j == 0: max_of_left = A[i-1]
            else: max_of_left = max(A[i-1], B[j-1])

            if (m + n) % 2 == 1:
                return max_of_left

            if i == m: min_of_right = B[j]
            elif j == n: min_of_right = A[i]
            else: min_of_right = min(A[i], B[j])
            return (max_of_left + min_of_right) / 2.0
```

2.3.3 查找字符串中最长非重复的子字符串

1. 题目

给定一个字符串，查找最长子字符串的长度且不重复字符。

示例如下。

给定“abcdbb”，答案是“abc”，长度为 3。

给定“bbbb”，答案是“b”，长度为 1。

给定“pwwkew”，答案是“wke”，长度为 3。请注意，答案必须是子字符串，“pwke”是子序列，而不是子字符串。

2. 思路详解

大家可以定义字符到其索引的映射，而不是使用集合来判断字符是否存在。当发现重复的字符时，可以立即跳过这些字符。

原因是，如果 s [*j*] 在 [*i,j*] 与指数 *j'* 的范围内有一个重复，就不需要一点一点地增加 *i*。可以跳过 [*i,j'*] 范围内的所有元素，直接成为 *j'* +1。

3. 代码

```
public class Solution{
public int lengthOfLongestSubstring(String s){
int n =s.length(),ans= 0;
Map<Character, Integer> map =newHashMap<>();// current index of character
// try to extend the range [i, j]
for(int j = 0,i= 0; j < n;j++){
if(map.containsKey(s.charAt(j))){
i=Math.max(map.get(s.charAt(j)),i);
}
ans=Math.max(ans, j -i+ 1);
map.put(s.charAt(j), j + 1);
}
return ans;
}
}
```

2.3.4 合并两个链表

1. 题目

合并两个已排序的链接列表并将其作为新列表返回。新列表应通过将前两个列表的节点拼接在一起来完成。

示例：

输入“1→2→4，1→3→4”

输出“1→1→2→3→4→4”。

2. 思路详解

大家可以递归地在两个链表上定义合并操作的结果，如下所示。

$$\begin{cases} \text{list1[0]+merge(list1[1:],list2)} & \text{list1[0]<list2[0]} \\ \text{list2[0]+merge(list1,list2[1:])} & \text{其他} \end{cases}$$

可以直接对上述重现进行建模，首先考虑边缘情况。具体而言，如果 l1 或 l2 中的任何一个初始值为空，则不会执行合并，因此只返回非空列表。否则，确定 l1 和 l2 中的哪一个具有较小的头，并递归地将该头的下一个值设置为下一个合并结果。鉴于这两个链表都是以空终止的，递归也将最终终止。

3. 代码

（1）Java 版本

```
class Solution {
```

```
    public ListNodemergeTwoLists(ListNode l1, ListNode l2) {
        if (l1 == null) {
            return l2;
        }
        else if (l2 == null) {
            return l1;
        }
        else if (l1.val < l2.val) {
            l1.next = mergeTwoLists(l1.next, l2);
            return l1;
        }
        else {
            l2.next = mergeTwoLists(l1, l2.next);
            return l2;
        }

    }
}
```

（2）Python 版本

```
class Solution:
defmergeTwoLists(self, l1, l2):
if l1 is None:
   return l2
elif l2 is None:
   return l1
elif l1.val < l2.val:
   l1.next = self.mergeTwoLists(l1.next, l2)
   return l1
else:
   l2.next = self.mergeTwoLists(l1, l2.next)
   return l2
```

2.3.5 汉诺塔问题

1883 年法国数学家卢卡斯所提出流传在印度的汉诺塔 (Tower of Hanoil) 游戏，是使用递归式与堆栈概念来解决问题的典型范例。汉诺塔游戏描述如下。

有 3 根木桩，第 1 根有 *n* 个盘子，底层的盘子最大，最上层的盘子最小。汉诺塔问题就是将所有的盘子从第 1 根木桩开始，以第 2 根木桩为桥梁，全部搬到第 3 根木桩，如图 2-104 所示。

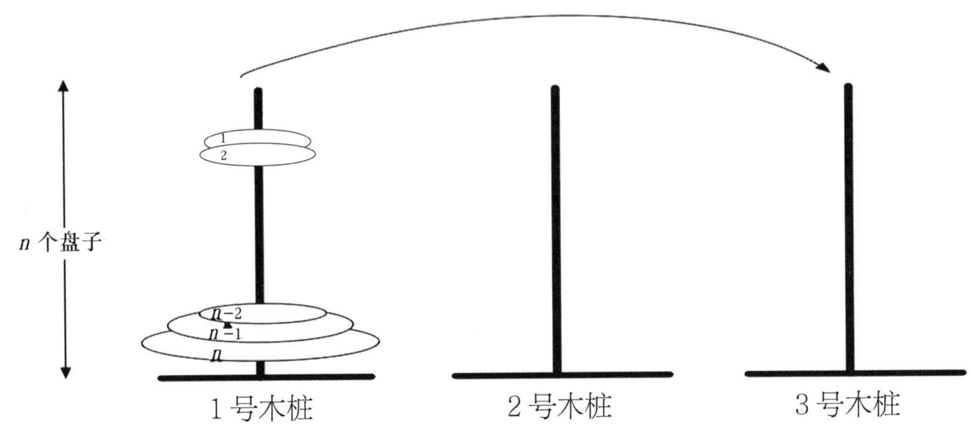

图 2-104　汉诺塔问题示意图

在搬动时，必须遵守以下游戏规则。

①每次只能从最上面移动一个盘子。

②任何盘子可以从任何木桩搬到其他木桩。

③直径较小的盘子必须放在直径较大的盘子之上。

为了方便大家了解，下面利用数学归纳法的方式来逐步说明。

（1）有 1 个盘子

直接把盘子从 1 号木桩移动到 3 号木桩。

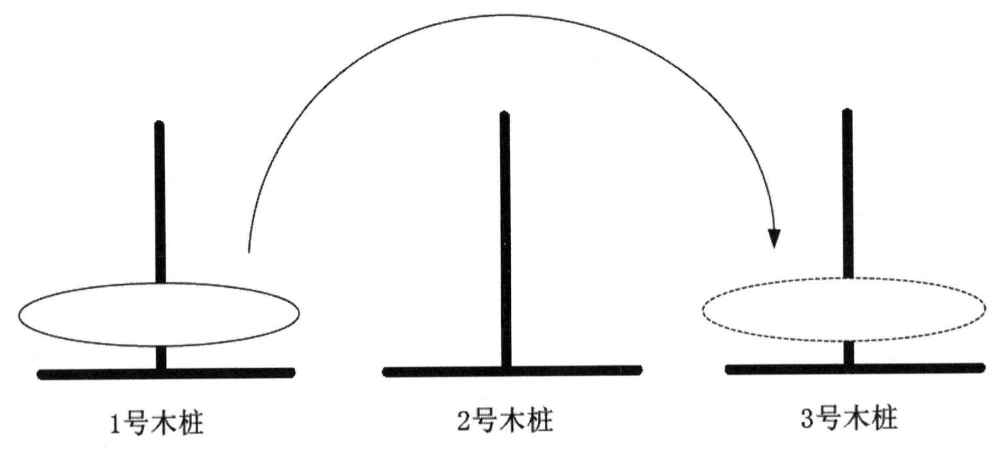

（2）有 2 个盘子

当有 2 个盘子时，具体搬运步骤如下。

步骤 1：1→2。

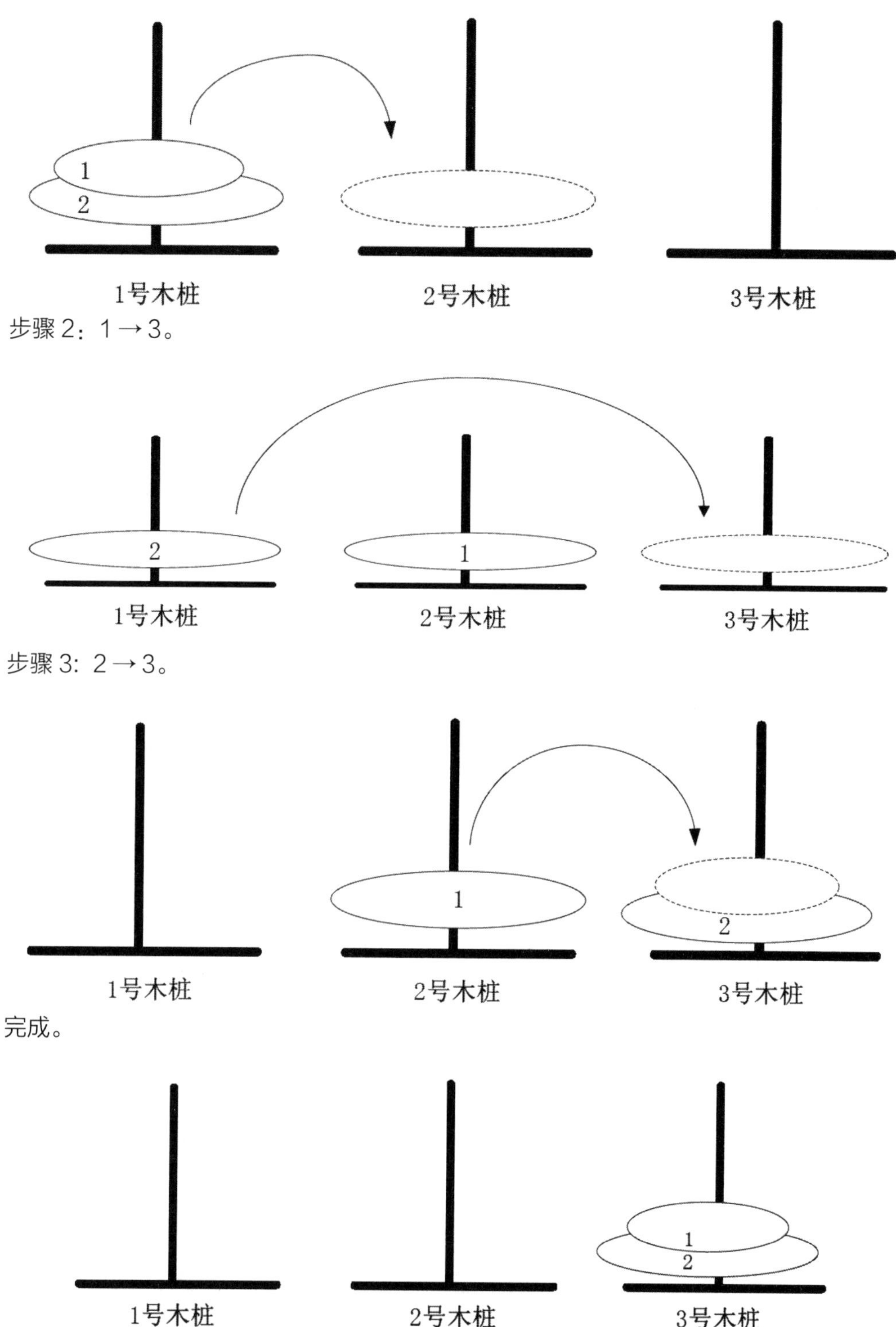

步骤 2：1→3。

步骤 3：2→3。

完成。

结论：移动了 $2^2-1=3$ 次，盘子移动的次序为 1,2,1（此处为盘子次序）；步骤为 1→2,1→3,2→3（此处为木桩次序）。

（3）有 3 个盘子

当有 3 个盘子时，具体搬运步骤如下。

步骤 1：1→3。

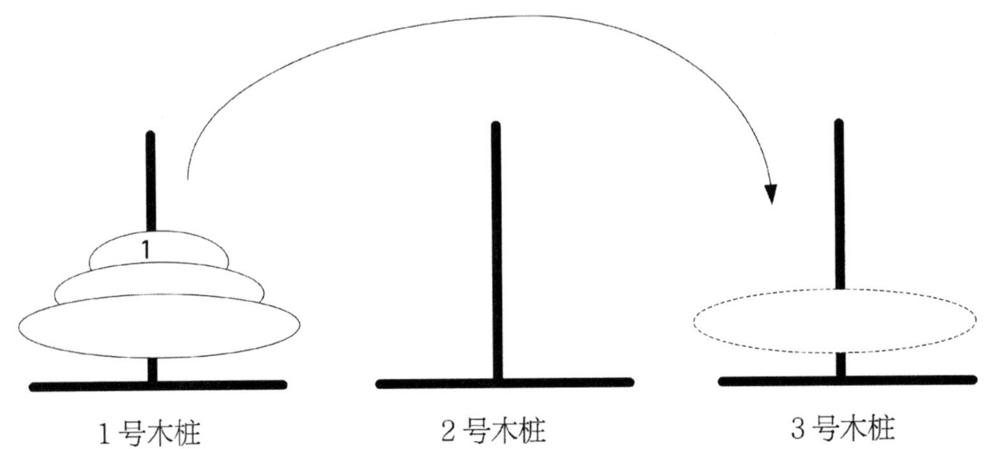

步骤 2：1→2。

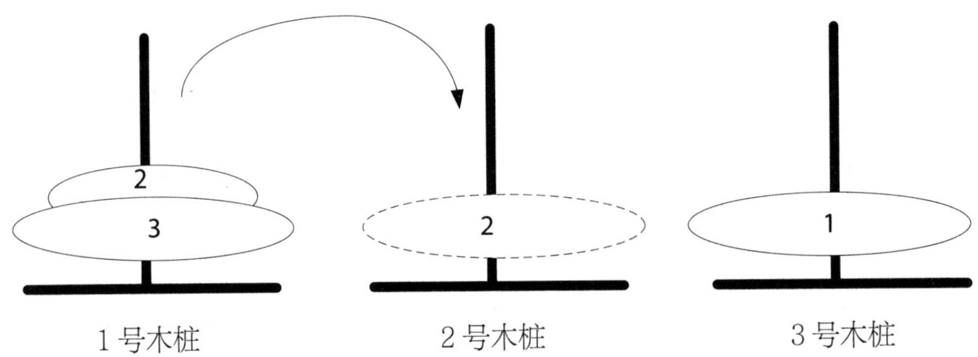

步骤 3：3→2。

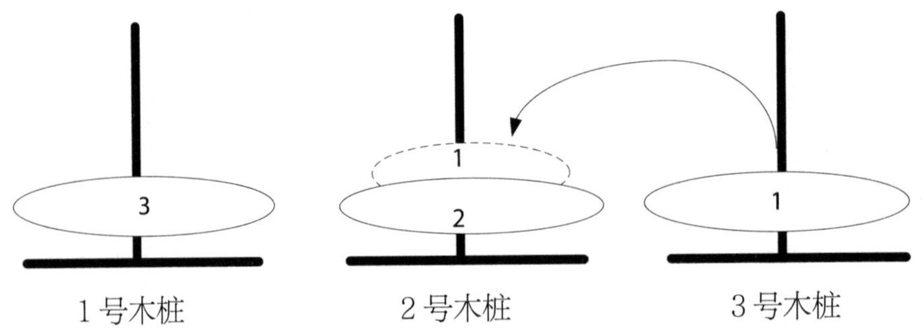

步骤 4：1→3。

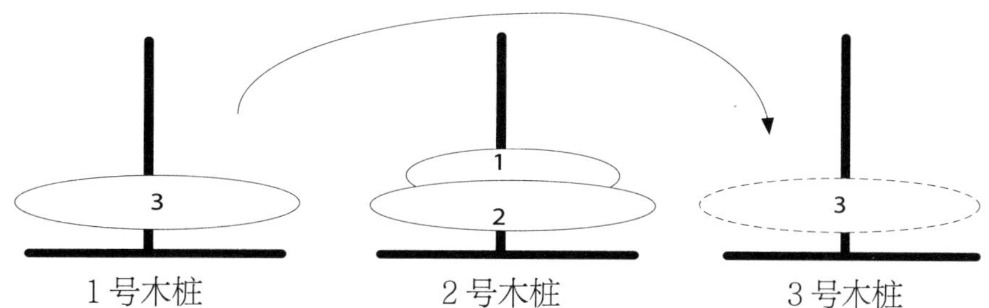

步骤 5：2→1。

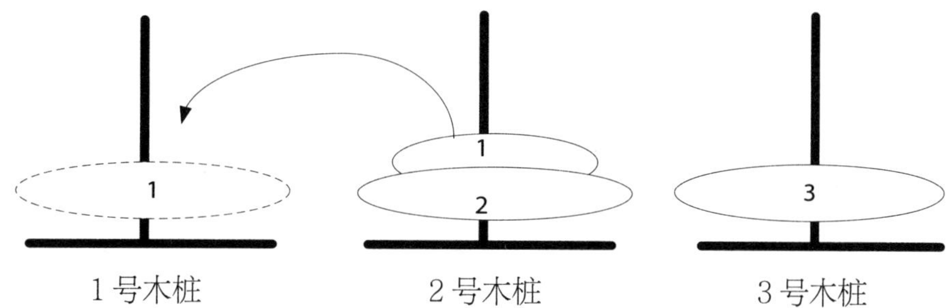

步骤 6：2→3。

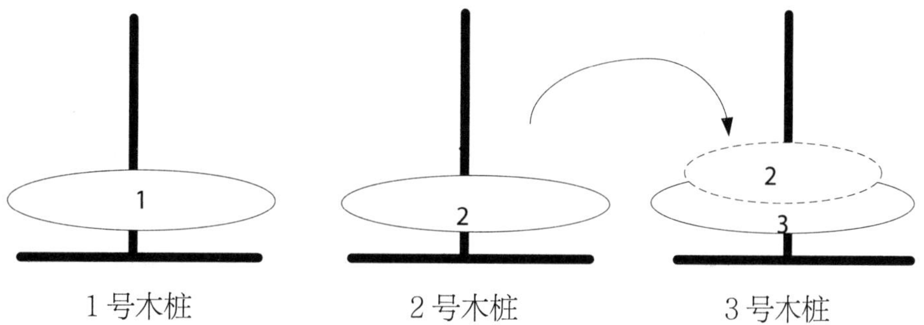

步骤 7：1→3。

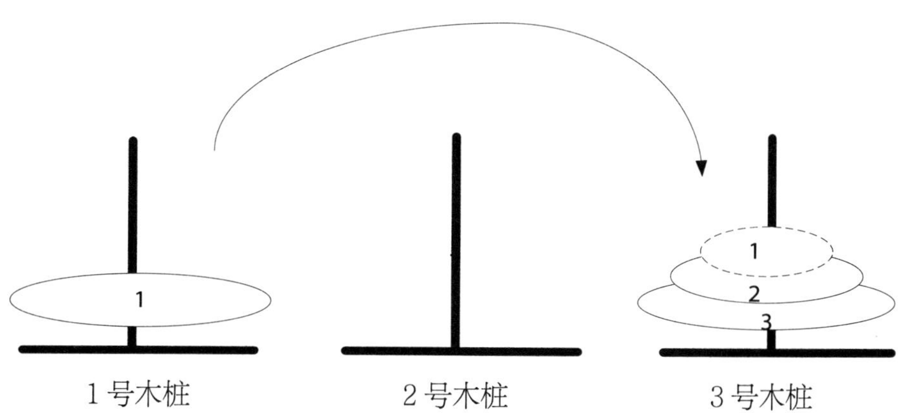

完成。

结论：移动了 $2^3-1=7$ 次，盘子移动的次序为 1,2,1,3,1,2,1（盘子次序）；步骤为 1→3，1→2，3→2，1→3，2→1，2→3，1→3（木桩次序）。

当有 4 个盘子时，实际操作后（在此不做图说明）盘子移动的次序为 1,2,1,3,1,2,1,4,1,2,1,3,1,2,1；移动木桩的顺序为 1→2，1→3，2→3，1→2，3→1，3→2，1→2，1→3，2→3，2→1，3→1，2→3，1→2，1→3，2→3，而移动次数为 $2^4-1=15$。

以此类推，n=5,6,7,⋯，可得出一个结论，即当有 n 个盘子时，其搬运步骤如下。

步骤 1：将 $n-1$ 个盘子，从木桩 1 移动到木桩 2。

步骤 2：将第 n 个最大盘子，从木桩 1 移动到木桩 3。

步骤 3：将 $n-1$ 个盘子，从木桩 2 移动到木桩 3。

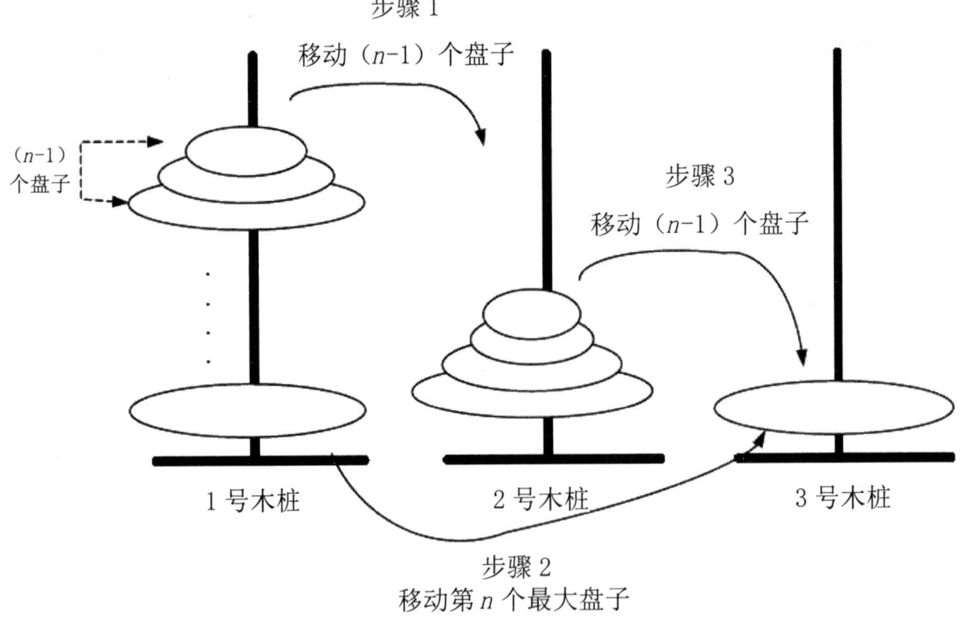

这时可以假设 a_n 为移动 n 个盘子所需要的最少移动次数，且 a_1-1，从上图可得如下结果。

$$
\begin{aligned}
a_n &= 2a_{n-1}+1 \\
&= 2(2a_{n-2}+1) \\
&= 4a_{n-2}+2+1 \\
&= 2(2a_{n-3}+1)+2+1 \\
&= 8a_{n-3}+4+2+1 \\
&= 8(2a_{n-4}+1)+4+2+1 \\
&= 16a_{n-4}+8+4+2+1
\end{aligned}
$$

$= \cdots$

$= 2^{n-1}a_1 + \sum_{k=0}^{n-2} 2^k 2^{n-1} a_1 + \sum_{k=0}^{n-2} 2^k$

由于 $a_1=1$

因此，$a_n=2^{n-1}*1+\sum_{k=0}^{n-2} 2^k=2^{n-1}+2^{n-1}-1=2^n-1$

因此得知要移动 n 个盘子所需的最小移动次数为 2^n-1 次。

此刻相信读者应该发现汉诺塔问题非常适合以递归式和堆栈结构来解决。因为它满足了递归的两大特性：①有反复执行的过程；②有停止的出口。下面以 Java 语言来表示汉诺塔问题的算法。

范例程序：

```
import java i.*;

public class CH04_04
{
public static void main(String args[ ]) throws IOException
{
int j;
String str;
BufferedReaderkeyin=new BufferedReader (new InputStringReader(System.in));
System.out.print(" 请输入盘子数量 : ");
str=keyin.readLinde();
j=Integer.parseInt(str);
hanoi(j,1,2,3);
}
public static void hanoi(intn,int p1,int p2,int p3)
{
if(n==1)
System.out.println(" 盘子从 "+p1+" 移到 "+p3);
else
{
hanoi(n-1,p1,p3,p2);
System.out.println(" 盘子从 "+p1+" 移到 "+p3);
hanoi(n-1,p2,p1,p3);
}
}
}
```

2.3.6 迷宫问题

老鼠走迷宫是堆栈在实际应用中的一个很好的例子。在一次实验中，老鼠被放在一个迷宫中，当老鼠走错路时就会重来一次并把走过的路记下来，避免重复走同样的路，就这样直到找到出口为止。在迷宫出口路径搜索的过程中，计算机必须判断下一步该往哪一个方向移动，还必须记录已经走过的迷宫路径，如此才能在走到迷宫中的死路时，可以搜索其他路径。

在迷宫中行进，必须遵守以下 3 个原则。

①一次只能走一条路。

②遇到墙无法往前走时，则退回一步看是否有其他的路可以走。

③走过的路不会再走第二次。

在建立走迷宫程序前，首先来了解如何在计算机中表现一个模拟迷宫的方式。这时可以利用二维数组 MAZE[row][col] 来实现，并符合以下规则。

①MAZE[*i*][*j*]=1 表示 [*i*][*j*] 处有墙，无法通过。

②MAZE[*i*][*j*]=0 表示 [*i*][*j*] 处无墙，可通行。

③MAZE[1][1] 表示入口，MAZE[*m*][*n*] 表示出口。

图 2-105 所示为一个使用 10*12 二维数组模拟迷宫地图的表示图。

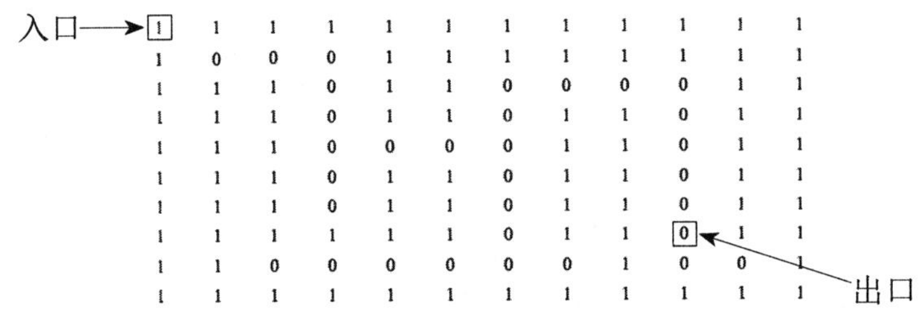

图 2-105　迷宫原始路径

假设老鼠由左上角的 MAZE[1][1] 进入，由右下角的 MAZE[8][10] 出来，老鼠目前位置以 MAZE[*x*][*y*] 表示，那么老鼠可能移动的方向如图 2-106 所示。

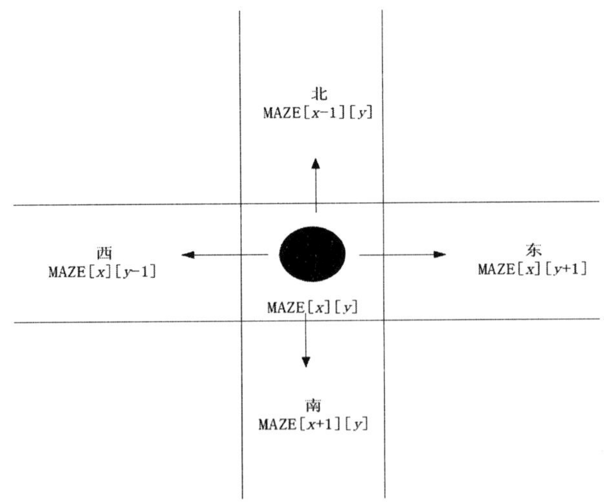

图 2-106　老鼠可能移动的方向

如图 2-107 所示，老鼠可以选择的方向共有 4 个，分别为东、西、南、北。但并非每个位置都有 4 个方向可以选择，必须视情况来决定，如 T 字形的路口，就只有东、西、南 3 个方向可以选择。

这里可以利用链表来记录走过的位置，并且将走过位置的数组元素内容标识为 2，然后将这个位置放入堆栈，再进行下一次的选择。如果走到死路且还没有抵达终点，那么就必须退回上一个位置，直至回到上一个岔路后再选择其他的路。由于每次新加入的位置必定会在堆栈的最末端，因此堆栈末端指针所指的方格编号便是目前搜索迷宫出口的老鼠所在的位置。如此一直重复这些动作，直至走到出口为止。模拟老鼠迷宫中搜索出口示意图如图 2-107 所示，以小球来代表迷宫中的老鼠。

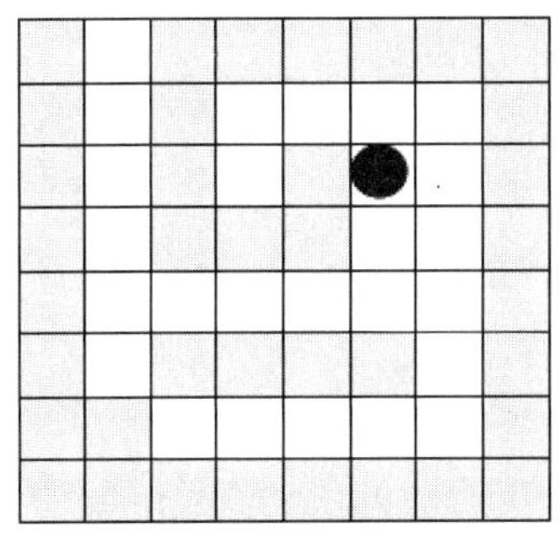

（a）在迷宫中搜索出口

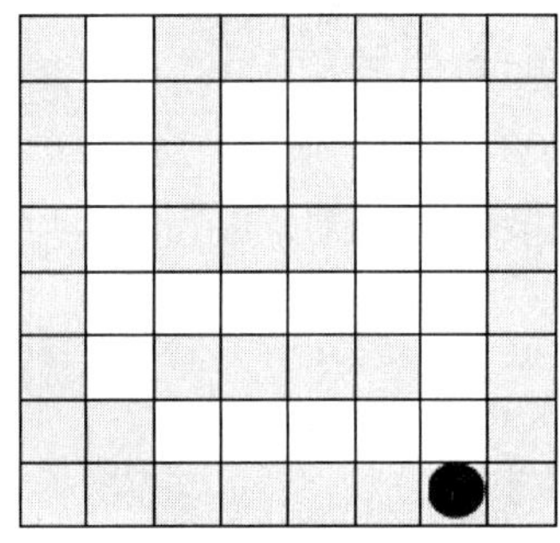

（b）终于找到迷宫出口

图 2-107　模拟老鼠迷宫中搜索出口示意图

以下是迷宫问题的 Java 程序实现。

范例程序 1:

```
class Nose
{
int x;
int y;
Node next;
public Node(intx,int y)
{
this.x=x;
this.y=y;
this.next=null;
}
}
public class TraceRecord
{
public Node first;
public Node last;
public BooleanisEmpty()
{
return first==null;
}
public void insert(intx,int y)
{
Node newNode=new node(x,y);
if(this.isEmpty())
```

```
{
first=newNode;
last=newNode;
}
else
{
last.next=newNode;
last=newNode;
}
}
public void delete( )
{
Node newNode;
if(this.isEmpty( ))
{
System.out.print("[ 队列已经空了 ]\n");
return;
}
newNode=first;
while(newNode.next!=last)
newNode=newNode.next;
newNode.next=last.next;
last=newNode;
}
}
```

范例程序 2：

```
import java.io.*;
public class CH04_05
{
public static int ExitX=8              // 定义出口的 X 坐标在第 8 行
public static int ExitY=10             // 定义出口的 Y 坐标在第 10 列
public static int [ ][ ] MAZE={{1,1,1,1,1,1,1,1,1,1,1,1},
                       {1,0,0,0,1,1,1,1,1,1,1,1},
                       {1,1,1,0,1,1,0,0,0,0,1,1},
                       {1,1,1,0,1,1,0,1,1,0,1,1},
                       {1,1,1,0,0,0,0,1,1,0,1,1},
                       {1,1,1,0,1,1,0,1,1,0,1,1},
                       {1,1,1,0,1,1,0,1,1,0,1,1},
                       {1,1,1,1,1,1,0,1,1,0,1,1},
                       {1,1,0,0,0,0,0,0,1,0,0,1},
                       {1,1,1,1,1,1,1,1,1,1,1,1}};
public static void main(String args[ ] throws IOException
{
int i,j,x,y;
TraceRecord path=new TraceRecord( );
```

```
x=1;
y=1;
System.out.print("[ 迷宫的路径 (0 的部分 )]\n);
for(i=0;i<10;i++)
{
for(j=0;j<12;j++)
System.out.print(MAZE[i][j]);
System.out.print("\n");
}
while (x<=ExitX&&y<=ExitY)
{
MAZE[x][y]=2;
if(MAZE[x-1][y]==0)
{
x-=1;
path.insert(x,y);
}
else if(MAZE[x+1][y]==0)
{
x+=1;
path.insert(x,y);
}
else if(MAZE[x][y-1]==0)
{
y-=1;
path.insert(x,y);
}
else if(MAZE[x][y+1])==0)
{
y+=1;
path.insert(x,y);
}
else if(chkExit(x,y,ExitX,ExitY)==1)
break;
else
{
MAZE[x][y]=2;
path.delete( );
x=path.last.x;
y=path.last.y;
}
}
System.out.print("[ 老鼠走过的路径 (2 的部分 )]\n");
for(i=0;i<10;i++)
{
for(j=0;j<12;j++)
```

```
System.out.print(MAZE[i][j]);
System.out.print("\n");
}
}
public static int chkExit(int x,int y,int ex,int ey)
{
if(x==ex && y==ey)
{
if(MAZE[x-1][y]==1 || MAZE[x+1][y]==1 || MAZE[x][y-1]==1 || MAZE[x][y+1]==2)
return 1;
if(MAZE[x-1][y]==1 || MAZE[x+1][y]==1 || MAZE[x][y-1]==2 || MAZE[x][y+1]==1)
return 1;
if(MAZE[x-1][y]==1 || MAZE[x+1][y]==2 || MAZE[x][y-1]==1 || MAZE[x][y+1]==1)
return 1;
if(MAZE[x-1][y]==1 || MAZE[x+1][y]==1 || MAZE[x][y-1]==1 || MAZE[x][y+1]==1)
return 1;
}
return 0;
}
}
```

2.3.7 八皇后问题

八皇后问题也是一种常见的堆栈应用实例。西洋棋中的皇后可以在没有限定一步走几格的前提下，对棋盘中的其他棋子直吃、横吃及对角斜吃（左斜吃或右斜吃皆可），只要是后放入的新皇后，放入前必须考虑所放位置的直线方向、横线方向或对角线方向是否已被放置旧皇后，否则就会被先放入的旧皇后吃掉。基于这种概念，可以将其应用在 4*4 的棋盘，就称为四皇后问题；应用在 8*8 的棋盘，就称为八皇后问题；应用在 *N***N* 的棋盘，就称为 *N* 皇后问题。

要解决 *N* 皇后问题，这里以八皇后为例进行介绍。首先，当在棋盘中置入一个新皇后，且这个位置不会被先前放置的皇后吃掉，就将这个新皇后的位置存入堆栈。如果放置新皇后的该行（或该列）的 8 个位置都没有办法放置新皇后（放入任何一个位置，都会被先前放置的旧皇后给吃掉），此时，就必须由堆栈中取出前一个皇后的位置，并于该行（或该列）中重新寻找另一个新的位置放置，再将该位置存入堆栈中，而这种方式就是一种回溯（Backtracking）算法的应用概念。

N 皇后问题的解答，就是配合堆栈及回溯两种数据结构的概念，以逐行（或逐列）找新皇后位置（如果找不到，则回溯到前一行寻找前一个皇后另一个新的位置，以此类推）的方法，来寻找 *N* 皇后问题的其中一组解答。

图 2-108 所示分别为四皇后及八皇后在堆栈存放的内容及对应棋盘的其中一组解。

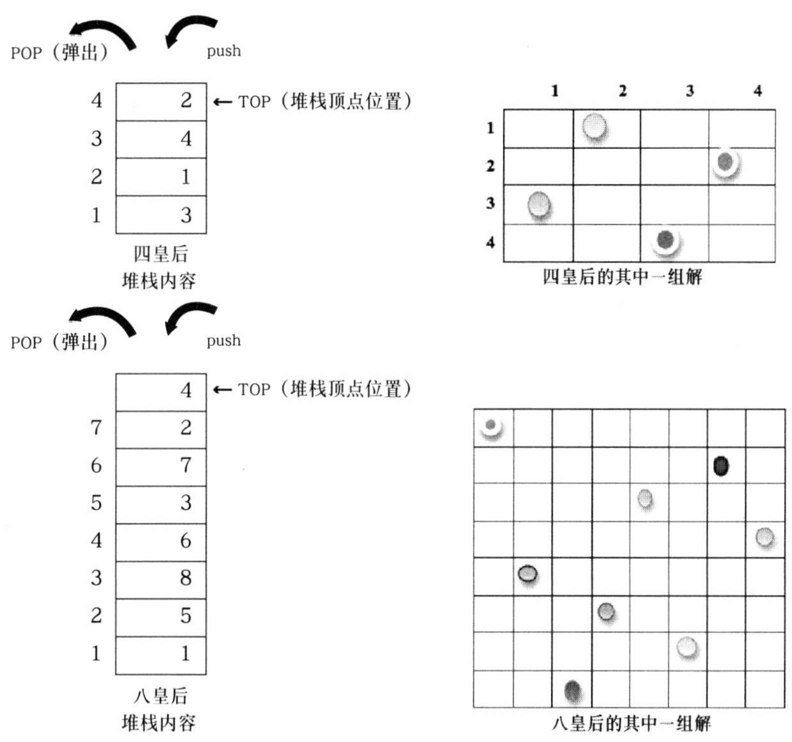

图 2–108　四皇后及八皇后在堆栈存放的内容

范例程序：

```
import java.io.*;
class CH04_06
{
static int TRUE=1,FALSE=0,EUGHT=8;
static int [ ] queen=new int [EIGHT];   // 存放 8 个皇后的列位置
static int number=0;      // 计算共有几组解的总数
// 构造函数

CH04_06( )
{
 number=0;
}
// 按 Enter 键函数
public static void PressEnter( )
{
char tChar;
System.out.print("\n\n")
System.out.println("… 按下 Enter 键继续 …");
try
{
tChar=(char)System.in.read( );
```

```
} catch (IOException e) { }
}
// 决定皇后存放的位置
public static void decide_position(int value)
{
int i=0;
while(I < EIGHT)
{
// 是否受到攻击的判断
if (attack(I,value)!=1)
{
queen[value]=I;
if(value==7)
print_table( );
else
decide_position(value+1);
}
i++;
}
}
// 测试在 (row,co) 上的皇后是否遭受攻击
// 若遭受攻击则返回值为 1，否则返回 0
public static int attack(introw,int col)
{
int i=0;
atk=FALSE;
int offset_row=0,offset_col=0;
while((atk!=1) &&i<col)
{
offset_col=Math.abs(i-col);
offset_row=Math.abs(queen[i]-row);
// 判断两皇后是否在同一列或在同一对角线
if((queen[i]==row) || (offset_row==offset_col))
atk=TRUE;
i++;
}
return atk;
}
// 输出所需要的结果
public static void print_table( )
{
int x=0,y=0;
number+=1;
System.out.print("\n");
System.out.print(" 八皇后问题的第 "+number+" 组解 \n\t");
```

```
for(x=0;x<EIGHT;x++){
for(y=0;y<EIGHT;y++)
if(x==queen[y])
System.out.print("<*>");
else
System.out.print("<->");
System.out.print("\n\t");
}
PressEnter( );
}
public static void main(String args[ ])
{
Ch04_06.decide_position(0);
}
}
```

本章主要介绍了数据结构的相关知识，这里只介绍了大量知识的范例或列表，希望读者能够找些资料深入学习。

第 3 章

Java 基础知识

本章基于已经有一定的 Java 语言基础，而需要进一步了解一些特性而编写，并不会系统地覆盖完整的 Java 基础知识，如果需要系统性学习，可以购买 *Think in Java* 这样的书籍。

通过阅读本章，读者可以学习以下内容。

- 一些关键字的研究
- 一些设计模式的解释和运用
- 一些编码级优化方式
- Java I/O
- Java 8 编码方式
- 一些常见面试题的解答

3.1 switch 关键字

对于 switch 关键字，开发人员并不陌生。大部分编程语言中都有类似的语法结构，用来根据某个表达式的值选择要执行的语句块。对于 switch 语句中的条件表达式类型，不同编程语言所提供的支持是不一样的。对于 Java 语言来说，在 Java 7 之前，switch 语句中的条件表达式类型只能是与整数类型兼容的，包括基本类型 Char、Byte、Short 和 Int 及与这些基本类型对应的封装类 Character、Byte、Short 和 Integer，还有枚举类型。这样的限制降低了语言的灵活性，使开发人员在需要根据其他类型的表达式来进行条件选择时，不得不增加额外的代码来绕过这个限制。为此，从 Java 7 开始，各个 JDK 版本均放宽了这个限制，额外增加了一种可以在 switch 语句中使用的表达式类型，那就是很常见的字符串类型。

这个新特性并没有改变 switch 的语法含义，只是多了一种开发人员可以选择的条件判断数据类型。因为根据字符串进行条件判断在开发中是很常见的，所以这个简单的新特性还是带来了一些影响。

3.1.1 Java 6 中的使用方式

假设有这么一个应用场景，需要在程序中根据用户的性别来选择采用对应的合适称谓。判断条件的类型可以是字符串，在 Java 7 中就可以根据字符串进行条件判断，不过这在 Java 7 之前的 switch 语句中是行不通的。之前只能添加额外的代码先将字符串转换成整数类型，如下所示。

字符串判断 _JDK6：

```
public class switchJava6 {
   public String generate(String name,int gender){
          String title = "";
          switch(gender) {
              case 1:
                     title = name + "先生";
                     break;
              case 2:
                 title = name + "女士";
                 break;
              default:
                 title = name;
          }
          return title;
    }
    public static void main(String[] args){
          switchJava6 sj6 = new switchJava6();
          System.out.println(sj6.generate("michael", 1));
    }
}
```

使用 switch 语句有两点必须注意。

①在每一个分支中都必须加上 break，此语句表示退出整个 switch() 循环；如果不使用 break 语句则所有的操作将在第一个满足条件后的语句全部输出，直到遇到 break 语句为止。

② switch 选择条件只能是数字、字符或枚举类型。

3.1.2 Java 7 中的使用方式

（1）字符串判断 _JDK 7

前面说过，Java 7 中可以根据字符串进行条件判断，具体实现方式如下所示。

```
public class switchJava7 {
    public String generate(String name,String gender){
            String title = "";
            switch(gender) {
                case "男":
                        title = name + "先生";
                        break;
                case "女":
                    title = name + "女士";
                    break;
                default:
                    title = name;
            }
            return title;
    }
    public static void main(String[] args){
            switchJava7 sj7 = new switchJava7();
            System.out.println(sj7.generate("michael", "男"));
    }
}
```

（2）异常抛出

上述代码如果在 JDK 6 环境下运行，会抛出异常，如下所示。

```
Cannot switch on a value of type String for source level below 1.7. Only convertible int values or enum constants are permitted
```

在 switch 语句中，表达式的值不能是 null，否则会在运行时抛出 NullPointException。在 case 子句中也不能使用 null，否则会出现编译错误。

根据 switch 语句的语法要求，其 case 子句的值是不能重复的。这个要求对字符串类型的条件表达式同样适用。不过对于字符串来说，这种针对重复值的检查还有一个特殊之处，那就是 Java 代码中的字符串可以包含 Unicode 转义字符。重复值的检查是在 Java 编译器对 Java 源代码进行相关的词法转换之后才进行的。这个词法转换过程中包括了对 Unicode 转义字符的处理。也就是说，有些 case 子句的值虽然在源代码中看起来是不同的，但是经词法转换后是一样的，这就会造成编译错误。例如，下面的代码是无法通过编译的。这是因为其中的 switch 语句中的两个 case 子句所使用的值在经过词法转换后会变成一样的。

（3）错误的代码

```
public class switchJava7 {
    public String generate(String name,String gender){
        String title = "";
        switch(gender) {
            case "男":
                 title = name + "先生";
                 break;
            case "\u7537":
               title = name + "女士";
               break;
            default:
               title = name;
        }
        return title;
    }
}
```

该代码在 eclipse 中会提示错误“Duplicate case”。

实际上，该新特性是在编译器层次上实现的。而在 Java 虚拟机和字节代码层次上，还是只支持在 switch 语句中使用与整数类型兼容的类型。这么做的目的是减少该特性所影响的范围，以降低实现的代价。在编译器层次实现的含义是，虽然开发人员在 Java 源代码的 switch 语句中使用了字符串类型，但是在编译的过程中编译器会根据源代码的含义来进行转换，将字符串类型转换成与整数类型兼容的格式。不同的 Java 编译器可能采用不同的方式来完成转换，并采用不同的优化策略。例如，如果 switch 语句中只包含一个 case 子句，那么可以简单地将其转换成一个 if 语句。如果switch语句中包含一个case子句和一个default子句，那么可以将其转换成一个if...else语句。而对于复杂的情况，即switch语句中包含多个case子句，也可以转换成Java 7之前的switch语句，只不过使用字符串的哈希值作为 switch 语句表达式的值。

为了探究 OpenJDK 中的 Java 编译器使用的是什么样的转换方式，需要一个名为 JAD 的工具。JAD 工具可以把 Java 的类文件反编译成 Java 的源代码。如果要简单地反编译一个 .class 文件，用命令 jad example1.class。这个命令在当前文件夹下创建了一个 example1.jad 文件，如果 JAD 文件已经存在，会提示是否要覆盖这个 JAD 文件。其中有两个基本的参数，-o 允许直接覆盖以前存在的 JAD 文件，-s 允许改变输出文件的扩展类型。

在对编译生成 switch Java 7 类的 class 文件使用 JAD 后，所得到的代码如下所示。

```
public class switchJava7
{
public String generate(String name,String gender)
{
    String title = "";
    String s = gender;
```

```
        byte byte0 = -1;
        switch(s.hashCode())
        {
           case 30007:
              if(s.equals("\u7537"))
                 byte0 = 0;
              break;
           case 22899:
              if(s.equals("\u5973"))
                 byte0 = 0;
              break;
         }
         switch(byte0)
         {
           case 0://'\0'
              title = (new StringBuilder()).append(name).append("\u5148\u751F").
toString();
              break;
           case 1://'\001'
              title = (new StringBuilder()).append(name).append("\u5973\u58EB").
toString();
              break;
           default:
              title = name;
              break;
     }
     return title;
     }
     }
```

从上面的代码可以看出，原来用在 switch 语句中的字符串被替换成了对应的哈希值，而 case 子句的值也被换成了原来字符串常量的哈希值。经过这样的转换，Java 虚拟机上所看到的仍然是与整数类型兼容的类型。在这里值得注意的是，在 case 子句对应的语句块中仍然需要使用 String 的 equals 方法来进行字符串比较。这是因为哈希函数在映射的时候可能存在冲突，多个字符串的哈希值可能是一样的。进行字符串比较是为了保证转换后的代码逻辑与之前完全一样。

3.1.3 新特性的优缺点

Java 7 引入的这个新特性虽然为开发人员提供了方便，但是比较容易被误用，造成代码可维护性差的问题。提到这一点就必须要说 Java SE 5.0 中引入的枚举类型。switch 语句的一个典型应用就是在多个枚举值之间进行选择。在 Java SE 5.0 之前，一般的做法是使用一个整数来为这些枚举值编号，例如 0 表示“男”，1 表示“女”，在 switch 语句中使用这个整数编码来进行判断。这种做法的弊端很多，如不是类型安全的、没有名称空间、可维护性差和不够直观等。Joshua Bloch 最早在他的 Effective Java 一书中提出了一种类型安全的枚举类型的实现方式。这种方式在 J2SE 5.0 中被引入标准库，就是现在的 Enum 关键字。

Java 语言中的枚举类型最大优势在于，它是一个完整的 Java 类，除了定义其中包含的枚举值外，还可以包含任意的方法和域，以及实现任意功能的接口。这使得枚举类型可以很好地与其他 Java 类进行交互。在涉及多个枚举值的情况下，都应该优先使用枚举类型。

在 Java 7 之前，也就是 switch 语句还不支持使用字符串表达式类型时，如果要枚举的值本身都是字符串，使用枚举类型是唯一的选择。而在 Java 7 中，由于 switch 语句增加了对字符串条件表达式的支持，一些开发人员会选择放弃枚举类型而直接在 case 子句中用字符串常量来列出各个枚举值。这种方式虽然简单和直接，但是会带来维护上的麻烦，尤其是这样的 switch 语句在程序的多个地方出现的时候，而使用枚举类型就可以避免这种情况。

3.2 设计模式之单例模式

3.2.1 引言

单例模式可以用成语“以一当十”做解释。以一当十是怎么来的？秦朝末年，秦国大将章邯打败赵国大将张耳，赵王歇只好向楚怀王求救，楚怀王派宋义、项羽去救援赵国，宋义故意拖延时间，项羽杀宋义自立为主帅，命令士兵破釜沉舟，轻装上阵的楚军个个奋不顾身，以一当十，大败秦军。这场战争想要获得成功，一定只是调动了同一支部队，反复在多处阵地之间来回穿插，让敌军误认为有很多部队在参战。这正是单一实例的对象在各个战场均发挥出了显著的作用，对最终的获胜起到至关重要的作用。

3.2.2 详细介绍

很多应用项目都有与应用相关的配置文件，这些配置文件很多是由项目开发人员自定义的，在里面定义一些重要的参数数据。当然，在实际的项目中，这种配置文件多数采用 xml 格式，也有采用 properties 格式的，这里假设创建了一个名为 AppConfig 的类，它专门用来读取配置文件中的信息。客户端通过创建一个 AppConfig 的实例来得到一个操作配置文件内容的对象。在系统运行中，如果有很多地方都需要使用配置文件的内容，也就是说很多地方都需要创建 AppConfig 对象的实例。换句话说，在系统运行期间，系统中会存在很多个 AppConfig 的实例对象，每一个 AppConfig 实例对象中都封装着配置文件的内容，系统中有多个 AppConfig 实例对象，也就是说系统中会同时存在多份配置文件的内容，这样会严重浪费内存资源。配置文件内容越多，对于系统资源的浪费就越大。事实上，对于 AppConfig 这样的类，在运行期间只需要一个实例对象就足够了。

从专业化角度来看，单例模式是一种对象创建模式，用于产生一个对象的具体实例，可以确保系统中一个类只产生一个实例。Java 中实现的单例是一个虚拟机的范围，因为装载类的功能是虚拟机的，所以一个虚拟机在通过自己的 ClassLoad 实现单例类的时候就会创建一个类的实例。在 Java 语言中，这样的行为能带来两大好处。

①对于频繁使用的对象，可以省略创建对象所花费的时间，这对于那些重量级对象而言，是非常可观的一笔系统开销。

②由于 new 操作的次数减少，因而对系统内存的使用频率也会降低，这将减轻 GC 压力，缩短 GC 停顿时间。

因此，对于系统的关键组件和被频繁使用的对象，使用单例模式可以有效地改善系统的性能。单例模式的核心是通过一个接口返回唯一的对象实例。首要的问题就是要把创建实例的权限收回来，让类自身来负责自己类的实例创建工作，然后由该类来提供外部可访问这个类实例的方法，代码如下所示。

（1）单例模式基本实现

```
public class Singleton {
private Singleton(){
   System.out.println("Singleton is create");
      }
private static Singleton instance = new Singleton();
public static Singleton getInstance(){
   return instance;
      }
}
```

首先，单例类必须要有一个 private 访问级别的构造函数，只有这样，才能确保单例不会在系统中的其他代码内被实例化；其次，instance 成员变量和 getInstance 方法必须是 static 类型的。

上述代码唯一的不足是无法对 instance 实例做延时加载，例如单例的创建过程很慢，而由于 instance 成员变量是 static 定义的，因此在 JVM 加载单例类时，单例对象就会被建立；如果此时这个单例类在系统中还扮演其他角色，那么在任何使用这个单例类的地方都会初始化这个单例变量，而不管是否会被用到。代码如下所示。

（2）单例模式实验

```
public class Singleton {
private Singleton(){
   System.out.println("Singleton is create");
      }
private static Singleton instance = new Singleton();
public static Singleton getInsatnce(){
   return instance;
      }
public static void createString(){
   System.out.println("createString in Singleton");
      }

public static void main(String[] args){
   Singleton.createString();
      }
}
```

上述代码运行后的输出结果如下。

```
Singleton is create
createString in Singleton
```

（3）延迟加载的单例模式代码

从上面可以看到，虽然此时并没有使用单例类，但它还是被创建出来了。为了解决这类问题，需要引入延迟加载机制，代码如下所示。

```
public class LazySingleton {
private LazySingleton(){
   System.out.println("LazySingleton is create");
     }
private static LazySingleton instance = null;
public static synchronized LazySingleton getInstance(){
   if(instance == null){
          instance = new LazySingleton();
    }
   return instance;
     }
public static void createString(){
   System.out.println("create String");
     }

public static void main(String[] args){
   LazySingleton.createString();
     }
}
```

上述代码运行后的输出结果如下。

```
create String
```

（4）非同步的单例模式代码

首先，以上代码对静态成员变量 instance 初始化，赋值为 null，确保系统启动时没有额外的负载；其次，在 getInstance() 方法中判断当前单例是否已经存在，若存在则返回，不存在则再建立单例。这里尤其要注意的是，getInstance() 方法必须是同步的，否则在多线程环境下，当线程 1 正新建单例时，完成赋值操作前，线程 2 可能判断 instance 为 null，线程 2 也将启动新建单例的程序，而导致多个实例被创建，故同步关键字是必需的。由于引入了同步关键字，导致多线程环境下耗时明显增加。测试代码如下所示。

```
public class Singleton implements Runnable{
private Singleton(){
   System.out.println("Singleton is create");
     }
private static Singleton instance = new Singleton();
public static Singleton getInstance(){
   return instance;
```

```
        }
    public static void createString(){
        System.out.println("createString in Singleton");
        }

        @Override
        public void run() {
                // TODO Auto-generated method stub
        long beginTime = System.currentTimeMillis();
                for(inti=0;i<10000;i++){
                        Singleton.getInstance();
                }
                System.out.println(System.currentTimeMillis() - beginTime);
        }

    public static void main(String[] args){
        //Singleton.createString();
        for(int i=0;i<5;i++){
                new Thread(new Singleton()).start();
        }
        }
}
```

上述代码运行后的输出结果如下。

```
Singleton is create
Singleton is create
Singleton is create
0
Singleton is create
Singleton is create
0
0
Singleton is create
0
0
```

（5）完整的延迟加载方式代码

```
public class LazySingleton implements Runnable{
private LazySingleton(){
    System.out.println("LazySingleton is create");
        }
private static LazySingleton instance = null;
public static synchronized LazySingleton getInstance(){
    if(instance == null){
            instance = new LazySingleton();
        }
```

```
    return instance;
      }
  public static void createString(){
    System.out.println("create String");
      }

      @Override
    public void run() {
            // TODO Auto-generated method stub
    long beginTime = System.currentTimeMillis();
            for(int i=0;i<1000000;i++){
                    LazySingleton.getInstance();
            }
            System.out.println(System.currentTimeMillis() - beginTime);
     }

  public static void main(String[] args){
     //LazySingleton.createString();
    for(int i=0;i<5;i++){
            new Thread(new LazySingleton()).start();
     }
       }

  }
```

上述代码运行后的输出结果如下。

```
LazySingleton is create
LazySingleton is create
LazySingleton is create
LazySingleton is create
LazySingleton is create
LazySingleton is create
1139
1202
1234
1218
1234
```

（6）解决同步关键字低效率代码

为了解决同步关键字降低系统性能的缺陷，又对代码做了一定改进，代码如下所示。

```
public class StaticSingleton {
private StaticSingleton(){
   System.out.println("StaticSingleton is create");
     }
private static class SingletonHolder{
   private static StaticSingleton instance = new StaticSingleton();
```

```
    }
    public static StaticSingleton getInstance(){
        return SingletonHolder.instance;
    }
}
```

上面代码中的单例模式是用内部类来维护单例的实例，当 StaticSingleton 被加载时，其内部类并不会被初始化，故可以确保当 StaticSingleton 类被载入 JVM 时，不会初始化单例类，而当调用 getInstance() 方法时，才会加载 SingletonHolder，从而初始化 instance。同时，由于实例的建立是在类加载时完成的，故本身对多线程友好，getInstance() 方法也无须使用同步关键字。

单例模式的本质是为了控制在运行期间，某些类的实例数目只能有一个。如果想要控制多个，可以用 Map 来帮助缓存多个实例，代码如下所示。

```
importjava.util.HashMap;
importjava.util.Map;

/**
 * 扩展单例模式，控制实际产生实例数目为 3 个
 * @author zhoumingyao
 *
 */
public class ThreeSingleton {
private final static String DEFAULT_PREKEY = "cache";// 为后面使用的 key 定义一个前缀
private static Map<String,ThreeSingleton> map = new HashMap<String,ThreeSingleton>();                    // 定义缓存实例的容器
private static int number = 1;      // 定义初始化实例数目为 1
private final static int NUM_MAX = 3;

private ThreeSingleton(){

    }

public static synchronized ThreeSingleton getInstance(){
    // 通过缓存理念及方式控制数量
    String key = DEFAULT_PREKEY + number;
    ThreeSingleton threeSingleton = map.get(key);
    if(threeSingleton==null){
            threeSingleton = new ThreeSingleton();
            map.put(key, threeSingleton);
    }
    number++;// 实例数目加 1
    if(number>NUM_MAX){
            number=1;
    }
    return threeSingleton;
```

```
    }

  public static void main(String args[]){
      ThreeSingleton t1 = getInstance();
      ThreeSingleton t2 = getInstance();
      ThreeSingleton t3 = getInstance();
      ThreeSingleton t4 = getInstance();
      ThreeSingleton t5 = getInstance();
      ThreeSingleton t6 = getInstance();
      System.out.println(t1.toString());
      System.out.println(t2.toString());
      System.out.println(t3.toString());
      System.out.println(t4.toString());
      System.out.println(t5.toString());
      System.out.println(t6.toString());
    }
  }
```

上述代码运行后的输出结果如下。

```
ThreeSingleton@61de33
ThreeSingleton@14318bb
ThreeSingleton@ca0b6
ThreeSingleton@61de33
ThreeSingleton@14318bb
ThreeSingleton@ca0b6
```

第一个实例和第四个实例相同，第二个实例与第五个实例相同，第三个实例与第六个实例相同。也就是说，一共只创建了 3 个实例。

单例模式是用来实现在整个程序中只有一个实例的设计模式方法。本节通过从最基础的单例模式开始讲解，逐渐进入延迟加载、锁机制、静态类等单例模式实现方法，让读者可以接触到单例模式的具体应用。设计模式的核心理念是活学活用，所以不会有什么固定不变的规则，需要读者在实际应用过程中不断尝试、不断创新，力求代码简洁明了、易于扩展。

3.3 设计模式之代理模式

3.3.1 引言

东汉末年，大将军何进引董卓入都城，想借西北王的军队谋诛宦官，无奈自己先被杀，而后造成巨变，导致诸侯并起，最终形成三国鼎立局面。汉献帝即位后，初平三年（192 年），治中从事毛玠建议曹操“奉天子以令不臣”，曹操采纳了建议，迎接汉献帝来到许昌。汉献帝刘协在许都没有实际的权力，曹操不断地诛除公卿大臣，集军政大权于一身。建安元年（196 年）8 月，曹操进驻洛阳，趁张杨、杨奉兵众在外，赶跑了韩暹，接着做了 3 件事：杀侍中台崇、尚书冯硕等，谓“讨有罪”；封董承、伏完等，谓“赏有功”；追赐射声校尉沮俊，谓“矜死节”。然后在第九天趁他人尚未来得及反应的情况下，迁帝都许，使皇帝摆脱其他势力的控制。此后，他还加紧步伐剪除异己，提高自己的权势。他首先向最有影响力的三公发难，罢免太尉杨彪、司空张喜；然后诛杀议郎赵彦；接着发兵征讨杨奉，解除近兵之忧；最后一方面以天子名义谴责袁绍，打击其气焰，另一方面将大将军之位让予袁绍，稳定大敌。这就是历史上著名的“挟天子以令诸侯”。这里曹操以汉献帝的名义发号施令，稳定了东汉政权，最终平稳转接到曹魏政权，也间接映射了这里要讲解的“代理模式”。

代理模式使用代理对象完成用户请求，屏蔽用户对真实对象的访问。现实世界的代理人被授权执行当事人的一些事宜，无须当事人出面，从第三方的角度看，似乎当事人并不存在，因为他只和代理人通信。而事实上代理人是要有当事人的授权，并且在核心问题上还需要请示当事人。

在软件设计中，使用代理模式的意图也很多，如由于安全原因需要屏蔽客户端直接访问真实对象，或者在远程调用中需要使用代理类处理远程方法调用的技术细节（如 RMI），也可能为了提升系统性能，对真实对象进行封装，从而达到延迟加载的目的。

代理模式角色分为以下 4 种。

①主题接口：定义代理类和真实主题的公共对外方法，也是代理类代理真实主题的方法。

②真实主题：真正实现业务逻辑的类。

③代理类：用来代理和封装真实主题。

④Main：客户端，使用代理类和主题接口完成一些工作。

3.3.2 延迟加载

用一个简单的示例来阐述使用代理模式实现延迟加载的方法及其意义。假设某客户端软件有根据用户请求去数据库查询数据的功能，在查询数据前，需要获得数据库连接。软件开启时初始化系统的所有类，此时尝试获得数据库连接。当系统有大量的类似操作（如 XML 解析等）存在时，所有这些初始化操作的叠加会使得系统的启动速度变得非常缓慢。为此，使用代理模式的代理类封装对数据库查询中的初始化操作，当系统启动时，初始化这个代理类，而非真实的数据库查询类。因此，它的构造是相当迅速的。

在系统启动时，将消耗资源最多的方法都使用代理模式分离，可以加快系统的启动速度，减少用户的等待时间。而在用户真正做查询操作时再由代理类单独去加载真实的数据库查询类，完成用户的请求。这个过程就是使用代理模式实现了延迟加载。

延迟加载的核心思想是：如果当前并没有使用这个组件，则不需要真正地初始化它，使用一个代理对象替代其原有的位置，只在真正需要的时候才对它进行加载。使用代理模式的延迟加载是非常有意义的。首先，它可以在时间轴上分散系统压力，尤其在系统启动时，不必完成所有的初始化工作，从而加速启动时间；其次，对很多真实主题而言，在软件启动直到被关闭的整个过程中，可能根本不会被调用，初始化这些数据无疑是一种资源浪费。若系统不使用代理模式，则在启动时就要初始化 DBQuery 对象，而用代理模式后，启动时只需要初始化一个轻量级的对象 DBQueryProxy。

下面代码中 IDBQuery 是主题接口，定义代理类和真实类需要对外提供的服务，定义了实现数据库查询的公共方法 request()。DBQuery 是真实主题，负责实际的业务操作；DBQueryProxy 是 DBQuery 的代理类。

```
public interface IDBQuery {
    String request();
}

public class DBQuery implements IDBQuery{
    public DBQuery(){
   try{
          Thread.sleep(1000);//假设数据库连接等耗时操作
   }catch(InterruptedException ex){
          ex.printStackTrace();
   }
    }

   @Override
   public String request() {
          // TODO Auto-generated method stub
          return "request string";
   }


}

public class DBQueryProxy implements IDBQuery{
    private DBQuery real = null;

   @Override
   public String request() {
          // TODO Auto-generated method stub
          //在真正需要的时候才能创建真实对象，创建过程可能很慢
          if(real==null){
                 real = new DBQuery();
          }//在多线程环境下，这里返回一个虚假类，类似于 Future 模式
          return real.request();
   }

}

public class Main {
    public static void main(String[] args){
   IDBQuery q = new DBQueryProxy();  //使用代理
   q.request();                      //在真正使用时才创建真实对象
    }
}
```

1. 动态代理

动态代理是指在运行时动态生成代理类。与静态处理类相比，动态类有诸多好处。首先，不需要为真实主题写一个形式上完全一样的封装类，假如主题接口中的方法很多，为每一个接口写一个代理方法也很麻烦。如果接口有变动，则真实主题和代理类都要修改，不利于系统维护。其次，使用一些动态代理的生成方法甚至可以在运行时制定代理类的执行逻辑，从而大大提升系统的灵活性。

动态代理类使用字节码动态生成加载技术，在运行时生成加载类。生成动态代理类的方法很多，例如，JDK 自带的动态处理、CGLib、Javassist 或 ASM 库。JDK 的动态代理使用简单，它内置在 JDK 中，因此不需要引入第三方 JAR 包，但相对功能比较弱；CGLib 和 Javassist 都是高级的字节码生成器，总体性能比 JDK 自带的动态代理好，而且功能十分强大；ASM 是低级的字节码生成工具，使用 ASM 已经近乎在使用 Java bytecode 编程，对开发人员要求很高，当然，也是性能很好的一种动态代理生成工具，但 ASM 的使用很烦琐，而且性能也没有数量级的提升。与 CGLib 等高级字节码生成工具相比，ASM 程序的维护性较差，如果不是在对性能有苛刻要求的场合，还是推荐使用 CGLib 或 Javassist。

下面使用动态代理生成动态类，替换上例中的 DBQueryProxy。首先，使用 JDK 的动态代理生成代理对象。JDK 的动态代理需要实现一个处理方法调用的 Handler，用于实现代理方法的内部逻辑。代码如下。

```
import java.lang.reflect.InvocationHandler;
import java.lang.reflect.Method;


public class DBQueryHandler implements InvocationHandler{
   IDBQuery realQuery = null;// 定义主题接口

   @Override
   public Object invoke(Object proxy, Method method, Object[] args)
                throws Throwable {
          // TODO Auto-generated method stub
          // 如果第一次调用，生成真实主题
          if(realQuery == null){
                 realQuery = new DBQuery();
          }
          // 返回真实主题完成实际的操作
          return realQuery.request();
   }

}
```

以上代码实现了一个 Handler，可以看到，它的内部逻辑和 DBQueryProxy 是类似的。在调用真实主题的方法前，先尝试生成真实主题对象。接着，需要使用这个 Handler 生成动态代理对象。代码如下所示。

```
import java.lang.reflect.InvocationHandler;
import java.lang.reflect.Method;
```

```
    import java.lang.reflect.Proxy;


    public class DBQueryHandler implements InvocationHandler{
        IDBQuery realQuery = null;// 定义主题接口

        @Override
        public Object invoke(Object proxy, Method method, Object[] args)
                    throws Throwable {
                // TODO Auto-generated method stub
                // 如果第一次调用，生成真实主题
                if(realQuery == null){
                    realQuery = new DBQuery();
                }
                // 返回真实主题完成实际的操作
                return realQuery.request();
        }

        public static IDBQuery createProxy(){
                IDBQuery proxy = (IDBQuery)Proxy.newProxyInstance(
                ClassLoader.getSystemClassLoader(), new Class[]{IDBQuery.class},
new DBQueryHandler());
                return proxy;
        }
    }
```

以上代码生成了一个实现 IDBQuery 接口的代理类，代理类的内部逻辑由 DBQueryHandler 决定。生成代理类后，用 newProxyInstance() 方法返回该代理类的一个实例。至此，一个完整的动态代理完成了。

在 Java 中，动态代理类的生成主要涉及对 ClassLoader 的使用。以 CGLib 为例，使用 CGLib 生成动态代理，首先需要生成 Enhancer 类实例，并指定用于处理代理业务的回调类。在 Enhancer.create() 方法中，会使用 DefaultGeneratorStrategy.Generate() 方法生成动态代理类的字节码，并保存在 byte 数组中。接着使用 ReflectUtils.defineClass() 方法，通过反射，调用 ClassLoader.defineClass() 方法，将字节码装载到 ClassLoader 中，完成类的加载。最后使用 ReflectUtils.newInstance() 方法，通过反射，生成动态类的实例，并返回该实例。基本流程是根据指定的回调类生成 Class 字节码→通过 defineClass() 将字节码定义为类→使用反射机制生成该类的实例。如下所示是使用 CGLIB 动态反射生成类的完整过程。

定义接口：

```
public interface BookProxy {
    public void addBook();
}
```

定义实现类：

```
// 该类并没有声明 BookProxy 接口
```

```
public class BookProxyImpl {
   public void addBook() {
          System.out.println("增加图书的普通方法……");
    }
}
```

定义反射类及重载方法：

```
import java.lang.reflect.Method;

import net.sf.cglib.proxy.Enhancer;
import net.sf.cglib.proxy.MethodInterceptor;
import net.sf.cglib.proxy.MethodProxy;

public class BookProxyLib implements MethodInterceptor {
   private Object target;
   /**
        * 创建代理对象
        *
        * @param target
        * @return
   */
   public Object getInstance(Object target) {
        this.target = target;
        Enhancer enhancer = new Enhancer();
        enhancer.setSuperclass(this.target.getClass());
        // 回调方法
        enhancer.setCallback(this);
        // 创建代理对象
        return enhancer.create();
   }

   @Override
   // 回调方法
   public Object intercept(Object obj, Method method, Object[] args,
        MethodProxy proxy) throws Throwable {
        System.out.println("事物开始");
        proxy.invokeSuper(obj, args);
        System.out.println("事物结束");
        return null;
   }
}
```

运行程序：

```
public class TestCglib {
```

```
    public static void main(String[] args) {
   BookProxyLib cglib=new BookProxyLib();
   BookProxyImpl bookCglib=(BookProxyImpl)cglib.getInstance(new
BookProxyImpl());
        bookCglib.addBook();
    }
}
```

运行输出：

```
事物开始
增加图书的普通方法 ...
事物结束
```

2. 代理模式的应用场合

代理模式有多种应用场合，如下所述。

①远程代理：为一个对象在不同的地址空间提供局部代表，这样可以隐藏一个对象存在于不同地址空间的事实。例如 WebService，当在应用程序的项目中加入一个 Web 引用，引用一个 WebService，此时会在项目中生成一个 WebReference 的文件夹和一些文件，这个就是代理作用的，这样可以让那个客户端程序调用代理，解决远程访问的问题。

②虚拟代理：根据需要创建开销很大的对象，通过它来存放实例化需要很长时间的真实对象。这样就可以达到性能的最优化，如打开一个网页，这个网页中包含了大量的文字和图片，可以很快看到文字，但是图片却是一张一张地下载后才能看到，那些未打开的图片框，就是通过虚拟代理来替换了真实的图片，此时代理存储了真实图片的路径和尺寸。

③安全代理：用来控制真实对象访问时的权限。一般用于对象应该有不同的访问权限的时候。

④指针引用：当调用真实的对象时，代理处理另外一些事。例如计算真实对象的引用次数，当该对象没有引用时，可以自动释放它，或当第一次引用一个持久对象时，将它装入内存，或是在访问一个实际对象前，检查是否已经释放，以确保其他对象不能改变它。这些都是通过代理在访问一个对象时附加一些内务处理。

⑤延迟加载：用代理模式实现延迟加载的一个经典应用就在 Hibernate 框架中。当 Hibernate 加载实体 bean 时，并不会一次性将数据库内所有的数据都加载。默认情况下，它会采取延迟加载的机制，以提高系统的性能。Hibernate 中的延迟加载主要分为属性的延迟加载和关联表的延时加载两类。实现原理是使用代理拦截原有的 getter 方法，在真正使用对象数据时才去数据库或其他第三方组件加载实际的数据，从而提升系统性能。

设计模式是前人工作的总结和提炼。通常，被人们广泛流传的设计模式都是对某一特定问题的成熟解决方案。如果能合理地使用设计模式，不仅能使系统更容易被他人理解，同时也能使系统拥有更加合理的结构。本节对代理模式的 4 种角色、延迟加载、动态代理等做了一些介绍，希望能够帮助读者对代理模式有进一步的了解。

3.4 设计模式之适配器模式

3.4.1 引言

中国古代最初盛行道教，唐代著名高僧、法相宗创始人玄奘西行使佛教广泛传播。玄奘为了探究佛教各派学说分歧，于贞观元年（627 年）一人西行五万里，历经艰辛到达印度佛教中心那烂陀寺取真经。他在前后 17 年里学遍了当时的大小乘各种学说，共带回佛舍利 150 粒、佛像 7 尊、经论 657 部，并长期从事翻译佛经的工作。玄奘及其弟子共译出佛典 75 部、1335 卷。玄奘的译典著作有《大般若经》《心经》《解深密经》《瑜伽师地论》《成唯识论》等。《大唐西域记》共 12 卷，记述他西游亲身经历的 110 个国家及传闻的 28 个国家的山川、地邑、物产、习俗等。《西游记》即以其取经事迹为原型。玄奘的足迹遍布印度，影响远至日本、韩国，乃至全世界。他的思想与精神如今已是中国乃至世界人民的共同财富。正是由于有玄奘这样的翻译者，佛教才会在中国国内逐渐盛行，这也是这里要讲的主题“适配器模式”。

3.4.2 详细介绍

著名的设计模式先驱 Gang of Four 这样评价适配器模式：

将一个类的接口转换成客户希望的另外一个接口。Adapter 模式使得原本由于接口不兼容而不能一起工作的那些类可以一起工作。

适配器模式将一个类的接口适配成用户所期待的。一个适配器通常允许因为接口不兼容而不能一起工作的类在一起工作，做法是将类自己的接口包裹在一个已存在的类中。

Adapter 设计模式的主要目的是组合两个不相干类，常用的有两种方法，第一种方法是修改各自类的接口。但是如果没有源码，或者不愿意为了一个应用而修改各自的接口，则需要使用 Adapter 适配器，在两种接口之间创建一个混合接口。

图 3-1 所示的是适配器模式的类图。Adapter 适配器设计模式中有 3 个重要角色：被适配者 Adaptee、适配器 Adapter 和目标对象 Target。其中两个现存的想要组合到一起的类分别是被适配者 Adaptee 和目标对象 Target 角色。按照类图所示，需要创建一个适配器 Adapter 将它们组合在一起。

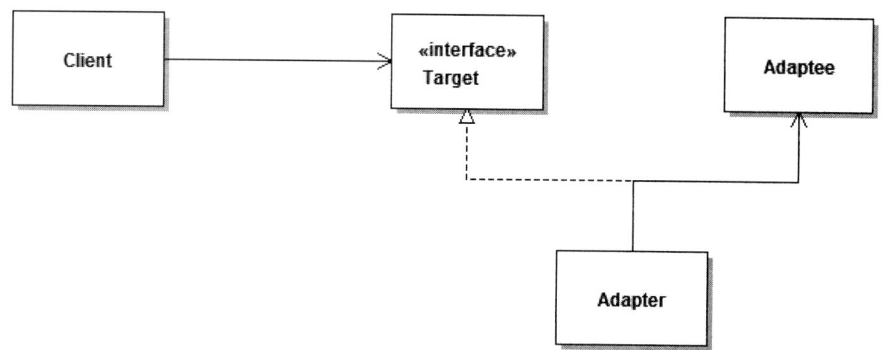

图 3-1　适配器模式类图

具体实现代码如下所示。

客户端使用的接口：

```
/*
 * 定义客户端使用的接口，与业务相关
 */
public interface Target {
    /*
     * 客户端请求处理的方法
     */
  public void request();
}
```

被适配的对象：

```
/*
 * 已经存在的接口，这个接口需要配置
 */
public class Adaptee {
     /*
      * 原本存在的方法
      */
  public void specificRequest(){
          // 业务代码
  }
}
```

适配器实现：

```
/*
 * 适配器类
 */
public class Adapter implements Target{
    /*
     * 持有需要被适配的接口对象
     */
```

```
    private Adapteeadaptee;
    /*
     * 构造方法，传入需要被适配的对象
     * @paramadaptee 需要被适配的对象
     */
    public Adapter(Adaptee adaptee){
            this.adaptee = adaptee;
    }
    @Override
    public void request() {
            // TODO Auto-generated method stub
            adaptee.specificRequest();
    }

}
```

客户端代码：

```
/*
 * 使用适配器的客户端
 */
public class Client {
     public static void main(String[] args){
    // 创建需要被适配的对象
    Adaptee adaptee = new Adaptee();
    // 创建客户端需要调用的接口对象
    Target target = new Adapter(adaptee);
    // 请求处理
    target.request();
     }
}
```

以下情况比较适合使用 Adapter 模式。

①想要使用一个已经存在的类，而它的接口不符合需求。

②想要创建一个可复用的类，该类可以与其他不相关的类或不可预见的类协同工作。

③想要使用一些已经存在的子类，但是不可能对每一个都进行子类化以匹配它们的接口，对象适配器可以适配它的父亲接口。

考虑一个记录日志的应用，用户可能会提出要求采用文件的方式存储日志，也可能会提出存储日志到数据库的需求，这样可以采用适配器模式对旧的日志类进行改造，提供新的支持方式。

首先需要一个简单的日志对象类，如下所示。

```
/*
 * 日志数据对象
 */
public class LogBean {
    private String logId;// 日志编号
```

```
    private String opeUserId;// 操作人员

    public String getLogId(){
   return logId;
    }
    public void setLogId(String logId){
   this.logId = logId;
    }

    public String getOpeUserId(){
   return opeUserId;
    }
    public void setOpeUserId(String opeUserId){
   this.opeUserId = opeUserId;
}
public String toString(){
   return "logId="+logId+",opeUserId="+opeUserId;
}
}
```

接下来定义一个操作日志文件的接口，代码如下所示。

```
import java.util.List;

/*
 * 读取日志文件，从文件中获取存储的日志列表对象
 * @return 存储的日志列表对象
 */
public interface LogFileOperateApi {
     public List<LogBean>readLogFile();
     /**
      * 写日志文件，把日志列表写到日志文件中
      * @param list 要写到日志文件的日志列表
      */
     public void writeLogFile(List<LogBean> list);
}
```

然后实现日志文件的存储和获取，这里忽略业务代码，代码如下所示。

```
import java.io.File;
import java.io.ObjectInputStream;
import java.io.ObjectOutputStream;
import java.util.List;

/*
 * 实现对日志文件的操作
 */
public class LogFileOperate implements LogFileOperateApi{
```

```
    /*
     * 设置日志文件的路径和文件名称
     */
   private String logFileName = "file.log";
   /*
    * 构造方法，传入文件的路径和名称
    */
   public LogFileOperate(String logFilename){
          if(logFilename!=null){
                 this.logFileName = logFilename;
          }
   }

   @Override
   public List<LogBean>readLogFile() {
          // TODO Auto-generated method stub
          List<LogBean> list = null;
          ObjectInputStreamoin =null;
          // 业务代码
          return list;
   }

   @Override
   public void writeLogFile(List<LogBean> list) {
          // TODO Auto-generated method stub
          File file = new File(logFileName);
          ObjectOutputStreamoout = null;
          // 业务代码
   }

}
```

如果这时需要引入数据库方式，引入适配器之前，需要定义日志管理的操作接口，代码如下所示。

```
public interface LogDbOpeApi {
     /*
      * 新增日志
      * @param 需要新增的日志对象
      */
   public void createLog(LogBean logbean);
}
```

接下来就要实现适配器，LogDbOpeApi 接口就相当于 Target 接口，LogFileOperate 就相当于 Adaptee 类。Adapter 类代码如下所示。

```
import java.util.List;
```

```
/*
 * 适配器对象，将记录日志到文件的功能适配成数据库功能
 */
public class LogAdapter implements LogDbOpeApi{
    private LogFileOperateApiadaptee;
    public LogAdapter(LogFileOperateApiadaptee){
   this.adaptee = adaptee;
    }
   @Override
   public void createLog(LogBean logbean) {
          // TODO Auto-generated method stub
          List<LogBean> list = adaptee.readLogFile();
          list.add(logbean);
          adaptee.writeLogFile(list);
   }
}
```

最后是客户端代码的实现，如下所示。

```
import java.util.ArrayList;
import java.util.List;

public class LogClient {
    public static void main(String[] args){
   LogBeanlogbean = new LogBean();
   logbean.setLogId("1");
   logbean.setOpeUserId("michael");
   List<LogBean> list = new ArrayList<LogBean>();
   LogFileOperateApilogFileApi = new LogFileOperate("");
   //创建操作日志的接口对象
   LogDbOpeApiapi = new LogAdapter(logFileApi);
api.createLog(logbean);
    }
}
```

3.4.3 适配器模式在开源项目中的应用

JDK 中有大量使用适配器模式的案例，下面列举了一些类。

```
java.util.Arrays#asList()
javax.swing.JTable(TableModel)
java.io.InputStreamReader(InputStream)
java.io.OutputStreamWriter(OutputStream)
javax.xml.bind.annotation.adapters.XmlAdapter#marshal()
javax.xml.bind.annotation.adapters.XmlAdapter#unmarshal()
```

JDK 1.1 之前提供的容器有 Arrays、Vector、Stack、Hashtable、Properties 和 BitSet，

其中定义了一种访问群集内各元素的标准方式，称为 Enumeration（列举器）接口，用法如下所示。

```
Vector v=new Vector();
for (Enumeration enum =v.elements(); enum.hasMoreElements();) {
Object o = enum.nextElement();
processObject(o);
}
```

JDK 1.2 版本中引入了 Iterator 接口，新版本的集合对象（HashSet、HashMap、WeakHeahMap、ArrayList、TreeSet、TreeMap、LinkedList）是通过 Iterator 接口访问集合元素的，用法如下所示。

```
List list=new ArrayList();
for(Iterator it=list.iterator();it.hasNext();)
{
System.out.println(it.next());
}
```

这样，如果将旧版本的程序运行在新的 Java 编译器上就会出错。因为 List 接口中已经没有 elements()，而只有 iterator() 了。那么如何使旧版本的程序运行在新的 Java 编译器上呢？如果不加修改，是肯定不行的，但是修改要遵循“开－闭”原则。可以用 Java 设计模式中的适配器模式解决这个问题。如下所示是解决方法代码。

```
import java.util.ArrayList;
import java.util.Enumeration;
import java.util.Iterator;
import java.util.List;

public class NewEnumeration implements Enumeration
{

    Iterator it;
    public NewEnumeration(Iterator it)
    {
        this.it=it;
        // TODO Auto-generated constructor stub
    }

    public boolean hasMoreElements()
    {
        // TODO Auto-generated method stub
        return it.hasNext();
    }

    public Object nextElement()
    {
        // TODO Auto-generated method stub
```

```
            return it.next();
        }
        public static void main(String[] args)
        {
            List list=new ArrayList();
            list.add("a");
            list.add("b");
            list.add("C");
            for(Enumeration e=new NewEnumeration(list.iterator());e.
hasMoreElements();)
            {
    System.out.println(e.nextElement());
            }
        }
    }
```

以上代码所示的 NewEnumeration 是一个适配器类，通过它实现了从 Iterator 接口到 Enumeration 接口的适配，这样就可以使用旧版本的代码来使用新的集合对象了。

Java I/O 库大量使用了适配器模式，例如 ByteArrayInputStream 是一个适配器类，它继承了 InputStream 的接口，并且封装了一个 byte 数组。换言之，它将一个 byte 数组的接口适配成 InputStream 流处理器的接口。

Java 语言支持 4 种类型 Java 接口、Java 类、Java 数组和原始类型（int、float 等）。前 3 种是引用类型，类和数组的实例是对象，原始类型的值不是对象。即 Java 语言的数组是像所有的其他对象一样的对象，而无论数组中所存储的元素类型是什么。这样一来，ByteArrayInputStream 就符合适配器模式的描述，是一个对象形式的适配器类。FileInputStream 是一个适配器类。FileInputStream 继承了 InputStream 类型，同时持有一个对 FileDescriptor 的引用。这是将一个 FileDescriptor 对象适配成 InputStream 类型的对象形式的适配器模式。查看 JDK 1.4 的源代码，可以看到以下所示的 FileInputStream 类的源代码。

```
     Public classFileInputStream extends InputStream {
    /* File Descriptor - handle to the open file */
    private FileDescriptor fd;
    public FileInputStream(FileDescriptor fdObj) {
    SecurityManager security = System.getSecurityManager();
    if (fdObj == null) {
    throw new NullPointerException();
    }
    if (security != null) {
    security.checkRead(fdObj);}fd = fdObj;
    }
    public FileInputStream(File file) throws FileNotFoundException {
    String name = file.getPath();
    SecurityManager security = System.getSecurityManager();
    if (security != null) {
    security.checkRead(name);
```

```
    }
    fd = new FileDescriptor();
    open(name);
    }
    // 其他代码
    }
    }
```

同样地，在 OutputStream 类型中所有的原始流处理器都是适配器类。ByteArrayOutputStream 继承了 OutputStream 类型，同时持有一个对 byte 数组的引用。它将一个 byte 数组的接口适配成 OutputString 类型的接口，因此这也是一个对象形式的适配器模式的应用。

FileOutputStream 继承了 OutputStream 类型，同时持有一个对 FileDescriptor 对象的引用。这是一个将 FileDescriptor 接口适配成 OutputStream 接口形式的对象形适配器模式。

Reader 类型的原始流处理器都是适配器模式的应用。StringReader 是一个适配器类，继承了 Reader 类型，持有一个对 String 对象的引用。它将 String 的接口适配成 Reader 类型的接口。

在 Spring 的 AOP 中通过使用 Advice（通知）来增强被代理类的功能。Spring 实现这一 AOP 功能的原理就使用代理模式（JDK 动态代理、CGLib 字节码生成技术代理）对类进行方法级别的切面增强，即生成被代理类的代理类，并在代理类的方法前设置拦截器，通过执行拦截器中的内容增强了代理方法的功能，实现面向切面编程。

Advice 的类型有 BeforeAdvice、AfterReturningAdvice、ThrowSadvice 等。每个 Advice 类型都有对应的拦截器，MethodBeforeAdviceInterceptor、AfterReturningAdviceInterceptor、ThrowsAdviceInterceptor。Spring 需要将每个 Advice 都封装成对应的拦截器类型，返回给容器，所以需要使用适配器模式对 Advice 进行转换。具体代码如下所示。

MethodBeforeAdvice 类：

```
    public interface MethodBeforeAdvice extends BeforeAdvice {
        void before(Method method, Object[] args, Object target) throws
Throwable;
    }
    public interface MethodBeforeAdvice extends BeforeAdvice {
    void before(Method method, Object[] args, Object target) throws Throwable;
    }
```

Adapter 类接口：

```
    public interface AdvisorAdapter {
        boolean supportsAdvice(Advice advice);
        MethodInterceptor getInterceptor(Advisor advisor);
    }
            public interface AdvisorAdapter {
            booleansupportsAdvice(Advice advice);
            MethodInterceptor getInterceptor(Advisor advisor);
```

```
}
```

MethodBeforeAdviceAdapter 类：

```
class MethodBeforeAdviceAdapter implements AdvisorAdapter, Serializable {

    public boolean supportsAdvice(Advice advice) {
        return (advice instance of MethodBeforeAdvice);
    }

    public MethodInterceptor getInterceptor(Advisor advisor) {
MethodBeforeAdvice advice = (MethodBeforeAdvice) advisor.getAdvice();
        return new MethodBeforeAdviceInterceptor(advice);
    }

}
```

DefaultAdvisorAdapterRegistry 类：

```
public class DefaultAdvisorAdapterRegistry implements
AdvisorAdapterRegistry, Serializable {

    private final List<AdvisorAdapter> adapters = new
ArrayList<AdvisorAdapter>(3);


    /**
     * Create a new DefaultAdvisorAdapterRegistry, registering well-known
adapters.
     */
    public DefaultAdvisorAdapterRegistry() {// 这里注册了适配器
      registerAdvisorAdapter(new MethodBeforeAdviceAdapter());
      registerAdvisorAdapter(new AfterReturningAdviceAdapter());
      registerAdvisorAdapter(new ThrowsAdviceAdapter());
    }


    public Advisor wrap(Object adviceObject) throws
UnknownAdviceTypeException {
        if (adviceObjectinstanceof Advisor) {
            return (Advisor) adviceObject;
        }
        if (!(adviceObjectinstanceof Advice)) {
            throw new UnknownAdviceTypeException(adviceObject);
        }
        Advice advice = (Advice) adviceObject;
        if (advice instanceofMethodInterceptor) {
            // So well-known it doesn't even need an adapter.
            return new DefaultPointcutAdvisor(advice);
```

```
        }
        for (AdvisorAdapter adapter : this.adapters) {
            // Check that it is supported.
            if (adapter.supportsAdvice(advice)) {// 这里调用了适配器的方法
                return new DefaultPointcutAdvisor(advice);
            }
        }
        throw new UnknownAdviceTypeException(advice);
    }

    public MethodInterceptor[] getInterceptors(Advisor advisor) throws
UnknownAdviceTypeException {
        List<MethodInterceptor> interceptors = new ArrayList<MethodIntercep
tor>(3);
        Advice advice = advisor.getAdvice();
        if (advice instanceofMethodInterceptor) {
    interceptors.add((MethodInterceptor) advice);
        }
        for (AdvisorAdapter adapter : this.adapters) {
            if (adapter.supportsAdvice(advice)) {// 这里调用了适配器的方法
    interceptors.add(adapter.getInterceptor(advisor));
            }
        }
        if (interceptors.isEmpty()) {
            throw new UnknownAdviceTypeException(advisor.getAdvice());
        }
        return interceptors.toArray(new MethodInterceptor[interceptors.
size()]);
    }

    public void registerAdvisorAdapter(AdvisorAdapter adapter) {
    this.adapters.add(adapter);
    }

}
```

（1）双向适配器

适配器也可以实现双向的适配。前面所讲的都是把 Adaptee 适配成为 Target，其实也可以把 Target 适配成为 Adaptee。也就是说，这个适配器可以同时当作 Target 和 Adaptee 来使用。

TwiceAdapter 类的代码如下所示。

```
import java.util.List;

/*
 * 双向适配器对象案例
 */
public class TwiceAdapter implements LogDbOpeApi,LogFileOperateApi {
```

```
    /*
     * 持有需要被适配的文件存储日志的接口对象
     */
    private LogFileOperateApi fileLog;
    /*
     * 持有需要被适配的 DB 存储日志的接口对象
     */
    private LogDbOpeApid bLog;

    public TwiceAdapter(LogFileOperateApi fileLog,LogDbOpeApi dbLog){
            this.fileLog = fileLog;
            this.dbLog = dbLog;
    }
    @Override
    public List<LogBean>readLogFile() {
            // TODO Auto-generated method stub
            return null;
    }

    @Override
    public void writeLogFile(List<LogBean> list) {
            // TODO Auto-generated method stub

    }

    @Override
    public void createLog(LogBean logbean) {
            // TODO Auto-generated method stub
            List<LogBean> list = fileLog.readLogFile();
            list.add(logbean);
            fileLog.writeLogFile(list);
    }

}
```

双向适配器同时实现了 Target 和 Adaptee 的接口，使得双向适配器可以在 Target 或 Adaptee 被使用的地方使用，以提供对所有客户的透明性。尤其在两个不同的客户需要用不同的地方查看同一个对象时，适合使用双向适配器。

（2）对象适配器和类适配器

在标准的适配器模式中，根据适配器的实现方式，把适配器分成对象适配器和类适配器。

对象适配器依赖于对象的组合，都是采用对象组合的方式，也就是对象适配器实现的方式。

类适配器采用多重继承对一个接口与另一个接口进行匹配。由于 Java 不支持多重继承，因此到目前为止还没有涉及。但可以通过让适配器去实现 Target 接口的方式来实现。

ClassAdapter 类的代码如下所示。

```
importjava.util.List;

/*
 * 类适配器对象案例
 */
public class ClassAdapter extends LogFileOperate implements LogDbOpeApi{

   public ClassAdapter(String logFilename) {
          super(logFilename);
          // TODO Auto-generated constructor stub
   }

   @Override
   public void createLog(LogBean logbean) {
          // TODO Auto-generated method stub
          List<LogBean> list = this.readLogFile();
          list.add(logbean);
          this.writeLogFile(list);
   }

}
```

在实现中，主要是适配器的实现与以前不一样。与对象适配器实现同样的功能相比，类适配器在实现上有所改变。

①需要继承 LogFileOperate 的实现，再实现 LogDbOpeApi 接口。

②需要按照继承 LogFileOperate 的要求，提供传入文件路径和名称的构造方法。

③不再需要持有 LogFileOperate 的对象，因为适配器本身就是 LogFileOperate 对象的子类。

④以前调用被适配对象方法的地方，全部修改成调用自己的方法。

（3）类适配器和对象适配器的选择

①从实现上，类适配器使用对象继承的方式属于静态的定义方式。对象适配器使用对象组合的方式，属于动态组合的方式。

②从工作模式上，类适配器直接继承了 Adaptee，使得适配器不能和 Adaptee 的子类一起工作。对象适配器允许一个 Adapter 和多个 Adaptee，包括 Adaptee 和它所有的子类一起工作。

③从定义角度，类适配器可以重定义 Adaptee 的部分行为，相当于子类覆盖父类的部分实现方法。对象适配器要重定义 Adaptee 很困难。

④从开发角度，类适配器仅仅引入了一个对象，并不需要额外的引用来间接得到 Adaptee。对象适配器需要额外的引用来间接得到 Adaptee。

总的来说，建议使用对象适配器方式。

3.4.4 适配器模式的使用

（1）适配器模式使用前提

①接口中规定了所有要实现的方法。

②实现此接口的具体类只用到了其中的几个方法，而其他的方法都是没有用的。

（2）适配器模式实现方法

①用一个抽象类实现已有的接口，并实现接口中规定的所有方法，这些方法的实现可以都是“平庸”实现——空方法；但此类中的方法是具体方法，而不是抽象方法，否则，在具体的子类中仍要实现所有的方法，这就失去了适配器本来的作用。

②原本要实现接口的子类，只实现上述的抽象类即可，并在其内部实现时，只对其感兴趣的方法进行实现。

（3）适配器模式使用注意事项

①充当适配器角色的类就是实现已有接口的抽象类。

②为什么要用抽象类？此类是不需要被实例化的。而只充当适配器的角色也就为其子类提供了一个共同的接口，但其子类又可以将精力只集中在其感兴趣的地方。

③适配器模式中被适配的接口 Adaptee 和适配成为的接口 Target 是没有关联的，Adaptee 和 Target 中的方法既可以是相同的，也可以是不同的。

④适配器在适配的时候，可以适配多个 Adaptee，也就是说实现某个新的 Target 功能的时候，需要调用多个模块的功能，适配多个模块的功能才能满足新接口的要求。

⑤适配器有一个潜在的问题，就是被适配的对象不再兼容 Adaptee 的接口，因为适配器只是实现了 Target 的接口。这导致并不是所有 Adaptee 对象可以被使用的地方都能使用适配器，双向适配器解决了这个问题。

（4）适配器模式的优点和缺点

①优点：适配器模式也是一种包装模式，它与装饰模式同样具有包装的功能；此外，对象适配器模式还具有委托的意思。总的来说，适配器模式属于补偿模式，专门在系统后期扩展、修改时使用。

②缺点：过多地使用适配器，会让系统非常零乱，不易整体进行把握。例如，明明看到调用的是 A 接口，其实内部被适配成了 B 接口的实现，一个系统如果出现太多这种情况，无异于一场灾难。因此，如果不是很有必要，可以不使用适配器，而是直接对系统进行重构。

（5）适配器模式应用场景

在软件开发中，当系统的数据和行为都正确，但接口不相符时，应该考虑用适配器，目的是使控制范围之外的一个原有对象与某个接口匹配。适配器模式主要应用于希望复用一些现存的类，但是接口又与复用环境要求不一致的情况。例如在需要对早期代码复用一些功能等应用上，很有实际价值。适用场景大致包含以下 3 类。

①已经存在的类接口不符合需求。

②创建一个可以复用的类，使得该类可以与其他不相关的类或不可预见的类（那些接口可能不一定兼容的类）协同工作。

③在不对每一个都进行子类化以匹配接口的情况下，使用一些已经存在的子类。

3.5 字符串操作优化

3.5.1 字符串对象

字符串对象或其等价对象（如 char 数组）在内存中总是占据很大的空间块，因此如何高效地处理字符串是提高系统整体性能的关键。

String 对象可视为 char 数组的延伸和进一步封装，主要由 char 数组、偏移量和 String 的长度三部分组成。char 数组表示 String 的内容，它是 String 对象所表示字符串的超集。String 的真实内容还需要由偏移量和长度在这个 char 数组中进行定位和截取。

String 有不变性、针对常量池的优化、类的 final 定义三个基本特点。不变性指的是 String 对象一旦生成，则不能再对它进行改变。String 的这个特性可以泛化成不变 (immutable) 模式，即一个对象的状态在对象被创建后就不再发生变化。不变模式的主要作用在于当一个对象需要被多线程共享，并且访问频繁时，可以省略同步和锁等待的时间，从而大幅提高系统性能。针对常量池的优化指的是当两个 String 对象拥有相同的值时，它们只引用常量池中的同一个复件。当同一个字符串反复出现时，这个技术可以大幅度节省内存空间。

下面的代码 str1、str2、str4 引用了相同的地址，str3 却重新开辟了一块内存空间，虽然 str3 单独占用了堆空间，但是它所指向的实体和 str1 完全一样。代码如下所示。

```
public class StringDemo {
     public static void main(String[] args){
    String str1 = "abc";
    String str2 = "abc";
    String str3 = new String("abc");
    String str4 = str1;
    System.out.println("is str1 = str2?"+(str1==str2));
    System.out.println("is str1 = str3?"+(str1==str3));
    System.out.println("is str1 refer to str3?"+(str1.intern()==str3.
intern()));
    System.out.println("is str1 = str4"+(str1==str4));
    System.out.println("is str2 = str4"+(str2==str4));
    System.out.println("is str4 refer to str3?"+(str4.intern()==str3.
intern()));
     }
}
```

上述代码运行后的输出结果如下。

```
is str1 = str2?true
is str1 = str3?false
is str1 refer to str3?true
```

```
is str1 = str4true
is str2 = str4true
is str4 refer to str3?true
```

3.5.2 SubString 使用技巧

String 的 substring 方法在最后一行新建了一个 String 对象，newString(offset+beginIndex, endIndex−beginIndex,value); 该行代码的目的是高效且快速地共享 String 内的 char 数组对象。但在这种通过偏移量来截取字符串的方法中，String 的原生内容 value 数组被复制到新的子字符串中。设想，如果原始字符串很大，截取的字符长度却很短，那么截取的子字符串中包含了原生字符串的所有内容，并占据了相应的内存空间，而仅仅通过偏移量和长度来决定自己的实际取值，算法提高了速度，却浪费了空间。

下面的代码演示了使用 substring 方法在一个很大的 String 中截取一段很小的字符串。如果采用 substring 方法会造成内存溢出；如果采用反复创建新的 string 方法，可以确保正常运行。

```
import java.util.ArrayList;
import java.util.List;

public class StringDemo {
     public static void main(String[] args){
    List<String> handler = new ArrayList<String>();
    for(int i=0;i<1000;i++){
           HugeStr h = new HugeStr();
           ImprovedHugeStr h1 = new ImprovedHugeStr();
           handler.add(h.getSubString(1, 5));
           handler.add(h1.getSubString(1, 5));
    }
     }

     static class HugeStr{
    private String str = new String(new char[800000]);
    public String getSubString(int begin,int end){
           return str.substring(begin, end);
    }
     }

     static class ImprovedHugeStr{
    private String str = new String(new char[10000000]);
    public String getSubString(int begin,int end){
           return new String(str.substring(begin, end));
    }
     }
}
```

上述代码运行后的输出结果如下。

```
Exception in thread "main" java.lang.OutOfMemoryError: Java heap space
    at java.util.Arrays.copyOf(Unknown Source)
    at java.lang.StringValue.from(Unknown Source)
    at java.lang.String.<init>(Unknown Source)
    at StringDemo.ImprovedHugeStr.<init>(StringDemo.java:23)
    at StringDemo.main(StringDemo.java:9)
```

ImprovedHugeStr 可以工作是因为它使用没有内存泄露的 String 构造函数重新生成了 String 对象，使得由 substring() 方法返回的、存在内存泄露问题的 String 对象失去所有的强引用，从而被垃圾回收器识别为垃圾对象进行回收，保证了系统内存的稳定。

3.5.3 切分字符串

String 的 split 方法支持传入正则表达式帮助处理字符串，操作较为简单，但缺点是它所依赖的算法在对简单的字符串分割时性能较差。如下所示代码对比了 String 的 split 方法和调用 StringTokenizer 类来处理字符串时性能的差距。

```
import java.util.StringTokenizer;
public class splitandstringtokenizer {
    public static void main(String[] args){
    String orgStr = null;
    StringBuffer sb = new StringBuffer();
    for(int i=0;i<100000;i++){
            sb.append(i);
            sb.append(",");
    }
    orgStr = sb.toString();
    long start = System.currentTimeMillis();
    for(int i=0;i<100000;i++){
            orgStr.split(",");
    }
    long end = System.currentTimeMillis();
    System.out.println(end-start);

    start = System.currentTimeMillis();
    String orgStr1 = sb.toString();
    StringTokenizer st = new StringTokenizer(orgStr1,",");
    for(int i=0;i<100000;i++){
            st.nextToken();
    }
    st = new StringTokenizer(orgStr1,",");
    end = System.currentTimeMillis();
    System.out.println(end-start);

    start = System.currentTimeMillis();
    String orgStr2 = sb.toString();
```

```
        String temp = orgStr2;
        while(true){
                String splitStr = null;
                int j=temp.indexOf(",");
                if(j<0)break;
                splitStr=temp.substring(0, j);
                temp = temp.substring(j+1);
        }
        temp=orgStr2;
        end = System.currentTimeMillis();
        System.out.println(end-start);
         }
    }
```

上述代码运行后的输出结果如下。

```
39015
16
15
```

当一个 StringTokenizer 对象生成后，通过它的 nextToken() 方法便可以得到下一个分割的字符串，通过 hasMoreToken 方法可以知道是否有更多的字符串需要处理。对比发现 split 的耗时非常长，采用 StringTokenizer 对象处理速度很快。尝试自己实现字符串分割算法，使用 substring 方法和 indexOf 方法组合而成的字符串分割算法可以帮助很快切分字符串并替换内容。

以上实例运行结果差异较大的原因是 split 算法对每一个字符进行了对比，当字符串较大时，需要把整个字符串读入内存，逐一查找，找到符合条件的字符，这样做较为耗时。而 StringTokenizer 类允许一个应用程序进入一个令牌（Tokens），StringTokenizer 类的对象在内部已经标识化的字符串中维持了当前位置。一些操作使得在现有位置上的字符串提前得到处理。一个令牌的值是由获得其曾经创建 StringTokenizer 类对象的字串所返回的。

split 类源代码如下所示。

```
    import java.util.ArrayList;
    public class Split {
       public String[] split(CharSequence input, int limit) {
               int index = 0;
               boolean matchLimited = limit > 0;
               ArrayList<String> matchList = new ArrayList<String>();
               Matcher m = matcher(input);
               // Add segments before each match found
               while(m.find()) {
                       if (!matchLimited || matchList.size() < limit - 1) {
                               String match = input.subSequence(index, m.start()).
toString();
                               matchList.add(match);
                               index = m.end();
                       } else if (matchList.size() == limit - 1) {
```

```
                        // last one
                        String match = input.subSequence(index,input.
length()).toString();
                        matchList.add(match);
                        index = m.end();
                  }
            }
            // If no match was found, return this
            if (index == 0){
                  return new String[] {input.toString()};
            }
            // Add remaining segment
            if (!matchLimited || matchList.size() < limit){
                  matchList.add(input.subSequence(index, input.length()).
toString());
            }
            // Construct result
            int resultSize = matchList.size();
            if (limit == 0){
                  while (resultSize > 0 && matchList.get(resultSize-1).
equals(""))
                        result Size--;
               String[] result = new String[resultSize];
               return matchList.subList(0, resultSize).toArray(result);
            }
      }


   }
```

split 借助于数据对象及字符查找算法完成了数据分割，适用于数据量较少的场景。

3.5.4 合并字符串

由于 String 是不可变对象，在需要对字符串进行修改操作时（如字符串连接、替换），String 对象会生成新的对象，所以性能相对较差。但是 JVM 会对代码进行彻底优化，将多个连接操作的字符串在编译时合成一个单独的长字符串。针对超大的 String 对象，可以采用 String 对象连接、concat 方法连接，还可以使用 StringBuilder 类等多种方式，代码如下所示。

```
public class StringConcat {
     public static void main(String[] args){
    String str = null;
    String result = "";

    long start = System.currentTimeMillis();
    for(int i=0;i<10000;i++){
```

```
            str = str + i;
        }
        long end = System.currentTimeMillis();
        System.out.println(end-start);

        start = System.currentTimeMillis();
        for(int i=0;i<10000;i++){
            result = result.concat(String.valueOf(i));
        }
        end = System.currentTimeMillis();
        System.out.println(end-start);

        start = System.currentTimeMillis();
        StringBuilder sb = new StringBuilder();
        for(int i=0;i<10000;i++){
            sb.append(i);
        }
        end = System.currentTimeMillis();
        System.out.println(end-start);
    }
}
```

上述代码运行后的输出结果如下。

```
375
187
0
```

虽然第一种方法编译器判断 String 的加法运行成 StringBuilder 实现，但是编译器没有做出足够聪明的判断，每次循环都生成了新的 StringBuilder 实例，大大降低了系统性能。

StringBuffer 和 StringBuilder 都实现了 AbstractStringBuilder 抽象类，拥有几乎相同的对外接口，两者的最大不同在于 StringBuffer 对几乎所有的方法都做了同步，而 StringBuilder 并没有任何同步。由于方法同步需要消耗一定的系统资源，因此，StringBuilder 的效率也好于 StringBuffer。但是，在多线程系统中，StringBuilder 无法保证线程安全，不能使用。

StringBuilder 和 StringBuffer 的代码如下所示。

```
public class StringBufferandBuilder {
  public StringBuffer contents = new StringBuffer();
  public StringBuilder sbu = new StringBuilder();

  public void log(String message){
        for(int i=0;i<10;i++){
              /*
              contents.append(i);
              contents.append(message);
              contents.append("\n");
```

```
                    */
                    contents.append(i);
                    contents.append("\n");
                    sbu.append(i);
                    sbu.append("\n");
            }
    }
    public void getcontents(){
            //System.out.println(contents);
            System.out.println("start print StringBuffer");
            System.out.println(contents);
            System.out.println("end print StringBuffer");
    }
    public void getcontents1(){
            //System.out.println(contents);
            System.out.println("start print StringBuilder");
            System.out.println(sbu);
            System.out.println("end print StringBuilder");
    }
     public static void main(String[] args) throws InterruptedException {
            StringBufferandBuilder ss = new StringBufferandBuilder();
            runthread t1 = new runthread(ss,"love");
            runthread t2 = new runthread(ss,"apple");
            runthread t3 = new runthread(ss,"egg");
            t1.start();
            t2.start();
            t3.start();
            t1.join();
            t2.join();
            t3.join();
    }
}

class runthread extends Thread{
    String message;
    StringBufferandBuilder buffer;
    public runthread(StringBufferandBuilder buffer,String message){
            this.buffer = buffer;
            this.message = message;
    }
    public void run(){
            while(true){
                    buffer.log(message);
                    //buffer.getcontents();
                    buffer.getcontents1();
                    try {
```

```
                    sleep(5000000);
                } catch (InterruptedException e) {
                    // TODO Auto-generated catch block
                    e.printStackTrace();
                }
            }
        }

    }
```

上述代码运行后的输出结果如下。

```
start print StringBuffer
0123456789
end print StringBuffer
start print StringBuffer
start print StringBuilder
01234567890123456789
end print StringBuffer
start print StringBuilder
01234567890123456789
01234567890123456789
end print StringBuilder
end print StringBuilder
start print StringBuffer
012345678901234567890123456789
end print StringBuffer
start print StringBuilder
012345678901234567890123456789
end print StringBuilder
```

StringBuilder 数据并没有按照预想的方式进行操作。StringBuilder 和 StringBuffer 的扩充策略是将原有的容量大小翻倍，以新的容量申请内存空间，建立新的 char 数组，然后将原数组中的内容复制到这个新的数组中。因此，对于大对象的扩容会涉及大量的内存复制操作。如果能够预先评估大小，会提高性能。

3.6 数据定义和运算逻辑优化

3.6.1 使用局部变量

调用方法时传递的参数及在调用中创建的临时变量都保存在栈 (Stack) 中，读写速度较快。其他变量（如静态变量、实例变量等）都在堆栈 (Heap) 中创建，读写速度较慢。下面的代码演示了使用局部变量和静态变量的操作时间对比。

```
public class variableCompare {
     public static int b = 0;
     public static void main(String[] args){
   int a = 0;
   long starttime = System.currentTimeMillis();
   for(int i=0;i<1000000;i++){
          a++;// 在函数体内定义局部变量
   }
   System.out.println(System.currentTimeMillis() - starttime);

   starttime = System.currentTimeMillis();
   for(int i=0;i<1000000;i++){
          b++;// 在函数体内定义局部变量
   }
   System.out.println(System.currentTimeMillis() - starttime);
    }
}
```

上述代码运行后的输出结果如下。

```
0
15
```

以上两段代码的运行时间分别为 0ms 和 15ms。由此可见，局部变量的访问速度远远高于类的成员变量。

3.6.2 位运算代替乘除法

位运算是所有的运算中最为高效的。因此，可以尝试使用位运算代替部分算数运算，来提高系统的运行速度。最典型的就是对于整数的乘除运算优化。下面的代码是一段使用算数运算的实现代码。

```
public class yunsuan {
     public static void main(String args[]){
   long start = System.currentTimeMillis();
   long a=1000;
```

```
        for(int i=0;i<10000000;i++){
                a*=2;
                a/=2;
        }
        System.out.println(a);
        System.out.println(System.currentTimeMillis() - start);
        start = System.currentTimeMillis();
        for(int i=0;i<10000000;i++){
                a<<=1;
                a>>=1;
        }
        System.out.println(a);
        System.out.println(System.currentTimeMillis() - start);
     }
}
```

上述代码运行后的输出结果如下。

```
1000
546
1000
63
```

以上两段代码执行了完全相同的功能，在每次循环中，整数 1000 乘以 2，然后除以 2。第一个循环耗时 546ms，第二个循环耗时 63ms。

3.6.3 替换 switch

switch 语句用于多条件判断，功能类似于 if...else 语句，两者的性能差不多，但是 switch 语句有性能提升空间。下面的代码演示了 switch 与 if...else 之间的对比。

```
public class switchCompareIf {

   public static int switchTest(int value){
           int i = value%10+1;
           switch(i){
           case 1:return 10;
           case 2:return 11;
           case 3:return 12;
           case 4:return 13;
           case 5:return 14;
           case 6:return 15;
           case 7:return 16;
           case 8:return 17;
           case 9:return 18;
           default:return -1;
           }
```

```
    }

    public static int arrayTest(int[] value,int key){
            int i = key%10+1;
            if(i>9 || i<1){
                    return -1;
            }else{
                    return value[i];
            }
    }

     public static void main(String[] args){
    int chk = 0;
    long start=System.currentTimeMillis();
    for(int i=0;i<10000000;i++){
            chk = switchTest(i);
    }
    System.out.println(System.currentTimeMillis()-start);
    chk = 0;
    start=System.currentTimeMillis();
    int[] value=new int[]{0,10,11,12,13,14,15,16,17,18};
    for(int i=0;i<10000000;i++){
            chk = arrayTest(value,i);
    }
    System.out.println(System.currentTimeMillis()-start);
     }
}
```

上述代码运行后的输出结果如下。

```
172
93
```

使用一个连续的数组代替 switch 语句，对数据的随机访问速度非常快，至少好于 switch 的分支判断。从上面的例子可以看到两者的效率差距近乎 1 倍，switch 方法耗时 172ms，if...else 方法耗时 93ms。

3.6.4 一维数组代替二维数组

JDK 的很多类库是采用数组方式实现的数据存储，如 ArrayList、Vector 等。数组的优点是随机访问性能非常好。一维数组和二维数组的访问速度不一样，一维数组的访问速度要优于二维数组。在性能敏感的系统中要使用二维数组，尽量将二维数组转换为一维数组再进行处理，以提高系统的响应速度。数组方式对比代码如下所示。

```
public class arrayTest {
    public static void main(String[] args){
```

```
    long start = System.currentTimeMillis();
    int[] arraySingle = new int[1000000];
    int chk = 0;
    for(int i=0;i<100;i++){
            for(int j=0;j<arraySingle.length;j++){
                    arraySingle[j] = j;
            }
    }
    for(int i=0;i<100;i++){
            for(int j=0;j<arraySingle.length;j++){
                    chk = arraySingle[j];
            }
    }
    System.out.println(System.currentTimeMillis() - start);

    start = System.currentTimeMillis();
    int[][] arrayDouble = new int[1000][1000];
    chk = 0;
    for(int i=0;i<100;i++){
            for(int j=0;j<arrayDouble.length;j++){
            for(int k=0;k<arrayDouble[0].length;k++){
                    arrayDouble[i][j]=j;
            }
    }
    }
    for(int i=0;i<100;i++){
            for(int j=0;j<arrayDouble.length;j++){
            for(int k=0;k<arrayDouble[0].length;k++){
                    chk = arrayDouble[i][j];
            }
    }
    }
    System.out.println(System.currentTimeMillis() - start);

        start = System.currentTimeMillis();
        arraySingle = new int[1000000];
        int arraySingleSize = arraySingle.length;
        chk = 0;
    for(int i=0;i<100;i++){
            for(int j=0;j<arraySingleSize;j++){
                    arraySingle[j] = j;
            }
    }
    for(int i=0;i<100;i++){
            for(int j=0;j<arraySingleSize;j++){
                    chk = arraySingle[j];
```

```
            }
        }
        System.out.println(System.currentTimeMillis() - start);

            start = System.currentTimeMillis();
            arrayDouble = new int[1000][1000];
            int arrayDoubleSize = arrayDouble.length;
            int firstSize = arrayDouble[0].length;
            chk = 0;
        for(int i=0;i<100;i++){
                for(int j=0;j<arrayDoubleSize;j++){
                for(int k=0;k<firstSize;k++){
                        arrayDouble[i][j]=j;
                }
        }
        }
        for(int i=0;i<100;i++){
                for(int j=0;j<arrayDoubleSize;j++){
                for(int k=0;k<firstSize;k++){
                        chk = arrayDouble[i][j];
                }
        }
        }
        System.out.println(System.currentTimeMillis() - start);
      }
}
```

上述代码运行后的输出结果如下。

```
343
624
287
390
```

上述代码中，第一段代码实现的是一维数组的赋值、取值过程；第二段代码实现的是二维数组的赋值、取值过程。从运行结果可以看到，一维数组方式比二维数组方式节省接近一半时间。而如果对数组内减少赋值运算，则可以进一步减少运算耗时，加快程序运行速度。

3.6.5 提取表达式

大部分情况下，由于计算机的高速运行，代码的重复运算并不会对系统性能构成太大的威胁。但若希望将系统性能发挥到极致，还是有很多地方可优化的。提取表达式的代码如下所示。

```
public class duplicatedCode {
     public static void beforeTuning(){
    long start = System.currentTimeMillis();
    double a1 = Math.random();
```

```
            double a2 = Math.random();
            double a3 = Math.random();
            double a4 = Math.random();
            double b1,b2;
      for(int i=0;i<10000000;i++){
            b1 = a1*a2*a4/3*4*a3*a4;
            b2 = a1*a2*a3/3*4*a3*a4;
      }
      System.out.println(System.currentTimeMillis() - start);
       }

       public static void afterTuning(){
      long start = System.currentTimeMillis();
      double a1 = Math.random();
            double a2 = Math.random();
            double a3 = Math.random();
            double a4 = Math.random();
            double combine,b1,b2;
      for(int i=0;i<10000000;i++){
            combine = a1*a2/3*4*a3*a4;
            b1 = combine*a4;
            b2 = combine*a3;
      }
      System.out.println(System.currentTimeMillis() - start);
       }

       public static void main(String[] args){
      duplicatedCode.beforeTuning();
      duplicatedCode.afterTuning();
       }
}
```

上述代码运行后的输出结果如下。

```
202
110
```

上述两段代码的差别是后者提取了重复的公式，使该公式的每次循环计算只执行一次。两者分别耗时 202ms 和 110ms，可见，提取复杂的重复操作是相当具有意义的。本例告诉程序设计员，在循环体内，如果存在能够提取到循环体外的计算公式，最好提取出来，尽可能让程序少做重复的计算。

3.6.6 优化循环

当性能问题成为系统的主要矛盾时，可以尝试优化循环，如减少循环次数，这样也许能够加快程序运行速度。减少循环次数的代码如下所示。

```
public class reduceLoop {
    public static void beforeTuning(){
        long start = System.currentTimeMillis();
        int[] array = new int[9999999];
        for(int i=0;i<9999999;i++){
                array[i] = i;
        }
        System.out.println(System.currentTimeMillis() - start);
    }

    public static void afterTuning(){
        long start = System.currentTimeMillis();
        int[] array = new int[9999999];
        for(int i=0;i<9999999;i+=3){
                array[i] = i;
                array[i+1] = i+1;
                array[i+2] = i+2;
        }
        System.out.println(System.currentTimeMillis() - start);
    }

    public static void main(String[] args){
            reduceLoop.beforeTuning();
            reduceLoop.afterTuning();
    }
}
```

上述代码运行后的输出结果如下。

```
265
31
```

可以看出，通过减少循环次数，耗时缩短为原来的 1/8。

3.6.7 布尔运算代替位运算

虽然位运算的速度远远高于算术运算，但是在条件判断时，使用位运算替代布尔运算确实是非常不当的选择。在条件判断时，Java 会对布尔运算做相当充分的优化。假设有表达式 a、b、c 进行布尔运算“a&&b&&c”，根据逻辑与的特点，只要在整个布尔表达式中有一项返回 false，整个表达式就返回 false，因此，当表达式 a 为 false 时，该表达式将立即返回 false，而不会再去计算表达式 b 和 c。若此时表达式 a、b、c 需要消耗大量的系统资源，这种处理方式可以节省这些计算资源。同理，当计算表达式“a||b||c”时，只要 a、b 或 c 中任意一个计算结果为 true 时，整体表达式立即返回 true，而不去计算剩余表达式。简单地说，在布尔表达式的计算中，只要表达式的值可以确定，就会立即返回，而跳过剩余子表达式的计算。若使用位运算（按位与、按位或）代替逻辑与和逻辑或，虽然位运算本身没有性能问题，但是位运算总是要将所有的子表达式全部计

算完成后再给出最终结果。因此，从这个角度看，使用位运算替代布尔运算会使系统进行很多无效计算。运算方式对比的代码如下所示。

```
public class OperationCompare {
    public static void booleanOperate(){
    long start = System.currentTimeMillis();
    boolean a = false;
    boolean b = true;
    int c = 0;
    // 下面循环开始进行位运算，表达式中的所有计算因子都会被用来计算
    for(int i=0;i<1000000;i++){
          if(a&b&"Test_123".contains("123")){
                c = 1;
          }
    }
    System.out.println(System.currentTimeMillis() - start);
    }

    public static void bitOperate(){
    long start = System.currentTimeMillis();
    boolean a = false;
    boolean b = true;
    int c = 0;
    // 下面循环开始进行布尔运算，只计算表达式 a 即可满足条件
    for(int i=0;i<1000000;i++){
          if(a&&b&&"Test_123".contains("123")){
                c = 1;
          }
    }
    System.out.println(System.currentTimeMillis() - start);
    }

    public static void main(String[] args){
    OperationCompare.booleanOperate();
    OperationCompare.bitOperate();
    }
}
```

上述代码运行后的输出结果如下。

```
63
0
```

上述实例显示布尔运算大大优于位运算。但是，这个结果不能说明位运算比逻辑运算慢，因为在所有的逻辑与运算中，都省略了表达式 "Test_123".contains("123") 的计算，而所有的位运算都没能省略这部分系统开销。

3.6.8 使用 arraycopy()

数据复制是一项使用频率很高的功能，JDK 中提供了一个高效的 API 来实现它。System.arraycopy() 是 native 函数，通常 native 函数的性能要优于普通的函数，所以仅出于性能考虑，在软件开发中应尽可能调用 native 函数。ArrayList 和 Vector 大量使用了 System.arraycopy 来操作数据，特别是同一数组内元素的移动及不同数组之间元素的复制。arraycopy 的本质是让处理器利用一条指令处理一个数组中的多条记录，有点像汇编语言中的串操作指令 (LODSB、LODSW、STOSB、STOSW)，只需指定头指针，然后开始循环即可，即执行一次指令，指针就后移一个位置，操作多少数据就循环多少次。如果在应用程序中需要进行数组复制，应该使用这个函数，而不是自己实现。具体应用如下所示。

```
public class arrayCopyTest {
   public static void arraycopy(){
   int size = 10000000;
   int[] array = new int[size];
   int[] arraydestination = new int[size];
   for(int i=0;i<array.length;i++){
          array[i] = i;
   }
   long start = System.currentTimeMillis();
   for(int j=0;j>1000;j++){    // 使用 System 级别的本地 arraycopy 方式
          System.arraycopy(array, 0, arraydestination, 0, size);
   }
   System.out.println(System.currentTimeMillis() - start);
   }
   public static void arrayCopySelf(){
   int size = 10000000;
   int[] array = new int[size];
   int[] arraydestination = new int[size];
   for(int i=0;i<array.length;i++){
          array[i] = i;
   }
   long start = System.currentTimeMillis();
   for(int i=0;i<1000;i++){
          for(int j=0;j<size;j++){
             arraydestination[j] = array[j];// 自己实现方式，采用数组的数据互换方式
          }
   }
   System.out.println(System.currentTimeMillis() - start);
   }

    public static void main(String[] args){
   arrayCopyTest.arraycopy();
   arrayCopyTest.arrayCopySelf();
    }
```

```
    }
```

上述代码运行后的输出结果如下。

```
0
23166
```

上面的例子显示采用 arraycopy 方法执行复制操作，速度会非常快。原因就在于，arraycopy 属于本地方法，源代码如下。

```
    public static native void arraycopy(Object src, int srcPos, Object dest, int
destPos, int length);
    src - 源数组；
    srcPos - 源数组中的起始位置；
    dest - 目标数组；
    destPos - 目标数据中的起始位置；
    length - 要复制的数组元素的数量。
```

arraycopy 方法使用了 native 关键字，调用的为 C++ 编写的底层函数，可见其为 JDK 中的底层函数。

3.7 Java I/O 相关知识

3.7.1 Java I/O

I/O，即 Input/Output(输入 / 输出) 的简称。就 I/O 而言，概念上有 5 种模型：blocking I/O、nonblocking I/O、I/O multiplexing (select and poll)、signal driven I/O (SIGIO)、asynchronous I/O (the POSIX aio_functions)。不同的操作系统对上述模型支持不同，UNIX 支持 I/O 多路复用。不同系统中叫法不同，freebsd 中叫 kqueue，Linux 中叫 epoll。而在 Windows 2000 的时候就诞生了 IOCP，用以支持 asynchronous I/O。

Java 是一种跨平台语言，为了支持异步 I/O，诞生了 NIO。Java 1.4 引入的 NIO 1.0 是基于 I/O 复用的。

Java I/O 的相关方法如下。

①同步并阻塞 (I/O 方法)：服务器实现模式为一个连接启动一个线程，每个线程亲自处理 I/O 并一直等待 I/O，直到完成，即客户端有连接请求时服务器端就需要启动一个线程进行处理。但是如果这个连接不做任何事情就会造成不必要的线程开销，当然可以通过线程池机制改善这个缺点。I/O 的局限是它是面向流、阻塞式、串行的一个过程。对每一个客户端的 Socket 连接 I/O 都需要一个线程来处理，而且在此期间，这个线程一直被占用，直到 Socket 关闭。在这期间，TCP 的连接、数据的读取、数据的返回都是被阻塞的。也就是说，这期间大量浪费了 CPU 的时间片和线程占用的内存资源。此外，每建立一个 Socket 连接，同时创建一个新线程对该 Socket 进行单独通信 (采用阻塞的方式通信)。这种方式具有很快的响应速度，并且控制起来也很简单。在连接数较少的

时候非常有效，但是如果对每一个连接都产生一个线程无疑是对系统资源的一种浪费，如果连接数较多将会出现资源不足的情况。

②同步非阻塞 (NIO 方法)：服务器实现模式为一个请求启动一个线程，每个线程亲自处理 I/O，但是另外的线程轮询检查是否 I/O 准备完毕，不必等待 I/O 完成，即客户端发送的连接请求都会注册到多路复用器上，多路复用器轮询到连接有 I/O 请求时才启动一个线程进行处理。NIO 则是面向缓冲区、非阻塞式、基于选择器的，用一个线程来轮询监控多个数据传输通道，哪个通道准备好了 (有一组可以处理的数据) 就处理哪个通道。服务器端保存一个 Socket 连接列表，然后对这个列表进行轮询，如果发现某个 Socket 端口上有数据可读，则调用该 Socket 连接的相应读操作；如果发现某个 Socket 端口上有数据可写，则调用该 Socket 连接的相应写操作；如果某个端口的 Socket 连接已经中断，则调用相应的析构方法关闭该端口。这样能充分利用服务器资源，效率得到大幅度提高。

③异步非阻塞 (AIO 方法，JDK 7 发布)：服务器实现模式为一个有效请求启动一个线程，客户端的 I/O 请求都是由操作系统先完成了再通知服务器应用去启动线程进行处理，每个线程不必亲自处理 I/O，而是委派操作系统来处理，并且也不需要等待 I/O 完成，如果完成了操作系统会另行通知的。该模式采用了 Linux 的 epoll 模型。

在连接数不多的情况下，传统 I/O 模式编写较为容易，使用上也较为简单。但是随着连接数的不断增多，传统 I/O 处理每个连接都需要消耗一个线程，而程序的效率是当线程数不多时随着线程数的增加而增加，但是到一定的数量后，是随着线程数的增加而减少的。所以传统阻塞式 I/O 的瓶颈在于不能处理过多的连接。非阻塞式 I/O 出现就是为了解决这个瓶颈。非阻塞 I/O 处理连接的线程数和连接数没有联系，例如系统处理 10000 个连接，非阻塞 I/O 不需要启动 10000 个线程，只需用 1000 个，也可以用 2000 个线程来处理。因为非阻塞 I/O 处理连接是异步的，当某个连接发送请求到服务器，服务器把这个连接请求当作一个请求“事件”，并把这个“事件”分配给相应的函数处理。可以把这个处理函数放到线程中去执行，执行完就把线程归还，这样一个线程就可以异步地处理多个事件。而阻塞式 I/O 的线程大部分时间都被浪费在等待请求上了。

3.7.2 Java NIO

Java.nio 包是在 Java 1.4 版本后新增加的包，专门用来提高 I/O 操作的效率。

表 3-1 所示的是 I/O 与 NIO 的对比。

表 3-1 I/O 与 NIO 的对比

	I/O	NIO
处理类型	面向流	面向缓冲
阻塞方式	阻塞 I/O	非阻塞 I/O
逻辑方式	无	基于选择器

NIO 是基于块 (Block) 的，它以块为基本单位处理数据。在 NIO 中，最为重要的两个组件是缓冲（Buffer）和通道（Channel）。缓冲是一块连续的内存块，是 NIO 读写数据的中转地。通道用于向缓冲读取或写入数据，是访问缓冲的接口。Channel 是一个双向通道，既可读，也可写。

Stream 是单向的。应用程序不能直接对 Channel 进行读写操作，而必须通过 Buffer 来进行，即 Channel 是通过 Buffer 来读写数据的。

使用 Buffer 读写数据一般遵循以下 4 个步骤。

①写入数据到 Buffer。

②调用 flip() 方法。

③从 Buffer 中读取数据。

④调用 clear() 方法或 compact() 方法。

当向 Buffer 写入数据时，Buffer 会记录下写了多少数据。一旦要读取数据，需要通过 flip() 方法将 Buffer 从写模式切换到读模式。在读模式下，可以读取之前写入 Buffer 的所有数据。

Buffer 有多种类型，不同的 Buffer 提供不同的方式操作 Buffer 中的数据，如图 3-2 所示。

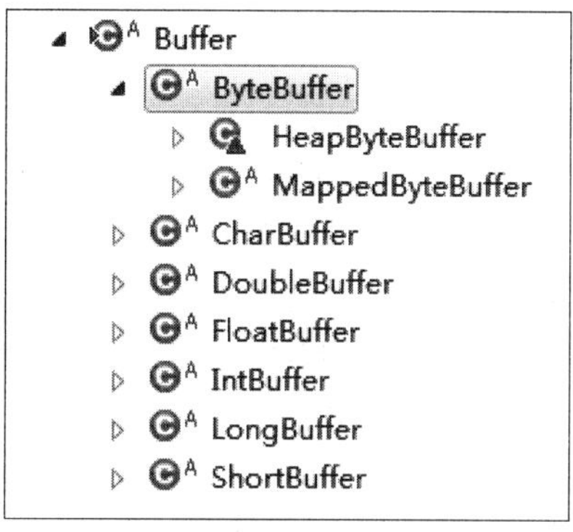

图 3-2　Buffer 接口层次图

Buffer 写数据有以下两种方式。

①从 Channel 写到 Buffer，如例子中 Channel 从文件中读取数据，写到 Channel。

②直接调用 put() 方法，往里面写数据。

从 Buffer 中读取数据有以下两种方式。

①从 Buffer 读取数据到 Channel。

②使用 get() 方法从 Buffer 中读取数据。

Buffer 的 rewin() 方法将 position 设回 0，所以可以重读 Buffer 中的所有数据。limit 保持不变，仍然表示能从 Buffer 中读取多少个元素（byte、char 等）。

（1）clear() 和 compact() 方法

一旦读完 Buffer 中的数据，需要让 Buffer 准备好再次被写入，可以通过 clear() 方法或 compact() 方法来完成清空缓冲区。如果调用的是 clear() 方法，position 将被设回 0，limit 被设置成 capacity 的值。换句话说，Buffer 被清空了，Buffer 中的数据并未清除，只是这些标记告诉程序设计员可以从哪里开始往 Buffer 中写数据。如果 Buffer 中有一些未读的数据，调用 clear() 方法，数据将“被遗忘”，意味着不再有任何标记会告诉你哪些数据被读过，哪些还没有读过。如果 Buffer 中仍有未读的数据，且后续还需要这些数据，但是此时想要先写些数据，那么使用

compact() 方法。compact() 方法将所有未读的数据复制到 Buffer 的起始处，然后将 position 设到最后一个未读元素的后面，limit 属性依然像 clear() 方法一样，设置成 capacity 的值。现在 Buffer 准备好写数据了，但是不会覆盖未读的数据。

（2）Buffer 参数

Buffer 有 3 个重要的参数：位置 (position)、容量 (capacity) 和上限 (limit)。

① capacity：指 Buffer 的大小，在 Buffer 建立的时候已经确定。

② limit：当 Buffer 处于写模式时，还可以写入多少数据；处于读模式时，还有多少数据可以读。

③ position：当 Buffer 处于写模式时，下一个写数据的位置；处于读模式时，是指当前将要读取数据的位置。每读写一个数据，position+1，也就是 limit 和 position 在 Buffer 读 / 写时的含义不一样。当调用 Buffer 的 flip 方法，由写模式变为读模式时，limit(读)=position(写)，position(读) =0。

（3）散射和聚集

NIO 提供了处理结构化数据的方法，称为散射 (Scattering) 和聚集 (Gathering)。散射是指将数据读入一组 Buffer 中，而不仅仅是一个。聚集与之相反，指将数据写入一组 Buffer 中。散射和聚集的基本使用方法和对单个 Buffer 操作时的使用方法相当类似。在散射读取中，通道依次填充每个缓冲区。填满一个缓冲区后，它就开始填充下一个。在某种意义上，缓冲区数组就像一个大缓冲区。在已知文件具体结构的情况下，可以构造若干个符合文件结构的 Buffer，使得各个 Buffer 的大小恰好符合文件各段结构的大小。此时，通过散射读的方式可以一次将内容装配到各个对应的 Buffer 中，从而简化操作。如果需要创建指定格式的文件，只要先构造好大小合适的 Buffer 对象，使用聚集写的方式便可以很快地创建出文件。下面以 FileChannel 为例，展示如何使用散射和聚集读写结构化文件。

```
    import java.io.File;
    import java.io.FileInputStream;
    import java.io.FileNotFoundException;
    import java.io.FileOutputStream;
    import java.io.IOException;
    import java.io.UnsupportedEncodingException;
    import java.nio.ByteBuffer;
    import java.nio.channels.FileChannel;
    public class NIOScatteringandGathering {
         public void createFiles(String TPATH){
              try {
                   ByteBuffer bookBuf = ByteBuffer.wrap("java 性能优化技巧
".getBytes("utf-8"));
                   ByteBuffer autBuf = ByteBuffer.wrap("test".
getBytes("utf-8"));
                   int booklen = bookBuf.limit();
                   int autlen = autBuf.limit();
                   ByteBuffer[] bufs = new ByteBuffer[]{bookBuf,autBuf};
                   File file = new File(TPATH);
                   if(!file.exists()){
```

```
                try {
                    file.createNewFile();
                } catch (IOException e) {
                    // TODO Auto-generated catch block
                    e.printStackTrace();
                }
            }
            try {
                FileOutputStream fos = new FileOutputStream(file);
                FileChannel fc = fos.getChannel();
                fc.write(bufs);
                fos.close();
            } catch (FileNotFoundException e) {
                // TODO Auto-generated catch block
                e.printStackTrace();
            } catch (IOException e) {
                // TODO Auto-generated catch block
                e.printStackTrace();
            }

            ByteBuffer b1 = ByteBuffer.allocate(booklen);
            ByteBuffer b2 = ByteBuffer.allocate(autlen);
            ByteBuffer[] bufs1 = new ByteBuffer[]{b1,b2};
            File file1 = new File(TPATH);
            try {
                FileInputStream fis = new FileInputStream(file);
                FileChannel fc = fis.getChannel();
                fc.read(bufs1);
                String bookname = new String(bufs1[0].
array(),"utf-8");
                String autname = new String(bufs1[1].
array(),"utf-8");
                System.out.println(bookname+" "+autname);
            } catch (FileNotFoundException e) {
                // TODO Auto-generated catch block
                e.printStackTrace();
            } catch (IOException e) {
                // TODO Auto-generated catch block
                e.printStackTrace();
            }

        } catch (UnsupportedEncodingException e) {
            // TODO Auto-generated catch block
            e.printStackTrace();
        }
```

```
        }

        public static void main(String[] args){
              NIOScatteringandGathering nio = new NIOScatteringandGathering();
              nio.createFiles("C:\\1.TXT");
        }
    }
```

上述代码运行后的输出结果如下。

```
java 性能优化技巧 test
```

下面的代码对传统 I/O、基于 Byte 的 NIO、基于内存映射的 NIO 这 3 种方式进行了性能上的对比，并使用一个有 400 万组数据的文件的读、写操作耗时作为评测依据。

```
    import java.io.BufferedInputStream;
    import java.io.BufferedOutputStream;
    import java.io.DataInputStream;
    import java.io.DataOutputStream;
    import java.io.File;
    import java.io.FileInputStream;
    import java.io.FileNotFoundException;
    import java.io.FileOutputStream;
    import java.io.IOException;
    import java.io.RandomAccessFile;
    import java.nio.ByteBuffer;
    import java.nio.IntBuffer;
    import java.nio.MappedByteBuffer;
    import java.nio.channels.FileChannel;

    public class NIOComparator {
          public void IOMethod(String TPATH){
                long start = System.currentTimeMillis();
                try {
                      DataOutputStream dos = new DataOutputStream(new
BufferedOutputStream(new FileOutputStream(new File(TPATH))));
                      for(int i=0;i<4000000;i++){
                            dos.writeInt(i);// 写入 4000000 个整数
                      }
                      if(dos!=null){
                            dos.close();
                      }
                } catch (FileNotFoundException e) {
                      // TODO Auto-generated catch block
                      e.printStackTrace();
                } catch (IOException e) {
                      // TODO Auto-generated catch block
                      e.printStackTrace();
```

```
            }
            long end = System.currentTimeMillis();
            System.out.println(end - start);
            start = System.currentTimeMillis();
            try {
                    DataInputStream dis = new DataInputStream(new
BufferedInputStream(new FileInputStream(new File(TPATH))));
                    for(int i=0;i<4000000;i++){
                            dis.readInt();
                    }
                    if(dis!=null){
                            dis.close();
                    }
            } catch (FileNotFoundException e) {
                    // TODO Auto-generated catch block
                    e.printStackTrace();
            } catch (IOException e) {
                    // TODO Auto-generated catch block
                    e.printStackTrace();
            }
            end = System.currentTimeMillis();
            System.out.println(end - start);
    }

    public void ByteMethod(String TPATH){
            long start = System.currentTimeMillis();
            try {
                    FileOutputStream fout = new FileOutputStream(new
File(TPATH));
                    FileChannel fc = fout.getChannel();// 得到文件通道
                    ByteBuffer byteBuffer = ByteBuffer.allocate(4000000*4);// 分配
Buffer
                    for(int i=0;i<4000000;i++){
                            byteBuffer.put(int2byte(i));// 将整数转为数组
                    }
                    byteBuffer.flip();// 准备写
                    fc.write(byteBuffer);
            } catch (FileNotFoundException e) {
                    // TODO Auto-generated catch block
                    e.printStackTrace();
            } catch (IOException e) {
                    // TODO Auto-generated catch block
                    e.printStackTrace();
            }
            long end = System.currentTimeMillis();
            System.out.println(end - start);
            start = System.currentTimeMillis();
```

```
        FileInputStream fin;
        try {
            fin = new FileInputStream(new File(TPATH));
            FileChannel fc = fin.getChannel();// 取得文件通道
            ByteBuffer byteBuffer = ByteBuffer.allocate(4000000*4);// 分配
Buffer
            fc.read(byteBuffer);// 读取文件数据
            fc.close();
            byteBuffer.flip();// 准备读取数据
            while(byteBuffer.hasRemaining()){
                byte2int(byteBuffer.get(),byteBuffer.
get(),byteBuffer.get(),byteBuffer.get());// 将 byte 转为整数
            }
        } catch (FileNotFoundException e) {
            // TODO Auto-generated catch block
            e.printStackTrace();
        } catch (IOException e) {
            // TODO Auto-generated catch block
            e.printStackTrace();
        }
        end = System.currentTimeMillis();
        System.out.println(end - start);
    }

    public void mapMethod(String TPATH){
        long start = System.currentTimeMillis();
        // 将文件直接映射到内存的方法
        try {
            FileChannel fc = new RandomAccessFile(TPATH,"rw").
getChannel();
            IntBuffer ib = fc.map(FileChannel.MapMode.READ_WRITE, 0,
4000000*4).asIntBuffer();
            for(int i=0;i<4000000;i++){
                ib.put(i);
            }
            if(fc!=null){
                fc.close();
            }
        } catch (FileNotFoundException e) {
            // TODO Auto-generated catch block
            e.printStackTrace();
        } catch (IOException e) {
            // TODO Auto-generated catch block
            e.printStackTrace();
        }
        long end = System.currentTimeMillis();
        System.out.println(end - start);
```

```
            start = System.currentTimeMillis();
            try {
                  FileChannel fc = new FileInputStream(TPATH).getChannel();
                  MappedByteBuffer lib = fc.map(FileChannel.MapMode.READ_ONLY,
0, fc.size());
                  lib.asIntBuffer();
                  while(lib.hasRemaining()){
                        lib.get();
                  }
                  if(fc!=null){
                        fc.close();
                  }
            } catch (FileNotFoundException e) {
                  // TODO Auto-generated catch block
                  e.printStackTrace();
            } catch (IOException e) {
                  // TODO Auto-generated catch block
                  e.printStackTrace();
            }
            end = System.currentTimeMillis();
            System.out.println(end - start);

      }

      public static byte[] int2byte(int res){
            byte[] targets = new byte[4];
            targets[3] = (byte)(res & 0xff);// 最低位
            targets[2] = (byte)((res>>8)&0xff);// 次低位
            targets[1] = (byte)((res>>16)&0xff);// 次高位
            targets[0] = (byte)((res>>>24));// 最高位，无符号右移
            return targets;
      }

      public static int byte2int(byte b1,byte b2,byte b3,byte b4){
            return ((b1 & 0xff)<<24)|((b2 & 0xff)<<16)|((b3 & 0xff)<<8)|(b4 &
0xff);
      }

      public static void main(String[] args){
            NIOComparator nio = new NIOComparator();
            nio.IOMethod("c:\\1.txt");
            nio.ByteMethod("c:\\2.txt");
            nio.ByteMethod("c:\\3.txt");
      }
   }
```

上述代码运行后的输出结果如下。

```
1139
906
296
157
234
125
```

NIO 的 Buffer 还提供了一个可以直接访问系统物理内存的类 DirectBuffer。DirectBuffer 继承自 ByteBuffer，但和普通的 ByteBuffer 不同。普通的 ByteBuffer 仍然在 JVM 堆上分配空间，其最大内存受到最大堆的限制，而 DirectBuffer 直接分配在物理内存上，并不占用堆空间。在对普通的 ByteBuffer 访问时，系统总是会使用一个“内核缓冲区”进行间接操作。而 DirectBuffer 所处的位置，相当于这个“内核缓冲区”。使用 DirectBuffer 是一种更加接近系统底层的方法，所以它的速度比普通的 ByteBuffer 更快。相对于 ByteBuffer 而言，DirectBuffer 的读写访问速度快很多，但是创建和销毁 DirectBuffer 的花费比 ByteBuffer 高。DirectBuffer 与 ByteBuffer 相比较的代码如下。

```
    import java.nio.ByteBuffer;
    public class DirectBuffervsByteBuffer {
         public void DirectBufferPerform(){
               long start = System.currentTimeMillis();
               ByteBuffer bb = ByteBuffer.allocateDirect(500);// 分配 DirectBuffer
               for(int i=0;i<100000;i++){
                      for(int j=0;j<99;j++){
                             bb.putInt(j);
                      }
                      bb.flip();
                      for(int j=0;j<99;j++){
                             bb.getInt(j);
                      }
               }
               bb.clear();
               long end = System.currentTimeMillis();
               System.out.println(end-start);
               start = System.currentTimeMillis();
               for(int i=0;i<20000;i++){
                 ByteBuffer b = ByteBuffer.allocateDirect(10000);// 创建
DirectBuffer
               }
               end = System.currentTimeMillis();
               System.out.println(end-start);
         }
         public void ByteBufferPerform(){
               long start = System.currentTimeMillis();
               ByteBuffer bb = ByteBuffer.allocate(500);// 分配 DirectBuffer
```

```
            for(int i=0;i<100000;i++){
                for(int j=0;j<99;j++){
                    bb.putInt(j);
                }
                bb.flip();
                for(int j=0;j<99;j++){
                    bb.getInt(j);
                }
            }
            bb.clear();
            long end = System.currentTimeMillis();
            System.out.println(end-start);
           start = System.currentTimeMillis();
           for(int i=0;i<20000;i++){
                ByteBuffer b = ByteBuffer.allocate(10000);//创建 ByteBuffer
            }
            end = System.currentTimeMillis();
            System.out.println(end-start);
        }
        public static void main(String[] args){
            DirectBuffervsByteBuffer db = new DirectBuffervsByteBuffer();
            db.ByteBufferPerform();
            db.DirectBufferPerform();
        }
    }
```

上述代码运行后的输出结果如下。

```
920
110
531
390
```

由上述输出结果可知，频繁创建和销毁 DirectBuffer 的代价远远大于在堆上分配内存空间。使用参数 -XX:MaxDirectMemorySize=200M - Xmx200M 在 VM Arguments 中配置最大 DirectBuffer 和最大堆空间，代码中分别请求了 200MB 的空间，如果设置的堆空间过小，例如设置为 1MB，会抛出以下错误提示。

```
Error occurred during initialization of VM
Too small initial heap for new size specified
```

DirectBuffer 的信息不会打印在 GC 中，因为 GC 只记录了堆空间的内存回收。可以看到，由于 ByteBuffer 在堆上分配空间，因此它的 GC 数组相对非常繁多。在需要频繁创建 Buffer 的场合，由于创建和销毁 DirectBuffer 的代价比较高昂，不宜使用 DirectBuffer。但是如果能将 DirectBuffer 进行复用，可以大幅改善系统性能。下面是一段对 DirectBuffer 进行监控的代码。

```
import java.lang.reflect.Field;
public class monDirectBuffer {
```

```
    public static void main(String[] args){
            try {
             Class c = Class.forName("java.nio.Bits");// 通过反射取得私有数据
             Field maxMemory = c.getDeclaredField("maxMemory");
             maxMemory.setAccessible(true);
             Field reservedMemory = c.getDeclaredField("reservedMemory");
             reservedMemory.setAccessible(true);
             synchronized(c){
               Long maxMemoryValue = (Long)maxMemory.get(null);
               Long reservedMemoryValue = (Long)reservedMemory.get(null);
               System.out.println("maxMemoryValue="+maxMemoryValue);
               System.out.println("reservedMemoryValue="+reservedMemoryValue);
                   }
            } catch (ClassNotFoundException e) {
                   // TODO Auto-generated catch block
                   e.printStackTrace();
            } catch (SecurityException e) {
                   // TODO Auto-generated catch block
                   e.printStackTrace();
            } catch (NoSuchFieldException e) {
                   // TODO Auto-generated catch block
                   e.printStackTrace();
            } catch (IllegalArgumentException e) {
                   // TODO Auto-generated catch block
                   e.printStackTrace();
            } catch (IllegalAccessException e) {
                   // TODO Auto-generated catch block
                   e.printStackTrace();
            }

    }
}
```

上述代码运行后的输出结果如下。

```
maxMemoryValue=67108864
reservedMemoryValue=0
```

由于 NIO 使用起来较为困难，因此许多公司推出了自己封装 JDK NIO 的框架，例如 Apache 的 Mina，JBoss 的 Netty、Sun 的 Grizzly 等，这些框架都直接封装了传输层的 TCP 或 UDP 协议，其中 Netty 只是一个 NIO 框架，它不需要 Web 容器的额外支持，也就是说不限定 Web 容器。

3.7.3 Java AIO

AIO 的相关类和接口。

① java.nio.channels.AsynchronousChannel：标记一个 Channel 支持异步 I/O 操作。

② java.nio.channels.AsynchronousServerSocketChannel：ServerSocket 的 AIO 版本，创建 TCP 服务端、绑定地址、监听端口等。

③ java.nio.channels.AsynchronousSocketChannel：面向流的异步 Socket Channel，表示一个连接。

④ java.nio.channels.AsynchronousChannelGroup：异步 Channel 的分组管理，目的是资源共享。一个 AsynchronousChannelGroup 绑定一个线程池，这个线程池执行两个任务：处理 I/O 事件和派发 CompletionHandler。AsynchronousServerSocketChannel 创建的时候可以传入一个 AsynchronousChannelGroup，那么通过 AsynchronousServerSocketChannel 创建的 AsynchronousSocketChannel 将同属于一个组，共享资源。

⑤ java.nio.channels.CompletionHandler：异步 I/O 操作结果的回调接口，用于定义在 I/O 操作完成后所做的回调工作。AIO 的 API 允许两种方式来处理异步操作的结果：返回的 Future 模式或注册 CompletionHandler，推荐用 CompletionHandler 的方式，这些 handler 的调用是由 AsynchronousChannelGroup 的线程池派发的。这里线程池的大小是性能的关键因素。

下面举一个程序范例，简单介绍 AIO 如何运作。

服务端程序：

```
    import java.io.IOException;
    import java.net.InetSocketAddress;
    import java.nio.ByteBuffer;
    import java.nio.channels.AsynchronousServerSocketChannel;
    import java.nio.channels.AsynchronousSocketChannel;
    import java.nio.channels.CompletionHandler;
    import java.util.concurrent.ExecutionException;
    public class SimpleServer {
       public SimpleServer(int port) throws IOException {
              final AsynchronousServerSocketChannel listener
    = AsynchronousServerSocketChannel.open().bind(new InetSocketAddress(port));
              // 监听消息，收到后启动 Handle 处理模块
              listener.accept(null,new CompletionHandler<AsynchronousSocketChann
el, Void>() {
                     public void completed(AsynchronousSocketChannel ch,Void att)
{
                            listener.accept(null, this);// 接受下一个连接
                            handle(ch);// 处理当前连接
                     }
                     @Override
                     public void failed(Throwable exc, Void attachment) {
                            // TODO Auto-generated method stub
                     }
              });
       }

       public void handle(AsynchronousSocketChannel ch) {
```

```
            ByteBuffer byteBuffer = ByteBuffer.allocate(32);// 开一个 Buffer
            try {
                ch.read(byteBuffer).get();// 读取输入
            } catch (InterruptedException e) {
                // TODO Auto-generated catch block
                e.printStackTrace();
            } catch (ExecutionException e) {
                // TODO Auto-generated catch block
                e.printStackTrace();
            }
            byteBuffer.flip();
            System.out.println(byteBuffer.get());
            // Do something
        }
    }
```

客户端程序：

```
import java.io.IOException;
import java.net.InetSocketAddress;
import java.nio.ByteBuffer;
import java.nio.channels.AsynchronousSocketChannel;
import java.util.concurrent.ExecutionException;
import java.util.concurrent.Future;

public class SimpleClientClass {
    private AsynchronousSocketChannel client;
    public SimpleClientClass(String host, int port) throws IOException,
InterruptedException, ExecutionException {
        this.client = AsynchronousSocketChannel.open();
        Future<?> future = client.connect(new InetSocketAddress(host, port));
        future.get();
    }

    public void write(byte b) {
        ByteBuffer byteBuffer = ByteBuffer.allocate(32);
        System.out.println("byteBuffer="+byteBuffer);
        byteBuffer.put(b);// 向 Buffer 写入读取到的字符
        byteBuffer.flip();
        System.out.println("byteBuffer="+byteBuffer);
        client.write(byteBuffer);
    }
}
```

Main 函数：

```
import java.io.IOException;
import java.util.concurrent.ExecutionException;
```

```
    import org.junit.Test;
    public class AIODemoTest {
        @Test
        public void testServer() throws IOException, InterruptedException {
            SimpleServer server = new SimpleServer(9021);
            Thread.sleep(10000);// 由于是异步操作，因此睡眠一定时间，以免程序很快结束
        }
        @Test
        public void testClient() throws IOException, InterruptedException,
ExecutionException {
                SimpleClientClass client = new SimpleClientClass("localhost",
9021);
            client.write((byte) 11);
        }
        public static void main(String[] args){
                AIODemoTest demoTest = new AIODemoTest();
                try {
                        demoTest.testServer();
                } catch (IOException e) {
                        // TODO Auto-generated catch block
                        e.printStackTrace();
                } catch (InterruptedException e) {
                        // TODO Auto-generated catch block
                        e.printStackTrace();
                }
                try {
                        demoTest.testClient();
                } catch (IOException e) {
                        // TODO Auto-generated catch block
                        e.printStackTrace();
                } catch (InterruptedException e) {
                        // TODO Auto-generated catch block
                        e.printStackTrace();
                } catch (ExecutionException e) {
                        // TODO Auto-generated catch block
                        e.printStackTrace();
                }
        }
    }
```

I/O 与 NIO 一个比较重要的区别是使用 I/O 的时候往往会引入多线程，每个连接使用一个单独的线程，而 NIO 则是使用单线程或只使用少量的多线程，每个连接共用一个线程。而由于 NIO 的非阻塞需要一直轮询，比较消耗系统资源，因此异步非阻塞模式 AIO 就诞生了。本节对 IO、NIO 和 AIO 这 3 种输入输出操作方式进行了一一介绍，力求通过简单描述和实例让读者能够掌握基本的操作及优化方法。

3.8 数据复用

举一个例子，做项目需要安排计划，每一个模块可以由多人同时并发做多项任务，也可以一个人或多个人串行工作，始终会有一条关键路径，这条路径就是项目的工期。系统一次调用的响应时间跟项目计划一样，也有一条关键路径，这个关键路径就是系统影响时间。关键路径由 CPU 运算、I/O、外部系统响应等组成。

对于一个系统的用户来说，从用户单击一个按钮、链接或发出一条指令开始，到系统把结果以用户希望的形式展现出来为终止，整个过程所消耗的时间是用户对这个软件性能的直观印象，也就是经常所说的响应时间。当响应时间较短时，用户体验是良好的。用户体验的响应时间包括个人主观因素和客观响应时间，在设计软件时，就需要考虑到如何更好地结合这两部分以达到用户最佳的体验。例如，用户在进行大数据量查询时，可以将先提取出来的数据展示给用户，在用户看的过程中继续进行数据检索，这时用户并不知道后台在做什么，用户关注的是用户操作的相应时间。

经常说的一个系统的吞吐量通常由 QPS（TPS）和并发数两个因素决定，每套系统的这两个值都有一个相对极限值。在应用场景访问压力下，只要某一项达到系统最高值，系统的吞吐量就上不去了，如果压力继续增大，系统的吞吐量反而会下降，原因是系统超负荷工作，上下文切换、内存等其他消耗导致系统性能下降，决定系统响应时间要素。

本章所列举的缓冲区、缓存、对象复用池、计算方式转换等都是针对高吞吐量系统的处理方式，均基于实际出发，帮助架构层考虑应对措施。

3.8.1 缓冲区

缓冲区是一块特定的内存区域，开辟缓冲区的目的是通过缓解应用程序上下层之间的性能差异，提高系统的性能。在日常生活中，缓冲的一个典型应用是“漏斗”应用。缓冲可以协调上层组件和下层组件的性能差，当上层组件性能优于下层组件时，可以有效减少上层组件对下层组件的等待时间。基于这样的结构，上层应用组件不需要等待下层组件真实地接受全部数据，即可返回操作，加快了上层组件的处理速度，从而提升系统整体性能。

1. 使用 BufferedWriter 进行缓冲

BufferedWriter 就是一种缓冲区用法。一般来说，缓冲区不宜过小，过小的缓冲区无法起到真正的缓冲作用；缓冲区也不宜过大，过大的缓冲区会浪费系统内存，增加 GC 负担。尽量在 I/O 组件内加入缓冲区，可以提高性能。一个缓冲区示例的代码如下。

```
import java.awt.Color;
import java.awt.Graphics;
import java.awt.Graphics2D;
import java.awt.Image;
import javax.swing.JApplet;
public class NoBufferMovingCircle extends JApplet implements Runnable{
    Image screenImage = null;
    Thread thread;
```

```
    int x = 5;
    int move = 1;

    public void init(){
       screenImage = createImage(230,160);
        }

    public void start(){
       if(thread == null){
              thread = new Thread(this);
              thread.start();
       }
        }

       @Override
       public void run() {
              // TODO Auto-generated method stub
              try{
                     System.out.println(x);
                     while(true){
                            x+=move;
                            System.out.println(x);
                            if((x>105)||(x<5)){
                              move*=-1;
                            }
                            repaint();
                            Thread.sleep(10);
                     }
              }catch(Exception e){

              }
       }

       public void drawCircle(Graphics gc){
              Graphics2D g = (Graphics2D) gc;
              g.setColor(Color.GREEN);
              g.fillRect(0, 0, 200, 100);
              g.setColor(Color.red);
              g.fillOval(x, 5, 90, 90);
       }

       public void paint(Graphics g){
              g.setColor(Color.white);
              g.fillRect(0, 0, 200, 100);
              drawCircle(g);
       }
```

```
}
```

上述程序可以完成红球的左右平移，但是效果较差，因为每次的界面刷新都涉及图片的重新绘制，较为费时，所以画面的抖动和白光效果明显。为了得到更优质的显示效果，可以为它加上缓冲区，代码如下。

```
importjava.awt.Color;
importjava.awt.Graphics;
public class BufferMovingCircle extends NoBufferMovingCircle{
    Graphics doubleBuffer = null;// 缓冲区

  public void init(){
  super.init();
  doubleBuffer = screenImage.getGraphics();
    }

    public void paint(Graphics g){// 使用缓冲区，优化原有的 paint 方法
  doubleBuffer.setColor(Color.white);// 先在内存中画图
  doubleBuffer.fillRect(0, 0, 200, 100);
  drawCircle(doubleBuffer);
  g.drawImage(screenImage, 0, 0, this);
    }
}
```

2. 使用 Buffer 进行 I/O 操作

除了 NIO 以外，使用 Java 进行 I/O 操作有以下两种基本方式。

- 使用基于 InputStream 和 OutputStream 的方式。
- 使用 Writer 和 Reader 的方式。

无论使用哪种方式进行文件输入 / 输出，如果能合理地使用缓冲，就能有效地提高 I/O 的性能。

下面列出了可与 InputStream、OutputStream、Writer 和 Reader 配套使用的缓冲组件。

- OutputStream-FileOutputStream-BufferedOutputStream。
- InputStream-FileInputStream-BufferedInputStream。
- Writer-FileWriter-BufferedWriter。
- Reader-FileReader-BufferedReader。

示例代码如下。

```
importjava.io.BufferedInputStream;
importjava.io.BufferedOutputStream;
importjava.io.DataInputStream;
importjava.io.DataOutputStream;
importjava.io.FileInputStream;
importjava.io.FileNotFoundException;
importjava.io.FileOutputStream;
```

```
    importjava.io.IOException;
    public class StreamVSBuffer {
    public static void streamMethod() throws IOException{
       try {
              long start = System.currentTimeMillis();
              DataOutputStream dos = new DataOutputStream(new
FileOutputStream("C:\\StreamVSBuffertest.txt"));// 请替换成自己的文件
                   for(inti=0;i<10000;i++){
                         dos.writeBytes(String.valueOf(i)+"\r\n");// 循环 1 万次
写入数据
                   }
                   dos.close();
                   DataInputStream dis = new DataInputStream(new
FileInputStream("C:\\StreamVSBuffertest.txt"));
                   while(dis.readLine() != null){

                   }
                   dis.close();
              System.out.println(System.currentTimeMillis() - start);
              } catch (FileNotFoundException e) {
                   // TODO Auto-generated catch block
                   e.printStackTrace();
              }
       }

    public static void bufferMethod() throws IOException{
       try {
              long start = System.currentTimeMillis();
              DataOutputStream dos = new DataOutputStream(new
    BufferedOutputStream(new FileOutputStream("C:\\StreamVSBuffertest.txt")));
       // 请替换成自己的文件
                   for(inti=0;i<10000;i++){
                         dos.writeBytes(String.valueOf(i)+"\r\n");// 循环 1 万次
写入数据
                   }
                   dos.close();
                   DataInputStream dis = new DataInputStream(new
BufferedInputStream(new FileInputStream("C:\\StreamVSBuffertest.txt")));
                   while(dis.readLine() != null){

                   }
                   dis.close();
              System.out.println(System.currentTimeMillis() - start);
              } catch (FileNotFoundException e) {
                   // TODO Auto-generated catch block
                   e.printStackTrace();
              }
```

```
    }

public static void main(String[] args){
   try {
            StreamVSBuffer.streamMethod();
            StreamVSBuffer.bufferMethod();
        } catch (IOException e) {
            // TODO Auto-generated catch block
            e.printStackTrace();
        }
    }
}
```

上述代码运行后的输出结果如下。

```
889
31
```

很明显，上述程序使用缓冲的代码性能比没有使用缓冲的快了很多倍。下面的代码对 FileWriter 和 FileReader 进行了相似的测试。

```
importjava.io.BufferedInputStream;
importjava.io.BufferedOutputStream;
importjava.io.BufferedReader;
importjava.io.BufferedWriter;
importjava.io.FileNotFoundException;
importjava.io.FileReader;
importjava.io.FileWriter;
importjava.io.IOException;
public class WriterVSBuffer {
public static void streamMethod() throws IOException{
   try {
        long start = System.currentTimeMillis();
        FileWriterfw = new FileWriter("C:\\StreamVSBuffertest.txt");// 请替
换成自己的文件
            for(inti=0;i<10000;i++){
                fw.write(String.valueOf(i)+"\r\n");// 循环 1 万次写入数据
            }
            fw.close();
            FileReaderfr = new FileReader("C:\\StreamVSBuffertest.txt");
            while(fr.ready() != false){

            }
            fr.close();
        System.out.println(System.currentTimeMillis() - start);
        } catch (FileNotFoundException e) {
            // TODO Auto-generated catch block
            e.printStackTrace();
```

```
            }

        }

    public static void bufferMethod() throws IOException{
        try {
                long start = System.currentTimeMillis();
                BufferedWriterfw = new BufferedWriter(new FileWriter("C:\\
StreamVSBuffertest.txt"));// 请替换成自己的文件
                        for(inti=0;i<10000;i++){
                                fw.write(String.valueOf(i)+"\r\n");// 循环 1 万次写入数据
                        }
                        fw.close();
                        BufferedReaderfr = new BufferedReader(new FileReader("C:\\
StreamVSBuffertest.txt"));
                        while(fr.ready() != false){

                        }
                        fr.close();
                System.out.println(System.currentTimeMillis() - start);
                } catch (FileNotFoundException e) {
                        // TODO Auto-generated catch block
                        e.printStackTrace();
                }
        }

    public static void main(String[] args){
        try {
                        StreamVSBuffer.streamMethod();
                        StreamVSBuffer.bufferMethod();
                } catch (IOException e) {
                        // TODO Auto-generated catch block
                        e.printStackTrace();
                }
        }
    }
```

上述代码运行后的输出结果如下。

```
1295
31
```

从上面的例子可以看出，无论对于读取还是写入文件，适当地使用缓冲，可以有效地提升系统的文件读写性能，减少响应时间。

3.8.2 缓存

缓存也是一块为提升系统性能而开辟的内存空间。缓存的主要作用是暂存数据处理结果，并提供下次访问使用。在很多场合，数据的处理或数据获取可能会非常费时，当对这个数据的请求量很大时,频繁的数据处理会耗尽CPU资源。缓存的作用就是将这些来之不易的数据处理结果暂存起来，当有其他线程或客户端需要查询相同的数据资源时，可以省略对这些数据的处理流程，而直接从缓存中获取处理结果，并立即返回给请求组件，以此提高系统的响应时间。

目前有很多基于Java的缓存框架，如EHCache、OSCache和JBossCache等。EHCache出自Hibernate，是默认的数据缓存解决方案；OSCache缓存是由OpenSymphony设计的，可用于缓存任何对象，甚至是缓存部分JSP页面或者HTTP请求；JBossCache是由JBoss开发的可用于JBoss集群间数据共享的缓存框架。

以EHCache为例，EhCache的主要特性有以下几种。

- 快速。
- 简单。
- 多种缓存策略。
- 缓存数据有内存和磁盘两级，因此无须担心容量问题。
- 缓存数据会在虚拟机重启的过程中写入磁盘。
- 可以通过RMI、可插入API等方式进行分布式缓存。
- 具有缓存和缓存管理器的监听接口。
- 支持多缓存管理器实例，以及一个实例的多个缓存区域。
- 提供Hibernate的缓存实现。

由于EHCache是进程中的缓存系统，一旦将应用部署在集群环境中，每一个节点维护各自的缓存数据，当某个节点对缓存数据进行更新，这些更新的数据无法在其他节点中共享，这不仅会降低节点运行的效率，而且会导致数据不同步的情况发生。例如某个网站采用A、B两个节点作为集群部署，当A节点的缓存更新后，而B节点缓存尚未更新，就可能出现用户在浏览页面的时候，一会儿是更新后的数据，一会儿是尚未更新的数据，尽管可以通过Session Sticky技术将用户锁定在某个节点上，但对于一些交互性比较强或非Web方式的系统来说，Session Sticky显然不太适合，所以就需要用到EHCache的集群解决方案。以下是EHCache示例代码。

```
importnet.sf.ehcache.Cache;
importnet.sf.ehcache.CacheManager;
importnet.sf.ehcache.Element;
/**
 * 第一步：生成 CacheManager 对象
 * 第二步：生成 Cache 对象
 * 第三步：向 Cache 对象中添加由 key、value 组成的键值对的 Element 元素
 * @author mahaibo
 *
 */
```

```
public class EHCacheDemo{
    public static void main(String[] args) {
            // 指定 ehcache.xml 的位置
            String fileName="E:\\1008\\workspace\\ehcachetest\\ehcache.xml";
            CacheManager manager = new CacheManager(fileName);
            // 取出所有的 cacheName
            String names[] = manager.getCacheNames();
         for(inti=0;i<names.length;i++){
                System.out.println(names[i]);
            }
            // 根据 cacheName 生成一个 Cache 对象
            // 第一种方式：
            Cache cache=manager.getCache(names[0]);
            // 第二种方式，ehcache 中必须有 defaultCache 存在，"test" 可以换成任何值
            Cache cache = new Cache("test", 1, true, false, 5, 2);
            manager.addCache(cache);

            // 向 Cache 对象中添加 Element 元素，Element 元素由 key、value 键值对组成
            cache.put(new Element("key1","values1"));
            Element element = cache.get("key1");

         System.out.println(element.getValue());
         Object obj = element.getObjectValue();
         System.out.println((String)obj);
         manager.shutdown();
    }
}
```

3.8.3 对象复用池

对象复用池是目前很常用的一种系统优化技术。它的核心思想是，如果一个类被频繁请求使用，那么不必每次都生成一个实例，可以将这个类的一些实例保存在一个“池”中，待需要使用的时候，直接从池中获取。这个“池”就称为对象池。在实现细节上，它可能是一个数组、一个链表或任何集合类。对象池的使用非常广泛，如线程池和数据库连接池。线程池中保存着可以被冲用的线程对象，当有任务被提交到线程时，系统并不需要新建线程，而是从池中获得一个可用的线程，执行这个任务。在任务结束后，不需要关闭线程，而是将它返回到池中，以便下次继续使用。由于线程的创建和销毁是较为费时的操作，因此，在线程频繁调度的系统中，线程池可以很好地改善性能。数据库连接池也是一种特殊的对象池，它用于维护数据库连接的集合。当系统需要访问数据库时，不需要重新建立数据库连接，而可以直接从池中获取；在数据库操作完成后，也不关闭数据库连接，而是将连接返回到连接池中。由于数据库连接的创建和销毁是重量级的操作，因此，避免频繁进行这两个操作对改善系统的性能也具有积极意义。目前应用较为广泛的数据库连接池组件有 C3P0 和 Proxool。

（1）Tomcat 数据源配置

以 C3P0 为例，它是一个开源的 JDBC 连接池，实现了数据源和 JNDI 绑定，支持 JDBC 3 规范和 JDBC 2 的标准扩展。目前使用它的开源项目有 Hibernate、Spring 等。如果采用 JNDI 方式配置，代码如下。

```
    <Resource name="jdbc/dbsource"
    type="com.mchange.v2.c3p0.ComboPooledDataSource"
    maxPoolSize="50" minPoolSize="5" acquireIncrement="2"  initialPoolSize="10"
maxIdleTime="60"
    factory="org.apache.naming.factory.BeanFactory"
    user="xxxx" password="xxxx"
    driverClass="oracle.jdbc.driver.OracleDriver"
    jdbcUrl="jdbc:oracle:thin:@192.168.x.x:1521:orcl"
    idleConnectionTestPeriod="10" />
```

参数说明

①idleConnectionTestPeriod：当数据库重启后或由于某种原因进程被终止后，C3P0 不会自动重新初始化数据库连接池，当新的请求需要访问数据库的时候，会报错误（因为连接失效），同时刷新数据库连接池，丢弃已经失效的连接，当第二个请求到来时恢复正常。C3P0 目前没有提供当获取已建立连接失败后重试次数的参数，只有获取新连接失败后重试次数的参数。

②acquireIncrement：当连接池中的连接耗尽的时候，C3P0 一次同时获取的连接数。也就是说，如果使用的连接数已经达到了 maxPoolSize，C3P0 会立即建立新的连接。

③maxIdleTime：C3P0 默认不会关掉不用的连接池，而是将其回收到可用连接池中，这样会导致连接数越来越大，所以需要设置 maxIdleTime（默认为 0，表示永远不过期），单位为 s，maxIdleTime 表示 idle 状态的 connection 能存活的最长时间。

（2）Spring 配置

如果使用 Spring 的同时项目中不使用 JNDI，又不想配置 Hibernate，直接将 C3P0 配置到 dataSource 中即可，代码如下。

```
    <bean id="dataSource" class="com.mchange.v2.c3p0.ComboPooledDataSource"
destroy-method="close">
    <property name="driverClass"><value>oracle.jdbc.driver.OracleDriver</
value></property>
    <property name="jdbcUrl"><value>jdbc:oracle:thin:@localhost:1521:Test</
value></property>
    <property name="user"><value>Kay</value></property>
    <property name="password"><value>root</value></property>
    <!-- 连接池中保留的最小连接数。-->
    <property name="minPoolSize" value="10" />
    <!-- 连接池中保留的最大连接数。Default: 15 -->
    <property name="maxPoolSize" value="100" />
    <!-- 最大空闲时间，1800s 内未使用则连接被丢弃。若为 0 则永不丢弃。Default: 0 -->
    <property name="maxIdleTime" value="1800" />
    <!-- 当连接池中的连接耗尽的时候，C3P0 一次同时获取的连接数。Default: 3 -->
    <property name="acquireIncrement" value="3" />
```

```
<property name="maxStatements" value="1000" />
<property name="initialPoolSize" value="10" />
<!-- 每 60s 检查所有连接池中的空闲连接。Default: 0 -->
<property name="idleConnectionTestPeriod" value="60" />
<!-- 定义在从数据库获取新连接失败后重复尝试的次数。Default: 30 -->
<property name="acquireRetryAttempts" value="30" />
<property name="breakAfterAcquireFailure" value="true" />
<property name="testConnectionOnCheckout" value="false" />
</bean>
```

类似的做法存在很多种，用户可以自行上网搜索。

3.8.4 计算方式转换

计算方式转换比较出名的是时间换空间方式，它通常用于嵌入式设备，或内存、硬盘空间不足的情况。通过使用牺牲 CPU 的方式，获得原本需要更多内存或硬盘空间才能完成的工作。

一个非常简单的时间换空间算法，实现了 *a*、*b* 两个变量的值交换。交换两个变量最常用的方法是使用一个中间变量，而引入额外的变量意味着要使用更多的空间。采用下面的方法可以免去中间变量，而达到变量交换的目的，其代价是引入了更多的 CPU 运算。

```
a=a+b;
b=a-b;
a=a-b;
```

另一个较为有用的例子是对无符号整数的支持。在 Java 语言中，不支持无符号整数，这意味着当需要无符号的 Byte 时，需要使用 Short 代替，这也意味着空间的浪费。下面的代码演示了使用位运算模拟无符号 Byte 运算。虽然在取值和设值过程中需要更多的 CPU 运算，但是可以大大降低对内存空间的需求。

```
public class UnsignedByte {
    public short getValue(byte i){// 将 byte 转为无符号的数字
   short li = (short)(i& 0xff);
   return li;
    }
public byte toUnsignedByte(short i){
   return (byte)(i& 0xff);// 将 short 转为无符号 byte
    }
public static void main(String[] args){
   UnsignedByte ins = new UnsignedByte();
   short[] shorts = new short[256];// 声明一个 short 数组
   for(inti=0;i<shorts.length;i++){// 数组不能超过无符号 byte 的上限
          shorts[i]=(short)i;
   }
   byte[] bytes = new byte[256];// 使用 byte 数组替代 short 数组
   for(inti=0;i<bytes.length;i++){
          bytes[i]=ins.toUnsignedByte(shorts[i]);//short 数组的数据存到 byte 数组
```

```
    }
    for(inti=0;i<bytes.length;i++){
            System.out.println(ins.getValue(bytes[i])+" ");// 从 byte 数组中取出无
符号的 byte
    }
     }
 }
```

上述代码运行后的输出结果如下，受篇幅所限，只显示到“10”。

```
0
1
2
3
4
5
6
7
8
9
10
```

如果 CPU 的能力较弱，可以采用牺牲空间的方式提高计算能力，实例代码如下。

```
importjava.util.Arrays;
importjava.util.HashMap;
importjava.util.Map;
public class SpaceSort {
public static intarrayLen = 1000000;

public static void main(String[] args){
   int[] a = new int[arrayLen];
   int[] old = new int[arrayLen];
   Map<Integer,Object> map = new HashMap<Integer,Object>();
   int count = 0;
   while(count <a.length){
          // 初始化数组
          int value = (int)(Math.random()*arrayLen*10)+1;
          if(map.get(value)==null){
                 map.put(value, value);
                 a[count] = value;
                 count++;
          }
   }
   System.arraycopy(a, 0, old, 0, a.length);// 从 a 数组复制所有数据到 old 数组
   long start = System.currentTimeMillis();
   Arrays.sort(a);
   System.out.println("Arrays.sort spend:"+(System.currentTimeMillis() -
```

```
start)+"ms");
        System.arraycopy(old, 0, a, 0, old.length);// 恢复原有数据
        start = System.currentTimeMillis();
        spaceTotime(a);
        System.out.println("spaceTotime spend:"+(System.currentTimeMillis() -
start)+"ms");
        }

    public static void spaceTotime(int[] array){
        inti = 0;
        int max = array[0];
        int l = array.length;
        for(i=1;i<l;i++){
               if(array[i]>max){
                      max = array[i];
               }
        }
        int[] temp = new int[max+1];
        for(i=0;i<l;i++){
               temp[array[i]] = array[i];
        }
        int j = 0;
        int max1 = max + 1;
        for(i=0;i<max1;i++){
               if(temp[i] > 0){
                      array[j++] = temp[i];
               }
        }
        }
    }
```

函数 spaceToTime() 实现了数组的排序。它不计空间成本，以数组的索引下标来表示数据大小，因此避免了数字间的相互比较。这是一种典型的以空间换时间的思路。

3.9 集合类优化

3.9.1 集合类之间关系

在实际的项目开发中会有很多的对象，如何高效、方便地管理对象成为影响程序性能与可维护性的重要环节。Java 提供了集合框架来解决此类问题，线性表、链表、哈希表等是常用的数据结构。在进行 Java 开发时，JDK 已经提供了一系列相应的类来实现基本的数据结构，所有类都在 java.util 这个包中。以下目录树描述了集合类的关系。

```
Collection
├List
│├LinkedList
│├ArrayList
│└Vector
│└Stack
└Set
Map
├Hashtable
├HashMap
└WeakHashMap
```

本节讲的就是集合框架的使用经验总结，注意，本节所有代码基于 JDK 7。

3.9.2 集合接口

1. Collection 接口

Collection 接口是最基本的集合接口，一个 Collection 代表一组 Object，即 Collection 的元素（Elements）。一些 Collection 允许相同的元素、支持对元素进行排序，另一些则不行。JDK 不提供直接继承自 Collection 的类，JDK 提供的类都是继承自 Collection 的子接口，如 List 和 Set。所有实现 Collection 接口的类都必须提供两个标准的构造函数，无参数的构造函数用于创建一个空的 Collection，有一个 Collection 参数的构造函数用于创建一个新的 Collection，这个新的 Collection 与传入的 Collection 有相同的元素，后一个构造函数允许用户复制一个 Collection。

无论 Collection 的实际类型如何，它都支持一个 iterator() 的方法，该方法返回一个迭代子。使用该迭代子即可逐一访问 Collection 中的每一个元素。典型的用法如下。

```
Iterator it = collection.iterator(); // 获得一个迭代子
while(it.hasNext()){
Object obj = it.next(); // 得到下一个元素
}
```

Collection 接口提供的主要方法如下。

- boolean add(Object o)：添加对象到集合。
- boolean remove(Object o)：删除指定的对象。
- int size()：返回当前集合中元素的数量。
- boolean contains(Object o)：查找集合中是否有指定的对象。
- boolean isEmpty()：判断集合是否为空。
- Iterator iterator()：返回一个迭代器。
- boolean containsAll(Collection c)：查找集合中是否有集合 c 中的元素。
- boolean addAll(Collection c)：将集合 c 中所有的元素添加到该集合。

- void clear()：删除集合中的所有元素。
- void removeAll(Collection c)：从集合中删除集合 c 中包含的元素。
- void retainAll(Collection c)：从集合中删除集合 c 中不包含的元素。

2. List 接口

Collection 接口派生的两个接口是 List 和 Set。List 接口是有序的 Collection 接口，使用此接口能够精确地控制每个元素插入的位置。用户能够使用索引（元素在 List 中的位置，类似于数组下标）来访问 List 中的元素，这类似于 Java 的数组。和下文要提到的 Set 接口不同，List 接口允许有相同的元素。

除了具有 Collection 接口必备的 iterator() 方法外，List 接口还提供一个 listIterator() 方法，返回一个 ListIterator 接口。和标准的 Iterator 接口相比，ListIterator 多了一些 add() 等的方法，允许添加、删除、设定元素、向前或向后遍历等功能。实现 List 接口的常用类有 LinkedList、ArrayList、Vector 和 Stack 等。

List 接口提供的主要方法如下。

- void add(int index,Object element)：在指定位置上添加一个对象。
- boolean addAll(int index,Collection c)：将集合 c 的元素添加到指定的位置。
- Object get(int index)：返回 List 中指定位置的元素。
- int indexOf(Object o)：返回第一个出现元素 o 的位置。
- Object removeint(int index)：删除指定位置的元素。
- Object set(int index,Object element)：用元素 element 取代位置 index 上的元素，返回被取代的元素。

3. Set 类

Set 接口是一种不包含重复元素的 Collection 接口，即任意的两个元素 e1 和 e2 都有 e1.equals(e2)=false。Set 接口最多有一个 null 元素。很明显，Set 接口的构造函数有一个约束条件，传入的 Collection 参数不能包含重复的元素。需要注意的是，必须小心操作可变对象，如果一个 Set 中的可变元素改变了自身状态，这可能会导致一些问题。

4. Map 接口

Map 接口没有继承 Collection 接口。Map 接口提供 Key 到 Value 的映射，一个 Map 中不能包含相同的 Key，每个 Key 只能映射一个 Value。Map 接口提供 3 种集合的视图，Map 的内容可以被当作一组 Key 集合、一组 Value 集合或一组 Key-Value 映射。

Map 接口提供的主要方法如下。

- boolean equals(Object o)：比较对象。
- boolean remove(Object o)：删除一个对象。
- put(Object key,Object value)：添加 key 和 value。

5. RandomAccess 接口

RandomAccess 接口是一个标志接口，本身并没有提供任何方法，凡是通过调用 RandomAccess 接口的对象都可以认为是支持快速随机访问的对象。此接口的主要目的是标识那些可支持快速随机访问的 List 实现。任何一个基于数组的 List 实现都有 RandomAccess 接口，而基于链表的实现则都没有。因为只有数组能够进行快速的随机访问，而对链表的随机访问需要进行链表的遍历。RandomAccess 接口的好处是，可以在应用程序中知道正在处理的 List 对象是否可进行快速随机访问，从而针对不同的 List 进行不同的操作，以提高程序的性能。

3.9.3 集合类介绍

1. LinkedList 类

LinkedList 接口实现了 List 接口，允许 null 元素。此外 LinkedList 接口提供额外的 Get、Remove、Insert 等方法在 LinkedList 的首部或尾部操作数据。这些操作使 LinkedList 可被用作堆栈（Stack）、队列（Queue）或双向队列（Deque）。注意 LinkedList 接口没有同步方法，它不是线程同步的，即如果多个线程同时访问一个 List，则必须自己实现访问同步。一种解决方法是在创建 List 时构造一个同步的 List，方法如下。

```
List list = Collections.synchronizedList(new LinkedList(...));
```

2. ArrayList 类

ArrayList 接口实现了可变大小的数组，允许所有元素，包括 null 元素。Size、IsEmpty、Get、Set 等方法的运行时间为常数，但是 Add 方法开销为分摊的常数，添加 n 个元素需要 $O(N)$ 的时间，其他的方法运行时间为线性。

每个 ArrayList 实例都有一个容量，用于存储元素数组的大小，这个容量可随着不断添加新元素而自动增加。当需要插入大量元素时，在插入前可以调用 ensureCapacity 方法来增加 ArrayList 的容量以提高插入效率。和 LinkedList 接口一样，ArrayList 接口也是线程非同步的（Unsynchronized）。

ArrayList 接口提供的主要方法如下。

- Boolean add(Object o)：将指定元素添加到列表的末尾。
- Boolean add(int index,Object element)：在列表中指定位置加入指定元素。
- Boolean addAll(Collection c)：将指定集合添加到列表末尾。
- Boolean addAll(int index,Collection c)：在列表中指定位置加入指定集合。
- Boolean clear()：删除列表中的所有元素。
- Boolean clone()：返回该列表实例的一个副本。
- Boolean contains(Object o)：判断列表中是否包含元素。
- Boolean ensureCapacity(int m)：增加列表的容量，如果必需，该列表能够容纳 m 个元素。
- Object get(int index)：返回列表中指定位置的元素。

- Int indexOf(Object elem)：在列表中查找指定元素的下标。
- Int size()：返回当前列表的元素个数。

3. Vector 类

Vector 接口非常类似于 ArrayList 接口，区别在于 Vector 是线程同步的。由 Vector 接口创建的 Iterator，虽然和 ArrayList 接口创建的 Iterator 是同一接口，但是，因为 Vector 是同步的，当一个 Iterator 被创建且正在被使用，另一个线程改变了 Vector 的状态（如添加或删除了一些元素），这时调用 Iterator 的方法将抛出 ConcurrentModificationException，所以必须捕获该异常。

4. Stack 类

Stack 接口继承自 Vector 接口，实现了一个后进先出的堆栈。Stack 接口提供 5 个额外的方法使 Vector 得以被当作堆栈使用。除了基本的 Push 和 Pop 方法，还有 Peek 方法可得到栈顶的元素，Empty 方法测试堆栈是否为空，Search 方法检测一个元素在堆栈中的位置。注意，Stack 接口刚创建后是空栈。

5. Hashtable 类

Hashtable 接口继承 Map 接口，实现了一个基于 Key-Value 映射的哈希表。任何非空（non-null）的对象都可作为 Key 或 Value。添加数据使用 Put(Key、Value)，取出数据使用 Get(Key)，这两个基本操作的时间开销为常数。

Hashtable 接口通过 Initial Capacity 和 Load Factor 两个参数调整性能，通常默认的 Load Factor 0.75 较好地实现了时间和空间的均衡。增大 Load Factor 可以节省空间，但相应的查找时间将增大，会影响像 Get 和 Put 这样的操作。使用 Hashtable 的简单示例，将 1、2、3 这 3 个数字放到 Hashtable 中，它们的 Key 分别是“one”“two”“three”，代码如下。

```
Hashtable numbers = new Hashtable();
numbers.put("one", new Integer(1));
numbers.put("two", new Integer(2));
numbers.put("three", new Integer(3));
```

如果需要取出一个数字 2，可以用相应的 key 来取出，从 Hashtable 读取数据的代码如下。

```
Integer n = (Integer)numbers.get("two");
System.out.println("two = " + n);
```

由于作为 Key 的对象将通过计算散列函数来确定对应的 Value 位置，因此任何作为 key 的对象都必须实现 HashCode 和 Equals 方法。HashCode 和 Equals 方法继承自根类 Object，如果用自定义的类当作 Key，要相当小心。按照散列函数的定义，如果两个对象相同，即 obj1.equals(obj2)=true，则它们的 HashCode 必须相同；但如果两个对象不同，则它们的 HashCode 不一定不同；如果两个不同对象的 HashCode 相同，这种现象称为冲突。冲突会导致操作哈希表的时间开销增大，所以尽量定义好 HashCode() 方法，能加快哈希表的操作；如果相同的对象有不同的 HashCode，对哈希表的操作会出现意想不到的结果（期待的 Get 方法返回 null），要避免这种问题，最好同时复写 Equals 方法和 HashCode 方法，而不要只写其中一个。

6. HashMap 类

HashMap 接口和 Hashtable 接口类似，不同之处在于 HashMap 是线程非同步的，并且允许 null，即 Null Value 和 Null Key。但是将 HashMap 视为 Collection 时 [values() 方法可返回 Collection]，其迭代子操作时间开销和HashMap的容量成比例。因此，如果迭代操作的性能很重要，不要将 HashMap 的初始化容量设置得过高，或者 Load Factor 参数设置过低。

7. WeakHashMap 类

WeakHashMap 接口是一种改进的 HashMap 接口，它对 Key 实行“弱引用”。如果一个 Key 不再被外部所引用，那么该 Key 可以被 GC 回收。

3.9.4 集合类实践

ArrayList、Vector、LinkedList 均来自 AbstractList 的实现，而 AbstractList 直接实现了 List 接口，并扩展自 AbstarctCollection。ArrayList 和 Vector 使用了数组实现，ArrayList 没有对任何一个方法提供线程同步，因此不是线程安全的；Vector 中绝大部分方法都做了线程同步，是一种线程安全的实现。LinkedList 使用了循环双向链表数据结构，由一系列表项连接而成，一个表项总是包含元素内容、前驱表项和后驱表项 3 个部分。

当 ArrayList 对容量的需求超过当前数组的大小时，需要进行扩容。扩容过程中，会进行大量的数组复制操作，而数组复制时，最终将调用 System.arraycopy() 方法。LinkedList 由于使用了链表的结构，因此不需要维护容量的大小。然而每次的元素增加都需要新建一个 Entry 对象，并进行更多的赋值操作。在频繁的系统调用下，对性能会产生一定的影响，不间断地生成新的对象还占用了一定的资源。因为数组具有连续性，所以总是在数组尾端增加元素，只有在空间不足时才产生数组扩容和数组复制。

ArrayList 是基于数组实现的，而数组是一块连续的内存空间，如果在数组的任意位置插入元素，必然导致在该位置后的所有元素需要重新排列，因此其效率较差，应尽可能将数据插入到尾部。LinkedList 不会因为插入数据导致性能下降。

ArrayList 每一次进行有效的元素删除操作后都要进行数组的重组，并且删除的元素位置越靠前，数组重组时的开销越大。而 LinkedList 要移除中间的数据需要遍历半个 List。ArrayList 和 LinkedList 示例代码如下所示。

```
import java.util.ArrayList;
import java.util.LinkedList;

public class ArrayListandLinkedList {
    public static void main(String[] args){
        long start = System.currentTimeMillis();
        ArrayList list = new ArrayList();
        Object obj = new Object();
        for(int i=0;i<5000000;i++){
            list.add(obj);
        }
```

```
        long end = System.currentTimeMillis();
        System.out.println(end-start);

        start = System.currentTimeMillis();
        LinkedList list1 = new LinkedList();
        Object obj1 = new Object();
        for(int i=0;i<5000000;i++){
               list1.add(obj1);
        }
        end = System.currentTimeMillis();
        System.out.println(end-start);

        start = System.currentTimeMillis();
        Object obj2 = new Object();
        for(int i=0;i<1000;i++){
               list.add(0,obj2);
        }
        end = System.currentTimeMillis();
        System.out.println(end-start);

        start = System.currentTimeMillis();
        Object obj3 = new Object();
        for(int i=0;i<1000;i++){
               list1.add(obj1);
        }
        end = System.currentTimeMillis();
        System.out.println(end-start);

        start = System.currentTimeMillis();
        list.remove(0);
        end = System.currentTimeMillis();
        System.out.println(end-start);

        start = System.currentTimeMillis();
        list1.remove(250000);
        end = System.currentTimeMillis();
        System.out.println(end-start);
    }
}
```

上述代码运行后的输出结果如下。

```
639
1296
6969
0
0
```

```
15
```

HashMap 是将 Key 做 Hash 算法，然后将 Hash 值映射到内存地址，直接取得 Key 所对应的数据。在 HashMap 中，底层数据结构使用的是数组；所谓的内存地址，即数组的下标索引。HashMap 的高性能需要保证以下几点。

- Hash 算法必须是高效的。
- Hash 值到内存地址（数组索引）的算法是快速的。
- 根据内存地址（数组索引）可以直接取得对应的值。

HashMap 实际上是一个链表的数组。前面已经介绍过基于 HashMap 的链表方式实现机制，只要 HashCode() 和 Hash() 方法实现得足够好，能够尽可能地减少冲突的产生，那么对 HashMap 的操作几乎等价于对数组的随机访问操作，具有很好的性能。但是，如果 HashCode() 或 Hash() 方法实现较差，在大量冲突产生的情况下，HashMap 事实上就退化为几个链表，对 HashMap 的操作等价于遍历链表，此时性能很差。

HashMap 的一个功能缺点是它的无序性。在遍历 HashMap 时，被存入 HashMap 中的元素输出是无序的。如果希望元素保持输入的顺序，可以使用 LinkedHashMap 替代 HashMap。

LinkedHashMap 继承自 HashMap，具有高效性，同时在 HashMap 的基础上，又在内部增加了一个链表，用以存放元素的顺序。

HashMap 通过 Hash 算法可以最快速地进行 Put() 和 Get() 操作。TreeMap 则提供了一种完全不同的 Map 实现。从功能上讲，TreeMap 有着比 HashMap 更为强大的功能，实现了 SortedMap 接口，这意味着它可以对元素进行排序。TreeMap 的性能略微低于 HashMap。如果在开发中需要对元素进行排序，那么使用 HashMap 便无法实现这种功能，使用 TreeMap 的迭代输出将会以元素顺序进行。LinkedHashMap 是基于元素进入集合的顺序或被访问的先后顺序排序，TreeMap 则是基于元素的固有顺序（由 Comparator 或 Comparable 确定）。

下面的代码演示了使用 TreeMap 实现业务逻辑的排序。

```
import java.util.Iterator;
import java.util.Map;
import java.util.TreeMap;
public class Student implements Comparable<Student>{
   public String name;
   public int score;
   public Student(String name,int score){
          this.name = name;
          this.score = score;
   }

   @Override
   // 告诉 TreeMap 如何排序
   public int compareTo(Student o) {
          // TODO Auto-generated method stub
          if(o.score<this.score){
                 return 1;
```

```
            }else if(o.score>this.score){
                   return -1;
            }
            return 0;
      }

      @Override
      public String toString(){
            StringBuffer sb = new StringBuffer();
            sb.append("name:");
            sb.append(name);
            sb.append(" ");
            sb.append("score:");
            sb.append(score);
            return sb.toString();
      }

      public static void main(String[] args){
            TreeMap map = new TreeMap();
            Student s1 = new Student("1",100);
            Student s2 =  new Student("2",99);
            Student s3 = new Student("3",97);
            Student s4 = new Student("4",91);
            map.put(s1, new StudentDetailInfo(s1));
            map.put(s2, new StudentDetailInfo(s2));
            map.put(s3, new StudentDetailInfo(s3));
            map.put(s4, new StudentDetailInfo(s4));

            //打印分数位于 s4 和 s2 之间的人
            Map map1=((TreeMap)map).subMap(s4, s2);
            for(Iterator iterator=map1.keySet().iterator();iterator.
hasNext();){
                   Student key = (Student)iterator.next();
                   System.out.println(key+"->"+map.get(key));
            }
            System.out.println("subMap end");

            //打印分数比 s1 低的人
            map1=((TreeMap)map).headMap(s1);
            for(Iterator iterator=map1.keySet().iterator();iterator.
hasNext();){
                   Student key = (Student)iterator.next();
                   System.out.println(key+"->"+map.get(key));
            }
            System.out.println("subMap end");
```

```
            //打印分数比 s1 高的人
            map1=((TreeMap)map).tailMap(s1);
            for(Iterator iterator=map1.keySet().iterator();iterator.
hasNext();){
                    Student key = (Student)iterator.next();
                    System.out.println(key+"->"+map.get(key));
            }
            System.out.println("subMap end");
    }

}

class StudentDetailInfo{
    Student s;
    public StudentDetailInfo(Student s){
            this.s = s;
    }
    @Override
    public String toString(){
            return s.name + "'s detail information";
    }
}
```

上述代码运行后的输出结果如下。

```
name:4 score:91->4's detail information
name:3 score:97->3's detail information
subMap end
name:4 score:91->4's detail information
name:3 score:97->3's detail information
name:2 score:99->2's detail information
subMap end
name:1 score:100->1's detail information
subMap end
```

WeakHashMap 的特点是当除了自身有对 Key 的引用外，如果此 Key 没有其他引用，那么此 Map 会自动丢弃该值。下列代码声明了两个 Map 对象，一个是 HashMap，一个是 WeakHashMap，同时向两者中放入 A、B 两个对象，当 HashMap 删除 A，并且 A、B 都指向 null 时，WeakHashMap 中的 A 将自动被回收。出现这个状况的原因是，对于 A 对象而言，当 HashMap 删除 A 并将 A 指向 null 后，除了 WeakHashMap 中还保存 A 外已经没有指向 A 的指针了，所以 WeakHashMap 会自动舍弃 A，而对于 B 对象，虽然指向了 null，但 HashMap 中还有指向 B 的指针，所以 WeakHashMap 将会保留 B 对象。

WeakHashMap 示例代码如下所示。

```
import java.util.HashMap;
import java.util.Iterator;
import java.util.Map;
```

```
import java.util.WeakHashMap;

public class WeakHashMapTest {
    public static void main(String[] args) throws Exception {
        String a = new String("a");
        String b = new String("b");
        Map weakmap = new WeakHashMap();
        Map map = new HashMap();
        map.put(a, "aaa");
        map.put(b, "bbb");
        weakmap.put(a, "aaa");
        weakmap.put(b, "bbb");
        map.remove(a);
        a=null;
        b=null;
        System.gc();
        Iterator i = map.entrySet().iterator();
        while (i.hasNext()) {
            Map.Entry en = (Map.Entry)i.next();
            System.out.println("map:"+en.getKey()+":"+en.getValue());
        }
        Iterator j = weakmap.entrySet().iterator();
        while (j.hasNext()) {
            Map.Entry en = (Map.Entry)j.next();
            System.out.println("weakmap:"+en.getKey()+":"+en.getValue());
        }
    }
}
```

上述代码运行后的输出结果如下。

```
map:b:bbb
weakmap:b:bbb
```

WeakHashMap 主要通过 expungeStaleEntries 函数来实现移除内部不用的条目，从而达到自动释放内存的目的。基本上，只要对 WeakHashMap 的内容进行访问就会调用这个函数，从而达到清除其内部不再为外部引用的条目。但是如果预先生成了 WeakHashMap，而在 GC 以前又不曾访问该 WeakHashMap，那不是就不能释放内存了吗?

WeakHashMapTest1 代码如下所示。

```
import java.util.ArrayList;
import java.util.List;
import java.util.WeakHashMap;

public class WeakHashMapTest1 {
    public static void main(String[] args) throws Exception {
        List<WeakHashMap<byte[][], byte[][]>> maps = new
```

```
ArrayList<WeakHashMap<byte[][], byte[][]>>();
            for (int i = 0; i < 1000; i++) {
                WeakHashMap<byte[][], byte[][]> d = new WeakHashMap<byte[][],
byte[][]>();
                d.put(new byte[1000][1000], new byte[1000][1000]);
                maps.add(d);
                System.gc();
                System.err.println(i);
            }
        }
    }
```

不改变任何 JVM 参数的情况运行上述代码，由于 Java 默认内存是 64MB，所以抛出内存溢出错误的提示。

```
    241
    242
    243
    Exception in thread "main" java.lang.OutOfMemoryError: Java heap space
       at WeakHashMapTest1.main(WeakHashMapTest1.java:10)
```

果不其然，WeakHashMap 这个时候并没有自动释放不用的内存。下面的 WeakHashMapTest2 代码不会出现内存溢出问题。

```
    import java.util.ArrayList;
    import java.util.List;
    import java.util.WeakHashMap;

    public class WeakHashMapTest2 {
       public static void main(String[] args) throws Exception {
          List<WeakHashMap<byte[][], byte[][]>> maps = new
ArrayList<WeakHashMap<byte[][], byte[][]>>();
          for (int i = 0; i < 1000; i++) {
             WeakHashMap<byte[][], byte[][]> d = new WeakHashMap<byte[][],
byte[][]>();
             d.put(new byte[1000][1000], new byte[1000][1000]);
             maps.add(d);
             System.gc();
             System.err.println(i);
             for (int j = 0; j < i; j++) {
                System.err.println(j + " size" + maps.get(j).size());
             }
          }
       }
    }
```

运行结果显示这次测试输出正常 , 不再出现内存溢出问题。

总的来说，WeakHashMap 并不会自动释放内部不用的对象，而是在访问它的内容的时候释放内部不用的对象。

WeakHashMap 实现弱引用，是因为它的 Entry<K,V> 是继承自 WeakReference<K> 的。Entry<K,V> 的类定义及构造函数如下。

```
    private static class Entry<K,V> extends WeakReference<K>
    implements Map.Entry<K,V> Entry(K key, V value, ReferenceQueue<K> queue,int
hash, Entry<K,V> next) {
    super(key, queue);
    this.value = value;
    this.hash = hash;
    this.next = next;
    }
```

构造父类的语句“super(key, queue);”传入的是 Key，因此 Key 才是进行弱引用的，Value 是直接强引用关联在 this.value 中。在执行 System.gc() 时，对 Key 中的 Byte 数组进行了回收，而 Value 依然保持 (Value 被强关联到 Entry 上，Entry 又关联在 Map 中，Map 关联在 ArrayList 中)。

For 循环中每次都创建一个新的 WeakHashMap，在 Put 操作后，虽然 GC 将 WeakReference 的 Key 中的 Byte 数组回收了，并将事件通知到了 ReferenceQueue，但后续没有相应的动作触发 WeakHashMap 去处理 ReferenceQueue，所以 WeakReference 包装 Key 依然存在 WeakHashMap 中，其对应的 value 也当然存在。

那 value 是何时被清除的呢？对前面 WeakHashMapTest1 示例程序进行分析可知，maps.get(j).size() 触发了 Value 的回收。那又是如何触发的呢? 查看 WeakHashMap 源码可知 ,Size 方法调用了 expungeStaleEntries 方法，该方法对 JVM 要回收的 Entry(Quene 中) 进行遍历，并将 Entry 的 Value 置空，回收了内存。所以效果是 Key 在 GC 的时候被清除，Value 在 Key 清除后访问 WeakHashMap 被清除。

WeakHashMap 类是线程不同步的，可以使用 Collections.synchronizedMap 方法来构造同步的 WeakHashMap，每个键对象间接地存储为一个弱引用的指示对象。因此，不管是在映射内还是在映射外，只有在垃圾回收器清除某个键的弱引用后，该键才会自动移除。需要注意的是，WeakHashMap 中的值对象由普通的强引用保持。因此应该小心谨慎，确保值对象不会直接或间接地强引用其自身的键。但值对象可以通过 WeakHashMap 本身间接引用其对应的键，这就是说，某个值对象可能强引用某个其他的键对象，而与该键对象相关联的值对象转而强引用第一个值对象的键。

处理此问题的一种方法是，在插入前将值自身包装在 WeakReference 中，如 m.put(key, new WeakReference(value))，然后分别用 get 进行解包，该类所有“collection 视图方法”返回的迭代器均是快速失败的。在迭代器创建后，如果从结构上对映射进行修改，除非通过迭代器自身的 Remove 或 Add 方法，其他任何时间任何方式的修改，迭代器都将抛出 ConcurrentModificationException。因此，面对并发的修改，迭代器很快就完全失败，而不是冒着在将来不确定的时间任意发生不确定行为的风险。

注意，不能确保迭代器不失败。一般来说，存在不同步的并发修改时，不可能做出任何完全确定的保证。

3.10 Java 8 迭代器模型

编程语言一般都需要提供一种机制来遍历软件对象的集合，现代的编程语言支持更为复杂的数据结构，如列表、集合、映射和数组。遍历能力通过公共方法提供，而内部细节都隐藏在类的私有部分，所以程序员不需要了解内部实现就能够遍历这些数据结构中的元素，这就是迭代的目的。迭代器是对集合中的所有元素进行顺序访问并可以对每个元素执行某些操作的机制。迭代器本质上提供了在封装的对象集合上做“循环”的装置。

常见的使用迭代器的例子如下。

①访问目录中的每个文件并显示文件名。

②访问队列中的每个客户（如银行排队）并判断用户等待了多久。使用迭代器时，一般情况下可以循环嵌套，即可以在同一时间做多个遍历。

③迭代器应该是无损的，即迭代行为不应该改变集合本身，如迭代时不要从集合中移除或插入元素。

④在某些情况下，需要使用迭代器的不同遍历方法，例如，树的前序遍历和后序遍历，或者深度优先、广度优先遍历。

3.10.1 迭代器模式

迭代器设计模式是一种行为模式，其核心思想是负责访问和遍历列表中的对象，并把这些对象放到一个迭代器对象中。迭代器的实现方法根据谁来控制迭代分为两种：主动迭代和被动迭代。主动迭代器是由客户程序创建迭代器，调用 next() 行进到下一个元素，测试查看是否所有元素已被访问。被动迭代器是 Java 8 新引入的机制，它是迭代器本身控制迭代，即迭代器自行 next() 向下走。针对客户程序来说，迭代是透明的，是不能操作的。这种方法在 LISP 语言中很常见。

GOF 给出的定义是，在不暴露该对象的内部细节前提下，通过提供一种方法用于访问一个容器（Container）对象中各个元素。深层次的目的是把遍历算法从容器对象中独立出来。

面向对象设计的一大难点是如何正确辨认对象的职责。理想状态下，一个类应该只有一个单一的职责。职责分离可以最大限度地去除对象之间的耦合程度，但是实际开发过程中，想要做到职责单一着实不易。具体到本模式，以迭代器模式为例，容器对象提供了两个职责，一是组织管理数据对象，二是提供遍历算法。所以 Iterator 模式就是分离了集合对象的遍历行为，抽象出一个迭代器类来负责，这样既可以做到不暴露集合的内部结构，又可以让外部代码透明地访问集合内部的数据。

迭代器模式由以下几个角色组成。

①迭代器角色（Iterator）：迭代器角色负责定义访问和遍历元素的接口。

②具体迭代器角色（Concrete Iterator）：具体迭代器角色要实现迭代器接口，并要记录遍历中的当前位置。

③容器角色（Container）：容器角色负责提供创建具体迭代器角色的接口。

④具体容器角色（Concrete Container）：具体容器角色实现创建具体迭代器角色的接口，

这个具体迭代器角色与该容器的结构相关。

迭代器模式的类如图 3-3 所示。

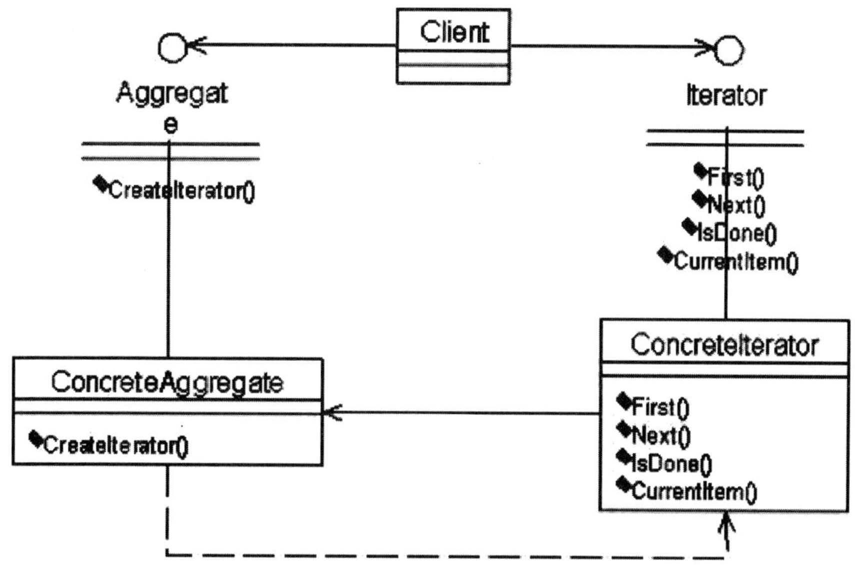

图 3-3　迭代器模式类图

在 JDK 内部，与迭代器相关的接口有 Iterator、Iterable。Iterator 及其子类通常是迭代器本身的结构与方法；Iterable 是可迭代的，如 AbstractListHashMap 等需要使用迭代器功能的类，都需要实现该接口。Iterator 源代码如下。

```
public interface Iterator<E> {
boolean hasNext();
   E next();
   void remove();
}
```

Iterable 源代码如下。

```
public interface Iterable<T> {
   Iterator<T> iterator();
}
```

实际开发过程中，如何使用迭代器？一般来说，有以下 3 种方式。

- 类 A 想要使用迭代器，它的类声明部分应该是 class A implement Iterable。
- 在类 A 实现中，要实现 Iterable 接口中的唯一方法：Iterator<T> iterator(); 这个方法用于返回一个迭代器，即 Iterator 接口及其子类。
- 在类 A 中，定义一个内部类 S，专门用于实现 Iterator 接口，定制类 A 自己的迭代器实现。

具体实现代码如下。

```
class A implement Iterable
```

```
{
    Iterator<T> iterator() {...}
    class S implement Iterator<E>
    {
       booleanhasNext() {...}
       E next() {...}
       void remove() {...}
    }
}
```

3.10.2 Lambda 表达式

Java 8引入了独特的Lambda表达式用于遍历集合。Lambda表达式本质上是一个匿名方法，下面来看这个例子。

```
public int add(int x, int y) {
    return x + y;
}
```

转成 Lambda 表达式后就变成 (int *x*, int *y*) → *x* + *y*; 这一行表达式。参数类型可以省略，Java 编译器会根据上下文推断出来，(*x*, *y*) → *x* + *y*; // 返回两数之和，也可能是 (*x*, *y*) → { return *x* + *y*; } // 显式指明返回值。

从上面的描述可知，Lambda表达式由参数列表、箭头(→)及一个表达式或语句块三部分组成。

下面这个例子中的Lambda表达式没有参数，也没有返回值，即相当于一个方法接受0个参数，返回 void。JDK 中 Runnable 接口的 run 方法就是这样一个实现原则。

```
()->{ System.out.println("Hello Lambda!"); }
```

如果有且只有一个参数可以被 Java 推断出类型，那么参数列表中的括号也可以省略，表示为 c → { return c.size(); }。

3.10.3 Java 8 全新集合遍历方式

Java 8 提供了全新的遍历对象集合方式，该方式主要包含主动迭代、流、并行流 3 种方法。总的来说，Java 8 提供的迭代器较 JDK 早期版本而言，它的可读性更好，不易出错，更容易并行化。学习 Java 8 的新方式之前，先来回顾一下集合类访问的变化过程。

Java 1.0 和 Java 1.1 中两个主要的集合类是 Vector 和 Hashtable，迭代器是通过一个称为枚举的类实现的。现在无论是 Vector 还是 Hashtable 都是泛型类，泛型是在 JDK 5 的时候被引入的。下面的代码演示了 Java 1 使用枚举方式处理字符串向量的方法。

```
Vector names = new Vector();
names.add("test1");
names.add("test2");
Enumeration e = names.elements();
```

```
while (e.hasMoreElements())
{
String name = (String) e.nextElement();
System.out.println(name);
}
```

Java 1.2 推出了集合类(Collections),并通过一个迭代器类(Iterator)实现了迭代器设计模式。因为 Java 1.2 当时还没有推出泛型概念，所以需要对迭代器返回的对象进行强制类型转换。对于 Java 1.2 至 Java 1.4 版本，遍历字符串列表方式如以下代码所示。

```
List names = new LinkedList();
names.add("test1");
names.add("test2");
Iterator i = names.iterator();
while (i.hasNext())
{
String name = (String) i.next();
System.out.println(name);
}
```

Java 5 提出了泛型、Iterator 接口、增强 for 循环这 3 种新的方式。在增强 for 循环中，迭代器的创建及调用它的 hasNext() 和 next() 方法都发生在程序后端，不需要明确地写在代码中，因此，代码显得更为紧凑。Java 5 的 for 循环方式示例代码如下。

```
List<String> names = new
LinkedList<String>();
names.add("Test1");
names.add("Test2");
for (String name : names)
System.out.println(name);
```

在 Java 7 中，为了避免泛型的冗长给出了 <> 运算符，从而避免了使用 new 运算符实例化泛型类时重复指定数据类型。从 Java 7 开始，第一行代码可以简化成 List<String> names = new LinkedList<>()。

Java 8 提供了新的迭代途径，它使用之前介绍的 Lambda 表达式对集合进行遍历。Java 8 最主要的新特性是 Lambda 表达式及与此相关的特性，如流 (Streams)、方法引用 (Method References)、功能接口 (Functional interfaces)。正是因为这些新特性，能够使用被动迭代器而不是传统的主动迭代器，特别是 Iterable 接口提供了一个被动迭代器的默认方法称为 forEach()。默认方法是 Java 8 的又一个新特性，是一个接口方法的默认实现。在这种情况下，forEach() 方法实际上是用类似于 Java 5 这样的主动迭代器方式来实现的。实现了 Iterable 接口的集合类 (如所有列表 List、集合 set) 现在都有一个 forEach() 方法，这个方法接收一个功能接口参数，实际上传递给 forEach() 方法的参数是一个 lambda 表达式。使用 Java 8 的功能，代码变化如下所示。该代码易读性更好，且多线程环境下逻辑是线程安全的，更容易进行并行化。

```
List<String> names = new LinkedList<>();
names.add("Apple");
```

```
names.add("Orange");
names.forEach(name->System.out.println(name));
```

注意上述代码中的被动迭代与前面三段代码中的主动迭代之间的差异。在主动迭代中由循环结构控制迭代，并且每次通过循环从列表中获取一个对象，然后打印出来。上面的代码中没有显示的循环结构，只是告诉 forEach() 方法对列表中的对象实施打印，迭代控制隐含在 forEach() 方法中。

流是应用在一组元素上的一次执行的操作序列。集合和数组都可以用来产生流，因此称为数据流。流不存储集合中的元素。相反，流是通过管道操作来自数据源值序列的一种机制。流管道由数据源、若干中间操作 (Intermediate Operations)、一个最终操作 (Terminal Operation) 组成，中间操作对数据集完成过滤、检索等中间业务，而最终操作完成对数据集处理的最终处理，或调用 forEach() 方法。

当处理集合时，通常会迭代所有元素并对其中的每一个进行处理。假设希望统计一个文件中的所有长单词 (超过 12 个字母以上的单词认为是长单词)，Java6 方式统计长单词的代码如下所示。

```
import java.io.IOException;
import java.nio.charset.StandardCharsets;
import java.nio.file.*;
import java.nio.file.Paths;
import java.util.Arrays;
import java.util.List;

public class Java8CollectionTest {
   public static void main(String[] args){
         try {
            String contents = new String(Files.readAllBytes(
Paths.get("D:\\Project\\Java8Project\\src\\pom.xml")),
                  StandardCharsets.UTF_8);
            List<String> words = Arrays.asList(contents.split("\n"));
            //进行迭代
            int count = 0;
            for(String w: words){
               if(w.length() > 12) count++;
            }
System.out.println(count);
         } catch (IOException e) {
e.printStackTrace();
         }
     }
}
```

在 Java 8 中，为了实现上述代码功能的高并行性，可以按照以下方式来编写代码。

```
import java.io.IOException;
import java.nio.charset.StandardCharsets;
import java.nio.file.Files;
import java.nio.file.Paths;
```

```
import java.util.Arrays;
import java.util.List;

public class TestJava8Collection {
    public static void main(String[] args) {
        try {
            String contents = new String(Files.readAllBytes(
Paths.get("D:\\Project\\Java8Project\\src\\pom.xml")),
                    StandardCharsets.UTF_8);
            List<String> words = Arrays.asList(contents.split("\n"));
            // 编写方式不一样了
            long count = words.stream().filter(w->w.length() > 12).count();
System.out.println(count);
        } catch (IOException e) {
e.printStackTrace();
        }
    }
}
```

stream 方法会为单词列表生成一个 Stream。filter 方法会返回另一个只包含单词长度大于 12 的 Stream，count 方法会将 Stream 简化为一个结果。

Stream 表面上看与一个集合很类似，允许改变和获取数据，但是实际上它与集合是有很大区别的。

- Stream 自己不会存储元素，元素可能被存储在底层的集合中，或者根据需要产生出来。
- Stream 操作符不会改变源对象，相反，它们会返回一个持有结果的新 Stream。
- Stream 操作符可能是延迟执行的，这意味着它们会等到需要结果的时候才执行。

许多人发现 Stream 表达式比循环的可读性更好。此外，它们还很容易进行并行操作。下面是一段 java 8 并行统计长单词的代码。

```
import java.io.IOException;
import java.nio.charset.StandardCharsets;
import java.nio.file.Files;
import java.nio.file.Paths;
import java.util.Arrays;
import java.util.List;

public class TestJava8Collection{
    public static void main(String[] args) {
        try {
            String contents = new String(Files.readAllBytes(
Paths.get("D:\\Project\\Java8Project\\src\\pom.xml")),
                    StandardCharsets.UTF_8);
            List<String> words = Arrays.asList(contents.split("\n"));
            // 注意这一句，stream() 方法改成了 parallelStream() 方法
```

```
                long count = words.parallelStream().filter(w->w.length() > 12).
count();
    System.out.println(count);
            } catch (IOException e) {
    e.printStackTrace();
            }
        }
    }
```

与前面代码不同的是，将 stream() 方法改成了 parallelStream() 方法，这样可以让 Stream API 并行执行过滤和统计操作。

总的来说，Stream 遵循“做什么，而不是怎么去做”的原则。在以上示例中，描述了需要做什么，如获得长单词并对它们的个数进行统计。没有指定按照什么顺序，或者在哪个线程中做。相反，循环在一开始就需要指定如何进行计算，因此就失去了优化的机会。

使用 Stream 时，可以通过 3 个阶段来建立一个操作流水线。

①创建一个 Stream。

②在一个或多个步骤中，指定将初始 Stream 转换为另一个 Stream 的中间操作。

③使用一个终止操作来产生一个结果。该操作会强制它之前的延迟操作立即执行。在这以后，该 Stream 就不会再被使用。在以上示例中，通过 stream 或 parallelStream 方法来创建 Stream，再通过 filter 方法对其进行转换，而 count 就是终止操作。

注意，Stream 操作不会按照元素的调用顺序执行。在以上例子中，只有在 count 被调用的时候才会执行 Stream 操作。当 count 方法需要第一个元素时，filter 方法会开始请求各个元素，直到找到一个长度大于 12 的元素。

结合上面的描述，下列代码使用 Java 8 方式实现流管道计算，统计字母 A 开头的人名的个数。其中，names 用于创建流，然后使用过滤器对数据集进行过滤，filter() 方法只过滤出以字母 A 开头的名字，该方法的参数是一个 Lambda 表达式。最后，流的 count() 方法作为最终操作，得到应用结果。中间操作除了 filter() 外，还有 distinct()、sorted()、map() 等，一般是对数据集的整理，返回值一般也是数据集。以下是 Java 8 实现统计 A 开头字母的代码，使用的是主动式迭代方式，在多线程环境下该逻辑不是线程完全的。

```
List<String> names = new LinkedList<>();
names.add("Annie");
names.add("Alice");
names.add("Bob");
long count = names.stream()
.filter(name->name.startsWith("A").count();
```

同样的代码在 Java 7 中如下所示。

```
List<String> names = new LinkedList<>();
names.add("Annie");
names.add("Alice");
names.add("Bob");
```

```
long count = 0;
for (String name : names){
if (name.startsWith("A"))
++count;
}
```

最终的处理方法往往是需要完成对数据集中数据的处理，如 forEach()、allMatch()、anyMatch()、findAny()、findFirst()，数值计算类的方法有 sum()、max()、min()、average() 等，最终方法也可以是对集合的处理，如 reduce()、collect() 等。reduce() 方法的处理方式一般是每次都产生新的数据集，而 collect() 方法是在原数据集的基础上进行更新，过程中不产生新的数据集。

Java 8 集合类不仅具有 Stream() 方法（该方法返回一个连续的数据流），还有一个 parallelStream() 方法（该方法返回一个并行流）。并行流的作用在于允许管道操作的同时在不同的 Java 线程中执行，以提高性能。但要注意的是，集合元素的处理顺序可能发生改变。

Java 8 支持一种新的特性和功能可以对集合进行迭代操作，它属于一种声明性的方法，这种新方法带来的好处是代码的可读性更好，不易出错，对于多线程支持更好且更丰富，程序更容易并行化。但是众所周知，针对不同的应用场景应该采用不同的集合类、迭代方式，学术界公布的测试报告表明，并行流对每一种集合类而言不一定性能更快。

3.11 Java 9 入门

3.11.1 模块化编程

模块化编程是将原有的系统分解为若干个自行管理的模块，但是这些模块之间又是互相通信（连接）的。模块或称为组件，也就成了一个个可识别的独立物件，它们可以包括代码、元数据描述，以及和其他模块之间的关系等。理想地看，这些物件从编译时期开始就是可以被识别的，生命周期贯穿整个运行时。这样也就可以想象了，应用程序在运行时应该是由多个模块组成的。

作为一个 Java 模块，必须满足以下 3 个基本要求。

（1）强封装性

封装的重要性应该不用解释了，两个模块之间仅需要知道对方的封装接口、参数、返回值，而对于它内部的实现细节，其他调用方并不关心，内部怎么变化都没关系，只要能够继续调用并返回正确的值就行。

（2）定义良好的接口

这里包含两层意思，一是模块之间的边界要划分清楚，不能存在重复的部分；二是对于无法封装的公开代码，如果进行了破坏性的修改，那么对其他调用方来说也是破坏性的，因此需要提供定义良好且稳定的接口给其他调用模块调用。

（3）显式依赖

这是点和面的关系。每一个点代表一个模块，两点之间的线代表模块之间的依赖关系，所有点就组成了模块调用关系图。只有拥有清晰的模块调用关系图，才能确保调用关系的正确性和模块配置的可用性。Java 9 之前，可以采用 Maven 来帮助管理外部依赖关系。

模块化带来灵活、可理解、可重用三大优点。模块化编程其实和当今很多软件架构概念是类同的，都是为了解决相似的抽象层问题，例如基于组件的开发、面向服务系统架构，或者更新的微服务架构。

前面提到强封装性、定义良好的接口、显式依赖 3 个基本要求，其实在 Java 9 之前就已经支持了。例如封装，类型的封装可以通过使用包和访问修饰符（如 public、protected、private）的组合方式完成。例如 protected，只有在同一个包内的类才能访问 protected 类中的方法。这里就可以提出一个问题：如果想要让一些包外的类可以访问 protected 类，又不想让另外一些包外的类访问，这时候应该怎么处理呢？ Java 9 之前没有很好的解决方案。对于第二个要求，定义良好的接口，这一点 Java 语言从一开始就做得不错。接口方式在整个模块化编程中扮演了中心角色。对于显式依赖，由于 Java 提供的 import 关键字所引入的 JAR 包需要在编译时才会真正加载，把代码打入 JAR 包的时候，并不知道哪一个 JAR 文件包含了自己的 JAR 包需要运行的类型。为了解决这个问题，可以利用一些外部工具，如 Maven、OSGi。Java 9 虽然从 JVM 核心层和语言层解决了依赖控制问题，但是 Maven、OSGi 还是有用武之地的，它们可以基于 Java 模块化编程平台之上继续自己的依赖管理工作。

图 3-4 包含了两个部分，一部分是应用程序，包含 Application.jar 的应用程序 JAR 包、该包的两个依赖库（Google Guava 和 Hibernate Validator）以及 3 个外部依赖 JAR 包。可以通过 Maven 工具完成库之间的依赖关系绑定功能。Java 9 之前，Java 运行时还需要包含 rt.jar。从图 3-4 至少可以看出没有强有力的封装概念，为什么这么说。以 Guava 库为例，它内部的一些类是真的需要被 Application.jar 工程使用的，有一些类是不需要被使用的，但是由于这些类的访问限制符也是 public 的，外部包中的类其实是可以访问到的，因此说没有履行 Java 9 的封装要求。

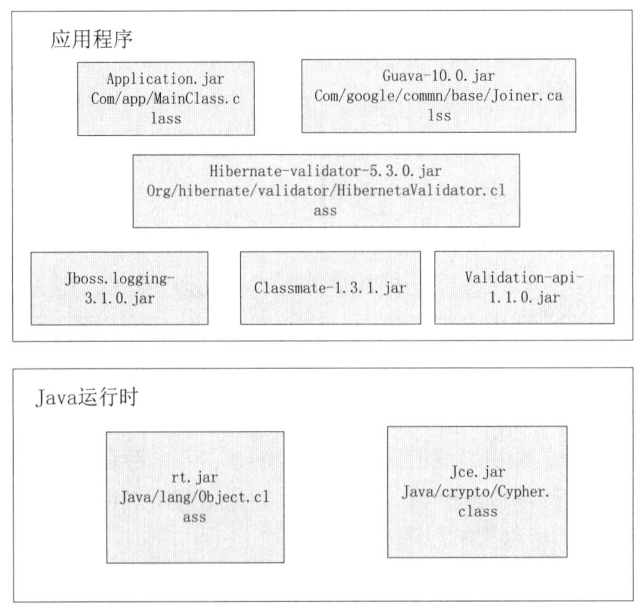

图 3-4　应用程序的 Jar 包关系图

大家知道，当 JVM 开始加载类时，采用的方式是顺序读取 classpath 中设置的类名并找到需要的类，一旦找到了正确的类，检索工作结束，转入加载类过程。那么如果 classpath 中没有需要的类呢？那就会抛出运行时错误。又由于 JVM 采用的延迟加载方式（Lazy Loading），因此极有可能某个用户单击了某个按钮，然后就崩溃了，这是因为 JVM 不会从一开始就有效地验证 classpath 的完整性。那么，如果 classpath 中存在重复的类，会出现什么情况呢？可能会出现很多莫名其妙的错误，例如，类的方法找不到，这有可能是因为配置了两个不同版本的 JAR 包。

3.11.2 模块化系统目标

Java 9 的模块化系统有两大目标。

- 模块化 JDK 本身。
- 为应用程序的使用提供模块化系统。

模块化系统为 Java 语言和运行时环境引入了本地模块化概念，提供了强有力的封装。

如图 3-5 所示，在 Java 9 以后，每一个 JAR 包都变成了一个模块，包括引用其他模块的显式依赖。从图 3-5 可以知道，Application 调用了 JDK 的 Java.sql 包。

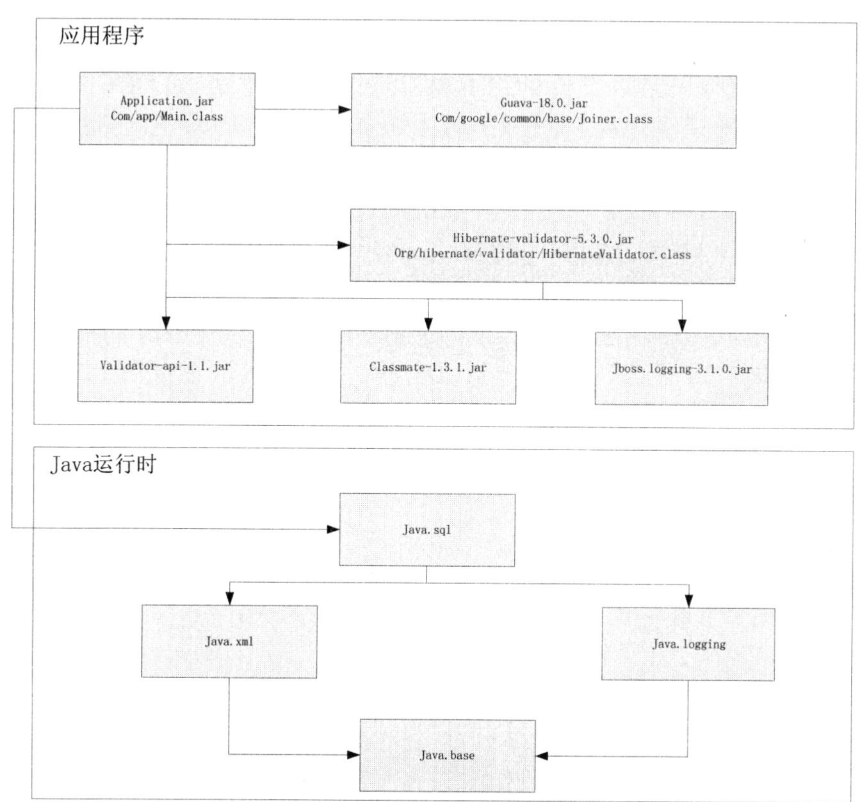

图 3-5　应用程序的模块化调用关系

JDK 内部的模型化系统（JSR 376 和 JEP 261）已经被合并到了 JDK 9。JDK 内部各个模块之间有着千丝万缕的引用关系。但 JDK 9 的模块化设计做得很精巧，它仅仅允许单一方向（向下）

引用，不允许出现环形结构，这样可以确保引用关系图的简单设计原则。

3.11.3 模块化的 JDK

在 Java 模块化系统引入前，JDK 的运行时库包括了重量级的 rt.jar，该 JAR 文件的总大小超过 60MB，包含了大量的运行时类。为了重构整个 Java 平台，也为了 Java 能够在轻量级语言解决方案越来越占主导地位的情况下让 Java 语言继续保持旺盛的生命力，JDK 团队引入了 JDK 的模块化设计，这个决定可能是关键性的。

在过去的 20 年中，JDK 的若干次发布，每一次都会包含许多新的特性，因此也增加了大量的类。以 CORBA 为例，它在 20 世纪 90 年代被认为是企业级计算的未来，当然现在几乎没有人记得它了，然而用于支持 CORBA 的类仍然被包含在 rt.jar 包中，也就是说，无论有没有用到这些类，只要应用程序是分布式的，你都不得不带着它们一起运行。这样做的直接后果是浪费了磁盘空间、内存空间以及 CPU 资源（需要增大 CPU 运行耗时）。对于资源受限的硬件载体或云端的资源，这样就产生了浪费，也增加了成本（云端资源是按需申请的，能省就省）。

那么可不可以直接移除这些不需要的类呢？不能这么简单执行，因为需要考虑每次发布后的向前兼容，直接删除 API 会导致 JDK 升级后一些旧的应用程序不可用。JDK 引入模块化管理方式后，只需要忽略包含 CORBA 的模块就可以了。

当然，分解单体型（Monolithic）的 JDK 并不仅仅是移除过时（如 CORBA）的类。JDK 包含的很多技术都是对于一些人有用，对于另一些人则是无用的，但是并不是说它们过时了，仅仅是应用程序不需要使用。Java 语言一直以来就存在安全性漏洞，通过模块化设计可以减少类的应用，自然也就降低了漏洞发生的概率。

截至目前，JDK 9 大约有 90 个平台模块，这种方式取代了以往的单一型大库形态。平台模块是 JDK 的一部分，它和应用程序模块是不一样的，应用程序模块是由程序员自己创建的。但是从技术层面来看，平台模块和应用程序模块又没有什么区别。每一个平台模块构造了一个 JDK 功能，从日志到 XML 的支持等，覆盖了原有单一型 JDK 的功能。在 JDK 9 中，所有的模块都需要在外部显示地定义与其他模块之间的依赖关系，这就好像买可拆装家具时的各模块之间的榫头，一看就知道需要和其他模块进行拼接，而一些模块是公用的模块，例如 java.logging，就会发现很多模块都会应用它。也正是由于引入了模块化，JDK 内部终于在各个模块之间有了清晰的界限，互相的引用关系终于清晰了。

注意，按照 JDK 9 目前的模块化设计理念，所有的依赖关系都是指向向下方向的，不会出现编译时的各模块间环形依赖情况，自己编写的应用程序模块也需要避免这种情况发生。

3.11.4 模块资源介绍

一个模块包含模块名称、相关的代码和资源，这些都被保存在称为 module-info.java 的模块描述文件中。以下面 module-info.java 这个文件为例，描述 java.prefs 平台模块。

```
module java.prefs{
    requires java.xml;
```

```
        exports java.util.prefs;
    }
```

上述代码内包含了 requires 和 exports 两个关键字，下面逐一解释。

① requires 关键字表示依赖关系，这里明确了模块需要依赖 java.xml 模块，如果没有依赖申明，java.prefs 模块在编译时会拒绝执行编译命令。这一点是向 Maven 借鉴的，使用前必须声明才能使用。

② exports 关键字表示其他模块如何可以引用 java.prefs 包。由于模块化编程已经把强封装性设置成默认选项，因此只有当包被显式地声明导出，导出为本例的 java.util.prefs 包。exports 是针对原有访问方式（public、protected、private）的一个补充，是针对强一致性的补充。Java 9 以后，public 仅仅是针对模块内部类之间的访问权限，如果想要从外部能够应用模块内部类，必须要用 exports。

注意，模块名由于是全局变量，因此需要是全局唯一的。

3.11.5 HelloWorld 案例

接下来简单介绍一个 HelloWorld 案例。如以下代码所示，HelloModularWorld 类的 main 函数负责打印字符串“Hello World, new modular World!”。

```
package org.michael.demo.jpms;
public class HelloModularWorld {
    public static void main(String[] args) {
        System.out.println("Hello World, new modular World!");
    }

}
```

为了实现模块化，需要在工程的根目录下创建一个名为 module-info.Java 的类，代码如下所示。

```
module org. michael.demo.jpms_hello_world {
    // this module only needs types from the base module 'Java.base';
    // because every Java module needs 'Java.base', it is not necessary
    // to explicitly require it - I do it nonetheless for demo purposes
    requires Java.base;
    // this export makes little sense for the application,
    // but once again, I do this for demo purposes
    exports org.michael.demo.jpms;
}
```

上述代码引用了 Java.base，输出至 org.michael.demo.jpms 包。接下来开始编译，如下所示。

```
$ Javac
    -d target/classes
    ${source-files}
$ jar --create
```

```
    --file target/jpms-hello-world.jar
    --main-class org.michael.demo.jpms.HelloModularWorld
    -C target/classes .
$ Java
    --module-path target/jpms-hello-world.jar
--module org. michael.demo.jpms_hello_world
```

就这个示例来看，除了增加了一个文件、编译时的差别替换为使用模块的路径方式（module path）以及工程没有了 manifest 文件以外，其他和 Java 9 之前的编程 / 编译方式是一样的。

与 Java 8 相比，Java 9 与之前版本的变化并不在于编程语言本身，这是和 Java 语言的未来发展息息相关的。如果现在还把编程特性放在每次大版本升级的首选之列，那么 Java 语言的未来是灰暗的。这是因为 Java 语言只有把自己做成强大的生态，才能避免被其他语言替换。

3.12 常见面试题

（1）Java 创建对象的方式有哪几种？

答：常见的创建对象的方式主要有以下 5 种。

- 使用 new 关键字（调用构造方法）。
- 使用 Class 类的 newInstance 方法（调用构造方法）。
- 使用 Constructor 类的 newInstance 方法（调用构造方法）。
- 使用 clone 方法（没有调用构造方法）。
- 使用反序列化（没有调用构造方法）。

（2）abstract 的方法是否可同时是 static 的、native 的，或者是 synchronized 的？为什么？

答：都不可以，原因如下。

首先 abstract 是抽象的（指方法只有声明没有实现，实现要放入声明该类的子类中），static 是一种属于类而不属于对象的关键字；synchronized 是一种线程并发锁关键字；native 是本地方法，其与抽象方法类似，只有声明没有实现，但是它把具体实现移交给了本地系统的函数库。

对于 static 来说，声明 abstract 的方法说明需要子类重写该方法，如果同时声明 static 和 abstract，用类名调用一个抽象方法是行不通的。

对于 native 来说，它本身就和 abstract 冲突，因为它们都是方法的声明，只是一个把方法实现移交给子类，另一个是移交给本地操作系统，如果同时出现就相当于既把实现移交给子类又把实现移交给本地操作系统，那到底谁来实现具体方法就是个问题了。

对于 synchronized 来说，同步是需要有具体操作才能同步的，如果像 abstract 只有方法声明，则同步就不知道该同步什么了。

（3）抽象类（Abstract Class）和接口（Interface）有什么区别？

答：首先含有 abstract 修饰符的 class 为抽象类，abstract 类不能创建实例对象，含有 abstract 方法的类必须定义为 abstract class，abstract class 类中的方法不必是抽象的，

abstract class 类中定义的抽象方法必须在具体的子类中实现，所以不能有抽象构造方法或抽象静态方法，如果子类没有实现抽象父类中的所有抽象方法，则子类也必须定义为 abstract 类型。对于接口，可以说是抽象类的一种特例，接口中的所有方法都必须是抽象的（接口中的方法定义默认为 public abstract 类型，接口中的成员变量类型默认为 public static final）。

具体的区别如下。

- 抽象类可以有构造方法；接口中不能有构造方法。
- 抽象类中可以有普通成员变量、常量或静态变量；接口中没有普通成员变量和静态变量，只能是常量（默认修饰符为 publci static final）。
- 抽象类中可以包含非抽象的普通方法和抽象方法及静态方法；接口中的所有方法必须都是抽象的，不能有非抽象的普通方法和静态方法（默认修饰符为 public abstract）。
- 抽象类中的抽象方法访问类型可以是 public、protected 的；接口中的抽象方法只能是 public 的（默认修饰符为 public abstract）。
- 一个子类可以实现多个接口，但只能继承一个抽象类。

（4）Java 访问修饰符有哪些？有什么区别和特点？

答：Java 的访问修饰符关键字主要有 public、protected、default、private 这 4 个，其决定了紧跟其后被定义的内容可以被谁使用，具体的区别如下。

- public 访问权限为当前类、同一个包、同包子类、非同包子类、其他包都可用。
- protected 访问权限为当前类、同一个包、同包子类、非同包子类，其他包下无法访问到。
- default 访问权限为当前类、同一个包，同包子类、非同包子类和其他包下无法访问到。
- private 访问权限为当前类，同一个包、同包子类、非同包子类、其他包都无法访问到。

（5）Java 常见的内部类有哪几种，简单说说其特征。

答：Java 常见的内部类有静态内部类、成员内部类、方法内部类（局部内部类）和匿名内部类。

①静态内部类是定义在另一个类中用 static 修饰 class 的类，静态内部类不需要依赖于外部类（与类的静态成员属性类似）且无法使用其外部类的非 static 属性或方法。因为在没有外部类对象的情况下可以直接创建静态内部类的对象，如果允许访问外部类的非 static 属性或方法就会产生矛盾。

②成员内部类是没有用 static 修饰且定义在外部类类体中的类，是最普通的内部类，可以看成外部类的成员，可以无条件访问外部类的所有成员属性和成员方法（包括 private 成员和静态成员），而外部类无法直接访问成员内部类的成员和属性，要想访问必须先创建一个成员内部类的对象，然后通过指向这个对象的引用来访问；当成员内部类拥有和外部类同名的成员变量或方法时会发生隐藏现象（默认情况下访问的是成员内部类的成员，如果要访问外部类的同名成员需要通过 OutClass.this.XXX 形式访问）；成员内部类的 class 前面可以有 private 等修饰符存在。

③方法内部类（局部内部类）是定义在一个方法中的类。和成员内部类的区别在于，方法内部类的访问仅限于方法内；方法内部类就像是方法中的一个局部变量，所以其类 class 前面是不能有 public、protected、private、static 修饰符的，也不可以在此方法外对其实例化使用。

④匿名内部类是一种没有构造器的类（实质是继承类或实现接口的子类匿名对象），由于没有构造器，因此匿名内部类的使用范围非常有限，大部分匿名内部类用于接口回调，匿名内部类在编译的时候由系统自动命名为 OutClass$1.class，一般匿名内部类用于继承其他类或实现接口，且不需要增加额外方法的场景（只是对继承方法的实现或重写）；匿名内部类的 class 前面不能有 private 等修饰符和 static 修饰符；匿名内部类访问外部类的成员属性时外部类的成员属性需要添加 final 修饰（Java 1.8 开始可以不用）。

（6）Java 中为什么成员内部类可以直接访问外部类的成员?

答：成员内部类可以无条件访问外部类的成员或方法的原因解释，可以通过下面的例子来说明。

```
public class OutClass {
    public class InnerClass {
    }
}
```

执行命令 javac OutClass.java 编译会发现得到两个 class 文件，分别为 OutClass.class 和 OutClass$InnerClass.class，所以编译器在进行编译的时候会把成员内部类单独编译成一个字节码文件。接着通过 javap [-v] OutClass$InnerClass 看编译后的成员内部类的字节码，如下所示。

```
Compiled from "OutClass.java"
public class OutClass$InnerClass {
    final OutClass this$0;
    public OutClass$InnerClass(OutClass);
}
```

可以看到，编译后的成员内部类中有一个指向外部类对象的引用，且成员内部类编译后构造方法也多了一个指向外部类对象的引用参数，所以说编译器会默认为成员内部类添加了一个指向外部类对象的引用，并且在成员内部类构造方法中对其进行赋值操作。因此可以在成员内部类中随意访问外部类的成员，同时也说明成员内部类是依赖于外部类的，如果没有创建外部类的对象则也无法创建成员内部类的对象。

（7）Java 1.8 之前为什么方法内部类和匿名内部类访问局部变量和形参时必须加 final？

答：在 Java 1.8 以下版本中，因为对于普通局部变量或形参的作用域是方法内，当方法结束时局部变量或形参就要随之消失，而其匿名内部类或方法内部类的生命周期又没结束，匿名内部类或方法内部类如果想继续使用方法的局部变量就需要一些手段，所以 Java 在编译匿名内部类或方法内部类时就有一个规定来解决生命周期问题。即如果访问的外部类方法的局部变量值在编译期能确定则直接在匿名内部类或方法内部类中创建一个常量副本，如果访问的外部类方法的局部变量值无法在编译期确定则通过构造器传参的方式来对副本进行初始化赋值。由此说明在匿名内部类或方法内部类中访问的外部类方法的局部变量或形参是内部类自己的一份副本，和外部类方法的局部变量或形参不是一份，所以如果在匿名内部类或方法内部类对变量做修改操作就一定会导致数据不一致性（外部类方法的参数不会跟着被修改，引用类型仅是引用，值修改不存在问题）。为了杜绝数据不一致性导致的问题，Java 就要求使用 final 来保障，所以必须是 final 的。从 Java 1.8 版本开始，可以不加 final 修饰符了，系统会默认添加，Java 将这个功能称为 Effectively final。

上面这段话可以通过下面的例子说明（对于非 final 无法编译通过，所以不再举例）。

```
public class OutClass {
    privateint out = 1;
    public void func(final int param) {
        final int in = 2;
        new Thread() {
            @Override
            public void run() {
                out = param;
                out = in;
            }
        }.start();
    }
}
```

上面的类文件在 Java 1.8 以下版本通过 javac 编译后，执行 javap -l -v OutClass$1.class 查看匿名内部类的字节码，可以发现如下情况。

```
...
class OutClass$1 extends java.lang.Thread
...
{
  //匿名内部类有了自己的 param 属性成员
  finalintval$param;
  ...
  //匿名内部类持有了外部类的引用作为一个属性成员
  finalOutClass this$0;
  ...
  //匿名内部类编译后构造方法自动多了两个参数，一个为外部类引用，一个为 param 参数
  OutClass$1(OutClass, int);
    ...

  public void run();
    ...
    Code:
      stack=2, locals=1, args_size=1
           //out = param; 语句，将匿名内部类自己的 param 属性赋值给外部类的成员 out
         0: aload_0
         1: getfield      #1    // Field this$0:LOutClass;
         4: aload_0
         5: getfield      #2    // Field val$param:I
         8: invokestatic   #4   // Method OutClass.access$002:(LOutClass;I)I
         11: pop
        //out = in; 语句，将匿名内部类常量 2（in 在编译时确定值）赋值给外部类的成员 out
        12: aload_0
        13: getfield      #1    // Field this$0:LOutClass;
```

```
            // 将操作数 2 压栈，因为如果这个变量的值在编译期间可以确定则编译器默认会在
            // 匿名内部类或方法内部类的常量池中添加一个内容相等的字面量或直接将相应的
            // 字节码嵌入执行字节码中
            16: iconst_2
            17: invokestatic  #4   // Method OutClass.access$002:(LOutClass;I)I
            20: pop
            21: return
          ...
    }
    ...
```

上面的字节码包含了访问局部变量编译时可确定值和不可确定值的两种情况。

（8）ArrayList 的动态扩容机制是如何自动增加的，简单说说你理解的流程。

答：当在 ArrayList 中增加一个对象时 Java 会去检查 ArrayList 以确保已存在的数组中有足够的容量来存储这个新对象（默认为 10，最大容量为 int 上限，减 8 是为了容错），如果没有足够容量就新建一个长度更长的数组（原来的 1.5 倍），旧的数组就会使用 Arrays.copyOf 方法被复制到新的数组中，现有的数组引用指向了新的数组。下面的代码展示了 Java 1.8 中通过 ArrayList.add 方法添加元素时，内部会自动扩容。

```
    // 确保容量够用，内部会尝试扩容，如果需要
    ensureCapacityInternal(size + 1)
    // 在未指定容量的情况下，容量为 DEFAULT_CAPACITY = 10
    // 并且在第一次使用时创建容器数组，在存储过一次数据后，数组的真实容量至少 DEFAULT_
CAPACITY
    private void ensureCapacityInternal(intminCapacity) {
        // 判断当前的元素容器是否为初始的空数组
        if (elementData == DEFAULTCAPACITY_EMPTY_ELEMENTDATA) {
            // 如果是默认的空数组，则 minCapacity 至少为 DEFAULT_CAPACITY
            minCapacity = Math.max(DEFAULT_CAPACITY, minCapacity);
        }
        ensureExplicitCapacity(minCapacity);
    }
    // 通过该方法进行真实准确扩容尝试的操作
    private void ensureExplicitCapacity(intminCapacity) {
        modCount++; // 记录 List 的结构修改的次数
        // 需要扩容
        if (minCapacity - elementData.length> 0)
            grow(minCapacity);
    }
    // 扩容操作
    private void grow(intminCapacity) {
        // 原来的容量
        intoldCapacity = elementData.length;
        // 新的容量 = 原来的容量 + （原来的容量的一半）
        intnewCapacity = oldCapacity + (oldCapacity>> 1);
        // 如果计算的新的容量比指定的扩容容量小，那么就使用指定的容量
```

```
        if (newCapacity - minCapacity< 0)
            newCapacity = minCapacity;
        // 如果新的容量大于 MAX_ARRAY_SIZE(Integer.MAX_VALUE - 8)
        // 那么就使用 hugeCapacity 进行容量分配
        if (newCapacity - MAX_ARRAY_SIZE > 0)
            newCapacity = (minCapacity> MAX_ARRAY_SIZE) ? Integer.MAX_VALUE :
MAX_ARRAY_SIZE;

        // 创建长度为 newCapacity 的数组，并复制原来的元素到新的容器，完成 ArrayList 的内部
扩容
        elementData = Arrays.copyOf(elementData, newCapacity);
    }
```

（9）为什么 ArrayList 的增加或删除操作相对来说效率比较低？请简单解释一下。

答：ArrayList 在小于扩容容量的情况下增加操作效率是非常高的，在涉及扩容的情况下添加操作效率确实低，删除操作需要移位复制，效率是低点。因为 ArrayList 中增加（扩容）或是删除元素要调用 System.arrayCopy 这种效率很低的方法进行处理，所以如果遇到了数据量略大且需要频繁插入或删除的操作效率就比较低了，具体可查看 ArrayList 的 add 和 remove 方法实现，但是 ArrayList 频繁访问元素的效率是非常高的，遇到类似场景时应该尽可能使用 LinkedList 进行替代效率会高一些。

（10）请简单说说 Iterator 和 ListIterator 的区别。

答：区别主要如下。

- ListIterator 有 add() 方法，可以向 List 中添加对象，而 Iterator 不能。
- ListIterator 和 Iterator 都有 hasNext() 方法和 next() 方法，可以实现顺序向后遍历，但是 ListIterator 有 hasPrevious() 方法和 previous() 方法，可以实现逆向（顺序向前）遍历，Iterator 则不可以。
- ListIterator 可以定位当前的索引位置，通过 nextIndex() 方法和 previousIndex() 方法可以实现，Iterator 没有此功能。
- 都可实现删除对象，但是 ListIterator 可以实现对象的修改，通过 set() 方法可以实现，Iterator 仅能遍历，不能修改。
- ListIterator 是 Iterator 的子接口。

注意，容器类提供的迭代器都会在迭代中间进行结构性变化检测，如果容器发生了结构性变化，就会抛出 ConcurrentModificationException，所以不能在迭代中间直接调用容器类提供的 add、remove 方法，如需添加和删除，应调用迭代器的相关方法。

（11）为什么使用 for...each 时调用 List 的 remove 方法元素会抛出 ConcurrentModificationException 异常？

答：首先 Java 提供了一个 Iterable 接口返回一个迭代器，常用的 Collection<E>、List<E>、Set<E> 等都实现了这个接口，该接口的 iterator() 方法返回一个标准的 Iterator 实现，实现 Iterable 接口允许对象成为 for...each 语句的目标来遍历底层集合序

列，因此使用 for...each 方式遍历列表在编译后实质是迭代器的形式实现。之所以会出现 ConcurrentModificationException 异常，需要看最常见的 ArrayList 中 iterator() 方法的实现（别的集合 iterator 类似），代码如下。

```
private class Itr implements Iterator<E> {
    protected int limit = ArrayList.this.size;   // 集合列表的个数尺寸
    int cursor;         // 下一个元素的索引位置
    intlastRet = -1;   // 上一个元素的索引位置
    intexpectedModCount = modCount;
    publicbooleanhasNext() {
        return cursor < limit;
    }
    @SuppressWarnings("unchecked")
    public E next() {
        //modCount 用于记录 ArrayList 集合的修改次数，初始化为 0，
        // 每当集合被修改一次（结构上面的修改，内部 update 不算），
        // 如 add、remove 等方法，modCount + 1，所以如果 modCount 不变，
        // 则表示集合内容没有被修改
        if (modCount != expectedModCount)
            throw new ConcurrentModificationException();
        inti = cursor;
        // 如果下一个元素的索引位置超过了集合长度抛出异常
        if (i>= limit)
            throw new NoSuchElementException();
        Object[] elementData = ArrayList.this.elementData;
        if (i>= elementData.length)
            throw new ConcurrentModificationException();
        // 调用一次 cursor 加一次
        cursor = i + 1;
        // 返回当前一个元素
        return (E) elementData[lastRet = i];
    }
    public void remove() {
        //lastRet 每次在 remove 成功后都需要在 next() 中重新赋值，
        // 否则调用一次后再调用为 -1 异常，因此使用迭代器的 remove 方法
        // 前必须先调用 next() 方法
        if (lastRet< 0)
            throw new IllegalStateException();
        if (modCount != expectedModCount)
            throw new ConcurrentModificationException();
        try {
            ArrayList.this.remove(lastRet);
            cursor = lastRet;
            lastRet = -1;
            expectedModCount = modCount;
            limit--;
```

```
            } catch (IndexOutOfBoundsException ex) {
                throw new ConcurrentModificationException();
            }
        }
        ...
    }
```

通过上面的源码发现迭代操作中都有判断 modCount!=expectedModCount 的操作，在 ArrayList 中 modCount 是当前集合的版本号，每次修改（增、删）集合都会加 1，expectedModCount 是当前迭代器的版本号，在迭代器实例化时初始化为 modCount，所以当调用 ArrayList.add() 方法或 ArrayList.remove() 方法时只是更新了 modCount 的状态，而迭代器中的 expectedModCount 未修改，因此才会导致再次调用 Iterator.next() 方法时抛出 ConcurrentModificationException 异常。而使用 Iterator.remove() 方法没有问题是因为 Iterator 的 remove() 方法中有同步 expectedModCount 值，所以当下次再调用 next() 时检查不会抛出异常。这其实是一种快速失败机制，机制的规则就是当多个线程对 Collection 进行操作时，若其中某一个线程通过 Iterator 遍历集合时该集合的内容被其他线程所改变，则抛出 ConcurrentModificationException 异常。

因此，在使用 Iterator 遍历操作集合时，应该保证在遍历集合的过程中不会对集合产生结构上的修改，如果在遍历过程中需要修改集合元素则一定要使用迭代器提供的修改方法，而不是集合自身的修改方法。此外 for...each 循环遍历的实质是迭代器，使用迭代器的 remove() 方法前必须先调用迭代器的 next() 方法，且不允许调用一次 next() 方法后调用多次 remove() 方法。

第 4 章

Java 深度知识

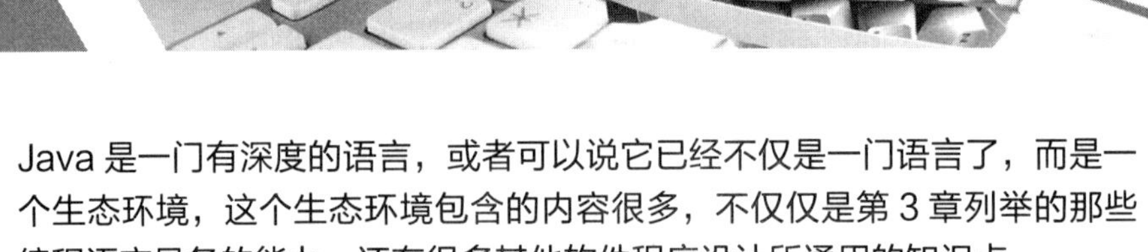

Java 是一门有深度的语言，或者可以说它已经不仅是一门语言了，而是一个生态环境，这个生态环境包含的内容很多，不仅仅是第 3 章列举的那些编程语言具备的能力，还有很多其他软件程序设计所通用的知识点。

通过阅读本章，读者可以学习以下内容。

- JVM 内存区域解释
- 为什么需要 GC
- SA 工具的使用
- Java 死锁原理及示例
- Java CPP 技术应用
- Java8 解决的若干问题
- G1 GC 原理解释
- 代码规范解读

4.1 JVM 内存区域

本节介绍 JVM 对内存区域的使用。JVM 的设计者之所以将 JVM 的内存结构划分为多个不同的内存区，是因为每一个独立的内存区都拥有各自的用途，都会负责存储各自的数据类型，其中一些内存区的生命周期往往还会与 JVM 的生命周期在一定程度上保持一致。也就是说，会随着 JVM 的启动而创建，随着 JVM 的退出而销毁。而另一部分内存区则是与线程的生命周期保持一致，会随着线程的开始而创建，随着线程的消亡而销毁。尽管不同的内存区在存储类型和生命周期上有一定的区别，但都拥有一个相同的本质，即存储程序的运行时数据。

Java 程序对内存分配的方式一般有 3 种。

①从静态存储区域分配。内存在程序编译时就已分配好，这块内存在程序的整个运行期间都存在，如全局变量、static 变量。

②在栈上创建。在执行函数时，函数内局部变量的存储单元都可以在栈上创建，函数执行结束时这些存储单元被释放。栈内存分配运算置于处理器的指令集中，效率很高，但是分配的内存容量有限。

③在堆上分配，也称为动态内存分配。程序在运行时用 malloc 或 new 申请内存，程序员负责在何时用 free 或 delete 释放内存。动态内存的生存期由程序员决定，使用非常灵活，但问题也很多。

Java 虚拟机内存模型是 Java 程序运行的基础。Java 虚拟机在执行 Java 程序的过程中会把它所管理的内存划分为若干不同的数据区域，这些区域都有各自的用途及创建和销毁的时间。Java 虚拟机所管理的内存包括几个运行时数据区域。为了能使 Java 应用程序正常运行，JVM 虚拟机将内存数据分为程序计数器、虚拟机栈、本地方法栈、Java 堆和方法区这 5 个部分。根据受访权限的不同，可以将上述几个区域分为线程共享和线程私有两大类。线程共享指的是可以允许被所有的线程共享访问的一类内存区，这类区域包括堆内存区、方法区、运行时常量池 3 个内存区。JVM 内存管理示意图，如图 4-1 所示。其中，程序计数器用于存放下一条运行指令；虚拟机栈和本地方法栈用于存放函数调用堆栈信息；Java 堆用于存放 Java 程序运行时所需的对象等数据；方法区用于存放程序的类元数据信息；Java 堆（heap）和 Java 栈（stack）这两个内存区是大多数 Java 程序员最关注的，两个英文单词连起来读，听起来像 Hip-Hop[①]的感觉。

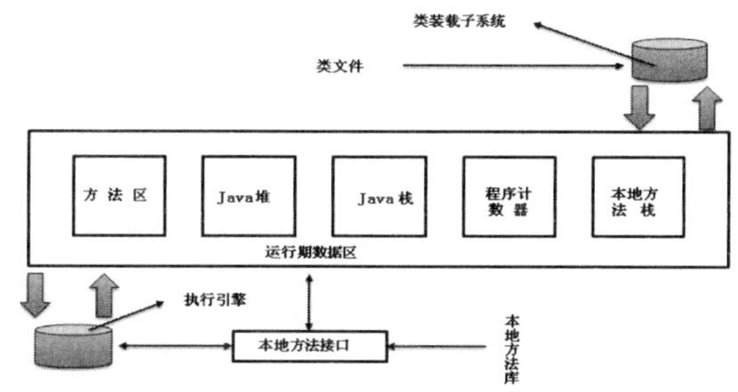

图 4-1 JVM 内存管理示意图

① Hip-Hop 是源自国外街头的一种黑人文化，也泛指 rap（说唱乐）。

4.1.1 程序计数器

冯·诺依曼计算机体系结构的主要内容之一就是“程序预存储，计算机自动执行”，处理器要执行的程序（指令序列）都是以二进制代码序列方式预存储在计算机的存储器中的，处理器将这些代码逐条地取到处理器中再译码、执行，以完成整个程序的执行。为了保证程序能够连续地执行下去，CPU 必须具有某些手段来确定下一条取址指令的地址，因为程序计数器正是起这种作用，所以该计数器通常又被称为“指令计数器”。

程序计数器（Program Counter Register）是一块很小的内存空间，也是运行速度最快的存储区域，因为它位于不同于其他存储区的地方——处理器内部。寄存器的数量极其有限，所以寄存器由编译器根据需求进行分配。实际在 Java 应用程序内部不能直接控制寄存器，也不能在程序中感觉到寄存器存在的任何迹象，可以把程序计数器看成当前线程所执行的字节码的行号指示器。在虚拟机的概念模型中，字节码解释器的工作就是通过改变程序计数器的值来选择下一条需要执行的字节码指令，分支、循环、跳转、异常处理、线程恢复等基础功能都要依赖程序计数器来完成。

由于 Java 是支持多线程的语言，因此当线程数量超过 CPU 数量时，线程之间会自动根据时间片[①]轮询方式抢夺 CPU 资源。对于单核 CPU 而言，每一时刻只能有一个线程处于运行状态，其他线程必须被切换出去，直到轮询到自己时才能使用 CPU 资源。为此，每一个线程都必须用一个独立的程序计数器，用来记录下一条需要执行的计算机指令。对于多核 CPU 来说，可以允许多个线程同时执行，各个线程之间的计数器互不影响、独立工作，所以程序计数器是线程独有的一块内存空间。如果当前线程正在执行一个 Java 方法，则程序计数器记录正在执行的 Java 字节码地址；如果当前线程正在执行一个 Native 方法，则程序计数器为空。根据 Java 虚拟机定义来看，程序寄存器区域是唯一在 Java 虚拟机规范中没有规定任何 OutOfMemoryError 情况的区域。也就是说，在多线程环境下，为了让线程切换后能恢复到正确的执行位置，每条线程都需要有一个独立的程序计数器，各条线程之间互不影响、独立存储，因此这块内存是线程私有的。

JVM 的架构是基于栈的，即程序指令的每一个操作都要经过入栈和出栈这样的组合型操作才能完成。JVM 中的寄存器类似于物理寄存器的一种抽象模拟，正如前面说的，它是线程私有的，所以生命周期与线程的生命周期保持一致。

4.1.2 虚拟机栈

虚拟机栈是一种可以被用来快速访问的存储区域，该区域位于通用 RAM[②]中，使用它的“栈指针”可以访问处理器。栈是一种快速、有效的分配存储方法，存取速度仅次于寄存器，堆栈指针若向下移动，则分配新的内存；若向上移动，则释放那些内存。由于 Java 编译器需要预先生成相应的内存空间，因此创建程序时，Java 编译器必须知道被存储在栈内的所有数据的确切大小和生

① CPU 分配给各个程序的时间，每个线程被分配一个时间段，称为它的时间片，即该进程允许运行的时间，使各个程序从表面上看是同时进行的。

②随机存取存储器（Random Access Memory，RAM）又称为“随机存储器”，是与 CPU 直接交换数据的内部存储器，也称为“主存”（内存）。它可以随时读写，而且速度很快，通常作为操作系统或其他正在运行中的程序的临时数据存储媒介。

命周期，以便通过上下移动堆栈指针来动态调整内存空间。因为这一约束限制了程序的灵活性，所以只有某些 Java 数据，特别是对象引用，被存储在栈中，而应用程序内部数量庞大的 Java 对象没有被存储在虚拟机栈中。

总的来说，栈的优点是存取速度比堆要快，仅次于寄存器，并且栈数据是可被共享的。栈的缺点是存储在栈中的数据大小与生命周期必须是确定的，从这一点来看，栈明显缺乏灵活性。虚拟机栈中主要被用来存放一些基本类型的变量，如 int、short、long、byte、float、double、boolean、char，以及对象引用。

由于虚拟机栈存在栈中的数据可共享。假设同时定义：

```
int a = 1;
int b = 1;
```

对于上面的代码，编译器处理第一条语句，首先会在栈中创建一个变量为 *a* 的引用，然后查找栈中是否有 1 这个值，如果没有找到，就将 1 存放进来，将 *a* 指向 1。其次处理第二条语句，在创建完 *b* 的引用变量后，因为在栈中已经有 1 这个值，便将 *b* 直接指向 1。这样，就出现了 *a* 与 *b* 同时指向 1 的情况。这时，如果存在第三条语句，它针对 *a* 再次定义为 *a*=4，那么编译器会重新搜索栈中是否有 4 这个值，如果没有，则将 4 存放进来，并令 *a* 指向 4；如果已经有了，则直接将 *a* 指向这个地址。所以，*a* 值的改变不会影响到 *b* 的值。注意，这种数据的共享与两个对象的引用同时指向一个对象的共享方式存在明显的不同，因为这种情况 *a* 的修改并不会影响到 *b*，它是由编译器完成的，这种做法有利于节省空间。而一个对象引用变量修改了该对象的内部状态，会影响到另一个对象引用变量。

与程序计数器一样，Java 虚拟机栈也是线程私有的内存空间，它和 Java 线程在同一时间创建，保存方法的局部变量、部分结果，并参与方法的调用和返回。

Java 虚拟机规范允许 Java 栈的大小是动态或固定不变的。在 Java 虚拟机规范中定义了两种异常与栈空间有关，即 StackOverFlowError 和 OutOfMemoryError。如果线程在计算过程中，请求的栈深度大于最大可用的栈深度，则程序运行过程中会抛出 StackOverFlowError 异常。如果 Java 栈可以动态扩展，而在扩展栈的过程中没有足够的内存空间来支持栈的扩展，则程序运行过程中会抛出 OutOfMemoryError 异常。

我们可以使用 -XSS 参数来设置虚拟机栈的大小，栈的大小直接决定了函数调用的可达深度。

下述代码展示了一个递归调用的应用。计数器 COUNT 记录了递归的层次，recursion 方法是一个没有出口的递归函数，通过 testStack 方法的调用，该函数会不断地申请栈的深度，最终程序一定会导致虚拟机栈溢出。为了方便记录测试数据，当栈溢出异常发生时，程序会在第 13 行代码中打印出虚拟机栈的当前深度。

```
public class TestJVMStack {
    private int count = 0;
    // 没有出口的递归函数
    public void recursion(){
    count++;// 每次调用深度加 1
    recursion();// 递归
    }
    public void testStack(){
```

```
        try{
            recursion();
        }catch(Throwable e){
            System.out.println("deep of stack is "+count);// 打印栈溢出的深度
            e.printStackTrace();
        }
    }
    public static void main(String[] args){
        TestStack ts = new TestStack();
        ts.testStack();
    }
}
```

上述代码运行后的输出结果如下。本机运行的程序最终在申请到 9013 层虚拟机栈时，抛出异常。

```
java.lang.StackOverflowError
at TestStack.recursion(TestStack.java:7)
at TestStack.recursion(TestStack.java:7)
at TestStack.recursion(TestStack.java:7)
at TestStack.recursion(TestStack.java:7)
at TestStack.recursion(TestStack.java:7)
at TestStack.recursion(TestStack.java:7)
at TestStack.recursion(TestStack.java:7)deep of stack is 9013
```

如果系统需要支持更深的栈调用，则可以使用参数 -Xss1M 运行程序，可以扩大虚拟机栈的大小，上述配置扩大栈空间的最大值为 1MB。

如图 4-2 所示，虚拟机栈在运行时使用栈帧保存上下文数据。栈帧中存放了方法的局部变量表、操作数栈、指向运行时常量池的引用和方法返回地址等信息。每一个方法的调用都伴随着栈帧的入栈操作；相应地，方法的返回则表示栈帧的出栈操作。如果方法调用时，方法的参数和局部变量相对较多，那么栈帧中的局部变量表就会比较大，栈帧会不断膨胀以满足方法调用所需传递的信息而增大需求。因此，单个方法调用所需的栈空间大小也会比较多。

栈帧分为 3 部分，即局部变量区（Local Variables）、操作数栈（Operand Stack）和帧数据区（Frame Data）。

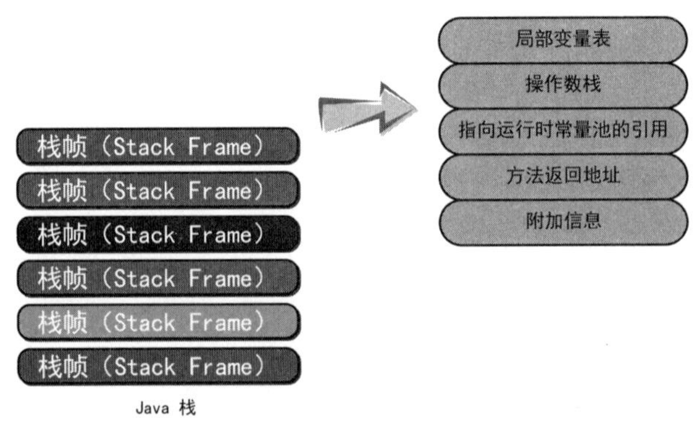

图 4-2　虚拟机栈引用图

①局部变量区：被定义为一个从 0 开始的数字数组，byte、short、char 在存储前被转换为 int，boolean 也被转换为 int，0 表示 false，非 0 表示 true，long 和 double 则占据两个字节。局部变量区是通过数组下标访问的。

②操作数栈：也被组织为一个数字数组，但不同于局部变量区，它不是通过数组下标访问的，而是通过栈的 Push 和 Pop 操作的，前一个操作 Push 进的数据可以被下一个操作 Pop 出来使用。

③帧数据区：这部分的作用主要有 3 点。

- 解析常量池中的数据。
- 方法执行完成后处理方法返回，恢复调用方现场。
- 方法执行过程中抛出异常时的异常处理，存储在一个异常表中，当出现异常时虚拟机查找相应的异常表，看是否有对应的 Catch 语句，如果没有就抛出异常终止这个方法调用。

函数嵌套调用的次数由栈的大小决定。一般来说，栈越大，函数嵌套调用次数越多。对一个函数而言，它的参数越多、内部局部变量越多，它的栈帧就越大，其嵌套调用次数就会减少。

下面代码相较于前面代码，增加了 recursion 方法的参数，用于展示内部局部变量增多后的变化。

```
public class TestJVMStack1 {
      private int count = 0;
      //没有出口的递归函数
      public void recursion(long a,long b,long c) throws
InterruptedException{
          long d=0,e=0,f=0;
          count++;//每次调用深度加 1
          recursion(a,b,c);//递归
  }

      public void testStack(){
          try{
              recursion(1L,2L,3L);
          }catch(Throwable e){
              System.out.println("deep of stack is "+count);//打印栈溢出的深度
              e.printStackTrace();
          }
      }

      public static void main(String[] args){
          TestStack ts = new TestStack();
          ts.testStack();
      }
  }
```

上述代码运行后的输出结果如下。

```
deep of stack is 3432
java.lang.StackOverflowError
```

```
    at TestStack.recursion(TestStack.java:8)
```

从上述输出结果可以看到，随着代码传入了多个参数和局部变量，栈帧大小就会膨胀。

在栈帧中，与性能调优关系最为密切的部分就是前面提到的局部变量区。局部变量区被用于存放方法的参数和方法内部的引用。局部变量区以“字”为单位进行内存的划分，1 个字为 32 位长度。对于 long 和 double 型的变量，则占用两个字，其余类型占用 1 个字。在方法执行时，虚拟机使用局部变量区完成方法的传递，对于非静态（static）方法，虚拟机还会将当前对象（this）作为参数通过局部变量区传递给当前方法。使用 jclasslib 工具可以查看 class 文件中每个方法所分配的最大局部变量区的容量。jclasslib 工具是开源软件，它可以用于查看 class 文件的结构，包括常量池、接口、属性、方法，还可以用于查看文件的字节码。

局部变量区的基本单位“字”对系统 GC[①] 也有一定影响。如果一个局部变量被保存在局部变量区中，那么 GC 能引用到这个局部变量所指向的内存空间，而在进行 GC 操作时无法回收这部分空间，其代码如下。

```
public class testGC {
    public static void test1()
        {
            byte[] a = new byte[6*1024*1024];//这里申请 4MB 内存作为缓冲区的大小，
然后调用 GC 释放
        }
        System.gc();
        System.out.println("first explict gc over");

    public static void main(String[] args){
        testGC.test1();
    }
}
```

上述代码中，第 4 行定义了一个局部变量 *a*，并且它的作用范围仅限于大括号中。在显式 GC 调用时，变量 *a* 已经超过了它的作用范围，其对应的堆空间应被回收。而事实上，由于变量 *a* 仍在该栈帧的局部变量区内，因此 GC 可以引用到该内存块，阻碍了其回收过程。

假设在该变量失效后，在该函数体内又未能有定义足够多的局部变量来复用该变量所占的基本单位“字”，那么在整个函数体内部，这块内存区域是不会被 GC 回收的。如果函数体内的后续操作非常费时或又申请了较大的内存空间，则对系统性能将会造成较大的压力。在这种环境下，可以通过手动给要释放的变量赋值为 null 的方法来解决潜在的性能问题。

4.1.3 本地方法栈

本地方法栈（Native Method Stacks）和 Java 虚拟机栈的功能很相似，Java 虚拟机栈用于管理 Java 函数的调用，而本地方法栈用于管理本地方法的调用。本地方法并不是用 Java 实现的，而是使用 C 实现的。当某个线程调用一个本地方法时，它就进入了一个全新的且不再受虚拟机限

---

① GC 即 Garbage Collection，垃圾收集器。

制的世界。本地方法可以通过本地方法接口来访问虚拟机运行时的数据区，但不止于此，它还可以做任何它想做的事情。例如，它可以直接使用本地处理器中的寄存器，或者直接从本地内存的堆中分配任意数量的内存。总之，它和虚拟机拥有同样的权限（或能力）。

本地方法本质上是依赖于实现的，虚拟机实现的设计者可以自由地决定使用怎样的机制来让 Java 程序调用本地方法，任何本地方法接口都会使用某种本地方法栈。当线程调用 Java 方法时，虚拟机会创建一个新的栈帧并压入 Java 栈；然而当它调用的是本地方法时，虚拟机会保持 Java 栈不变，不会在线程的 Java 栈中压入新的帧，虚拟机只是简单地动态连接并直接调用指定的本地方法。所以可以把这个做法看成虚拟机利用本地方法来动态扩展自己，就如同 Java 虚拟机的实现是按照其中运行的 Java 程序的顺序，调用属于虚拟机内部的另一个（动态连接的）方法。因为当 C 语言编写的程序调用一个 C 函数时，栈操作都是确定的，首先传递给该函数的参数以某个确定的顺序被压入栈，然后它的返回值也以确定的方式被传回给调用者。同样，这也是虚拟机实现本地方法栈的方式，很可能本地方法接口需要回调 Java 虚拟机中的 Java 方法（这也是由设计者决定的）。在这种情形下，该线程会保存本地方法栈的状态并进入另一个 Java 栈。就像其他运行时内存区一样，本地方法栈占用的内存区也不需要是固定大小的，它可以根据需要动态扩展或收缩，某些 JVM 也允许用户或程序员指定该内存区的初始大小及最大 / 最小值。

注意，在 SUN 公司的 HOT SPOT 虚拟机中，不区分本地方法栈和虚拟机栈。因此，与虚拟机栈一样，它也会抛出 StackOverFlowError 和 OutOfMemoryError。

4.1.4 Java 堆

堆在 JVM 规范中是一种通用性的内存池（也存在于 RAM 中），用于存放所有的 Java 对象。堆是一个运行时数据区，类的对象从中分配空间。这些对象通过 New 关键字被建立，它们不需要程序代码来显式地释放。堆是由垃圾回收来负责的，堆的优点是可以动态地分配内存大小，生命周期也不需要事先告知编译器，由于它是在运行时动态分配内存的，Java 的垃圾收集器会自动回收那些不再使用的数据。但缺点是，由于要在运行时动态分配内存，因此数据存取速度较慢。大多数的虚拟机中，Java 中的对象和数组都存放在堆中。

堆不同于栈的好处是，编译器不需要知道要从堆中分配多少存储区域，也不必知道存储的数据在堆中需要存活多长时间。因此，在堆中分配存储相较于栈来说，有很大的灵活性。当程序员需要创建一个对象时，只需要引用 New 关键字写一行简单的代码；当执行这行代码时，会自动在堆中进行存储分配。当然，这种灵活性必须要付出相应的代价，即用堆进行存储分配需要更多的时间。

Java 堆区在 JVM 启动时即被创建，它只要求逻辑上是连续的，在物理空间上可以是不连续的。所有的线程共享 Java 堆，在这里可以划分线程私有的缓冲区（Thread Local Allocation Buffer，TLAB）。

如前所述，Java 堆区是一块用于存储对象实例的内存区，同时也是 GC 执行垃圾回收的重点区域。正是因为 Java 堆区是 GC 的重点回收区域，那么 GC 极有可能会在大内存的使用和频繁进行垃圾回收过程中成为系统性能瓶颈。为了解决这个问题，JVM 的设计者开始考虑是否一定需要将对象实例存储到 Java 堆区内。基于 OpenJDK①深度定制的 TaobaoJVM②，其中创新的 GCIH（GC Invisible Heap）技术实现了 off-heap，即将生命周期较长的 Java 对象从 Heap 中移到 Heap 之外，并且 GC 不能管理 GCIH 内部的 Java 对象，以此达到降低 GC 回收频率和提升 GC 回收效率的目的。除此之外，逃逸分析与栈上分配这样的优化技术同样也是降低 GC 回收频率和提升 GC 回收效率的有效方式。这样，Java 堆区就不再是 Java 对象内存分配的唯一选择。目前主流的垃圾收集算法是按代收集，即按照对象的生存时间分为新生代和老年代。新生代又进一步被划分为 Eden 区、From Survivor 区和 To Survivor 区，主要是为了垃圾回收。这里浅显地提一些垃圾回收知识，详细内容请参考第 7 章。

1. 逃逸分析

计算机软件方面，逃逸分析（Escape Analysis）指的是计算机语言、编译器语言优化管理中，分析指针动态范围的方法。通俗地讲，如果一个对象的指针被多个方法或线程引用时，可以称这个指针发生了逃逸。Java 语言也有逃逸情况存在，示例代码如下。

```
public class escapeAnalysisClass{
    public static B b;
    public void globalVariablePointerEscape(){// 给全局变量赋值，发生逃逸
        b=new B();
    }

    public B methodPointerEscape(){// 方法返回值，发生逃逸
        return new B();
    }

    public void instancePassPointerEscape(){
        methodPointerEscape().printClassName(this);// 实例引用，发生逃逸
    }
}

class B{
    public void printClassName(G g){
        System.out.println(g.getClass().getName());
    }
}
public class G {
     public static B b;
     public void globalVariablePointerEscape(){// 给全局变量赋值，发生逃逸
         b=new B();
     }
     public B methodPointerEscape(){// 方法返回值，发生逃逸
```

① OpenJDK 作为 GPL 许可（GPL-licensed）的 Java 平台开源化实现。

②由 AliJVM 团队发布，是 AliJVM 团队基于 OpenJDK HotSpot VM 发布的国内第一个优化、定制且开源的服务器版 Java 虚拟机。目前已经在淘宝、天猫上线，全部替换了 Oracle 官方 JVM 版本。

```
        return new B();
    }
    public void instancePassPointerEscape(){
        methodPointerEscape().printClassName(this);// 实例引用，发生逃逸
    }
}
class B{
    public void printClassName(G g){
        System.out.println(g.getClass().getName());
    }
}
```

上述例子中，一共列举了 3 种常见的指针逃逸场景，分别是全局变量赋值、方法返回值和实例引用传递。

逃逸分析研究对于 Java 编译器有什么好处？由于 Java 对象总是在堆中被分配，因此 Java 对象的创建和回收对系统的开销是很大的。Java 语言被批评的一个地方，也是认为 Java 性能慢的一个原因，就是 Java 不支持运行时栈分配对象，缺少像 C# 中的值对象或 C++ 中的 struct 结构。JDK 6 中的 Swing 内存和性能消耗的瓶颈就是由于发生逃逸所造成的。栈中只保存了对象的指针，当对象不再被使用后，需要依靠 GC 来遍历引用树并回收内存，如果对象数量较多，将给 GC 带来较大压力，也间接影响了应用的性能。因此减少临时对象在堆内分配的数量，是最有效的优化方法。

在 Java 应用中普遍存在一种场景，一般是在方法体内声明了一个局部变量，且该变量在方法执行生命周期内未发生逃逸，因为在方法体内未将引用暴露给外部。按照 JVM 内存分配机制，首先会在堆中创建变量类的实例，然后将返回的对象指针压入调用栈，继续执行。这是 JVM 优化前的方式。

也可以采用逃逸分析原理对 JVM 进行优化，即针对栈的重新分配方式。首先需要分析并且找到未逃逸的变量，将变量类的实例化内存直接在栈中分配（无须进入堆），分配完成后，继续再调用栈内执行，最后线程结束，栈空间被回收，局部变量对象也被回收。通过这种优化方式，与优化前的方案主要区别在于栈空间直接作为临时对象的存储介质，从而减少了临时对象在堆内的分配数量。

基于逃逸分析的 JVM 优化原理很简单，但是在应用过程中还有诸多因素需要被考虑。例如，由于与 Java 的动态性有冲突，因此逃逸分析不能在静态编译时进行，必须在 JIT[①] 中完成。因为可以在运行时通过动态代理改变一个类的行为，此时，逃逸分析是无法得知类已经变化了。

那么 JIT 怎么通过逃逸分析进行代码优化呢？分析如下代码。

```
public void my_method(){
V v=new V();
//use v
...
```

① JIT（Just In Time）编译器。当 Java 执行 runtime 时，每遇到一个新的类，JIT 编译器在此时就会针对这个类进行编译作业。经过编译后的程序，被优化成相当精简的二进制，这种程序的执行速度相当快。

```
v=null;
}
```

在该方法中创建的局部对象被赋给了 v，但是没有返回，没有赋给全局变量等操作，因此这个对象是没有逃逸的。没有发生逃逸的对象由于生命周期都在一个方法体内，因此它们可以在运行时栈上分配并销毁。这样在 JIT 编译 Java 伪代码时，如果能分析出这种代码，那么非逃逸对象创建和回收就可以在栈上进行，从而能大大提高 Java 的运行性能。

另外，为什么要在逃逸分析之前进行内联分析呢？这是因为有些对象在被调用过程中创建并返回给调用过程，调用过程使用完，该对象就被销毁了。这种情况下，如果将这些方法进行内联，它们就由两个方法体变成一个方法体了，这种原来通过返回传递的对象就变成了方法内的局部对象，即变成了非逃逸对象，这样这些对象就可以在同一栈上进行分配了。

从 Java 7 开始支持对象的栈分配和逃逸分析机制。这样的机制除能将堆分配对象变成栈分配对象外，逃逸分析还有其他两个优化应用。

①同步消除。由于线程同步的代价是相当高的，同步的后果是降低并发性和性能。逃逸分析可以判断出某个对象是否始终只被一个线程访问，如果只被一个线程访问，那么对该对象的同步操作就可以转换成没有同步保护的操作，这样就能大大提高并发程度和性能。

②矢量替代。逃逸分析方法如果发现对象的内存存储结构不需要连续进行，就可以将对象的部分，甚至全部都保存在 CPU 寄存器内，这样能大大提高访问速度。

Java 7 完全支持栈式分配对象，JIT 支持逃逸分析优化，此外 Java 7 还默认支持 OpenGL 的加速功能。

2. 堆内垃圾回收

几乎所有的对象和数组都是在堆中分配空间的。Java 堆由新生代和老年代两个部分组成，新生代用于存放刚刚产生的对象和年轻的对象，如果对象一直没有被回收，生存得足够长，来年对象就会被移入老年代。新生代又可进一步细分为 Eden、Survivor Space0 和 Survivor Space1。Eden 即对象的出生地，大部分对象刚刚建立时都会被存放在这里；Survivor Space 是指存放其中的对象至少经历了一次垃圾回收，并得以幸存下来的。如果在幸存区的对象到了指定年龄仍未被回收，则有机会进入老年代（Tenured）。

对象在内存中的堆分配方式实例代码如下。

```
public class TestHeapGC {
    public static void main(String[] args){
        byte[] b1 = new byte[1024*1024/2];
        byte[] b2 = new byte[1024*1024*8];
        b2 = null;
        b2 = new byte[1024*1024*8];// 进行一次新生代 GC
        System.gc();
    }
}
```

可以针对本例使用 JVM 参数运行程序，读者可以在 Eclipse 的 GUI 工具中设置，也可以在命令行中配置，具体参数如下。这里设置 40MB 的内存空间作为堆空间。

```
    -XX:+PrintGCDetails -XX:SurvivorRatio=8 -XX:MaxTenuringThreshold=15 -Xms40M
-Xmx40M -Xmn20M
```

上述代码采用 JVM 参数配置后运行程序，GC 输出如下。

```
    [GC [DefNew: 9031K->661K(18432K), 0.0022784 secs] 9031K->661K(38912K),
0.0023178 secs] [Times: user=0.02 sys=0.00, real=0.02 secs]
    Heap
    def new generation   total 18432K, used 9508K [0x34810000, 0x35c10000,
0x35c10000)
    eden space 16384K,  54% used [0x34810000, 0x350b3e58, 0x35810000)
    from space 2048K,  32% used [0x35a10000, 0x35ab5490, 0x35c10000)
    to   space 2048K,   0% used [0x35810000, 0x35810000, 0x35a10000)
    tenured generation   total 20480K, used 0K [0x35c10000, 0x37010000,
0x37010000)
    the space 20480K,   0% used [0x35c10000, 0x35c10000, 0x35c10200, 0x37010000)
    compacting perm gen  total 12288K, used 374K [0x37010000, 0x37c10000,
0x3b010000)
    the space 12288K,   3% used [0x37010000, 0x3706db10, 0x3706dc00, 0x37c10000)
    ro space 10240K,  51% used [0x3b010000, 0x3b543000, 0x3b543000, 0x3ba10000)
    rw space 12288K,  55% used [0x3ba10000, 0x3c0ae4f8, 0x3c0ae600, 0x3c610000)
```

从 GC 输出可以看出，在进行多次内存分配的过程中，触发了一次新生代 GC。在这次 GC 中，原本分配在 eden 段的变量 *b1* 被移动到 from 空间段 (s0)。具体如何读 GC 输出，将会在第 7 章进一步解释。

下面调整策略，8MB 内存被分配在 eden 新生代，再一次运行程序，GC 输出如下。

```
    [GC [DefNew: 9031K->661K(18432K), 0.0023186 secs] 9031K->661K(38912K),
0.0023597 secs] [Times: user=0.02 sys=0.00, real=0.02 secs]
    [Full GC (System) [Tenured: 0K->8853K(20480K), 0.0179368 secs]
9180K->8853K(38912K), [Perm : 374K->374K(12288K)], 0.0179893 secs] [Times:
    user=0.00 sys=0.02, real=0.02 secs]
    Heap
    def new generation   total 18432K, used 327K [0x34810000, 0x35c10000,
0x35c10000)
    eden space 16384K,   2% used [0x34810000, 0x34861f28, 0x35810000)
    from space 2048K,   0% used [0x35a10000, 0x35a10000, 0x35c10000)
    to   space 2048K,   0% used [0x35810000, 0x35810000, 0x35a10000)
    tenured generation   total 20480K, used 8853K [0x35c10000, 0x37010000,
0x37010000)
    the space 20480K,  43% used [0x35c10000, 0x364b5458, 0x364b5600, 0x37010000)
    compacting perm gen  total 12288K, used 374K [0x37010000, 0x37c10000,
0x3b010000)
    the space 12288K,   3% used [0x37010000, 0x3706db40, 0x3706dc00, 0x37c10000)
    ro space 10240K,  51% used [0x3b010000, 0x3b543000, 0x3b543000, 0x3ba10000)
    rw space 12288K,  55% used [0x3ba10000, 0x3c0ae4f8, 0x3c0ae600, 0x3c610000)
```

上述输出显示，在 Full GC 后，新生代空间被清空，未被回收的对象全部被移入老年代。

4.1.5 方法区

方法区主要保存的信息是类的元数据。方法区与堆空间类似，它也是被 JVM 中所有的线程共享的区域。图 4-3 所示为方法区组成部分图，方法区中最为重要的是类的类型信息、常量池、域信息和方法信息。类型信息包括类的完整名称、父类的完整名称、类型修饰符（Public、Protected、Private）和类型的直接接口类表；常量池包括类方法、域等信息所引用的常量信息；域信息包括域名称、域类型和域修饰符；方法信息包括方法名称、返回类型、方法参数、方法修饰符、方法字节码、操作数栈和方法栈帧的局部变量区大小及异常表。方法区是线程之间共享的，当两个线程同时需要加载一个类型时，只有一个类会请求 ClassLoader[①]加载，另一个线程则会等待。总而言之，方法区内保存的信息大部分来自 Class 文件，均是 Java 应用程序运行必不可少的重要数据。

图 4-3　方法区组成部分图

在 HotSpot[②]虚拟机中，方法区也被称为永久区，是一块独立于 Java 堆的内存空间。虽然被称为永久区，但是在永久区中的对象同样也可以被 GC 回收，只是对于 GC 的对应策略与 Java 堆空间略有不同。GC 针对永久区的回收，通常主要从两个方面分析，一是 GC 对永久区常量池的回收，二是永久区对类元数据的回收。HotSpot 虚拟机对常量池的回收策略是很明确的，只要常量池中的常量没有被任何地方引用，就可以被回收。

下述代码实现生成大量 String 对象，并加入常量池中。String.intern() 方法的含义是如果常

①即类加载器，用来加载 Java 类到 Java 虚拟机中。与普通程序不同的是，Java 程序（Class 文件）并不是本地的可执行程序。当运行 Java 程序时，首先运行 JVM（Java 虚拟机），然后把 Java Class 加载到 JVM 中运行，负责加载 Java Class 的这部分就称为 Class Loader。

② Oracle 公司收购 SUN 公司后整合了原有多种 JVM 技术后推出的一种 JVM 实现技术，相比以往的 JVM，在性能和扩展能力上都得到了很大的提升，因此它不是一个独立产品，可以视为 SUN（Oracle）实现的 JVM 版本的品牌商标。

量池中已经存在当前 String，则返回池中的对象；如果常量池中不存在当前 String 对象，则先将 String 加入常量池，并返回池中的对象引用。因此，不停地将 String 对象加入常量池会导致永久区饱和，如果 GC 不能回收永久区的这些常量数据，那么就会抛出 OutOfMemoryError 异常。

```
public class permGenGC {
    public static void main(String[] args){
        for(int i=0;i<Integer.MAX_VALUE;i++){
            String t = String.valueOf(i).intern();// 加入常量池
        }
    }
}
```

同样地，JVM 设置如下。

```
-XX:PermSize=2M -XX:MaxPermSize=4M -XX:+PrintGCDetails
```

上述代码运行后，GC 输出如下。

```
[Full GC [Tenured: 0K->149K(10944K), 0.0177107 secs]
3990K->149K(15872K), [Perm : 4096K->374K(4096K)], 0.0181540 secs] [Times:
user=0.02 sys=0.02, real=0.03 secs]
[Full GC [Tenured: 149K->149K(10944K), 0.0165517 secs]
3994K->149K(15936K), [Perm : 4096K->374K(4096K)], 0.0169260 secs] [Times:
user=0.01 sys=0.00, real=0.02 secs]
[Full GC [Tenured: 149K->149K(10944K), 0.0166528 secs]
3876K->149K(15936K), [Perm : 4096K->374K(4096K)], 0.0170333 secs] [Times:
user=0.02 sys=0.00, real=0.01 secs]
```

从上面的输出可以看出，每当常量池饱和时，Full GC 总能顺利回收常量池数据，以确保程序稳定持续进行。

4.2 JVM 为什么需要 GC

JVM 为什么需要 GC？随着应用程序所应对的业务越来越庞大、复杂，用户越来越多，没有 GC 就不能保证应用程序正常运行。而经常造成 STW 的 GC 又跟不上实际的需求，所以才会不断地尝试对 GC 进行优化。

社区的需求是尽量减少对应用程序的正常执行干扰，这也是业界目标。Oracle 在 JDK 7 时发布 G1 GC 是为了减少应用程序停顿发生的可能性。下面将通过本节来了解 G1 GC 所做的工作。

4.2.1 JVM 发展历史简介

1998 年 12 月 8 日，第二代 Java 平台的企业版 J2EE 正式对外发布。为了配合企业级应用落地，1999 年 4 月 27 日，Java 程序的舞台——Java HotSpot Virtual Machine（HotSpot）正式对外发布，从这之后发布的 JDK 1.3 版本开始，HotSpot 成为 Sun JDK 的默认虚拟机。JVM 发展历史如图 4-4 所示。

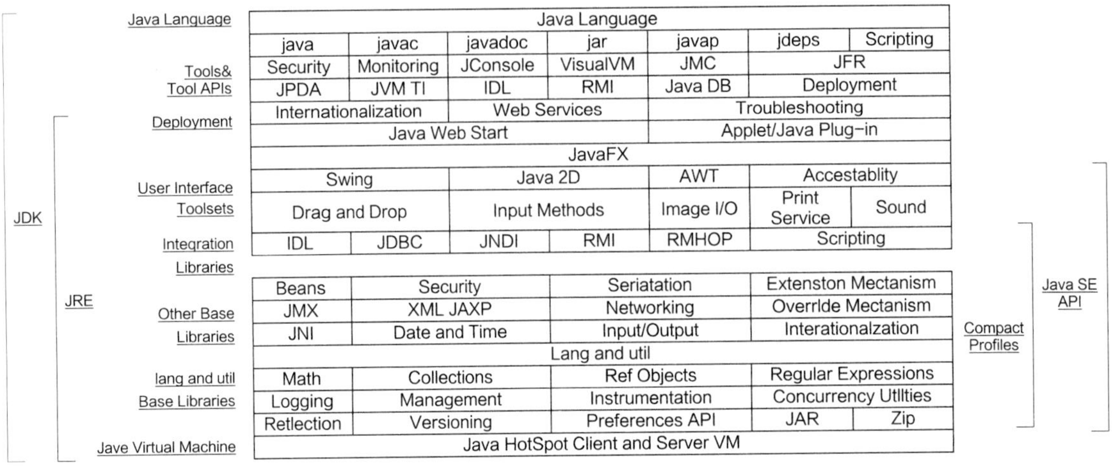

Java Language	Java Language						
Tools& Tool APIs	java	javac	javadoc	jar	javap	jdeps	Scripting
	Security	Monitoring	JConsole	VisualVM	JMC	JFR	
	JPDA	JVM TI	IDL	RMI	Java DB	Deployment	
	Internationalization	Web Services	Troubleshooting				
Deployment	Java Web Start	Applet/Java Plug-in					
User Interface Toolsets	JavaFX						
	Swing	Java 2D	AWT	Accestablity			
	Drag and Drop	Input Methods	Image I/O	Print Service	Sound		
Integration Libraries	IDL	JDBC	JNDI	RMI	RMHOP	Scripting	
Other Base Libraries	Beans	Security	Seriatation	Extenston Mectanism			
	JMX	XML JAXP	Networking	Overrlde Mectanism			
	JNI	Date and Time	Input/Output	Interationalzation			
lang and util Base Libraries	Lang and util						
	Math	Collections	Ref Objects	Regular Expressions			
	Logging	Management	Instrumentation	Concurrency Utllties			
	Retlection	Versioning	Preferences API	JAR	Zip		
Jave Virtual Machine	Java HotSpot Client and Server VM						

JDK　JRE　Compact Profiles　Java SE API

图 4-4　JVM 发展历史

4.2.2　GC 发展历史简介

1999 年，随 JDK 1.3.1 一起发布的是串行方式的 Serial GC，它是第一款 GC，而这只是起点。此后，JDK 1.4 和 J2SE 1.3 相继发布。2002 年 2 月 26 日，J2SE 1.4 发布，Parallel GC 和 Concurrent Mark Sweep（CMS）GC 跟随 JDK 1.4.2 一起发布，并且 Parallel GC 在 JDK 6 之后成为 HotSpot 默认 GC。

HotSpot 有这么多的垃圾回收器，那么如果有人问，“Serial GC、Parallel GC、Concurrent Mark Sweep GC 这 3 个 GC 有什么不同呢？”请记住以下口令。

- 如果是最小化地使用内存和并行开销，要选 Serial GC。
- 如果是最大化应用程序的吞吐量，要选 Parallel GC。
- 如果是最小化 GC 的中断或停顿时间，要选 CMS GC。

那么问题来了，既然已经有了上面 3 个强大的 GC，为什么还要发布 Garbage First（G1）GC？原因就在于，应用程序所应对的业务越来越庞大、复杂，用户越来越多，所以才会不断地尝试对 GC 进行优化。

为什么称为 Garbage First（G1）呢？因为 G1 是一个并行回收器，它把堆内存分割为很多不相关的区间（Region），每个区间可以属于老年代或新生代，并且每个年龄代区间可以是物理上不连续的。老年代区间设计理念本身是为了服务于并行后台线程的，这些线程的主要工作是寻找未被引用的对象。而这样就会产生一种现象，即某些区间的垃圾（未被引用对象）多于其他的区间。垃圾回收时都是需要停下应用程序的，不然就没办法防治应用程序的干扰，然后 G1 GC 可以集中精力在垃圾最多的区间上，并且只费一点时间就可以清空这些区间中的垃圾，腾出完全空闲的区间。

总之，由于这种方式的侧重点在于处理垃圾最多的区间，因此 G1 也称为垃圾优先（Garbage First）。

4.2.3 G1 GC 基本思想

G1 GC 是一个压缩收集器，它基于回收最大量的垃圾原理进行设计。G1 GC 利用递增、并行、独占暂停属性，通过复制方式完成压缩目标。此外，它也借助并行、多阶段并行标记方式来减少标记、重标记、清除暂停的停顿时间，让停顿时间最小化是它的设计目标之一。

G1 回收器是在 JDK 1.7 中正式投入使用的全新垃圾回收器。从长期目标来看，它是为了取代 CMS 回收器。G1 回收器拥有独特的垃圾回收策略，这与之前提到的回收器截然不同。从分代上看，G1 依然属于分代型垃圾回收器，它会区分新生代和老年代，新生代依然有 Eden 区和 Survivor 区，但从堆的结构上看，它并不要求整个 Eden 区、新生代或老年代在物理上都是连续的。

综合来说，G1 使用了全新的分区算法，其特点如下。

①并行性：G1 在回收期间，可以有多个 GC 线程同时工作，有效利用多核计算能力。

②并发性：G1 拥有与应用程序交替执行的能力，部分工作可以与应用程序同时执行。因此，一般来说，不会在整个回收阶段发生完全阻塞应用程序的情况。

③分代 GC：G1 依然是一个分代收集器，但是与之前的各类回收器或者工作在新生代，或者工作在老年代不同，它同时兼顾新生代和老年代。

④空间整理：G1 在回收过程中，会进行适当的对象移动，CMS 只是简单地标记清理对象。在若干次 GC 后，CMS 必须进行一次碎片整理，而 G1 每次回收都会有效地复制对象，减少空间碎片，进而提升内部循环速度。

⑤可预见性：由于分区的原因，G1 可以只选取部分区域进行内存回收，这样缩小了回收的范围，因此对于全局停顿情况的发生也能得到较好的控制。

随着 G1 GC 的出现，GC 从传统的连续堆内存布局设计逐渐走向不连续内存块，这是通过引入 Region 概念实现的，也就是说，由一堆不连续的 Region 组成了堆内存。其实也不能说是不连续的，只是它从传统的物理连续逐渐改变为逻辑上的连续，这是通过 Region 的动态分配方式实现的。所以可以把一个 Region 分配给 Eden、Survivor、老年代、大对象区间、空闲区间等的任意一个，而不是固定的作用，因为越是固定，越是呆板。

4.2.4 G1 GC 垃圾回收机制

通过市场的力量不断淘汰旧的行业，把有限的资源让给那些竞争力更强、利润率更高的企业。类似地，硅谷也在不断淘汰过时的人员，从全世界吸收新鲜血液。经过半个多世纪的发展，在硅谷地区便形成只有卓越才能生存的文化。本着这样的理念，GC 承担了淘汰垃圾、保存优良资产的任务。

G1 GC 在回收暂停阶段会回收最大量的堆内区间（Region），这是它的设计目标，通过回收区间达到回收垃圾的目的。这里只有一个例外情况，这个例外发生在并行标记阶段的清除（Cleanup）步骤，如果 G1 GC 在清除步骤发现所有的区间都是由可回收垃圾组成的，那么它会立即回收这些区间，并且将这些区间插入一个基于 LinkedList 实现的空闲区间队列中，以待后用。因此，释放这些区间并不需要等待下一个垃圾回收中断，它是实时执行的，即清除阶段起到了最后一道把控作用。这是 G1 GC 与之前几代 GC 的一大差别。

G1 GC 的垃圾回收循环由新生代循环、多步骤并行标记循环、混合收集循环和 Full GC 4 个主要类型组成。

在新生代回收期，G1 GC 暂停应用程序线程，然后从新生代区间移动存活对象到 Survivor 区间或老年代区间，也有可能是两个区间都会涉及。对于一个混合回收期，G1 GC 从老年区间移动存活对象到空闲区间，这些空闲区间也就成了老年代的一部分。

4.2.5 G1 的区间设计灵感

为了加快 GC 的回收速度，HotSpot 的历代 GC 都有自己不同的设计方案，区间概念在软件设计、架构领域并不是一个新名词，关系型数据库、列式数据库最先使用这个概念提升数据存、取速度，软件架构设计时也广泛使用这样的分区概念加快数据交换、计算。

为什么会有区间这个设计想法？大家一定看过电视剧《大宅门》，《大宅门》所描述的北京知名医术世家白家是这部电视剧的主角。白家有三兄弟，没有分家之前，由老太爷一手掌管全家，老太爷看似是个精明人，实际上却是个糊涂的人，否则也不会弄得后来白家家破人散。白家的三兄弟在没有分家之前，老大一家很老实；老二很懦弱，虽然明白道理，但是不敢出来做主；老三年轻时是个无赖，每次外出采购药材都要私吞家里的银两，造成账目混乱。老大为了家庭和睦，一直在私下倒贴银两，让老太爷能够看到一本正常的账目。这样的一家子聚在一起，迟早家庭内部会出现问题，倒不如分家。这就是最原始的分区（Region）概念。

下面来看看软件系统架构方面的分区设计。以任务调度为例，假设有一个中心调度服务，那么当数据量不断增多，这个中心调度服务一定会遇到性能瓶颈，因为所有的请求最终都会指向它。为了解决这个性能瓶颈，可以将任务调度拆分为多个服务，即这多个服务都可以处理任务调度工作，那么问题来了，每个任务调度服务处理的源数据是否需要完全一致？

根据华为公司发布的专利发明，显示他们对于每一个任务调度服务有数据来源区分的操作，即按照任务调度数量对源数据进行划分，如 3 个任务调度服务，那么源数据按照行号对 3 取余的方式划分。如果运行一段时间后，任务调度服务出现了数量上的增减，那么这个取余划分需要重新进行，要按照那时的任务调度数量重新划分区间，如图 4-5 所示。

在 G1 中，堆被平均分成若干个大小相等的区域（Region）。每个 Region 都有一个关联的 Remembered Set（RS），RS 的数据结构是 Hash 表，其中的数据是 Card Table （堆中每 512byte 映射在 card table 1byte）。

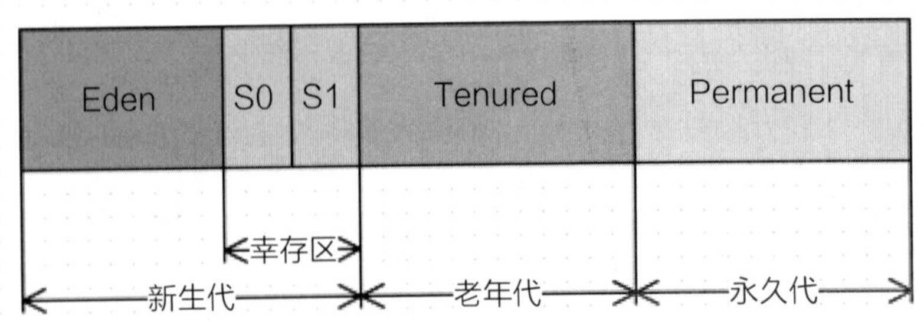

图 4-5　任务调度服务

简单地说，RS 中存在的是 Region 中存活对象的指针。当 Region 中数据发生变化时，首先反映到 Card Table 中的一个或多个 Card 上，RS 通过扫描内部的 Card Table 得知 Region 中内存使用情况和存活对象。在使用 Region 过程中，如果 Region 被填满了，分配内存的线程会重新选择一个新的 Region，空闲 Region 被组织到一个基于链表的数据结构（LinkedList）中，这样可以快速找到新的 Region，如图 4-6 所示。

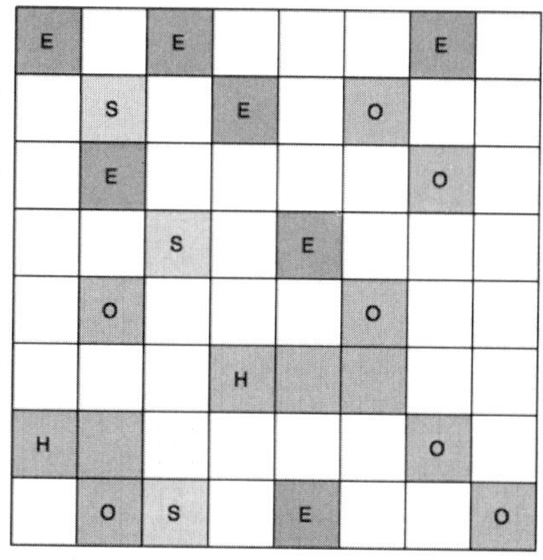

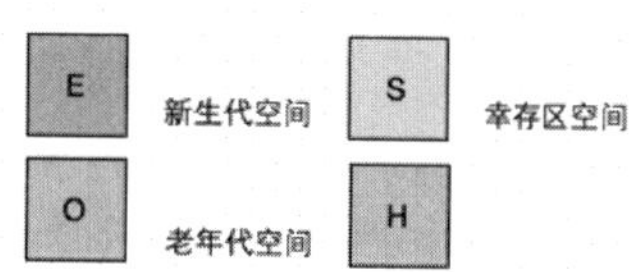

图 4-6　分配选择 Region

没有 GC 机制的 JVM 是不能想象的，只能通过不断优化它的使用、不断调整自己的应用程序，避免出现大量垃圾，而不是一味认为 GC 造成了应用程序问题。

4.3 如何使用 SA 工具

很多工具可以用来跟踪、调试 Java 应用程序出现的信息或异常问题，如 JConsole、JMap 等，但很少有工具是针对 JVM 层级的，这个领域太靠近底层。有很多函数不是用 Java 语言实现的，很多情况需要调用本地函数（C 语言编写），所以了解和实现的难度比较大。本节着重介绍的 Serviceability Agent(SA) 是一个调试工具集合，它可以针对 Java 应用程序，也可以针对 JVM 问题进行调试。SA 提供了调试 Java 进程的能力，同时也提供了自动分析 Crash Dump Files（异常崩溃文件）的能力。

大家是否记得韩剧《来自星星的你》，外星人可以让时间停滞，在这个停滞时间段中可以做很多很多事情。SA 就是一款由一系列 Java API 组成的工具，当它工作时，对应的 Java 应用程序进程就停下来了，随后 SA 开始检查 Java 堆内的内容、线程执行情况、HotSpot VM 的内部数据结构、加载的类、方法区等，检查完后，则会对应 Java 应用程序进程恢复运行。这个过程有点像一个瞬时的冰封时代，采用英文描述可以说 SA 是一种 SnapShot Debugger Tool（通常情况下的调试工具大多是采用针对应用程序进程的单步调试方式，即 Step Through A Running Program），它是隐藏在 JDK 中的。

1. 绑定本地 HotSpot 进程

如果需要查看本地 JVM 进程的执行情况，建议绑定本地 HotSpot 进程，首先查看进程 ID 号码，即 PID。用户可以在任务管理器（Windows 环境）中找到“javaw.exe”进程，默认没有输出 PID，如图 4-7 所示。

Windows 任务管理器
文件(F) 选项(O) 查看(V) 帮助(H)
应用程序 进程 服务 性能 联网 用户

映像名称	用户名	CPU	内存（专用工作集）	描述
360tray.exe *32	Administrator	00	21,012 K	360安全卫士 安全防护中心模块
AppleOSSMgr.exe	SYSTEM	00	1,196 K	Provides support for switching between Mac OS X a...
AppleTimeSrv.exe	SYSTEM	00	1,272 K	Apple 时间服务
audiodg.exe	LOCAL SERVICE	00	10,176 K	Windows 音频设备图形隔离
Bootcamp.exe	Administrator	00	2,572 K	Boot Camp Manager
cmd.exe	Administrator	00	864 K	Windows 命令处理程序
conhost.exe	Administrator	00	1,672 K	控制台窗口主机
conhost.exe	SYSTEM	00	848 K	控制台窗口主机
csrss.exe	SYSTEM	00	1,672 K	Client Server Runtime Process
csrss.exe	SYSTEM	00	1,936 K	Client Server Runtime Process
dwm.exe	Administrator	02	13,296 K	桌面窗口管理器
eclipse.exe	Administrator	02	517,892 K	eclipse
explorer.exe	Administrator	00	34,520 K	Windows 资源管理器
GoogleCrashHandler.exe *32	SYSTEM	00	356 K	Google Crash Handler
GoogleCrashHandler64.exe	SYSTEM	00	344 K	Google Crash Handler
GoogleUpdate.exe *32	SYSTEM	00	1,604 K	Google 安装程序
javaw.exe	Administrator	00	14,780 K	Java(TM) Platform SE binary
lsass.exe	SYSTEM	00	3,344 K	Local Security Authority Process
lsm.exe	SYSTEM	00	1,512 K	本地会话管理器服务
M4LIC.EXE *32	SYSTEM	00	1,464 K	M4LIC.EXE
MacDrive.exe	Administrator	00	3,268 K	MacDrive application
MacDrive8Service.exe	SYSTEM	00	1,920 K	MacDrive service
nvSCPAPISvr.exe *32	SYSTEM	00	2,432 K	Stereo Vision Control Panel API Server
nvtray.exe	Administrator	00	7,200 K	NVIDIA Settings
nvvsvc.exe	SYSTEM	00	2,144 K	NVIDIA Driver Helper Service, Version 332.28
nvvsvc.exe	SYSTEM	00	4,432 K	NVIDIA Driver Helper Service, Version 332.28
nvxdsync.exe	SYSTEM	00	6,632 K	NVIDIA User Experience Driver Component
rundll32.exe	Administrator	00	1,544 K	Windows 主进程 (Rundll32)
SearchIndexer.exe	SYSTEM	00	10,672 K	Microsoft Windows Search 索引器
SearchProtocolHost.exe	SYSTEM	00	2,044 K	Microsoft Windows Search Protocol Host
services.exe	SYSTEM	00	5,272 K	服务和控制器应用程序
smss.exe	SYSTEM	00	400 K	Windows 会话管理器
SnippingTool.exe	Administrator	00	3,796 K	截图工具
SoftMgrLite.exe *32	Administrator	00	15,404 K	360软件小助手
SogouCloud.exe *32	Administrator	04	14,712 K	搜狗输入法 云计算代理
splwow64.exe	Administrator	00	1,572 K	Print driver host for 32bit applications

☑ 显示所有用户的进程(S)　　结束进程(E)

图 4-7　查看进程 ID 号码

这里可以增加任务管理器的显示字段来增加 PID 显示，选择任务管理器的“查看→选择列”选项，打开“选择进程页列”对话框，如图 4-8 所示。

图 4-8　增加显示列

在图 4-9 所示的列表框中选中"PID（进程标识符）"，单击"确定"按钮，任务管理器输出如图 4-9 所示。

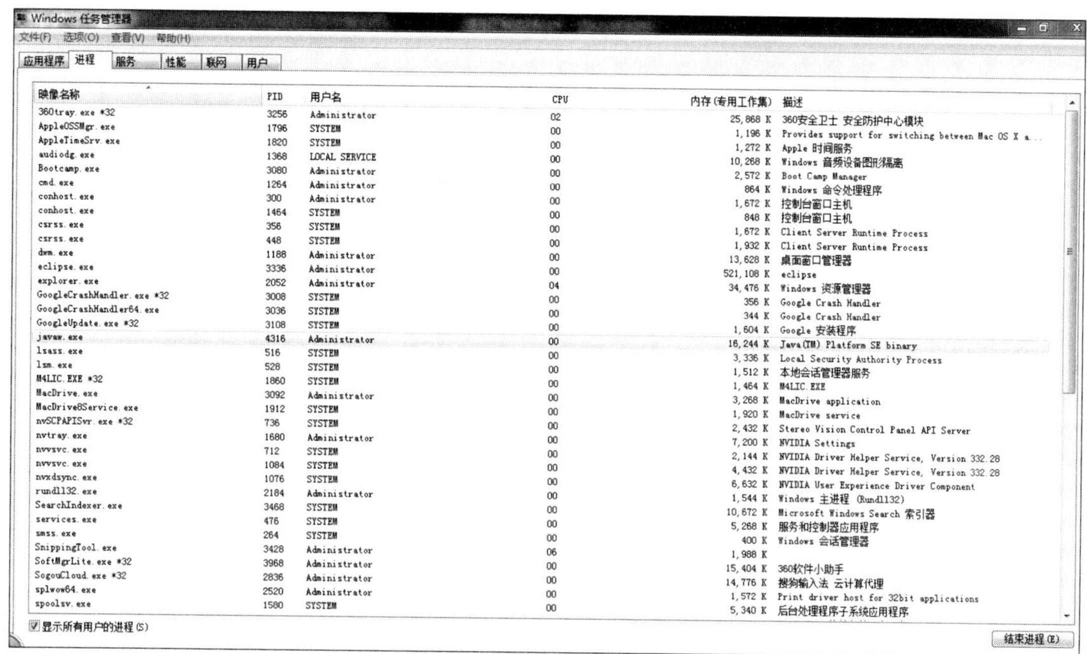

图 4-9　增加显示列 PID

运行命令：

```
java -cp .;%JAVA_HOME%/lib/sa-jdi.jar sun.jvm.hotspot.HSDB
```

即可出现如图 4-10 所示的 HSDB 界面。

图 4-10　HSDB 初始界面

单击左上角的 File 菜单，弹出 Attache to HotSpot process、Open HotSpot core file、Connect to debug server 这 3 个选项，这里选择"Attache to HotSpot process"选项，弹出如图 4-11 所示的界面。

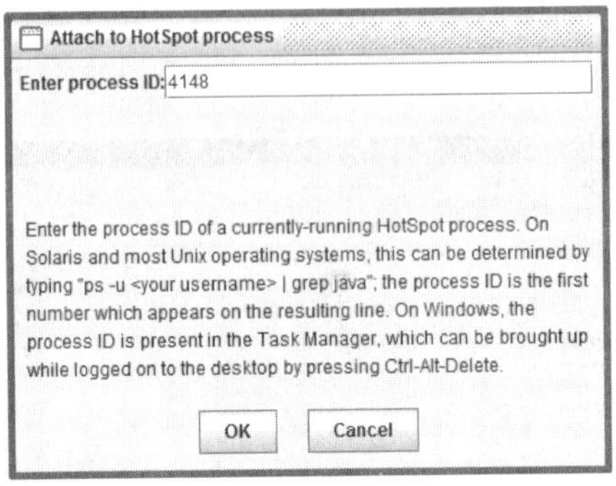

图 4-11 HSDB 填写进程号界面

填写进程 ID 后，单击 OK 按钮，弹出如图 4-12 所示的界面，然后出现如图 4-13 所示的页面。

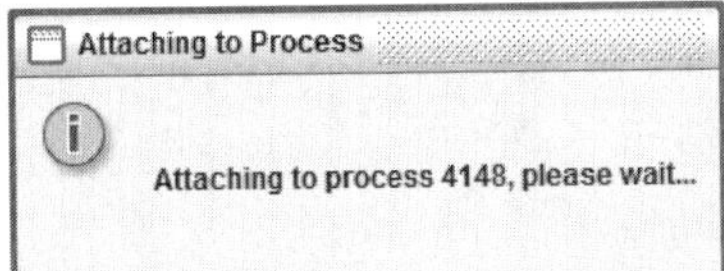

图 4-12 绑定进程过程中

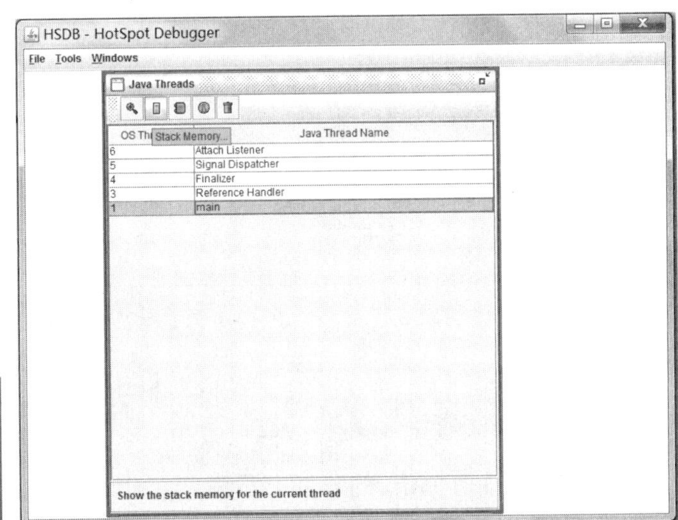

图 4-13 绑定进程完毕

SA 工具对于事后分析也是很有用的。例如，用户可以分析一个 JVM 崩溃时生成的 Core File，HotSpot 的 Core dump 文件，在 Windows 操作系统中对应的是崩溃日志文件。一个 Core Dump 文件本身是一个二进制文件（因此是读不懂的），它的主题内容是特定时间的运行程序状态，类似于飞机的黑匣子。Core 文件一般生成时间是在进程崩溃、针对运行中的应用程序进行离线调试。

注意：Core Dump 文件可能会很大，因为它包含了一个时间段内的状态信息。所以需要确保磁盘空间足够大。

绑定一个 Core Dump 文件前，首先需要生成一个 Core Dump 文件，命令及输出如下，生成的文件如图 4-14 所示。

```
    C:\Users\zhoumingyao>%JAVA_HOME%/bin/jmap-dump:live,format=b,file=c:/
heamdump.out 6096
    Dumping heap to C:\heamdump.out ...
    File created
```

图 4-14　生成 Core Dump 文件

尝试使用 SA 打开 Core Dump 文件，选择 File → Open HotSpot Core File 命令，弹出的对话框如图 4-15 所示。

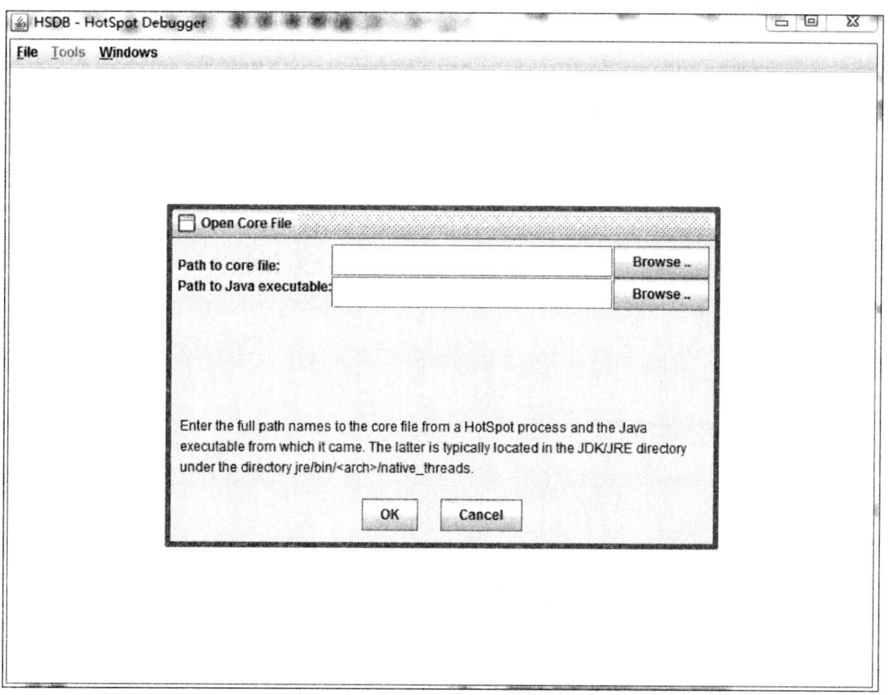

图 4-15　绑定 Core 文件

“Path to core file”文本框需要填写的是 Core Dump 文件的详细路径，可以单击 Browse 按钮完成文件寻找；“Path to Java executable”是指 Java 的执行地址，如“C:\Java\

jdk1.7.0_80\bin\Java”，视自己安装路径调整。

一般查找高性能应用程序出现异常的思路是能够快速发现并明确解决问题，通常这些问题可能包含应用程序挂起、内存泄漏（Memory Leaks）、未知错误、JVM 崩溃等。SA 可以构建稳定、可靠、可扩展及高效的 Java 应用程序。

通俗来讲，Serviceability Agent 是 SUN 公司的 HotSpot 内部调试代码的集合体，已经被用在了 jstack、jmap、jinfo、jdb 这些工具的编写上。SA 工具在 JDK 的 lib 目录下，是一个 JAR 文件，如果把这个 JAR 文件执行解压缩操作，会发现它由 com、META-INF、sun、toolbarButtonGraphics 这 4 个文件夹组成，另外包含一个 sa. properties 文件。这 4 个文件夹的对应作用如下。

① Com 文件夹存放的是 GUI 相关的类文件。

② Sun 文件夹存放的是服务端程序对应的类文件。

③ META-INF 文件夹存放的是内部 JDI（Java Debug Interface），用于定义调试器（Debugger）所需要的一些调试接口。

④ toolbarButtonGraphics 文件夹存放的是图标文件。

sa.properties 文件中存放的是一个版本号，使用的是 jdk1.8.0_51，对应的内容为 sun.jvm.HotSpot.runtime.VM.saBuildVersion=25.51-b03。为什么需要这个版本号呢？因为 HotSpot 是采用 C++ 语言编写的，SA 工具包是采用 Java 语言编写的，而 SA 工具包又是针对 HotSpot 的一个调试工具（魔镜），所以它的代码、方法需要与 HotSpot 保持一致，这个版本号就是起这个作用，便于两者对应版本。如果版本不一致，会在调用 SA 的 JAR 包时抛出 VMVersionMismatchException 错误。当然，这个检查也是可以忽略的，通过在调用 SA 的 JAR 包时指定参数 -Dsun.jvm.HotSpot.runtime.disableVersionCheck 方式来关闭自动检查。

SA 中的包主要分为以下几个组件，即 asm、ci、code、debugger、gc、interpreter、jdi、livevm、memory、oops、opto、prims、runtime、tools 及 types 等。

JDK 提供了两种调试工具，这两种工具都使用了 Serviceability Agent 的 API 接口，它们分别是 HSDB 和 CLHSDB。两者的区别是 HSDB 提供了丰富的图形化界面支持，而 CLHSDB 提供的是命令行式的功能。对于调试本地进程，HSDB 比较有优势，因为它有界面，但是对于调试远程服务器上的问题，特别是核心崩溃文件解析，还是用命令行比较方便。

如何启动 HSDB，包含以下几点：

①安装 JDK。在 Windows 操作系统下只要按照 EXE 程序的顺序进行安装即可，如图 4-16 所示。Linux 操作系统下如何安装，这里就不多涉及。

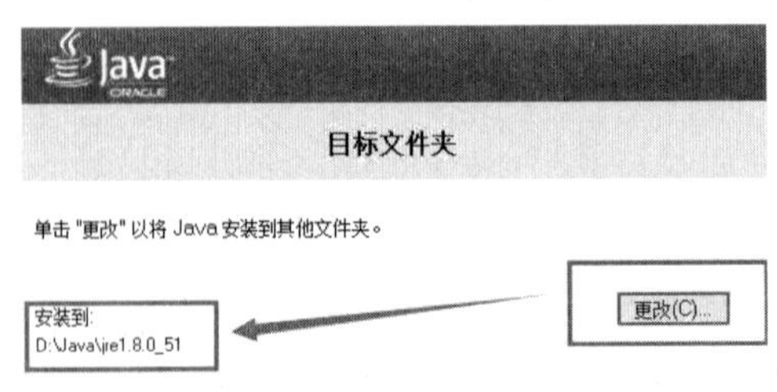

图 4-16　安装 JDK 8 的运行界面

②设置 JAVA_HOME 环境变量。只有设置了环境变量才能让应用程序找到 JDK 程序，如图 4-17 所示。

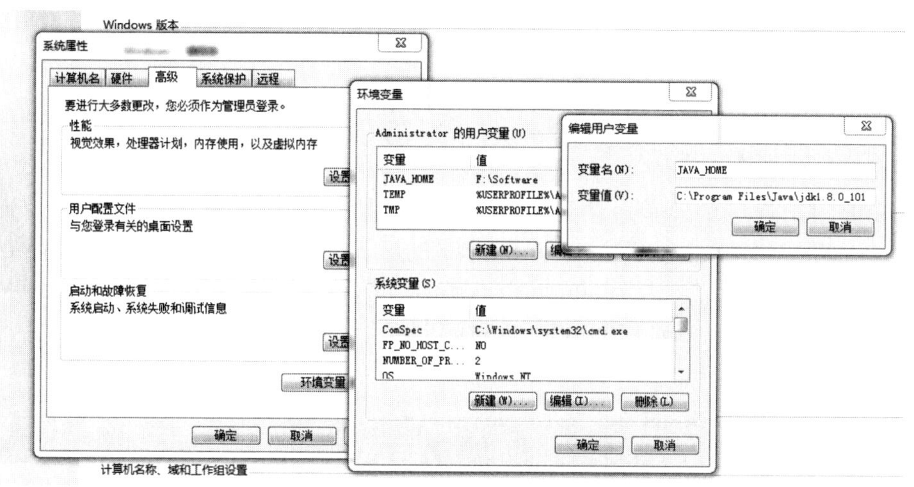

图 4-17　设置 JAVA_HOME 环境变量

③设置程序路径。设置 Path 变量，如图 4-18 所示。

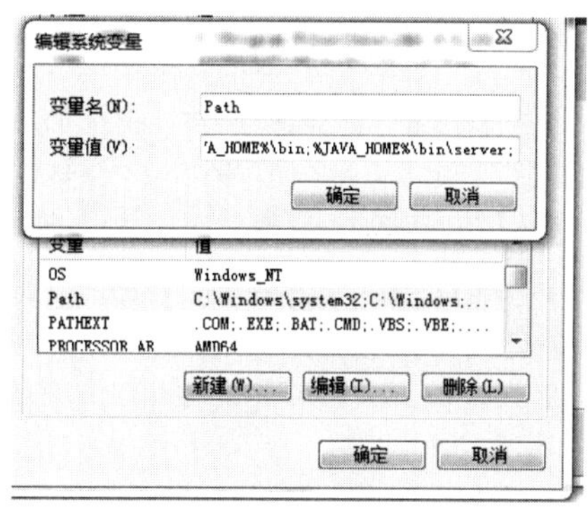

图 4-18　设置程序路径

④执行命令。平时用来查看 HotSpot 内部信息的常用工具都在 $JAVA_HOME/bin 目录下，其中一些工具就是用 Serviceability 开发的。

2. Linux 运行命令方式

运行命令，启动 HSDB 工具的图形化界面，Linux 操作系统的命令是 Java -classpath $JAVA_HOME/lib/sa-jdi.jar sun.jvm.HotSpot.HSDB。如果想要启动 command 命令行模式，可以使用此命令。如果出现“Error: Could not find or load main class sum.jvm.HotSpot.HSDB”这样的错误提示，需要查看 JAVA_HOME、Classpath 设置是否正确。

Linux Centos 7.0 环境下的设置方式是在 /etc/profile 文件最末端加入可用的 jdk 路径，代码如下。

```
export JAVA_HOME=/usr/lib/jdk1.7.0_79
```

```
export JRE_HOME=$JAVA_HOME/jre
export CLASSPATH=$JAVA_HOME/lib:$JRE_HOME/lib:$CLASSPATH
export PATH=$JAVA_HOME/lib:$JRE_HOME/bin:$PATH
```

然后在 source /etc/profile 下，执行命令就可以了。

3. Windows 运行命令方式

```
java -cp .;%JAVA_HOME%/lib/sa-jdi.jar sun.jvm.hotspot.HSDB
```

回到 CLHSDB，这个只是一个壳，主要的功能都是靠 sun.jvm.HotSpot.HotSpotAgent 和 sun.jvm.HotSpot.CommandProcessor 完成的。下面运行一个示例，Java -classpath $JAVA_HOME/lib/sa-jdi.jar sun.jvm.HotSpot.HelloWorld，程序的输出为 HelloWorld.d() received “Hi” as argument Going to sleep...。

4.4 死锁及处理方式

Java 语言通过 synchronized 关键字来保证原子性，这是因为每一个 Object 都有一个隐含的锁，也称为监视器对象。在进入 synchronized 之前自动获取此内部锁，而一旦离开此方式，无论是完成或中断都会自动释放锁。显然，这是一个独占锁，每个锁请求之间是互斥的。相对于众多高级锁 (Lock、ReadWriteLock 等)，synchronized 的代价都比后者要高。但是 synchronzied 的语法比较简单，而且也比较容易使用和理解。Lock 一旦调用了 lock() 方法获取到锁而未正确释放，很有可能造成死锁，所以 Lock 的释放操作总是跟在 finally 代码块中，这在代码结构上也是一次调整和冗余。Lock 的实现已经将硬件资源用到了极致，所以未来可优化的空间不大，除非硬件有了更高的性能，但是 synchronized 只是规范的一种实现，这在不同的平台不同的硬件还有很高的提升空间，未来 Java 锁上的优化也会主要在这上面。既然 synchronzied 都不可能避免死锁产生，那么死锁情况会是经常出现的错误。下面具体描述死锁发生的原因及解决方法。

4.4.1 死锁描述

死锁是操作系统层面的一个错误，是进程死锁的简称，最早于 1965 年由 Dijkstra 在研究银行家算法时提出的。它是计算机操作系统乃至整个并发程序设计领域最难处理的问题之一。

事实上，计算机世界有很多事情需要多线程方式去解决，因为这样才能在最大程度上利用资源，才能体现出计算的高效。但是，实际上来说，计算机系统中有很多一次只能由一个进程使用的资源情况，如打印机，同时只能有一个进程控制它。在多通道程序设计环境中，若干进程往往要共享这类资源，而且一个进程所需要的资源很有可能不止一个。因此，就会出现若干进程竞争有限资源，又推进顺序不当，从而构成无限期循环等待的局面，称这种状态为死锁。简单来说，死锁是指多个进程循环等待其他进程占有的资源而无限期地僵持下去的局面。很显然，如果没有外力的作用，那么死锁涉及的各个进程都将永远处于封锁状态。

系统发生死锁现象不仅浪费大量的系统资源，甚至导致整个系统崩溃，带来灾难性后果。所以对于死锁问题，在理论上和技术上都必须予以高度重视。

1. 银行家算法

一个银行家如何将一定数目的资金安全地借给若干个顾客，使这些顾客既能借到钱完成要干的事，同时银行家又能收回全部资金而不至于破产。银行家就像一个操作系统，顾客就像运行的进程，银行家的资金就是系统的资源。

银行家算法需要确保以下 4 点。

①当一个顾客对资金的最大需求量不超过银行家现有的资金时就可接纳该顾客。

②顾客可以分期贷款，但贷款的总数不能超过最大需求量。

③当银行家现有的资金不能满足顾客尚需的贷款数额时，对顾客的贷款可推迟支付，但总能使顾客在有限的时间中得到贷款。

④当顾客得到所需的全部资金后，一定能在有限的时间中归还所有的资金。

银行家算法实现代码如下。

```
/* 一共有 5 个进程需要请求资源，有 3 类资源 */
public class BankDemo {
    // 每个进程所需要的最大资源数
    public static int MAX[][] = { { 7, 5, 3 }, { 3, 2, 2 }, { 9, 0, 2 },
            { 2, 2, 2 }, { 4, 3, 3 } };
    // 系统拥有的初始资源数
    public static int AVAILABLE[] = { 10, 5, 7 };
    // 系统已给每个进程分配的资源数
    public static int ALLOCATION[][] = { { 0, 0, 0 }, { 0, 0, 0 }, { 0, 0, 0 },
            { 0, 0, 0 }, { 0, 0, 0 } };
    // 每个进程还需要的资源数
    public static int NEED[][] = { { 7, 5, 3 }, { 3, 2, 2 }, { 9, 0, 2 },
            { 2, 2, 2 }, { 4, 3, 3 } };
    // 每次申请的资源数
    public static int Request[] = { 0, 0, 0 };
    // 进程数与资源数
    public static int M = 5, N = 3;
    int FALSE = 0;
    int TRUE = 1;
    public void showdata() {
        int i, j;
        System.out.print(" 系统可用的资源数为 :/n");
        for (j = 0; j < N; j++) {
            System.out.print(" 资源 " + j + ":" + AVAILABLE[j] + " ");
        }
        System.out.println();
        System.out.println(" 各进程还需要的资源量 :");
        for (i = 0; i < M; i++) {
            System.out.print(" 进程 " + i + ":");
            for (j = 0; j < N; j++) {
                System.out.print(" 资源 " + j + ":" + NEED[i][j] + " ");
```

```
            }
            System.out.print("/n");
        }
        System.out.print("各进程已经得到的资源量：/n");
        for (i = 0; i < M; i++) {
            System.out.print("进程");
            System.out.print(i);
            for (j = 0; j < N; j++) {
                System.out.print("资源" + j + ":" + ALLOCATION[i][j] + " ");
            }
            System.out.print("/n");
        }
    }
    // 分配资源，并重新更新各种状态
    public void changdata(int k) {
        int j;
        for (j = 0; j < N; j++) {
            AVAILABLE[j] = AVAILABLE[j] - Request[j];
            ALLOCATION[k][j] = ALLOCATION[k][j] + Request[j];
            NEED[k][j] = NEED[k][j] - Request[j];
        }
    };
    // 回收资源，并重新更新各种状态
    public void rstordata(int k) {
        int j;
        for (j = 0; j < N; j++) {
            AVAILABLE[j] = AVAILABLE[j] + Request[j];
            ALLOCATION[k][j] = ALLOCATION[k][j] - Request[j];
            NEED[k][j] = NEED[k][j] + Request[j];
        }
    };
    // 释放资源
    public void free(int k) {
        for (int j = 0; j < N; j++) {
            AVAILABLE[j] = AVAILABLE[j] + ALLOCATION[k][j];
            System.out.print("释放" + k + "号进程的" + j + "资源!/n");
        }
    }
    public int check0(int k) {
        int j, n = 0;
        for (j = 0; j < N; j++) {
            if (NEED[k][j] == 0)
                n++;
        }
        if (n == 3)
            return 1;
```

```
        else
            return 0;
    }

    // 检查安全性函数
    // 所以银行家算法其核心是：保证银行家系统的资源数至少不小于一个顾客的所需要的资源数。
在安全性检查函数 chkerr() 上由这个方法来实现
    // 这个循环来进行核心判断，从而完成了银行家算法的安全性检查工作
    public int chkerr(int s) {
        int WORK;
        int FINISH[] = new int[M], temp[] = new int[M];// 保存临时的安全进程序列
        int i, j, k = 0;
        for (i = 0; i < M; i++)
            FINISH[i] = FALSE;
        for (j = 0; j < N; j++) {
            WORK = AVAILABLE[j]; // 第 j 个资源可用数
            i = s;
            // 判断第 i 个进程是否满足条件
            while (i < M) {
                if (FINISH[i] == FALSE && NEED[i][j] <= WORK) {
                    WORK = WORK + ALLOCATION[i][j];
                    FINISH[i] = TRUE;
                    temp[k] = i;
                    k++;
                    i = 0;
                } else {
                    i++;
                }
            }
            for (i = 0; i < M; i++)
                if (FINISH[i] == FALSE) {
                    System.out.print("/n 系统不安全 !!! 本次资源申请不成功 !/n");
                    return 1;
                }
        }
        System.out.print("/n 经安全性检查，系统安全，本次分配成功。/n");
        System.out.print(" 本次安全序列：");
        for (i = 0; i < M - 1; i++) {
            System.out.print(" 进程 " + temp[i] + "->");
        }
        System.out.print(" 进程 " + temp[M - 1]);
        System.out.println("/n");
        return 0;
    }
}
```

2. 死锁条件

死锁问题是多线程特有的问题，它可以被认为是线程间切换消耗系统性能的一种极端情况。在死锁时，线程间相互等待资源，而又不释放自身的资源，导致无穷无尽地等待，其结果是系统任务永远无法执行完成。死锁问题是在多线程开发中应该坚决避免和杜绝的问题。

一般来说，要出现死锁问题需要满足以下条件。

①互斥条件：一个资源每次只能被一个线程使用。

②请求与保持条件：一个进程因请求资源而阻塞时，对已获得的资源保持不放。

③不剥夺条件：在未使用完之前，进程已获得的资源，不能强行剥夺。

④循环等待条件：若干进程之间形成一种头尾相接的循环等待资源关系。

只要破坏死锁 4 个必要条件中的任何一个，死锁问题就能被解决。

前面说过，死锁是两个甚至多个线程被永久阻塞时的一种运行局面，这种局面的生成伴随着至少两个线程和两个或多个资源。本示例编写了一个简单的程序，它将会引起死锁发生。

```
public class ThreadDeadlock {

    public static void main(String[] args) throws InterruptedException {
        Object obj1 = new Object();
        Object obj2 = new Object();
        Object obj3 = new Object();

        Thread t1 = new Thread(new SyncThread(obj1, obj2), "t1");
        Thread t2 = new Thread(new SyncThread(obj2, obj3), "t2");
        Thread t3 = new Thread(new SyncThread(obj3, obj1), "t3");
        t1.start();
        Thread.sleep(5000);
        t2.start();
        Thread.sleep(5000);
        t3.start();
    }
}

class SyncThread implements Runnable{
    private Object obj1;
    private Object obj2;
    public SyncThread(Object o1, Object o2){
        this.obj1=o1;
        this.obj2=o2;
    }
    @Override
    public void run() {
        String name = Thread.currentThread().getName();
        System.out.println(name + " acquiring lock on "+obj1);
        synchronized (obj1) {
```

```
            System.out.println(name + " acquired lock on "+obj1);
            work();
            System.out.println(name + " acquiring lock on "+obj2);
            synchronized (obj2) {
                System.out.println(name + " acquired lock on "+obj2);
                work();
            }
            System.out.println(name + " released lock on "+obj2);
            }
            System.out.println(name + " released lock on "+obj1);
            System.out.println(name + " finished execution.");
        }
        private void work() {
            try {
                Thread.sleep(30000);
            } catch (InterruptedException e) {
                e.printStackTrace();
            }
        }
    }
```

在上面的程序中同步线程正完成 Runnable 的接口，它的工作对象是两个，这两个对象向对方寻求死锁，而且都在使用同步阻塞。在主函数中，使用了 3 个为同步线程运行的线程，而且在其中每个线程中都有一个可共享的资源。这些线程以向第一个对象获取封锁方式运行。但是当它试着像第二个对象获取封锁时，就会进入等待状态，因为它已经被另一个线程封锁住了。这样，在线程引起死锁的过程中，就形成了一个依赖于资源的循环。当执行上面的程序时，就产生了输出，程序却因为死锁无法停止，其输出如下。

```
t1 acquiring lock on java.lang.Object@1dd3812
t1 acquired lock on java.lang.Object@1dd3812
t2 acquiring lock on java.lang.Object@c791b9
t2 acquired lock on java.lang.Object@c791b9
t3 acquiring lock on java.lang.Object@1aa9f99
t3 acquired lock on java.lang.Object@1aa9f99
t1 acquiring lock on java.lang.Object@c791b9
t2 acquiring lock on java.lang.Object@1aa9f99
```

在此可以清楚地在输出结果中辨认出死锁局面，但是在实际应用中，发现死锁并将它排除是非常困难的。

4.4.2 死锁情况诊断

JVM 提供了一些工具可以诊断死锁的发生。如下面程序代码所示，实现了一个死锁，然后尝试通过 jstack 命令追踪、分析死锁发生。

```
import java.util.concurrent.locks.ReentrantLock;
```

```
    // 下面演示一个简单的死锁，两个线程分别占用 south 锁和 north 锁，并同时请求对方占用的锁，导
致死锁
    public class DeadLock extends Thread{
          protected Object myDirect;
          static ReentrantLock south = new ReentrantLock();
          static ReentrantLock north = new ReentrantLock();

          public DeadLock(Object obj){
                this.myDirect = obj;
                if(myDirect==south){
                      this.setName("south");
                }else{
                      this.setName("north");
                }
          }

          @Override
          public void run(){
                if(myDirect==south){
                      try{
                            north.lockInterruptibly();// 占用 north
                            try{
                                  Thread.sleep(500);
                            }catch(Exception ex){
                                  ex.printStackTrace();
                            }
                            south.lockInterruptibly();
                            System.out.println("car to south has passed");
                      }catch(InterruptedException ex){
                            System.out.println("car to south is killed");
                            ex.printStackTrace();
                      }finally{
                            if(north.isHeldByCurrentThread()){
                                  north.unlock();
                            }
                            if(south.isHeldByCurrentThread()){
                                  south.unlock();
                            }
                      }
                }
                if(myDirect==north){
                      try{
                            south.lockInterruptibly();// 占用 south
                            try{
                                  Thread.sleep(500);
```

```
                    }catch(Exception ex){
                        ex.printStackTrace();
                    }
                    north.lockInterruptibly();
                    System.out.println("car to north has passed");
                }catch(InterruptedException ex){
                    System.out.println("car to north is killed");
                    ex.printStackTrace();
                }finally{
                    if(north.isHeldByCurrentThread()){
                        north.unlock();
                    }
                    if(south.isHeldByCurrentThread()){
                        south.unlock();
                    }
                }
            }
        }
        public static void main(String[] args) throws InterruptedException{
            DeadLock car2south = new DeadLock(south);
            DeadLock car2north = new DeadLock(north);
            car2south.start();
            car2north.start();
        }
    }
```

jstack 命令可用于导出 Java 应用程序的线程堆栈，-l 选项用于打印锁的附加信息。运行 jstack 命令，可以看到线程处于运行状态，代码中调用了拥有锁投票、定时锁等候和可中断锁等候等特性的 ReentrantLock 锁机制。直接打印出现死锁情况，报告 north 和 sourth 两个线程互相等待资源，出现了死锁，其输出如下。

jstack 运行输出片段 1：

```
    [root@facenode4 ~]# jstack -l 31274
    2015-01-29 12:40:27
    Full thread dump Java HotSpot(TM) 64-Bit Server VM (20.45-b01 mixed mode):

    "Attach Listener" daemon prio=10 tid=0x00007f6d3c001000 nid=0x7a87 waiting
on condition [0x0000000000000000]
       java.lang.Thread.State: RUNNABLE

       Locked ownable synchronizers:
           - None

    "DestroyJavaVM" prio=10 tid=0x00007f6da4006800 nid=0x7a2b waiting on
condition [0x0000000000000000]
       java.lang.Thread.State: RUNNABLE
```

```
	Locked ownable synchronizers:
		- None

JNI global references: 886
```

jstack 运行输出片段 2：

```
Found one Java-level deadlock:
=============================
"north":
  waiting for ownable synchronizer 0x000000075903c7c8, (a java.util.
concurrent.locks.ReentrantLock$NonfairSync),
  which is held by "south"
"south":
  waiting for ownable synchronizer 0x000000075903c798, (a java.util.
concurrent.locks.ReentrantLock$NonfairSync),
  which is held by "north"
```

4.4.3 死锁解决方案

死锁是由 4 个必要条件导致的，只要破坏这 4 个必要条件中的一个条件，死锁情况就不会发生。

①如果想要打破互斥条件，需要允许进程同时访问某些资源，这种方法受制于实际场景，不太容易实现条件。

②打破不可抢占条件，这样需要允许进程强行从占有者那里夺取某些资源，或者占有资源的进程不能再申请占有其他资源，必须释放手上的资源之后才能发起申请，这个其实也很难找到适用场景。

③进程在运行前申请得到所有的资源，否则该进程不能进入工作状态。这个方法看似有用，但它的缺点是可能导致资源利用率和进程并发性降低。

④避免出现资源申请环路，即对资源事先分类编号，按号分配。这种方式可以有效提高资源的利用率和系统吞吐量，但是增加了系统开销，增大了进程对资源的占用时间。

如果在死锁检查时发现了死锁情况，那么就要努力消除死锁，使系统从死锁状态中恢复过来。消除死锁的几种方式如下。

①最简单、最常用的方法就是进行系统的重新启动。不过这种方法代价很大，它意味着在这之前所有的进程已经完成的计算工作都将付之东流，包括参与死锁的那些进程，以及未参与死锁的进程。

②撤销进程，剥夺资源。终止参与死锁的进程，收回它们占有的资源，从而解除死锁。这时又分两种情况：一次性撤销参与死锁的全部进程，剥夺全部资源；或者逐步撤销参与死锁的进程，逐步收回死锁进程占有的资源。一般来说，选择逐步撤销的进程时要按照一定的原则进行，目的是撤销那些代价最小的进程，如按进程的优先级确定进程的代价；考虑进程运行时的代价和与此进程相关的外部作业的代价等因素。

③进程回退策略，即让参与死锁的进程回退到没有发生死锁前某一点处，并由此点处继续执行，以求再次执行时不再发生死锁。虽然这是比较理想的方法，但是操作起来系统开销极大，要有堆栈这样的机构记录进程的每一步变化，以便今后的回退，有时这是无法做到的。

其实即便是商业产品，依然会有很多死锁情况发生，如 MySQL 数据库，它也经常容易出现死锁案例。假设用 Show innodb status 检查引擎状态时发现了死锁情况，其代码如下。

```
    WAITING FOR THIS LOCK TO BE GRANTED:
    RECORD LOCKS space id 0 page no 843102 n bits 600 index `KEY_TSKTASK_
    MONTIME2` of table `dcnet_db/TSK_TASK` trx id 0 677833454 lock_mode X locks
rec but not gap waiting
    Record lock, heap no 395 PHYSICAL RECORD: n_fields 3; compact format; info
bits 0
    0: len 8; hex 8000000000000425; asc         %;; 1: len 8; hex
800012412c66d29c; asc    A,f  ;; 2: len 8; hex 800000000097629c; asc       b ;;

    *** WE ROLL BACK TRANSACTION (1)
```

假设涉事的数据表上面有一个索引，这次的死锁就是由于两条记录同时访问到了相同的索引造成的。

首先来看 InnoDB 类型的数据表，只要能够解决索引问题，就可以解决死锁问题。MySQL 的 InnoDB 引擎是行级锁，需要注意的是，这不是对记录进行锁定，而是对索引进行锁定。在执行 Update、Delete 操作时，MySQL 不仅锁定 WHERE 条件扫描过的所有索引记录，而且会锁定相邻的键值，即所谓的 next-key locking。如语句 Update TSK_TASK set UPDATE_TIME = now() where ID > 10000 会锁定所有主键大于等于 1000 的所有记录。在该语句完成前，不能对主键等于 10000 的记录进行操作；当非簇索引 (non-cluster index) 记录被锁定时，相关的簇索引记录也需要被锁定才能完成相应的操作。

再分析一下发生问题的两条 SQL 语句。

当“update TSK_TASK set STATUS_ID=1064,UPDATE_TIME=now () where STATUS_ID=1061 and MON_TIME<date_sub(now(), INTERVAL 30 minute)” 执 行 时，MySQL 会使用 KEY_TSKTASK_MONTIME2 索引，首先锁定相关的索引记录，因为 KEY_TSKTASK_MONTIME2 是非簇索引。为执行该语句，MySQL 还会锁定簇索引（主键索引）。

假设“update TSK_TASK set STATUS_ID=1067,UPDATE_TIME=now () where ID in (9921180)”几乎同时执行时，本语句首先锁定簇索引（主键），由于需要更新 STATUS_ID 的值，因此还需要锁定 KEY_TSKTASK_MONTIME2 的某些索引记录。

这样第一条语句锁定了 KEY_TSKTASK_MONTIME2 的记录，等待主键索引；第二条语句则锁定了主键索引记录，等待 KEY_TSKTASK_MONTIME2 的记录，这样死锁就产生了。

通过拆分第一条语句解决了死锁问题，即先查出符合条件的 ID：select ID from TSK_TASK where STATUS_ID=1061 and MON_TIME < date_sub(now(), INTERVAL 30 minute)；然后更新状态：update TSK_TASK set STATUS_ID=1064 where ID in (….)。

由此可以发现，死锁虽然是较早就被发现的问题，但是很多情况下设计的程序中还是经常发生死锁情况。不能只是分析如何解决死锁这类问题，还需要具体找出预防死锁的方法，这样才能从根本上解决问题。总的来说，还是需要系统架构师、程序员不断积累经验，从业务逻辑设计层面彻底消除死锁发生的可能性。

4.5 JavaCPP 技术

JavaCPP 是一个开源库，它提供了在 Java 中高效访问本地 C++ 的方法。采用 JNI 技术实现，所以支持所有 Java 实现，包括 Android 系统、Avian 和 RoboVM。

（1）Android

一种基于 Linux 的自由及开放源代码的操作系统，主要使用于移动设备，如智能手机和平板电脑，由 Google 公司和开放手机联盟领导及开发。

（2）Avian

Avian 是一个轻量级的 Java 虚拟机和类库，提供了 Java 特性的一个有用的子集，适合开发跨平台、自包容的应用程序。它的实现非常快速且体积小，主要特性包括如下 4 点。

①类似于 HotSpot JVM 的 JIT 编译器，支持快速方法执行。

②采用 JVM 的复制算法，即将所有的内存空间分为两块，每次只使用其中一块，在垃圾回收时将正在使用的内存中的存活对象复制到未被使用的内存块中，然后清除正在使用的内存块中的所有对象，交换两个内存的角色，完成垃圾回收。这样可以确保短暂地中断和较好的内存使用空间局限性。

③ JVM 内存区域中的本地栈快速分配，没有同步开销。

④操作系统信号量方式解决了空指针问题，避免了不必要的分支。

（3）RoboVM

RoboVM 编译器可以将 Java 字节码翻译成 ARM 或 x86 平台上的原生代码，应用可直接在 CPU 上运行，无须其他解释器或虚拟机。RoboVM 同时包含一个 Java 到 Objective-C 的桥，可像其他 Java 对象一样来使用 Objective-C 对象。大多数 UIKit 已经支持，而且将会支持更多的框架。

总的来说，JavaCPP 提供了一系列的 Annotation 将 Java 代码映射到 C++ 代码，并使用一个可执行的 JAR 包将 C++ 代码转换为可以从 JVM 内调用的动态链接库文件。

类似技术及其介绍如表 4-1 所示。

表 4-1　类似技术及其介绍

技术名称	技术介绍
CableSwig	用于针对 Tcl 和 Python 语言创建接口
JNIGeneratorApp	所有用于 SWT 的 C 代码都是通过它来创建的
cxxwrap	用于生成针对 C++ 的 Java JNI 包、HTML 文档、用户手册
JNIWrapper	商业版本，有利于实现 Java 和本地代码之间的无缝结合
Platform Invoke	微软发布的一个工具

续表

技术名称	技术介绍
GlueGen	针对 C 语言的一个工具，有利于生成 JNI 代码
LWJGL Generator	JNI 代码生成器
ctypes	针对 Python 的接口代码生成器
JNA	JNA（Java Native Access）提供一组 Java 工具类，用于在运行期动态访问系统本地库（native library，如 Windows 的 DLL），而不需要编写任何 Native/JNI 代码。开发人员只要在一个 Java 接口中描述目标 native library 的函数与结构，JNA 将自动实现 Java 接口到 native function 的映射
JNIEasy	替换 JNA 的一种技术
JNative	Windows 版本的库（DLL），提供了 JNI 代码生成器
fficxx	针对 Haskell 模型的代码生成器，主要生成 C 语言
JavaCPP	更加自然高效，它支持大部分的 C++ 语法特性。目前已经能成功封装 OpenCV、FFmpeg、libdc1394、PGR FlyCapture、OpenKinect、videoInput 和 ARToolKitPlus。除此之外，它还能直接把 C/C++ 的头文件转换成 Java 类，能自动生成 JNI 代码，编译成本地库，开发人员无须编写烦琐的 C++ 代码、JNI 代码，从而提高开发效率

4.5.1 JavaCPP 示例

为了调用本地方法，JavaCPP 生成了对应的 JNI 代码，并且把这些代码输入到 C++ 编译器，用来构建本地库。使用了 Annotations 特性的 Java 代码在运行时会自动调用 Loader.load() 方法从 Java 资源中载入本地库，这里的资源是指工程构建过程中配置好的。

下面来演示一个例子。这是一个简单的读入 / 读出方法，类似于 JavaBean 的工作方式。如下所示的 LegacyLibrary.h 包含了 C++ 类。

```
#include <string>

namespace LegacyLibrary {
    class LegacyClass {
        public:
            const std::string& get_property() { return property; }
            void set_property(const std::string& property) { this->property
= property; }
            std::string property;
    };
}
```

定义一个 Java 类 LegacyLibrary.java，驱动 JavaCPP 来完成调用 C++ 代码。

```
import org.bytedeco.javacpp.*;
import org.bytedeco.javacpp.annotation.*;

@Platform(include="LegacyLibrary.h")
```

```
    @Namespace("LegacyLibrary")
    public class LegacyLibrary {
        public static class LegacyClass extends Pointer {
            static { Loader.load(); }
            public LegacyClass() { allocate(); }
            private native void allocate();

            // to call the getter and setter functions
            public native @StdString String get_property(); public native void
set_property(String property);

            // to access the member variable directly
            public native @StdString String property();     public native void
property(String property);
        }

        public static void main(String[] args) {
            // Pointer objects allocated in Java get deallocated once they
become unreachable,
            // but C++ destructors can still be called in a timely fashion with
Pointer.deallocate()
            LegacyClass l = new LegacyClass();
            l.set_property("Hello World!");
            System.out.println(l.property());
        }
    }
```

以上两个类放在同一个目录下，然后运行一系列编译命令。

```
$ javac -cp javacpp.jar LegacyLibrary.java
$ java -jar javacpp.jar LegacyLibrary
$ java  -cp javacpp.jar LegacyLibrary
Hello World!
```

运行命令后可以看到最后输出了一行“Hello World！”，这是 LegacyLibrary 类中定义好的。通过一个 setter 方法输入字符串，getter 方法读出字符串。

由此可以看到文件夹中内容的变化，刚开始时只有 .h、.java 两个文件；上述 3 个命令运行后，生成了 class 文件及本地方法对应的 .so 文件。

```
/home/zhoumingyao/javacpp-1.0-bin/javacpp-bin
[root@node1:2 javacpp-bin]# ls -lrt
总用量 348
-rw-r--r-- 1 root root  30984 7月  11 00:59 LICENSE.txt
-rw-r--r-- 1 root root  21986 7月  11 08:52 README.md
-rw-r--r-- 1 root root  31955 7月  11 08:53 CHANGELOG.md
-rw-r--r-- 1 root root 243318 7月  11 12:20 javacpp.jar
-rw-r--r-- 1 root root    285 8月  11 16:07 LegacyLibrary.h
-rw-r--r-- 1 root root   1026 8月  11 16:13 LegacyLibrary.java
```

```
-rw-r--r-- 1 root root    643 8月  11 16:13 LegacyLibrary$LegacyClass.class
-rw-r--r-- 1 root root    794 8月  11 16:13 LegacyLibrary.class
drwxr-xr-x 2 root root   4096 8月  11 16:13 linux-x86_64
[root@node1:2 javacpp-bin]# ls -lrt linux-x86_64
总用量 36
-rwxr-xr-x 1 root root 35784 8月  11 16:13 libjniLegacyLibrary.so
```

4.5.2 JavaCPP-presets 简介

为了方便用户使用 JavaCPP，该项目下属有一个 presets 项目，它将一些常用的项目，如 OpenCV、FFMpeg 等，都编译好了让用户通过调用 JAR 包的方式直接使用。当然，它也允许用户通过简便的方式上传自己做的本地库文件，通过将 JAR 包上传到 Maven 仓库的方式共享给其他用户。

如果想要使用 JavaCPP-presets，需要下载 presets 源代码或已经编译好的 JAR 文件。具体下载地址为 https://github.com/bytedeco/javacpp-presets。

编译好的 JAR 文件有很多，主要是 JavaCPP 支持的项目，如图 4-19 所示。

artoolkitplus	2015/7/11 21:13	Executable Jar File	24 KB
artoolkitplus-android-arm	2015/7/11 19:46	Executable Jar File	287 KB
artoolkitplus-android-x86	2015/7/11 20:16	Executable Jar File	349 KB
artoolkitplus-linux-x86	2015/7/11 20:41	Executable Jar File	162 KB
artoolkitplus-linux-x86_64	2015/7/11 21:13	Executable Jar File	175 KB
artoolkitplus-macosx-x86_64	2015/7/11 22:07	Executable Jar File	156 KB
artoolkitplus-windows-x86	2015/7/11 13:46	Executable Jar File	120 KB
artoolkitplus-windows-x86_64	2015/7/11 14:13	Executable Jar File	150 KB
caffe	2015/7/11 21:27	Executable Jar File	272 KB
caffe-linux-x86	2015/7/11 20:56	Executable Jar File	2,010 KB
caffe-linux-x86_64	2015/7/11 21:27	Executable Jar File	2,732 KB
caffe-macosx-x86_64	2015/7/11 22:07	Executable Jar File	2,422 KB
CHANGELOG.md	2015/7/11 8:53	MD 文件	10 KB
cuda	2015/7/11 21:42	Executable Jar File	298 KB
cuda-linux-x86_64	2015/7/11 21:42	Executable Jar File	2,887 KB
cuda-macosx-x86_64	2015/7/11 22:07	Executable Jar File	3,006 KB
cuda-windows-x86_64	2015/7/11 14:22	Executable Jar File	2,207 KB
ffmpeg	2015/7/11 21:11	Executable Jar File	224 KB

图 4-19 JavaCPP-presets 目录

JavaCPP-presets 模型包括了很多广泛被使用到的 C/C++ 类库的 Java 配置和接口类。编译器结合 C/C++ 的头文件，使用 org.bytedeco.javacpp.presets 包中的配置文件来创建 Java 接口文件，这样就可以产生类似于 JNI 的库，Java 程序可以调用底层的 C/C++ 库。它的机制较为方便，可以被用在 Java 平台、Android 平台。

这个项目提供了两种下载方式，一种是集成了常用库的 JAR 包，支持 Android、Linux Fedora、Mac OS X、Windows 等操作系统，另一种是该项目的源代码，可以自行编译适用于自己开发环境的 JAR 包，当然如果希望针对自己的 C++ 工程制作 JAR 包，可以采用其他方式。

如果下载的是 JavaCPP-presets 源代码包，则 Centos 环境（该环境默认不被支持）需要安装 JDK、Maven、GCC，这样才能编译项目成为需要的 JAR 包。

Linux 上配置 Maven 的方式如下。

①下载 Maven 并上传到服务器，这里上传到了 /root 目录下。

② vi /etc/profile。在最后两行加上如下代码。

```
export MAVEN_HOME=/root/apache-maven-3.1.1
export PATH=${MAVEN_HOME}/bin:${PATH}
```

③ source /etc/profile。

④ [root@node1:2 bin]# mvn –v。

```
Apache Maven 3.1.1 (0728685237757ffbf44136acec0402957f723d9a; 2013-09-17
23:22:22+0800)
Maven home: /root/apache-maven-3.1.1
Java version: 1.8.0_45, vendor: Oracle Corporation
Java home: /usr/share/jdk1.8.0_45/jre
Default locale: zh_CN, platform encoding: UTF-8
OS name: "linux", version: "2.6.32-504.el6.x86_64", arch: "amd64", family:
"unix"
```

如果想要尝试完全手动编译 presets 项目，可以在 Maven 的 pom.xml 文件中配置。这样可以下载所有需要的代码。例如：

```
<dependency>
    <groupId>org.bytedeco.javacpp-presets</groupId>
    <artifactId>${moduleName}</artifactId>
    <version>${moduleVersion}-1.0</version>
  </dependency>
```

JavaCPP–presets 已经默认包含了一些开源库，如 OpenCV、FFMpeg、FlyCapture、GSL、CUDA、Tesseract 等，可以通过运行 Maven 命令来编译、构建 .so 文件和 JAR 文件，命令是 $ mvn install --projects .,opencv,ffmpeg,flycapture,libdc1394,libfreenect,videoinput,artoolkitplus。

编译 FFMpeg 库，这里只截取小部分的打印输出，都是到 Maven 仓库下载 JAR 包的过程输出。例如：

```
[root@localhost javacpp-presets]# mvn install --projects ffmpeg
[INFO] Scanning for projects...
Downloading: http://repo.maven.apache.org/maven2/org/sonatype/plugins/nexus-
staging-maven-plugin/1.6/nexus-staging-maven-plugin-1.6.pom
Downloaded: http://repo.maven.apache.org/maven2/org/sonatype/plugins/nexus-
staging-maven-plugin/1.6/nexus-staging-maven-plugin-1.6.pom (12 KB at 0.7
KB/sec)
Downloading: http://repo.maven.apache.org/maven2/org/sonatype/nexus/maven/
nexus-staging/1.6/nexus-staging-1.6.pom
Downloaded: http://repo.maven.apache.org/maven2/org/sonatype/nexus/maven/
nexus-staging/1.6/nexus-staging-1.6.pom (3 KB at 3.8 KB/sec)
Downloading: http://repo.maven.apache.org/maven2/org/sonatype/nexus/maven/
nexus-maven-plugins/1.6/nexus-maven-plugins-1.6.pom
```

```
    Downloaded: http://repo.maven.apache.org/maven2/org/sonatype/nexus/maven/
nexus-maven-plugins/1.6/nexus-maven-plugins-1.6.pom (17 KB at 7.8 KB/sec)
    Downloading: http://repo.maven.apache.org/maven2/org/sonatype/buildsupport/
public-parent/5/public-parent-5.pom
```

4.5.3 JavaCPP-presets 示例

讲解程序前，先来了解 cppbuild.sh 文件，这个脚本在根目录下，它的主要功能是被用来构建和创建本地 C++ 库。编译 ffmpeg 库，其代码如下。

```
./cppbuild.sh -platform linux-x86_64 install ffmpeg
```

脚本的第一个参数是 -platform，值是 linux-x86_64。

判断平台代码如下，如果第一个参数是 -platform，那么初始化变量 PLATFORM，然后参数位移动一位到第二个参数，如果第二个参数是 install，那么初始化变量 OPERATION 为 install，如果第二个参数是 clean，初始化变量 OPERATION 为 clean。这里是 install。

```
while [[ $# > 0 ]]; do
    case "$1" in
        -platform)
            shift
            PLATFORM="$1"
            ;;
        install)
            OPERATION=install
            ;;
        clean)
            OPERATION=clean
            ;;
        *)
            PROJECTS+=("$1")
            ;;
    esac
    shift
done
```

确定需要 install 操作后，程序进入实际执行阶段，代码如下。

```
case $OPERATION in
        install)
            if [[ ! -d $PROJECT ]]; then
                echo "Warning: Project \"$PROJECT\" not found"
            else
                echo "Installing \"$PROJECT\""
                mkdir -p $PROJECT/cppbuild
                pushd $PROJECT/cppbuild
                source ../cppbuild.sh
```

```
                popd
            fi
```

在上述代码中，创建 ffmpeg/cppbuild 目录，然后将目录压入目录栈，在当前环境下读取并执行 ffmpeg 目录下的 cppbuild.sh 中的命令，最后将目录弹出目录栈。从这里可以看出，真实执行的是 ffmpeg 目录下面的 cppbuild.sh 命令，它的代码在这里不做展开，主要执行的是一连串的 make 命令，编译 C++ 代码、生成 .so 文件。

示例程序 1：自己写一个简单的 FFMpeg 库

这里所举的例子是一个调用 FFMpeg 多媒体库的示例。FFMpeg 是一套可以用来记录、转换数字音频 / 视频，并能将其转换为流的开源计算机程序。采用 LGPL 或 GPL 许可证。

如果想要下载 FFMpeg 源代码或库文件，可以 http://ffmpeg.org/ 中查找。如果想要查看 FFMpeg 的 API，可以 http://bytedeco.org/javacpp-presets/ffmpeg/apidocs/ 中查找。运行整个程序，需要 3 个文件，把这 3 个文件放在同一个目录下。

首先是 C 的源代码，如下所示。这里只引用一小部分，剩余的可以到 github 上看，作者是 Stephen Dranger。

```
    //
    // This tutorial was written by Stephen Dranger (dranger@gmail.com).
    //
    // Code based on a tutorial by Martin Bohme (boehme@inb.uni-
luebeckREMOVETHIS.de)
    // Tested on Gentoo, CVS version 5/01/07 compiled with GCC 4.1.1
    // A small sample program that shows how to use libavformat and libavcodec
to
    // read video from a file.
    //
    // Use the Makefile to build all examples.
    //
    // Run using
    //
    // tutorial01 myvideofile.mpg
    //
    // to write the first five frames from "myvideofile.mpg" to disk in PPM
    // format.
    #include <libavcodec/avcodec.h>
    #include <libavformat/avformat.h>
    #include <libswscale/swscale.h>
    #include <stdio.h>
    void SaveFrame(AVFrame *pFrame, int width, int height, int iFrame) {
    FILE *pFile;
    char szFilename[32];
    int y;
    // Open file
    sprintf(szFilename, "frame%d.ppm", iFrame);
    pFile=fopen(szFilename, "wb");
```

```
if(pFile==NULL)
return;
// Write header
fprintf(pFile, "P6\n%d %d\n255\n", width, height);
// Write pixel data
for(y=0; y<height; y++)
fwrite(pFrame->data[0]+y*pFrame->linesize[0], 1, width*3, pFile);
// Close file
fclose(pFile);
}
int main(int argc, char *argv[]) {
AVFormatContext *pFormatCtx = NULL;
int i, videoStream;
AVCodecContext *pCodecCtx = NULL;
AVCodec *pCodec = NULL;
AVFrame *pFrame = NULL;
AVFrame *pFrameRGB = NULL;
AVPacket packet;
int frameFinished;
int numBytes;
uint8_t *buffer = NULL;
AVDictionary *optionsDict = NULL;
struct SwsContext *sws_ctx = NULL;
```

其次是需要创建一个 pom.xml 文件，这样可以利用 Maven 仓库下载需要的 FFMpeg 库文件。pom.xml 文件内容如下。

```
<project>
    <modelVersion>4.0.0</modelVersion>
    <groupId>org.bytedeco.javacpp-presets.ffmpeg</groupId>
    <artifactId>tutorial01</artifactId>
    <version>1.0</version>
    <dependencies>
        <dependency>
            <groupId>org.bytedeco.javacpp-presets</groupId>
            <artifactId>ffmpeg</artifactId>
            <version>2.7.1-1.0</version>
        </dependency>
    </dependencies>
</project>
```

最后是 Java 代码的实现。在这个 Java 代码中，它会调用 FFMpeg 的库函数进行针对视频的转换。

```
import java.io.*;
import org.bytedeco.javacpp.*;
import static org.bytedeco.javacpp.avcodec.*;
import static org.bytedeco.javacpp.avformat.*;
```

```
import static org.bytedeco.javacpp.avutil.*;
import static org.bytedeco.javacpp.swscale.*;

public class testJavaCPP {
    static void SaveFrame(AVFrame pFrame, int width, int height, int iFrame)
            throws IOException {
        // Open file
        OutputStream stream = new FileOutputStream("frame" + iFrame +
".ppm");

        // Write header
        stream.write(("P6\n" + width + " " + height + "\n255\n").
getBytes());

        // Write pixel data
        BytePointer data = pFrame.data(0);
        byte[] bytes = new byte[width * 3];
        int l = pFrame.linesize(0);
        for(int y = 0; y < height; y++) {
            data.position(y * l).get(bytes);
            stream.write(bytes);
        }

        // Close file
        stream.close();
    }

    public static void main(String[] args) throws IOException {
        AVFormatContext pFormatCtx = new AVFormatContext(null);
        int             i, videoStream;
        AVCodecContext  pCodecCtx = null;
        AVCodec         pCodec = null;
        AVFrame         pFrame = null;
        AVFrame         pFrameRGB = null;
        AVPacket        packet = new AVPacket();
        int[]           frameFinished = new int[1];
        int             numBytes;
        BytePointer     buffer = null;

        AVDictionary    optionsDict = null;
        SwsContext      sws_ctx = null;

        if (args.length < 1) {
            System.out.println("Please provide a movie file");
            System.exit(-1);
        }
```

```
        // Register all formats and codecs
        av_register_all();

        // Open video file
        if (avformat_open_input(pFormatCtx, args[0], null, null) != 0) {
            System.exit(-1); // Couldn't open file
        }

        // Retrieve stream information
        if (avformat_find_stream_info(pFormatCtx, (PointerPointer)null) < 0) {
            System.exit(-1); // Couldn't find stream information
        }

        // Dump information about file onto standard error
        av_dump_format(pFormatCtx, 0, args[0], 0);

        // Find the first video stream
        videoStream = -1;
        for (i = 0; i < pFormatCtx.nb_streams(); i++) {
            if (pFormatCtx.streams(i).codec().codec_type() == AVMEDIA_TYPE_
VIDEO) {
                videoStream = i;
                break;
            }
        }
        if (videoStream == -1) {
            System.exit(-1); // Didn't find a video stream
        }

        // Get a pointer to the codec context for the video stream
        pCodecCtx = pFormatCtx.streams(videoStream).codec();

        // Find the decoder for the video stream
        pCodec = avcodec_find_decoder(pCodecCtx.codec_id());
        if (pCodec == null) {
            System.err.println("Unsupported codec!");
            System.exit(-1); // Codec not found
        }
        // Open codec
        if (avcodec_open2(pCodecCtx, pCodec, optionsDict) < 0) {
            System.exit(-1); // Could not open codec
        }

        // Allocate video frame
        pFrame = av_frame_alloc();
```

```
            // Allocate an AVFrame structure
            pFrameRGB = av_frame_alloc();
            if(pFrameRGB == null) {
                System.exit(-1);
            }

            // Determine required buffer size and allocate buffer
            numBytes = avpicture_get_size(AV_PIX_FMT_RGB24,
                    pCodecCtx.width(), pCodecCtx.height());
            buffer = new BytePointer(av_malloc(numBytes));

            sws_ctx = sws_getContext(pCodecCtx.width(), pCodecCtx.height(),
                    pCodecCtx.pix_fmt(), pCodecCtx.width(), pCodecCtx.height(),
                    AV_PIX_FMT_RGB24, SWS_BILINEAR, null, null, (DoublePointer)
null);

            // Assign appropriate parts of buffer to image planes in pFrameRGB
            // Note that pFrameRGB is an AVFrame, but AVFrame is a superset
            // of AVPicture
            avpicture_fill(new AVPicture(pFrameRGB), buffer, AV_PIX_FMT_RGB24,
                    pCodecCtx.width(), pCodecCtx.height());

            // Read frames and save first five frames to disk
            i = 0;
            while (av_read_frame(pFormatCtx, packet) >= 0) {
                // Is this a packet from the video stream?
                if (packet.stream_index() == videoStream) {
                    // Decode video frame
                    avcodec_decode_video2(pCodecCtx, pFrame, frameFinished,
packet);

                    // Did we get a video frame?
                    if (frameFinished[0] != 0) {
                        // Convert the image from its native format to RGB
                        sws_scale(sws_ctx, pFrame.data(), pFrame.linesize(), 0,
                                pCodecCtx.height(), pFrameRGB.data(), pFrameRGB.
linesize());

                        // Save the frame to disk
                        if (++i<=5) {
                            SaveFrame(pFrameRGB, pCodecCtx.width(), pCodecCtx.
height(), i);
                        }
                    }
                }

                // Free the packet that was allocated by av_read_frame
```

```
            av_free_packet(packet);
        }

        // Free the RGB image
        av_free(buffer);
        av_free(pFrameRGB);

        // Free the YUV frame
        av_free(pFrame);

        // Close the codec
        avcodec_close(pCodecCtx);

        // Close the video file
        avformat_close_input(pFormatCtx);

        System.exit(0);
    }
```

所需要的文件创建完毕以后，可以通过 maven 命令来编译、执行程序。

```
mvn package exec:java -Dexec.mainClass=testJavaCPP -Dexec.args="你的视频文件"
```

示例程序 2：加入一个新的库

从前面代码中可以知道，最终调用的是自己 C++ 代码文件夹中的 cppbuild.sh 文件，所以如果想要增加一个新的库，势必也需要创建该文件。总的来说，需要注意以下 3 点。

①创建一个全部小写字母组成的文件夹，这个文件夹的名称和最终生成的 JAR 包的文件名，以及 Maven 的 artifact 名称会完全一致，如 testc++。

②在这个文件夹下，创建新的工程，这个工程需要包括 cppbuild.sh 文件和 pom.xml 文件，以及属于 org.bytedeco.javacpp.presets 包的 Java 的配置文件。

③上述两步到位后，发起一个请求，编译自己的代码，然后上传二进制库文件到 Maven 中央仓库，这样其他用户也可以调用这个库实现本地方法操作。

下面以 java.util.zip 包为例，里面包含了一个 zlib 库。首先需要创建 cppbuild.sh，代码中需要下载 zlib 源代码。

```
#!/bin/bash
# This file is meant to be included by the parent cppbuild.sh script
if [[ -z "$PLATFORM" ]]; then
    pushd ..
    bash cppbuild.sh "$@" zlib
    popd
    exit
fi

if [[ $PLATFORM == windows* ]]; then
```

```
    ZLIB_VERSION=128
    download http://zlib.net/zlib$ZLIB_VERSION-dll.zip
    zlib$ZLIB_VERSION-dll.zip
    mkdir -p $PLATFORM
    cd $PLATFORM
    unzip ../zlib$ZLIB_VERSION-dll.zip -d zlib$ZLIB_VERSION-dll
    cd zlib$ZLIB_VERSION-dll
else
    ZLIB_VERSION=1.2.8
    download http://zlib.net/zlib-$ZLIB_VERSION.tar.gz
    zlib-$ZLIB_VERSION.tar.gz
    mkdir -p $PLATFORM
    cd $PLATFORM
    tar -xzvf ../zlib-$ZLIB_VERSION.tar.gz
    cd zlib-$ZLIB_VERSION
fi

case $PLATFORM in
    linux-x86)
        CC="gcc -m32 -fPIC" ./configure --prefix=.. --static
        make -j4
        make install
        ;;
    *)
        echo "Error: Platform \"$PLATFORM\" is not supported"
        ;;
esac

cd ../..
```

pom.xml 源代码如下，最终生成 zlib 的 JAR 包。

```
<?xml version="1.0" encoding="UTF-8"?>
<project xmlns="http://maven.apache.org/POM/4.0.0" xmlns:xsi="http://www.
w3.org/2001/XMLSchema-instance"
    xsi:schemaLocation="http://maven.apache.org/POM/4.0.0 http://maven.
apache.org/maven-v4_0_0.xsd">
  <modelVersion>4.0.0</modelVersion>

  <parent>
    <groupId>org.bytedeco</groupId>
    <artifactId>javacpp-presets</artifactId>
    <version>0.10</version>
  </parent>

  <groupId>org.bytedeco.javacpp-presets</groupId>
```

```
    <artifactId>zlib</artifactId>
    <version>1.2.8-${project.parent.version}</version>
    <packaging>jar</packaging>
    <name>JavaCPP Presets for zlib</name>

    <dependencies>
      <dependency>
        <groupId>org.bytedeco</groupId>
        <artifactId>javacpp</artifactId>
      </dependency>
    </dependencies>

    <build>
      <plugins>
        <plugin>
          <artifactId>maven-resources-plugin</artifactId>
        </plugin>
        <plugin>
          <artifactId>maven-compiler-plugin</artifactId>
        </plugin>
        <plugin>
          <groupId>org.bytedeco</groupId>
          <artifactId>javacpp</artifactId>
        </plugin>
        <plugin>
          <artifactId>maven-jar-plugin</artifactId>
        </plugin>
        <plugin>
          <artifactId>maven-dependency-plugin</artifactId>
        </plugin>
        <plugin>
          <artifactId>maven-source-plugin</artifactId>
        </plugin>
        <plugin>
          <artifactId>maven-javadoc-plugin</artifactId>
        </plugin>
      </plugins>
    </build>

</project>
```

如下代码是 Java 配置文件，文件需要被放在 src/main/java/org/bytedeco/javacpp/presets 目录下。

```
package org.bytedeco.javacpp.presets;

import org.bytedeco.javacpp.annotation.*;
```

```
    import org.bytedeco.javacpp.tools.*;

    @Properties(target="org.bytedeco.javacpp.zlib", value={@
Platform(include="<zlib.h>", link="z@.1"),
        @Platform(value="windows", link="zdll", preload="zlib1")})
    public class zlib implements InfoMapper {
        public void map(InfoMap infoMap) {
            infoMap.put(new Info("ZEXTERN", "ZEXPORT", "z_const", "zlib_
version").cppTypes().annotations())
                    .put(new Info("FAR").cppText("#define FAR"))
                    .put(new Info("OF").cppText("#define OF(args) args"))
                    .put(new Info("Z_ARG").cppText("#define Z_ARG(args) args"))
                    .put(new Info("Byte", "Bytef", "charf").cast().
valueTypes("byte").pointerTypes("BytePointer"))
                    .put(new Info("uInt", "uIntf").cast().valueTypes("int").
pointerTypes("IntPointer"))
                    .put(new Info("uLong", "uLongf", "z_crc_t", "z_off_t").
cast().valueTypes("long").pointerTypes("CLongPointer"))
                    .put(new Info("z_off64_t").cast().valueTypes("long").
pointerTypes("LongPointer"))
                    .put(new Info("voidp", "voidpc", "voidpf").
valueTypes("Pointer"))
                    .put(new Info("gzFile_s").pointerTypes("gzFile"))
                    .put(new Info("gzFile").valueTypes("gzFile"))
                    .put(new Info("Z_LARGE64", "!defined(ZLIB_INTERNAL) &&
defined(Z_WANT64)").define(false))
                    .put(new Info("inflateGetDictionary", "gzopen_w",
"gzvprintf").skip());
        }
    }
```

在父目录 JavaCPP-presets 中，需要把 zlib 模块的名称加入 pom.xml 的模块列表中，这样就可以像前面示例代码一样运行程序来生成 .so 包和 JAR 包，执行 mvn install-projects zlib 命令。

4.5.4 JavaCPP 性能测试

通过上面实验的实现，已经掌握了如何使用 JavaCPP，下面开始尝试针对 JavaCPP 的测试。

这个实验基于一个人脸算法库，该人脸算法库具备检测、建模、比对功能，网上有很多开源的人脸识别算法库，大家可以自行下载。当使用单线程时，本地预先加载人脸特征值数据，分别使用 C++ 代码和 Java 调用 JNI 库的方式，在内存中循环比对 1000 万次，比对测试结果如表 4-2 所示。

表 4-2 JNI 库和 C++ 库单线程性能比较

方式	比对次数（万次）	耗时 /ms	比对速率 /r/s（records per second）
C++	1000	11055	904322
Java 调用 JNI 库	1000	14732	702592
JavaCPP 调用算法库	1000	13066	765345

从上面的数据可以看出，直接用 C++ 调用算法库效率最高，其次是 JavaCPP 方式，JNI 方式耗时最长。当然，这里没有列举的 JNA 技术，它的效率会更差。这些效率差距主要在底层字节码的编译形式上的区别。

表 4-2 的方式是单线程方式，采用多线程方式再来做一次测试，测试结果如表 4-3 所示。由此可以看出，多线程环境下，C++ 和 JavaCPP 的优势更加明显，整体效率系统为 0.95~1，JNI 方式的效率则平均在 0.81 左右。

表 4-3　JNI 库和 C++ 库多线程性能比较

方式	线程数	比对次数（万次）	总耗时 /ms	总比对速率 /r/s	单线程效率 /r/s	CPU/百分比	C++/JNI 效率系数
C++	5	500	6313	396W	87W	500	1
	10	500	9477	528W	71W	1000	1
	15	500	12496	600W	50W	1500	1
	20	500	15581	642W	36W	1600	1
	25	500	19257	649W	27W	1600	1
	50	500	37512	666W	14W	1600	1
	100	500	74773	675W	7.0W	1600	1
JNI 方式	5	500	7907	316W	68W	500	0.80
	10	500	11700	427W	57W	1000	0.81
	15	500	14846	505W	37W	1500	0.84
	20	500	19541	512W	28W	1600	0.80
	25	500	24488	521W	26W	1600	0.80
	50	500	46629	536W	13W	1600	0.80
	100	500	91939	544W	5.8W	1600	0.81
JavaCPP 方式	5	500	6753	370W	83W	500	0.93
	10	500	8440	592W	63W	1000	1.12
	15	500	12680	591W	40W	1500	0.99
	20	500	17390	575W	29W	1600	0.89
	25	500	21939	570W	22W	1600	0.87
	50	500	43849	570W	11W	1600	0.85
	100	500	83150	601W	5.7W	1600	0.89

4.6 Java 8 解决的若干问题

4.6.1 HashMap

HashMap 其实不能算是 Java 8 的提升，而应该说是 JDK 8 的提升。在 JDK 7 中，当 HashCode() 的返回值相等时，HashMap 会在 LinkedList 中存储对象，这一设计导致 HashMap 整体的时间复杂度在 O(1) 到 O(*N*) 之间波动。JDK 8 更新了 HashMap 内部的实现，当复杂的 HashCode 数量超过一个临界值后，会以红黑树的形式存放对象，从而将整体的时间复杂度缩小至 O(1) 到 O(log(*n*)) 的范围内。

下面看一个示例，定义一个 Key 类并实现 Comparable 接口。为了比较最坏情况下的 O(*N*) 和 O(log(*n*))，重写 HashCode() 并返回一个定值。

Key 类：

```
public class Key implements Comparable<Key>{
      private int value;

      public Key(int value){
            this.value = value;
      }

      @Override
      public int compareTo(Key key){
            return this.value - key.value;
      }

      @Override
      public int hashCode(){
            return 1;//A poorly written hash function.
      }
}
```

Main 类：

```
import java.util.HashMap;

public class Main {
      public static void main(String[] args){

            int keyNum = 10000;
            HashMap<Key,Integer> map = new HashMap<>();
            for(int i = 0;i<keyNum;i++){
                  map.put(new Key(i), i);
            }

            //Look up all the keys in the map and repeat 10 times
            long min = Long.MAX_VALUE;
            long sum = 0;
            for(int i = 0;i<10;i++){
                  long start = System.nanoTime();
                  for(Key keys : map.keySet()){
                        map.get(keys);
```

```
                }
                long duration = (System.nanoTime() - start)/1_000_000;
                sum += duration;
                if(duration < min)min = duration;
            }
            System.out.println("Min time: " + min + "\nAverage time: " + sum
/ 10.0);
        }
    }
```

分别在 JDK 7 和 JDK 8 的环境下运行上述的代码，输出结果如下。

```
JDK7 的结果：
Min Time:205
Average Time:207.8
JDK8 的结果：
Min Time:1
Average Time:1.8
```

从上述的运行结果可以看到，JDK 8 的平均运行时间几乎是 JDK 7 环境下的 1%。如果将对象数量增加到 50000，即 keyNum=50000，可以看到耗时对应增加。也就是说，对象数量并不影响运行结果，无论多少，Java 8 HashMap 的检索速度都要比 Java 7 快。

```
Java7 的结果：
Min Time:5137
Average Time:5178.5
Java8 的结果：
Min Time:5
Average Time:6.5
```

如果 key 类没有实现 Comparable 接口，Java 会通过调用 tieBreakOrder(Object a,Object b) 方法来比较键的顺序。tieBreakOrder(Object a,Object b) 方法会先通过 getClass().getName() 比较类名大小，再用 System.identityHashCode 决定顺序。这一过程的成本相当高，测试表明，采用这种方式时，JDK 7 和 JDK 8 基本没有性能差距，其运行结果如下。

```
Min Time:828
Average Time:831.9
```

当 Key 类实现了 Comparable 接口时，JDK 8 通过红黑树将 HashMap 最坏情况下的时间复杂度降低为 O(log(*n*))。当 HashMap 的容量大于 64，且重复的 HashCode 数量达到 8 时，将 LinkedList 转变为红黑树。如果 Key 类不可比较，成本会更高。

4.6.2 行为参数化

软件开发中一个常见的问题是如何应对用户需求的变化。举个例子，农夫提出他的需求，他想要清理自己的仓库，盘点各类水果有多少。他想要找到所有的青苹果，或者想要所有质量大于 150g 的苹果，或者来个组合，他需要找出所有质量大于 150g 的青苹果。也就是需要在能够应对不同需求的同时，尽可能减少开发量。

Java 8 引入了行为参数化的设计模式，这是一种能够处理频繁需求变化的软件开发模式。简言之，可以将一段代码当作其他一些方法的参数来执行。这样，那些方法的具体行为就会由这段代码来决定。形象地说，就是假如要处理一个集合并想要写一个能够满足以下要求的方式，这就要行为参数化。

- 将需要操作的动作当成参数传入。
- 处理完毕后再进行其他操作。
- 将异常处理机制也当成参数传入。

按照 Java 7 的实现方式，首先要找到所有的青苹果，需要分为以下两步。

①物品集合作为参数。

```
    public static List<Apple> filterGreenApples(List<Apple> inventory){
        List<Apple> result = new ArrayList<>();
        for(Apple apple : inventory){
              if("green".equals(apple.getColor())){
              result.add(apple);
              }
        }
        return result;
           }
```

②颜色作为参数。

```
    public static List<Apple> filterApplesByColor(List<Apple> inventory,String
color){
        List<Apple> result = new ArrayList<>();
        for(Apple apple : inventory){
              if("green".equals(color)){
              result.add(apple);
              }
        }
        return result;
    }
```

如果还想要找到所有达到一定质量的苹果，可以增加一个质量参数。

```
    public static List<Apple> filterApplesbyWeight(List<Apple> inventory,String
color,int weight){
        List<Apple> result = new ArrayList<>();
        for(Apple apple : inventory){
              if(apple.getColor().equals(color)){
              if(apple.getWeight() > weight){
                 result.add(apple);
                 }
              }
        }
```

```
        return result;
    }
```

这么做虽然可以实现功能，但是包含了大量重复的代码，如果需要修改代码提升性能，就必须修改所有方法中的代码。在 Java 8 中，可以将不同的需求抽象化，如需要根据苹果的某些特定属性得到一个 Boolean 的返回值，可以通过指定一个 Predicate 接口作为选择苹果的标准。

```
    @FunctionInterface
    Public interface ApplePredicate{
        Boolean test(Apple apple);
    }
```

然后就可以根据不同的筛选标准定义多个实现类，如 AppleHeavyWeightPredicate 类。

```
    Public class AppleHeavyWeightPredicate implements ApplePredicate{
          Public boolean test(Apple apple){
                Return apple.getWeight()>150;
    }
    }
    Public class AppleGreenColorPredicate implements ApplePredicate{
          Public boolean test(Apple apple){
                Return "green".equals(apple.getColor);
    }
    }
```

这些筛选标准就相当于过滤方法的具体行为，将 ApplePredicate 对象作为过滤方法的参数，从而筛选需要的苹果，如 filterApples 类。

```
    public static List<Apple> filterApples(List<Apple> inventory,ApplePredicate
p){
        List<Apple> result = new ArrayList<>();
        for(Apple apple : inventory){
             if(p.test(apple)){
                result.add(apple);
             }
        }
        return result;
    }
```

以上这样用 Java 8 编码方式实现的代码，较之前的更加灵活，而且便于阅读和使用。如果有了新的筛选要求，如需要找到所有质量超过 150g 的红苹果，只需要根据要求创建一个对应的 ApplePredicate 对象，然后传入 filterApples 方法中即可，如 AppleRedAndHeavyPredicate 类。

```
    public class AppleRedAndHeavyPredicate implements ApplePredicate{
          public boolean test(Apple apple){
               return "red".equals(apple.getColor())
                              && apple.getWeight() > 150;
          }
    }
```

另外，还可以引入 Java 8 的 Lambda 表达式，进一步简化代码。

```
List<Apple> result = filterApples(inventory,(Apple apple)->"red".
equals(apple.getColor()));
List<Apple> greenApples = filterApples(inventory,(Apple apple)->"green".
equals(apple.getColor()));
```

Java 8通过引入行为参数化，可以大大简化代码量，而且行为参数化也符合人的逻辑思维方式，让编码更加符合人的大脑行为。

4.6.3 读取文件

在 Java 7 中，如果想要实现逐行读取文件功能，最常用的方法之一是使用 BufferedReader。

```
try(BufferedReader reader = new BufferedReader(new FileReader(fileName))){
    reader.readLine();
    for(String line = reader.readLine();line!=null;line = reader.readLine()){
      String[] data = line.split(",");
      database.add(new Data(data[0],data[1],data[2],data[3],data[4],data[5]));
    }
    }catch(IOException ex){
       ex.printStackTrace();
    }
```

在 Java 8 中，编写方式有所改变，引入了 Stream 包，如下所示。

```
try(Stream<String> stream =
    Files.lines(Paths.get(fileName),Charset.defaultCharset())){
          stream.skip(1)
          .map(line->line.split(","))
          .forEach(data->database.add(new Data(
             data[0],data[1],data[2],data[3],data[4],data[5])));
    }catch(IOException e){
       e.printStackTrace();
    }
```

使用两种读取文件方法的对比结果如下。

```
//Java 7
Min time: 4432
Average time: 5204.1

//Java 8
Min time: 4511
Average time: 5385.4
```

两种方法的速度几乎相同，而 Java 8 的 Stream 代码更为简洁，以内部迭代的方式减少了一个 for/while 循环的使用。但是 Stream 的局限性在于，行与行之间必须相互独立，如果每一个对象需要用到两行或两行以上的信息，那么就无法使用 Stream 了。

4.6.4 Stream

Stream 常用于处理大量的数据。这里对主要的几种 Stream 操作进行分析，对比 Java 7 的迭代，Java 8 的 sequential stream 和 parallel stream 之间的差别。现在有一个 Product 类，其中有 group、categories、reviews 等变量，以及一个 Review 类，包含 user 和 value 两个变量。

1. FIlter

Stream 中 filter 的作用相当于 if 语句，起到了筛选的功能。在大量 Product 中筛选出评分达到 4 分的 Product。

（1）Java 7 的筛选对象类

```
Public double avgRating(){
        double sum = 0;
        for(Review review : reviews){
            sum+=review.getValue();
        }
        return sum / reviews.size();
}
ArrayList<Product> highRating = new ArrayList<>();
for(Product product : products){
if(product.avgRating() >= 4){
    highRating.add(product);
}
}
```

（2）Java 8 的筛选对象类

```
Java8:
Public double avgRating(){
     double sum = reviews.stream()
                      .map(r->r.getValue())
                      .reduce(0,(v1,v2)->v1 + v2);
     return sum / reviews.size();
}
ArrayList<Product> highRating = products.stream()
                      .filter(p->p.avgRating() >= 4)
                      .collect(toCollection(ArrayList::new));
```

测试 parallel stream 时只需将 stream() 改为 parallelStream() 即可。由于已知每个 Product 中的 Review 数量不多，avgRating 方法中没有必要改写 parallelStream()，否则可能降低效率。运行结果对比如下。

```
Java7 迭代
Min time：48
Average time：50.2
Java8 sequential stream
Min time：95
Average time：256.0
Java8 parallel stream
Min time：49
Average time：198.5
```

从以上运行结果可以看出，Java 7 迭代方法的速度最快，而 Java 8 的 stream 速度反而慢了。一种可能的解释是，在 main 中使用了一个 stream，而在 stream 中的 filter 方法中使用了第二层 stream，多层的 stream 反而损耗了性能。由于 stream 通常用于大量的数据处理，而每个 Product 中的 Review 数量较少，尝试将 avgRating 方法统一为迭代的方式，得到新的测试结果如下。

```
Java8 sequential stream
Min time：46
Average time：52.2
Java8 parallel stream
Min time：26
Average time：32.5
```

在正确地使用 stream 的前提下，sequential stream 和迭代方法的效率大致相同，而 parallel stream 通过并行处理，在一定程度上提升了效率。在运用 Java 8 时，不能一味地使用 stream，而应该结合 stream 和迭代各自的特点，以达到预期的效果。

2. map 和 reduce

每个 Product 中都有 ArrayList<String> categories 表示它的分类。先将每个 Product 映射为 cateGories 的数量，再进行求和得到总的分类数量。map 和 reduce 代码如下。

```
Java7：
int numOfCategories = 0;
for(Product product : products){
    numOfCategories += product.getCategories().size();
}
//Java 7
Min time：6
Average time：7.5
//Java 8
int numOfCategories =
product.stream()
        .map(p->p.getCategories().size())
        .reduce(0,(s1,s2)->s1 + s2);

// Java8 sequential stream
Min time：14
```

```
Average time: 27.0
//Java8 parallel stream
Min time: 7
Average time: 19.8
```

Java 8 的 Stream 又一次比 Java 7 的迭代慢了很多。这里的主要原因是，size() 返回的是 int 类型，而 Stream 是 Integer 类型，所以在 Stream 的运算过程中存在了大量的拆箱和装箱操作，大大降低了效率。通过 mapToInt() 方法可以将 Stream<Integer> 变成 IntStream，从而避免拆箱和装箱的过程。

```
//Java 8
int numOfCategories =
product.stream()
      .mapToInt(p->p.getCategories().size())
      .reduce(0,(s1,s2)->s1 + s2);

// Java8 sequential stream
Min time: 6
Average time: 11.2
//Java8 parallel stream
Min time: 4 Average time: 8.8
```

省去拆箱和装箱的过程后，Stream 的速度明显得到了提高，大致接近迭代的速度，但是似乎仍然略慢一点。分析其原因：第一，由于所做的运算是简单的加法，运算过程本身就很快，只有几毫秒的时间，测试的效果并不明显；第二，Stream 的初始化有一定的成本，当所做的运算过于简单时，会显得 Stream 整体效率不高。于是，尝试增加一个额外的累加过程来延长时间，sumFormOne 方法如下。

```
private static int sumFormOne(int num){
int sum = 0;
for(int i = 1;i <= num;i++){
    sum += i;
}
return sum;
}
Java 7:
int numOfCategories = 0;
for(Product product : products){
   numOfCategories += sumFormOne(product.getCategories().size());
}
//Java 7
Min time: 14
Average time: 14.9
Java 8:
int numOfCategories =
product.stream()
      .mapToInt(p->sumFormOne(p.getCategories().size()))
```

```
        .reduce(0,(s1,s2)->s1 + s2);

// Java8 sequential stream
Min time: 11
Average time: 16.3
//Java8 parallel stream
Min time: 5
Average time: 11.0
```

3. 异步计算

Java 5 并发库主要关注于异步任务的处理，它采用了这样一种模式，producer 线程创建任务并利用阻塞队列将其传递给任务的 consumer。这种模型在 Java 7 和 Java 8 中进一步发展，并且开始支持另外一种风格的任务执行，那就是将任务的数据集分解为子集，每个子集都可以由独立且同质的子任务来负责处理。

这种风格的基础库也就是 fork/join 框架，它允许程序员规定数据集该如何进行分割，并且支持将子任务提交到默认的标准线程池中，也就是"通用的"ForkJoinPool。在 Java 8 中，Fork/Join 并行功能借助并行流的机制变得更加具有可用性。但是，不是所有的问题都适合这种风格的并行处理：所处理的元素必须是独立的，数据集要足够大，并且在并行加速方面，每个元素的处理成本要足够高，这样才能补偿建立 fork/join 框架所消耗的成本。CompletableFuture 类则是 Java 8 在并行流方面的创新。

4. 异步调

所谓异步调用，其实就是实现一个可无须等待被调用函数的返回值而让操作继续运行的方法。在 Java 语言中，简单地讲，就是另启一个线程来完成调用中的部分计算，使调用继续运行或返回，而不需要等待计算结果。但调用者仍需要取线程的计算结果。

5. 回调函数

回调函数比较通用的解释是，它是一个通过函数指针调用的函数。如果把函数的指针（地址）作为参数传递给另一个函数，当这个指针被用为调用它所指向的函数时，就可以说这是回调函数。回调函数不是由该函数的实现方直接调用的，而是在特定的事件或条件发生时由另一方调用的，用于对该事件或该条件进行响应。

回调函数的机制如下。

①定义一个回调函数。

②在初始化时，提供函数实现的一方将回调函数的函数指针注册给调用者。

③当特定的事件或条件发生时，调用者使用函数指针调用回调函数对事件进行处理。

回调函数通常与原始调用者处于同一层次，如图 4-20 所示。

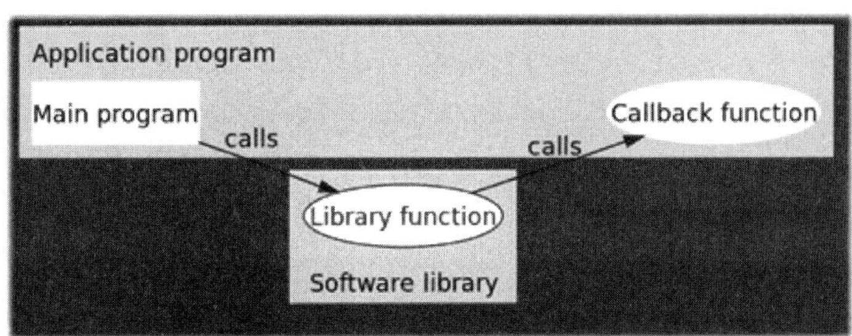

图 4-20　回调函数示例图

6. Future 接口介绍

JDK 5 新增了 Future 接口，用于描述一个异步计算的结果。虽然 Future 及相关使用方法提供了异步执行任务的能力，但是对于结果的获取很不方便，只能通过阻塞或轮询的方式得到任务的结果。阻塞的方式显然与异步编程的初衷相违背，轮询的方式又会耗费无谓的 CPU 资源，而且也不能及时地得到计算结果。为什么不能用观察者设计模式呢？即当计算结果完成及时通知监听者。

有一些开源框架实现了这一设想，如 Netty 的 ChannelFuture 类扩展了 Future 接口，通过提供 addListener 方法实现支持回调方式的异步编程。Netty 中所有的 I/O 操作都是异步的，这意味着任何的 I/O 调用都将立即返回，而不保证这些被请求的 I/O 操作在调用结束时已经完成。取而代之地，会得到一个返回的 ChannelFuture 实例，这个实例将给出一些关于 I/O 操作结果或状态的信息。当一个 I/O 操作开始时，一个新的 Future 对象就会被创建。在开始时，新的 Future 是未完成的状态——它既非成功、失败，也非被取消，因为 I/O 操作还没有结束。如果 I/O 操作以成功、失败或被取消中的任何一种状态结束了，那么这个 Future 将会被标记为已完成，并包含更多详细的信息（如失败的原因）。需要注意的是，即使是失败或被取消的状态，也是属于已完成的状态。阻塞方式的示例代码如下。

```
// Start the connection attempt.
ChannelFuture Future = bootstrap.connect(new InetSocketAddress(host, port));
// Wait until the connection is closed or the connection attempt fails.
Future.getChannel().getCloseFuture().awaitUninterruptibly();
// Shut down thread pools to exit.
bootstrap.releaseExternalResources();
```

上面代码使用的是 awaitUninterruptibly 方法，其源代码如下。

```
publicChannelFutureawaitUninterruptibly() {
boolean interrupted = false;
synchronized (this) {
            // 循环等待到完成
while (!done) {
checkDeadLock();
waiters++;
try {
wait();
    } catch (InterruptedException e) {
```

```
                    //不允许中断
interrupted = true;
     } finally {
waiters--;
       }
     }
   }

if (interrupted) {
Thread.currentThread().interrupt();
   }
return this;
}
```

①异步非阻塞方式示例代码 1。

```
// Start the connection attempt.
ChannelFuture Future = bootstrap.connect(new InetSocketAddress(host, port));
Future.addListener(new ChannelFutureListener()
{
public void operationComplete(final ChannelFuture Future)
throws Exception
   {
   }
});
// Shut down thread pools to exit.
bootstrap.releaseExternalResources();
```

可以明显地看出，在异步模式下，上面这段代码没有阻塞，在执行 connect 操作后直接执行到 printTime(" 异步时间：")，随后 connect 完成，Future 的监听函数输出 connect 操作完成。非阻塞则是添加监听类 ChannelFutureListener，通过覆盖 ChannelFutureListener 的 operationComplete 执行业务逻辑。

②异步非阻塞方式示例代码 2。

```
public void addListener(final ChannelFutureListener listener) {
if (listener == null) {
throw new NullPointerException("listener");
}

booleannotifyNow = false;
synchronized (this) {
if (done) {
notifyNow = true;
} else {
if (firstListener == null) {
                    //listener 链表头
firstListener = listener;
```

```
} else {
if (otherListeners == null) {
otherListeners = new ArrayList<ChannelFutureListener>(1);
}
                    // 添加到 listener 链表中，以便操作完成后遍历操作
otherListeners.add(listener);
}

...

if (notifyNow) {
            // 通知 listener 进行处理
notifyListener(listener);
}
}
```

这部分代码的逻辑很简单，就是注册回调函数，当操作完成后自动调用回调函数，就达到了异步的效果。

7. CompletableFuture 类介绍

在 Java 8 中，新增加了一个的包含 50 个方法的类——CompletableFuture，它提供了非常强大的 Future 的扩展功能，可以简化异步编程的复杂性，并且提供了函数式编程的能力，可以通过回调的方式处理计算结果，还提供了转换和组合 CompletableFuture 的方法。

对于阻塞或轮询方式，依然可以通过 CompletableFuture 类的 CompletionStage 和 Future 接口方式支持。CompletableFuture 类声明了 CompletionStage 接口，CompletionStage 接口实际上提供了同步或异步运行计算的舞台，所以可以通过实现多个 CompletionStage 命令，并且将这些命令串联在一起的方式实现多个命令之间的触发。

可以通过 CompletableFuture.supplyAsync(this::sendMsg); 这么一行代码创建一个简单的异步计算。在这行代码中，supplyAsync 支持异步执行程序员指定的方法，这个例子中的异步执行方法是 sendMsg。当然，也可以使用 Executor 执行异步程序，默认为 ForkJoinPool.commonPool()。

也可以在异步计算结束后指定回调函数，如 CompletableFuture.supplyAsync(this::send-Msg) .thenAccept(this::notify); 这行代码中的 thenAccept 被用于增加回调函数，在示例中 notify 就成了异步计算的消费者，它会处理计算结果。

8. CompletableFuture 类使用示例

下面通过示例来看 CompletableFuture 类具体的使用。

（1）创建完整的 CompletableFuture 示例代码如下

```
static void completedFutureExample() {
CompletableFuture<String>cf = CompletableFuture.completedFuture("message");
assertTrue(cf.isDone());
assertEquals("message", cf.getNow(null));
```

```
}
```

以上代码一般被用于启动异步计算，getNow(null) 返回计算结果或 null。

（2）运行简单的异步场景

```
static void runAsyncExample() {
CompletableFuture<Void>cf = CompletableFuture.runAsync(()->{
assertTrue(Thread.currentThread().isDaemon());
randomSleep();
    });
assertFalse(cf.isDone());
sleepEnough();
assertTrue(cf.isDone());
}
```

以上代码的关键点有以下两点。

① CompletableFuture 是异步执行方式。

②使用 ForkJoinPool 实现异步执行，这种方式使用了 daemon 线程执行 Runnable 任务。

（3）同步执行动作示例

```
static void thenApplyExample() {
CompletableFuture<String>cf = CompletableFuture.completedFuture("message").
thenApply(s->{
assertFalse(Thread.currentThread().isDaemon());
returns.toUpperCase();
    });
assertEquals("MESSAGE", cf.getNow(null));
}
```

以上代码在异步计算正常完成的前提下将执行动作（此处为转换成大写字母）。

（4）异步执行动作示例

相较前一个示例的同步方式，以下代码实现了异步方式，仅是在上面代码中的多个方法增加“Async”关键字。

```
static void thenApplyAsyncExample() {
CompletableFuture<String>cf = CompletableFuture.completedFuture("message").
thenApplyAsync(s->{
assertTrue(Thread.currentThread().isDaemon());
randomSleep();
returns.toUpperCase();
    });
assertNull(cf.getNow(null));
assertEquals("MESSAGE", cf.join());
}
```

（5）使用固定的线程池完成异步执行动作示例

可以通过使用线程池方式来管理异步动作申请，以下代码基于固定的线程池，也是做一个大写字母转换动作。

```
    staticExecutorService executor = Executors.newFixedThreadPool(3, new
ThreadFactory() {
    int count = 1;
        @Override
    public Thread newThread(Runnable runnable) {
    return new Thread(runnable, "custom-executor-" + count++);
        }
    });
    static void thenApplyAsyncWithExecutorExample() {
    CompletableFuture<String>cf = CompletableFuture.completedFuture("message").
thenApplyAsync(s->{
    assertTrue(Thread.currentThread().getName().startsWith("custom-
executor-"));
    assertFalse(Thread.currentThread().isDaemon());
    randomSleep();
    returns.toUpperCase();
        }, executor);
    assertNull(cf.getNow(null));
    assertEquals("MESSAGE", cf.join());
    }
```

（6）作为消费者消费计算结果示例

假设本次计算只需要前一次的计算结果，而不需要返回本次计算结果，那就类似于生产者（前一次计算）- 消费者（本次计算）模式了，示例代码如下。

```
    static void thenAcceptExample() {
    StringBuilder result = new StringBuilder();
    CompletableFuture.completedFuture("thenAccept message")
                .thenAccept(s->result.append(s));
    assertTrue("Result was empty", result.length() > 0);
    }
```

消费者是同步执行的，所以不需要在 CompletableFuture 中对结果进行合并。

（7）异步消费示例

相较于前一个示例的同步方式，也对应有异步方式，代码如下。

```
    static void thenAcceptAsyncExample() {
    StringBuilder result = new StringBuilder();
    CompletableFuture<Void>cf = CompletableFuture.completedFuture("thenAcceptAs
ync message")
                .thenAcceptAsync(s->result.append(s));
    cf.join();
    assertTrue("Result was empty", result.length() > 0);
    }
```

（8）计算过程中的异常示例

下面介绍异步操作过程中的异常情况处理。在下面的示例中，会在字符转换异步请求中刻意延迟 1s，然后才会提交到 ForkJoinPool 中执行。

```
    static void completeExceptionallyExample() {
    CompletableFuture<String>cf = CompletableFuture.completedFuture("message").
thenApplyAsync(String::toUpperCase,
    CompletableFuture.delayedExecutor(1, TimeUnit.SECONDS));
    CompletableFuture<String>exceptionHandler = cf.handle((s, th)->{ return (th
!= null) ? "message upon cancel" : ""; });
    cf.completeExceptionally(new RuntimeException("completed exceptionally"));
    assertTrue("Was not completed exceptionally",
cf.isCompletedExceptionally());
    try {
    cf.join();
    fail("Should have thrown an exception");
        } catch(CompletionException ex) { // just for testing
    assertEquals("completed exceptionally", ex.getCause().getMessage());
        }
    assertEquals("message upon cancel", exceptionHandler.join());
    }
```

上述代码中，首先创建一个 CompletableFuture（计算完毕），调用 thenApplyAsync 返回一个新的 CompletableFuture，再通过使用 delayedExecutor(timeout, timeUnit) 方法延迟 1s 执行。其次创建一个 handler（exceptionHandler），它会处理异常，返回另一个字符串"message upon cancel"。最后进入 join() 方法，执行大写转换操作，并且抛出 CompletionException 异常。

（9）取消计算任务

与前面一个异常处理的示例类似，可以通过调用 cancel(boolean mayInterruptIfRunning) 方法取消计算任务。此外，cancel() 方法与 CompletedExceptionally(new CancellationException()) 等价。

```
    static void cancelExample() {
        CompletableFuture cf = CompletableFuture.completedFuture("message").the
nApplyAsync(String::toUpperCase,
                CompletableFuture.delayedExecutor(1, TimeUnit.SECONDS));
        CompletableFuture cf2 = cf.exceptionally(throwable->"canceled message");
        assertTrue("Was not canceled", cf.cancel(true));
        assertTrue("Was not completed exceptionally",
cf.isCompletedExceptionally());
        assertEquals("canceled message", cf2.join());
    }
```

（10）一个 CompletableFuture 和两个异步计算

可以创建一个 CompletableFuture 接收两个异步计算的结果。首先创建一个 String 对象，其次分别创建两个 CompletableFuture 对象 cf1 和 cf2，cf2 通过调用 applyToEither 方法实现需求，代码如下。

```
    static void applyToEitherExample() {
        String original = "Message";
        CompletableFuture cf1 = CompletableFuture.completedFuture(original)
                .thenApplyAsync(s->delayedUpperCase(s));
        CompletableFuture cf2 = cf1.applyToEither(
                CompletableFuture.completedFuture(original).thenApplyAsync(s-
>delayedLowerCase(s)),
                s->s + " from applyToEither");
        assertTrue(cf2.join().endsWith(" from applyToEither"));
    }
```

如果想要使用消费者替换上述代码的方法用于处理异步计算的结果，实现代码如下。

```
    static void acceptEitherExample() {
        String original = "Message";
        StringBuilder result = new StringBuilder();
        CompletableFuture cf = CompletableFuture.completedFuture(original)
                .thenApplyAsync(s->delayedUpperCase(s))
                .acceptEither(CompletableFuture.completedFuture(original).
thenApplyAsync(s->delayedLowerCase(s)),
                        s->result.append(s).append("acceptEither"));
        cf.join();
        assertTrue("Result was empty", result.toString().
endsWith("acceptEither"));
    }
```

（11）运行两个阶段后执行

下面示例程序为两个阶段执行完毕后返回结果，首先将字符转为大写，然后将字符转为小写，在两个计算阶段都结束后触发 CompletableFuture。

```
    static void runAfterBothExample() {
        String original = "Message";
        StringBuilder result = new StringBuilder();
        CompletableFuture.completedFuture(original).
thenApply(String::toUpperCase).runAfterBoth(
                CompletableFuture.completedFuture(original).thenApply(String::t
oLowerCase),()->result.append("done"));
        assertTrue("Result was empty", result.length() > 0);
    }
```

也可以通过以下方式处理异步计算结果。

```
    static void thenAcceptBothExample() {
        String original = "Message";
        StringBuilder result = new StringBuilder();
        CompletableFuture.completedFuture(original).
thenApply(String::toUpperCase).thenAcceptBoth(
                CompletableFuture.completedFuture(original).thenApply(String::t
oLowerCase),(s1, s2)->result.append(s1 + s2));
        assertEquals("MESSAGEmessage", result.toString());
```

```
    }
```

（12）整合两个计算结果

可以通过 thenCombine() 方法整合两个异步计算的结果。注意，以下代码的整个程序过程是同步的，getNow() 方法最终会输出整合后的结果，也就是说大写字符和小写字符的串联值。

```
    static void thenCombineExample() {
        String original = "Message";
        CompletableFuture cf = CompletableFuture.completedFuture(original).
thenApply(s->delayedUpperCase(s))
                .thenCombine(CompletableFuture.completedFuture(original).
thenApply(s->delayedLowerCase(s)),(s1, s2)->s1 + s2);
        assertEquals("MESSAGEmessage", cf.getNow(null));
    }
```

上面示例是按照同步方式执行两个方法后再合成字符串，以下代码采用异步方式同步执行两个方法，由于异步方式情况下不能确定哪一个方法最终执行完毕，因此需要调用 join() 方法等待后一个方法结束后再合成字符串，这与线程的 join() 方法是一致的。主线程生成并启动了子线程，如果子线程中要进行大量耗时的运算，主线程往往将子线程之前结束，但是如果主线程处理完其他的事务后需要用到子线程的处理结果，也就是主线程需要等待子线程执行完成后再结束，这时就要用到 join() 方法了，即 join() 的作用是“等待该线程终止”。

```
    static void thenCombineAsyncExample() {
        String original = "Message";
        CompletableFuture cf = CompletableFuture.completedFuture(original)
                .thenApplyAsync(s->delayedUpperCase(s))
                .thenCombine(CompletableFuture.completedFuture(original).
thenApplyAsync(s->delayedLowerCase(s)),
                        (s1, s2)->s1 + s2);
        assertEquals("MESSAGEmessage", cf.join());
    }
```

除了 thenCombine() 方法外，还有另一种方法——thenCompose()，这个方法也会实现两个方法执行后的返回结果的连接。

```
    static void thenComposeExample() {
        String original = "Message";
        CompletableFuture cf = CompletableFuture.completedFuture(original).
thenApply(s->delayedUpperCase(s)).thenCompose(upper->CompletableFuture.
completedFuture(original).thenApply(s->delayedLowerCase(s))
                        .thenApply(s->upper + s));
        assertEquals("MESSAGEmessage", cf.join());
    }
```

（13）anyOf() 方法

以下代码模拟了如何在几个计算过程中任意一个完成后创建 CompletableFuture。在这个例子中，创建了几个计算过程，然后转换字符串到大写字符。由于这些 CompletableFuture 是同步执行的（下面这个例子使用的是 thenApply() 方法，而不是 thenApplyAsync() 方法），使用 anyOf() 方法后返回的任何一个值都会立即触发 CompletableFuture。然后使用

whenComplete(BiConsumer<? super Object, ? super Throwable> action) 方法处理结果。

```
    static void anyOfExample() {
        StringBuilder result = new StringBuilder();
        List messages = Arrays.asList("a", "b", "c");
        List<CompletableFuture> futures = messages.stream()
                .map(msg->CompletableFuture.completedFuture(msg).thenApply(s-
>delayedUpperCase(s))).collect(Collectors.toList());
        CompletableFuture.anyOf(futures.toArray(new CompletableFuture[futures.
size()])).whenComplete((res, th)->{
            if(th == null) {
                assertTrue(isUpperCase((String) res));
                result.append(res);
            }
        });
        assertTrue("Result was empty", result.length() > 0);
    }
```

（14）创建 CompletableFuture

下面代码会以同步方式执行多个异步计算过程，在所有计算过程都完成后，创建一个 CompletableFuture。

```
    static void allOfExample() {
        StringBuilder result = new StringBuilder();
        List messages = Arrays.asList("a", "b", "c");
        List<CompletableFuture> futures = messages.stream()
                .map(msg->CompletableFuture.completedFuture(msg).thenApply(s-
>delayedUpperCase(s))).collect(Collectors.toList());
        CompletableFuture.allOf(futures.toArray(new CompletableFuture[futures.
size()])).whenComplete((v, th)->{
            futures.forEach(cf->assertTrue(isUpperCase(cf.getNow(null))));
            result.append("done");
        });
        assertTrue("Result was empty", result.length() > 0);
    }
```

相较于前一个同步示例，也可以异步执行，代码如下。

```
    static void allOfAsyncExample() {
        StringBuilder result = new StringBuilder();
        List messages = Arrays.asList("a", "b", "c");
        List<CompletableFuture> futures = messages.stream()
                .map(msg->CompletableFuture.completedFuture(msg).
thenApplyAsync(s->delayedUpperCase(s))).collect(Collectors.toList());
        CompletableFuture allOf = CompletableFuture.allOf(futures.toArray(new
CompletableFuture[futures.size()]))
                .whenComplete((v, th)->{
                    futures.forEach(cf->assertTrue(isUpperCase(cf.
getNow(null))));
```

```
                result.append("done");
            });
    allOf.join();
    assertTrue("Result was empty", result.length() > 0);
}
```

（15）实际案例

以下代码完成的操作包括如下内容。

①异步地通过调用 cars() 方法获取 car 对象，返回一个 CompletionStage<List> 实例。cars() 方法可以在内部使用调用远端服务器上的 REST 服务等类似场景。

②与其他的 CompletionStage<List> 组合，通过调用 rating(manufacturerId) 方法异步地返回 CompletionStage 实例。

③当所有的 car 对象都被填充 rating 后，调用 allOf() 方法获取最终值。

④调用 whenComplete() 方法打印最终的评分（rating）。

```
cars().thenCompose(cars->{
    List<CompletionStage> updatedCars = cars.stream()
            .map(car->rating(car.manufacturerId).thenApply(r->{
                car.setRating(r);
                return car;
            })).collect(Collectors.toList());
    CompletableFuture done = CompletableFuture
            .allOf(updatedCars.toArray(new CompletableFuture[updatedCars.
size()]));
    return done.thenApply(v->updatedCars.stream().map(CompletionStage::toCo
mpletableFuture)
            .map(CompletableFuture::join).collect(Collectors.toList()));
}).whenComplete((cars, th)->{
    if (th == null) {
        cars.forEach(System.out::println);
    } else {
        throw new RuntimeException(th);
    }
}).toCompletableFuture().join();
```

Completable 类提供了丰富的异步计算调用方式，程序员可以通过上述基本操作描述及示例程序进一步了解如何使用 CompletableFuture 类实现需求，期待 JDK 10 的持续更新。

4.7 JDK 8 与 G1 GC 实践

4.7.1 基础解释

人们常说，每个人做事的方式不同，产生的结果也会不同。G1 GC 采用了一些与 Parallel GC、Serial GC、CMS GC 不同的方式，从而解决了前三个的很多缺陷。例如，G1 GC 切分堆内存为多个区间(Region)，从而避免了很多 GC 操作在整个 Java 堆运行，这就好比打扫一个房子，如果只打扫一个小房间，会比打扫一个大房间节省很多时间。

在 JVM 启动时，不需要立即指定哪些 Region 属于新生代，哪些 Region 属于老年代，因为无论新生代或老年代，它们都不需要一大块连续的内存块，只是由一系列 Region 组成的。随着时间的流逝，G1 Region 的映射关系(属于谁)是来来回回地变动的，这印证了一句话："三十年河东，三十年河西"。例如，开始的时候，Region A 被分配给了新生代，一个新生代回收结束后，这个 Region 又被放回了空闲 / 可用 Region 队列，可能下一次就被分配给一个老年代对象使用。

G1 的新生代收集阶段是一个并行的独占收集器。与其他 HotSpot 垃圾收集器一样，当一个新生代收集进行时，整个新生代会被回收，所有的应用程序线程会被中断，G1 GC 会启用多线程执行新生代回收。与新生代不同，老年代的 G1 回收器和其他的 HotSpot 不同，G1 的老年代回收器不需要整个老年代被回收，一次只需要扫描 / 回收一小部分老年代的 Region 就可以了。此外，注意这个老年代 Region 是和新生代一起被回收的。

与 CMS GC 类似，当老年代空间耗尽时，G1 GC 会启动一个失败保护的应急机制，该机制会收集、压缩整个老年代。

G1 很重视老年代的垃圾回收，一旦整个堆空间占有率达到指定的阈值（启动时可配置），G1 立即启动一个独占的并行初始标记阶段(Initial-mark Phase)进行垃圾回收。在 CMS GC 中，只需要单独判断老年代的占有率；而在 G1 GC 中，判断的是整个 Java 堆内部老年代的占有率，就是堆占有率，足以见 G1 对老年代的重视。

初始标记阶段一般和新生代 GC 一起运行，一旦初始标记阶段结束，并行多线程的标记阶段就开始启动区标记所有老年代还存活的对象，注意这个标记阶段不是独占式的，它允许应用程序线程和它并行执行。当这个标记阶段运行完后，为了再次确认是否有逃过扫描的对象，可以启动一个独占式的再次标记阶段(Remark Phase)，尝试标记所有遗留的对象。在这个再次标记阶段结束后，G1 就掌握了所有的老年代 Region 的标记信息。一旦老年代的某些 Region 内部没有任何存活对象，它就可以在下一个阶段，即清除阶段（Cleanup phase）被清除了，也就是可以销户了，又被放回了可用 Region 队列。同样地，再次标记阶段结束后就可以对一些老年代执行收集动作。

一个 CSet 中可以包含多少 Region 取决于多少空间可以被释放、G1 停顿目标时间这两个因素。当 CSet 被确定后，会在接下来的一个新生代回收过程中对 CSet 进行回收，通过新生代 GC 的几个阶段，一部分的老年代 Region 会被回收并放入新生代使用。这个概念很灵活，即 G1 只关注有没有存活对象，如果没有，会被回收并放入可用 Region 队列，下一次被分配到哪里就不确定了。也正是因为 Region、混合收集这些特性，让 G1 对老年代的垃圾收集方式有别于 Serial GC、

Parallel GC 和 CMS GC，G1 采用 Region 方式让对象之间的联系存在于虚拟地址之上，这样就不需要针对老年代的压缩和回收动作对整个 Java 堆执行扫描，为老年代回收节约了时间。

由于 G1 是基于 Region 的 GC，因此它适用于大内存的机器，这样就可以分配大量内存给 Java 堆内存。即便很大，也是对 Region 进行扫描，性能还是很高的。

G1 的一个最大贡献是它可以设置最大停顿时间，只要设置了这个时间，G1 就会通过自动调整新生代空间大小和整体 Java 堆空间大小来匹配这个目标停顿时间。例如，程序员设置了一个很短的停顿时间，那么 G1 会设置比较小的新生代、比较大的整个 Java 堆空间，对应的老年代也会比较大。

总的来说，G1 和 CMS 的目标是针对大内存回收构建较短停顿时间。如果想要提高应用的内部吞吐量，虽然说这也是 G1 的目标，但是如果可以忍受较长的停顿时间，那么还是选择 Parallel GC，它是专门为高吞吐量研发的。

4.7.2　G1 GC 参数讲解

本节所有示例均在 JDK 8 基础上运行。这里需要一个程序可以支撑起选项使用、日志输出解释等需求，所以选择了一个程序作为选项的统一运行载体，如果没有特别注明，本节的选项运行使用的就是这个程序。那么，GC 什么时候触发？一定是在堆内分配失败的时候触发，这个就是有需求，自然有对策。

在下述程序中，定义一个名为 GreenhouseScheduler 的类，这个类引用了多线程包和工具包，这两个包都是 JDK 自带的库程序。这是一个简单的任务调度实现类，包含了 schedule、repeat 等方法，也包含了 LightOn、LightOff、WaterOn、WaterOff、CollectData 等内部类，最后在 main 函数中逐一调用各个类并启动线程，通过 repeat 方法反复执行。

```
public class GreenhouseScheduler {
    private volatile boolean light = false;
    private volatile boolean water = false;
    private String thermostat = "Day";

    public synchronized String getThermostat() {
        return thermostat;
    }

    public synchronized void setThermostat(String value) {
        thermostat = value;
    }

    ScheduledThreadPoolExecutor scheduler = new ScheduledThreadPoolExecut-
or(10);

    public void schedule(Runnable event, long delay) {
        scheduler.schedule(event,delay,TimeUnit.MILLISECONDS);
    }
```

```
public void repeat(Runnable event, long initialDelay, long period) {
  scheduler.scheduleAtFixedRate(
    event, initialDelay, period, TimeUnit.MILLISECONDS);
}

class LightOn implements Runnable {
   public void run() {
     // Put hardware control code here to
     // physically turn on the light.
     System.out.println("Turning on lights");
     light = true;
   }
}

class LightOff implements Runnable {
   public void run() {
     // Put hardware control code here to
     // physically turn off the light.
     System.out.println("Turning off lights");
     light = false;
   }
}

class WaterOn implements Runnable {
   public void run() {
     // Put hardware control code here.
     System.out.println("Turning greenhouse water on");
     water = true;
   }
}

class WaterOff implements Runnable {
   public void run() {
     // Put hardware control code here.
     System.out.println("Turning greenhouse water off");
     water = false;
   }
}

class ThermostatNight implements Runnable {
   public void run() {
     // Put hardware control code here.
     System.out.println("Thermostat to night setting");
     setThermostat("Night");
   }
```

```
    }

    class ThermostatDay implements Runnable {
        public void run() {
            // Put hardware control code here.
            System.out.println("Thermostat to day setting");
            setThermostat("Day");
        }
    }

    class Bell implements Runnable {
        public void run() { System.out.println("Bing!"); }
    }

    class Terminate implements Runnable {
        public void run() {
            System.out.println("Terminating");
            scheduler.shutdownNow();
            // Must start a separate task to do this job,
            // since the scheduler has been shut down:
            new Thread() {
                public void run() {
                    for(DataPoint d : data)
                    System.out.println(d);
                }
            }.start();
        }
    }
  // New feature: data collection
  static class DataPoint {
    final Calendar time;
    final float temperature;
    final float humidity;

    public DataPoint(Calendar d, float temp, float hum) {
        time = d;
        temperature = temp;
        humidity = hum;
    }

    public String toString() {
        return time.getTime() +
            String.format(
" temperature: %1$.1f humidity: %2$.2f",
            temperature, humidity);
        }
```

```
        }

        private Calendar lastTime = Calendar.getInstance();
        { // Adjust date to the half hour
            lastTime.set(Calendar.MINUTE, 30);
            lastTime.set(Calendar.SECOND, 00);
        }

        private float lastTemp = 65.0f;
        private int tempDirection = +1;
        private float lastHumidity = 50.0f;
        private int humidityDirection = +1;
        private Random rand = new Random(47);
        List<DataPoint> data = Collections.synchronizedList(new
ArrayList<DataPoint>());

        class CollectData implements Runnable {
            public void run() {
            System.out.println("Collecting data");
            synchronized(GreenhouseScheduler.this) {
               // Pretend the interval is longer than it is:
               lastTime.set(Calendar.MINUTE,lastTime.get(Calendar.MINUTE) +
30);
              // One in 5 chances of reversing the direction:
              if(rand.nextInt(5) == 4)
                 tempDirection = -tempDirection;
              // Store previous value:
                 lastTemp = lastTemp + tempDirection * (1.0f + rand.
nextFloat());
              if(rand.nextInt(5) == 4)
                 humidityDirection = -humidityDirection;
                 lastHumidity = lastHumidity + humidityDirection * rand.
nextFloat();
              // Calendar must be cloned, otherwise all
              // DataPoints hold references to the same lastTime.
              // For a basic object like Calendar, clone() is OK.
              data.add(new DataPoint((Calendar)lastTime.clone(),lastTemp,
lastHumidity));
            }
        }
    }

    public static void main(String[] args) {
        GreenhouseScheduler gh = new GreenhouseScheduler();
        gh.schedule(gh.new Terminate(), 5000);
        // Former "Restart" class not necessary:
        gh.repeat(gh.new Bell(), 0, 1000);
```

```
        gh.repeat(gh.new ThermostatNight(), 0, 2000);
        gh.repeat(gh.new LightOn(), 0, 200);
        gh.repeat(gh.new LightOff(), 0, 400);
        gh.repeat(gh.new WaterOn(), 0, 600);
        gh.repeat(gh.new WaterOff(), 0, 800);
        gh.repeat(gh.new ThermostatDay(), 0, 1400);
        gh.repeat(gh.new CollectData(), 500, 500);
    }
}
UseG1GC
```

1. UseG1GC

使用 UseG1GC 这个选项显式地要求 JDK 7 或 JDK 8 对应的 JVM 采用 G1 GC，据说 JDK 9 开始默认 GC 会变更为 G1 GC（现在是 Parallel GC），但一切皆有可能。使用 VM 参数 -XX:+PrintGCDetails -verbose:gc -Xloggc:gc.log -XX:+UseG1GC 输出日志结果如下。

```
Heap
 garbage-first heap   total 61440K, used 2048K [0x00000000c4200000,
0x00000000c43001e0, 0x0000000100000000)
  region size 1024K, 3 young (3072K), 0 survivors (0K)
 Metaspace       used 3953K, capacity 4716K, committed 4864K, reserved
1056768K
  class space    used 455K, capacity 468K, committed 512K, reserved 1048576K
```

G1 GC 的日志输出和其他 GC 有所不同，它更加简洁。这里没有进入一个评估阶段，评估阶段就是确认有多少对象需要被回收，通常是针对新生代或新生代 + 老年代。从上面的输出，可以看出一共有 60MB（61440/1024）的堆内存空间，其中使用了 2MB，Region 是 1MB/ 个，有 3 个新生代 Region。元数据空间的使用情况也做了相应介绍。

2. ConcGCThreads

ConcGCThreads 选项用来设置与 Java 应用程序线程并行执行的 GC 线程数量，默认为 GC 独占时运行线程的 1/4。这个选项设置过大会导致 Java 应用程序可使用的 CPU 资源减少，如果小一些会对应用程序有利，但是过分小了就会加大 GC 并行循环的执行时间，反过来减少 Java 应用程序的运行时间。

设置选项 -XX:+PrintGCDetails -verbose:gc -Xloggc:gc.log -XX:+UseG1GC -XX:ConcGCThreads=4，可以看到 JVM 抛出如下的错误，表明在初始化 JVM 时出错，不能够创建并行标记阶段，并且最终拒绝执行程序。这个错误表明当前机器只允许启动两个并行 GC 线程，这是根据机器 CPU 的核数计算出来的。

```
Error occurred during initialization of VM
Could not create/initialize ConcurrentMark
Java HotSpot(TM) 64-Bit Server VM warning: Can't have more ConcGCThreads (4)
than ParallelGCThreads (2).
```

如果把相关值改为 2，即 -XX:ConcGCThreads=2，运行输出结果如下。

```
Heap
 garbage-first heap   total 61440K, used 3072K [0x00000000c4200000,
0x00000000c43001e0, 0x0000000100000000)
  region size 1024K, 4 young (4096K), 0 survivors (0K)
 Metaspace       used 3953K, capacity 4716K, committed 4864K, reserved
1056768K
  class space    used 455K, capacity 468K, committed 512K, reserved 1048576K
```

如果不设置并行标记线程数量，默认情况下采用 Max((ParallelGC Threads#+2)/4,1) 公式计算出来。

另外，如果设置的值不在有效范围内，那么就会抛出以下错误提示。

```
Invalid number of concurrent marking threads:  -XX:ConcGCThreads=[specified_
value]
```

3. G1HeapRegionSize

G1HeapRegionSize 是 G1 GC 独有的选项，它是专门针对 Region 概念的对应设置选项，后续 GC 应该会继续采用 Region 概念。Region 大小默认为堆大小的 1/2000，也可以设置为 1MB、2MB、4MB、8MB、16MB 及 32MB。

增大 Region 块的大小有利于处理大对象。大对象没有按照普通对象方式进行管理和分配空间，如果增大 Region 块的大小，则一些原本是特殊处理通道的大对象就可以被纳入普通处理通道了。这就好比在机场安检，飞行员、空姐可以走特殊通道，如果一部分乘客也去走特殊通道，那特殊通道就要增加几个，相应地普通通道就减少了，效率将被降低。反之，如果 Region 大小设置过大，则会降低 G1 的灵活性，对于各个年龄代的大小都会造成分配问题。

继续之前的例子，这里设置每个 Region 大小为 32MB，配置运行参数 -XX:+PrintGCDetails -verbose:gc -Xloggc:gc.log -XX:+UseG1GC -XX:+PrintGCApplication StoppedTime -XX:ConcGCThreads=1 -XX:G1HeapRegionSize=32M。GC 日志输出如下。

```
Heap
 garbage-first heap   total 65536K, used 0K [0x00000000c4000000,
0x00000000c6000010, 0x0000000100000000)
  region size 32768K, 1 young (32768K), 0 survivors (0K)
 Metaspace       used 3955K, capacity 4716K, committed 4864K, reserved
1056768K
  class space    used 455K, capacity 468K, committed 512K, reserved 1048576K
```

从上面的输出可以看到，一个 Region 的大小是 32MB（32768/1024）。

4. G1HeapWastePercent

G1HeapWastePercent 选项控制 G1 不会回收的空闲内存比例，默认是堆内存的 5%。G1 在回收过程中会回收所有 Region 的内存，并持续地做这个工作，直到空闲内存比例达到设置的值为止，所以对于设置了较大值的堆内存来说，需要采用比较低的比例，这样可以确保较小部分内存不被回收。这个容易理解，就像一座城市，城市越大就会越容易出现一些死角。出于性能原因可以不去关注那里，但是这个比例不能过大。

例如，设置不回收的比例为 99%，设置选项 -XX:+PrintGCDetails -verbose:gc

-Xloggc:gc.log -XX:+UseG1GC -XX:+PrintGCApplicationStoppedTime -XX:ConcGCThreads=1 -XX:G1HeapRegionSize=2M -XX:G1HeapWastePercent=99，日志输出如下。

```
    Heap
     garbage-first heap   total 61440K, used 0K [0x00000000c4200000,
0x00000000c44000f0, 0x0000000100000000)
      region size 2048K, 1 young (2048K), 0 survivors (0K)
     Metaspace       used 3947K, capacity 4716K, committed 4864K, reserved
1056768K
      class space    used 455K, capacity 468K, committed 512K, reserved 1048576K
```

另一个极端，设置不回收的比例为 1%，运行输出如下。

```
    Heap
     garbage-first heap   total 61440K, used 0K [0x00000000c4200000,
0x00000000c44000f0, 0x0000000100000000)
      region size 2048K, 1 young (2048K), 0 survivors (0K)
     Metaspace       used 3950K, capacity 4716K, committed 4864K, reserved
1056768K
      class space    used 455K, capacity 468K, committed 512K, reserved 1048576K
```

两个设置都是比较极端的，一般情况下不会做出调整，即采用 5% 的默认值。当设置为 1% 时，本例差别不是很明显，但是 GC 线程造成的应用程序暂停时间已经比 99% 时有明显的增长。

5. G1MixedGCCountTarget

通常来说，老年代 Region 的回收时间比新生代 Region 稍长一些，G1MixedGCCountTarget 这个选项可以设置一个并行循环后启动多少个混合 GC，默认值为 8 个。这里设置一个比较大的值可以让 G1 在老年代 Region 回收时多花一些时间，如果一个混合 GC 的停顿时间很长，说明它要做的事情很多，所以可以增大这个值的设置，但是如果这个值过大，也会造成并行循环等待混合 GC 完成的时间相应增加。

下面继续实验，设置选项 -XX:+PrintGCDetails -verbose:gc -Xloggc:gc.log -XX:+UseG1GC -XX:+PrintGCApplicationStoppedTime -XX:ConcGCThreads=1 -XX:G1HeapRegionSize=2M -XX:G1HeapWastePercent=5 -XX:G1MixedGCCountTarget=80，日志输出如下。

```
    Heap
     garbage-first heap   total 61440K, used 2048K [0x00000000c4200000,
0x00000000c44000f0, 0x0000000100000000)
      region size 2048K, 2 young (4096K), 0 survivors (0K)
     Metaspace       used 3953K, capacity 4716K, committed 4864K, reserved
1056768K
      class space    used 455K, capacity 468K, committed 512K, reserved 1048576K
```

G1MixedGCCountTarget 选项和 G1MixedGCLIveThresholdPercent 选项有直接关系，G1MixedGCLIveThresholdPercent 配置了存活对象的比例，会自动调整为能够快速回收对象，满足配置的阈值。

6. G1PrintRegionLivenessInfo

由于开启 G1PrintRegionLivenessInfo 选项会在标记循环阶段完成后输出详细信息，在计算机程序中称为诊断选项，因此使用前需要开启选项 UnlockDiagnosticVMOptions。这个选项启用后会打印堆内存内部每个 Region 中的存活对象信息。这些信息包括使用率、RSet 大小、回收一个 Region 的价值（Region 内部回收价值评估，即性价比）。

这个选项输出的信息对于调试堆内 Region 很有效，不过对于一个很大的堆内存来说，由于每个 Region 信息都输出了，因此信息量也是很大的。下面继续实验，设置参数 -XX:+PrintGCDetails -verbose:gc -Xloggc:gc.log -XX:+UseG1GC -XX:+PrintGCApplicationStoppedTime -XX:ConcGCThreads=1 -XX:G1HeapRegionSize=2M -XX:G1HeapWastePercent=5 -XX:G1MixedGCCountTarget=10 -XX:+G1PrintRegionLivenessInfo，直接运行会发现抛出错误 Error: VM option 'G1PrintRegionLivenessInfo' is diagnostic and must be enabled via -XX:+UnlockDiagnosticVMOptions。

注意 -XX:+UnlockDiagnosticVMOptions 必须放在 -XX:+G1PrintRegionLivenessInfo 前面，这就是为什么抛出了上面的错误。下面调整参数：-XX:+PrintGCDetails -verbose:gc -Xloggc:gc.log -XX:+UseG1GC -XX:+PrintGCApplicationStoppedTime -XX:ConcGCThreads=1 -XX:G1HeapRegionSize=2M -XX:G1HeapWastePercent=5 -XX:G1MixedGCCountTarget=10 -XX:+UnlockDiagnosticVMOptions -XX:+G1PrintRegionLivenessInfo，运行程序，日志输出如下。

```
Heap
 garbage-first heap   total 61440K, used 2048K [0x00000000c4200000,
0x00000000c44000f0, 0x0000000100000000)
  region size 2048K, 2 young (4096K), 0 survivors (0K)
 Metaspace       used 3950K, capacity 4716K, committed 4864K, reserved
1056768K
  class space    used 455K, capacity 468K, committed 512K, reserved 1048576K
```

7. G1ReservePercent

每个年龄代都会有一些对象可以进入（提升）到下一个阶段，为了确保这个提升过程正常完成，所以允许 G1 保留一些内存，这样就可以避免出现“to space exhausted”错误，这也是 G1ReservePercent 选项的用途。默认保留堆内存的 10%。注意，这个预留内存空间不能用于新生代。

对于一个拥有大内存的堆内存来说，这个值不能过大，因为它不能用于新生代，这就意味着新生代可用内存降低了。减少这个值有利于给新生代留出更大的内存空间、更长的 GC 时间，这对提升性能吞吐量有好处。下面继续实验，这里配置 G1ReservePercent 为 100%，配置参数：-XX:+PrintGCDetails -verbose:gc -Xloggc:gc.log -XX:+UseG1GC -XX:+PrintGCApplicationStoppedTime -XX:ConcGCThreads=1 -XX:G1HeapRegionSize=2M -XX:G1HeapWastePercent=5 -XX:G1MixedGCCountTarget=10 -XX:+UnlockDiagnosticVMOptions -XX:+G1PrintRegionLivenessInfo -XX:G1ReservePercent=100。运行程序可以看到抛出了如下异常。

```
Java HotSpot(TM) 64-Bit Server VM warning: G1ReservePercent is set to a value that is too large, it's been updated to 50。
```

这里注意，最大的保留空间不能超过 50%，指的是堆内存的 50%。减少为 50%，运行后日志输出如下。

```
Heap
 garbage-first heap   total 61440K, used 2048K [0x00000000c4200000, 0x00000000c44000f0, 0x0000000100000000)
  region size 2048K, 2 young (4096K), 0 survivors (0K)
 Metaspace       used 3967K, capacity 4716K, committed 4864K, reserved 1056768K
  class space    used 455K, capacity 468K, committed 512K, reserved 1048576K
G1SummarizeRSetStats
```

8. G1SummarizeRsetStats

与 G1PrintRegionLivenessInfo 选项一样，G1SummarizeRsetStats 选项也是一个诊断选项，所以也需要开启 UnlockDiagnosticVMOptions 选项后才能使用，这也就意味着 -XX:+UnlockDiagnosticVMOptions 选项需要放在 -XX:+G1SummarizeRSetStats 选项前面。

这个选项和 -XX:G1SummarizeRSetStatsPeriod 一起使用时会有阶段性地打印 RSets 的详细信息，这有利于找到 RSet 中存在的问题。下面采用参数配置：-XX:+PrintGCDetails -verbose:gc -Xloggc:gc.log -XX:+UseG1GC -XX:+PrintGCApplicationStoppedTime -XX:ConcGCThreads=1 -XX:G1HeapRegionSize=2M -XX:G1HeapWastePercent=5 -XX:G1MixedGCCountTarget=10 -XX:+UnlockDiagnosticVMOptions -XX:+G1PrintRegionLivenessInfo -XX:G1ReservePercent=10 -XX:G1SummarizeRSetStatsPeriod=10 -XX:+G1SummarizeRSetStats，运行后日志输出如下。

```
Heap
 garbage-first heap   total 61440K, used 2048K [0x00000000c4200000, 0x00000000c44000f0, 0x0000000100000000)
  region size 2048K, 2 young (4096K), 0 survivors (0K)
 Metaspace       used 3965K, capacity 4716K, committed 4864K, reserved 1056768K
  class space    used 455K, capacity 468K, committed 512K, reserved 1048576K
 Cumulative RS summary
Region with largest amount of code roots = 29:(E)
[0x00000000c7c00000,0x00000000c7e00000,0x00000000c7e00000], size = 0K, num_elems = 0.
```

9. G1TraceConcRefinement

G1TraceConcRefinement 是一个诊断选项。如果启动这个诊断选项，那么并行 Refinement 线程相关的信息会被打印，注意，线程启动和结束时的信息都会被打印。这里提到了 Refinement 线程，下面就来介绍一下这个概念。每一代 GC 对应的 GC 线程，如表 4-4 所示。

表 4-4　垃圾收集器对应的 GC 线程

Garbage Collector	Worker Threads Used
Parallel GC	ParallelGCThreads
CMS GC	ParallelGCThreads ConcGCThreads
G1 GC	ParallelGCThreads ConcGCThreads G1ConcRefinementThreads

上面列出了三类 GC 线程，分别是 ParallelGCThreads、ConcGCThreads 和 G1ConcRefinementThreads。G1 GC 从初始标记阶段开始，一直到并行清除阶段结束，其中一些阶段是 GC 可以和应用程序共同运行的，另一些阶段是 GC 独占的，那么这 3 个线程就有所区别了。区别如表 4-5 所示。

表 4-5　GC 线程定义

名称	参数控制	作用
ParallelGCThread	-XX:ParallelGCThreads	GC 的并行工作线程，专门用于独占阶段的工作，如复制存活对象
ParallelMarking Threads	-XX:ConcGCThreads	并行标记阶段的并行线程，它由一个主控（Master）线程和一些工作（Worker）线程组成，可以和应用程序并行执行
G1 Concurrent RefinementThreads	-XX:G1ConcRefinementThreads	和应用程序一起运行，用于更新 RSet。如果 ConcurrentRefinementThreads 没有设置，那么默认为 ParallelGCThreads + 1

下面继续实验，设置 VM 参数：-XX:+PrintGCDetails -verbose:gc -Xloggc:gc.log -XX:+UseG1GC -XX:+PrintGCApplicationStoppedTime -XX:ConcGCThreads=1 -XX:G1HeapRegionSize=2M -XX:G1HeapWastePercent=5 -XX:G1MixedGCCountTarget=10 -XX:+UnlockDiagnosticVMOptions -XX:+G1PrintRegionLivenessInfo -XX:G1ReservePercent=10 -XX:G1SummarizeRSetStatsPeriod=10 -XX:+G1SummarizeRSetStats -XX:+G1TraceConcRefinement。运行输出如下。

```
    G1-Refine-stop
    G1-Refine-stop
    G1-Refine-stop
    Heap
     garbage-first heap   total 61440K, used 2048K [0x00000000c4200000,
0x00000000c44000f0, 0x0000000100000000)
      region size 2048K, 2 young (4096K), 0 survivors (0K)
     Metaspace       used 3949K, capacity 4716K, committed 4864K, reserved
1056768K
```

```
  class space    used 455K, capacity 468K, committed 512K, reserved 1048576K
 Cumulative RS summary
   Region with largest amount of code roots = 29:(E)
[0x00000000c7c00000,0x00000000c7e00000,0x00000000c7e00000], size = 0K, num_
elems = 0.
GCTimeRatio
```

10. GCTimeRatio

GCTimeRatio 选项代表 Java 应用线程花费的时间与 GC 线程花费时间的比率，默认值为 0。通过这个比率值，GCTimeRatio 可以调节 Java 应用线程或 GC 线程的工作时间，保障两者的执行时间。

HotSpot VM 转换这个值为一个百分比，公式是 100/(1+GCTimeRatio)，默认值为 9，表示花费在 GC 工作量的时间超过总时间的 10%。Parallel GC 中这个值为 99，即表示 GC 只有 1% 的时间。运行输出如下。

```
G1-Refine-stop
G1-Refine-stop
G1-Refine-stop
Heap
 garbage-first heap   total 61440K, used 2048K [0x00000000c4200000,
0x00000000c44000f0, 0x0000000100000000)
  region size 2048K, 2 young (4096K), 0 survivors (0K)
 Metaspace       used 3953K, capacity 4716K, committed 4864K, reserved
1056768K
  class space    used 455K, capacity 468K, committed 512K, reserved 1048576K
 Cumulative RS summary
   Region with largest amount of code roots = 29:(E)
[0x00000000c7c00000,0x00000000c7e00000,0x00000000c7e00000], size = 0K, num_
elems = 0.
MaxGCPauseMills
```

MaxGCPauseMills 选项设置了 G1 的目标停顿时间，单位为 ms，默认值为 200ms。这个值是一个目标时间，不是最大停顿时间。G1 GC 尽最大努力确保新生代的回收时间可以控制在这个目标停顿时间范围中。在 G1 GC 使用过程中，这个选项和 -Xms、-Xmx 两个选项一起使用，它们 3 个最好一起在 JVM 启动时就配置好。运行输出如下。

```
Heap
 garbage-first heap   total 204800K, used 3072K [0x00000000c0000000,
0x00000000c0100640, 0x0000000100000000)
  region size 1024K, 4 young (4096K), 0 survivors (0K)
 Metaspace       used 3968K, capacity 4716K, committed 4864K, reserved
1056768K
  class space    used 455K, capacity 468K, committed 512K, reserved 1048576K
```

4.8 Java 的优化方向

一门开源语言的发展方向，有时并不需要由一个公司来决定，下面介绍 IBM 对于 Java 发展的一些理解。

2018 年 2 月 IBM 在 Java 领域的 CTO John Duimovich 先生参加了一次座谈会，会中他和与会人员一起讨论了 Java 这门编程语言除了版本升级（Java 9、Java 10）之外的动向，并且分享了 IBM 的一些研究内容。读完这篇文章后，我觉得有必要针对他提出的各点进行深入讨论，也想谈谈自己对 Java 9 的理解。

Duimovich 先生列举的内容主要包括以下几点。

- Oracle 公司决定将 Java EE 的管理权移交至 Eclipse Foundation。
- Kotlin、Scala 等语言会尽快被纳入 Java EE。
- 对于容器应用而言，VM 的启动时间太长了，IBM 进行了优化。
- JIT 编译器独立作为服务，从 JVM 中移除出去。

4.8.1 Java EE

下面简单介绍一下 Java EE 移交的看法。对于一般开发者而言，由于 Eclipse Foundation 组织更加贴近于开发人员，因此移交至 Eclipse Foundation 很有可能起正面作用，这一变化有可能会加速新特性的开发节奏，也有利于响应用户需求。在 Spring 生态系统的强大冲击下，捐赠给更具活力的组织运营，也许是 Java EE 的一线生机。Duimovich 先生认为，企业级 Java 可能在 IoT 应用场景下会有施展空间。由 Duimovich 先生的观点，引出一些名词需要深入解释。

1. Eclipse Foundation 是做什么的

首先，大家不要把 Eclipse Foundation 片面地认为仅服务于 Eclipse，下面来看看它的历史和责任。2001 年 11 月，当时的软件行业巨头 Borland、IBM、MERANT、QNX Software Systems、Rational Software、Red Hat、SuSE、TogetherSoft 及 Webgain 一起倡导成立了 Eclipse 组织。自 IBM 将 Eclipse 捐献给该组织后，该组织正式变成一个独立主体并向着为软件开发者和使用者建立受益平台的方向发展。Eclipse Foundation 作为一家非营利的组织，通过基金会和管理模式确保不会有任何一家公司控制该组织的策略、政策、操作模式，致力于为开源项目搭建成功的开发平台，进而促进 Eclipse 技术在商业和开源解决方案中的应用。该组织另一大贡献是创造了 EPL（Eclipse Public License）协议管理自己旗下的开源项目。

2. 关于 Java EE

Java EE 的发展历史如图 4-21 所示。

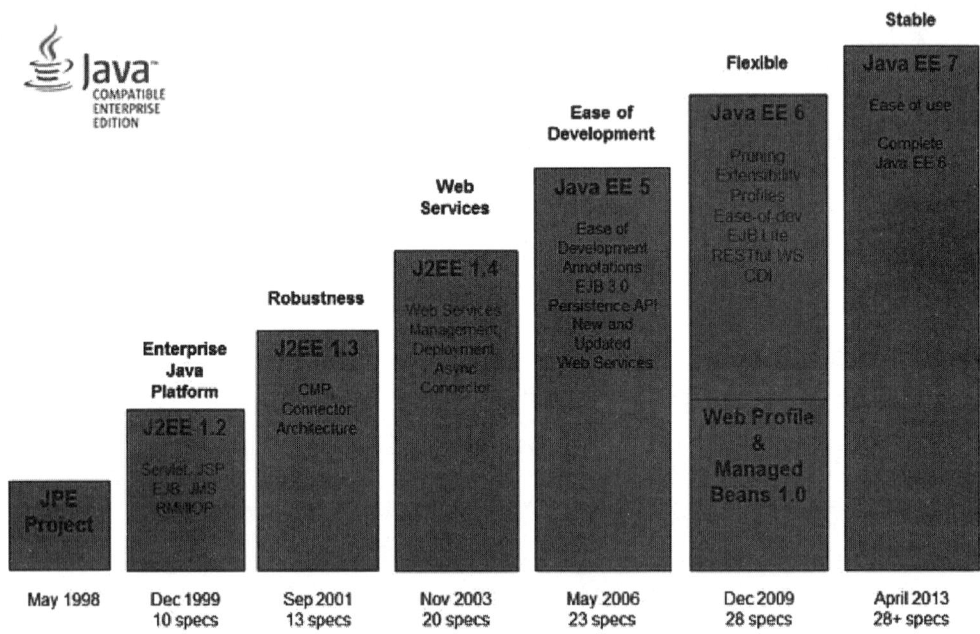

图 4–21　Java EE 的发展历史

1999 年，当时还存在的 SUN 公司发布了 J2EE（2006 年正式更名为 Java EE）的第一个版本；2017 年 9 月发布了 Java EE 8。Java EE 8 最初被寄予厚望，虽然做出了与 Java SE 8 同步、CDI 2.0 发布、Servlet 4.0 发布、JAX–RS 2.1 发布、JSON Processing 1.1 和 JSON Binding 1.0 发布、安全特性等较多特性发布，但是没有将云原生相关应用包含进去，这相较 Spring Cloud，明显慢了很多。图 4–22 是 Java EE 8 的特性列表。

Batch	Dependency Injection	JACC	JAXR	JSTL	Management
Bean Validation	Deployment	JASPIC	JMS	JTA	Servlet
CDI	EJB	JAX-RPC	JSF	JPA	Web Services
Common Annotations	EL	JAX-RS	JSON-P	JavaMail	Web Services Metadata
Concurrency EE	Interceptors	JAX-WS	JSP	Managed Beans	WebSocket
Connector	JSP Debugging	JAXB			
JSON-B	Security				

图 4–22　Java EE 8 的特性列表

从本质上来说，Java EE 是 Java SE 平台的超集。也就是说，Java EE 组件可以使用 Java SE API 的所有优点。

2017 年官方发布 Java EE 8 时就明确了升级是按照两步策略进行的，Java EE 8 先行，然后 2018 年发布 Java EE 9，届时会更加适配当前的云原生和微服务部署方式，这也是 Microprofile 会出现的原因。

3. Java EE 怎么了

个人观点，Java EE 太重量级了，太规范了（迭代速度太慢），来看看它的代表作 EJB。EJB 是一种大型分布式企业应用开发架构的先驱尝试者，它试图解决这种企业应用底层系统级的问题，系统提供一种可重用的、通用的解决方案。回顾 EJB 出现以前的 Java 应用开发，大部分开发者直接用 JSP 页面，加上少量 JavaBean 就可以完成整个应用，所有的业务逻辑、数据库访问逻辑都直接写在 JSP 页面中。系统开发前期，开发者不会意识到有什么问题，但随着开发进行到后期，应用越来越大，开发者需要花费大量时间去解决非常常见的系统级问题，反而无暇顾及真正需要解决的业务逻辑；对页面开发者而言，EJB 的存在无须关心，EJB 的实现无须关心，他们只要调用 EJB 的方法即可。

在以 EJB 为核心的应用程序中，业务逻辑开发者的主要精力将集中在 EJB 组件的开发上，EJB 组件是一种可移植的、与前端技术无关的服务器端组件。无论如何，基于 EJB 的程序架构总体具有一个非常优秀的思想：业务逻辑相关的实现集中在 EJB 中完成，而 EJB 容器则负责提供带有重复性质的、系统级的功能，这样 EJB 组件就可以对外提供完整的业务服务。

按照 SUN 公司的初衷：EJB 容器应该是标准的，那么开发者写好的 EJB 组件就可以在任何 EJB 容器之间自由移植；而且按 SUN 最初的 EJB 1.0 规范，EJB 本身就是建立在 RMI 基础之上的，这样就允许客户端程序从远程调用 EJB 内的方法。这也是 SUN 公司对 EJB 寄予的厚望，因为它确实完美，一个一个的 EJB，只要将它们部署在 EJB 容器中，就会组成一个完备的业务层，具有很好的可移植性、很好的可扩展性。EJB 作为 Java EE 的“心脏”，它把 Java 应用服务器推向了企业。唯一的缺点是为了维护完美的设计，它对于开发者的要求很高、很多。

Spring 去掉了 EJB 的复杂性，摒弃了 EJB 开发中的 3 大烦琐。

- EJB 组件的接口和类必须继承指定接口或类。
- 需要大量使用 XML 配置文件。
- EJB 组件必须打包成 JAR 包。

4.8.2 函数式语言

Scala、Kotlin 这些函数式语言优于 Java 的原因可能有以下 4 点。

- 开发和部署时间较短。
- 整体代码行数少。
- 第三方依赖库少。
- 内置的异步线程和无阻塞 I/O。

回到主题，Kotlin 会与 Java EE 完全整合，这是因为 Kotlin 和 Java 语言的集成很好，而对于如何与 Java EE 集成，下面来看一个示例程序。该示例程序由 EJB、JAX-RS 资源、测试程序、Gradle 脚本组成。

①构建一个无状态会话 bean，仅包含一个“sayHello”方法，返回一个字符串，代码如下。

```
@Stateless
class HelloBean {
```

```
    fun sayHello(caller: String) = "Hello, $caller"
}
```

②构建 JAX-RS 资源，类 HelloResource 有一个属性 helloBean，这种方式使用了 CDI 特性完成构造器读入，用于获取针对 HelloBean EJB 的应用。JAX-RS 资源定义了一个单独方法响应 HTTP 的 GET 请求。

```
@Path("/hello")
class HelloResource @Inject constructor(val helloBean: HelloBean)    {
 @GET
 @Path("/{caller}")
 fun get(@PathParam("caller") caller: String) = helloBean.sayHello(caller)
}
```

③在 Arquillian 测试平台上集成 EJB 进行测试的代码，通过 @Test 注解在应用程序服务上运行测试用例。

```
@RunWith(Arquillian::class)
class HelloBeanIntegrationTests {
    @Inject
    lateinit var helloBean: HelloBean
    @Test
    fun sayHello_whenInvokedWithDuke_thenReturnsHelloDuke() {
        // Given
        val caller = "Duke"
        // When
        val message = helloBean.sayHello(caller)
        // Then
        assertEquals("Hello, Duke", message)
    }
}
```

④ JAX-RS 资源的客户端代码如下。这个测试是一个 Arquillian 客户端测试，通过 @RunAsClient 注解强制执行测试方法。

```
@RunWith(Arquillian::class)
class HelloResourceIntegrationTests {
    @ArquillianResource
    lateinit var url: URI
    @Test @RunAsClient
    fun get_whenInvokedWithDuke_thenReturnsHelloDuke() {
        // Given
        val caller = "Duke"
        // When
        val message = ClientBuilder.newClient().target(url)
                .path("/api/hello/$caller")
                .request()
                .get(String::class.java)
```

```
        // Then
        assertEquals("Hello, Duke", message)
    }
}
```

⑤编写 Gradle 脚本，这样可以通过 Gradle 的“kotlin”插件完成 Kotlin 源代码的编译。以下代码仅是部分代码，确保可以在 Arquillian 平台上运行测试。

```
    test {
        environment 'JBOSS_HOME', rootProject.wildflyHome
        systemProperty 'java.util.logging.manager', 'org.jboss.logmanager.
LogManager'
    }
    task unzipWildFlyAppServer(type: Copy) {
        from zipTree(configurations.install.singleFile)
        into file("${buildDir}/unpacked/dist")
        tasks.test.dependsOn unzipWildFlyAppServer
    }
```

4.8.3 VM 启动时间优化

对于容器应用而言，VM 的启动时间太长了，因此 IBM 进行了针对 JVM 的优化，启动时间缩短为原有的一半，并且强调会持续进行优化。IBM 的 JVM 优化了内存回收机制，更加自动化地回收空闲内存。云端的内存占用减少也就意味着系统消耗的减少。此外，对于容器而言，IBM 优化了 Java 内存与容器内存的关联关系，确保不会超过容器内存（因为一旦超过，会造成容器被杀死）。

除了 Duimovich 先生提及的这些以外，JDK 9 也对 JVM 的启动做了优化，下面来看看不同模式下的对比数据。

减少 JVM 的启动时间主要可以依靠两个技术，分别是 Java 5 旧引入的 Class Data Sharing (CDS) 和 Java 9 新引入的 Ahead-Of-Time compilation (AOT)。

下面是一个简单的例子。

```
public class HelloJava {
    public static void main(String... args){
        System.out.println("Hello Java!");
    }
}
```

编译成字节码并运行，这里使用 perf 命令（Linux）运行 50 次并计算平均时间，其中关闭时间用了 129ms。

```
sudo perf stat -e cpu-clock -r50 java HelloJava
139.614197 cpu-clock (msec)  # 1.081 CPUs utilized ( +-  0.89% )
0.129159131 seconds time elapsed ( +-  1.63% )
```

Class Data Sharing 技术减少了启动时间中的加载核心类的时间，并且允许跨 JVM 之间共享缓存文件，这种设计方式有利于容器化应用模式。可以通过 Xshare:dump 生成缓存。

生成 CDS 后，再次运行前面的测试，会发现 CPU 时钟减少了 30ms，代码如下。

```
sudo perf stat -e cpu-clock -r50 java -Xshare:on HelloJava
105.569185 cpu-clock (msec)  # 1.093 CPUs utilized ( +-  0.75% )
 0.096572606 seconds time elapsed ( +-  1.49% )
```

相较于 CDS 预先加载一些核心类的方式，AOT 预先将字节码编译成机器码。关于 AOT，就要具体涉及 Java 的模块化编程了，这里不详谈。这时编译 HelloJava 类就会有所不同，命令如下。

```
java -XX:AOTLibrary=./java_base.so HelloJava
Hello Java!
```

再来看看测试结果，CPU 时钟降为 90ms，关闭时间降为 95ms。

```
sudo perf stat -e cpu-clock -r50 java -XX:AOTLibrary=./touched_methods.so
HelloJava
90.295446 cpu-clock (msec)#0.941 CPUs utilized ( +-  0.46% )
0.095916063 seconds time elapsed  ( +-  0.51% )
```

如果把 CDS 和 AOT 都用上，其结果如下。

```
sudo perf stat -e cpu-clock -r50 java -XX:AOTLibrary=./touched_methods.so
-Xshare:on HelloJava
60.141333  cpu-clock (msec)  # 0.877 CPUs utilized ( +-  0.60% )
0.068579396 seconds time elapsed ( +-  1.18% )
```

CPU 时钟降为 60ms，关闭时间降为 68ms。

4.8.4 JIT 编译器

将 JIT 编译器作为服务独立于 JVM 之外，这种优化方案为每个服务节约了 200~400MB 的内存空间。这种设计方式很适用于微服务架构。这样调整后，也有利于 JIT 编译器服务的性能测试，可以使用 A/B 进行测试。

对于应用程序来说，如果应用程序运行的时间很长，那么应该把 JVM 的优化重点放在运行时性能优化上。如果是容器这样的应用模式，本身容器的生命周期很短，所以优化启动性能比优化运行时性能的优先级更高。

Java 语言、Java EE 的前进是必然的，它们是庞大的，必然会继续承担着大量应用程序开发工作的责任，唯一的方向是不断吸收其他框架、语言的优点，不断驱动自己完美、轻量级。

4.9 代码规范深度解读

每家公司都有自己的代码规范，比较了主要几家大公司（谷歌、Oracle、阿里、华为、百度、腾讯、海康威视）的代码规范手册，综合性地挑选了一些各家都涉及的内容进行解读。由于阿里巴巴的 Java 工程师发布了 Java 代码规范，因此有了对这些规范进行有针对性的资料查找、尝试解读的想法，希望各大公司能够坚持做这些看似不赚钱，实际上对整个软件开发从业人员的技术水平有推动作用的输出。

4.9.1 下画线或美元符号

阿里强制规定代码中的命名均不能以下画线或美元符号开始，也不能以下画线或美元符号结束。例如，以下为错误：_name/__name/$Object/name_/name$/Object$。

Oracle 官网建议不要使用 $ 或 _ 开始变量命名，并且建议在命名中完全不要使用“$”字符，原文是“The convention,however,is to always begin your variable names with a letter,not '$' or '_'”。

对于这一条，腾讯的看法是一样的。百度认为虽然类名可以支持使用“$”符号，但只在系统生成中使用（如匿名类、代理类），编码不能使用。

对于这个要求，Eclipse 没有要求一定不能采用下画线开始作为命名方式，并且没有给出任何警告。

这类问题在 StackOverFlow 上有很多人提出，主流意见认为不需要过多关注，只需要关注原先的代码是否存在“_”，如果存在就继续保留，如果不存在则尽量避免使用。也有人提出尽量不使用“_”的原因是低分辨率的显示器肉眼很难区分“_”（一个下画线）和”__”（两个下画线）。

在 C 语言中，系统头文件中将宏名、变量名、内部函数名用“_”开头，因为当使用 #include 系统头文件时，这些文件中的名称都有了定义，如果与用户使用的名称冲突，就可能引起各种奇怪的现象。综合各种信息，建议不要使用“_”“$”、空格作为命名开始，以免不利于阅读或产生奇怪的问题。

4.9.2 拼音与英文混合

阿里强制规定代码中的命名严禁使用拼音与英语混合的方式，更不允许直接使用中文的方式。正确的英文拼写和语法可以让阅读者易于理解，避免歧义。注意，即使纯拼音命名方式，也要避免采用。

阿里给出的范例如下。

正例：alibaba、taobao、youku、hangzhou 等国际通用的名称，可视同英文。

反例：DaZhePromotion、getPingfenByName、int 某变量 = 3。

对于中文，由于计算机底层限制，因此肯定不能采用。对于拼音，由于需要在大脑中同时维护两套思维，即“拼音”“英文”，还是统一为“英文”比较合适。

4.9.3 类命名

阿里强制规定类名使用 UpperCamelCase 风格，必须遵从驼峰形式，但以下情形例外，DO、BO、DTO、VO、AO。

正例：MarcoPolo、UserDO、XmlService、TcpUdpDeal、TarPromotion。

反例：macroPolo、UserDo、XMLService、TCPUDPD、TAPromotion。

百度认为类名应该是一个名词，以大写字母开始，采用驼峰命名规则。使用完整单词，避免缩写词（除非缩写词被更广泛使用，如 URL、HTML）。

例如：

```
public class BaseDaoSupport{
   //…
}
```

规定虽然类型支持“$”，但只在系统生成中使用（如匿名类、代理类），编码中不能使用。

腾讯认为类或接口应该是一个名词，采用大小写混合的方式，每个单词的首字母大写。尽量使类名简洁而富于描述。

例如：

```
class Raster;
class ImageSprite;
interface RasterDelegate;
interface Storing;
```

华为认为类名和接口名称需要使用意义完整的英文描述，每个英文单词的首字母使用大写字母，其余部分使用小写，即采用大小写混合法。例如：

```
class OrderInformation;
class CustomerList;
class LogManager;
class LogConfig;
```

对于类名，俄罗斯 Java 专家 Yegor Bugayenko 给出的建议是尽量采用现实生活中实体的抽象，如果类的名称以“-er”结尾，这是不建议的命名方式。他指出针对这一条有一个例外，那就是工具类，如 StringUtils、FileUtils、IOUtils。对于接口名称，不要使用 IRecord、IfaceEmployee、RedcordInterface，而是使用现实世界的实体命名。

例如：

```
Class SimpleUser implements User{};
Class DefaultRecord implements Record{};
Class Suffixed implements Name{};
Class Validated implements Content{};
```

4.9.4 方法名、参数名和变量名

阿里强制规定方法名、参数名、成员变量 、局部变量能统一使用 lowerCamelCase 风格，必须遵从驼峰形式。

正例：localValue、getHttpMessage()、inputUserId

百度认为参数和变量的名称必须用一个小写字母开头，后面的单词用大写字母开头，只允许使

用字母和数字，使用驼峰命名方式。例如：

```
List customerDataList;
List customer_data_list;// 不允许这种书写规则
```

腾讯认为采用大小写混合的方式，第一个单词的首字母小写，其后单词的首字母大写；变量名不应以下画线或美元符号开头；尽量避免单个字符的变量名，除非是一次性的临时变量。临时变量通常被命名为 *i*, *j*, *k*, *m* 和 *n*，一般用于整型；*c*, *d*, *e* 一般用于字符型；建议不采用匈牙利命名法则，对不易清楚识别出该变量类型的变量应使用类型名或类型名缩写作其后缀。例如：

```
Thread animationThread;
String responseStr;
```

组件或部件变量使用类型名或类型名缩写作其后缀。例如：

```
Command backCommand;
Image barImage;
TextField passwordField;
Player dogSoundPlayer;
```

集合类型变量，如数组和矢量，应采用复数命名或使用表示该集合的名词作后缀。

```
Image[] images;
Vector requestQueue;
```

华为认为方法名使用类意义完整的英文描述，第一个单词的字母使用小写、剩余单词首字母大写、其余字母使用大小写混合法。例如：

```
Private void calculateRate;
Public void addNewOrder;
```

方法中，存取属性的方法采用 setter 和 getter 方法，动作方法采用动词和动宾结构。例如：

```
public String getType;
public Boolean isFinished;
```

属性名使用意义完整的英文描述，第一个单词的字母使用小写、剩余单词首字母大写、其他字母使用大小写混合法。属性名不能与方法名相同。例如：

```
private customerName;
private orderNumber;
```

俄罗斯 Java 专家 Yegor Bugayenko 给出的建议是方法名不要采用 get 作为前缀，而是应该代表返回的结果信息。例如：

```
Boolean isValid(String name);
String content();
Int ageOf(File file);
```

如果返回 void，命名应该解释具体做了什么。例如：

```
void save(File file);
void process(Work work);
```

```
void append(File file,String line);
```

无论哪种命名方式，一定要让人看了就知道方法执行的业务、需要传入的是什么参数、变量代表什么意义，这是建立代码规范的底线。

4.9.5 常量命名

阿里强制规定常量命名全部大写，单词间用下画线隔开，力求语义表达完整、清晰，不要嫌名称长。

正例：MAX_STOCK_COUNT。

反例：MAX_COUNT。

对于这一条，各大公司的理解是完全一致的。

Stack Over Flow 上也有人提了相同的问题：是不是一定都是大写字母加“_”的组合? Chronicle 软件公司的架构师 Peter Lawrey 认为有一个例外，即针对日志的定义。

```
Private static final Logger log = Logger.getLogger(getCClass().getName());
```

4.9.6 抽象类的命名

阿里强制规定抽象类命名使用 Abstratc 或 Base 开头。

Oracle 的抽象类和方法规范并没有要求必须采用 Abstract 或 Base 开头命名，事实上官网上的示例没有这种命名规范要求。例如：

```
public abstract class GraphicObject{
     //declare fields
     //declare nonabstract methods
     abstract void draw();
}
```

也可以查一下 JDK，确实源码中很多类都是以这样的方式命名的，如抽象类 java.util.AbstractList。

Stack OverFlow 上对于这个问题的解释是，由于这些类不会被使用，一定会由其他的类继承并实现内部细节，因此需要明白地告诉读者这是一个抽象类，那么以 Abstract 开头比较合适。

Joshua Bloch 的理解是支持以 Abstract 开头的。笔者的理解是不要以 Base 开头命名，因为实际的基类以 Base 开头居多，这样含义有多样性，不够直观。

4.9.7 避免常量魔法值的使用

阿里强制规定不允许任何魔法值（未经定义的常量）直接出现在代码中。

反例：

```
String key = "Id#taobao_" + tradeId;
```

```
cache.put(key,value);
```

魔法值确实让人很疑惑，看下面这个例子。

int priceTable[] = new int[16];// 这样定义错误；这个 16 究竟代表什么?

正确的定义方式：

static final int PRICE_TABLE_MAX = 16; // 通过使用完整英语单词的常量名明确定义。

```
int price Table[] = new int[PRICE_TABLE_MAX];
```

魔法值会让代码的可读性大大降低，而且如果同样的数值多次出现时，容易出现不清楚这些数值是否代表同样的含义。如果本来应该使用相同的数值，一旦用错，也难以发现。因此可以采用以下两点，极力避免使用魔法数值。

①不使用魔法数值，使用带名称的 Static final 或 enum 值。

②原则上 0 不用于魔法值，这是因为 0 经常被用作数组的最小下标或变量初始化的默认值。

4.9.8 变量值范围

阿里推荐如果变量值仅在一个范围内变化，且带有名称之外的延伸属性，定义为枚举类。下面这个正例中的数字就是延伸信息，表示星期几。

正例：

```
public Enum {MONDAY(1),TUESDAY(2),WEDNESDAY(3),THURSDAY(4),
FRIDAY(5),SATURDAY(6),SUNDAY(7);}
```

对于固定且编译时可列的对象，如 Status、Type 等，应该采用 enum 而非自定义常量实现，enum 的好处是类型更清楚，不会在编译时混淆。这是一个建议性的使用推荐，枚举可以让开发者在 IDE 下使用更方便，也更安全。另外，枚举类型是一种具有特殊约束的类型，这些约束的存在使得枚举类本身更加简洁、安全、便捷。

4.9.9 大括号的使用规定

阿里强制规定，如果大括号为空，则简洁地写成 {} 即可，不需要换行；如果为非空代码块，则：

- 左大括号前不换行。
- 左大括号后换行。
- 右大括号前换行。
- 右大括号后还有 else 等代码则不换行，表示终止的右大括号后必须换行。

阿里的这条规定应该是参照了 SUN 公司 1997 年发布的代码规范（SUN 公司是 Java 的创始者），Google 也有类似的规定，大家都是遵循 K&R 风格（Kernighan 和 Ritchie），Kernighan 和 Ritchie 在 *The C Programming Language* 一书中推荐这种风格，Java 语言的大括号风格就是受到了 C 语言的编码风格影响。

注意，SUN 公司认为方法名和大括号之间不应该有空格。

4.9.10 单行字符数限制

阿里强制规定，单行字符数限制不超过 120 个，如果超出需要换行，换行时遵循如下原则。

- 第二行相对第一行缩进 4 个空格，从第三行开始，不再继续缩进，参考正例。
- 运算符与下文一起换行。
- 方法调用的点符号与下文一起换行。
- 方法调用时，多个参数需要换行，在逗号后进行。
- 在括号前不要换行，见反例。

正例：

```
StringBuffer sb = new StringBuffer();
// 超过 120 个字符的情况下，换行缩进 4 个空格，点号和方法名称一起换行
sb.append("zi").append("xin")…
.append("huang")…
.append("huang")…
.append("huang")…
```

反例：

```
StringBuffer sb = new StringBuffer();
// 超过 120 个字符的情况下，不要在括号前换行
sb.append("zi").append("xin").append("huang");
// 参数很多的方法调用可能超过 120 个字符，不要在逗号前换行
method(args1,args2,args3,…,argsX);
```

谷歌公司在代码规范建议中提到，对于代码分行的要求如下。

- 当一行代码需要在非赋值运算符处进行换行操作时，换行处必须在运算符之前。
- 当一行代码需要在赋值运算符处进行换行操作时，换行操作一般在运算符后。
- 方法或构造名需要紧跟括号。
- 逗号需要紧跟前面的字符。

给出反例如下。

```
Predicate<String> predicate=str->longExpressionInvloving(str);
```

SUN 公司 1997 年的规范中指出单行不要超过 80 个字符；对于文档中的代码行，规定不要超过 70 个字符单行。当表达式不能在一行内显示时，Genuine 按以下原则进行切分。

- 在逗号后换行。
- 在操作符号前换行。
- 倾向于高级别的分割。
- 尽量以描述完整作为换行标准。
- 如果以下标准造成代码阅读困难，直接采用 8 个空格方式对第二行代码留出空白。

例如，以下是示例代码。

```
function(longExpression1, longExpression2, longExpression3,
longExpression4, longExpression5);
var = function(longExpression1,
            function2(longExpression2,
                    longExpression3));

longName1 = longName2 * (longName3 + longName4 - longName5)
          + 4 * longName6;// 做法正确
longName1 = longName2 * (longName3 + longName4
- longName5) + 4 * longName6;// 做法错误

if ((condition1 && condition2)
   || (condition3 && condition4)
   || !(condition5 && condition6) {
   doSomethingAboutIt();
}// 这种做法错误
if ((condition1 && condition2)
|| (condition3 && condition4)
        || !(condition5 && condition6) {
   doSomethingAboutIt();
}// 这种做法正确
if ((condition1 && condition2) || (condition3 && condition4)
|| !(condition5 && condition6) {
   doSomethingAboutIt();
}// 这种做法正确
```

4.9.11 静态变量及方法调用

阿里强制规定，代码中避免通过一个类的对象引用访问此类的静态变量或静态方法，暂时不会增加编译器解析成本，直接用类名来访问即可。

谷歌公司在代码规范中指出必须直接使用类名对静态成员进行引用，并同时举例说明。

```
Foo aFoo = …;
Foo.aStaticMethod();//good
aFoo.aStaticMethod();//bad
somethingThatYieldsAFoo().aStaticMethod();//very bad
```

SUN 公司 1997 年发布的代码规范也做了类似的要求。

为什么需要这样做呢？因为被 static 修饰过的变量或方法都是随着类的初始化产生的，在堆内存中有一块专门的区域用来存放，后续直接用类名访问即可，以避免编译成本的增加和实例对象存放空间的浪费。

Stack OverFlow 上也有人提出了相同的疑问，网友较为精辟地回复是，“这是由生命周期决定的，静态方法或静态变量不是以实例为基准，而是以类为基准，因此直接用类访问，否则违背了设计初衷。”那么为什么还保留了实例的访问方式呢？可能是因为允许应用方无污染修改。

4.9.12 可变参数编程

阿里强制规定，相同参数类型、相同业务类型，才可以使用 Java 的可变参数，避免使用 Object，并且要求可变参数必须放置在参数列表的最后（尽量不用可变参数编程）。

正例：

```
public User getUsers(String type,Integer…ids){…}
```

下面先来了解可变参数的使用方法。

- 在方法中定义可变参数后，可以像操作数组一样操作该参数。
- 如果该方法除了可变参数还有其他的参数，可变参数必须放到最后。
- 拥有可变参数的方法可以被重载，在被调用时，如果能匹配到参数定长的方法则优先调用参数定长的方法。
- 可变参数可以兼容数组参数，但数组参数暂时无法兼容可变参数。

为什么可变参数需要被放到最后，这是因为参数个数不定，当其后还有相同类型参数时，编译器无法区分传入的参数属于前一个可变参数还是后边的参数，所以只能让可变参数位于最后一项。

可变参数编程有一些好处，如反射、过程建设、格式化等。对于阿里提出的尽量不使用可变参数编程，笔者猜测的原因是不太可控，如 Java 8 推出 Lambda 表达式后，可变参数编程遇到了实际的实现困难。

下面来看一个例子，假设想要实现以下功能。

```
test((arg0,arg1)->me.call(arg0,arg1));
test((arg0,arg1,arg2)->me.call(arg0,arg1,arg2));
…
```

对应的实现定义接口的继承关系，并且使用默认方法避免失败，代码如下。

```
interface VarArgsRunnable{
     default void run(Object…arguments){
         throw new UnsupportedOperationException("not possible");
     }
     default int getNumberOfArguments(){
         throw new UnsupportedOperationException("unknown");
}
}
@FunctionalInterface
Interface VarArgsRunnable4 extends VarArgsRnnable {
     @Override
     default void run(Object…arguments){
         assert(arguments.length == 4);
         run(arguments[0], arguments[1], arguments[2], arguments[3]);
     }

     void run(Object arg0, Object arg1, Object arg2, Object arg3, Object
```

```
arg4);

        @Override
        default int getNumberOfArguments(){
            return 4;
        }
    }
```

这样，可以定义 11 个接口，从 VarArgsRunnable0 到 VarArgsRunnable10，并且覆盖方法，调用方式如下。

```
    public void myMethod(VarArgsRnnable runnable,Object…arguments){
         runnable.run(arguments);
    }
```

针对上述需求，也可以编写如下代码。

```
    public class Java8VariableArgumentsDemo{
         interface Invoker{
         void invoke(Object…args);
    }
    public static void invokeInvoker(Invoker invoker,Object…args){
        invoker.invoke(args);
    }
    public static void applyWithStillAndPrinting(Invoker invoker){
        invoker.invoke("Still","Printing");
    }
    Public static void main(String[] args){
         Invoker printer = new Invoker(){
             Public void invoke(Object…args){
                 for(Object arg:args){
                     System.out.println(arg);
                 }
             }
         };
         printer.invoke("I","am","printing");
         invokeInvoker(printer, "Also","printing");
         applyWithStillAndPrinting(printer);
         applyWithStillAndPrinting((Object…args)->System.out.println("Not
done"));
         applyWithStillAndPrinting(printer::invoke);
    }
    }
```

运行后输出如下。

```
    I
    am
    printing
```

```
Also
printing
Still
Printing
Not done
Still
Printing
```

4.9.13 单元测试应该自动执行

阿里强制单元测试应该是全自动执行的，并且非交互式的。测试框架通常是定期执行的，执行过程必须完全自动化才有意义。输出结果需要人工检查的测试不是一个好的单元测试。单元测试中不能使用 System.out 来进行人工验证，必须使用 assert 来验证。

这条原则比较容易理解。单元测试是整个系统的最小测试单元，针对的是一个类中一个方法的测试，如果这些测试的结果需要人工校验是否正确，那么对于验证人来说是一项烦琐且耗时的工作。另外，单元测试作为系统最基本的保障，需要在修改代码、编译、打包过程中都运行测试用例，保障基本功能，自动化的测试是必要条件。其实自动化测试不仅是单元测试特有的，还包括集成测试、系统测试等，都在慢慢地转向自动化测试，以降低测试的人力成本。

4.9.14 单元测试应该是独立的

阿里强制保持单元测试的独立性。为了保证单元测试稳定可靠且便于维护，单元测试用例之间绝不能互相调用，也不能依赖执行的先后次序。反例：method2 需要依赖 method1 的执行，将执行结果作为 method2 的输入。

单元测试作为系统的最小测试单元，主要目的是尽可能早地测试编写代码，降低后续集成测试期间的测试成本，以及在运行测试用例时能够快速地定位到对应的代码段并解决相关问题。

假设有这么一个场景，method1 方法被 10 个其他 method 方法调用，如果 10 个 method 方法的测试用例都需要依赖 method1，那么当 methdo1 被修改导致运行出错的情况下，会导致 method1 及依赖它的 10 个 method 的所有测试用例报错，这样就需要排查这 11 个方法到底哪里出了问题，这与单元测试的初衷不符，也会大大地增加排查工作量，所以单元测试必须是独立的。

4.9.15 BCDE 原则

阿里推荐编写单元测试代码遵守 BCDE 原则，以保证被测试模块的交付质量。BCDE 原则逐一解释如下。

① B（Border）：确保参数边界值均被覆盖。

例如，对于数字，测试负数、0、正数、最小值、最大值、NaN（非数字）、无穷大值等。对于字符串，测试空字符串、单字符、非 ASCII 字符串、多字节字符串等。对于集合类型，测试空、第一个元素、最后一个元素等。对于日期，测试 1 月 1 日、2 月 29 日、12 月 31 日等。被测试的类本身也会暗示一些特定情况下的边界值。对于边界情况的测试，一定要详尽。

② C（Connect）：确保输入和输出的正确关联性。

例如，测试某个时间判断的方法 boolean inTimeZone(Long timeStamp)，该方法根据输入的时间戳判断该事件是否存在于某个时间段内，返回 boolean 类型。如果测试输入的测试数据为 Long 类型的时间戳，对于输出的判断应该是对于 boolean 类型的处理。如果测试输入的测试数据为非 Long 类型数据，对于输出的判断应该是报错信息是否正确。

③ D（Design）：任务程序的开发包括单元测试都应该遵循设计文档。

④ E（Error）：单元测试包括对各种方法的异常测试，测试程序对异常的响应能力。

除了这些解释之外，《单元测试之道（Java 版）》这本书中提到了关于边界测试的 CORRECT 原则。

①一致性（Conformance）：值是否符合预期格式（正常的数据），列出所有可能不一致的数据，进行验证。

②有序性（Ordering）：传入参数顺序不同的结果是否正确，对排序算法会产生影响，或者对类的属性赋值顺序不同是否会产生错误。

③区间性（Range）：参数的取值范围是否在某个合理的区间范围内。

④引用 / 耦合性（Reference）：程序依赖外部的一些条件是否已满足。前置条件，系统必须处于什么状态下，该方法才能运行。后置条件，使用的方法将会保证哪些状态发生改变。

⑤存在性（Existence）：参数是否真的存在，引用为 null，String 为空，数值为 0 或物理介质不存在时，程序是否能正常运行。

⑥基数性（Cardinality）：考虑以“0-1-*N* 原则”，当数值分别为 0、1、*N* 时，可能出现的结果，其中 *N* 为最大值。

⑦时间性（Time）：相对时间指的是函数执行的依赖顺序；绝对时间指的是超时问题、并发问题。

4.9.16 数据类型精度考量

对于 MySQL 数据库的数据类型，阿里强制要求存放小数时使用 Decimal，禁止使用 Float 和 Double。

说明：在存储时，Float 和 Double 类型存在精度损失的问题，很可能在值的比较时，得到不正确的结果。如果存储的数据范围超过 Decimal 的范围，建议将数据拆成整数和小数分开存储。

下面先来看一下各个精度的范围。

- Float：浮点型，4 字节数 32 位，表示数据范围 -3.4E38~3.4E38。
- Double：双精度型，8 字节数 64 位，表示数据范围 -1.7E308~1.7E308。
- Decimal：数字型，16 字节数 128 位，不存在精度损失，常用于银行账目计算。

在精确计算中使用浮点数是非常危险的。在对精度要求高的情况下，如银行账目就需要使用 Decimal 存储数据。

实际上，所有涉及数据存储的类型定义，都会涉及数据精度损失问题。Java 的数据类型也存在 Float 和 Double 精度损失情况，阿里没有指出这条规约，这是一个比较严重的规约缺失。

Joshua Bloch（著名的 *Effective Java* 一书作者）认为，Float 和 Double 这两个原生的数据类型本身是为了科学和工程计算设计的，它们本质上都采用单精度算法，也就是说，在较宽的范围内快速获得精准数据值。但是，需要注意的是，这两个原生类型都不保证，也不会提供很精确的值。单精度和双精度类型特别不适用于货币计算，因为不可能准确地表示 0.1（或任何其他 10 的负幂）。

例如：

```
float calnUM1;
double calNum2;
calNum1 = (float)(1.03-.42);
calNum2 = 1.03-.42;
System.out.println("calNum1="+ calNum1);
System.out.println("calNum2="+ calNum2);
System.out.println(1.03-.42);
calNum1 = (float)(1.00-9*.10);
calNum2 = 1.00-9*.10;
System.out.println("calNum1="+ calNum1);
System.out.println("calNum2="+ calNum2);
System.out.println(1.00-9*.10);
```

输出结果如下。

```
calNum1=0.61
calNum2=0.6100000000000001
0.6100000000000001
calNum1=0.1
calNum2=0.09999999999999998
0. 09999999999999998
```

从上面的输出结果来看，如果希望打印时自动进行四舍五入，这是不切实际的。

再来看一个实际的例子。假设有 1 元钱，从第一件商品（价格为 0.1 元）开始，每一件商品比前一件贵 0.1 元，那么一共可以买几件商品。口算一下，应该是 4 件（因为 0.1+0.2+0.3+0.4=1.0）。下面写个程序验证。

```
// 错误的方式
double funds1 = 1.00;
int itemsBought = 0;
for(double price = .10;funds>=price;price+=.10){
funds1 -=price;
itemsBought++;
}
System.out.println(itemsBought+" items boughts.");
System.out.println("Changes:"+funds1);
// 正确的方式
final BigDecimal TEN_CENTS = new BigDecimal(".10");
```

```
    itemsBought = 0;
    BigDecimal funds2 = new BigDecimal("1.00");
    for(BigDecimal price = TEN_CENTS;funds2.compareTo(price)>0;price = price.
add(TEN_CENTS)){
        fund2 = fund2.substract(price);
        itemsBought++;
    }
    System.out.println(itemsBought+" items boughts.");
    System.out.println("Changes:"+funds2);
```

运行输出如下。

```
    3 items boughts.
    Changes:0.3999999999999999
    4 items boughts.
    Changes:0.00
```

这里可以看到使用 BigDecimal 解决了问题，实际上 int、long 也可以解决这类问题。采用 BigDecimal 有一个缺点，就是使用过程中没有原始数据这么方便，效率也不高。如果采用 int 方式，最好不要在有小数点的场景下使用，可以在 100、10 这样的整数业务场景下选择使用。

4.9.17 使用 Char

对于 MySQL 数据库的字符串数据类型，阿里强制要求如果存储的字符串长度几乎相等，使用 char 定长字符串类型。

这里不讨论 MySQL，而是介绍另一种主流关系型数据库——PostgreSQL。在 PostgreSQL 中建议使用 varchar 或 text，而不是 char，这是因为它们之间没有性能区别，但是 varchar、text 能支持动态的长度调整，存储空间也更节省。

在 PostgreSQL 官方文档中记录了这两种类型的比较。

PostgreSQL 定义了两种基本的字符类型：character varying(*n*) 和 character(*n*)，这里的 n 是一个正整数。两种类型都可以存储最多 n 个字符的字符串（没有字节）。试图存储更长的字符串到这些类型的字段中会产生一个错误，除非超出长度的字符都是空白的，这种情况下该字符串将被截断为最大长度。如果要存储的字符串比声明的长度短，类型为 character 的数值将会用空白填满，而类型为 character varying 的数值就不会填满。

如果明确地把一个数值转换成 character varying(*n*) 或 character(*n*)，那么超长的数值将被截断成 *n* 个字符，且不会抛出错误。这也是 SQL 标准的要求。

varchar(*n*) 和 char(*n*) 分别是 character varying(*n*) 和 character(*n*) 的别名，没有声明长度的 character 等于 character(1)；如果不带长度说明可以使用 character varying，那么该类型接受任何长度的字符串。

另外，PostgreSQL 提供的 text 类型可以存储任何长度的字符串。尽管类型 text 不是 SQL 标准，但是许多其他 SQL 数据库系统也使用它。

character 类型的数值物理上都用空白填充到指定的长度 *n*，并且以这种方式存储。不过，填充的空白是暂时无语义的。在比较两个 character 值时，填充的空白都不会被关注；在转换成其他字符串类型时，character 值中的空白会被删除。需要注意的是，在 character varying 和 text 类型的数值中，结尾的空白是有语义的，并且当使用模式匹配时，如 LIKE，使用正则表达式。

一个简短的字符串（最多 126 个字节）的存储要求是 1 个字节加上实际的字符串，其中包括空格填充的 character。更长的字符串有 4 个字节的开销，而不是 1。长的字符串将会自动被系统压缩，因此在磁盘上的物理需求可能会更少些。更长的数值也会存储在数据表中，这样它们就不会干扰对短字段值的快速访问。不管怎样，允许存储的最长字符串大概是 1GB。允许在数据类型声明中出现的 n 的最大值比这个还小。修改这个行业标准没有什么意义，因为在多字节编码下字符和字节的数目可能差别很大。如果想存储没有特定上限的长字符串，使用 text 或没有长度声明的 character varying，而不要选择一个任意长度限制。

从性能上分析，character(*n*) 通常是最慢的。在大多数情况下，应该使用 text 或 character varying。

第 5 章 Spring 相关知识

Spring 框架是一个生态体系，而不是简单的软件技术框架，同时，它也是很多面试官都会提到的问题，所以如果程序员对它有所了解，那么面试成功率会提高很多。

通过阅读本章节，可以学习以下内容。

- 什么是 Spring 框架
- Spring Boot 的定义、示例
- Spring Cloud 的定义、示例
- Spring 中的设计模式

5.1 Spring Boot

5.1.1 初始 Spring Boot

Spring 是一个非常受欢迎的 Java 框架，它被用来构建 Web 和企业应用，不像其他框架一样只关注一个领域，Spring 框架提供了各种功能，通过项目组合来满足当代业务需求。Spring 框架提供了多种灵活的方式配置 Bean，如 XML、注解和 Java 配置。随着功能数量的增加，复杂性也随之增加，配置 Spring 应用将变得乏味且容易出错，因此，Spring 团队创造了 Spring Boot 框架以解决配置复杂的问题。在开始学习 Spring Boot 之前，先快速地了解一下 Spring 框架，看看 Spring Boot 可以解决什么样的问题。

Spring 很受欢迎的原因，可能有以下几点。

- Spring 的依赖注入方式鼓励编写可测试代码。
- 具备简单但功能强大的数据库事务管理功能。
- Spring 简化了与其他 Java 框架的集成工作，如 JPA/Hibernate ORM 和 Struts/JSF 等 Web 框架。
- 构建 Web 应用最先进的 Web MVC 框架。
- 与 Spring 有关的一些项目，有利于构建满足当代业务需求的应用。
- Spring Data：简化了关系数据库和 NoSQL 数据存储的数据访问。
- Spring Batch：提供强大的批处理框架。
- Spring Security：用于保护应用的强大安全框架。
- Spring Social：支持与 Facebook、Twitter、Linkedin、Github 等社交网站集成。
- Spring Integration：实现了企业集成模式，以便于使用轻量级消息和声明式适配器与其他企业应用集成。

1. Spring 框架使用入门示例

Spring 框架初始仅提供了基于 XML 的方式来配置 Bean，后来引入了基于 XML 的 DSL、注解，以及基于 Java 配置的方式。下面分别进行介绍。

（1）基于 XML 的配置

```
    <bean id="userService" class="com.sivalabs.myapp.service.UserService">
        <property name="userDao" ref="userDao"/>
    </bean>
    <bean id="userDao" class="com.sivalabs.myapp.dao.JdbcUserDao">
        <property name="dataSource" ref="dataSource"/>
    </bean>
    <bean id="dataSource" class="org.apache.commons.dbcp.BasicDataSource"
destroy-method="close">
```

```
    <property name="driverClassName" value="com.mysql.jdbc.Driver"/>
    <property name="url" value="jdbc:mysql://localhost:3306/test"/>
    <property name="username" value="root"/>
    <property name="password" value="secret"/>
</bean>
```

（2）基于注解的配置

```
@Service
public class UserService
{
    private UserDao userDao;
    @Autowired
    public UserService(UserDao dao){
        this.userDao = dao;
    }
    ...
    ...
}
@Repository
public class JdbcUserDao
{
    private DataSource dataSource;
    @Autowired
    public JdbcUserDao(DataSource dataSource){
        this.dataSource = dataSource;
    }
    ...
    ...
}
```

（3）基于 Java 的配置

```
@Configuration
public class AppConfig
{
    @Bean
    public UserService userService(UserDao dao){
        return new UserService(dao);
    }
    @Bean
    public UserDao userDao(DataSource dataSource){
        return new JdbcUserDao(dataSource);
    }
    @Bean
    public DataSource dataSource(){
        BasicDataSource dataSource = new BasicDataSource();
        dataSource.setDriverClassName("com.mysql.jdbc.Driver");
```

```
        dataSource.setUrl("jdbc:mysql://localhost:3306/test");
        dataSource.setUsername("root");
        dataSource.setPassword("secret");
        return dataSource;
    }
}
```

下面是一个使用了 Spring MVC 和 JPA（Hibernate）的 Web 应用。具体操作步骤如下。

步骤 1：配置 Maven 依赖。

首先需要做的是配置 pom.xml 中所需的依赖。

```
<?xml version="1.0" encoding="UTF-8"?>
<project xmlns="http://maven.apache.org/POM/4.0.0"
    xmlns:xsi="http://www.w3.org/2001/XMLSchema-instance"
    xsi:schemaLocation="http://maven.apache.org/POM/4.0.0
                        http://maven.apache.org/maven-v4_0_0.xsd">
    <modelVersion>4.0.0</modelVersion>
    <groupId>com.sivalabs</groupId>
    <artifactId>springmvc-jpa-demo</artifactId>
    <packaging>war</packaging>
    <version>1.0-SNAPSHOT</version>
    <name>springmvc-jpa-demo</name>
    <properties>
        <project.build.sourceEncoding>UTF-8</project.build.sourceEncoding>
        <maven.compiler.source>1.8</maven.compiler.source>
        <maven.compiler.target>1.8</maven.compiler.target>
        <failOnMissingWebXml>false</failOnMissingWebXml>
    </properties>
    <dependencies>
        <dependency>
            <groupId>org.springframework</groupId>
            <artifactId>spring-webmvc</artifactId>
            <version>4.2.4.RELEASE</version>
        </dependency>
        <dependency>
            <groupId>org.springframework.data</groupId>
            <artifactId>spring-data-jpa</artifactId>
            <version>1.9.2.RELEASE</version>
        </dependency>
</project>
```

这里配置了所有的 Maven jar 依赖，包括 Spring MVC、Spring Data JPA、JPA/Hibernate、Thymeleaf 和 Log4j。

步骤 2：使用 Java 配置 Service/DAO 层的 Bean。

```
@Configuration
@EnableTransactionManagement
```

```
@EnableJpaRepositories(basePackages="com.sivalabs.demo")
@PropertySource(value = { "classpath:application.properties" })
public class AppConfig
{
    @Autowired
    private Environment env;
    @Bean
    public static PropertySourcesPlaceholderConfigurer placeHolderConfigurer()
    {
        return new PropertySourcesPlaceholderConfigurer();
    }
    @Value("${init-db:false}")
    private String initDatabase;
    @Bean
    public PlatformTransactionManager transactionManager()
    {
        EntityManagerFactory factory = entityManagerFactory().getObject();
        return new JpaTransactionManager(factory);
    }
    @Bean
    public LocalContainerEntityManagerFactoryBean entityManagerFactory()
    {
        LocalContainerEntityManagerFactoryBean factory = new LocalContainer
EntityManagerFactoryBean();
        HibernateJpaVendorAdapter vendorAdapter = new
HibernateJpaVendorAdapter();
        vendorAdapter.setGenerateDdl(Boolean.TRUE);
        vendorAdapter.setShowSql(Boolean.TRUE);
        factory.setDataSource(dataSource());
        factory.setJpaVendorAdapter(vendorAdapter);
        factory.setPackagesToScan("com.sivalabs.demo");
        Properties jpaProperties = new Properties();
        jpaProperties.put("hibernate.hbm2ddl.auto", env.
getProperty("hibernate.hbm2ddl.auto"));
        factory.setJpaProperties(jpaProperties);
        factory.afterPropertiesSet();
        factory.setLoadTimeWeaver(new InstrumentationLoadTimeWeaver());
        return factory;
    }
    @Bean
    public HibernateExceptionTranslator hibernateExceptionTranslator()
    {
        return new HibernateExceptionTranslator();
    }
    @Bean
    public DataSource dataSource()
    {
```

```
        BasicDataSource dataSource = new BasicDataSource();
        dataSource.setDriverClassName(env.getProperty("jdbc.
driverClassName"));
        dataSource.setUrl(env.getProperty("jdbc.url"));
        dataSource.setUsername(env.getProperty("jdbc.username"));
        dataSource.setPassword(env.getProperty("jdbc.password"));
        return dataSource;
    }
    @Bean
    public DataSourceInitializer dataSourceInitializer(DataSource
dataSource)
    {
        DataSourceInitializer dataSourceInitializer = new
DataSourceInitializer();
        dataSourceInitializer.setDataSource(dataSource);
        ResourceDatabasePopulator databasePopulator = new
ResourceDatabasePopulator();
        databasePopulator.addScript(new ClassPathResource("data.sql"));
        dataSourceInitializer.setDatabasePopulator(databasePopulator);
        dataSourceInitializer.setEnabled(Boolean.
parseBoolean(initDatabase));
        return dataSourceInitializer;
    }
}
```

在 AppConfig.java 配置类中，完成了以下操作。

- 使用 @Configuration 注解标记为一个 Spring 配置类。
- 使用 @EnableTransactionManagement 注解开启基于注解的事务管理。
- 配置 @EnableJpaRepositories 指定去哪里查找 Spring Data JPA 资源库（repository）。
- 使用 @PropertySource 注解和 PropertySourcesPlaceholderConfigurer Bean 定义配置 PropertyPlaceHolder Bean 从 application.properties 文件加载配置。
- 为 DataSource、JAP 的 EntityManagerFactory 和 JpaTransactionManager 定义 Bean。
- 配置 DataSourceInitializer Bean，在应用启动时，执行 data.sql 脚本来初始化数据库。

下面需要在 application.properties 中完善配置，其代码如下。

```
jdbc.driverClassName=com.mysql.jdbc.Driver
jdbc.url=jdbc:mysql://localhost:3306/test
jdbc.username=root
jdbc.password=admin
init-db=true
hibernate.dialect=org.hibernate.dialect.MySQLDialect
hibernate.show_sql=true
hibernate.hbm2ddl.auto=update
```

可以创建一个简单的 SQL 脚本 data.sql 将演示数据填充到 user 表中。

```
delete from user;
insert into user(id, name) values(1,'Siva');
insert into user(id, name) values(2,'Prasad');
insert into user(id, name) values(3,'Reddy');
```

可以创建一个附带基本配置的 log4j.properties 文件，代码如下。

```
log4j.rootCategory=INFO, stdout
log4j.appender.stdout=org.apache.log4j.ConsoleAppender
log4j.appender.stdout.layout=org.apache.log4j.PatternLayout
log4j.appender.stdout.layout.ConversionPattern=%5p %t %c{2}:%L - %m%n
log4j.category.org.springframework=INFO
log4j.category.com.sivalabs=DEBUG
```

步骤 3：配置 Spring MVC Web 层的 Bean。

必须配置 Thymleaf 的 ViewResolver、处理静态资源的 ResourceHandler 和处理 i18n 的 MessageSource 等。

```
@Configuration
@ComponentScan(basePackages = { "com.sivalabs.demo"})
@EnableWebMvc
public class WebMvcConfig extends WebMvcConfigurerAdapter
{
    @Bean
    public TemplateResolver templateResolver() {
        TemplateResolver templateResolver = new ServletContextTemplateResol
ver();
        templateResolver.setPrefix("/WEB-INF/views/");
        templateResolver.setSuffix(".html");
        templateResolver.setTemplateMode("HTML5");
        templateResolver.setCacheable(false);
        return templateResolver;
    }
    @Bean
    public SpringTemplateEngine templateEngine() {
        SpringTemplateEngine templateEngine = new SpringTemplateEngine();
        templateEngine.setTemplateResolver(templateResolver());
        return templateEngine;
    }
    @Bean
    public ThymeleafViewResolver viewResolver() {
        ThymeleafViewResolver thymeleafViewResolver = new
ThymeleafViewResolver();
        thymeleafViewResolver.setTemplateEngine(templateEngine());
        thymeleafViewResolver.setCharacterEncoding("UTF-8");
        return thymeleafViewResolver;
    }
    @Override
```

```
        public void addResourceHandlers(ResourceHandlerRegistry registry)
        {
            registry.addResourceHandler("/resources/**").
addResourceLocations("/resources/");
        }
        @Override
        public void configureDefaultServletHandling(DefaultServletHandlerConfigur
er configurer)
        {
            configurer.enable();
        }
        @Bean(name = "messageSource")
        public MessageSource configureMessageSource()
        {
            ReloadableResourceBundleMessageSource messageSource = new Reloadabl
eResourceBundleMessageSource();
            messageSource.setBasename("classpath:messages");
            messageSource.setCacheSeconds(5);
            messageSource.setDefaultEncoding("UTF-8");
            return messageSource;
        }
    }
```

在 WebMvcConfig.java 配置类中，完成了以下操作。

- 使用 @Configuration 注解标记为一个 Spring 配置类。
- 使用 @EnableWebMvc 注解启用基于注解的 Spring MVC 配置。
- 通过注册 TemplateResolver、SpringTemplateEngine 和 ThymeleafViewResolver Bean 来配置 Thymeleaf 视图解析器。
- 注册 ResourceHandler Bean 将以 URI 为 /resource/** 的静态资源请求定位到 /resource/ 目录下。
- 配置 MessageSource Bean 从 classpath 下加载 messages-{ 国家代码 }.properties 文件来加载 i18n 配置。

现在没有配置任何 i18n 内容，所以需要在 src/main/resources 文件夹下创建一个空的 messages.properties 文件。

步骤 4：注册 Spring MVC 的前端控制器 DispatcherServlet。

在 Servlet 3.x 规范之前，必须在 web.xml 中注册 Servlet/Filter。由于当前是 Servlet 3.x 规范，因此可以使用 ServletContainerInitializer 以编程的方式注册 Servlet /Filter。

Spring MVC 提供了一个惯例类 AbstractAnnotationConfigDispatcherServletInitializer 来注册 DispatcherServlet。

```
    public class SpringWebAppInitializer extends AbstractAnnotationConfigDispatc
herServletInitializer
    {
```

```
    @Override
    protected Class<?>[] getRootConfigClasses()
    {
        return new Class<?>[] { AppConfig.class};
    }
    @Override
    protected Class<?>[] getServletConfigClasses()
    {
        return new Class<?>[] { WebMvcConfig.class };
    }
    @Override
    protected String[] getServletMappings()
    {
        return new String[] { "/" };
    }
    @Override
    protected Filter[] getServletFilters() {
       return new Filter[]{ new OpenEntityManagerInViewFilter() };
    }
}
```

在 SpringWebAppInitializer.java 配置类中，完成了以下操作。

- 将 AppConfig.class 配置为 RootConfigurationClass，它将成为包含了所有子上下文（DispatcherServlet）共享的、Bean 定义的父 ApplicationContext。
- 将 WebMvcConfig.class 配置为 ServletConfigClass，它是包含了 WebMvc Bean 定义的子 ApplicationContext。
- 将“/”配置为 ServletMapping，这意味着所有的请求将由 DispatcherServlet 处理。
- 将 OpenEntityManagerInViewFilter 注册为 Servlet 过滤器，以便在渲染视图时可以延迟加载 JPA Entity 的延迟集合。

步骤 5：创建一个 JPA 实体和 Spring Data JPA 资源库。

为 User 实体创建一个 JPA 实体 User.java 和一个 Spring Data JPA 资源库。

```
@Entity
public class User
{
    @Id @GeneratedValue(strategy=GenerationType.AUTO)
    private Integer id;
    private String name;
    //setters and getters
}
public interface UserRepository extends JpaRepository<User, Integer>
{
}
```

步骤 6：创建一个 Spring MVC 控制器。

创建一个 Spring MVC 控制器来处理 URL 为“/”，并渲染一个用户列表。

```
@Controller
public class HomeController
{
    @Autowired UserRepository userRepo;
    @RequestMapping("/")
    public String home(Model model)
    {
        model.addAttribute("users", userRepo.findAll());
        return "index";
    }
}
```

步骤 7：创建一个 Thymeleaf 视图 /WEB-INF/views/index.html 来渲染用户列表。

```
<!DOCTYPE html>
<html xmlns="http://www.w3.org/1999/xhtml"
      xmlns:th="http://www.thymeleaf.org">
<head>
<meta charset="utf-8"/>
<title>Home</title>
</head>
<body>
    <table>
        <thead>
            <tr>
                <th>Id</th>
                <th>Name</th>
            </tr>
        </thead>
        <tbody>
            <tr th:each="user : ${users}">
                <td th:text="${user.id}">Id</td>
                <td th:text="${user.name}">Name</td>
            </tr>
        </tbody>
    </table>
</body>
</html>
```

配置完后，即可运行应用。但在此之前，需要在 IDE 中下载并配置如 Tomcat、Jetty 或 Wildfly 等服务器。

用户可以下载 Tomcat 8 并配置在 IDE 中，然后运行应用并将浏览器指向 http://localhost:8080/springmvc-jpa-demo，即可看到一个以表格形式展示的用户详细信息列表。

2. SpringBoot 使用示例

下面首先介绍一下 IDE 工具如何创建工程。

Intellij 中的 Spring Initializr 工具，与 Web 提供的创建功能一样，可以快速地构建出一个基础的 Spring Boot/Cloud 工程。

①在菜单栏中选择“File”→“New”→“Project”命令可以看到图 5-1 所示的创建功能窗口。其中“Initializr Service URL”指向的地址就是 Spring 官方提供的 Spring Initializr 工具地址，所以这里创建的工程实际上也是基于它的 Web 工具来实现的。

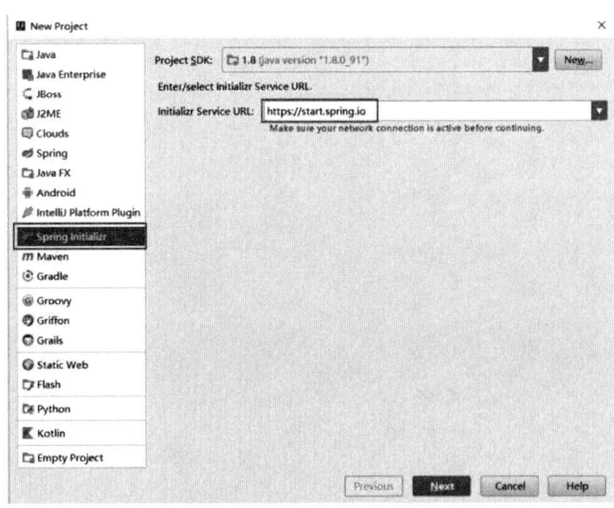

图 5-1 创建功能窗口

②单击“Next”按钮，等待片刻后，可以看到图 5-2 所示的工程信息窗口，在这里可以编辑想要创建的工程信息。其中，Type 可以改变要构建的工程类型，如 Maven、Gradle；Language 可以选择 Java、Groovy、Kotlin。

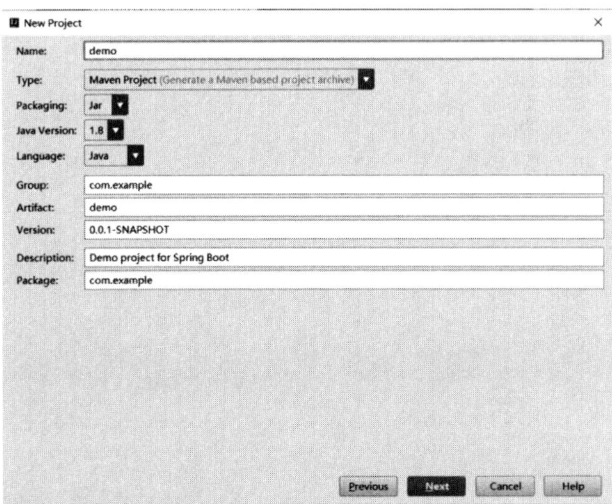

图 5-2 工程信息窗口

③单击“Next”按钮，进入选择 Spring Boot 版本和依赖管理的窗口。在这里值得关注的是，它不仅包含了 Spring Boot Starter POMs 中的各个依赖，还包含了 Spring Cloud 的各种依赖，如图 5-3 所示。

图 5-3　Spring Boot 版本和依赖管理的窗口

④单击“Next”按钮，进入最后关于工程物理存储的一些细节。最后，单击“Finish”按钮完成工程的构建，如图 5-4 所示。

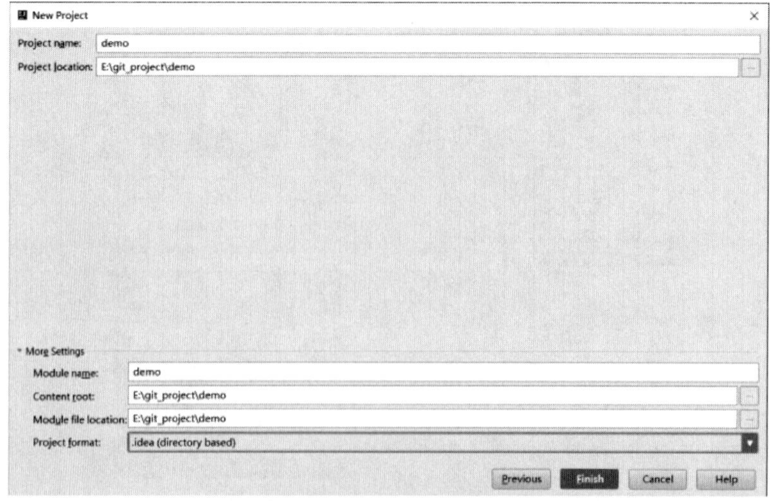

图 5-4　工程物理存储

Intellij 中的 Spring Initializr 工具虽然还是基于官方 Web 实现的，但是通过工具来进行调用并直接将结果构建到本地文件系统中，让整个构建流程变得更加顺畅。还没有体验过此功能的 Spring Boot/Cloud 爱好者可以尝试一下这种不同的构建方式。

下面是如何创建具体的应用源代码。

步骤 1：创建一个基于 Maven 的 Spring Boot 应用。

创建一个 Maven 项目并配置如下依赖。

```
<?xml version="1.0" encoding="UTF-8"?>
<project xmlns="http://maven.apache.org/POM/4.0.0"
        xmlns:xsi="http://www.w3.org/2001/XMLSchema-instance"
        xsi:schemaLocation="http://maven.apache.org/POM/4.0.0
                        http://maven.apache.org/maven-v4_0_0.xsd">
    <modelVersion>4.0.0</modelVersion>
    <groupId>com.sivalabs</groupId>
    <artifactId>hello-springboot</artifactId>
    <packaging>jar</packaging>
    <version>1.0-SNAPSHOT</version>
    <name>hello-springboot</name>
    <parent>
        <groupId>org.springframework.boot</groupId>
        <artifactId>spring-boot-starter-parent</artifactId>
        <version>1.3.2.RELEASE</version>
    </parent>
    <properties>
        <project.build.sourceEncoding>UTF-8</project.build.sourceEncoding>
        <java.version>1.8</java.version>
    </properties>
    <dependencies>
        <dependency>
            <groupId>org.springframework.boot</groupId>
            <artifactId>spring-boot-starter-test</artifactId>
        </dependency>
        <dependency>
            <groupId>org.springframework.boot</groupId>
            <artifactId>spring-boot-starter-data-jpa</artifactId>
        </dependency>
        <dependency>
            <groupId>org.springframework.boot</groupId>
            <artifactId>spring-boot-starter-web</artifactId>
        </dependency>
        <dependency>
            <groupId>org.springframework.boot</groupId>
            <artifactId>spring-boot-starter-thymeleaf</artifactId>
        </dependency>
        <dependency>
```

```
            <groupId>org.springframework.boot</groupId>
            <artifactId>spring-boot-devtools</artifactId>
        </dependency>
        <dependency>
            <groupId>mysql</groupId>
            <artifactId>mysql-connector-java</artifactId>
        </dependency>
    </dependencies>
</project>
```

步骤 2：在 application.properties 中配置 DataSoure/JPA。

```
spring.datasource.driver-class-name=com.mysql.jdbc.Driver
spring.datasource.url=jdbc:mysql://localhost:3306/test
spring.datasource.username=root
spring.datasource.password=admin
spring.datasource.initialize=true
spring.jpa.hibernate.ddl-auto=update
spring.jpa.show-sql=true
```

您可以将相同的 data.sql 文件复制到 src/main/resources 文件夹中。

步骤 3：为实体创建一个 JPA 实体和 Spring Data JPA 资源库接口。

与 springmvc-jpa-demo 应用一样，创建 User.java、UserRepository.java 和 HomeController.java。

步骤 4：创建用于显示用户列表的 Thymeleaf 视图。

从 springmvc-jpa-demo 项目中复制之前创建的 /WEB-INF/views/index.html 到 src/main/resources/template 文件夹中。

步骤 5：创建 Spring Boot 入口类。

创建一个含有 main 方法的 Java 类 Application.java，代码如下。

```
@SpringBootApplication
public class Application
{
    public static void main(String[] args)
    {
        SpringApplication.run(Application.class, args);
    }
}
```

现在把 Application.java 当作一个 Java 应用运行，并将浏览器指向 http://localhost:8080/。

下面简单解释以上涉及的知识点。

（1）简单的依赖管理

首先要注意的是我们正在使用一些名为 spring-boot-starter-* 的依赖。当程序员在开发 Spring MVC 应用时添加了 spring-boot-starter-web 依赖，它已经包含了常用的一些库，如

spring-webmvc、jackson-json、validation-api 和 tomcat 等。

这里添加了 spring-boot-starter-data-jpa 依赖。它包含了所有的 spring-data-jpa 依赖，并且还添加了 Hibernate 库，因为很多应用使用 Hibernate 作为 JPA 的实现。

（2）自动配置

spring-boot-starter-web 不仅添加了这些库，还配置了经常被注册的 Bean，如 DispatcherServlet、ResourceHandler 和 MessageSource 等 Bean，并且应用了合适的默认配置。还添加了 spring-boot-starter-Thymeleaf，它不仅添加了 Thymeleaf 的依赖，还自动配置了 ThymeleafViewResolver bean。

虽然没有定义任何 DataSource、EntityManagerFactory 和 TransactionManager 等 Bean，但它们可以被自动创建。如果在 classpath 下没有任何内存数据库驱动，如 H2 或 HSQL，那么 Spring Boot 将自动创建一个内存数据库的 DataSource，然后应用合理的默认配置自动注册 EntityManagerFactory 和 TransactionManager 等 Bean。但是用户正在使用 MySQL，所以需要明确并提供 MySQL 的连接信息。程序员已经在 application.properties 文件中配置了 MySQL 连接信息，Spring Boot 将应用这些配置来创建 DataSource。

（3）支持嵌入式 Servlet 容器

最重要的是，创建了一个简单的 Java 类，标记了一个注解 @SpringApplication，它有一个 main 方法。通过运行 main 方法，可以运行这个应用并通过 http://localhost:8080/ 来访问。

添加了 spring-boot-starter-web，它会自动引入 spring-boot-starter-tomcat。当运行 main() 方法时，它将 tomcat 作为一个嵌入式容器启动，程序员不需要部署应用到外部安装好的 tomcat 上。

顺便提一下，查看 pom.xml 中配置的打包类型是 JAR，而不是 WAR。

如果想使用 Jetty 服务器而不是 Tomcat，那么只需要从 spring-boot-starter-web 中排除 spring-boot-starter-tomcat，并包含 spring-boot-starter-jetty 依赖即可。

5.1.2 Spring Boot 示例

Spring Boot 的主要优点如下。

- 可以让所有 Spring 开发者更快地入门。
- 开箱即用，提供各种默认配置来简化项目配置。
- 内嵌式容器简化 Web 项目。
- 没有冗余代码生成和 XML 配置的要求。

本示例目标是完成 Spring Boot 基础项目的构建，并且实现一个简单的 HTTP 请求处理。通过这个例子对 Spring Boot 有一个初步的了解，并体验其结构简单、开发快速的特性。

系统要求如下。

- Java 7 及以上版本。
- Spring Framework 4.1.5 及以上。

本节采用 Java 1.8.0_73、 SpringBoot 1.3.2 调试通过。

（1）使用 Maven 构建项目

①通过 Spring Initializr 工具创建基础项目。

②访问 http://start.spring.io/。

③选择构建工具 Maven Project、Spring Boot 1.3.2 版本及一些工程基本信息，其设置如图 5-5 所示。

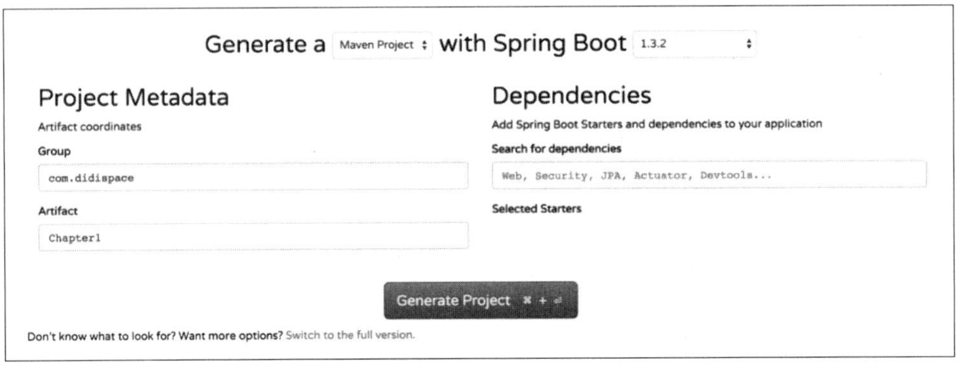

Generate a Maven Project with Spring Boot 1.3.2

Project Metadata

Artifact coordinates

Group

com.didispace

Artifact

Chapter1

Dependencies

Add Spring Boot Starters and dependencies to your application

Search for dependencies

Web, Security, JPA, Actuator, Devtools...

Selected Starters

Generate Project

Don't know what to look for? Want more options? Switch to the full version.

图 5-5　选择构建信息

④单击“Generate Project”按钮，下载项目压缩包。

⑤解压项目包，并用 IDE 以 Maven 项目导入，以 Intellij IDEA 14 为例。

⑥在菜单中选择“File”→“New”→“Project from Existing Sources”命令。

⑦选择解压后的项目文件夹，单击 OK 按钮。

⑧单击 Import Project from External Model 并选择 Maven，单击“Next”按钮结束为止。

⑨若系统环境有多个版本的 JDK，注意选择 JavaSDK 时需要选择 Java 7 以上的版本。

除此之外，也可以使用 Intellij 中的 Spring Initializr 来快速构建 Spring Boot/Cloud 工程。

（2）项目结构解析

通过上面步骤完成了基础项目的创建，如图 5-6 所示。Spring Boot 的基础结构有以下 3 个文件（具体路径根据用户生成项目时填写的 Group 而有所差异）。

- src/main/java 下的程序入口：Chapter1Application。
- src/main/resources 下的配置文件：application.properties。
- src/test/ 下的测试入口：Chapter1ApplicationTests。

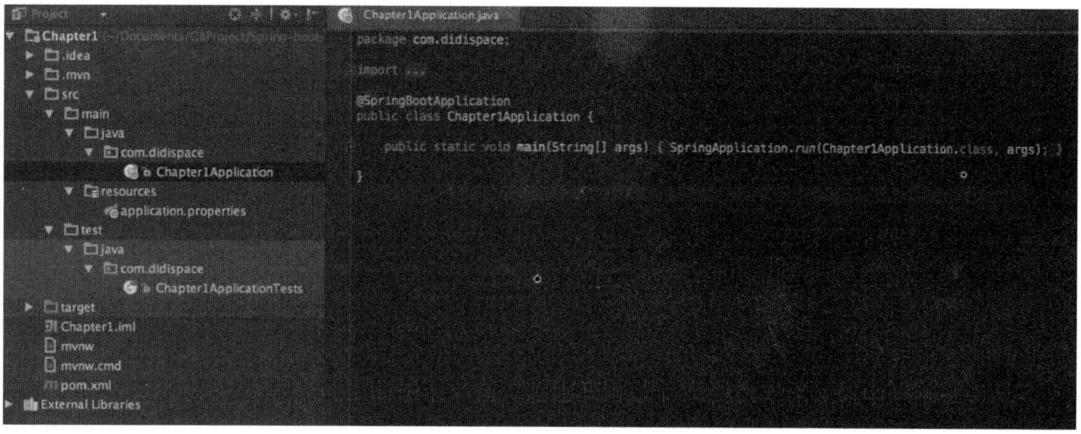

图 5-6　项目结构解析

生成的 Chapter1Application 和 Chapter1ApplicationTests 类都可以直接运行来启动当前创建的项目。由于目前该项目未配合任何数据访问或 web 模块，程序会在加载完 Spring 后结束运行。

（3）引入 web 模块

当前的 pom.xml 代码如下，仅引入了以下两个模块。

- spring-boot-starter：核心模块，包括自动配置支持、日志和 YAML。
- spring-boot-starter-test：测试模块，包括 JUnit、Hamcrest、Mockito。

```
<dependencies>
    <dependency>
        <groupId>org.springframework.boot</groupId>
        <artifactId>spring-boot-starter</artifactId>
    </dependency>

    <dependency>
        <groupId>org.springframework.boot</groupId>
        <artifactId>spring-boot-starter-test</artifactId>
        <scope>test</scope>
    </dependency>
</dependencies>
```

引入 web 模块，需添加 spring-boot-starter-web 模块。

```
    <dependency>
        <groupId>org.springframework.boot</groupId>
        <artifactId>spring-boot-starter-web</artifactId>
    </dependency>
```

（4）编写 HelloWorld 服务

创建 package 命名为 com.didispace.web（根据实际情况修改）。

创建 HelloController 类，代码如下。

```
@RestController
public class HelloController {
    @RequestMapping("/hello")
    public String index() {
        return "Hello World";
    }
}
```

启动主程序，打开浏览器访问 http://localhost:8080/hello，可以看到页面输出 HelloWorld。

（5）编写单元测试用例

打开 src/test/ 下的测试入口 Chapter1ApplicationTests 类。下面编写一个简单的单元测试来模拟 HTTP 请求，具体代码如下。

```
@RunWith(SpringJUnit4ClassRunner.class)
@SpringApplicationConfiguration(classes = MockServletContext.class)
@WebAppConfiguration
public class Chapter1ApplicationTests {
    private MockMvcmvc;
    @Before
    public void setUp() throws Exception {
        mvc = MockMvcBuilders.standaloneSetup(new HelloController()).
build();
    }

    @Test
    public void getHello() throws Exception {
        mvc.perform(MockMvcRequestBuilders.get("/hello").accept(MediaType.
APPLICATION_JSON)).andExpect(status().isOk())
                .andExpect(content().string(equalTo("Hello World")));
    }
}
```

使用 MockServletContext 构建一个空的 WebApplicationContext，这样创建的 HelloController 就可以在 @Before 函数中创建并传递到 MockMvcBuilders.standaloneSetup() 函数中。

注意引入以下代码，让 status、content、equalTo 函数可用。

```
import static org.hamcrest.Matchers.equalTo;
import static org.springframework.test.web.servlet.result.
MockMvcResultMatchers.content;
import static org.springframework.test.web.servlet.result.
MockMvcResultMatchers.status;
```

以上示例完成了一个目标，就是通过 Maven 构建了一个空白 Spring Boot 项目，再通过引入 web 模块实现了一个简单的请求处理。

5.1.3 Spring Boot 创建 Restful API 示例

首先，回顾并详细说明在快速入门中使用的 @Controller、@RestController、@RequestMapping 注解。如果程序员对 Spring MVC 不熟悉且还没有尝试过快速入门案例，建议先看以下快速入门的内容。

- @Controller：修饰 class，用来创建处理 HTTP 请求的对象。
- @RestController：Spring 4 之后加入的注解，原来在 @Controller 中返回 json 需要 @ResponseBody 来配合，如果直接使用 @RestController 替代 @Controller 就不需要再配置 @ResponseBody，默认返回 json 格式。
- @RequestMapping：配置 URL 映射。

下面尝试使用 Spring MVC 来实现一组对 User 对象操作的 RESTful API，配合注释详细说明在 Spring MVC 中如何映射 HTTP 请求、如何传参、如何编写单元测试。

User 实体定义如下。

```
public class User {
    private Long id;
    private String name;
    private Integer age;
    // 省略 setter 和 getter
}
```

实现对 User 对象的操作接口，其代码如下。

```
@RestController
@RequestMapping(value="/users")      // 通过这里配置使下面的映射都在 /users 下
public class UserController {

    // 创建线程安全的 Map
    static Map<Long, User> users = Collections.synchronizedMap(new
HashMap<Long, User>());

    @RequestMapping(value="/", method=RequestMethod.GET)
    public List<User>getUserList() {
        // 处理 "/users/" 的 GET 请求，用来获取用户列表
        // 还可以通过 @RequestParam 从页面中传递参数来进行查询条件或者翻页信息的传递
        List<User> r = new ArrayList<User>(users.values());
        return r;
    }

    @RequestMapping(value="/", method=RequestMethod.POST)
    public String postUser(@ModelAttribute User user) {
        // 处理 "/users/" 的 POST 请求，用来创建 User
        // 除了 @ModelAttribute 绑定参数外，还可以通过 @RequestParam 从页面中传递参数
        users.put(user.getId(), user);
```

```
        return "success";
    }

    @RequestMapping(value="/{id}", method=RequestMethod.GET)
    public User getUser(@PathVariable Long id) {
        // 处理"/users/{id}"的GET请求，用来获取url中id值的User信息
        // url中的id可通过@PathVariable绑定到函数的参数中
        return users.get(id);
    }

    @RequestMapping(value="/{id}", method=RequestMethod.PUT)
    public String putUser(@PathVariable Long id, @ModelAttribute User user) {
        // 处理"/users/{id}"的PUT请求，用来更新User信息
        User u = users.get(id);
        u.setName(user.getName());
        u.setAge(user.getAge());
        users.put(id, u);
        return "success";
    }

    @RequestMapping(value="/{id}", method=RequestMethod.DELETE)
    public String deleteUser(@PathVariable Long id) {
        // 处理"/users/{id}"的DELETE请求，用来删除User
        users.remove(id);
        return "success";
    }
}
```

下面针对该Controller编写测试用例验证正确性。当然也可以通过浏览器插件等进行请求提交验证。

```
@RunWith(SpringJUnit4ClassRunner.class)
@SpringApplicationConfiguration(classes = MockServletContext.class)
@WebAppConfiguration
public class ApplicationTests {

    private MockMvcmvc;

    @Before
    public void setUp() throws Exception {
        mvc = MockMvcBuilders.standaloneSetup(new UserController()).build();
    }

    @Test
    public void testUserController() throws Exception {
        // 测试UserController
        RequestBuilder request = null;
```

```
        // 1.get 查一下 user 列表，应该为空
        request = get("/users/");
        mvc.perform(request)
                .andExpect(status().isOk())
                .andExpect(content().string(equalTo("[]")));

        // 2.post 提交一个 user
        request = post("/users/")
                .param("id", "1")
                .param("name", " 测试大师 ")
                .param("age", "20");
        mvc.perform(request)
                .andExpect(content().string(equalTo("success")));

        // 3.get 获取 user 列表，应该有刚才插入的数据
        request = get("/users/");
        mvc.perform(request)
                .andExpect(status().isOk())
                .andExpect(content().string(equalTo("[{\"id\":1,\"name\":\"
测试大师 \",\"age\":20}]")));

        // 4.put 修改 id 为 1 的 user
        request = put("/users/1")
                .param("name", " 测试终极大师 ")
                .param("age", "30");
        mvc.perform(request)
                .andExpect(content().string(equalTo("success")));

        // 5.get 一个 id 为 1 的 user
        request = get("/users/1");
        mvc.perform(request)
                .andExpect(content().string(equalTo("{\"id\":1,\"name\":\"
测试终极大师 \",\"age\":30}")));

        // 6.del 删除 id 为 1 的 user
        request = delete("/users/1");
        mvc.perform(request)
                .andExpect(content().string(equalTo("success")));

        // 7.get 查一下 user 列表，应该为空
        request = get("/users/");
        mvc.perform(request)
                .andExpect(status().isOk())
                .andExpect(content().string(equalTo("[]")));
    }
```

```
}
```

至此，通过引入 web 模块（没有做其他的任何配置），就可以轻松使用 Spring MVC 的功能，以非常简洁的代码完成了对 User 对象的 RESTful API 的创建及单元测试的编写。其中同时介绍了 Spring MVC 中最为常用的几个核心注解 @Controller、@RestController、RequestMapping 及一些参数绑定的注解 @PathVariable、@ModelAttribute 和 @RequestParam 等。

5.1.4 Spring Boot 使用 JavaMailSender 发送邮件

1. 简单邮件发送示例

在 Spring Boot 的工程中，向 pom.xml 中引入 spring-boot-starter-mail 依赖。

```
<dependency>
    <groupId>org.springframework.boot</groupId>
    <artifactId>spring-boot-starter-mail</artifactId>
</dependency>
```

如其他自动化配置模块一样，在完成依赖引入后，只需要在 application.properties 中配置相应的属性内容即可。

下面以 QQ 邮箱为例，在 application.properties 中加入如下配置（注意替换自己的用户名和密码）。

```
spring.mail.username= 用户名
spring.mail.password= 密码
spring.mail.properties.mail.smtp.auth=true
spring.mail.properties.mail.smtp.starttls.enable=true
spring.mail.properties.mail.smtp.starttls.required=true
// 通过单元测试来实现一封简单邮件的发送：
@RunWith(SpringJUnit4ClassRunner.class)
@SpringApplicationConfiguration(classes = Application.class)
public class ApplicationTests {

    @Autowired
    private JavaMailSender mailSender;

    @Test
    public void sendSimpleMail() throws Exception {
        SimpleMailMessage message = new SimpleMailMessage();
        message.setFrom("dyc87112@qq.com");
        message.setTo("dyc87112@qq.com");
        message.setSubject(" 主题：简单邮件 ");
        message.setText(" 测试邮件内容 ");
        mailSender.send(message);
    }
```

```
    }
```

至此，一个简单的邮件发送示例就完成了。运行该单元测试，查看其效果。

由于 Spring Boot 的 starter 模块提供了自动化配置，因此在引入 spring-boot-starter-mail 依赖后，会根据配置文件中的内容去创建 JavaMailSender 实例，因此可以直接在需要的地方使用 @Autowired 来引入邮件发送对象。

2. 复杂邮件发送示例

上例通过使用 SimpleMailMessage 实现了简单的邮件发送，但是实际使用过程中，还可能会带上附件或是使用邮件模块等。这时就需要使用 MimeMessage 来设置复杂一些的邮件内容。下面就来依次实现。

（1）发送附件

在上面单元测试中加入如下测试用例（通过 MimeMessageHelper 来发送一封带有附件的邮件）。

```
    @Test
        public void sendAttachmentsMail() throws Exception {
            MimeMessage mimeMessage = mailSender.createMimeMessage();

            MimeMessageHelper helper = new MimeMessageHelper(mimeMessage, true);
            helper.setFrom("dyc87112@qq.com");
            helper.setTo("dyc87112@qq.com");
            helper.setSubject(" 主题：有附件 ");
            helper.setText(" 有附件的邮件 ");
            FileSystemResource file = new FileSystemResource(new File("weixin.
jpg"));
            helper.addAttachment(" 附件 -1.jpg", file);
            helper.addAttachment(" 附件 -2.jpg", file);
            mailSender.send(mimeMessage);

        }
```

（2）嵌入静态资源

除了发送附件外，在邮件内容中可能希望通过嵌入图片等静态资源，让邮件获得更好的阅读效果，而不是从附件中查看具体图片。下面的测试用例演示了如何通过 MimeMessageHelper 来实现在邮件正文中嵌入静态资源。

```
    @Test
        public void sendInlineMail() throws Exception {
            MimeMessage mimeMessage = mailSender.createMimeMessage();
            MimeMessageHelper helper = new MimeMessageHelper(mimeMessage, true);
            helper.setFrom("dyc87112@qq.com");
            helper.setTo("dyc87112@qq.com");
            helper.setSubject(" 主题：嵌入静态资源 ");
            helper.setText("<html><body><img src=\"cid:weixin\" ></body></
html>", true);
```

```
        FileSystemResource file = new FileSystemResource(new File("weixin.
jpg"));
        helper.addInline("weixin", file);
        mailSender.send(mimeMessage);
    }
```

这里需要注意的是，addInline 函数中资源名称 weixin 需要与正文中 cid:weixin 对应起来。

（3）模板邮件

通常使用邮件发送服务时，都会有一些固定的场景，如重置密码、注册确认等，给每个用户发送的内容中可能只有小部分是变化的。所以很多时候，用户会使用模板引擎来将各类邮件设置成模板，这样只需要在发送时去替换变化部分的参数即可。

在 Spring Boot 中使用模板引擎来实现模板化的邮件发送也是非常容易的。下面以 velocity 为例进行介绍。

①引入 velocity 模块的依赖。

```
<dependency>
    <groupId>org.springframework.boot</groupId>
    <artifactId>spring-boot-starter-velocity</artifactId>
</dependency>
// 在 resources/templates/ 下，创建一个模板页面 template.vm：
<html>
<body>
    <h3> 你好， ${username}，这是一封模板邮件 !</h3>
</body>
</html>
```

注意：前面在 Spring Boot 中开发 Web 应用时，提到过在 Spring Boot 的自动化配置下，模板默认位于 resources/templates/ 目录下。

②在单元测试中加入发送模板邮件的测试用例，具体代码如下。

```
    @Test
    public void sendTemplateMail() throws Exception {

        MimeMessage mimeMessage = mailSender.createMimeMessage();

        MimeMessageHelper helper = new MimeMessageHelper(mimeMessage, true);
        helper.setFrom("dyc87112@qq.com");
        helper.setTo("dyc87112@qq.com");
        helper.setSubject(" 主题：模板邮件 ");

        Map<String, Object> model = new HashedMap();
        model.put("username", "didi");
        String text = VelocityEngineUtils.mergeTemplateIntoString(
                velocityEngine, "template.vm", "UTF-8", model);
        helper.setText(text, true);
```

```
        mailSender.send(mimeMessage);
}
```

尝试运行上述程序，就可以收到内容为“你好，didi, 这是一封模板邮件！”的邮件。这里，通过传入 username 的参数，在邮件内容中替换了模板中的 ${username} 变量。

5.1.5 Spring Boot 1.5.x 新特性

1. loggers 端点

本节将介绍 Spring Boot 1.5.x 中引入的一个新控制端点——/loggers，该端点将提供动态修改 Spring Boot 应用日志级别的强大功能。该功能的使用非常简单，它依然延续了 Spring Boot 自动化配置的功能，所以只需要在引入了 spring-boot-starter-actuator 依赖的条件下就会自动开启该端点的功能。

下面通过一个实际示例来介绍如何使用该功能。

构建一个基础的 Spring Boot 应用。如果对于如何构建不熟悉，可以参考《使用 Intellij 中的 Spring Initializr 来快速构建 Spring Boot/Cloud 工程》一文。

在 pom.xml 中引入如下依赖（如果使用 Intellij 中的 Spring Initializr，直接在提示框中选择 web 和 actuator 模块即可）。

```
<parent>
    <groupId>org.springframework.boot</groupId>
    <artifactId>spring-boot-starter-parent</artifactId>
    <version>1.5.1.RELEASE</version>
    <relativePath/>
</parent>

<dependencies>
    <dependency>
        <groupId>org.springframework.boot</groupId>
        <artifactId>spring-boot-starter-actuator</artifactId>
    </dependency>
    <dependency>
        <groupId>org.springframework.boot</groupId>
        <artifactId>spring-boot-starter-web</artifactId>
    </dependency>
</dependencies>
```

在应用主类中添加一个接口，用来测试日志级别的变化，具体代码如下。

```
@RestController
@SpringBootApplication
public class DemoApplication {
    private Logger logger = LoggerFactory.getLogger(getClass());
    @RequestMapping(value = "/test", method = RequestMethod.GET)
```

```
    public String testLogLevel() {
logger.debug("Logger Level : DEBUG");
        logger.info("Logger Level : INFO");
logger.error("Logger Level : ERROR");
        return "";
    }
    public static void main(String[] args) {
SpringApplication.run(DemoApplication.class, args);
    }

}
```

为了后续的验证顺利，在 application.properties 中增加一个配置，来关闭安全认证校验。

```
management.security.enabled=false
```

否择在访问 /loggers 端点时，会报如下错误。

```
{
  "timestamp": 1485873161065,
  "status": 401,
  "error": "Unauthorized",
  "message": "Full authentication is required to access this resource.",
  "path": "/loggers/com.didispace"
}
```

2. 测试验证

在完成上面的构建后，启动该示例应用，并访问 /test 端点，可以在控制台中看到如下输出。

```
    2017-01-31 22:34:57.123  INFO 16372 --- [nio-8000-exec-1] ication$$Enhancer
BySpringCGLIB$$d2a0b1e2 : Logger Level : INFO
    2017-01-31 22:34:57.124 ERROR 16372 --- [nio-8000-exec-1] ication$$Enhancer
BySpringCGLIB$$d2a0b1e2 : Logger Level : ERROR
```

由于默认的日志级别为 INFO，因此并没有输出 DEBUG 级别的内容。下面可以尝试通过 /logger 端点来将日志级别调整为 DEBUG。例如，发送 POST 请求到 /loggers/com.didispace 端点，其中请求体 Body 中的内容如下。

```
{
    "configuredLevel": "DEBUG"
}
```

重新访问 /test 端点，在控制台中看到如下输出，在 /test 端点中定义的 DEBUG 日志内容被打印了出来。

```
    2017-01-31 22:37:35.252 DEBUG 16372 --- [nio-8000-exec-5] ication$$Enhancer
BySpringCGLIB$$d2a0b1e2 : Logger Level : DEBUG
    2017-01-31 22:37:35.252  INFO 16372 --- [nio-8000-exec-5] ication$$Enhancer
BySpringCGLIB$$d2a0b1e2 : Logger Level : INFO
    2017-01-31 22:37:35.252 ERROR 16372 --- [nio-8000-exec-5] ication$$Enhancer
BySpringCGLIB$$d2a0b1e2 : Logger Level : ERROR
```

可以看到，到这里为止，用户并没有重启过 Spring Boot 应用，只是简单地通过调用 /loggers 端点就能控制日志级别的更新。除了 POST 请求外，也可以通过 GET 请求来查看当前的日志级别设置。例如，发送 GET 请求到 /loggers/com.didispace 端点，将获得对于 com.didispace 包的日志级别设置。

```
{
  "configuredLevel": "DEBUG",
  "effectiveLevel": "DEBUG"
}
```

用户也可以不限定条件，直接通过 GET 请求访问 /loggers 来获取所有的日志级别设置。

5.2 Spring Cloud

5.2.1 Spring Cloud 简介

Spring Cloud 是一个基于 Spring Boot 实现的云应用开发工具，它为基于 JVM 的云应用开发中涉及的配置管理、服务发现、断路器、智能路由、微代理、控制总线、全局锁、决策竞选、分布式会话和集群状态管理等操作提供了一种简单的开发方式。

Spring Cloud 包含了多个子项目（针对分布式系统中涉及的多个不同开源产品），例如 Spring Cloud Config、Spring Cloud Netflix、Spring Cloud0 CloudFoundry、Spring Cloud AWS、Spring Cloud Security、Spring Cloud Commons、Spring Cloud Zookeeper、Spring Cloud CLI 等项目。

1. 微服务架构

微服务架构在这几年非常流行，以至于与微服务架构相关的开源产品被反复提及（如 netflix、dubbo），Spring Cloud 也因 Spring 社区的强大知名度和影响力而备受广大架构师与开发者关注。

什么是微服务架构呢？简单地说，微服务架构就是将一个完整的应用从数据存储开始垂直拆分成多个不同的服务，每个服务都能独立部署、独立维护、独立扩展，服务与服务间通过诸如 RESTful API 的方式互相调用。

2. 服务治理

在简单介绍Spring Cloud和微服务架构后，下面介绍如何使用Spring Cloud来实现服务治理。

由于 Spring Cloud 为服务治理做了一层抽象接口，因此在 Spring Cloud 应用中可以支持多种不同的服务治理框架，例如 Netflix Eureka、Consul、Zookeeper。在 Spring Cloud 服务治理抽象层的作用下，可以无缝地切换服务治理实现，并且不影响其他的服务注册、服务发现、服务调用等逻辑。

5.2.2 Spring Cloud Eureka

Spring Cloud Eureka 是 Spring Cloud Netflix 项目下的服务治理模块。而 Spring Cloud Netflix 项目是 Spring Cloud 的子项目之一，主要内容是对 Netflix 公司一系列开源产品的包装，它为 Spring Boot 应用提供了自配置的 Netflix OSS 整合。通过一些简单的注解，开发者就可以快速地在应用中配置常用模块并构建庞大的分布式系统。它主要提供的模块包括服务发现（Eureka）、断路器（Hystrix）、智能路由（Zuul）和客户端负载均衡（Ribbon）等。

下面就来具体介绍如何使用 Spring Cloud Eureka 实现服务治理。

1. 创建“服务注册中心”

创建一个基础的 Spring Boot 工程，命名为“eureka-server”，并在 pom.xml 中引入需要的依赖内容。

```
<parent>
<groupId>org.springframework.boot</groupId>
<artifactId>spring-boot-starter-parent</artifactId>
<version>1.5.4.RELEASE</version>
<relativePath/>
</parent>
<dependencies>
<dependency>
<groupId>org.springframework.cloud</groupId>
<artifactId>spring-cloud-starter-eureka-server</artifactId>
</dependency>
</dependencies>
<dependencyManagement>
<dependencies>
<dependency>
<groupId>org.springframework.cloud</groupId>
<artifactId>spring-cloud-dependencies</artifactId>
<version>Dalston.SR1</version>
<type>pom</type>
<scope>import</scope>
</dependency>
</dependencies>
</dependencyManagement>
```

通过 @EnableEurekaServer 注解启动一个服务注册中心提供给其他应用进行对话。这一步只需要在一个普通的 Spring Boot 应用中添加这个注解就能开启此功能，具体代码如下。

```
@EnableEurekaServer
@SpringBootApplication
public class Application{
    public static void main(String[] args) {
new SpringApplicationBuilder(Application.class)
.web(true).run(args);
```

```
    }
}
```

在默认设置下，该服务注册中心也会将自己作为客户端来尝试注册，所以需要禁用它的客户端注册行为，只需要在 application.properties 配置文件中增加如下信息。

```
spring.application.name=eureka-server
server.port=1001
eureka.instance.hostname=localhost
eureka.client.register-with-eureka=false
eureka.client.fetch-registry=false
```

为了与后续要进行注册的服务区分，这里将服务注册中心的端口通过 server.port 属性设置为 1001。启动工程后，访问 http://localhost:1001/，其中还没有发现任何服务。

2. 创建"服务提供方"

下面创建提供服务的客户端，并向服务注册中心注册。这里主要介绍服务的注册与发现，所以需要在服务提供方中尝试提供一个接口来获取当前所有的服务信息。

首先，创建一个基础的 Spring Boot 应用，命名为"eureka-client"，并在 pom.xml 中加入如下配置。

```
<parent>
<groupId>org.springframework.boot</groupId>
<artifactId>spring-boot-starter-parent</artifactId>
<version>1.5.4.RELEASE</version>
<relativePath/><!-- lookup parent from repository -->
</parent>
<dependencies>
<dependency>
<groupId>org.springframework.cloud</groupId>
<artifactId>spring-cloud-starter-eureka</artifactId>
</dependency>
<dependency>
<groupId>org.springframework.boot</groupId>
<artifactId>spring-boot-starter-web</artifactId>
</dependency>
</dependencies>
<dependencyManagement>
<dependencies>
<dependency>
<groupId>org.springframework.cloud</groupId>
<artifactId>spring-cloud-dependencies</artifactId>
<version>Dalston.SR1</version>
<type>pom</type>
<scope>import</scope>
</dependency>
</dependencies>
```

```
</dependencyManagement>
```

其次，实现 /dc 请求处理接口，通过 DiscoveryClient 对象在日志中打印出服务实例的相关内容。

```
@RestController
public class DcController {
@Autowired
DiscoveryClientdiscoveryClient;
@GetMapping("/dc")
public String dc() {
String services = "Services: " + discoveryClient.getServices();
System.out.println(services);
return services;
}
}
```

最后，在应用主类中加上 @EnableDiscoveryClient 注解激活 Eureka 中的 DiscoveryClient 实现，这样才能实现 Controller 中对服务信息的输出。

```
@EnableDiscoveryClient
@SpringBootApplication
public class Application {
public static void main(String[] args) {
new SpringApplicationBuilder(
ComputeServiceApplication.class)
.web(true).run(args);
}
}
```

在完成服务内容的实现后，继续对 application.properties 做一些配置工作，具体如下。

```
spring.application.name=eureka-client
server.port=2001
eureka.client.serviceUrl.defaultZone=http://localhost:1001/eureka/
```

通过 spring.application.name 属性，可以指定微服务的名称。后续在调用时，只需要使用该名称就可以进行服务的访问。eureka.client.serviceUrl.defaultZone 属性对应服务注册中心的配置内容，指定服务注册中心的位置。为了在本机上测试区分服务提供方和服务注册中心，可以使用 server.port 属性设置不同的端口。

启动该工程后，再次访问 http://localhost:1001/，可以看到如图 5-7 所示的内容，定义的服务被成功注册了。

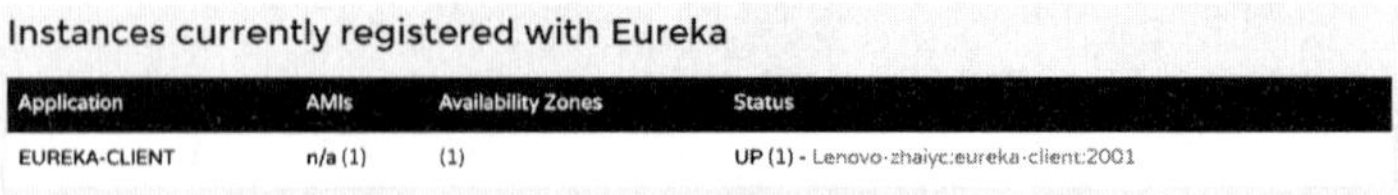

Instances currently registered with Eureka

Application	AMIs	Availability Zones	Status
EUREKA-CLIENT	n/a (1)	(1)	UP (1) - Lenovo-zhaiyc:eureka-client:2001

图 5-7　注册成功

当然，也可以通过直接访问 eureka-client 服务提供的 /dc 接口来获取当前的服务清单，只需要访问 http://localhost:2001/dc，就可以得到输出信息 Services: [eureka-client]。其中，方括号中的 eureka-client 就是通过 Spring Cloud 定义的 DiscoveryClient 接口在 eureka 的实现中获取到的所有服务清单。由于 Spring Cloud 在服务发现这一层做了非常好的抽象，因此对于上面的程序，可以无缝地从 Eureka 的服务治理体系切换到 Consul 的服务治理体系中。

5.2.3 Spring Cloud Consul

Spring Cloud Consul 项目是针对 Consul 的服务治理实现。Consul 是一个分布式高可用的系统，它包含多个组件，但是作为一个整体，它是在微服务架构中为基础设施提供服务发现和服务配置的工具。它包含以下几个特性。

- 服务发现。
- 健康检查。
- Key/Value 存储。
- 多数据中心。

由于 Spring Cloud Consul 项目的实现，用户可以轻松地将基于 Spring Boot 的微服务应用注册到 Consul 上，并通过此实现微服务架构中的服务治理。

以前面实现的基于 Eureka 的示例（eureka-client）为基础，如何将前面实现的服务提供者注册到 Consul 上呢？方法非常简单，只需要在 pom.xml 中将 Eureka 的依赖修改为如下依赖。

```
<dependency>
<groupId>org.springframework.cloud</groupId>
<artifactId>spring-cloud-starter-consul-discovery</artifactId>
</dependency>
```

接下来修改 application.properites，将 Consul 需要的配置信息加入即可（下面配置是默认值）。

```
spring.cloud.consul.host=localhost
spring.cloud.consul.port=8500
```

到此为止，将 eureka-client 转换为基于 Consul 服务治理的服务提供者就完成了。前面已经提到过服务发现的接口 DiscoveryClient 是 Spring Cloud 对服务治理做的一层抽象，所以可以屏蔽 Eureka 和 Consul 服务治理的实现细节；这里的程序不需要做任何改变，只需要引入不同的服务治理依赖，并配置相关的配置属性就能轻松地将微服务加入 Spring Cloud 的各个服务治理框架中。

下面尝试让 Consul 的服务提供者运行起来。这里可能读者会问，不需要创建类似 eureka-server 的服务端吗？由于 Consul 自身提供了服务端，因此不需要像前面实现 Eureka 时创建服务注册中心，直接通过下载 Consul 的服务端程序就可以使用。

可以用下面的命令启动 Consul 的开发模式。

```
$consul agent -dev
```

```
==> Starting Consul agent...
==> Starting Consul agent RPC...
==> Consul agent running!
Version: 'v0.7.2'
Node name: 'Lenovo-zhaiyc'
Datacenter: 'dc1'
Server: true (bootstrap: false)
Client Addr: 127.0.0.1 (HTTP: 8500, HTTPS: -1, DNS: 8600, RPC: 8400)
Cluster Addr: 127.0.0.1 (LAN: 8301, WAN: 8302)
Gossip encrypt: false, RPC-TLS: false, TLS-Incoming: false
Atlas: <disabled>
```

Consul 服务端启动完成后，再将前面改造后的 Consul 服务提供者启动起来。Consul 与 Eureka 一样，都提供了简单的 UI 界面来查看服务的注册情况。

5.2.4 分布式配置中心

Spring Cloud Config 是 Spring Cloud 团队创建的一个全新项目，用来为分布式系统中的基础设施和微服务应用提供集中化的外部配置支持，它分为服务端与客户端两个部分。其中服务端也称为分布式配置中心，它是一个独立的微服务应用，用来连接配置仓库并为客户端提供获取配置信息、加密 / 解密信息等访问接口；而客户端则是微服务架构中的各个微服务应用或基础设施，它们通过指定的配置中心来管理应用资源与业务相关的配置内容，并在启动时从配置中心获取和加载配置信息。Spring Cloud Config 实现了对服务端和客户端中环境变量及属性配置的抽象映射，所以它除了适用于 Spring 构建的应用程序外，也可以在任何其他语言运行的应用程序中使用。由于 Spring Cloud Config 实现的配置中心默认采用 Git 来存储配置信息，因此使用 Spring Cloud Config 构建的配置服务器支持对微服务应用配置信息的版本管理，并且可以通过 Git 客户端工具来方便地管理和访问配置内容。当然，它还提供了对其他存储方式的支持，如 SVN 仓库、本地化文件系统。

本节将学习如何构建一个基于 Git 存储的分布式配置中心，并对客户端进行改造，使其能够从配置中心获取配置信息并绑定到代码中的整个过程。

1. 准备配置仓库

准备一个 git 仓库，可以在码云或 Github 上创建。例如，这里准备的仓库示例：http://git.oschina.net/didispace/config-repo-demo。

假设读取配置中心的应用名为 config-client，那么可以在 Git 仓库中保持该项目的默认配置文件 config-client.yml。

```
info:
profile: default
```

为了演示加载不同环境的配置，可以在 git 仓库中再创建一个针对 dev 环境的配置文件 config-client-dev.yml。

```
info:
```

```
profile: dev
```

2. 构建配置中心

通过 Spring Cloud Config 来构建一个分布式配置中心非常简单，只需要 3 步。

第一步：创建一个基础的 Spring Boot 工程，命名为 config-server-git，并在 pom.xml 中引入下面的依赖（省略了 parent 和 dependencyManagement 部分）。

```
<dependencies>
<dependency>
<groupId>org.springframework.cloud</groupId>
<artifactId>spring-cloud-config-server</artifactId>
</dependency>
</dependencies>
```

第二步：创建 Spring Boot 的程序主类，并添加 @EnableConfigServer 注解，开启 Spring Cloud Config 的服务端功能。

```
@EnableConfigServer
@SpringBootApplication
public class Application{
public static void main(String[] args) {
newSpringApplicationBuilder(Application.class).web(true).run(args);
    }
}
```

第三步：在 application.yml 中添加配置服务的基本信息及 Git 仓库的相关信息。

```
spring
application:
name: config-server
cloud:
config:
server:
git:
url: http://git.oschina.net/didispace/config-repo-demo/
server:
port: 1201
```

到这里，一个使用 Spring Cloud Config 来实现创建，并使用 Git 管理配置内容的分布式配置中心就完成了。可以将该应用先启动起来，确保没有错误产生，再尝试下面的操作。

如果 Git 仓库需要权限访问，那么可以通过配置以下两个属性来实现。

- spring.cloud.config.server.git.username：访问 Git 仓库的用户名。
- spring.cloud.config.server.git.password：访问 Git 仓库的用户密码。

完成这些准备工作后，我们就可以通过浏览器、POSTMAN 或 CURL 等工具直接来访问的配置内容了。访问配置信息的 URL 与配置文件的映射关系如下。

```
/{application}/{profile}[/{label}]
/{application}-{profile}.yml
/{label}/{application}-{profile}.yml
/{application}-{profile}.properties
/{label}/{application}-{profile}.properties
```

上面的 Url 会映射 {application}-{profile}.properties 对应的配置文件，其中 {label} 对应 Git 上不同的分支，默认为 master。也可以尝试构造不同的 Url 来访问不同的配置内容，如要访问 master 分支，config-client 应用的 dev 环境，就可以访问这个 Url：http://localhost:1201/config-client/dev/master，并获得如下返回。

```
{
"name": "config-client",
"profiles": [
"dev"
],
"label": "master",
"version": null,
"state": null,
"propertySources": [
{
"name": "http://git.oschina.net/didispace/config-repo-demo/config-client-dev.
yml",
"source": {
"info.profile": "dev"
}
},
{
"name": "http://git.oschina.net/didispace/config-repo-demo/config-client.yml",
"source": {
"info.profile": "default"
}
}
]
}
```

由此可以看到该 Json 中返回了应用名 config-client、环境名 dev、分支名 master，以及 default 环境和 dev 环境的配置内容。

3. 构建客户端

在完成了上述验证，确定配置服务中心已经正常运作后，下面尝试在微服务应用中获取上述的配置信息。

第一步：创建一个 Spring Boot 应用，命名为“config-client”，并向 pom.xml 中引入下述依赖。

```
<dependencies>
   <dependency>
         <groupId>org.springframework.boot</groupId>
```

```
            <artifactId>spring-boot-starter-web</artifactId>
        </dependency>
        <dependency>
            <groupId>org.springframework.cloud</groupId>
            <artifactId>spring-cloud-starter-config</artifactId>
        </dependency>
    </dependencies>
```

第二步：创建 Spring Boot 的应用主类，具体代码如下。

```
@SpringBootApplication
public class Application{
    public static void main(String[] args) {
            new SpringApplicationBuilder(Application.class).web(true).
run(args);
    }
}
```

创建 bootstrap.yml 配置，来指定获取配置文件的 config-server-git 位置。

```
spring:
  application:
    name: config-client
  cloud:
config:
url: http://localhost:1201/
      profile: default
      label: master
server:
  port: 2001
```

上述配置参数与 Git 中存储的配置文件各个部分的对应关系如下。

- spring.application.name：对应配置文件规则中的 {application} 部分。
- spring.cloud.config.profile：对应配置文件规则中的 {profile} 部分。
- spring.cloud.config.label：对应配置文件规则中的 {label} 部分。
- spring.cloud.config.url：配置中心 config-server 的地址。

这里需要注意的是，上面这些属性必须配置在 bootstrap.properties 中，这样 config-server 中的配置信息才能被正确加载。

在完成上面的代码编写后，可以将 config-server-git、config-client 都启动起来，然后访问 http://localhost:2001/info，可以看到该端点将会返回从 Git 仓库中获取的配置信息。

```
{
"profile": "default"
}
```

另外，用户也可以修改 config-client 的 profile 为 dev 来观察加载配置的变化。

5.3 Spring 中的设计模式

本节将介绍Spring框架中使用的若干设计模式，首先从原理开始介绍，然后通过案例进行解释。

5.3.1 解释器设计模式

在现实世界中，人们需要理解不同人的手势所表达的意思，不同的文化对应的手势有不同的含义。对应到编程中，程序员也需要分析一些事情，并决定它是什么意思，可以用解释器设计模式完成这个工作。

Spring 主要以 Spring Expression Language（SpEL）为例。org.springframework.expression.ExpressionParser 实现分析和执行的语言，这些实现使用作为字符串给出的 SpEL 表达式，并将它们转换为 org.springframework.expression.Expression 的实例。上下文组件由 org.springframework.expression.EvaluationContext 实现表示，如 StandardEvaluationContext。

下面举个 SpEL 的例子。

```
    Writer writer = new Writer();
    writer.setName("Writer's name");
    StandardEvaluationContextmodifierContext = new StandardEvaluationContext(sub
scriberContext);
    modifierContext.setVariable("name", "Overriden writer's name");
    parser.parseExpression("name = #name").getValue(modifierContext);
    System.out.println("writer’s name is : " + writer.getName());
```

输出应打印“Overriden writer's name”。

如上面的代码所示，一个对象的属性是通过一个表达式 name = #name 进行修改的，这个表达式只有在 ExpressionParser 中才能理解，因为提供了 context（前面示例中的 modifierContext 实例）。

5.3.2 构造器设计模式

构造器设计模式属于创建对象模式“三剑客”的第一种模式，这个模式用于简化复杂对象的构造。要理解这个概念，可以假想程序员的个人简历，把它想象成一个对象。在这个对象中，我们需要存储个人信息（如名字、地址等）及相关技能信息（如知识语言、项目经验等）。该对象的构造如下。

```
    // with constructor
    Programmer programmer = new Programmer("first name", "last name", "address
    Street 39", "ZIP code", "City", "Country", birthDateObject, new String[]
     {"Java", "PHP", "Perl", "SQL"}, new String[] {"CRM system", "CMS system for
government"});
```

```
    // or with setters
    Programmer programmer = new Programmer();
    programmer.setName("first name");
    programmer.setLastName("last name");
    // ... multiple lines after
    programmer.setProjects(new String[] {"CRM system", "CMS system for
government"});
```

Builder 将值传递给父类的内部构建器对象来清楚地分解对象构造，所以对于程序员个人简历的对象可以创建构建器。

```
    Private String lastName;
        private String address;
        private String zipCode;
        private String city;
        private String[] languages;
        private String[] projects;

        public ProgrammerBuildersetFirstName(String firstName) {
          this.firstName = firstName;
          return this;
        }

        public ProgrammerBuildersetLastName(String lastName) {
          this.lastName = lastName;
          return this;
        }

        public ProgrammerBuildersetAddress(String address) {
          this.address = address;
          return this;
        }

        public ProgrammerBuildersetZipCode(String zipCode) {
          this.zipCode = zipCode;
          return this;
        }

        public ProgrammerBuildersetCity(String city) {
          this.city = city;
          return this;
        }

        public ProgrammerBuildersetLanguages(String[] languages) {
          this.languages = languages;
          return this;
        }
```

```
        public ProgrammerBuildersetProjects(String[] projects) {
            this.projects = projects;
            return this;
        }

        public Programmer build() {
            return new Programmer(firstName, lastName, address, zipCode, city,
languages, projects);
        }
    }

    @Override
    public String toString() {
        return this.firstName + " "+this.lastName;
    }
}
```

由此可以看出，构建器后面隐藏了对象构造的复杂性，内部静态类接受链接方法的调用。在 Spring 中，可以在 org.springframework.beans.factory.support.BeanDefinitionBuilder 类中检索这个逻辑。这是一个以编程方式定义 Bean 的类。BeanDefinitionBuilder 包含几个方法，它们为 AbstractBeanDefinition 抽象类的相关实现设置值，如作用域、工厂方法、属性等。如果想查看 BeanDefinitionBuilder 是如何工作的，可以查看以下方法。

```
public class BeanDefinitionBuilder {
    /**
     * The {@code BeanDefinition} instance we are creating.
     */
    private AbstractBeanDefinitionbeanDefinition;

    // ... some not important methods for this article

    // Some of building methods
    /**
     * Set the name of the parent definition of this bean definition.
     */
    public BeanDefinitionBuildersetParentName(String parentName) {
        this.beanDefinition.setParentName(parentName);
        return this;
    }

    /**
     * Set the name of the factory method to use for this definition.
     */
    public BeanDefinitionBuildersetFactoryMethod(String factoryMethod) {
        this.beanDefinition.setFactoryMethodName(factoryMethod);
        return this;
```

```
    }

    /**
     * Add an indexed constructor arg value. The current index is tracked
internally
     * and all additions are at the present point.
     * @deprecated since Spring 2.5, in favor of {@link
#addConstructorArgValue}
     */
    @Deprecated
    public BeanDefinitionBuilderaddConstructorArg(Object value) {
      return addConstructorArgValue(value);
    }

    /**
     * Add an indexed constructor arg value. The current index is tracked
internally
     * and all additions are at the present point.
     */
    public BeanDefinitionBuilderaddConstructorArgValue(Object value) {
      this.beanDefinition.getConstructorArgumentValues().
addIndexedArgumentValue(
                    this.constructorArgIndex++, value);
      return this;
    }

    /**
     * Add a reference to a named bean as a constructor arg.
     * @see #addConstructorArgValue(Object)
     */
    public BeanDefinitionBuilderaddConstructorArgReference(String beanName) {
      this.beanDefinition.getConstructorArgumentValues().
addIndexedArgumentValue(
                    this.constructorArgIndex++, new RuntimeBeanReference(be
anName));
      return this;
    }

    /**
     * Add the supplied property value under the given name.
     */
    public BeanDefinitionBuilderaddPropertyValue(String name, Object value) {
      this.beanDefinition.getPropertyValues().add(name, value);
      return this;
    }

    /**
```

```
        * Add a reference to the specified bean name under the property specified.
        * @param name the name of the property to add the reference to
        * @parambeanName the name of the bean being referenced
        */
      public BeanDefinitionBuilderaddPropertyReference(String name, String
beanName) {
        this.beanDefinition.getPropertyValues().add(name, new RuntimeBeanReferen
ce(beanName));
        return this;
      }

      /**
        * Set the init method for this definition.
        */
      public BeanDefinitionBuildersetInitMethodName(String methodName) {
        this.beanDefinition.setInitMethodName(methodName);
        return this;
      }

      // Methods that can be used to construct BeanDefinition
      /**
        * Return the current BeanDefinition object in its raw (unvalidated) form.
        * @see #getBeanDefinition()
        */
      public AbstractBeanDefinitiongetRawBeanDefinition() {
        return this.beanDefinition;
      }

      /**
        * Validate and return the created BeanDefinition object.
        */
      public AbstractBeanDefinitiongetBeanDefinition() {
        this.beanDefinition.validate();
        return this.beanDefinition;
      }
    }
```

5.3.3 工厂方法设计模式

创建对象模式“三剑客”的第二个成员是工厂方法设计模式。它完全适于用动态环境作为 Spring 框架。工厂方法模式允许通过公共静态方法对象进行初始化，称为“工厂方法”。在该设计模式中，需定义一个接口来创建对象，注意是由使用相关对象的类创建的。

下面用 Java 代码练习一个例子。

```
public class FactoryMethodTest {
```

```
    @Test
    public void test() {
      Meal fruit = Meal.valueOf("banana");
      Meal vegetable = Meal.valueOf("carrot");
      assertTrue("Banana should be a fruit but is "+fruit.getType(), fruit.
getType().equals("fruit"));
      assertTrue("Carrot should be a vegetable but is "+vegetable.getType(),
vegetable.getType().equals("vegetable"));
    }


  }


  class Meal {
    private String type;
    public Meal(String type) {
      this.type = type;
    }


    public String getType() {
      return this.type;
    }


    // Example of factory method - different object is created depending on
current context
    public static Meal valueOf(String ingredient) {
      if (ingredient.equals("banana")) {
        return new Meal("fruit");
      }
      return new Meal("vegetable");
    }
  }
```

在 Spring 中，可以通过指定的工厂方法创建 Bean，它是静态的，可以采取没有或多个参数。为了更好地了解，下面来看一个实例。首先进行相关配置。

```
  <bean id="welcomerBean" class="com.mysite.Welcomer" factory-
method="createWelcomer">
      <constructor-arg ref="messagesLocator"></constructor-arg>
  </bean>


  <bean id="messagesLocator" class="com.mysite.MessageLocator">
      <property name="messages" value="messages_file.properties"></property>
  </bean>
```

Bean 的初始化如下。

```
  public class Welcomer {
    private String message;
```

```
    public Welcomer(String message) {
      this.message = message;
    }

    public static WelcomercreateWelcomer(MessageLocatormessagesLocator) {
      Calendar cal = Calendar.getInstance();
      String msgKey = "welcome.pm";
      if (cal.get(Calendar.AM_PM) == Calendar.AM) {
        msgKey = "welcome.am";
      }
      return new Welcomer(messagesLocator.getMessageByKey(msgKey));
    }
  }
```

当 Spring 构造 welcomerBean 时，它不是通过传统的构造函数，而是通过定义的静态工厂方法 createWelcomer 来实现的。还要注意，这个方法接受一些参数（MessageLocator Bean 的实例包含所有可用的消息）标签，通常保留给传统的构造函数。

5.3.4 抽象工厂设计模式

抽象工厂设计模式看起来类似于工厂方法设计模式。不同之处在于，抽象工厂可以视为工业意义上的工厂，即提供所需对象的场所。工厂部件有抽象工厂、抽象产品、产品和客户。更准确地说，抽象工厂定义了构建对象的方法；抽象产品是这种结构的结果；产品是具有同样结构的具体结果；客户是要求创造产品来抽象工厂的人。同样地，在讨论 Spring 的细节之前，首先通过 Java 示例代码说明这个概念。

```
  public class FactoryTest {

    // Test method which is the client
    @Test
    public void test() {
      Kitchen factory = new KitchenFactory();
      KitchenMeal meal = factory.getMeal("P.1");
      KitchenMeal dessert = factory.getDessert("I.1");
      assertTrue("Meal's name should be 'protein meal' and was '"+meal.
getName()+"'", meal.getName().equals("protein meal"));
      assertTrue("Dessert's name should be 'ice-cream' and was '"+dessert.
getName()+"'", dessert.getName().equals("ice-cream"));
    }
  }

  // abstract factory
  abstract class Kitchen {
    public abstract KitchenMealgetMeal(String preferency);
    public abstract KitchenMealgetDessert(String preferency);
```

```
}

// concrete factory
class KitchenFactory extends Kitchen {
  @Override
  public KitchenMealgetMeal(String preferency) {
    if (preferency.equals("F.1")) {
      return new FastFoodMeal();
    } else if (preferency.equals("P.1")) {
      return new ProteinMeal();
    }
    return new VegetarianMeal();
  }

  @Override
  public KitchenMealgetDessert(String preferency) {
    if (preferency.equals("I.1")) {
      return new IceCreamMeal();
    }
    return null;
  }
}

// abstract product
abstract class KitchenMeal {
  public abstract String getName();
}

// concrete products
class ProteinMeal extends KitchenMeal {
  @Override
  public String getName() {
    return "protein meal";
  }
}

class VegetarianMeal extends KitchenMeal {
  @Override
  public String getName() {
    return "vegetarian meal";
  }
}

class FastFoodMeal extends KitchenMeal {
  @Override
  public String getName() {
```

```
      return "fast-food meal";
    }
  }

  class IceCreamMeal extends KitchenMeal {
    @Override
    public String getName() {
      return "ice-cream";
    }
  }
```

由此可以在上述例子中看到，抽象工厂封装了对象的创建。对象创建可以使用与经典构造函数一样的工厂方法模式。在 Spring 中，工厂的例子是 org.springframework.beans.factory.BeanFactory。通过它的实现，可以从 Spring 的容器访问 Bean。根据采用的策略，getBean 方法可以返回已创建的对象（共享实例、单例作用域）或初始化新的对象（原型作用域）。在 BeanFactory 的实现中，可以区分 ClassPathXmlApplicationContext、XmlWebApplicationContext、StaticWebApplicationContext、StaticPortletApplicationContext、GenericApplicationContext 和 StaticApplicationContext。

```
@RunWith(SpringJUnit4ClassRunner.class)
@ContextConfiguration(locations={"file:test-context.xml"})
public class TestProduct {

  @Autowired
  private BeanFactory factory;

  @Test
  public void test() {
    System.out.println("Concrete factory is: "+factory.getClass());
    assertTrue("Factory can't be null", factory != null);
    ShoppingCart cart = (ShoppingCart) factory.getBean("shoppingCart");
    assertTrue("Shopping cart object can't be null", cart != null);
    System.out.println("Found shopping cart bean:"+cart.getClass());
  }
}
```

在这种情况下，抽象工厂由 BeanFactory 接口表示。具体工厂是在第一个 System.out 中打印的，是 org.springframework.beans.factory.support.DefaultListableBeanFactory 的实例。它的抽象产物是一个对象。在本例子中，具体的产品就是被转为 ShoppingCart 实例的抽象产品（Object）。

5.3.5 代理设计模式

Spring 引入了另一种编码规范，面向切面编程（AOP）。为了简化定义，AOP 是面向系统特定点的一种编程，如异常抛出、特定类别方法的执行等。AOP 允许在执行这些特定点之前或之后执行补充动作。它可以通过监听器 (Listeners) 实现这种操作。但在这种情况下，只要可能存在调用的地方都采取定义监听器的方式来进行监听（如在一个方法开始的地方）。这就是为什么 Spring 不采用这种设计方式的原因。相反，Spring 实现了一种能够通过额外的方法调用完成任务的设计模式——代理设计模式。

代理对象不仅可以覆盖真实对象，还可以扩展功能。因此，对于只能在屏幕上打印一些文本的对象，可以添加另一个对象来过滤显示单词，可以通过代理来定义第二个对象的调用。代理是封装真实对象的对象。例如，如果尝试调用 Waiter Bean，那么将调用该 Bean 的代理，其行为方式完全相同。

代理设计模式的一个很好的例子是 org.springframework.aop.framework.ProxyFactoryBean。该工厂根据 Spring Bean 构建 AOP 代理，该类实现了定义 getObject() 方法的 FactoryBean 接口，该方法用于将需求 Bean 的实例返回给 Bean Factory。在这种情况下，它不是返回的实例，而是 AOP 代理。在执行代理对象的方法之前，可以通过调用补充方法来进一步“修饰”代理对象。

ProxyFactory 的一个例子如下。

```
public class TestProxyAop {

  @Test
  public void test() {
    ProxyFactory factory = new ProxyFactory(new House());
    factory.addInterface(Construction.class);
    factory.addAdvice(new BeforeConstructAdvice());
    factory.setExposeProxy(true);

    Construction construction = (Construction) factory.getProxy();
    construction.construct();
    assertTrue("Construction is illegal. "
      + "Supervisor didn't give a permission to build "
      + "the house", construction.isPermitted());
  }
}

interface Construction {
  public void construct();
  public void givePermission();
  public boolean isPermitted();
}

class House implements Construction{
  private boolean permitted = false;
  @Override
  public boolean isPermitted() {
    return this.permitted;
```

```
    }
    @Override
    public void construct() {
      System.out.println("I'm constructing a house");
    }

    @Override
    public void givePermission() {
      System.out.println("Permission is given to construct a simple house");
      this.permitted = true;
    }
  }

  class BeforeConstructAdvice implements MethodBeforeAdvice {
    @Override
    public void before(Method method, Object[] arguments, Object target)
throws Throwable {      if (method.getName().equals("construct")) {
          ((Construction) target).givePermission();
        }
    }
  }
```

这个测试应该通过，因为程序员不直接在 House 实例上操作，而是代理它。代理调用第一个 BeforeConstructAdvice 的 before 方法（指向在执行目标方法之前执行，在本例中为 construct()）通过它，给出了一个“权限”来构造对象的字段（House）。代理层提供了一个额外的新功能，因为它可以简单地分配给另一个对象。要做到这一点，只能在 before 方法之前修改过滤器。

5.3.6 策略设计模式

策略设计模式定义了通过不同方式完成相同事情的几个对象。完成任务的方式取决于采用的策略。例如，去一个国家，可以乘公共汽车、飞机、船，甚至私家车，所有这些方法都可以到达目的地国家。但是，需要通过检查银行账户来选择最适应的方式。如果资金充足，会采取最快的方式（可能是私人飞行）；如果资金不够，会采取最慢的方式（公共汽车、私家车）。所以说，银行账户可作为确定适应策略的因素。

Spring 在 org.springframework.web.servlet.mvc.multiaction.MethodNameResolver 类中使用策略设计模式。它是 MultiActionController 的参数化实现。在开始解释策略之前，需要了解 MultiActionController 的实用性。这个类允许同一个类处理几种类型的请求。作为 Spring 中的每个控制器，MultiActionController 执行方法来响应提供的请求。策略用于检测应使用哪种方法。解析过程在 MethodNameResolver 实现中实现，如在同一个包中的 ParameterMethodNameResolver 中。方法可以通过多个条件解决，如属性映射、HTTP 请求参数或 URL 路径。

```
@Override
```

```
    public String getHandlerMethodName(HttpServletRequest request) throws NoSuc
hRequestHandlingMethodException {
      String methodName = null;

      // Check parameter names where the very existence of each parameter
      // means that a method of the same name should be invoked, if any.
      if (this.methodParamNames != null) {
        for (String candidate : this.methodParamNames) {
          if (WebUtils.hasSubmitParameter(request, candidate)) {
            methodName = candidate;
            if (logger.isDebugEnabled()) {
              logger.debug("Determined handler method '" + methodName +
                "' based on existence of explicit request parameter of same
name");
            }
            break;
          }
        }
      }

      // Check parameter whose value identifies the method to invoke, if any.
      if (methodName == null &&this.paramName != null) {
        methodName = request.getParameter(this.paramName);
        if (methodName != null) {
          if (logger.isDebugEnabled()) {
            logger.debug("Determined handler method '" + methodName +
              "' based on value of request parameter '" + this.paramName + "'");
          }
        }
      }

      if (methodName != null &&this.logicalMappings != null) {
        // Resolve logical name into real method name, if appropriate.
        String originalName = methodName;
        methodName = this.logicalMappings.getProperty(methodName, methodName);
        if (logger.isDebugEnabled()) {
          logger.debug("Resolved method name '" + originalName + "' to handler
method '" + methodName + "'");
        }
      }

      if (methodName != null && !StringUtils.hasText(methodName)) {
        if (logger.isDebugEnabled()) {
          logger.debug("Method name '" + methodName + "' is empty: treating it
as no method name found");
        }
        methodName = null;
```

```
    }

    if (methodName == null) {
      if (this.defaultMethodName != null) {
        // No specific method resolved: use default method.
        methodName = this.defaultMethodName;
        if (logger.isDebugEnabled()) {
          logger.debug("Falling back to default handler method '" + this.
defaultMethodName + "'");
        }
      }
      else {
        // If resolution failed completely, throw an exception.
        throw new NoSuchRequestHandlingMethodException(request);
      }
    }
    return methodName;
  }
```

正如在前面的代码中可以看到的，方法的名称通过提供的参数映射、URL 中的预定义属性或参数存在来解决（默认情况下，该参数的名称为 action）。

5.3.7 模板设计模式

模板设计模式定义了类行为的骨架，并将子步骤的某些步骤延迟执行（具体就是下面例子中一个方法放在另一个方法中，只有调用另一个方法时这个方法才会执行，而且还可能会在其他行为方法之后按顺序执行。其中方法 construct() 定义为 final，起着同步器的作用，它以给定的顺序执行由子类定义的方法）。在现实世界中，可以将模板方法与房屋建设进行比较。独立建造房屋的公司，需要从建立基础开始，只有完成后才能做其他的工作。这个执行逻辑将被保存在一个不能改变的方法中。例如，基础建设或刷墙会被作为一个模板方法中的方法，具体到建筑房屋的公司。下面可以在给定的例子中看到它。

```
public class TemplateMethod {

  public static void main(String[] args) {
    HouseAbstract house = new SeaHouse();
    house.construct();
  }
}

abstract class HouseAbstract {
  protected abstract void constructFoundations();
  protected abstract void constructWall();

  // template method
```

```
    public final void construct() {
      constructFoundations();
      constructWall();
    }
}

class EcologicalHouse extends HouseAbstract {

    @Override
    protected void constructFoundations() {
      System.out.println("Making foundations with wood");
    }

    @Override
    protected void constructWall() {
      System.out.println("Making wall with wood");
    }
}

class SeaHouse extends HouseAbstract {

    @Override
    protected void constructFoundations() {
      System.out.println("Constructing very strong foundations");
    }

    @Override
    protected void constructWall() {
      System.out.println("Constructing very strong wall");
    }
}
```

该代码输出如下。

```
Constructing very strong foundations
Constructing very strong wall
```

Spring 在 org.springframework.context.support.AbstractApplicationContext 类中使用模板方法。它们不是一个模板方法（在本例中是 construct），而是多个。例如，getsFreshBeanFactory 返回内部 Bean 工厂的新版本，调用两个抽象方法：refreshBeanFactory（刷新工厂 Bean）和 getBeanFactory（以获取更新的工厂 Bean）。这个方法和其他方法一样，用在 public void refresh() 中，抛出构造应用程序上下文的 BeansException、IllegalStateException 方法（这里会在后面 Spring 中和应用程序上下文分析中再次提到）。

也可以从同一个包中的 GenericApplicationContext 中找到一些通过模板方法所实现的抽象方法的实现例子。

```
    /**
     * Do nothing: We hold a single internal BeanFactory and rely on callers
     * to register beans through our public methods (or the BeanFactory's).
     * @see #registerBeanDefinition
     */
    @Override
    protected final void refreshBeanFactory() throws IllegalStateException {
      if (this.refreshed) {
        throw new IllegalStateException(
          "GenericApplicationContext does not support multiple refresh attempts:
just call 'refresh' once");
      }
      this.beanFactory.setSerializationId(getId());
      this.refreshed = true;
    }

    @Override
    protected void cancelRefresh(BeansException ex) {
      this.beanFactory.setSerializationId(null);
      super.cancelRefresh(ex);
    }

    /**
     * Not much to do: We hold a single internal BeanFactory that will never
     * get released.
     */
    @Override
    protected final void closeBeanFactory() {
      this.beanFactory.setSerializationId(null);
    }

    /**
     * Return the single internal BeanFactory held by this context
     * (as ConfigurableListableBeanFactory).
     */
    @Override
    public final ConfigurableListableBeanFactorygetBeanFactory() {
      return this.beanFactory;
    }

    /**
     * Return the underlying bean factory of this context,
     * available for registering bean definitions.
     * <p><b>NOTE:</b> You need to call {@link #refresh()} to initialize the
     * bean factory and its contained beans with application context semantics
     * (autodetectingBeanFactoryPostProcessors, etc).
```

```
   * @return the internal bean factory (as DefaultListableBeanFactory)
   */
public final DefaultListableBeanFactorygetDefaultListableBeanFactory() {
   return this.beanFactory;
}
```

第 6 章 数据库知识

数据库是应用程序设计人员每天都需要接触的技术，目前主流的是关系型数据库和 NoSQL 数据库，本章将具体讨论。

通过阅读本章，可以学习以下内容。

- 关系型数据库和 NoSQL 数据库的基础知识
- PostgreSQL 的相关知识
- Cassandra 的相关知识

6.1 关系型数据库和 NoSQL 数据库

6.1.1 关系型数据库

理解关系型数据库，可以先从“关系”两字开始。关系是数学上的一个概念，建立在日常生活中所论及的关系概念之上，如人们通常所说的邻里关系、朋友关系、学生与所选修的课程及该课程的成绩关系等。这里，所论及的朋友关系涉及互为朋友的双方，在数学上表示为 (张 , 李)；邻里关系也涉及互为邻里的双方，表示为 (张家，李家)；学生与所选修的课程及该课程的成绩关系，涉及学生、所选的课程和所取得的成绩，在数学上表示为 (李兰 , 软件基础 ,90)。(张，李)、(张家，李家)、(李兰 , 软件基础 ,90)，在数学上称为“元组”；括号中用逗号隔开的对象，在数学上称为元组的“分量”。

1. 关系

关系是以元组为元素的集合。数据库技术中论及的关系概念应该为“关系是同类型元组的结合”。简单地说，关系就是集合，可以用大写字母 R 来表示。

例如，学生与所选课程之间的关系 R 可以表示为。

```
R={(李兰,软件基础,90),(张娜,高等数学,87),(张伟,C语言,76),…,(韶华,英语,79)}
```

这样的一个关系 R，通常可表示成如表 6-1 所示的形式。

表 6-1 学生与所选课程之间的关系表格

姓名	课程名	成绩
李兰	软件基础	90
张娜	高等数学	87
张伟	C 语言	76
⋮	⋮	⋮
韶华	英语	79

由此可以看到，表 6-1 中的每一行表示一个元组，也就是关系集合的元素；每列的数据表示元组的分量。

2. 关系模型

从上面的例子中可以看到，数学上关系的概念可以用来描述一个二维表，而二维表就是现实世界中进行各种档案管理使用的方法，其中记录了大量的数据。这样就用数学理论中的一个概念描述了现实世界的一个对象。关系型数据库就是用关系描述数据的数据库系统。

（1）二维表与关系

关系可以用来描述二维表，对应的术语关系如下。

- 关系←→二维表。

- 元组←→二维表中的行。
- 分量←→二维表中的列。

（2）二维表与关系型数据库中的数据

一个关系型数据库中的数据对应于一个二维表，对应的术语关系如下。

- 二维表←→一个数据库中的表、一个数据视图。
- 二维表的行←→数据表中的记录。
- 二维表的列←→表记录的字段。

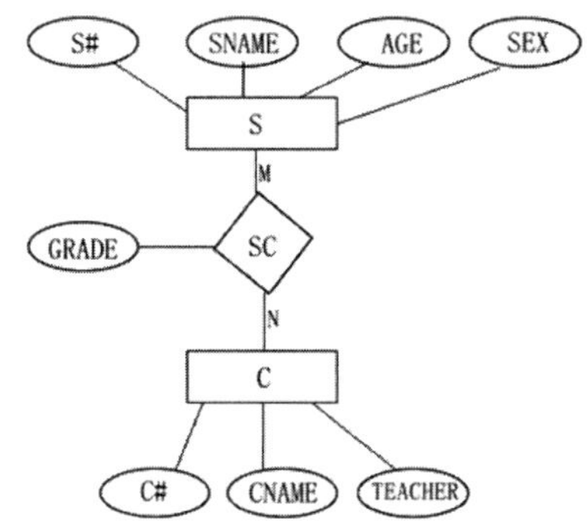

图 6-1　教学管理系统的 E-R 模型图

例如，如图 6-1 所示。实体学生用 S 表示，实体学生的属性为学号、姓名、年龄、性别，分别用 S#、SNAME、AGE、SEX 表示；实体课程用 C 表示，实体课程的属性为课程号、课程名、授课教师，分别用 C#、CNAME、TEACHER 表示；学生与课程之间的关系用 SC 表示，SC 的属性成绩用 GRADE 表示。

（3）优劣列举

关系型数据库作为应用广泛的通用型数据库，它的突出优势主要有以下几点。

- 保持数据的一致性（事务处理）。
- 由于以标准化为前提，数据更新的开销很小（相同的字段基本上都只有一处）。
- 可以进行 JOIN 等复杂查询。
- 存在很多实际成果和专业技术信息（成熟的技术）。

其中，能够保持数据的一致性是关系型数据库的最大优势。在需要严格保证数据一致性和处理完整性的情况下，应该用关系型数据库。但是有些情况不需要关联，对上述关系型数据库的优点也就没有特别需要。

关系型数据库是一个通用型的数据库，并不能完全适应所有的用途。具体来说，它并不擅长以下处理。

- 大量数据的写入处理。
- 为有数据更新的表做索引或表结构变更。
- 字段不固定的应用。

- 对简单查询需要快速返回结果的处理。

在数据读入方面，由复制产生的主从模式（数据的写入由主数据库负责，数据的读取由从数据库负责），可以简单地通过增加从数据库来实现规模化。在数据的写入方面却完全没有简单的方法来解决规模化问题。读写集中在一个数据库上让数据库不堪重负，大部分网站开始使用主从复制技术来实现读写分离，以提高读写性能和读库的可扩展性。例如，要想将数据的写入规模化，可以考虑把主数据库从一个增加到两个，作为互相关联复制的二元主数据库来使用。如果这样可以把每个主数据库的负荷减少一半，但是更新处理会发生冲突（同样的数据在两台服务器同时更新成其他值），可能会造成数据的不一致。为了避免这样的问题，就需要把对每个表的请求分别分配给合适的主数据库来处理，这就不那么简单了。图 6-2 所示为两台主机问题示意图。

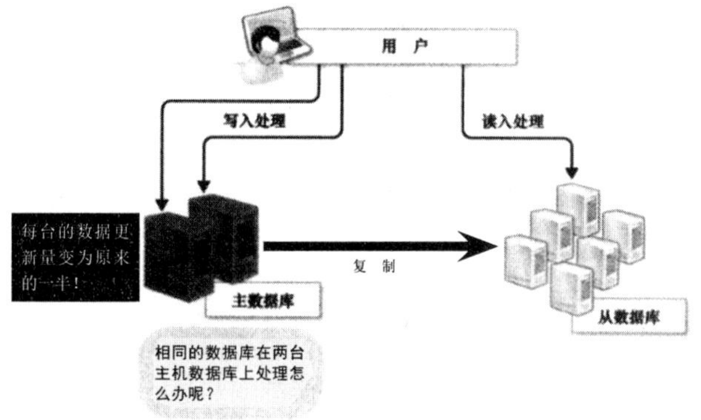

图 6-2　两台主机问题示意图

另外，也可以考虑把数据库分割出来，分别放在不同的数据库服务器上，如将表 A、表 C 放在左侧数据库服务器上，表 B、表 D 放在右侧数据库服务器上（图 6-3）。数据库分割可以减少每台数据库服务器上的数据量，以便减少硬盘 I/O（输入 / 输出）处理，实现内存上的高速处理，效果非常显著。但是，分别存储在不同服务器上的表之间无法进行 JOIN 处理，所以数据库分割时就需要预先考虑这些问题。数据库分割后，如果一定要进行 JOIN 处理，就必须在程序中进行关联，这是非常困难的。图 6-3 所示为二元主数据库问题的解决办法示意图——数据库分割。

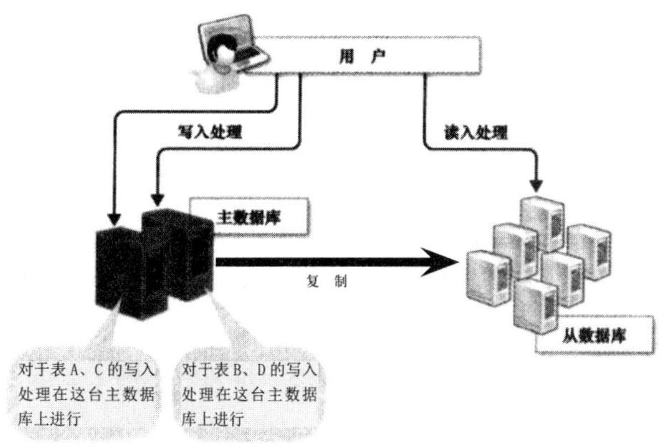

图 6-3　数据库分割示意图

数据库分割不能进行 JOIN 处理，如图 6-4 所示。

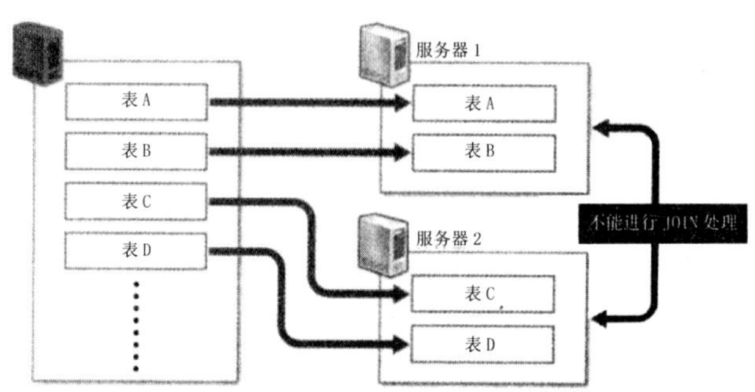

图 6-4　数据库分割不能进行 JOIN 处理

在使用关系型数据库时，为了加快查询速度需要创建索引，为了增加必要的字段就需要改变表结构。为了进行这些处理，需要对表进行共享锁定，在这期间无法进行数据变更（更新、插入、删除等）。如果需要进行一些耗时操作（如为数据量比较大的表创建索引或变更表结构），就需要注意长时间内数据可能无法进行更新。

如果字段不固定，使用关系型数据库也是比较困难的。虽然可以在“需要时加个字段，但在实际运用中每次都进行反复的表结构变更是非常烦琐的。也可以预先设定大量的预备字段，但时间一长很容易弄不清楚字段和数据的对应状态（哪个字段保存哪些数据），所以并不推荐使用。

关系型数据库并不擅长对简单的查询快速返回结果。这里所说的“简单”指的是没有复杂的查询条件，而不是用 JOIN。因为关系型数据库是使用专门的 SQL 语言进行数据读取的，它需要对 SQL 语言进行解析，同时还有对表的锁定和解锁。所以建议大家若希望对简单查询进行高速处理，可以不使用关系型数据库。

6.1.2　NoSQL 数据库

NoSQL 的全称是 Not Only SQL，其含义是，适合关系型数据库时就使用关系型数据库，不适合时也没必要使用关系型数据库，可以考虑使用更加合适的数据库存储。也就是说，为弥补关系型数据库的不足，各种各样的 NoSQL 数据库也应运而生。

如前所述，关系型数据库并不擅长大量数据的写入处理。关系型数据库是以 JOIN 为前提的，也就是说，各个数据之间存在的关联是关系型数据库得名的主要原因。为了进行 JOIN 处理，关系型数据库不得不把数据存储在同一个服务器内（集中），这不利于数据的分散。相反，NoSQL 数据库不支持 JOIN 处理，各个数据都是独立设计的，很容易把数据分散到多台服务器上。由于数据被分散到了多台服务器上，减少了每台服务器上的数据量，即使要进行大量数据的写入操作，处理起来也非常容易。同理，数据的读入操作也同样容易。

如果想要使服务器能够轻松地处理更大量的数据，那么只有两个选择：一是提升性能，二是增大规模。下面将介绍这两者的不同。

提升性能指的是通过提升现行服务器自身的性能来提高处理能力。这是非常简单的方法，程序方面也不需要进行变更，但需要一些费用。若要购买性能好的服务器，需要花费的资金可能是原来的 5~10 倍。这种方法虽然简单，但是成本较高。

增大规模指的是使用多台廉价的服务器来提高处理能力。它需要对程序进行变更，但使用廉价的服务器可以控制成本。另外，根据实际需求，只要增加廉价服务器的数量就可以了。

1. key-value 数据库

key-value 是最常见的 NoSQL 数据库，它的数据是以 key-value 的形式存储的。虽然它的处理速度非常快，但是只能通过 key 的完全一致来查询获取数据。根据数据的保存方式可以分为临时性、永久性和两者兼具 3 种。

（1）临时性

所谓临时性，就是“数据有可能丢失”。memcached 属于这种类型。memcached 把所有数据都保存在内存中，这样保存和读取的速度非常快，但当 memcached 停止时，数据就不存在了。由于数据保存在内存中才可操作，因此对于超出内存容量的数据无法操作（旧数据会丢失）。

- 在内存中保存数据。
- 可以进行非常快速的保存和读取处理。
- 数据有可能丢失。

（2）永久性

和临时性相反，所谓永久性，就是“数据不会丢失”。Tokyo Tyrant、Flare、ROMA 等属于这种类型。这里的 key-value 存储不像 memcached 那样在内存中保存数据，而是把数据保存在硬盘上。与 memcached 在内存中处理数据相比，由于必然要发生对硬盘的 I/O 操作，因此性能上还是有差距的。但数据不会丢失是它最大的优势。

- 在硬盘上保存数据。
- 可以进行非常快速的保存和读取处理（但无法与 memcached 相比）。
- 数据不会丢失。

（3）两者兼具

Redis 临时性和永久性兼具，且集合了临时性 key-value 存储和永久性 key-value 存储的优点。Redis 首先把数据保存到内存中，在满足特定条件时，将数据写入硬盘中。这样既确保了内存中数据的处理速度，又可以通过写入硬盘来保证数据的永久性。这种类型的数据库适合于处理数组类型的数据。

- 同时在内存和硬盘上保存数据。
- 可以进行非常快速的保存和读取处理。
- 保存在硬盘上的数据不会消失（可以恢复）。
- 适合于处理数组类型的数据。

2. 面向文档的数据库

MongoDB、CouchDB 属于面向文档的数据库类型。它们属于 NoSQL 数据库，但与 key-value 存储不同。

面向文档的数据库特征：即使不定义表结构，也可以像定义了表结构一样使用。关系型数据库在变更表结构时，为了保持一致性，还需修改程序。然而，NoSQL 数据库通常程序都是正确的，不需要修改，这样既方便又快捷。

与 key-value 存储不同的是，面向文档的数据库可以通过复杂的查询条件来获取数据。虽然不具备事务处理和 JOIN 这些关系型数据库所具有的处理能力，但除此以外的其他处理都能实现。这是非常容易使用的 NoSQL 数据库。

- 不需要定义表结构。
- 可以利用复杂的查询条件。

3. 面向列的数据库

Cassandra、Hbase、HyperTable 属于面向列的数据库类型。由于近年来数据量出现爆发性增长，这种类型的 NoSQL 数据库尤其引人注目。

普通的关系型数据库都是以行为单位来存储数据的，擅长进行以行为单位的读入处理，如特定条件数据的获取。因此，关系型数据库也称为面向行的数据库。相反，面向列的数据库是以列为单位来存储数据的，擅长以列为单位读入数据。

6.2 PostgreSQL 相关知识

6.2.1 基本操作

1. 创建数据库

在 PostgreSQL 服务器上执行下面的 SQL 语句可以创建数据库。

```
CREATE DATABASE db_name;
```

在数据库成功创建后，当前登录用户将自动成为此新数据库的所有者。在删除该数据库时，也需要该用户的特权。如果想让当前数据库的所有者为其他用户，可以执行下面的 SQL 语句。

```
CREATE DATABASE db_name OWNER role_name;
```

2. 修改数据库配置

PostgreSQL 服务器提供了大量的运行时配置变量，可以根据自己的实际情况为某一数据库的某一配置变量指定特殊值。通过执行下面的 SQL 命令可以将该数据库的某一配置设置为指定值，而不再使用默认值。

```
ALTER DATABASE db_name SET varname TO new_value;
```

这样在以后基于该数据库的会话中，会发现被修改的配置值已生效。如果要撤销这样的设置并恢复为原有的默认值，可以执行下面的 SQL 命令。

```
ALTER DATABASE dbname RESET varname;
```

3. 创建、删除及检索表空间

在 PostgreSQL 中，表空间表示一组文件存放的目录位置。在创建表空间后，就可以在该表空间上创建数据库对象。通过使用表空间，管理员可以控制一个 PostgreSQL 服务器的磁盘布局。这样管理员就可以根据数据库对象的数据量和数据使用频度等参数来规划这些对象的存储位置，以便减少 I/O 等待，从而优化系统的整体运行性能。例如，将一个使用频繁的索引放在非常可靠、高效的磁盘设备上，如固态硬盘，而将很少使用的数据库对象存放在相对较慢的磁盘系统上。下面的 SQL 命令用于创建表空间。

```
CREATE TABLESPACE fastspace LOCATION '/mnt/sda1/postgresql/data';
```

需要说明的是，表空间指定的位置必须是一个现有的空目录，且属于 PostgreSQL 系统用户，如 postgres。在成功创建后，所有在该表空间上创建的对象都将存放在该目录下的文件中。

在 PostgreSQL 中只有超级用户可以创建表空间，但在成功创建后，就允许普通数据库用户在其中创建数据库对象了。要完成此操作，必须在表空间上给这些用户授予 CREATE 权限。表、索引和整个数据库都可以放在特定的表空间中，执行如下 SQL 命令。

```
CREATE TABLE foo(i int) TABLESPACE space1;
```

此外，还可以通过修改 default_tablespace 配置变量，以使指定的表空间成为默认表空间。这样在创建任何数据库对象时，如果没有显示指定表空间，那么该对象将被创建在默认表空间中，执行如下 SQL 命令。

```
SET default_tablespace = space1;
CREATE TABLE foo(i int);
```

与数据库相关联的表空间用于存储该数据库的系统表，以及任何使用该数据库的服务器进程创建的临时文件。要删除一个空的表空间，可以直接使用 DROP TABLESPACE 命令，然而要删除一个包含数据库对象的表空间，则需要将该表空间上的所有对象全部删除后，才可以再删除该表空间。要检索当前系统中有哪些表空间，可以执行以下查询命令。其中 pg_tablespace 为 PostgreSQL 中的系统表。

```
SELECT spcname FROM pg_tablespace;
```

还可以通过 psql 程序的 \db 元命令列出现有的表空间。

6.2.2 系统视图表

（1）pg_tables

pg_tables 视图提供了对有关数据库中每个表的有用信息的访问，如表 6-2 所示。

表 6-2 表的有用信息访问

名称	类型	引用	描述
schemaname	name	pg_namespace.nspname	包含表的模式名称
tablename	name	pg_class.relname	表的名称

续表

名称	类型	引用	描述
tableowner	name	pg_authid.rolname	表所有者的名称
tablespace	name	pg_tablespace.spcname	包含表的表空间名称（如果是数据库默认的，则为 NULL）
hasindexes	bool	pg_class.relhasindex	如果表拥有（或最近拥有）任何索引，则为真
hasrules	bool	pg_class.relhasrules	如果表存在规则，则为真
hastriggers	bool	pg_class.reltriggers	如果表有触发器，则为真

（2）pg_indexes

pg_indexes 视图提供对数据库中每个索引的有用信息的访问，如表 6-3 所示。

表 6-3　索引的有用信息访问

名称	类型	引用	描述
schemaname	name	pg_namespace.nspname	包含表和索引的模式名称
tablename	name	pg_class.relname	索引所在表的名称
indexname	name	pg_class.relname	索引的名称
tablespace	name	pg_tablespace.spcname	包含索引的表空间名称（如果是数据库默认的，则为 NULL）
indexdef	text	—	索引定义（一个重建的创建命令）

（3）pg_views

pg_views 视图提供了对数据库中每个视图的有用信息的访问途径，如表 6-4 所示。

表 6-4　视图的有用信息访问

名称	类型	引用	描述
schemaname	name	pg_namespace.nspname	包含该视图的模式名称
viewname	name	pg_class.relname	视图的名称
viewowner	name	pg_authid.rolname	视图所有者的名称
definition	text	—	视图定义（一个重建的 SELECT 查询）

（4）pg_user

pg_user 视图提供了对数据库用户的相关信息的访问，如表 6-5 所示。这个视图只是 pg_shadow 表的公众可读部分的视图化，但是不包含口令字段。

表 6-5　数据库用户的相关信息的访问

名称	类型	描述
usename	name	用户名
usesysid	int4	用户 ID（用于引用该用户的任意数字）
usecreatedb	bool	用户是否可以创建数据库

续表

名称	类型	描述
usesuper	bool	用户是否是一个超级用户
usecatupd	bool	用户是否可以更新系统表（即使超级用户也不能，除非该字段为真）
passwd	text	口令（可能加密了）
valuntil	abstime	口令失效的时间（只用于口令认证）
useconfig	text[]	运行时配置参数的会话默认值

（5）pg_roles

pg_roles 视图提供访问数据库角色有关信息的接口，如表 6-6 所示。这个视图只是 pg_authid 表的公开可读部分的视图化，同时把口令字段用空白填充。

表 6-6　数据库角色有关信息的接口

名称	类型	描述
rolname	name	角色名
rolsuper	bool	是否有超级用户权限的角色
rolcreaterole	bool	是否可以创建更多的角色
rolcreatedb	bool	是否可以创建数据库的角色
rolcatupdate	bool	是否可以直接更新系统表的角色
rolcanlogin	bool	如果为真，表示是可以登录的角色
rolpassword	text	不是口令（总是 ********）
rolvaliduntil	timestamptz	口令失效日期（只用于口令认证）；如果没有失效期，为 NULL
rolconfig	text[]	运行时配置变量的会话默认值

（6）pg_rules

pg_rules 视图提供对查询重写规则的有用信息访问的接口，如表 6-7 所示。

表 6-7　对查询重写规则的有用信息访问的接口

名称	类型	引用	描述
schemaname	name	pg_namespace.nspname	包含表的模式名称
tablename	name	pg_class.relname	规则施加影响的表的名称
rulename	name	pg_rewrite.rulename	规则的名称
definition	text	—	规则定义（一个重新构造的创建命令）

（7）pg_settings

pg_settings 视图提供了对服务器运行时参数的访问，如表 6-8 所示。实际上它是 SHOW 命令和 SET 命令的另一种方式。它还提供了一些用 SHOW 命令不能直接获取的参数的访问，如最大值和最小值。

表 6-8　对服务器运行时参数的访问

名称	类型	描述
name	text	运行时配置参数名
setting	text	参数的当前值
category	text	参数的逻辑组
short_desc	text	参数的一个简短的描述
extra_desc	text	有关参数的额外的、更详细的信息
context	text	设置该参数的值要求的环境
vartype	text	参数类型（bool、integer、real 和 string）
source	text	当前参数值的来源
min_val	text	该参数允许的最小值（非数字值为 NULL）
max_val	text	该参数允许的最大值（非数字值为 NULL）

用户不能对 pg_settings 视图进行插入或删除，只能更新。对 pg_settings 中的一行进行 UPDATE 操作等效于在该命名参数上执行 SET 命令。这个修改值影响当前会话使用的数值。如果在一个最后退出的事务中发出了 UPDATE 命令，那么 UPDATE 命令的效果将在事务回滚之后消失。一旦包围它的事务提交，这个效果将固化，直到会话结束。

6.2.3　索引

1. 索引的类型

PostgreSQL 提供了 B-Tree、Hash、GiST 和 GIN 等多种索引类型。由于它们使用了不同的算法，因此每种索引类型都有其适合的查询类型。默认时，CREATE INDEX 命令将创建 B-Tree 索引。

（1）B-Tree 索引

```
CREATE TABLE test1 (
    id integer,
        content varchar
    );
CREATE INDEX test1_id_index ON test1 (id);
```

B-Tree 索引主要用于等于和范围查询，特别是当索引列包含操作符 <、<=、=、>= 和 > 作为查询条件时，PostgreSQL 的查询规划器都会考虑使用 B-Tree 索引。在使用 BETWEEN、IN、IS NULL 和 IS NOT NULL 的查询中，PostgreSQL 也可以使用 B-Tree 索引。然而，对于基于模式匹配操作符的查询，如 LIKE、ILIKE、~ 和 ~*，仅当模式存在一个常量，且该常量位于模式字符串的开头时，如 col LIKE 'foo%' 或 col ~ '^foo'，索引才会生效，否则将会执行全表扫描，如 col LIKE '%bar'。

（2）Hash 索引

```
CREATE INDEX name ON table USING hash (column);
```

Hash(散列) 索引只能处理简单的等于比较。当索引列使用等于操作符进行比较时，查询规划器会考虑使用散列索引。这里需要说明的是，PostgreSQL 散列索引的性能与 B-Tree 索引类似，但散列索引的尺寸和构造时间更差。另外，由于散列索引操作目前没有记录 WAL 日志，因此一旦发生了数据库崩溃，将不得不用 REINDEX 重建散列索引。

（3）GiST 索引

GiST 索引不是一种单独的索引类型，而是一种架构。在该架构上可以实现很多不同的索引策略，从而可以使 GiST 索引根据不同的索引策略，使用特定的操作符类型。

（4）GIN 索引

GIN 索引是反转索引，可以处理包含多个键的值 (如数组)。与 GiST 索引类似，GIN 索引同样支持用户定义的索引策略，从而可以使 GIN 索引根据不同的索引策略，而使用特定的操作符类型。PostgreSQL 的标准发布中包含了用于一维数组的 GIN 操作符类型，如 <@、@>、=、&& 等。

2. 复合索引

PostgreSQL 中的索引可以定义在数据表的多个字段上，代码如下。

```
CREATE TABLE test2 (
    major int,
        minor int,
        name varchar
    }
CREATE INDEX test2_mm_idx ON test2 (major, minor);
```

在当前的版本中，只有 B-Tree、GiST 和 GIN 支持复合索引，其中最多可以声明 32 个字段。

（1）B-Tree 类型的复合索引

在 B-Tree 类型的复合索引中，该索引字段的任意子集均可用于查询条件。不过，只有当复合索引中的第一个索引字段 (最左边) 被包含其中时，才可以获得最高效率。

（2）GiST 类型的复合索引

在 GiST 类型的复合索引中，只有第一个索引字段被包含在查询条件中时，才能决定该查询会扫描多少索引数据，而其他索引字段上的条件只会限制索引返回的条目。假如第一个索引字段上的大多数数据都有相同的键值，那么此时使用 GiST 索引就会比较低效。

（3）GIN 类型的复合索引

与 B-Tree 和 GiST 索引不同的是，GIN 复合索引不会受到查询条件中使用了哪些索引字段子集的影响，无论是哪种组合，都会得到相同的效率。

使用复合索引应该谨慎。在大多数情况下，单一字段上的索引就已经足够了，并且还节约时间和空间。除非表的使用模式非常固定，否则超过 3 个字段的索引是没什么用处的。

3. 组合多个索引

PostgreSQL 可以在查询时组合多个索引 (包括同一索引的多次使用)，来处理单个索引扫描不能实现的场合。与此同时，系统还可以在多个索引扫描之间组成 AND 和 OR 的条件。例如，一个类似 WHERE x = 42 OR x = 47 OR x = 53 OR x = 99 的查询，可以被分解成 4 个独立的基于 x 字段索引的扫描，每个扫描使用一个查询子句，然后再将这些扫描结果进行 OR 操作并生成最终的结果。又如，如果在 x 和 y 上分别存在独立的索引，那么一个类似 WHERE x = 5 AND y = 6 的查询，就会分别基于这两个字段的索引进行扫描，然后再将各自扫描的结果进行 AND 操作并生成最终的结果。

为了组合多个索引，系统扫描每个需要的索引，然后在内存中组织一个 BITMAP，它将给出索引扫描出的数据在数据表中的物理位置。再根据查询的需要，把这些位图进行 AND 或者 OR 的操作并得出最终的 BITMAP。最后，检索数据表返回数据行。表的数据行是按照物理顺序进行访问的，因为这是位图的布局，这就意味着任何原来索引的排序都将消失。如果查询中有 ORDER BY 子句，那么还将会有一个额外的排序步骤。由于这个原因，以及每个额外的索引扫描都会增加额外的时间，这样规划器有时就会选择使用简单的索引扫描，即使有多个索引可用也会如此。

4. 唯一索引

目前，只有 B-Tree 索引可以被声明为唯一索引，代码如下。

```
CREATE UNIQUE INDEX name ON table (column [, ...])
```

如果索引声明为唯一索引，那么就不允许出现多个索引值相同的行。这里认为，NULL 值相互间不相等。

5. 表达式索引

表达式索引主要用于在查询条件中存在基于某个字段的函数或表达式的结果与其他值进行比较的情况，代码如下。

```
SELECT * FROM test1 WHERE lower(col1) = 'value'
```

此时，如果仅是在 col1 字段上建立索引，那么该查询在执行时一定不会使用该索引，而是直接进行全表扫描。如果该表的数据量较大，那么执行该查询也将会需要很长时间。解决该问题的办法非常简单，在 test1 表上建立基于 col1 字段的表达式索引，代码如下。

```
CREATE INDEX test1_lower_col1_idx ON test1 (lower(col1))
```

如果把该索引声明为 UNIQUE，那么它会禁止创建 col1 数值只是大小写有区别的数据行，以及 col1 数值完全相同的数据行。因此，在表达式上的索引可以用于强制那些无法定义为简单唯一约束的约束。下面再看一个应用表达式索引的例子。

```
SELECT * FROM people WHERE (first_name || ' ' || last_name) = 'John Smith'
```

与上面的例子一样，尽管可能会为 first_name 和 last_name 分别创建独立索引，或者是基于这两个字段的复合索引，但是在执行该查询语句时，这些索引均不会被使用。该查询能够使用的索引只有下面创建的表达式索引。

```
CREATE INDEX people_names ON people ((first_name || ' ' || last_name));
```

CREATE INDEX 命令的语法通常要求在索引表达式周围书写圆括号，就像在第二个例子中显示的那样。如果表达式只是一个函数调用，那么可以省略，就像在第一个例子中显示的那样。

从索引维护的角度来看，索引表达式要相对低效一些，因为在插入数据或更新数据时，都必须为该行计算表达式的结果，并将该结果直接存储到索引中。然而在查询时，PostgreSQL 就会把它们看成 WHERE idxcol = 'constant'，因此搜索的速度等效于基于简单索引的查询。通常应该在检索速度比插入和更新速度更重要的场景下使用表达式索引。

6. 部分索引

部分索引 (Partial Index) 是建立在一个表的子集上的索引，而该子集是由一个条件表达式定义的 (称为部分索引的谓词)。该索引只包含表中那些满足这个谓词的行。

由于不是在所有的情况下都需要更新索引，因此部分索引会提高数据插入和数据更新的效率。然而又因为部分索引比普通索引要小，所以可以更好地提高确实需要索引部分的查询效率。例如，以下 3 个示例。

(1) 索引字段和谓词条件字段一致

```
    CREATE INDEX access_log_client_ip_ix ON access_log(client_ip)
    WHERE NOT (client_ip > inet '192.168.100.0' AND client_ip < inet
'192.168.100.255');
```

下面的查询将会用到该部分索引：

```
    SELECT * FROM access_log WHERE url = '/index.html' AND client_ip = inet
'212.78.10.32';
```

下面的查询将不会用该部分索引：

```
    SELECT * FROM ac cess_log WHERE client_ip = inet '192.168.100.23';
```

(2) 索引字段和谓词条件字段不一致

PostgreSQL 支持带任意谓词的部分索引，唯一的约束是谓词的字段也要来自于同样的数据表。注意，如果希望查询语句能够用到部分索引，那么就要求该查询语句的条件部分必须和部分索引的谓词完全匹配。准确地说，只有在 PostgreSQL 能够识别出该查询的 WHERE 条件在数学上涵盖了该索引的谓词时，这个部分索引才能被用于该查询。

```
    CREATE INDEX orders_unbilled_index ON orders(order_nr) WHERE billed is not
true;
```

下面的查询一定会用到该部分索引。

```
    SELECT * FROM orders WHERE billed is not true AND order_nr < 10000;
```

那么对于如下查询：

```
    SELECT * FROM orders WHERE billed is not true AND amount > 5000.00;
```

这个查询将不像上面那个查询这么高效，毕竟查询的条件语句中没有用到索引字段，然而查询条件“billed is not true”却和部分索引的谓词完全匹配，因此 PostgreSQL 将扫描整个索引。这样只有在索引数据相对较少的情况下，该查询才能更有效一些。

下面的查询将不会用到部分索引。

```
    SELECT * FROM orders WHERE order_nr = 3501;
```

(3) 数据表子集的唯一性约束

```
    CREATE TABLE tests (
    subject text,
```

```
    target text,
    success boolean,
    ...
    );
    CREATE UNIQUE INDEX tests_success_constraint ON tests(subject,target)
WHERE success;
```

该部分索引将只会对 success 字段值为 true 的数据进行唯一性约束。在实际应用中，如果成功的数据较少，而不成功的数据较多时，该实现方法将会非常高效。

7. 检查索引的使用

检查索引的使用有以下 4 条建议。

①总是先运行 ANALYZE。该命令将会收集表中数值分布状况的统计。在估算一个查询返回的行数时需要这个信息，而规划器则需要这个行数以便给每个可能的查询规划赋予真实的开销值。如果缺乏任何真实的统计信息，那么就会使用一些默认数值，这样肯定是不准确的。因此，如果还没有运行 ANALYZE 就检查一个索引的使用状况，那将会是一次失败的检查。

②使用真实的数据做实验。用测试数据填充数据表，那么该表的索引将只会基于测试数据来评估如何使用索引，而不是对所有的数据都如此使用。例如，从 100000 行中选 1000 行，规划器可能会考虑使用索引，那么如果从 100 行中选 1 行就很难说也会使用索引了。因为 100 行的数据很可能是存储在一个磁盘页面中，没有任何查询规划能比通过顺序访问一个磁盘页面更加高效了。与此同时，在模拟测试数据时也需要注意，如果这些数据是非常相似的数据、完全随机的数据，或者按照排序顺序插入的数据，都会令统计信息偏离实际数据应该具有的特征。

③如果索引没有得到使用，那么在测试中强制它的使用也许会有些价值。有一些运行时参数可以关闭各种各样的查询规划。

④强制使用索引用法将会导致两种可能：一是系统选择是正确的，使用索引实际上并不合适；二是查询计划的开销计算并不能反映现实情况。这样就应该对使用和不使用索引的查询进行计时，而且需要使用 EXPLAIN ANALYZE 命令。

6.2.4 查询计划

PostgreSQL 为每个查询都生成了一个查询规划，因为选择正确的查询路径对性能的影响是极为关键的。PostgreSQL 本身已经包含了一个规划器用于寻找最优规划，可以通过使用 EXPLAIN 命令来查看规划器为每个查询生成的查询规划。

PostgreSQL 中生成的查询规划是由 1 到 n 个规划节点构成的规划树，其中最底层的节点为表扫描节点，用于从数据表中返回检索出的数据行。然而，不同的扫描节点类型代表着不同的表访问模式，如顺序扫描、索引扫描及位图索引扫描等。如果查询仍然需要连接、聚集、排序，或者是对原始行的其他操作，那么就会在扫描节点之上有其他额外的节点。并且这些操作通常都有多种方法，因此在这些位置也有可能出现不同的节点类型。EXPLAIN 将为规划树中的每个节点都输出一行信息，显示基本的节点类型和规划器为执行这个规划节点计算出的预计开销值。第一行（最上层的节点）是对该规划的总执行开销的预计，这个数值就是规划器试图最小化的数值。

下面是一个简单的例子，代码如下。

```
EXPLAIN SELECT * FROM tenk1;
                                    QUERY PLAN
-------------------------------------------------------------
Seq Scan on tenk1  (cost=0.00..458.00 rows=10000 width=244)
```

EXPLAIN 引用的数据包括以下几个。

- 预计的启动开销（在输出扫描开始之前消耗的时间，如在一个排序节点中做排序的时间）。
- 预计的总开销。
- 预计的该规划节点输出的行数。
- 预计的该规划节点的行平均宽度（单位：字节）。

这里开销（cost）的计算单位是磁盘页面的存取数量，如 1.0 将表示一次顺序的磁盘页面读取。其中上层节点的开销将包括其所有子节点的开销。这里的输出行数 (rows) 并不是规划节点处理 / 扫描的行数，通常会更少一些。一般而言，顶层的行预计数量会更接近于查询实际返回的行数。

执行下面基于系统表的查询。

```
SELECT relpages, reltuples FROM pg_class WHERE relname = 'tenk1';
```

从查询结果中可以看出 tenk1 表占有 358 个磁盘页面和 10000 条记录，然而为了计算 cost 的值，需要知道另外一个系统参数值。

```
    postgres=# show cpu_tuple_cost;
     cpu_tuple_cost
    ----------------
     0.01
    (1 row)
     cost = 358(磁盘页面数) + 10000(行数) * 0.01(cpu_tuple_cost 系统参数值)
```

下面再来看一个带有 WHERE 条件的查询规划。

```
EXPLAIN SELECT * FROM tenk1 WHERE unique1 < 7000;
                                    QUERY PLAN
-------------------------------------------------------------
Seq Scan on tenk1  (cost=0.00..483.00 rows=7033 width=244)
Filter: (unique1 < 7000)
```

EXPLAIN 的输出显示，WHERE 子句被当作一个“Filter”应用，这表示该规划节点将扫描表中的每一行数据，然后再判定它们是否符合过滤的条件，最后仅输出通过过滤条件的行数。这里由于 WHERE 子句的存在，预计的输出行数减少了。即便如此，扫描仍将访问所有 10000 行数据，因此开销并没有真正降低，实际上它还增加了一些因数据过滤而产生的额外 CPU 开销。

上面的数据只是一个预计数字，即使是在每次执行 ANALYZE 命令之后也会随之改变，因为 ANALYZE 命令生成的统计数据是通过从该表中随机抽取的样本计算的。

如果将上面查询的条件设置得更为严格一些，将会得到不同的查询规划，代码如下。

```
EXPLAIN SELECT * FROM tenk1 WHERE unique1 < 100;
                              QUERY PLAN
----------------------------------------------------------------------------
Bitmap Heap Scan on tenk1  (cost=2.37..232.35 rows=106 width=244
Recheck Cond: (unique1 < 100
->  Bitmap Index Scan on tenk1_unique1  (cost=0.00..2.37 rows=106 width=0
Index Cond: (unique1 < 100
```

这里，规划器决定使用两步规划，最内层的规划节点访问一个索引，找出匹配索引条件的行位置，然后上层规划节点再从表中读取这些行。单独地读取数据行比顺序地读取开销要高很多，但由于并非访问该表的所有磁盘页面，因此该方法的开销仍然比一次顺序扫描的开销要少。这里使用两层规划的原因是上层规划节点把通过索引检索出来的行物理位置先进行排序，这样可以最小化单独读取磁盘页面的开销。节点名称中提到的“位图 (Bitmap)”是进行排序的机制。

还可以将 WHERE 的条件设置得更加严格，代码如下。

```
EXPLAIN SELECT * FROM tenk1 WHERE unique1 < 3
                              QUERY PLAN
----------------------------------------------------------------------------
Index Scan using tenk1_unique1 on tenk1  (cost=0.00..10.00 rows=2 width=244)
Index Cond: (unique1 < 3
```

在该SQL语句中,表的数据行是以索引的顺序来读取的,这样就会令读取它们的开销变得更大。然而这里将要获取的行数却少得可怜，因此没有必要在基于行的物理位置进行排序了。

下面需要向 WHERE 子句增加另一个条件，代码如下。

```
EXPLAIN SELECT * FROM tenk1 WHERE unique1 < 3 AND stringu1 = 'xxx'
                              QUERY PLAN
----------------------------------------------------------------------------
Index Scan using tenk1_unique1 on tenk1  (cost=0.00..10.01 rows=1 width=244
Index Cond: (unique1 < 3
Filter: (stringu1 = 'xxx'::name)
```

新增的过滤条件 stringu1 = 'xxx' 只是减少了预计输出的行数，但是并没有减少实际开销，因为仍然需要访问相同数量的数据行。而该条件并没有作为一个索引条件，而是被当成对索引结果的过滤条件来看待的。

如果WHERE条件中有多个字段存在索引,那么规划器可能会使用索引的AND或OR的组合，代码如下。

```
EXPLAIN SELECT * FROM tenk1 WHERE unique1 < 100 AND unique2 > 9000
                              QUERY PLAN
----------------------------------------------------------------------------
Bitmap Heap Scan on tenk1  (cost=11.27..49.11 rows=11 width=244
Recheck Cond: ((unique1 < 100) AND (unique2 > 9000)
->  BitmapAnd  (cost=11.27..11.27 rows=11 width=0
->  Bitmap Index Scan on tenk1_unique1  (cost=0.00..2.37 rows=106 width=0
Index Cond: (unique1 < 100
```

```
    ->  Bitmap Index Scan on tenk1_unique2  (cost=0.00..8.65 rows=1042 width=0)
    Index Cond: (unique2 > 9000
```

这样的结果将会导致访问两个索引，与只使用一个索引，而把另一个条件当作过滤器相比，这个方法并不是最优的。

基于索引字段进行表连接的查询规划，代码如下。

```
    EXPLAIN SELECT * FROM tenk1 t1, tenk2 t2 WHERE t1.unique1 < 100 AND
t1.unique2 = t2.unique2
                                        QUERY PLAN
    ---------------------------------------------------------------------------
    Nested Loop  (cost=2.37..553.11 rows=106 width=488
    ->  Bitmap Heap Scan on tenk1 t1  (cost=2.37..232.35 rows=106 width=244)
    Recheck Cond: (unique1 < 100
    ->  Bitmap Index Scan on tenk1_unique1  (cost=0.00..2.37 rows=106 width=0)
    Index Cond: (unique1 < 100
    ->  Index Scan using tenk2_unique2 on tenk2 t2  (cost=0.00..3.01 rows=1
width=244)
    Index Cond: ("outer".unique2 = t2.unique2)
```

从查询规划中可以看出该查询语句使用了嵌套循环 (Nested Loop)。外层的扫描是一个位图索引，因此其开销与行计数和之前查询的开销是相同的，这是因为条件 unique1 < 100 发挥了作用。这时，t1.unique2 = t2.unique2 条件子句还没有产生作用，所以它不会影响外层扫描的行计数。然而对于内层扫描而言，当前外层扫描的数据行将被插入内层索引扫描中，并生成类似的条件 t2.unique2 = constant。所以内层扫描将得到和 EXPLAIN SELECT * FROM tenk2 WHERE unique2 = 42 一样的计划和开销。最后，以外层扫描的开销为基础设置循环节点的开销，再加上每个外层行的一个迭代 (这里是 106*3.01)，以及连接处理需要的 CPU 时间。

如果不想使用嵌套循环的方式来规划上面的查询，那么可以通过执行以下系统设置，以关闭嵌套循环，代码如下。

```
    SET enable_nestloop = off
    EXPLAIN SELECT * FROM tenk1 t1, tenk2 t2 WHERE t1.unique1 < 100 AND
t1.unique2 = t2.unique2;
                                        QUERY PLAN
    ---------------------------------------------------------------------------
    Hash Join  (cost=232.61..741.67 rows=106 width=488)
    Hash Cond: ("outer".unique2 = "inner".unique2
    ->  Seq Scan on tenk2 t2  (cost=0.00..458.00 rows=10000 width=244
    ->  Hash  (cost=232.35..232.35 rows=106 width=244)
    ->  Bitmap Heap Scan on tenk1 t1  (cost=2.37..232.35 rows=106 width=244)
    Recheck Cond: (unique1 < 100
    ->  Bitmap Index Scan on tenk1_unique1  (cost=0.00..2.37 rows=106 width=0
    Index Cond: (unique1 < 100)
```

这个规划仍然试图用同样的索引扫描从 tenk1 中取出符合要求的 100 行，并把它们存储在内存中的散列 (哈希) 表中，然后对 tenk2 做一次全表顺序扫描，并为每一条 tenk2 中的记录查询散列表，寻找可能匹配 t1.unique2 = t2.unique2 的行。读取 tenk1 和建立散列表是此散列连接的全部启动开销，因为在开始读取 tenk2 之前不可能获得任何输出行。

此外，还可以用 EXPLAIN ANALYZE 命令检查规划器预估值的准确性。这个命令将先执行该查询，然后显示每个规划节点内实际运行时间，以及单纯 EXPLAIN 命令显示的预计开销，代码如下。

```
    EXPLAIN ANALYZE SELECT * FROM tenk1 t1, tenk2 t2 WHERE t1.unique1 < 100 AND
t1.unique2 = t2.unique2;
                                        QUERY PLAN
    ----------------------------------------------------------------------------
     Nested Loop  (cost=2.37..553.11 rows=106 width=488) (actual
time=1.392..12.700 rows=100 loops=1)
    ->  Bitmap Heap Scan on tenk1 t1  (cost=2.37..232.35 rows=106 width=244)
(actual time=0.878..2.367 rows=100 loops=1)
    Recheck Cond: (unique1 < 100)
    ->  Bitmap Index Scan on tenk1_unique1  (cost=0.00..2.37 rows=106 width=0)
(actual time=0.546..0.546 rows=100 loops=1)
    Index Cond: (unique1 < 100)
    ->  Index Scan using tenk2_unique2 on tenk2 t2  (cost=0.00..3.01 rows=1
width=244) (actual time=0.067..0.078 rows=1 loops=100)
    Index Cond: ("outer".unique2 = t2.unique2
    Total runtime: 14.452 m
```

注意，actual time 数值是以真实时间的毫秒来计算的，而 cost 预估值是以磁盘页面读取数量来计算的，所以它们很可能是不一致的。然而，需要关注的只是两组数据的比值是否一致。

在一些查询规划中，一个子规划节点很可能会运行多次，如之前的嵌套循环规划，内层的索引扫描会为每个外层行执行一次。在这种情况下，loops 将报告该节点执行的总次数，而显示的实际时间和行数目则是每次执行的平均值。这样做的原因是令这些真实数值与开销预计显示的数值更具可比性。如果想获得该节点所花费的时间总数，计算方式是用该值乘以 loops 值。

Total runtime 包括执行器启动和关闭的时间，以及结果行处理的时间，但是它并不包括分析、重写或规划的时间。

如果 EXPLAIN 命令仅能用于测试环境，而不能用于真实环境，那么它就没有用。例如，在一个数据较少的表上执行 EXPLAIN 命令，它不能适用于数量很多的大表，因为规划器的开销计算不是线性的，所以它很可能对大些或小些的表选择不同的规划。一个极端的例子是一个只占据一个磁盘页面的表，在这样的表上，不管它有没有索引可以使用，都是得到顺序扫描规划。规划器知道不管在任何情况下它都要进行一个磁盘页面的读取，所以再增加几个磁盘页面读取用以查找索引是毫无意义的。

6.3 Cassandra 相关知识

6.3.1 基本介绍

Apache Cassandra 是一种分布式非关系型数据库，具有高性能、可扩展、无中心化等特征。Cassandra 是适用于社交网络业务场景的数据库，适合实时事务处理和提供交互型数据。以 Amazon 完全分布式的 Dynamo 数据库作为基础，结合 Google BigTable 基于列族（Column Family）的数据模型，实现 P2P 无中心化的存储。

在 CAP 原则（又称 CAP 定理，指的是在一个分布式系统中，Consistency 一致性、Availability 可用性、Partition Tolerance 分区容错性三者不可得兼）上，HBase 选择了 CP，Cassandra 则更倾向于 AP，所以在一致性上有所减弱。Cassandra 是无中心化的，意味着所有节点没有差异。

可扩展性一般可以通过以下两种方式实现。

- 纵向的（Vertical Scaling），即简单地通过增加硬件能力和机器内存实现能力提升。
- 横向的（Horizontal Scaling），即通过增加机器实现能力提升，这种方式不会存在单一机器具有性能瓶颈的情况，但是这种设计需要软件内部机制在整个集群范围内可以保持各节点之间的数据同步。

所谓的弹性扩展，是指特定属性的横向扩展能力，意味着集群内部可以无缝扩展和解散部分机器。要做到这一点，需要集群可以接收新的节点，并且通过复制部分或全部数据的方式加入集群，并开始接收新的用户请求，而不是需要大规模地调整或配置整个集群。

6.3.2 数据模型

Cassandra 的数据模型借鉴了谷歌 BigTable 的设计思想，包括以下 4 个概念。

- 键空间（KeySpace）：相当于关系型数据库模型中的数据库，是最上层的命令空间。
- 列族（ColumnFamily）：相当于关系型数据库中的表，但它比表更稀疏。
- 行（Row）：表示一个数据对象，存在于 ColumnFamily 中。
- 列（Column）：相当于属性，是存储的基本单元。

Cassandra 各主要概念之间的包含关系如图 6-5 所示。

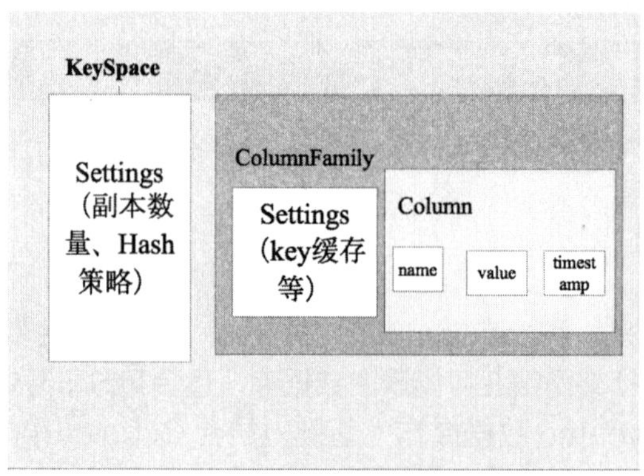

图 6-5 Cassandra 主要概念关系图

① Key：对应 SQL 数据库中的主键。在 Cassandra 中，每一行数据记录是以 Key/Value 的形式存储的，其中 Key 是唯一标识。

② Column：对应 SQL 数据库中的列。在 Cassandra 中，每个 Key/Value 对中的 Value 又称为 Column，它是一个三元组，即 name、value 和 timestamp，其中 name 需要是唯一的。

③ Super Column：Cassandra 允许 Key/Value 中的 Value 是一个 Map（Key/Value List），即某个 Column 有多个子列。

④ Standard Column Family：相当于关系型数据库中的 Table。每个 Column Family 由一系列 Row 组成，每个 Row 包含一个 Key 及其对应的若干 Column。Column Family 中只能存储 Name/Value 形式的 Column，不能存储 Super Column，同样，Standard Column Family 中只能存储 Super Column。

⑤ Key Space：相当于关系型数据库中的 DataBase。一个 KeySpace 中可包含若干个 Column Family，如 SQL 数据中一个数据库可包含多张表。

6.3.3 关键特性

1. 排序方式

在 Cassandra 的每一个 Row 中，所有 Column 按照 Name 自动进行排序，排序的类型有 BytesType、UTF8Type、LexicalUUIDType、TimeUUIDType、AsciiType 和 LongType，不同的排序类型会产生不同的排序结果。BytesType 排序类型，结果如下。

```
{name:123,value:"hello there"}
{name:832416,value:"fhefhwie"}
{name:3,value:"101010101010"}
{name:976,value:"cnebfeiw"}
```

采用 LongType 排序类型，结果如下。

```
{name:3,value:"101010101010"}
{name:123,value:"hello there"}
{name:976,value:"cnebfeiw"}
```

```
{name:832416,value:"fhefhwie"}
```

采用 UTF8Type 排序类型，结果如下。

```
{name:123,value:"hello there"}
{name:3,value:"101010101010"}
{name:832416,value:"fhefhwie"}
{name:976,value:"cnebfeiw"}
```

2. 分区策略

在 Cassandra 中，Token 是用来数据分区的关键。每个节点都有唯一的 Token，表明该节点分配的数据范围。节点的 Token 形成一个 Token 环。例如，使用一致性 Hash 进行分区时，键值对将用 genuine 一致性 Hash 值来判断数据应当属于哪个 Token。

根据分区策略的不同，Token 的类型和设置原则也有所不同。Cassandra V3.10 版本支持以下 4 种分区策略。

① Murmur3Partitioner：该分区器是默认的分区器。它是根据 Row Key 字段的 HashCode 来均匀分布的，这种策略提供了一种更快的散列函数。

② RandomPartitioner：该分区器是随机分区器。它的基本特性和 Murmur3Partitioner 类似，只是通过 MD5 计算散列值，可用于安全性更高的场合。

③ ByteOrderedPartitioner：采用的是按照 Row Key 的字节数据来排序的。这个分区器支持 Row Key 的范围查询。

④ OrderPreservingPartioner：采用的是 Row Key 的 UTF-8 编码方式来排序的。这个分区器也是支持 Row Key 范围查询的。

3. 数据副本

Cassandra 在多个节点上存储副本以确保可用性和数据容错。副本策略决定了副本的放置方法。集群中的副本数量被称为复制因子，复制因子为 1 表示每行只有一个副本，复制因子为 2 表示每行有两个副本，每个副本不在同一个节点。所有副本同等重要，没有主次之分。作为一般规则，副本因子不应超过在集群中的节点数。当副本因子超过节点数时，写入不会成功，但读取只要提供所期望的一致性级别即可满足。目前 Cassandra 中实现了不同的副本策略，包括以下两个。

① SimpleStrategy：复制数据副本到协调者节点的 N−1 个后继节点上。

② NetworkTopologyStrategy：用于多数据中心部署。这种策略可以指定每个数据中心的副本数。在同数据中心中，它按顺时针方向直到另一个机架上放置副本。同一机架经常因为电源、制冷和网络问题导致不可用，所以它尝试着将副本放置在不同的机架上。

多数据中心集群最常见的两种配置方式如下。

①每个数据中心两个副本：此配置容忍每个副本组单节点的失败，并且仍满足一致性级别为 ONE 的读操作。

②每个数据中心 3 个副本：此配置可以容忍在强一致性级别 LOCAL_QUORUM 基础上的每个副本组 1 个节点的失败，或者容忍一致性级别 ONE 的每个数据中心多个节点的失败。

4. 数据一致性

Cassandra 被称为“最终一致性”，但Cassandra 一致性是可以调整的。那么什么是一致性？按照一致性的级别进行衡量，最终一致性是几种一致性模型的其中一种。

①严格一致性（Strict Consistency）：所有的请求必须按照线性方式执行。读出的数据始终为最近写入的数据。这种一致性只有全局时钟存在时才有可能，在分布式网络环境中不可能实现。

②顺序一致性(Sequential Consistency)：所有使用者以同样的顺序看到对统一数据的操作，但是该顺序不一定是实时的。

③因果一致性（Causal Consistency）：只有存在因果关系的写操作才要求所有使用者以相同的次序看到，对于无因果关系的写入则并行进行，无次序保证。因果一致性可以看作是对顺序一致性功能的一种优化，但是在实现时必须建立与维护因果依赖图，是相当困难的。

④管道一致性（PRAM/FIFO Consistency）：在因果一致性模型上的进一步弱化，要求由某一个使用者完成的写操作可以被其他所有的使用者按照顺序感知到，而从不同使用者中的写操作则无须保证顺序，就像一个一个的管道一样。相对来说，管道一致性比较容易实现。

⑤弱一致性（Weak Consistency）：只要求对共享数据结构的访问保证顺序一致性。对于同步变量的操作具有顺序一致性，是全局可见的，且只有当没有写操作等待处理时才可进行，以保证对于临界区域的访问顺序进行。在同步时间点，所有使用者可以看到相同的数据。

⑥释放一致性（Release Consistency）：弱一致性无法区分使用者是要进入临界区还是要出临界区，释放一致性使用两个不同的操作语句进行了区分。需要写入时使用者获取（acquire）该对象，写完后释放（release），acquire-release 之间形成了一个临界区。提供释放一致性，也就意味着，当 release 操作发生后，所有使用者应该可以看到该操作。

⑦ Delta 一致性：系统会在 Delta 时间内达到一致。这段时间内会存在一个不一致的窗口，该窗口可能是因为日志迁移的过程导致的。

⑧最终一致性（Eventual Consistency）：所有的复制都会在分布式系统内部传播数据，但是需要花些时间，最终所有节点的副本数据会实现一致。当没有新更新的情况下，更新最终会通过网络传播到所有副本点，所有副本点最终会一致，也就是说，使用者在最终某个时间点前的中间过程中无法保证看到的是新写入的数据。采用最终一致性模型有一个关键要求，需要用户可以接受读出陈旧数据。

最终一致性的几种具体实现如下。

- 读不旧于写一致性（Read-your-writes consistency）：使用者读到的数据，总是不旧于自身上一个写入的数据。
- 会话一致性（Session Consistency）：比读不旧于写一致性更弱化。使用者在一个会话中才能保证读写一致性，启动新会话后则无须保证。
- 单读一致性(Monotonic Read Consistency)：读到的数据总是不旧于上一次读到的数据。
- 单写一致性(Monotonic Write Consistency)：写入的数据完成后才能开始下一次的写入。
- 写不旧于读一致性（Writes-follow-reads Consistency）：写入的副本不旧于上一次读到的数据，即不会写入更旧的数据。

Cassandra 把一致性级别的决定权交到了客户端手中，这意味着客户决定每一次操作的一致性级别，即决定写入操作过程中集群内部必须有多少份副本完成才能响应读请求。如果客户设置的一致性级别的值小于设置的副本数量值，那么即便一些节点宕机，更新依然成功。

6.3.4 访问服务端

1. 配置 Cassandra

Cassandra 的安装除了需要自身安装包外，还需要安装 Java 环境。如果用户选择的是 Cassandra 3.x 版本，那么它依赖 JDK 8。

配置步骤如下。

①下载 Java 8 并配置环境变量。

②下载 Cassandra 程序包并放到各个服务器节点上。

③进入目录 /conf，修改 Cassandra.yaml 文件，修改 seeds，设置种子节点。注意，每台服务器的修改都需要完全一样。

④修改 rpc_address，修改为本机 IP，即替换 localhost 为本机 IP。

⑤修改 listen_address，修改为本机 IP，即替换 localhost 为本机 IP。

具体步骤可参考 Cassandra 官网内容，这里不再赘述。

2. 启动服务

一般在后台运行服务都是使用 ./Cassandra -R 命令，“./”表示当前路径，所以首先需要通过 Linux 的 cd 命令进入 Cassandra 的 bin 文件夹，使用“./”也是为了避免出现 classpath 中没有包含 Cassandra 所引发的命令找不到的情况；“-R”是在 Cassandra 的 Shell 脚本中作为第一个参数进行判断，Cassandra 启动脚本源代码中对各个参数进行了判断，代码如下。

```
While true;do
Case "$1" in
    -f) // 表示服务在前端运行，一旦退出则终止进程
      foreground = "yes"
      shift
    ;;
    -R)// 表示服务在后端运行
      Allow_root="yes"
      Shift
    ;;
```

Cassandra 服务运行后，会有对应的守护进程进行保护，而守护进程对于 Cassandra 运行环境是有要求的，主要有以下几点。

- 最好是 64 位的 JVM。
- 最好安装最新版本的 Oracle JDK，不支持 OpenJDK。
- 如果没有运行 Oracle JVM，那么 Cassandra 的一些特性，如合并 SSTables 就可能不能正

常工作。

Cassandra 服务进程启动需要经过 setup 和 start 两个步骤。setup 步骤用于初始化 JMX 环境、日志环境，加载 mx4j，维护系统表等；start 步骤需要启动本地传输方式，并设置 RPC 服务为开启状态。

3. 客户端协议

用户可以通过 SpringData 框架访问 Cassandra。SpringData 对于 Cassandra 的调用协议封装较好，DataStax 公司提供了操作 Cassandra 数据库的驱动，类似于 JDBC。这里就不深入介绍 SpringData 框架和 Cassandra 驱动程序源代码，只需学会如何使用它们。下面通过一个示例程序学习如何基于 SpringData Cassandra 模板，将一组数据或 *N* 组数据插入 Cassandra 数据库。

下载的安装包包括 Spring-data-cassandra、Apache-cassandra、Maven 和 JDK。

按照以下步骤创建工程，并尝试让代码连接到 Cassandra 服务器。

- 创建一个简单的 Maven 工程。
- 增加相应依赖库的定义。
- 连接 Cassandra 数据库。
- 使用 SpringData Cassandra 模板向 Cassandra 数据库写入数据。
- 运行程序在 Cassandra 数据库验证数据。

完整的 pom.xml 文件如下。

```
  <project xmlns="http://maven.apache.org/POM/4.0.0" xmlns:xsi="http://www.
  w3.org/2001/XMLSchema-instance" xsi:schemalocation="http://maven.apache.org/POM/
4.0.0 http://maven.apache.org/xsd/maven-4.0.0.xsd">
    <modelversion>4.0.0</modelversion>

    <groupid>com.devjavasource.cassandra</groupid>
    <artifactid>SpringDataCassandraExample</artifactid>
    <version>0.0.1-SNAPSHOT</version>
    <packaging>jar</packaging>

    <name>SpringDataCassandraExample</name>
    <url>http://maven.apache.org</url>

    <properties>
      <project.build.sourceencoding>UTF-8</project.build.sourceencoding>
    </properties>

    <dependencies>
      <dependency>
        <groupid>junit</groupid>
        <artifactid>junit</artifactid>
        <version>3.8.1</version>
```

```
            <scope>test</scope>
        </dependency>
        <dependency>
          <groupid>com.datastax.cassandra</groupid>
          <artifactid>cassandra-driver-core</artifactid>
          <version> 版本号 </version>
        </dependency>

        <dependency>
            <groupid>org.springframework.data</groupid>
            <artifactid>spring-data-cassandra</artifactid>
            <version> 版本号 </version>
        </dependency>
    </dependencies>
</project>
```

连接数据库并写入、读取数据，每一步代码解释如下。

①创建一个集群对象，代码如下。

```
Cluster cluster = null;
cluster = Cluster.builder().addContactPoint("127.0.0.1").build();
```

一个集群对象维护连接到集群中几个节点的长连接，builder() 方法是集群类的静态方法。

②创建一个 session 对象，代码如下。

```
private static Session session;
session = cluster.connect("testsource");
```

这里 "testsource" 是一个已经创建好的 keyspace，可以通过将 keyspace 名称作为参数创建连接到集群类的 session（会话）对象。

③创建 CassandraOperations 对象。CassandraOperations 是一个接口，提供了针对 Cassandra 数据库进行 select、insert、delete 等操作的接口方法。

```
CassandraOperations cassandraOps = new CassandraTemplate(session);
```

使用 CassandraTemplate 类的 insert() 方法，可以向 Cassandra 数据库中插入单条或多条数据，代码如下。

```
// To insert a single User information into Database
final Users insertedUser =
cassandraOps.insert(new Users(11104,"UK", "Alex"));

// To insert multiple  User information at a time.
// Bulk insert operation
final Users user1 = new Users(11105, "Australia", "Mike");
final Users user2 = new Users(11106, "India", "Ram");
final List<Users> userList = new ArrayList<>();
userList.add(user1);
```

```
userList.add(user2);
cassandraOps.insert(userList);
```

对应 CassandraTemplate 类的 insert() 方法，在 SpringData 的 Cassandra 模板中定义了几种方式，代码如下。

```
// Using this, we can insert single Object data into Cassandra database.
<T> T insert(T entity)

// Using this, we can insert bulk data into Cassandra database.
<T> List<T> insert(List<T> entities)

// We can insert, with WriteOption
<T> T insert(T entity, WriteOptions options)

// Inserts the given entity asynchronously
<T> List<T> insertAsynchronously(List<T> entities)
//This method is deprecate, better check before using in your code.
```

完整的类代码如下。

```
import java.util.ArrayList;
import java.util.Arrays;
import java.util.List;
import org.springframework.cassandra.core.WriteOptions;
import org.springframework.data.cassandra.core.CassandraOperations;
import org.springframework.data.cassandra.core.CassandraTemplate;
import com.datastax.driver.core.Cluster;
import com.datastax.driver.core.Session;
import com.datastax.driver.core.querybuilder.QueryBuilder;
import com.datastax.driver.core.querybuilder.Select;

public class App {
    private static Cluster cluster;
    private static Session session;
    public static void main(String[] args) {
        try {
            cluster = Cluster.builder().addContactPoint("127.0.0.1").
build();
            session = cluster.connect("testsource");

            CassandraOperations cassandraOps = new
CassandraTemplate(session);

            // To insert a single User information into Database
            final Users insertedUsers = cassandraOps.insert(new Users(11104,
                    "UK", "Alex"));
            System.out.println(insertedUsers.getId());
```

```
            print(cassandraOps, insertedUsers.getId() );
            // To insert multiple User information at a time.
            // Bulk insert operation
            final Users user1 = new Users(11105, "Australia", "Mike");
            final Users user2 = new Users(11106, "India", "Ram");
            final List<Users> userList = new ArrayList<>();
            userList.add(user1);
            userList.add(user2);
            final List<Users> insertedUserList = cassandraOps.
insert(userList);
            System.out.println("\n" + insertedUserList );
            printList(cassandraOps, Arrays.asList(11105, 11106));
            cassandraOps.insert(userList, null);
        } catch (Exception e) {
            e.printStackTrace();
        } finally {
            cluster.close();
        }
    }

    private static void print(final CassandraOperations inCassandraOps,
            final int inId) {
        System.out.println("Spring Data Cassandra Single insert Example");
        System.out.println("============================================");
        final String[] columns = new String[] { "id", "address", "name" };
        Select select = QueryBuilder.select(columns).from("users");
        select.where(QueryBuilder.eq("id", inId));
        final List<Users> results = inCassandraOps.select(select, Users.
class);
        for (Users user : results) {
            System.out.println("User Id is: " + user.getId());
            System.out.println("User Address is: " + user.getAddress());
            System.out.println("User Name is: " + user.getName());
        }
    }

    private static void printList(final CassandraOperations inCassandraOps,
            final List<Integer> inIdList) {
        System.out.println("Spring Data Cassandra bulk insert Example");
        System.out.println("============================================");
        final String[] columns = new String[] { "id", "address", "name" };

        Select select = QueryBuilder.select(columns).from("users");
        select.where(QueryBuilder.in("id", inIdList));
        final List<Users> results = inCassandraOps.select(select, Users.
class);
        for (Users user : results) {
```

```
                System.out.println("User Id is: " + user.getId());
                System.out.println("User Address is: " + user.getAddress());
                System.out.println("User Name is: " + user.getName());
            }
        }
    }
```

这里需要一个 JavaBean，用于组织内存中的数据表对应的数据结构，其代码如下。

```
import org.springframework.data.cassandra.mapping.PrimaryKey;
import org.springframework.data.cassandra.mapping.Table;

@Table
public class User {
    @PrimaryKey
    private int id;
    private String address;
    private String name;
    public User(int id, String address, String name) {
        this.id = id;
        this.address = address;
        this.name = name;
    }
    public int getId() {
        return id;
    }
    public String getAddress() {
        return address;
    }
    public String getName() {
        return name;
    }
    @Override
    public String toString() {
        return "User [id=" + id + ", address=" + address + ", name=" + name
                + "]";
    }
}
```

④启动 Cassandra 进程，然后通过 Eclipse 的 Run As-Maven-Build 命令进行编译和运行，其输出如下。

```
11104
Spring Data Cassandra Single insert Example
============================================
User Id is: 11104
User Address is: UK
User Name is: Alex
```

```
    [User [id=11105, address=Australia, name=Mike], User [id=11106,
address=India, name=Ram]]
    Spring Data Cassandra bulk insert Example
    =============================================
    User Id is: 11105
    User Address is: Australia
    User Name is: Mike
    User Id is: 11106
    User Address is: India
    User Name is: Ram
```

⑤使用 cqlsh 工具连接到 Cassandra 数据库，然后使用 select * from Users 命令查询数据，输出结果如图 6-6 所示。

```
id    | address     | name
-------+-------------+-------
11106 |       India |   Ram
11103 |   Nederland |   Joe
11105 |   Australia |  Mike
11102 |  California | smith
11101 |     Oakland |  john
11104 |          UK |  Alex

(6 rows)
```

图 6-6　输出结果

6.3.5　无中心化实现因素

1. Gossip

（1）使用原因

为什么 Cassandra 能够做到各个节点之间无差异对待？因为 Cassandra 使用了 Gossip 协议。Gossip 协议允许每个节点每秒钟（可调整）自动运行，用以保持追踪集群内其他节点的状态信息。

Gossip 协议（有时也称为“八卦协议”）通常被用在大型的无中心化网络环境中，并且假设网络环境不太稳定，这种协议也被用在分布式数据库的自动备份机制中。

（2）来源

Gossip 协议取自人类的“八卦”概念，两个人只要愿意，可以随时互相交换信息。Gossip 协议最初是在 1987 年由 Alan Demers 发明的，他当时是 Xerox 的 Palo Alto 研究中心的研究员，专门研究在不可信网络环境中路由信息的方式。

Gossip 协议在 Cassandra 中被定义在类 Gossiper 中，负责本地节点的 Gossip 管理。当一个服务节点启动时，它会把自己注册到 Gossip，用于接收终端状态信息，因此就有了 Cassandra 网络内交换信息的数据基础架构层。Cassandra 的 Gossip 是为失败检测服务的，Gossiper 类维护了一个节点列表，这个列表中包括存活的和死亡的节点。

（3）工作流程

Gossiper 的工作流程如下。

①每一秒钟，Gossiper 会随机选择集群内的一个节点，初始化和它之间的 Gossip 会话。每一轮 Gossip 需要三组数据。

② Gossip 初始化器选择一个节点发送一个 GossipDigestSynMessage。

③当节点收到这个信息，它返回一个 GossipDigestAackMessage。

④当初始化器从节点收到一个 ack 信息，它会发送给节点一个 GossipDigestAck2Message 以完成本轮 Gossip。

Gossiper 交互流程图如图 6-7 所示。

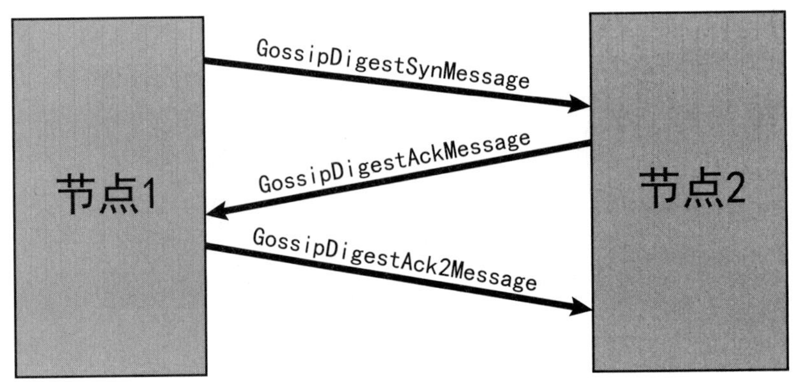

图 6-7　Gossiper 交互流程图

注意，当 Gossiper 决定另一个终端死亡时，它会在本地列表中标记该节点死亡并做记录。

节点之间初始化 Gossip 交换需要遵循以下准则。

- 随机 Gossip 到存活节点（所有节点）。
- 随机 Gossip 到不可达节点，这是在依赖于不可达和存活节点的一定概率。
- 存活节点的数量小于种子数，或者没有种子，随机 Gossip 种子依赖于未达或存活节点的概率。

这个准则是为了确保网络启动，所有的节点最终都可以拿到其他节点的状态。为了明确节点是否存活，Gossiper 类的方法实现如下。

```
    public void convict(InetAddress endpoint, double phi)
    {
        EndpointState epState = endpointStateMap.get(endpoint);
        if (epState == null)
            return;
        if (!epState.isAlive())
            return;
        logger.debug("Convicting {} with status {} - alive {}", endpoint,
getGossipStatus(epState), epState.isAlive());
```

```
        if (isShutdown(endpoint))
        {
            markAsShutdown(endpoint);
         }
        else
        {
            markDead(endpoint, epState);
        }
    }
```

GossipTask 是位于 org.apache.cassandra.gms.Gossip 类下的一个内部类，这个类负责管理本地节点的 Gossip。当一个服务节点启动后，这个类把自己注册到 Gossiper，用于接收终端状态信息。

GossipTask 的 run 方法如下。

① GossipTask 在 Gossip 启动后并不会立即运行，阻塞在 listenGate 变量上，当 Gossip 服务调用 listen 时才开始运行。

②首先更新本节点的 heartbeat 版本号，然后构造需要发送给其他节点的消息 gDigests。

③从存活节点和失效节点中各随机选择一个发送。如果当前存活节点数小于种子数，向其中一个种子节点发送消息。

④检查节点状态。

⑤ GossipTask 用于向其他节点发送 Gossip 消息，Cassandra 还提供了 SocketThread 这样一个线程来负责接收消息，接收消息的代码在 org.apache.cassandra.net.IncomingTcpConnection 类中。不管是发送还是接收 Gossip 消息，都是调用 org.apache.Cassandra.MessagingService 的 sendOneWay 方法实现的。GossipTask 类的线程执行代码如下。

```
    try
    {
            //wait on messaging service to start listening
            MessagingService.instance().waitUntilListening();
            taskLock.lock();
            /* Update the local heartbeat counter. */
          endpointStateMap.get(FBUtilities.getBroadcastAddress()).
getHeartBeatState().updateHeartBeat();
          if (logger.isTraceEnabled())
                logger.trace("My heartbeat is now {}", endpointStateMap.
    get(FBUtilities.getBroadcastAddress()).getHeartBeatState().
getHeartBeatVersion());
                final List<GossipDigest> gDigests = new ArrayList<GossipDigest>();
                Gossiper.instance.makeRandomGossipDigest(gDigests);
                if (gDigests.size() > 0)
                {
                    GossipDigestSyn digestSynMessage = new GossipDigestSyn(Databa
seDescriptor.getClusterName(),
```

```
                    DatabaseDescriptor.getPartitionerName(),gDigests);
                    MessageOut<GossipDigestSyn> message = new
MessageOut<GossipDigestSyn>(MessagingService.Verb.GOSSIP_DIGEST_SYN,
digestSynMessage, GossipDigestSyn.serializer);
                    /* Gossip to some random live member */
                    boolean GossipedToSeed = doGossipToLiveMember(message);
                    /* Gossip to some unreachable member with some probability to
check if he is back up */
                    maybeGossipToUnreachableMember(message);
                    if (!GossipedToSeed || liveEndpoints.size() < seeds.size())
                        maybeGossipToSeed(message);
                    doStatusCheck();
                }
    }
```

（4）适用场景

Gossip 比较适合在没有很高一致性要求的场景中用于信息的同步。信息达到同步的时间大概是 log(*N*)，这个 *N* 表示节点的数量。Gossip 中的每个节点维护一组状态，状态可以用一个 key/value 键值时表示，还附带了一个版本号，版本号大的为最新更新的状态。

Cassandra 集群中的节点没有主次之分，通过 Gossip 协议可以知道集群中有哪些节点，以及这些节点的状态如何等。每一条 Gossip 消息上都有一个版本号，节点可以对接收到的消息进行版本对比，从而得知哪些消息是需要更新的，哪些消息是别人没有的，然后互相倾听，确保二者得到的信息相同，这很像现实生活中的八卦，一传十，十传百，最后尽人皆知。

在 Cassandra 启动时，会启动 Gossip 服务。Gossip 服务启动后，会启动一个任务 GossipTask，每秒钟运行一次，这个任务会周期性与其他节点进行通信。

2. Snitch

默认的 Snitch 是 SimpleSnitch，它对网络拓扑不敏感。也就是说，对于集群内的机架和数据中心，它根本不认识，所以不适用于多数据中心方案。针对这个原因，Cassandra 对云端环境（Amazon EC2、Google Cloud、Apache Cloudstack）提供了多种 Snitch。

Snitch 的代码在 org.apache.cassandra.locator 包中，每个 Snitch 类都通过继承超类 AbstractEndpointSnitch 实现了 IEndPointSnitch 接口。

Snitches 按实现分为 3 种。

① SimpleSnitch：这种策略不能识别数据中心和机架信息，适合在单数据中心使用。

② NetworkTopologySnitch：这种策略提供了网络拓扑结构，以便更高效地实现消息路由。

③ DynamicEndPointSnitch：这种策略可以记录节点之间通信时间间隔、通信速度，从而达到动态选择最适合节点的目的。

再次强调，Snitches 收集整个网络拓扑信息，这样 Cassandra 集群可以有效地实现路由请求。Snitch 内部会解决节点之间的关联关系。

3. 协调者（Coordinator）

前面介绍的 Gossip 协议和 Snitch 机制为无中心化设计提供了通信基础架构，那么当用户对 Cassandra 集群进行请求操作时，需要哪个节点来处理这些请求呢？ HDFS 有 NameNode，Cassandra 有协调者。

理论上来说，每一个节点都可以作为协调者。协调者是在每一次请求时被挑选出来的，用户可以指定使用哪种机制进行协调者的选择，如轮询算法（Round-Robin，默认算法），也可以通过 DC-aware 或 LatencyAware，在 cassandra.yaml 文件中指定。一旦选择成功，就会通过“八卦协议”在集群内部传播。

当外部请求需要向集群中写入数据时，该请求所指定的一致性级别（consistency level）决定了协调者节点需要接触几个节点后才能返回结果。协调者节点会根据分区键和副本策略决定将请求发给哪些可用节点。假设节点 1 是第一个副本，节点 2 和节点 3 都是副本节点。协调者节点会等待满足一致性要求的所有节点返回后才返回结果给客户端。以 QUORUM 为本例一致性级别要求，需要根据公式（$n/2+1$）进行计算，这里 n 指的是副本因子。由于 n 等于 3，因此 3/2+1=2，即需要等待至少 2 个节点返回信息后才能决定是否返回客户端成功标记。

通过该机制可以动态确定一个节点作为数据链路的临时大脑，由它来发起、组织、汇总元数据的计算结果，并将真正的处理请求发送给明确的节点，所有节点理论上都可以作为协调者，所以也就实现了节点无差异需求。

4. Rings 和 Tokens

Cassandra 集群内的数据被管理为一个 Ring（环形）。Ring 内的每个节点被分配 1 个到多个数据范围（也就是 Token），这个 Token 决定了 Ring 内部的分区。Token 是一个 64 位的整数 ID，被用于区分每个分区，通常范围是 $-2^{63}\sim2^{63}-1$。

通过 hash 函数去决定分区键的 token 值，这样就能知道数据被分配到了哪个节点。分区键 token 会和各个节点的 token 值比较，然后决定哪些节点拥有该数据。Token 范围在 org.apache.cassandra.dht.Range 类中实现。

5. 虚拟节点（Virtual Nodes）

除了上面的特性以外，虚拟节点、分区（Partitioners）也起到了数据分布均衡作用。

早期的 Cassandra 为每一个节点分配单一的令牌，基于公平原则，需要为每一个节点计算令牌。虽然有些工具可以基于给定的节点数量计算令牌值，在 cassandra.yaml 文件中仍然需要手动为每一个节点配置 initial_token 属性，增加或替换节点时也会有额外的工作。这种设计为了平衡集群需要移动大量的数据。

从 Cassandra 1.2 开始引入了虚拟节点概念，也称为 vnodes，替代了对于一个节点分配单一令牌方式，令牌范围被分为多个小范围，每一个物理节点被分配多个令牌。默认每个节点被分配 256 个令牌，意味着包含 256 个虚拟节点，虚拟节点在 Cassandra V2.0 正式成为默认选项。

虚拟节点让包含异构机器的集群更加容易维护。为了使集群内的节点有更多的可用计算资源，可以通过改变 num_tokens 属性方式增大虚拟节点数量。相反地，也可以减少可用机器。

Cassandra 自动处理令牌范围的计算针对集群内的每一个节点，令牌设置算法在类 org.

apache.cassandra.dht.tokenallocator.ReplicationAwareTokenAllocator 中。

虚拟节点的好处是加速了重量级的 Cassandra 操作，如引导新节点、淘汰旧节点、替换节点等。这是因为多个小型范围内的这些相关的加载操作在集群内部是跨节点的。

6. 分区（Partitioners）

Cassandra 使用 shared nothing 架构，因此每个节点都需要负责数据的存储。分区决定数据在分布式环境下如何分布。Cassandra 存储数据在跨度行上，或者“分片”，每行数据都有一个分区键被用于验证分区。

Cassandra 提供了几种不同的分区器（org.apache.cassandra.dht 包，DHT 的全称是 Distributed Hash Table）。Murmur3Partitioner 是默认的分区器，生成 64 位 hash。支持通过声明 org.apache.cassandra.dht.IPartitioner 类并放置在 Cassandra 的 classpath 下启用自定义的分区器。

7. 复制策略（Replication Strategy）

Cassandra 使用 shared nothing 架构，因此每个节点都需要负责数据的存储，这样就引入了单点故障问题，即节点宕机后数据就不可被访问了。克服这种问题的方式是进行数据备份，避免单点故障。

数据副本的作用是当一个节点宕机，其他节点可以响应数据查询。如果副本系数是 3，那么每一行在环形节点中有 3 份。

为了决定副本位置，Cassandra 提供了 4 种策略模式，所有策略都实现了抽象接口类 org.apache.cassandra.locator.AbstractReplicationStrategy。如果一个节点宕机了，其他节点也可以被用于处理数据的查询请求。第一个副本一般情况下是拥有令牌的节点，其余的副本则是根据副本策略决定的。

6.3.6 性能测试工具

Cassandra-stress 工具是一款基于 Java 开发的性能压力测试工具，可以为 Cassandra 集群提供基本的测试数据及数据加载测试。

通过以下命令可以测试 Cassandra 集群单纯写入和单纯读取的性能。

```
cassandra-stress write n=10000 -rate threads=10
cassandra-stress mixed n=10000 -rate threads=10
```

上述命令运行后的输出结果如下。

```
Created keyspaces. Sleeping 1s for propagation.
Sleeping 2s...
Warming up WRITE with 50000 iterations...
INFO  21:41:38 New Cassandra host localhost/127.0.0.1:9042 added
Connected to cluster: Test Cluster
Datatacenter: datacenter1; Host: localhost/127.0.0.1; Rack: rack1
Running WRITE with 10 threads for 10000 iteration
```

```
    type,       total ops,    op/s,    pk/s,   row/s,    mean,     med,
      .95,      .99,     .999,      max,   time,   stderr, errors,  gc: #,  max
ms,  sum ms,  sdv ms,      mb
    total,          10000,   16386,   16386,   16386,      0.6,     0.4,
     1.3,      3.4,     23.4,     25.7,     0.6,  0.00000,      0,       1,      17,
17,       0,     308

    Results:
    op rate                    : 16386 [WRITE:16386]
    partition rate             : 16386 [WRITE:16386]
    row rate                   : 16386 [WRITE:16386]
    latency mean               : 0.6 [WRITE:0.6]
    latency median             : 0.4 [WRITE:0.4]
    latency 95th percentile    : 1.3 [WRITE:1.3]
    latency 99th percentile    : 3.4 [WRITE:3.4]
    latency 99.9th percentile : 23.4 [WRITE:23.4]
    latency max                : 25.7 [WRITE:25.7]
    Total partitions           : 10000 [WRITE:10000]
    Total errors               : 0 [WRITE:0]
    total gc count             : 1
    total gc mb                : 308
    total gc time (s)          : 0
    avg gc time(ms)            : 17
    stdev gc time(ms)          : 0
    Total operation time       : 00:00:00
    END
```

Cassandra-stress 工具也提供了图形化生成方式，命令如下。

```
    cassandra-stress write n=100000 -rate threads=10 -graph file=example-
benchmark.html title=example revision=benchmark-0
    cassandra-stress mixed n=100000 -rate threads=10 -graph file=example-
benchmark.html title=example revision=benchmark-0
```

运行结束后会发现生成了名为 example-benchmark.html 的文件，打开后看到如图 6-8 所示的数据。

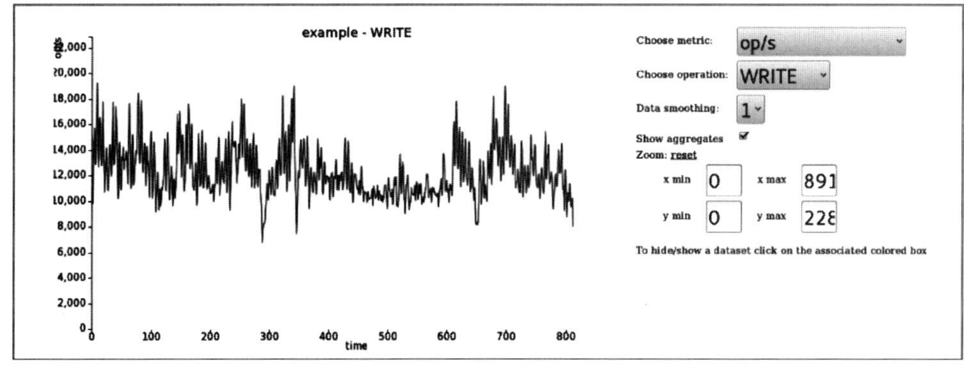

图 6-8　example-benchmark.html 文件

图形下方还有以下一些数据。

```
    op_rate:11151[READ:5571,WRITE:5580]
    partition rate:11151[READ:5571,WRITE:5580]
    row rate:11151[READ:5571, WRITE:5580]
    latency mean:1.4[READ:1.6,WRITE:1.2]
    latency median:1.0[READ:1.2,WRITE:0.8]
    latency 95th percentile:2.8[READ:3.2,WRITE:2.4]
    latency 99th percentile:5.0[READ:5.5,WRITE:4.1]
    latency max:262.7[READ:250.6,WRITE:11.7]
    total gc count:0
    total gc mb:0
    total gc time(s):0
    avg gc time(ms):NaN
    Total operation time:00:14:56
    Cmd:mixed n=1000000 -rate threads=16 -graph file=example-benchmark.html
title=example
```

第 7 章
高端技术汇总

面试过程中如果知道一些高端的技术，特别是落地的技术，如云计算、大数据，以及一些算法方面的知识，对面试会有很大的帮助。

通过阅读本章节，可以学习以下内容。

- 分布式技术相关讨论
- 选举算法相关讨论
- 消息组件相关讨论
- ZooKeeper 相关讨论
- HBase 相关讨论
- CGroup 相关讨论
- Go 语言相关讨论

7.1 分布式系统

技术来源于生活细节，我从麦当劳的管理模式联想到分布式软件设计。下面以麦当劳餐厅为例，系统地介绍分布式系统设计思维及问题。

结合现阶段的观察，主要有以下观点。

①店长负责制→主从模式（Master/Slave）。

②订单处理方式→两阶段提交。

③员工角色拆分→微服务设计。

④多个任务接收→微服务设计之后的服务横向扩展。

⑤订单处理过程上屏→任务队列设计。

⑥座位设计模式→容器化管理。

7.1.1 店长负责制

每家麦当劳都会有一名当值经理，这位经理负责当前整个店的运营，如果遇到某个岗位繁忙的情况，那么他会临时调动其他相对空闲的员工支援。图 7-1 所示为典型的 Master/Slave 架构。

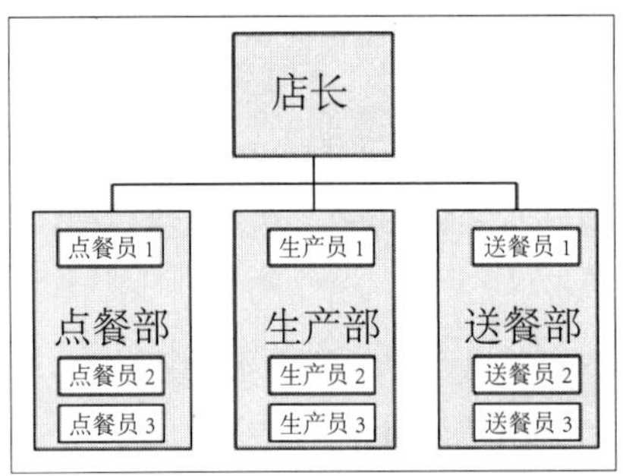

图 7-1　典型的 Master/Slave 架构

下面来看较为典型的 Matser/Slave 架构设计。以 HBase 为例，HBase 的 RegionServer 设计方式如图 7-2 所示。在 HBase 内部，所有的用户数据及元数据的请求，经过 Region 的定位，最终会落在 RegionServer 上，并由 RegionServer 实现数据的读写操作。RegionServer 是 HBase 集群运行在每个工作节点上的服务，它是整个 HBase 系统的关键所在，一方面维护了 Region 的状态，提供了对于 Region 的管理和服务；另一方面与 HMaster 交互，上传 Region 的负载信息，参与 HMaster 的分布式协调管理。

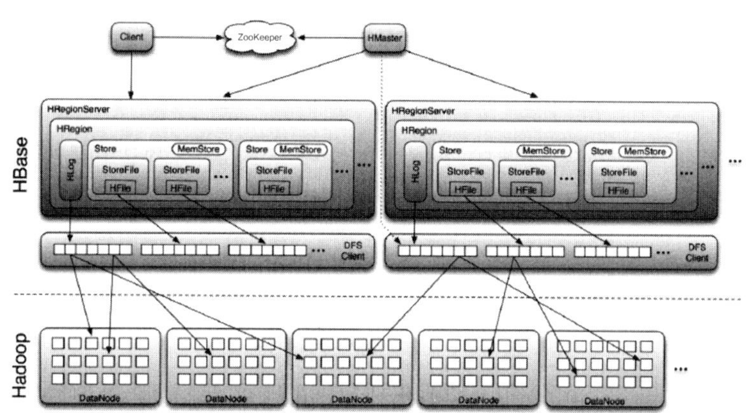

图 7-2 HBase 的 RegionServer 设计方式

HRegionServer 与 HMaster 及 Client 之间采用 RPC 协议进行通信。HRegionServer 向 HMaster 定期汇报节点的负载状况，包括 RS 内存使用状态、在线状态的 Region 等信息。在该过程中 HRegionServer 扮演了 RPC 客户端的角色，而 HMaster 扮演了 RPC 服务器端的角色。HRegionServer 内置的 RPCServer 实现了数据更新、读取、删除等操作，以及 Region 涉及的 Flush、Compaction、Open、Close、Load 文件等功能性操作。

Region 是 HBase 数据存储和管理的基本单位。HBase 使用 RowKey 将表水平切割成多个 HRegion，从 HMaster 的角度来看，每个 HRegion 都记录了它的 StartKey 和 EndKey（第一个 HRegion 的 StartKey 为空，最后一个 HRegion 的 EndKey 为空）。由于 RowKey 是排序的，因此 Client 可以通过 HMaster 快速地定位每个 RowKey 在哪个 HRegion 中。HRegion 由 HMaster 分配到相应的 HRegionServer 中，然后由 HRegionServer 负责 HRegion 的启动和管理，包括与 Client 的通信和数据的读取（使用 HDFS）。每个 HRegionServer 可以同时管理 1000 个左右的 HRegion。

如果需要把固定店长负责制改为全员负责制，Apache Cassandra 就没有固定的中心节点（无中心化设计），只有协调者节点（理论上所有节点都可以作为协调者，每次请求有且仅有一个），那么它是怎么做到的呢?

首先来看 Gossip 协议。Cassandra 集群中的节点没有主次之分，通过 Gossip 协议可以知道集群中有哪些节点，以及这些节点的状态如何等。每一条 Gossip 消息上都有一个版本号，节点可以对接收到的消息进行版本比对，从而得知哪些消息是需要更新的，哪些消息是别人没有的，然后互相倾听，确保两者得到的信息相同。在 Cassandra 启动时，会启动 Gossip 服务，Gossip 服务启动后会启动一个任务 GossipTask，每秒钟运行一次，这个任务会周期性与其他节点进行通信。回到麦当劳餐厅，是不是每个员工之间也需要有对讲机，实时互相告知目前自己的工作状态和订单信息，这样才能做到无固定店长管理制。

既然 Cassandra 是无中心化的，那么如何来计算各个节点上存储的数据之间的差异呢? 如何判断自己申请的那一份数据就是最新版本的? 这就引出了 Snitch（告密者）机制。

Snitch 机制在 Cassandra 集群中决定每个节点之间的相关性（值），这个值被用于决定从哪个节点读取或写入数据。此外，由于 Snitch 机制收集网络拓扑内的信息，这样 Cassandra 可以有效路由各类外部请求。Snitch 机制解决了节点与集群内其他节点之间的关系问题（前面介绍的 Gossip 解决了节点之间的消息交换问题）。当 Cassandra 收到一个读取请求，需要去做的是根据一致性级别联系对应的数据副本。为了支持最快速度的读取请求，Cassandra 选择单一副本读取全部数据，然后要求附加数据副本的 hash 值，以此确保读取的数据是最新的并返回。Snitch 的角色是帮助验证返回最快的副本，这些副本又被用于读取数据。回到麦当劳餐厅，如果店员互相都知道了谁有哪些产品，那么完成订单配单步骤就不难了。

正是有了 Gossip 协议和 Snitch 机制，才可以在通信层基本满足无中心化的设计。当然还有很多其他因素一起参与，这里不再逐一介绍。

7.1.2 订单处理方式

麦当劳与其他商家一样，都在追求每日最大订单处理量。为了加快销售速度，麦当劳采用了异步处理模式。顾客在收银台点餐后，收银员会进行下单，下单过程结束后就进入了制作订单队列。有了这个队列，收银员和制作员之间的串行耦合方式被解耦了，这样收银员就可以继续接收订单。店里忙的时候，会动态增加几个制作员，他们之间本身也处在一个竞争环境下，就好像分布式环境下会存在多个计算节点一样。因此，麦当劳的这种制作过程，本质上就是一个分布式处理过程：订单队列属于中心节点的待运行任务队列，每个制作员是一个计算节点，无论采用申请还是被分配策略，他们都可以正常工作。这让我联想到了两阶段提交，为什么麦当劳不采用两阶段提交协议呢?

以上的所有策略都不同于两阶段提交。两阶段提交是分布式系统架构下的所有节点在进行事务提交时为保持一致性而设计的一种算法。

两阶段提交协议一般将事务的提交过程分成了提交事务请求、执行事务请求两个阶段，其核心是对每个事务都采用先尝试后提交的处理方式，因此它是一个强一致性的算法。虽然说两阶段提交算法具有原理简单、实现方便的优点，但它也有以下缺点。

①同步阻塞：所有参与该事务操作的逻辑都处于阻塞状态。

②单点问题：协调者（收银员、订单排队队列）如果出现问题，整个两阶段提交流程将无法运转，参与者的资源将会处于锁定状态。

③数据不一致：协调者向所有的参与者发送 Commit 请求后，由于局部网络问题，会出现部分参与者没有收到 Commit 请求，进一步造成数据不一致现象。在麦当劳的例子中，如果有多个队列排队时，就会存在问题。

④太过保守：参与者出现异常时，协调者只能通过自身的超时机制来判断是否需要中断事务，即任意一个节点的失败都会导致整个事务的失败。

两阶段提交需要依赖于不同的准备和执行步骤。在麦当劳的例子中，如果采用两阶段提交，顾客需要在收银台等待食物制作完毕，然后一手交钱、一手交货，收银员和顾客在交易完成前都不能离开。两阶段提交可以让生活更加简单，但是也会伤害到消息的自由流通，因为本质上它是基于各方之间的有状态交易资源的异步动作。

7.1.3 员工角色拆分

小型的快餐店一般只有一名员工，既要负责下单、收银，又要负责食物制作、打包、售后，速度自然很慢。麦当劳把员工分为几个不同的角色，这些角色在工作时互不干扰，通过通信机制（订单系统信息投影屏幕）方式协同工作，这样可以使生产效率最大化。即使出现意外情况，如某位员工临时有事，店长也可以立即协调一名员工补上他的位置，而不需要和其他角色的员工产生交互成本。这样的设计方式与微服务架构类似，图 7-3 所示为一个典型的传统单体型服务架构模式。

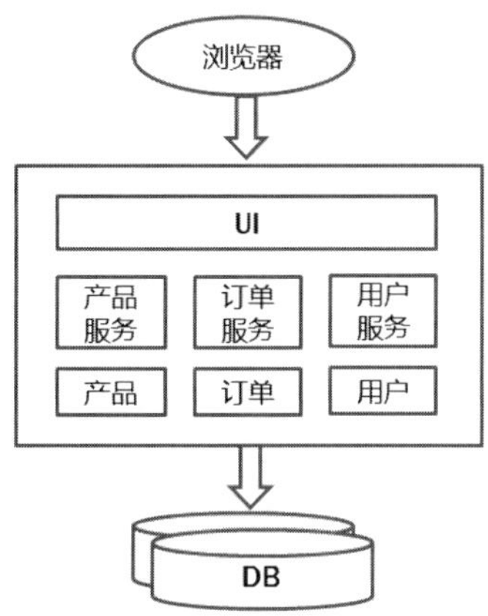

图 7-3　典型的传统单体型服务架构模式

单体型架构比较适合小项目，其缺点比较明显，主要表现在以下几方面。

- 开发效率低：所有的开发在一个项目内改代码，递交代码需要相互等待，导致代码冲突不断。
- 代码维护难：代码功能耦合在一起，新人不知道如何下手。
- 部署不灵活：构建时间长，任何小修改必须重新构建整个项目，这个过程往往很长。
- 稳定性不高：一个微不足道的问题，可以导致整个应用宕机。
- 扩展性不够：无法满足高并发情况下的业务需求。

微服务是指开发单个小型的、有业务功能的服务，每个服务都有自己的处理和轻量通信机制，可以部署在单个或多个服务器上。微服务也指一种松耦合的、有一定边界上下文的面向服务架构。也就是说，如果每个服务都要同时修改，那么它们就不是微服务，因为它们紧耦合在一起；如果需要掌握一个服务太多的上下文场景使用条件，那么它就是一个有边界上下文的服务。

经过微服务架构的拆分，图 7-3 中的单体型架构转换成了图 7-4 所示的微服务架构。

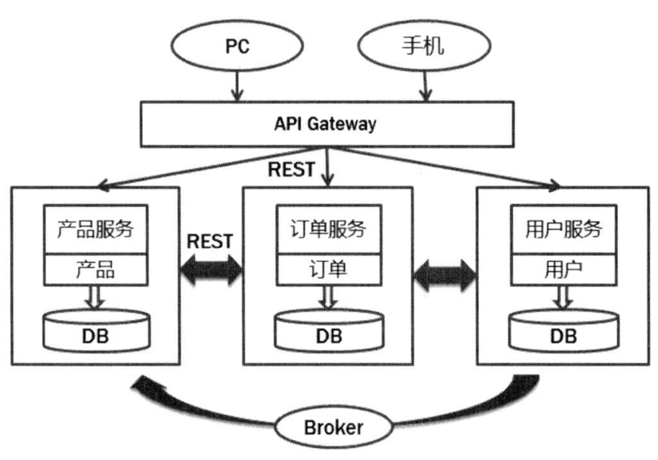

图 7-4　微服务架构示意图

7.1.4　多个任务接收

在有限的营业窗口下加快订单接收速度，应该怎么办呢？麦当劳引入了自动订餐机器，这样就允许客户通过触摸式接触屏点选自己需要的食品，然后点击“下单”按钮，通过微信、支付宝等手机支付方式正式下单，接着订单就进入了统一的任务排队队列，这和通过点单员下单是完全一样的。

由于有了微服务架构的支撑及通信框架的交互设计，点单这个工作变成了一个完全独立的工作，如图 7-5 所示。

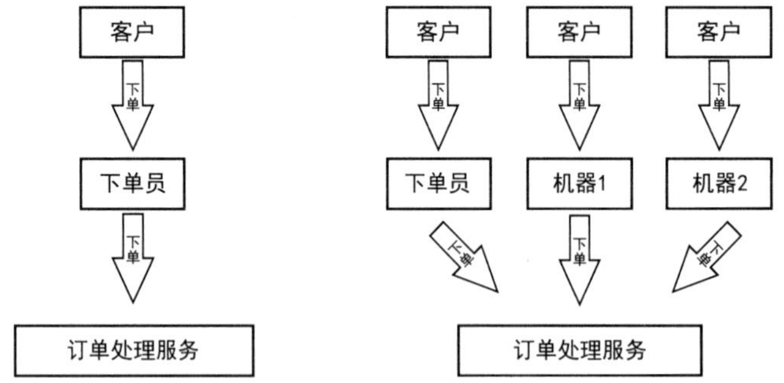

图 7-5　点单工作变成完全独立的工作

横向可扩展能力是微服务化设计后很容易实现的功能，可以通过服务发现方式实现各个进程之间的状态信息交互。

7.1.5　订单处理过程上屏

顾客下单后，订单就进入了麦当劳的任务排队队列。排队队列分为待完成队列和待取餐队列，如图 7-6 所示。

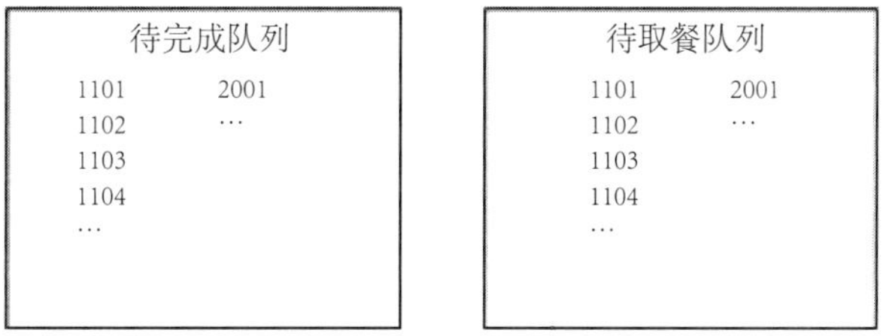

待完成队列		待取餐队列	
1101	2001	1101	2001
1102	…	1102	…
1103		1103	
1104		1104	
…		…	

图 7-6 任务排队队列

这种队列设计是分布式计算应用领域常用的设计和处理方案，看似简单，其实相当复杂，内容处理过程容易出现很多问题。

7.1.6 异常数据干扰

如果排队取餐时，取餐是通过一名员工人工叫号，那么他既要叫号，又要处理各种售后请求（如拿番茄酱、询问订单情况等），很容易被干扰，进而出现手忙脚乱的情况。联想到分布式环境下，如果不对任务的信息进行校验，那么很容易混入异常任务（可能是任务信息被截断了，也可能是非法攻击），因此对于核心服务的保护是必不可少的。分布式环境下，无论是否存在中心服务，都需要仔细思考各种异常保护，所以看似流程化、业务简单，其实并不是那么容易的。

（1）排在前面的订单迟迟没有做完

在图 7-6 中，理想情况下是按照订单号逐一完成，这样也会让所有顾客都满意。实际情况是不是这样呢？我一位同事等了很久，原因是由于他的订单中有一样食物迟迟没有启动制作过程，这是因为调度服务内部经过性价比评估，发现只有他存在这个需求，因此一直在等待其他顾客点选相同产品后再一起制作，现在先把那些很多顾客都在等待的产品做出来，避免更多的人等待。在分布式技术领域中，这种情况其实也在一直遇到，如先下派资源需求大的任务，还是先下派资源需求小的任务。这就相当于先让大块的石头填满盒子，然后让小块的石头塞入细小的缝隙。所有设计都是需要根据实际业务情况和实际测试得出的，而不是仅依据理论。

（2）订单完成前已经发货

同事等了很久还没有拿到食物，所以有点生气。这时负责取餐的员工随意给了他一份食品，但是没有标注正在排队的任务为“已完成”状态，相当于人为多复制了一个任务，一个任务变成了两个任务。等真正的任务完成时，由于无人取餐，导致陷入了死循环，负责叫号取餐的员工一直在喊“1104 号顾客请取餐”，但是无人应答。

对于这类问题，在分布式环境下也是很容易发生的。例如，计算节点在执行任务过程中离线了，一直没有上报任务执行状态，中心节点认为它离线了，就把运行在上面的任务标注为“未调度任务”，重新下派，这时如果离线的计算节点又恢复了正常，那么就会有两个相同的任务同时运行。这种异常其实很难避免，因为它本身是分布式环境下任务容错的一种设计方案，需要整个数据流闭环内协同处理，特别是任务的下游系统要尽可能参与。

7.1.7 座位设计模式

由于快餐的就餐时间较短，因此顾客流动速度很快，每个座位上的顾客频繁更换，可以联想到 Kubernetes 管理容器的设计模式。Kubernetes 知道整个餐厅的可用资源（座位）数目及使用情况，每个座位上的顾客就是临时启动的一个容器，用完就销毁，资源释放后，其他顾客可以接着使用资源。

Kubernetes 以 RESTful 形式开放接口，用户可操作的 REST 对象有以下 3 个。

① pod：指 Kubernetes 最基本的部署调度单元，可以包含 container，逻辑上表示某种应用的一个实例。例如，一个 Web 站点应用由前端、后端及数据库构建而成，这 3 个组件将运行在各自的容器中，那么可以创建包含 3 个 container 的 pod。

② service：指 pod 的路由代理抽象，用于解决 pod 之间的服务发现问题。因为 pod 的运行状态是可动态变化的（例如切换机器、缩容过程中被终止等），所以访问端不能以写固化 IP 的方式去访问该 pod 提供的服务。service 的引入旨在保证 pod 的动态变化对访问端透明，访问端只需要知道 service 的地址，由 service 来提供代理。

③ replicationController：指 pod 的复制抽象，用于解决 pod 的扩容、缩容问题。通常，分布式应用为了性能或高可用性的考虑，需要复制多份资源，并且根据负载情况动态伸缩。通过 replicationController，可以指定一个应用需要几份复制，Kubernetes 将为每份复制创建一个 pod，并且保证实际运行的 pod 数量总是与该复制数量相等（例如，当前某个 pod 宕机时，自动创建新的 pod 来替换）。

可以看到，service 和 replicationController 只是建立在 pod 之上的抽象，最终是要作用于 pod 的，那么它们如何与 pod 联系呢？这就要引入 label 的概念。label 就是为 pod 加上可用于搜索或关联的一组 key/value 标签，而 service 和 replicationController 正是通过 label 与 pod 关联的。如图 7-7 所示，有 3 个 pod 都有 label 为“app=backend”，创建 service 和 replicationController 时可以指定同样的 label，再通过 label selector 机制，就能将它们与这 3 个 pod 相关联。例如，当有其他 frontend pod 访问该 service 时，就会自动转发到其中的一个 backend pod。

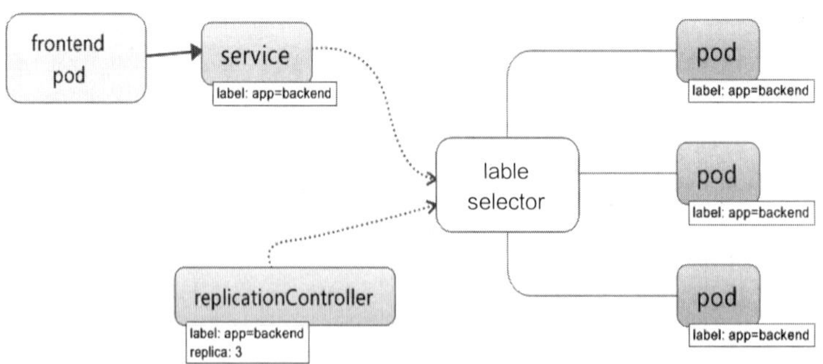

图 7-7 Kubernetes 相关概念示意图

7.2 选举算法的机制

分布式环境下有这样一个疑难问题，客户端向一个分布式集群的服务端发出一系列更新数据的消息，由于分布式集群中的各个服务端节点是互为同步数据的，因此运行完客户端这一系列消息指令后各服务端节点的数据应该是一致的，但由于网络或其他原因，各个服务端节点接收到消息的序列可能不一致，最后导致各节点的数据不一致。要确保数据一致，需要选举算法的支持，这就引申出了选举算法的原理解释及实现。选举既包括对机器的选举，也包括对消息的选举。

7.2.1 最简单的选举算法

一般来说，如果需要开发一个分布式集群系统，都需要实现一个选举算法，选举出 Master 节点，其他节点是 Slave 节点。为了解决 Master 节点的单点问题，一般也会选举出一个 Master-HA 节点。

这类选举算法的实现可以采用本节后面介绍的 Paxos 算法，或者使用 ZooKeeper 组件来帮助进行分布式协调管理，当然也有很多应用程序采用自己设计的简单的选举算法。这类简单的选举算法可以依赖很多计算机硬件因素作为选举因子，如 IP 地址、CPU 核数、内存大小、自定义序列号等。例如，采用自定义序列号，可以假设每台服务器利用组播方式获取局域网内所有集群分析相关服务器的自定义序列号，以自定义序列号作为优先级，如果接收到的自定义序列号比本地自定义序列号大，则退出竞争，最终选择一台自定义序列号最大的服务器作为 Leader 服务器，其他服务器则作为普通服务器。这种简单的选举算法没有考虑到选举过程中的异常情况，选举产生后不会再对选举结果有异议，这样可能会出现序列号较小的服务器被选定为 Master 节点（有服务器临时脱离集群），基本的流程如图 7-8 所示，实现的伪代码如下。

```
state:=candidate;
send(my_id):receive(nid);
while nid!=my_id
do if nid>my_id
then state:=no_leader;
send(nid):receive(nid);
od;
if state=candidate then state:=leader;
```

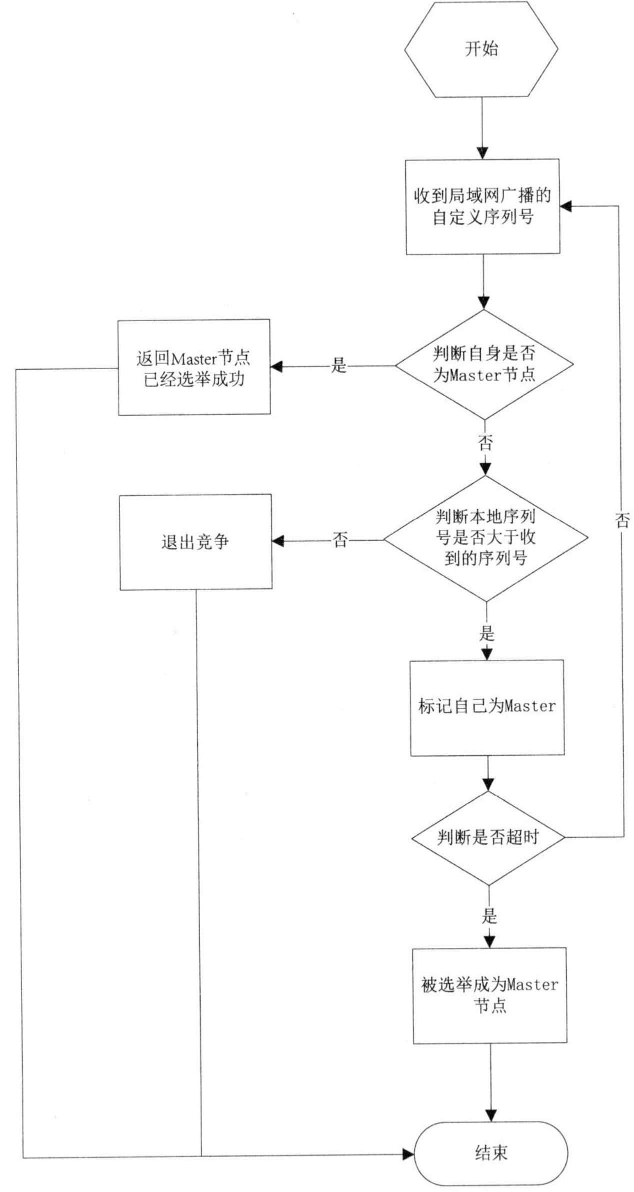

图 7-8　简单选举算法流程图

7.2.2　拜占庭问题

原始问题起源于拜占庭帝国（东罗马帝国）。拜占庭帝国国土辽阔，为了防御，每支军队都相隔很远，将军之间只能依靠信差传信。在战争时，拜占庭军队内司令和所有将军必须达成共识，决定是否去攻打敌人的阵营。但是，在军队内可能有叛徒和敌军的间谍，既扰乱将军们的决定，又扰乱整体军队的秩序。因此表决的结果并不一定能代表大多数人的意见。这时，在已知有成员谋反的情况下，其余忠诚的将军如何在不受叛徒的影响下达成一致的协议就是拜占庭问题，如图 7-9 所示。

图 7-9　拜占庭问题

拜占庭问题实则是一个协议问题。一个可信的计算机系统必须容忍一个或多个部件的失效，失效的部件可能送出相互矛盾的信息给系统的其他部件。这正是目前网络安全要面对的情况，如银行交易安全、存款安全等。美国“9 · 11 恐怖袭击事件”发生后，大家普遍认识到银行的异地备份非常重要。纽约的一家银行可以在东京、巴黎、苏黎世设置异地备份，当某些点受到攻击甚至破坏后，可以保证账目得以复原和恢复。从技术的角度讲，这是一个很困难的问题，因为被攻击的系统不但可能不作为，而且可能进行破坏。国家的安全就更不必说了，对付这类故障的问题被抽象地表达为拜占庭问题。

解决拜占庭问题的算法必须保证：a. 所有忠诚的将军必须基于相同的行动计划做出决策；b. 少数叛徒不能使忠诚的将军做出错误的计划。

拜占庭问题的解决可能性有以下几种情况。

（1）叛徒数大于或等于 1/3，拜占庭问题不可解

如果三位将军中有一人是叛徒，当司令发送“进攻”命令时，将军 3 可能告诉将军 2，他收到的是“撤退”命令。这时将军 2 由于收到一个“进攻”命令，一个“撤退”命令，而无所适从。如果司令是叛徒，他告诉将军 2“进攻”，将军 3“撤退”。当将军 3 告诉将军 2，他收到“撤退”命令时，将军 2 由于收到了司令“进攻”的命令，而无法与将军 3 保持一致。

由于上述原因，在三模冗余系统中，如果允许一机有拜占庭故障，即叛徒数等于 1/3，那么拜占庭问题不可解。也就是说，三模冗余应付不了拜占庭故障，只能容许故障—冻结 (fail-frost) 类的故障。也就是说，元件故障后，它就冻结在某一个状态不动了。

（2）用口头信息，如果叛徒数少于 1/3，拜占庭问题可解

这里是在四模冗余基础上解决问题。在四模中有一个叛徒，叛徒数少于 1/3。拜占庭问题可解是指所有忠诚的将军遵循同一命令。若司令是忠诚的，则所有忠诚的将军遵循其命令。这里可以给出一个多项式复杂性的算法来解这一问题，算法的中心思想很简单，就是司令把命令发给每一位将军，各将军又将收到的命令转告给其他将军，递归下去，最后用多数表决。例如，司令发送一个命令 v 给所有将军，若将军 3 是叛徒，当他转告给将军 2 时命令可能变成 x，但将军 2 收到 $\{v, v, x\}$，多数表决以后仍为 v，忠诚的将军可达成一致；如果司令是叛徒，他发给将军们的命令可能互不相同，为 x, y, z，当将军们互相转告司令发来的信息时，他们会发现，他们收到的都是 $\{x, y,$

z}，因而也取得了一致。

（3）用书写信息，如果至少有 2/3 的将军是忠诚的，拜占庭问题可解

所谓书写信息，是指带签名的信息，即可认证的信息。它是在口头信息的基础上，增加以下两个条件。

①忠诚司令的签名不能伪造，内容修改可被检测。

②任何人都可以识别司令的签名，叛徒可以伪造叛徒司令的签名。

一种已经给出的算法是接收者收到信息后，签上自己的名字再发给别人。由于书写信息的保密性，可以证明："用书写信息，如果至少有 2/3 的将军是忠诚的，拜占庭问题可解"。

例如，如果司令是叛徒，他发送"进攻"命令给将军 1，并带有他的签名 0，发送"撤退"命令给将军 2，也带签名 0。将军们转送时也带了签名。于是将军 1 收到{"进攻"：0，"撤退"：0,2}，说明司令发给自己的命令是"进攻"，而发给将军 2 的命令是"撤退"，司令对他们发出了不同的命令。

7.2.3 Paxos 算法

1. 算法起源

Paxos 算法是 Lesile Lamport 于 1990 年提出的一种基于消息传递且具有高度容错特性的一致性算法，是目前公认的解决分布式一致性问题最有效的算法之一。

在常见的分布式系统中，总会发生诸如机器宕机或网络异常等情况。Paxos 算法需要解决的问题就是如何在一个可能发生上述异常的分布式系统中，快速且正确地在集群内部对某个数据的值达成一致，并且保证不论发生以上任何异常，都不会破坏整个系统的一致性。

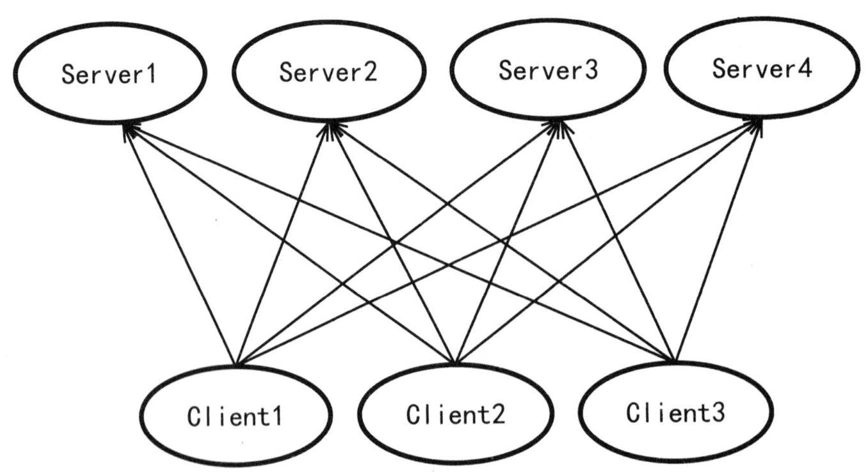

图 7-10　分布式环境下的消息传送示意图

为了使概念更清晰，给出分布式环境下的消息传送示意图，如图 7-10 所示。当 Client1、Client2、Client3 分别发出消息指令 A、B、C 时，Server1~Server4 由于网络问题，接收到的消息序列可能各不相同，这样就因消息序列的不同导致 Server1~Server4 上的数据不一致。对于这个问题，在分布式环境中很难像单机中处理同步问题那样简单，而 Paxos 算法就是一种处理类似于以上数据不一致问题的方案。

Paxos 算法是要在一堆消息中通过选举，使得消息的接收者或执行者能达成一致，按照一致的消息顺序来执行。其实，以最简单的想法来看，为了达到所有人执行相同序列的指令，完全可以通过串行来做。例如，在分布式环境前加上一个 FIFO 队列来接收所有指令，然后所有服务节点按照队列中的顺序来执行。这个方法当然可以解决一致性问题，但它不符合分布式特性，如果这个队列出现异常怎么办？而 Paxos 算法的高明之处在于它允许各个 Client 互不影响地向服务端发指令，按照选举的方式达成一致。这种方式具有分布式特性，容错性更好。

Paxos 算法规定了 4 种角色（Proposer、Acceptor、Learner 及 Client）和两个阶段（Promise 和 Accept）。

2. 实现原理

Paxos 算法的主要交互过程在 Proposer 和 Acceptor 之间。Proposer 与 Acceptor 之间的交互主要有 4 类消息通信，如图 7-11 所示。

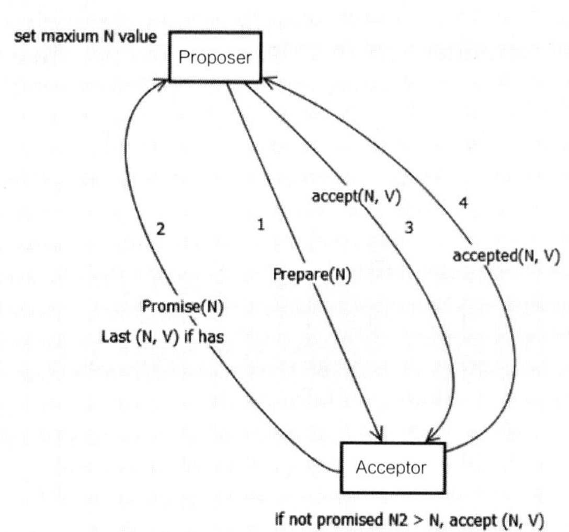

图 7-11　Paxos 二阶段交互流程图

这 4 类消息通信对应于 Paxos 算法的两个阶段（4 个过程）。

（1）阶段一

①Proposer 向网络内超过半数的 Acceptor 发送 prepare 消息。

②正常情况下 Acceptor 回复 promise 消息。

（2）阶段二

①在有足够多的 Acceptor 回复 promise 消息时，Proposer 发送 accept 消息。

②正常情况下 Acceptor 回复 accepted 消息。

Paxos 算法的最大优点在于它的限制比较少，允许各个角色在各个阶段的失败和重复执行，这也是分布式环境下常有的事情，只要按照规矩办事即可，算法的本身保障了在错误发生时仍然得到一致的结果。

7.2.4 ZAB 协议

1. 基本概念

ZooKeeper 并没有完全采用 Paxos 算法，而是使用了一种被称为 ZooKeeper Atomic Broadcast（ZAB，ZooKeeper 原子消息广播）的协议作为数据一致性的核心算法。ZAB 协议是为分布式协调服务 ZooKeeper 专门设计的一种支持崩溃恢复的原子广播协议。ZAB 协议最初并不具有很好的扩展性，只是为雅虎公司内部那些高吞吐量、低延迟、健壮、简单的分布式系统场景设计的。

ZooKeeper 使用单一的主进程来接收并处理客户端的所有事务请求，并采用 ZAB 协议将服务器数据的状态变更以事务 Proposal 的形式广播到所有的副本进程上去。ZAB 协议的这个主备模型架构保证了同一时刻集群中只能有一个主进程来广播服务器的状态变更，因此能够很好地处理客户端大量的并发请求。另外，考虑到在分布式环境中，顺序执行的一些状态变更前后会存在一定的依赖关系，有些状态变更必须依赖于比它早生成的那些状态变更，如变更 C 需要依赖变更 A 和变更 B。这样的依赖关系也对 ZAB 协议提出了一个要求，即 ZAB 协议需要保证如果一个状态变更已经被处理了，那么所有其依赖的状态变更都应该已经被提前处理了。最后，考虑到主进程在任何时候都有可能出现崩溃退出或重启现象，因此，ZAB 协议还需要做到在当前主进程出现上述异常情况时依旧能够工作。

以下是 ZooKeeper 集群启动选举过程时打印的日志。从中可以看出，初始阶段是 LOOKING 状态，该节点在极短时间内就被选举为 Leader 节点。

```
    zookeeper.out:2016-06-14 16:28:57,336 [myid:3] - INFO
[main:QuorumPeerMain@127] - Starting quorum peer
    2016-06-14 16:28:57,592 [myid:3] - INFO  [QuorumPeer[myid=3]/0:0:0:0:0:0:0:
0:2181:QuorumPeer@774] - LOOKING
    2016-06-14 16:28:57,593 [myid:3] - INFO  [QuorumPeer[myid=3]/0:0:0:0:0:0:0:
0:2181:FastLeaderElection@818] - New
    election. My id =  3, proposed zxid=0xc00000002
    2016-06-14 16:28:57,599 [myid:3] - INFO  [WorkerSender[myid=3]:QuorumPeer$Q
uorumServer@149] - Resolved hostname:
     10.17.138.225 to address: /10.17.138.225
    2016-06-14 16:28:57,599 [myid:3] - INFO  [WorkerReceiver[myid=3]:FastLeader
Election@600] - Notification: 1
    (message format version), 3 (n.leader), 0xc00000002 (n.zxid), 0x1 (n.round),
LOOKING (n.state), 3 (n.sid), 0xc (n.peerEpoch) LOOKING (my state)
    2016-06-14 16:28:57,602 [myid:3] - INFO  [WorkerReceiver[myid=3]:FastLeader
Election@600] - Notification: 1
    (message format version), 1 (n.leader), 0xc00000002 (n.zxid), 0x1 (n.round),
LOOKING (n.state), 1 (n.sid), 0xc (n.peerEpoch) LOOKING (my state)
    2016-06-14 16:28:57,605 [myid:3] - INFO
    [WorkerReceiver[myid=3]:FastLeaderElection@600] - Notification: 1 (message
format version), 3 (n.leader), 0xc00000002 (n.zxid), 0x1 (n.round), LOOKING
```

```
(n.state), 1 (n.sid), 0xc (n.peerEpoch) LOOKING (my state)
    2016-06-14 16:28:57,806 [myid:3] - INFO  [QuorumPeer[myid=3]/0:0:0:0:0:0:0:
0:2181:QuorumPeer@856] - LEADING
    2016-06-14 16:28:57,808 [myid:3] - INFO  [QuorumPeer[myid=3]/0:0:0:0:0:0:0:
0:2181:Leader@59] - TCP NoDelay set
    to: true
```

2. 实现原理

ZAB 协议的核心是定义了对于那些会改变 ZooKeeper 服务器数据状态的事务请求的处理方式，即所有事务请求必须由一个全局唯一的服务器来协调处理，这样的服务器被称为 Leader 服务器，而其他的服务器则被称为 Follower 服务器。ZooKeeper 后来又引入了 Observer 服务器，主要是为了解决集群过大时众多 Follower 服务器的投票耗时较长问题。Leader 服务器负责将一个客户端事务请求转换成一个事务 Proposal（提议），并将该 Proposal 分发给集群中所有的 Follower 服务器。之后 Leader 服务器需要等待所有 Follower 服务器的反馈信息，一旦超过半数的 Follower 服务器进行了正确的反馈，那么 Leader 服务器就会再次向所有的 Follower 服务器分发 Commit 消息，要求将前一个 Proposal 进行提交。

3. 支持模式

ZAB 协议包括两种基本的模式，分别为崩溃恢复和消息广播。

当整个服务框架在启动的过程中，或是当 Leader 服务器出现网络中断、崩溃退出或重启等异同步后，ZAB 协议就会退出恢复模式。其中，所谓的状态同步，是指数据同步，用来保证集群中存在过半的机器能够和 Leader 服务器的数据状态保持一致。通常情况下，ZAB 协议会进入恢复模式并选举产生新的 Leader 服务器。在选举产生新的 Leader 服务器的同时，集群中已经有过半的机器与该 Leader 服务器完成了状态同步。在选举的基础上，把 Leader 节点的进程手动关闭（kill -9 pid），随即进入崩溃恢复模式，重新选举 Leader 的过程日志输出如下。

```
    2016-06-14 17:33:27,723 [myid:2] - WARN
    [RecvWorker:3:QuorumCnxManager$RecvWorker@810] - Connection broken for id 3,
my id = 2, error =
    java.io.EOFException
    atjava.io.DataInputStream.readInt(DataInputStream.java:392)
    at org.apache.zookeeper.server.quorum.QuorumCnxManager$RecvWorker.
run(QuorumCnxManager.java:795)
    2016-06-14 17:33:27,723 [myid:2] - WARN
    [RecvWorker:3:QuorumCnxManager$RecvWorker@810] - Connection broken for id 3,
my id = 2, error =
    java.io.EOFException
    atjava.io.DataInputStream.readInt(DataInputStream.java:392)
    at org.apache.zookeeper.server.quorum.QuorumCnxManager$RecvWorker.
run(QuorumCnxManager.java:795)
    2016-06-14 17:33:27,957 [myid:2] - INFO
     [QuorumPeer[myid=2]/0:0:0:0:0:0:0:0:2181:Leader@361] - LEADING - LEADER
ELECTION TOOK - 222
```

当集群中已经有过半的 Follower 服务器完成了和 Leader 服务器的状态同步时，那么整个服务框架就可以进入消息广播模式了。当一台同样遵守 ZAB 协议的服务器启动后加入集群中时，如果此时集群中已经存在一个 Leader 服务器在负责消息广播，那么新加入的服务器就会自觉地进入数据恢复模式：找到 Leader 所在的服务器，并与其进行数据同步，然后一起参与到消息广播流程中去。ZooKeeper 设计成只允许唯一的 Leader 服务器来进行事务请求的处理。Leader 服务器在接收到客户端的事务请求后，会生成对应的事务提案并发起一轮广播协议；而如果集群中的其他机器接收到客户端的事务请求，那么这些非 Leader 服务器会首先将这个事务请求转发给 Leader 服务器。

4. 三个阶段

整个 ZAB 协议主要包括消息广播和崩溃恢复两个过程，进一步可以细分为 3 个阶段，分别是发现、同步和广播阶段。组成 ZAB 协议的每一个分布式进程会循环地执行这 3 个阶段，将这样一个循环称为一个主进程周期。

（1）阶段一：发现

阶段一主要是指 Leader 选举过程，用于在多个分布式进程中选举出主进程。准 Leader 和 Follower 的工作流程如下。

① Follower 将自己最后接收的事务 Proposal 的 epoch 值发送给准 Leader。

②当接收到来自过半 Follower 的消息后，准 Leader 会生成消息给这些过半的 Follower。关于这个 epoch 值 e’，准 Leader 会从所有接收到的 CEPOCH 消息中选取出最大的 epoch 值，然后对其进行加 1 操作，即为 e’。

③当 Follower 接收到来自准 Leader 的 NEWEPOCH 消息后，如果检测到当前的 CEPOCH 值小于 e’，那么就会将 CEPOCH 赋值为 e’，同时向这个准 Leader 反馈 ACK 消息。在这个反馈消息中，包含了当前该 Follower 的 epoch CEPOCH(F p)，以及该 Follower 的历史事务 Proposal 集合：hf。

④当 Leader 接收到来自过半 Follower 的确认消息 ACK 后，Leader 就会从过半服务器中选取出一个 Follower，并用其作为初始化事务集合 Ie’。

ZooKeeper 选举算法流程如图 7-12 所示。

（2）阶段二：同步

在完成发现阶段后，就进入了同步阶段。在这一阶段中，Leader 和 Follower 的工作流程如下。

① Leader 会将 e’ 和 Ie’ 以 NEWLEADER(e’ ,Ie’) 消息的形式发送给所有 Quorum 中的 Follower。

②当 Follower 接收到来自 Leader 的 NEWLEADER(e’ ,Ie’) 消息后，如果 Follower 发现 CEPOCH(F p) 不等于 e’，就直接进入下一轮循环，因为此时 Follower 发现自己还在上一轮，或者更上轮，无法参与本轮的同步。如果等于 e’，那么 Follower 就会执行事务应用操作。最后，Follower 会反馈给 Leader，表明自己已经接收并处理了所有 Ie’ 中的事务 Proposal。

③当 Leader 接收到来自过半 Follower 针对 NEWLEADER(e’ ,Ie’) 的反馈消息后，就会向所有的 Follower 发送 commit 消息。至此，Leader 完成阶段二。

④当 Follower 收到来自 Leader 的 commit 消息后，就会依次处理并提交所有的 Ie’ 中未处理的事务。至此，Follower 完成阶段二。

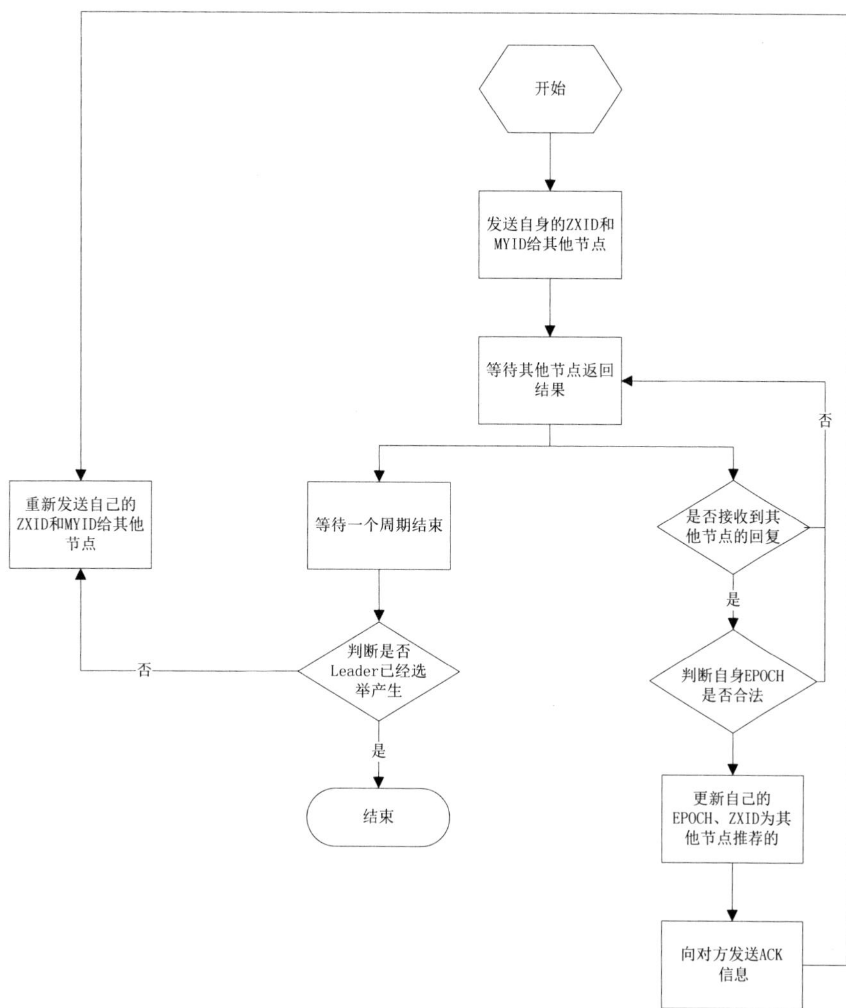

图 7-12 ZooKeeper 选举算法流程图

新增的节点会从 Leader 节点同步最新的镜像，日志输出如下。

新增节点的同步信息日志输出：

```
    2016-06-14 19:45:41,173 [myid:3] - INFO  [QuorumPeer[myid=3]/0:0:0:0:0:0:0:0:2181:Follower@63] - FOLLOWING -
    LEADER ELECTION TOOK - 16
    2016-06-14 19:45:41,175 [myid:3] - INFO  [QuorumPeer[myid=3]/0:0:0:0:0:0:0:0:2181:QuorumPeer$QuorumServer@149] -
     Resolved hostname: 10.17.138.225 to address: /10.17.13
    8.225
    2016-06-14 19:45:41,179 [myid:3] - INFO  [QuorumPeer[myid=3]/0:0:0:0:0:0:0:0:2181:Learner@329] - Getting a
    snapshot from leader
    2016-06-14 19:45:41,182 [myid:3] - INFO  [QuorumPeer[myid=3]/0:0:0:0:0:0:0:0:2181:FileTxnSnapLog@240] -
```

```
Snapshotting: 0xe00000007 to /home/hemeng/zookeeper-3.4.7/data/
zookeeper/version-2/snapshot.e00000007
2016-06-14 19:45:44,344 [myid:3] - INFO  [NIOServerCxn.Factory:0.0.0.0/0.0.
0.0:2181:NIOServerCnxnFactory@192] - Accepted socket
connection from /127.0.0.1:56072
2016-06-14 19:45:44,346 [myid:3] - INFO  [NIOServerCxn.Factory:0.0.0.0/0.0.
0.0:2181:NIOServerCnxn@827] - Processing srvr
command from /127.0.0.1:56072
2016-06-14 19:45:44,347 [myid:3] - INFO  [Thread-1:NIOServerCnxn@1008] -
Closed socket connection for client
/127.0.0.1:56072 (no session established for client)
```

新增节点时 Leader 节点的日志输出：

```
2016-06-14 19:44:58,835 [myid:2] - INFO  [/10.17.138.225:3888:QuorumCnxMana
ger$Listener@541] - Received
connection request /10.17.138.227:48764
2016-06-14 19:44:58,837 [myid:2] - INFO  [WorkerReceiver[myid=2]:FastLeader
Election@600] - Notification: 1
(message format version), 3 (n.leader), 0xe00000000 (n.zxid), 0x1
(n.round), LOOKING (n.state), 3 (n.sid), 0xe (n.peerEpoch) LEADING (my
state)
2016-06-14 19:44:58,850 [myid:2] - INFO  [LearnerHandler-
/10.17.138.227:36025:LearnerHandler@329] - Follower sid: 3 : info : org.
apache.zookeeper.server.quorum.QuorumPeer$QuorumServer@1de18380
2016-06-14 19:44:58,851 [myid:2] - INFO  [LearnerHandler-
/10.17.138.227:36025:LearnerHandler@384] - Synchronizing with
Follower sid: 3 maxCommittedLog=0xe00000007 minCommittedLog=0xe00000001
peerLastZxid=0xe00000000
2016-06-14 19:44:58,852 [myid:2] - WARN  [LearnerHandler-
/10.17.138.227:36025:LearnerHandler@451] - Unhandled proposal scenario
2016-06-14 19:44:58,852 [myid:2] - INFO  [LearnerHandler-
/10.17.138.227:36025:LearnerHandler@458] - Sending SNAP
2016-06-14 19:44:58,852 [myid:2] - INFO  [LearnerHandler-
/10.17.138.227:36025:LearnerHandler@482] - Sending snapshot last
zxid of peer is 0xe00000000  zxid of leader is 0xe00000007sent zxid of db as
0xe00000007
2016-06-14 19:44:58,894 [myid:2] - INFO  [LearnerHandler-
/10.17.138.227:36025:LearnerHandler@518] - Received NEWLEADER-ACK message
from 3
```

（3）阶段三：广播

完成同步阶段后，ZAB 协议就可以正式开始接收客户端新的事务请求，并进入消息广播流程。

① Leader 接收到客户端新的事务请求后，会生成对应的事务 Proposal，并根据 ZXID 的顺序向所有 Follower 发送提案 <e'，<v,z>>，其中 epoch(z)=e'。

② Follower 根据消息接收到的先后次序来处理这些来自 Leader 的事务 Proposal，并将它们追加到 hf 中，再反馈给 Leader。

③当 Leader 接收到来自过半 Follower 针对事务 Proposal<e'，<v,z>> 的 ACK 消息后，就

会发送 Commit<e’,<v,z>> 消息给所有的 Follower，要求它们进行事务的提交。

④ 当 Follower 接收到来自 Leader 的 Commit<e',<v,z>> 消息后，就会开始提交事务 Proposal<e',<v,z>>。需要注意的是，此时该 Follower 必定已经提交了事务 Proposal<v,z’>。

1）新增节点

新增一个节点，运行日志输出如下。

新增一个 ZNode 节点时 Leader 节点日志输出：

```
    2016-06-14 19:40:43,882 [myid:2] - INFO  [LearnerHandler-
/10.17.138.234:38144:ZooKeeperServer@678] - submitRequest()
    2016-06-14 19:40:43,882 [myid:2] - INFO  [ProcessThread(sid:2 cport:-
1)::PrepRequestProcessor@533] - pRequest()
    2016-06-14 19:40:43,933 [myid:2] - INFO  [CommitProcessor:2:FinalRequestPro
cessor@87] - processRequest()
    2016-06-14 19:40:43,933 [myid:2] - INFO  [CommitProcessor:2:ZooKeeperServ
er@1022] - processTxn()
    2016-06-14 19:40:43,934 [myid:2] - INFO  [CommitProcessor:2:DataTree@457] -
createNode()
    2016-06-14 19:40:43,934 [myid:2] - INFO  [CommitProcessor:2:WatchManager@96]
- triggerWatch()
    2016-06-14 19:40:43,934 [myid:2] - INFO  [CommitProcessor:2:WatchManager@96]
- triggerWatch()
```

新增一个 ZNode 节点时 Follower 节点日志输出：

```
    2016-06-14 18:46:04,488 [myid:1] - INFO  [NIOServerCxn.Factory:0.0.0.0/0.0.
0.0:2181:ZooKeeperServer@678] - submitRequest()
    2016-06-14 18:46:04,489 [myid:1] - INFO  [CommitProcessor:1:FinalRequestPro
cessor@87] - processRequest()
    2016-06-14 18:46:04,489 [myid:1] - INFO  [CommitProcessor:1:FinalRequestPro
cessor@163] - request.type=11
    2016-06-14 18:46:14,154 [myid:1] - WARN  [NIOServerCxn.Factory:0.0.0.0/0.0.
0.0:2181:NIOServerCnxn@357] - caught end of stream
     exception
    EndOfStreamException: Unable to read additional data from client sessionid
0x1554e0e2c160001, likely client has closed socket
    at org.apache.zookeeper.server.NIOServerCnxn.doIO(NIOServerCnxn.java:228)
    at org.apache.zookeeper.server.NIOServerCnxnFactory.
run(NIOServerCnxnFactory.java:203)
    atjava.lang.Thread.run(Thread.java:745)
    2016-06-14 18:46:14,156 [myid:1] - INFO  [NIOServerCxn.Factory:0.0.0.0/0.0.
0.0:2181:NIOServerCnxn@1008] - Closed socket
    connection for client /0:0:0:0:0:0:0:1:42678 wh
    ich had sessionid 0x1554e0e2c160001
```

2）重新选举 Leader 节点

当手动关闭 Leader 节点后，原有的 Follower 节点会通过 QuorumPeer 对应的线程发现 Leader 节点出现异常，并开始重新选举，线程代码如下。

```
    case FOLLOWING:
    try {
    LOG.info("FOLLOWING");
    setFollower(makeFollower(logFactory));
    follower.followLeader();
    } catch (Exception e) {
    LOG.warn("Unexpected exception",e);
    } finally {
    follower.shutdown();
    setFollower(null);
    setPeerState(ServerState.LOOKING);
    }
    break;
```

所有的 Follower 节点都会进入 Follower 类进行主节点的检查，线程代码如下。

```
    void followLeader() throws InterruptedException {
    try {
    connectToLeader(addr);
    long newEpochZxid = registerWithLeader(Leader.FOLLOWERINFO);
                    //check to see if the leader zxid is lower than ours
                    //this should never happen but is just a safety check
    long newEpoch = ZxidUtils.getEpochFromZxid(newEpochZxid);
    if (newEpoch<self.getAcceptedEpoch()) {
    LOG.error("Proposed leader epoch " + ZxidUtils.zxidToString(newEpochZxid)
    + " is less than our accepted epoch " + ZxidUtils.zxidToString(self.
getAcceptedEpoch()));
    throw new IOException("Error: Epoch of leader is lower");
    }
    syncWithLeader(newEpochZxid);
    QuorumPacketqp = new QuorumPacket();
    while (self.isRunning()) {
    readPacket(qp);
    processPacket(qp);
    }
    } catch (Exception e) {
    LOG.warn("Exception when following the leader", e);
    try {
    sock.close();
    } catch (IOException e1) {
    e1.printStackTrace();
    }
                    // clear pending revalidations
    pendingRevalidations.clear();
            }
```

RecvWorker 线程会继续抛出 Leader 连接不上的错误。

经过一系列的 SHUTDOWN 操作后，退出了之前集群正常时的线程，重新开始新的选举，又进入了 LOOKING 状态，首先通过 QuorumPeer 类的 loadDataBase 方法获取最新的镜像，然后在 FastLeaderElection 类内部，传入自己的 ZXID 和 MYID，按照选举机制对比 ZXID 和 MYID 的方式，选举出 Leader 节点，这个过程与初始选举方式是一样的。

3）集群稳定后新加入节点

集群稳定后 ZooKeeper 在收到新加节点请求时，不会再次选举 Leader 节点，会直接给该新增节点赋予 FOLLOWER 角色。然后通过上述代码找到 Leader 节点的 IP 地址，通过获取到的最新的 EpochZxid（即最新的事务 ID）调用方法 syncWithLeader 查找最新的投票通过的镜像（Snap），代码如下。

```
    protected void syncWithLeader(long newLeaderZxid) throws IOException,
InterruptedException{
    case Leader.UPTODATE:
    if (!snapshotTaken) { // true for the pre v1.0 case
    zk.takeSnapshot();
    self.setCurrentEpoch(newEpoch);
    }
    self.cnxnFactory.setZooKeeperServer(zk);
    breakouterLoop;
```

保存最新 Snap：

```
    public void save(DataTreedataTree,
    ConcurrentHashMap<Long, Integer>sessionsWithTimeouts)
    throws IOException {
    long lastZxid = dataTree.lastProcessedZxid;
    File snapshotFile = new File(snapDir, Util.makeSnapshotName(lastZxid));
    LOG.info("Snapshotting: 0x{} to {}", Long.toHexString(lastZxid),
    snapshotFile);
    snapLog.serialize(dataTree, sessionsWithTimeouts, snapshotFile);
    }
```

4）新提交一个事务

当新提交一个事务（如新增一个 ZNode 节点）后，这时候会按照 ZooKeeperServer→PrepRequestProcessor→FinalRequestProcessor→ZooKeeperServer→DataTree 方式新增该节点，最终由 ZooKeeperServer 类的 submitRequest 方法提交 Proposal 并完成操作。在提交 Proposal 的过程中，FOLLOWER 节点也需要进行投票，其代码如下。

```
    protected void processPacket(QuorumPacketqp) throws IOException{
    switch (qp.getType()) {
    caseLeader.PING:
    ping(qp);
    break;
    caseLeader.PROPOSAL:
    TxnHeaderhdr = new TxnHeader();
                Record txn = SerializeUtils.deserializeTxn(qp.getData(), hdr);
```

```
    if (hdr.getZxid() != lastQueued + 1) {
    LOG.warn("Got zxid 0x"
                            + Long.toHexString(hdr.getZxid())
                            + " expected 0x"
                            + Long.toHexString(lastQueued + 1));
                }
    lastQueued = hdr.getZxid();
    fzk.logRequest(hdr, txn);
    break;
```

7.2.5 ZAB与Paxos的联系及区别

ZAB协议并不是Paxos算法的一个典型实现，在讲解ZAB和Paxos之间的区别以前，首先来了解两者的联系。

①两者都存在一个类似于Leader进程的角色，由它负责协调多个Follower进程运行。

② Leader进程都会等待超过半数的Follower做出正确的反馈后，才会将一个提案进行提交。

③在ZAB协议中，每个Proposal都包含了一个epoch值，用来代表当前的Leader周期；在Paxos算法中，同样存在这样的一个标识，只是名称变成了Ballot。

④在Paxos算法中，一个新选举产生的主进程会进行两个阶段的工作。第一阶段被称为读阶段。在这个阶段中，新的主进程会通过与所有其他进程进行通信的方式来收集上一个主进程提出的提案，并将它们提交。第二阶段被称为写阶段。在这个阶段中，当前主进程开始提出它自己的提案。在Paxos算法设计的基础上，ZAB协议额外添加了一个同步阶段。在同步阶段之前，ZAB协议也存在一个和Paxos算法中的读阶段非常类似的过程，称为发现阶段。在同步阶段中，新的Leader会确保存在过半的Follower已经提交了之前Leader周期中的所有事务Proposal。这一同步阶段的引入，能够有效地保证Leader在新的周期中提出事务Proposal之前，所有的进程都已经完成了对之前所有事务Proposal的提交。一旦完成同步阶段，ZAB就会执行与Paxos算法类似的写阶段。

总的来讲，Paxos算法和ZAB协议的本质区别在于两者的设计目标不一样。ZAB协议主要用于构建一个高可用的分布式数据主备系统，如ZooKeeper；而Paxos算法则是用于构建一个分布式的一致性状态机系统。

7.3 HDFS中NameNode单点失败的改进案例

在Hadoop的使用中，NameNode的单点失败问题一直困扰着框架的使用者。这里提出了一种利用ZooKeeper对NameNode进行冗余备份的协同工作方案，避免了NameNode单点失败造成的服务不可用与文件丢失问题。

NameNode是整个HDFS的核心，HDFS所有的操作均需由NameNode参与，并且

NameNode 负责维护整个分布式文件系统中所有文件的元信息及目录信息。如果 NameNode 出现了失败，那么 HDFS 中所有文件信息将全部丢失。虽然 HDFS 针对每一个文件都可以根据配置进行多份数据备份，但是 NameNode 只有一个。这使得 NameNode 成为了 HDFS 中的薄弱点，如果 NameNode 发生单点失败，将导致整个 HDFS 系统的失败。NameNode 架构如图 7-13 所示。

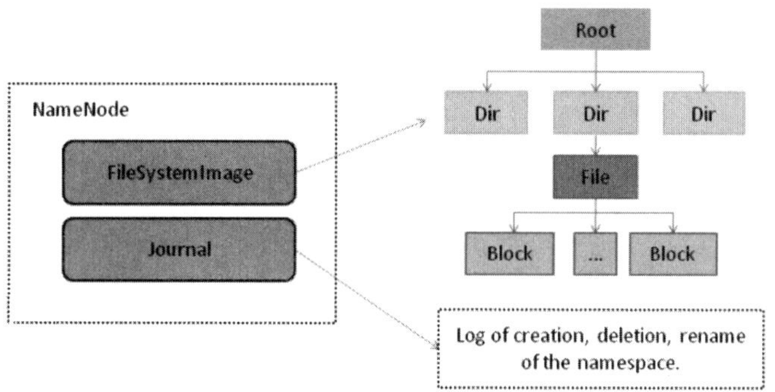

图 7-13　NameNode 架构图

HDFS 中使用 SecondaryNameNode 解决 NameNode 失败的问题。SecondaryNameNode 并不是 NameNode 的冗余备份，而是一个单独的参与者，负责对 NameNode 中文件元信息及文件结构定期快照。SecondaryNameNode 定期从 NameNode 上下载镜像和日志进行合并，称为一次 checkpoint。将得到的新镜像文件上传到 NameNode 替换原来的镜像文件，使得 NameNode 上的镜像文件保持最新。当 NameNode 出现失败时，可以从 SecondaryNameNode 所在的机器复制之前的快照，然后重启 NameNode，此时 NameNode 会导入快照中保存的文件信息，重建文件系统。

SecondaryNameNode 方案存在以下几个问题。

①必须通过人工的方式寻找并复制 SecondaryNameNode 中保存的快照文件，手工重启 NameNode，无法自动化完成。

②在 NameNode 失败期间，任何人都无法对 HDFS 中的文件进行任何形式的访问，系统失败的时间取决于人工恢复 NameNode 的时间。

③ NameNode 是以文件镜像和操作日志方式存储 HDFS 中文件元信息和目录结构的，其中操作日志是实时日志信息，每过一段时间（默认 1h）或当操作日志文件大小增加到一定规模时（默认 64MB），由 SecondaryNameNode 负责将操作日志合并到文件镜像中并备份。如果 NameNode 发生失败而由 SecondaryNameNode 中使快照恢复，会导致尚处在操作日志中未被合并的文件操作信息完全丢失，从而导致文件丢失。

为了解决 NameNode 单点失败造成的问题，改进的 HDFS 系统中可配置多个 NameNode，每个 NameNode 与所有的 DataNode 均有联系，且向 ZooKeeper 注册自己的存在（在特定的 ZNode 下创建临时性 ZNode，并将自身信息保存在对应 ZNode 中），如图 7-14 所示。与此同时，架构中加入一个角色 Dispatcher，负责将读、写请求传递给活跃的 NameNode 执行、处理多个 NameNode 的同步及互斥问题，并根据 ZooKeeper 提供的信息监控 NameNode 的健康状况，以确保当某个 NameNode 发生失败后将其从“活跃的”NameNode 列表中去除。

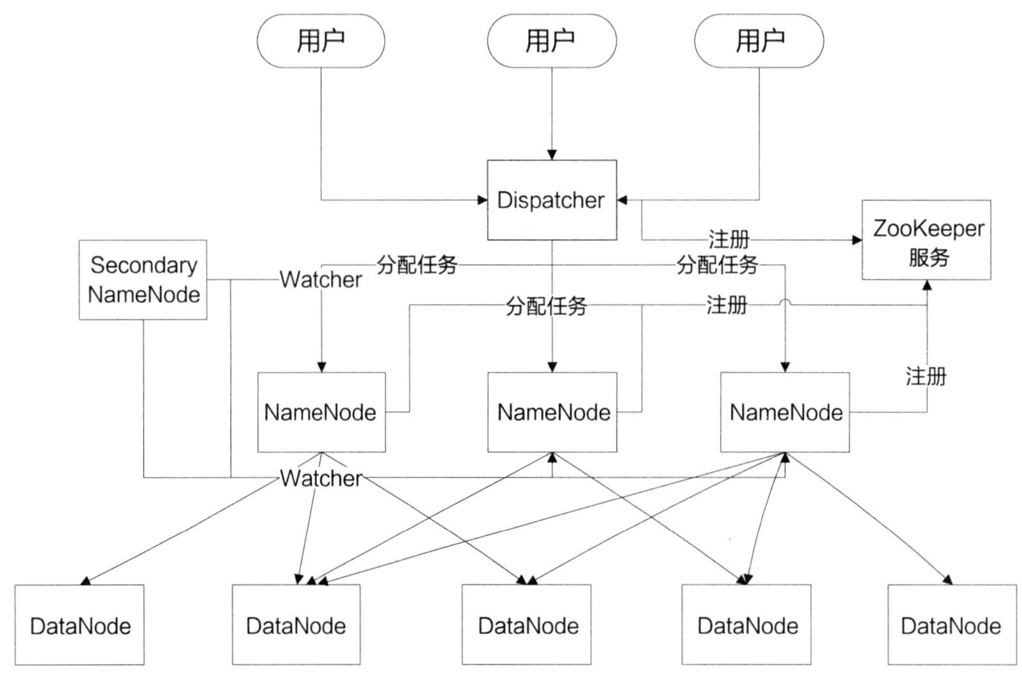

图 7-14　改进后的 HDFS 系统架构图

改进后的 HDFS 系统包括读流程和写流程两个部分，下面分别介绍其工作流程。

（1）读流程

①用户发起一个读文件请求。

② Dispatcher 收到读请求，检查 ZooKeeper 中的 InWriting 列表，如果在 InWriting 列表中则等待，否则将读请求加入 InReading 列表中。

③从 ZooKeeper 中寻找活跃的 NameNode，将此读请求转发给对应的 NameNode 并记录。

④ NameNode 收到读请求后处理，将处理结果交由 Dispatcher 并反馈给用户。Dispatcher 从 InReading 列表中删除对应请求。

⑤如果 NameNode 长时间未响应或读请求失败，由 Dispatcher 寻找另外的 NameNode，转步骤③。

（2）写流程

①用户发起一个写文件请求。

② Dispatcher 收到写请求，检查 ZooKeeper 中的 InWriting 和 InReading 列表，如果在列表中则等待，否则将写请求加入 InWriting 列表中。

③从 ZooKeeper 中寻找活跃的 NameNode，将此写请求转发给对应的 NameNode 并记录。

④ NameNode 收到写请求后处理，如果写操作成功，则通知 Dispatcher。Dispatcher 告知其他 NameNode 此次写操作细节，其他 NameNode 做对应更新。

⑤所有 NameNode 均更新完毕，Dispatcher 从 InWriting 中移除对应请求，并反馈给用户。

⑥如果 NameNode 长时间未响应或写请求失败，由 Dispatcher 寻找另外的 NameNode，

转步骤③。

当某一个 NameNode 失败时，ZooKeeper 中对应的临时性 ZNode 会自动消失，而 Dispatcher 在得知此事件后，可以将其从活跃 NameNode 中去除；对于已经分配给此 NameNode 且尚未处理完成的读写请求，可以重新分配。而对于后续的读写请求，Dispatcher 则交给仍然活跃的 NameNode 进行处理，对用户来说是透明的。

改进后的 HDFS 系统中 Dispatcher 变成了单点，依旧存在失败的风险。但 Dispatcher 失败的可能性与危害都远远小于 NameNode 失败。原因有以下几点。

①为了维护 HDFS 系统中的文件源信息及目录结构，NameNode 需要将所有数据全部载入内存，当文件系统足够庞大时 NameNode 需要消耗很多的内存，这无疑增加了失败的可能性。而 Dispatcher 的任务相对较轻，仅仅是作为一个中转站转发读写请求，失败的可能性较小。

② Dispatcher 自身不保存任何数据。所有的数据完全交由 ZooKeeper 存储，而 ZooKeeper 自身的特性保证了其很难出现失败。即使 Dispatcher 失败，也可以重新启动并根据 ZooKeeper 中记录的信息完全恢复。

③作为一个成熟的分布式文件系统，对文件安全性与完整性的保证是十分重要的。如果是单 NameNode，不管 SecondaryNameNode 备份间隔如何缩短，在上一次备份到系统失败这段时间内的文件操作便会全部丢失，这有可能给系统的使用者带来不可挽回的损失。而改进后的系统不存在这个问题，如果一个修改操作成功，则会被保存在所有 NameNode 上，丢失文件的概率很小。

相对于只有一个 NameNode 的 HDFS 系统，改进后的 HDFS 系统具有很强的安全性。当一个 NameNode 失败后，使用活跃的 NameNode 中复制过来的文件镜像和操作日志文件作为恢复用途。在添加或恢复一个 NameNode 之前，先向 ZooKeeper 注册一个“备用的”NameNode 节点，而 Dispatcher 在发现有此类节点时则将之后所有的成功写请求保存在 ZooKeeper 上。当新添加的 NameNode 使用文件镜像和操作日志文件恢复完成后，Dispatcher 再将记录的写请求按照顺序发送给该 NameNode，该 NameNode 根据这一信息同步文件源信息及目录结构。当新的 NameNode 同步完成时，删除 ZooKeeper 中备用 NameNode 节点，添加正式的 NameNode 临时节点。此时 Dispatcher 便可得知系统中新 NameNode 的存在并使用。

7.4 从星巴克下单过程看事务处理方式

2014 年，《企业集成模式》的作者 Gregor.Hohpe 担任安联保险首席架构师，他从日本回来后写了一篇文章，题目为 *Starbucks Does Not Use Two-Phase Commit*。

在日本期间，Gregor 也和其他西方人一样，喜欢每天喝咖啡。在星巴克排队等候咖啡时，Gregor 开始思考星巴克是如何处理顾客订单的。工程师其实很容易有这种思考，如早上出地铁站，会考虑刷卡机器交易的交互方式；等电梯时，会考虑梯控系统能不能设计得更灵活，为什么出现路径短的电梯反而单次运载耗时长的情况。

1. 相关性

星巴克采用的是异步处理方式。异步处理就是按照不同步的程序处理问题。异步处理和同步处理的本质是相对的，它的好处就是提高设备使用率，从而在宏观上提升程序运行效率。从分布式技术层面上来说，同步方式和异步方式的差别是对于消息通信机制的处理，即调用者是否等待消息处理完成。

异步处理的注意事项有以下几点。

①在异步编程中，需要把依赖于异步函数（需要其执行结果或达到某种状态）的代码放在对应的回调函数中。

②异步函数后面的代码会立即执行，所以在编程时需要通盘考虑，以免出现意料之外的运行结果。

③并发运行的相同异步函数如果协作完成任务，需要添加代码判断执行状态，并且需要把所有异步函数完成后执行的代码放在判断条件的语句块中。

④对于异步函数的顺序循环处理（目的是代码复用），可以通过定时器机制或事件回调函数等方法来实现，但不能采用传统的循环语句模式。

⑤“函数套函数”（通常是异步函数）的方式需要开发人员对代码结构有清晰的理解，以免造成代码编写错误，如在内部异步函数中试图影响外部函数的执行等问题。

在享受异步处理过程中所带来的好处的同时，星巴克也需要处理异步过程带来的挑战，如订单和顾客的相关性。实际制作订单并不是一定按照收银员提供的排队顺序来完成，主要有以下两个原因。

第一，多个咖啡制作员可能使用不同的设备制作订单，如混合饮料的制作可能比滴漏咖啡耗时长，这样会造成先获取订单的咖啡制作员后于其他人完成，那么下一次他再拿订单时，就会出现拿到较后订单的情况。分布式环境很容易出现这种情况，如一个计算节点运行的任务时间较长，计算资源一直没有被释放，导致它隔了很久才拿到下一个订单。

第二，咖啡制作员可能会批量制作一批同类咖啡，这样可以节省制作时间。这种情况经常遇到，毕竟批量方式在吞吐量上较频繁的申请要轻量很多，对咖啡制作员（计算节点）的通信压力小很多。

这两个原因就使星巴克有了数据相关性问题。星巴克解决该问题的模式和在消息架构中的设计方式一样，也使用了相关标识符。星巴克门店通过把顾客的名字、咖啡内容、冷或热等附加信息，逐一写在杯子上作为相关标识符，咖啡做完后通过标识符名字告诉顾客，如“86 号的周先生，你的咖啡做好了”。

2. 异常处理

异步消息场景下的异常处理是比较困难的。星巴克处理异常的方式对分布式系统的设计有一定参考意义。下面考虑一些实际的问题。

①如果支付最终失败会怎样处理？这种情况下，顾客的咖啡会被扔掉或被换给队列中的其他顾客。

②如果给顾客制作的咖啡弄错了，或者让顾客不满意，怎么办？答案是他们会重新制作。如果机器坏了，他们会赔付顾客现金。

这些场景描述起来都是不一样的，一般的异常处理策略包括注销、重做及赔偿，下面逐一介绍。

① Write-Off（注销）：这个处理策略是所有策略中最简单的，什么都不做或直接丢弃。这个方案听起来不太好，但是在现实商业中很可能是实际存在的。如果本身的损失很小，那么建立一套异常处理体系的性价比就不高了，周期性地生成调查报告，检测这种异常账单。

② Retry（重做）：在大批量交易时出现了失败，如断网了，无法正常交易。网络恢复后，一般有两个选择：一是重做所有的交易，二是尝试重做失败的个别交易。如果商业规则本身是违背要求的，那么重试也不会成功；如果是因为外部系统不在线，那么重试就很有可能成功。考虑分布式系统设计，在计算节点失败后，会尝试将任务重新下派给其他的计算节点。

③ Compensation Action（赔偿）：最后的一项是重做已经完成的行为，这需要把系统调回到一致性状态下，如金融货币支付系统中对借贷双方的重新计算。出现这种情况，分布式系统需要清除所有的尚未完成的任务信息，将状态恢复为原始状态，相当于重启了整个集群。云端方案的出现，从需求角度分析，就是因为自建数据中心会存在处理分布式环境下的异常机制，能解决问题的人才太少。

星巴克的交易方式是一个很好的例子。亚马逊等电商企业也是这样做的，各个步骤，如交易、下单等都是异步执行的。一旦流程中任何一个环节出错，亚马逊会选择进入赔偿或重新快递流程，也就是本节所介绍的异步处理过程中执行的注销、重做、赔偿解决方案。

7.5 软件工程师需要了解的搜索引擎知识

Max Grigorev 写过一篇文章，题目为 *What every software engineer should know about search*，这篇文章中指出了现在一些软件工程师的问题。例如，他们认为开发一个搜索引擎功能就是搭建一个 ElasticSearch 集群，而没有深究其背后的技术及技术发展趋势。Max 认为，除了解决搜索引擎自身的搜索问题和人类使用方式等，也需要解决索引、分词、权限控制、国际化等技术点。本节介绍一名软件工程师需要了解的搜索引擎知识。

1. 搜索引擎发展过程

现代意义上的搜索引擎源自 1990 年由蒙特利尔大学学生 Alan Emtage 发明的 Archie。即便没有因特网，网络中文件传输还是相当频繁的，而且由于大量的文件散布在各个分散的 FTP 主机中，查询起来非常不便，因此 Alan Emtage 想到了开发一款以文件名查找文件的软件，于是便有了 Archie。Archie 工作原理与现在的搜索引擎已经很接近，它依靠脚本程序自动搜索网上的文件，然后对有关信息进行索引，供使用者以一定的表达式查询。

互联网兴起后，需要能够监控的工具。世界上第一个用于监测互联网发展规模的“机器人”程序是 Matthew Gray 开发的 World wide Web Wanderer，刚开始它只用来统计互联网上的服务器数量，后来则发展为能够检索网站域名。

随着互联网的迅速发展，每天都会新增大量的网站、网页，检索所有新出现的网页变得越来越困难，因此，在 Matthew Gray 的 Wanderer 基础上，一些编程者将传统的“蜘蛛”程序工作原理进行了改进。现代搜索引擎都是以此为基础发展的。

2. 搜索引擎分类

（1）全文搜索引擎

当前主流的搜索引擎是全文搜索引擎，较为典型的代表是 Google、百度。全文搜索引擎是指将从互联网上提取的各个网站的信息（以网页文字为主）保存在自己建立的数据库中。用户发起检索请求后，系统检索与用户查询条件匹配的相关记录，然后按一定的排列顺序将结果返回给用户。从搜索结果来源的角度，全文搜索引擎又可分为两种，一种是拥有自己的检索程序（Indexer），俗称“蜘蛛”（Spider）程序或“机器人”（Robot）程序，并自建网页数据库，搜索结果直接从自身的数据存储层中调用；另一种是租用其他引擎的数据库，并按自定的格式排列搜索结果，如 Lycos 引擎。

（2）目录索引类搜索引擎

目录索引类搜索引擎虽然有搜索功能，但严格意义上还不能称为真正的搜索引擎，只是按目录分类的网站链接列表而已。用户完全可以按照分类目录找到所需要的信息，不依靠关键词进行查询。目录索引中颇具代表性的是 Yahoo、新浪分类目录搜索。

（3）元搜索引擎

元搜索引擎在接受用户查询请求时，同时在其他多个引擎上进行搜索，并将结果返回给用户。知名的元搜索引擎有 InfoSpace、Dogpile、Vivisimo 等，中文元搜索引擎中具代表性的有搜星搜索引擎。在搜索结果排列方面，有的直接按来源引擎排列搜索结果，如 Dogpile；有的则按自定的规则将结果重新排列组合，如 Vivisimo。

3. 相关实现技术

搜索引擎产品虽然只有一个输入框，但是对于所提供的服务，背后有很多不同业务引擎支撑，每个业务引擎又有很多不同的策略，每个策略又有很多模块协同处理，极其复杂。

搜索引擎本身包含网页抓取、网页评价、反作弊、建库、倒排索引、索引压缩、在线检索、ranking 排序策略等知识。

网络爬虫技术是指针对网络数据的抓取，因为在网络中抓取数据是具有关联性的抓取，就像是一只蜘蛛一样在互联网中爬来爬去，所以形象地称为网络爬虫技术。网络爬虫也被称为网络机器人或网络追逐者。

网络爬虫获取网页信息的方式和人们平时使用浏览器访问网页的工作原理是完全一样的，都是根据 HTTP 协议来获取的。其流程主要包括如下步骤。

①连接 DNS 域名服务器，将待抓取的 URL 进行域名解析（URL → IP）。

②根据 HTTP 协议，发送 HTTP 请求来获取网页内容。

一个完整的网络爬虫基础框架如图 7-15 所示。

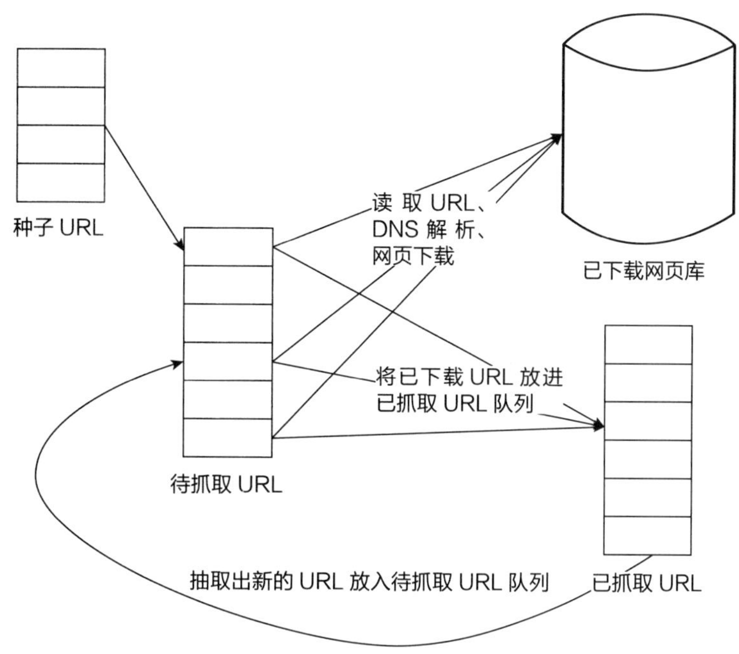

图 7-15　完整的网络爬虫基础框架

整个架构共有如下几个过程。

①需求方提供需要抓取的种子 URL 列表，根据提供的 URL 列表和相应的优先级，创建待抓取 URL 队列（先来先抓）。

②根据待抓取 URL 队列的排序进行网页抓取。

③将获取的网页内容和信息下载到本地的网页库，并创建已抓取 URL 列表（用于去重和判断抓取的进程）。

④将已抓取的网页放入待抓取的 URL 队列中，进行循环抓取操作。

4. 索引

从用户的角度来看，搜索的过程是通过关键字在某种资源中寻找特定内容的过程。而从计算机的角度来看，实现这个过程可以有两种办法：一是将所有资源逐个与关键字匹配，返回所有满足匹配的内容；二是如同字典一样事先创建一个对应表，把关键字与资源的内容对应起来，搜索时直接查找这个表即可。显而易见，第二个办法效率要高得多。创建这个对应表的过程就是建立逆向索引（Inverted Index）的过程。

（1）Lucene

Lucene 是一个高性能的 Java 全文检索工具包，它使用的是倒排文件索引结构。全文检索大致分以下两个过程。

①索引创建：将现实世界中所有的结构化和非结构化数据提取信息，创建索引的过程。

②搜索索引：指得到用户的查询请求，搜索创建的索引，然后返回结果的过程。

全文检索的分类如图 7-16 所示。

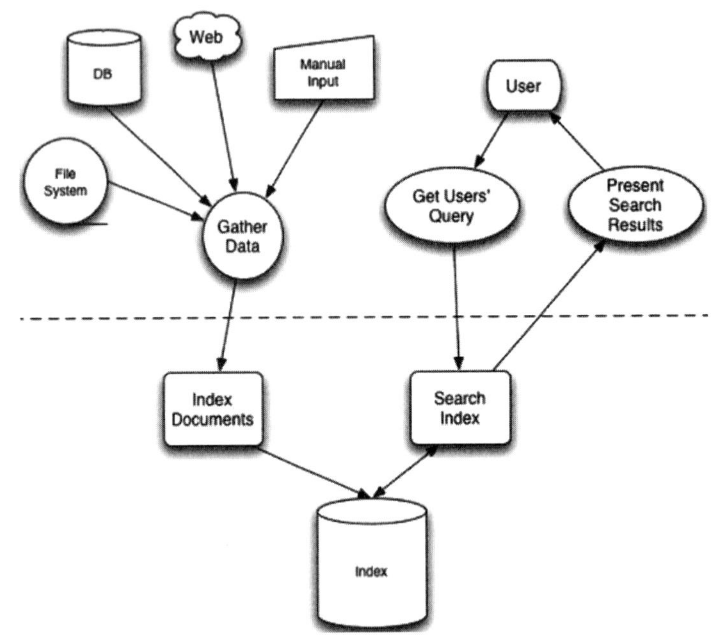

图 7-16　全文检索的分类

非结构化数据中所存储的信息是每个文件包含哪些字符串，即已知文件，欲求字符串相对容易，即从文件到字符串的映射。而如果想搜索的信息是哪些文件包含此字符串，即已知字符串，欲求文件，即从字符串到文件的映射。两者恰恰相反。如果索引总能够保存从字符串到文件的映射，则会大大提高搜索速度。由于从字符串到文件的映射是文件到字符串映射的反向过程，因此保存这种信息的索引称为反向索引 。

反向索引所保存的信息一般为：假设“我的文档”集合中有 100 篇文档，为了方便表示，可以将文档编号设置为 1~100，得到如图 7-17 所示的信息结构。

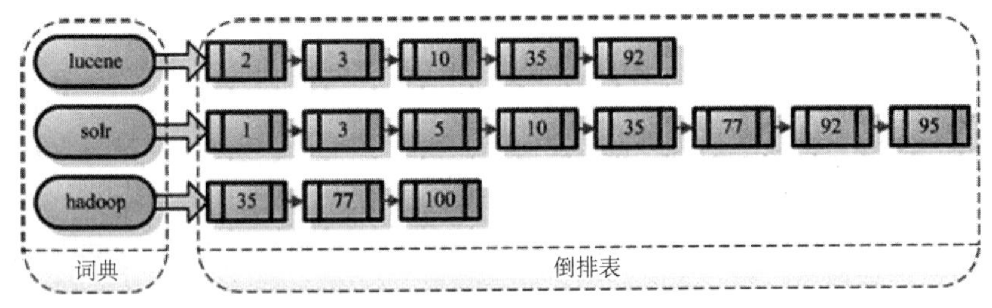

图 7-17　反向索引所保存的信息结构

每个字符串都指向包含该字符串的文档 (Document) 链表，该文档链表称为倒排表 (Posting List)。

（2）ElasticSearch

ElasticSearch 是一个实时的分布式搜索和分析引擎，可以用于全文搜索、结构化搜索及分析，当然也可以将这三者进行组合。ElasticSearch 是一个建立在全文搜索引擎 Apache Lucene™ 基础上的搜索引擎，但 Lucene 只是一个框架，要充分利用它的功能，需要使用 Java，并且在程序中集成 Lucene。ElasticSearch 使用 Lucene 作为内部引擎，但是在使用它进行全文搜索时，只需要使用统一开发好的 API 即可，而不需要了解其背后复杂的 Lucene 运行原理。

（3）Solr

Solr 是一个基于 Lucene 的搜索引擎服务器，提供了层面搜索、命中醒目显示且支持多种输出格式（包括 XML/XSLT 和 JSON 格式），它易于安装和配置，而且附带了一个基于 HTTP 的管理界面。Solr 已经在众多大型的网站中使用，较为成熟和稳定。Solr 包装并扩展了 Lucene，所以基本上沿用了 Lucene 的相关术语。更重要的是，Solr 创建的索引与 Lucene 搜索引擎库完全兼容。通过对 Solr 进行适当的配置，某些情况下可能需要进行编码，Solr 可以阅读和使用构建到其他 Lucene 应用程序中的索引。此外，很多 Lucene 工具（如 Nutch、 Luke）也可以使用 Solr 创建的索引。

（4）Hadoop

谷歌公司发布的一系列技术白皮书加剧了 Hadoop 的诞生。Hadoop 是一系列大数据处理工具的集合，可以被用在大规模集群中。Hadoop 目前已发展为一个生态体系，包括了很多组件，如图 7-18 所示。

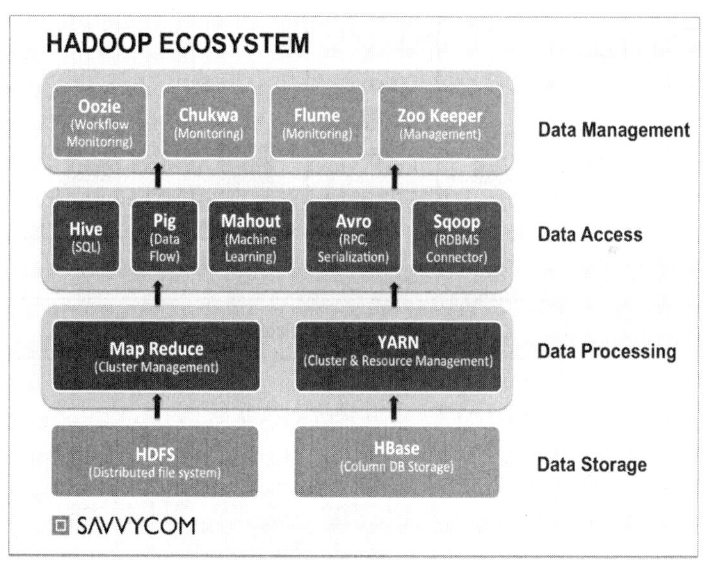

图 7-18 Hadoop 生态体系

Cloudera 是一家将 Hadoop 技术用于搜索引擎的公司，用户可以采用全文搜索方式检索存储在 HDFS（Hadoop 分布式文件系统）和 Apache HBase 中的数据，再加上开源的搜索引擎 Apache Solr，Cloudera 提供了搜索功能，并结合 Apache ZooKeeper 进行分布式处理的管理、索引切分及高性能检索。

（5）PageRank

谷歌 PageRank 算法基于随机冲浪模型，基本思想是基于网站之间的相互投票，即人们常说的网站之间互相指向。如果判断一个网站是高质量站点时，那么该网站应该是被很多高质量的网站引用，或者该网站引用了大量的高质量权威站点。

5. 国际化

Google 无论是技术还是产品设计，都做得很好，但是国际化确实是非常难做的，很多时候在细分领域还是会有其他搜索引擎的生存余地。例如，在韩国，Naver 是用户的首选，它本身基于 Yahoo 的 Overture 系统，广告系统则是自己开发的；在捷克，用户则更多会使用 Seznam；在瑞典，用户更多选择 Eniro，它最初是瑞典的黄页开发公司。

国际化、个性化搜索、匿名搜索，这些都是 Google 所不能完全覆盖到的，事实上，也没有任何一款产品可以适用于所有需求。

（1）自己实现搜索引擎

如果想要实现搜索引擎，最重要的是索引模块和搜索模块。索引模块在不同的机器上各自进行对资源的索引，并把索引文件统一传输到同一个地方（可以是在远程服务器上，也可以是在本地计算机上）；搜索模块则利用这些从多个索引模块收集到的数据完成用户的搜索请求。因此，可以理解为两个模块之间是相对独立的，它们之间的关联不是通过代码，而是通过索引和元数据，如图 7-19 所示。

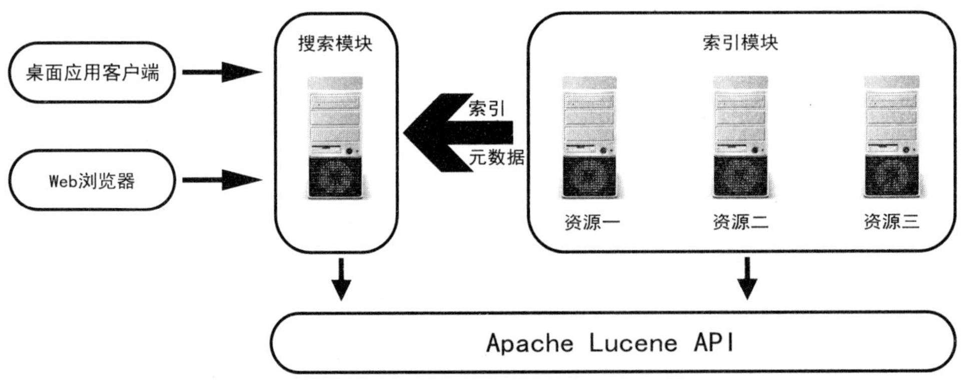

图 7-19　索引模块和搜索模块

对于索引的建立，需要注意性能问题。当需要进行索引的资源数目不多时，隔一定的时间进行一次完全索引，不会占用很长时间。但在大型应用中，资源的容量是巨大的，如果每次都进行完整的索引，耗费的时间会很惊人。用户可以通过跳过已经索引的资源内容，删除已不存在的资源内容的索引，并进行增量索引来解决这个问题。这可能会涉及文件校验和索引删除等。

另外框架可以提供查询缓存功能，提高查询效率。框架可以在内存中建立一级缓存，并使用 OSCache 或 EHCache 缓存框架，实现磁盘上的二级缓存。当索引的内容变化不频繁时，使用查询缓存会明显地提高查询速度、降低资源消耗。

（2）搜索引擎解决方案

①Sphinx。俄罗斯一家公司开源的全文搜索引擎软件 Sphinx，单一索引最大可包含 1 亿条记录，在 1 千万条记录情况下的查询速度为 0.× 秒（毫秒级）。Sphinx 创建索引的速度很快，网上资料显示，Sphinx 创建 100 万条记录的索引只需 3~4 分钟，创建 1000 万条记录的索引可以在 50 分钟内完成，而只包含最新 10 万条记录的增量索引，重建一次只需几十秒。

②OmniFind。OmniFind 是 IBM 公司推出的企业级搜索解决方案。基于 UIMA

(Unstructured Information Management Architecture) 技术，它提供了强大的索引和获取信息功能，支持巨大数量、多种类型的文档资源（无论是结构化还是非结构化），并为 Lotus Ⓡ Domino 和 WebSphere Ⓡ Portal 专门进行了优化。

（3）下一代搜索引擎

从技术和产品层面上看，接下来的几年，甚至更长时间，应该没有哪一家搜索引擎可以撼动谷歌的技术领先优势和产品地位。但是也可以发现一些现象，如搜索假期租房时，人们更喜欢使用 Airbub，而不是 Google，这就是针对匿名 / 个性化搜索需求，谷歌是不能完全覆盖到的，毕竟原始数据并不在谷歌。例如，DuckDuckGo 是一款有别于大众理解的搜索引擎，它强调的是最佳答案，而不是更多的结果，所以每个人搜索相同关键词时，返回的结果是不一样的。

搜索引擎的技术趋势是引入人工智能技术。在搜索体验上，通过大量算法的引入，对用户搜索的内容和访问偏好进行分析，将标题摘要进行一定程度的优化，以更容易理解的方式呈现给用户。谷歌在搜索引擎 AI 化方面领先于其他厂商。2016 年，随着 Amit Singhal 退休，John Giannandrea 上任后，正式开启了自身的革命。Giannandrea 是深度神经网络、近似人脑中的神经元网络研究方面的专家，通过分析海量级的数字数据，这些神经网络可以学习排列方式，如对图片进行分类、识别智能手机的语音控制等，相对应地，也可以应用在搜索引擎上。因此，Singhal 向 Giannandrea 的过渡，也意味着传统人为干预规则设置的搜索引擎向 AI 技术的过渡。引入深度学习技术之后的搜索引擎，通过不断模型训练，它会深层次地理解内容，并为客户提供更贴近实际需求的服务，这才是它的有用，或者可怕之处。

7.6 从 eBay 购物车丢失看处理网络 I/O

eBay 的工程师在一篇文章中分享了自己团队处理网络 I/O 丢失数据问题的解决手段，下面通过他分享的几个解决方案，进一步讨论网络高并发情况下可行性方案，包括切分数据、有选择的写入数据及压缩传输数据，其中压缩传输数据方式也是本节要推荐的方案。

1. 故事背景

eBay 的购物车信息存储依赖于两个不同的数据存储介质，MongoDB 存储用户完整的购物车信息，Oracle 仅存储购物车的大致信息，但是可以通过关键信息查找所有的购物车信息。在 eBay 的系统中，MongoDB 更多被用来充当“缓存”，Oracle 数据库作为存储副本。如果数据在 MongoDB 中找不到了，服务会从 Oracle 中重新抽取（恢复）数据，然后重新计算用户的购物车。所有的购物车数据都是 JSON 格式的，JSON 数据在 Oracle 中被存储在 BLOB 格式的字段内。这些 Oracle 中的数据只能被用于 OLTP 交易。购物车服务数据存储如图 7-20 所示。

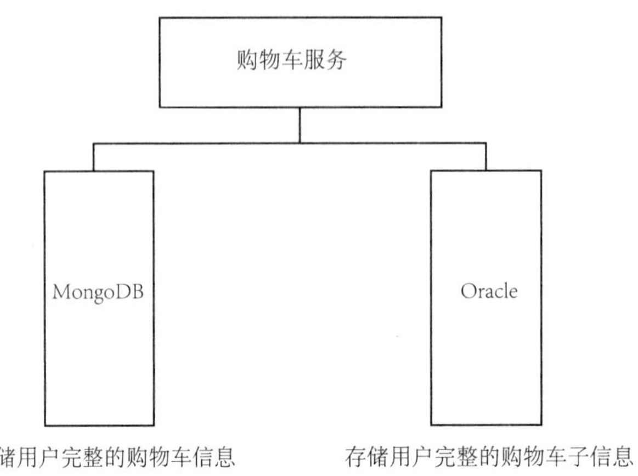

图 7-20　购物车服务数据存储

2016 年秋天开始，购物车服务出现了缓存层丢失数据的情况，同时，运维团队报告运行在主从模式下的 MongoDB 备份机制多次出现异常失败。eBay 的这个服务已经运行了多年，一直没有出现大问题，也没有做过任何架构调整和大规模代码变更。针对实际问题进行反复检查，发现 MongoDB 的 oplog（实时性要求极高的写日志记录）达到了网络 I/O 上限。而每一次的数据丢失，都会触发保护措施（再次从 Oracle 读取数据后重复计算），并进一步加长用户的等待时间。

2.　处理方式

（1）切分数据

团队成员提出对 JSON 数据进行切分，即对原先存储在 MongoDB 中的原子化的购物车信息（一个 JSON 字符串）切分为多个字符串，这样做的好处是可以减少单一 MongoDB 中心节点的写入次数和网络开销。

切分数据可以理解为对于数据进行分片。软件设计中很多场景有类似方案，下面先看看 MongoDB 自身对分片的处理。

分片集群的 Sharding 方案将整个数据集拆分为多个更小的 chunk，并分布在集群中多个 MongoDB 节点上，最终达到存储和负载能力扩容、压力分流的作用。整个 Sharding 架构中，每个负责存储一部分数据的 MongoDB 节点被称为 Shard，Shard 上分布的数据块被称为 chunk，实现分片集群时，MongoDB 引入 Config Server 存储集群的元数据，引入 mongod 作为应用访问的入口，mongod 从 Config Server 读取路由信息，并将请求路由到后端应用的 Shard 上。所以 MongoDB 的分片集群其实由分片服务器、路由服务器和配置服务器三部分组成。如果还需要对数据进行均匀分布，就需要分区算法的支撑。MongoDB 支持区间分区和哈希分区两种区分算法。区间分区指的是将整个区间的上下边界设想为“正无穷大”和“负无穷大”，每个 chunk 覆盖一段子区间，任何 Shard Key 均会被某个特定的 chunk 所覆盖；哈希分区指的是计算 Hash 值，并以此作为 Range 来分区，这种方式可以将文档更加随机地分散在不同的 chunks 上。

从 MongoDB 的数据切分存储方式就不难看出复杂性，对于数据切分后的关联方式，远比数据切分、负载均衡复杂，因此，第一种方案的选择会引入其他技术难点，需要自己能够寻找被切分后的数据关联性，这就是为什么 eBay 放弃了这个方案。

（2）有选择地写入

eBay 尝试的第二种方案是利用 MongoDB 的 set 命令，该命令支持仅针对特定值发生更改后才启动写入操作。这种方式理论上也是可行的。

这个方案也不能确保业务逻辑规则不变，如果很多业务人员可以参与规则制定，到最后可能会出现只要数据修改，就得写入 MongoDB 的情况，因此没有从根本上确保减少 oplog 写入次数。此外，该方案引入了业务逻辑层的数据检验过程，增加了检验环节的耗时。因此，该方案性价比不高，eBay 团队同样选择了放弃。

（3）压缩传输数据

如果想要减少进入主节点的数据量，就应该减少流入 oplog 的数据量。想要实现这一点目标，可以采用对数据进行压缩的方式实现数据量的减小。这种方案的缺点是需要将数据编成二进制格式；优点是不需要重写业务逻辑，压缩是在客户端进行的，与服务端没有关系，这样就减少了进入 Master 节点的数据量。eBay 选择的是这种对数据压缩后发送到 MongoDB 的方式，这样就和数据库本身没有关系了，优化方案转移到了客户端。通过这种方式，eBay 的 oplog 写入数据从 150GB/h 下降为 11GB/h，文档的平均大小也从 32KB 下降为 5KB。

下面对几种主要的压缩算法，如 deflate、gzip、bzip2、lzo、lz4、snappy 等做类似的评估和测试。评估结论如下。

① deflate、gzip 都是基于 LZ77 算法与哈夫曼编码的无损数据压缩算法，gzip 只是在 deflate 格式上增加了文件头和文件尾。

② bzip2 是 Julian Seward 开发并按照自由软件 / 开源软件协议发布的数据压缩算法，并在 Apache 的 Commons-compress 库中进行了实现。

③ lzo 致力于解压速度，并且该算法也是无损算法。

④ lz4 是一种无损数据压缩算法，着重于压缩和解压缩速度。

⑤ snappy 是 Google 基于 LZ77 算法的思路，并用 C++ 语言编写的快速数据压缩与解压程序库，2011 年开源。它的目标并非最大程度地压缩，而是针对最快速度和合理的压缩率。

下面是对 200 张图片的 URL 数据进行的 2000 次压缩和解压测试，测试结果数据如表 7-1 所示。

表 7-1 测试结果数据

压缩算法	压缩前文件大小（byte）	压缩后文件大小（byte）	压缩率	总压缩耗时（s）	总解压缩耗时（s）	CPU 使用率
snappy	191700	18550	90.30%	1.69	0.13	87.70%
lzo	191700	17080	91.12%	2.07	0.53	100%
gzip	191700	7461	95.92%	4.4	1	100%
lz4	191700	64759	66.12%	1.61	0.43	59.50%
bzip2	191700	4134	97.45%	64.77	6.64	100%
deflate	191700	9483	94.81%	2.42	0.98	62.20%

从测试结果数据可以发现，经过压缩后的数据量明显变小，deflate、gzip 和 bzip2 更关注压缩率，压缩和解压缩时间会更长；lzo、lz4 及 snappy 均侧重于压缩速度，压缩率稍差；deflate、lz4 及 snappy 在 CPU 使用上较少；snappy 在压缩和解压时间以及 CPU 使用上都比较均衡，没有出现频繁的波动。总的来说，snappy 更好，使用 snappy 压缩后，较不压缩情况可以节省约 50% 的存储空间，并且提高了约 30% 传输速度。

eBay 对于问题的处理方案，看似是针对特定情况的处理方式，实质上是对整个数据传输过程中出现异常时的思考方式考验，也是对系统架构能力的考验。数据在传输过程中出现丢失，MongoDB 是其中一环，也可能是较为靠后的一环，它本身又是一个存储介质，并不承担业务逻辑上的处理。对于这类问题，最恰当的方式是在数据源头进行处理，存储介质层的优化不是短时间可以完成的，也可能需要通过增加机器或外部技术引入才能从根本上解决问题，所投入的精力、财力会大增。业务方有可能因为需要自己修改自身代码，增加压缩功能，会将这一问题推给后续环节，实质上是不合理的，这也是为什么支持 eBay 选择第三种方案作为最终解决方案。

7.7 Apache Kafka 工作原理及案例介绍

7.7.1 消息队列

消息队列技术是分布式应用间交换信息的一种技术。消息队列可驻留在内存或磁盘上，队列存储消息直到它们被应用程序读取。通过消息队列，应用程序可独立地执行——不需要知道彼此的位置，或者在继续执行前不需要等待程序接收此消息。在分布式计算环境中，为了集成分布式应用，开发者需要对异构网络环境下的分布式应用提供有效的通信手段。为了管理需要共享的信息，对应用提供公共的信息交换机制是重要的。常用的消息队列技术为 Message Queue。

Message Queue 的通信模式包括以下 4 种。

①点对点通信模式：点对点方式是最为传统和常见的通信方式，它支持一对一、一对多、多对多、多对一等多种配置方式，支持树状、网状等多种拓扑结构。

②多点广播模式：Message Queue 适用于不同类型的应用。其中重要的、正在发展中的是“多点广播”应用，即能够将消息发送到多个目标站点 (Destination List)。例如，可以使用一条 Message Queue 指令将单一消息发送到多个目标站点，并确保为每一站点可靠地提供信息。Message Queue 不仅提供了多点广播的功能，还拥有智能消息分发功能：在将一条消息发送到同一系统上的多个用户时，Message Queue 将消息的一个复制版本和该系统上接收者的名单发送到目标 Message Queue 系统，目标 Message Queue 系统在本地复制这些消息，并将它们发送到名单上的队列，从而尽可能减少网络的传输量。

③发布 / 订阅 (Publish/Subscribe) 模式：发布 / 订阅功能使消息的分发可以突破目的队列地理指向的限制，使消息按照特定的主题，甚至内容进行分发，用户或应用程序可以根据主题或内容接收到所需要的消息。发布 / 订阅功能使发送者和接收者之间的耦合关系变得更为松散，发送者不必关心接收者的目的地址，接收者也不必关心消息的发送地址，而只是根据消息的主题进行消息的

收发。

④群集 (Cluster) 模式：为了简化点对点通信模式中的系统配置，Message Queue 提供了群集的解决方案。群集类似于一个域 (Domain)，群集内部的队列管理器之间通信时，不需要两两之间建立消息通道，而是采用群集通道与其他成员通信，从而大大简化了系统配置。此外，群集中的队列管理器之间能够自动进行负载均衡，当某一队列管理器出现故障时，其他队列管理器可以接管它的工作，从而大大提高系统的高可靠性。

7.7.2 Apache Kafka 专用术语和交互流程

Kafka 是一个消息系统，原本开发自 LinkedIn，用作 LinkedIn 的活动流（Activity Stream）和运营数据处理管道（Pipeline）的基础。现在它已被多家公司作为多种类型的数据管道和消息系统使用。活动流数据是几乎所有站点在对网站使用情况做报表时都要用到的数据中最常规的部分，包括页面访问量（Page View）、被查看内容方面的信息及搜索情况等数据，这种数据通常的处理方式是先把各种活动以日志的形式写入某种文件，然后周期性地对这些文件进行统计分析；运营数据指的是服务器的性能数据（CPU 使用率、请求时间、服务日志等数据）。总的来说，运营数据的统计方法种类繁多。

1. Kafka 专用术语

① Broker：Kafka 集群包含一个或多个服务器，这种服务器被称为 Broker。

② Topic：每条发布到 Kafka 集群的消息都有一个类别，这个类别被称为 Topic。物理上，不同 Topic 的消息分开存储；逻辑上，一个 Topic 的消息虽然保存于一个或多个 Broker 上，但用户只需指定消息的 Topic 即可生产或消费数据，而不必关心数据存于何处。

③ Partition：Partition 是物理上的概念，每个 Topic 包含一个或多个 Partition。

④ Producer：消息生产者，负责发布消息到 Kafka Broker。

⑤ Consumer：消息消费者，向 Kafka Broker 读取消息的客户端。

⑥ Consumer Group：每个 Consumer 属于一个特定的 Consumer Group（可为每个 Consumer 指定 Group Name，否则默认为 Group）。

2. Kafka 交互流程

Kafka 是一个基于分布式的消息发布 - 订阅系统，被设计成了快速、可扩展的、持久的系统。与其他消息发布 - 订阅系统类似，Kafka 在主题当中保存消息的信息。生产者向主题写入数据，消费者从主题读取数据。由于 Kafka 的特性是支持分布式，同时也是基于分布式的，因此主题也是可以在多个节点上被分区和覆盖的。

信息是一个字节数组，程序员可以在这些字节数组中存储任何对象，支持的数据格式包括 String、JSON、Avro。Kafka 通过给每一个消息绑定一个键值的方式来保证生产者可以把所有的消息发送到指定位置。属于某一个消费者群组的消费者订阅了一个主题，通过该订阅消费者可以跨节点地接收所有与该主题相关的消息，每一个消息只会发送给群组中的一个消费者，所有拥有相同键值的消息都会被确保发给这一个消费者。

Kafka 设计中将每一个主题分区当作一个顺序排列的日志，同处于一个分区中的消息都被设置了唯一的偏移量。Kafka 只会保持跟踪未读消息，一旦消息被置为已读状态，Kafka 就不会再去管理它了。Kafka 的生产者负责在消息队列中对生产出来的消息保证一定时间的占有，消费者负责追踪每一个主题（可以理解为一个日志通道）的消息并及时获取它们。基于这样的设计，Kafka 可以在消息队列中保存大量的开销很小的数据，并且支持大量的消费者订阅。

7.7.3 利用 Apache Kafka 系统架构的设计思路

1. 示例：网络游戏

假设正在开发一个在线网络游戏平台，这个平台需要支持大量的在线用户实时操作，玩家在一个虚拟的世界中通过互相协作的方式一起完成每一个任务。由于网络游戏中允许玩家互相交易金币、道具，因此必须确保玩家之间的诚信关系。而为了确保玩家之间的诚信及账户安全，需要对玩家的 IP 地址进行追踪，当一个长期固定 IP 地址忽然出现异动情况时，要能够预警；同时，如果玩家所持有的金币、道具出现重大变更，也要能够及时预警。此外，为了让开发组的数据工程师能够测试新的算法，还要允许这些玩家数据进入 Hadoop 集群，即加载这些数据到 Hadoop 集群中。

对于一个实时游戏，必须要做到对存储在服务器内存中的数据进行快速处理，这样可以帮助实时地发出预警等各类动作。因此，系统架设拥有多台服务器，内存中的数据包括了每一个在线玩家近 30 次访问的各类记录，包括道具、交易信息等，并且这些数据跨服务器存储。

服务器拥有两个角色：首先是接受用户发起的动作，如交易请求；其次是实时地处理用户发起的交易并根据交易信息发起必要的预警动作。为了保证快速、实时地处理数据，需要在每一台机器的内存中保留历史交易信息，这意味着必须在服务器之间传递数据，即使接收用户请求的这台机器没有该用户的交易信息。为了保证角色的松耦合，要使用 Kafka 在服务器之间传递信息（数据）。

2. Kafka 特性应用

Kafka 的几个特性非常满足用户的需求，如可扩展性、数据分区、低延迟、处理大量不同消费者的能力。这个案例可以配置在 Kafka 中为登录和交易配置同一个主题。由于 Kafka 支持在单一主题内的排序，而不是跨主题的排序，因此，为了保证用户在交易前使用实际的 IP 地址登录系统，这里采用了同一个主题来存储登录信息和交易信息。

当用户登录或发起交易动作后，负责接收的服务器立即发事件给 Kafka。这里采用用户 ID 作为消息的主键，具体事件作为值，这保证了同一个用户的所有交易信息和登录信息被发送到 Kafka 分区。每一个事件处理服务被当作一个 Kafka 消费者来运行，所有的消费者被配置到了同一个消费者群组，这样每一台服务器从一些 Kafka 分区读取数据，一个分区的所有数据被送到同一个事件处理服务器（可以与接收服务器不同）。当事件处理服务器从 Kafka 读取了用户交易信息后，可以把该信息加入保存在本地内存中的历史信息列表中，这样可以保证事件处理服务器在本地内存中调用用户的历史信息并做出预警，而不需要额外的网络或磁盘开销。网络游戏设计图如图 7-21 所示。

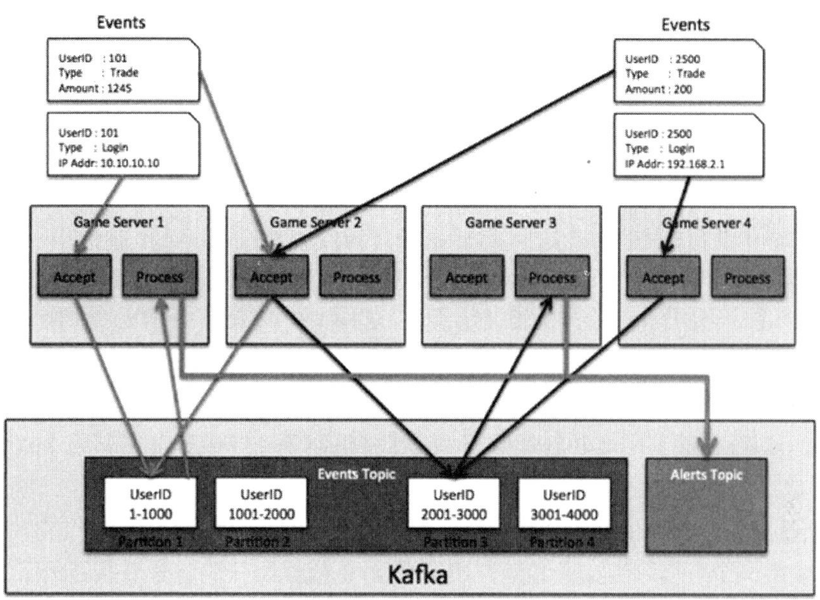

图 7-21 网络游戏设计图

为了多线程处理，这里为每一个事件处理服务器或每一个核创建了一个分区。Kafka 已经在拥有 1 万个分区的集群中测试过。

3. 切换回 Kafka

上例可以总结为：首先从游戏服务器发送信息到 Kafka，然后另一台游戏服务器的消费者从主题中读取该信息并处理它。然而，这样的设计解耦了两个角色且允许用户管理每一个角色的各种功能。此外，这种方式不会增加负载到 Kafka。测试结果显示，即使是 3 个节点组成的集群也可以处理每秒接近百万级的任务，平均每个任务从注册到消费耗时约 3ms。

从上例可以看出，当发现一个事件可疑后，发送一个预警标志到一个新的 Kafka 主题，同样有一个消费者服务会读取它，并将数据存入 Hadoop 集群用于进一步的数据分析。因为 Kafka 不会追踪消息的处理过程及消费者队列，所以它在消耗极小的前提下可以同时处理数千个消费者。Kafka 甚至可以处理批量级别的消费者，如每小时唤醒一次一批睡眠的消费者来处理所有的信息。

Kafka 让数据存入 Hadoop 集群变得非常简单。当拥有多个数据来源和多个数据目的地时，为每一个来源和目的地配对地编写一个单独的数据通道会导致混乱发生。Kafka 帮助 LinkedIn 规范了数据通道格式，并且允许每一个系统获取数据和写入数据各一次，这样极大地减少了数据通道的复杂性和操作耗时。

LinkedIn 的架构师 Jay Kreps 说：“我最初是在 2008 年完成键值对数据存储方式后开始的，我的项目是尝试运行 Hadoop，将我们的一些处理过程移动到 Hadoop 里面去。我们在这个领域几乎没有经验，花了几个星期尝试把数据导入、导出，另外一些时间花在了尝试各种各样的预测性算法使用上面，然后我们开始了漫漫长路。”

4. Kafka 与 Flume 的区别

Kafka 与 Flume 很多功能确实是重复的。以下是评估两个系统的一些建议。

① Kafka 是一个通用型系统，可以有许多的生产者和消费者分享多个主题。相反地，Flume 被设计成特定用途的，向 HDFS 和 HBase 发送出去。Flume 为了更好地为 HDFS 服务而做了特定的优化，并且与 Hadoop 的安全体系整合在了一起。基于这样的结论，Hadoop 开发商 Cloudera 推荐：如果数据需要被多个应用程序消费，可以使用 Kafka；如果数据只是面向 Hadoop 的，可以使用 Flume。

② Flume 拥有许多配置的来源 (Sources) 和存储池 (Sinks)。Kafka 拥有的是非常小的生产者和消费者环境体系，Kafka 社区并不是非常支持。如果数据来源已经确定且不需要额外的编码，可以使用 Flume 提供的 Sources 和 Sinks；反之，如果需要准备自己的生产者和消费者，那就需要使用 Kafka。

③ Flume 可以在拦截器中实时处理数据，这个特性对于过滤数据非常有用。Kafka 需要一个外部系统帮助处理数据。

④无论是 Kafka 还是 Flume，均可以保证不丢失数据。然而，Flume 不会复制事件。相应地，即使用户正在使用一个可信赖的文件通道，如果 Flume 代理所在的这个节点宕机了，就会失去所有的事件访问能力，直到修复这个受损的节点。使用 Kafka 的管道特性不会出现这样的问题。

⑤ Flume 和 Kafka 是可以一起工作的。如果用户需要把流式数据从 Kafka 转移到 Hadoop，可以使用 Flume 代理，将 Kafka 当作一个来源 (Source)，这样可以从 Kafka 读取数据到 Hadoop。用户可以利用 Flume 与 Hadoop、HBase 相结合的特性，使用 Cloudera Manager 平台监控消费者，并且通过增加过滤器的方式处理数据。

综上所述，Kafka 的设计可以帮助用户解决很多架构上的问题。但是想要用好 Kafka 的高性能、松耦合、高可靠性、数据不丢失等特性，那就需要非常了解 Kafka，以及自身的应用系统使用场景，毕竟并不是在任何环境下，Kafka 都是最佳选择。

7.8 Apache ZooKeeper 服务启动源码解释

从根本上来说，分布式系统就是不同节点上的进程并发执行，并且相互之间对进程的行为进行协调处理的系统。不同节点上的进程互相协调行为的过程称为分布式同步。许多分布式系统需要一个进程作为任务的协调者，执行一些其他进程并不执行的特殊操作。一般情况下，哪个进程担当任务的协调者都无所谓，但是必须有一个进程作为协调者，自动选举出一个协调者的过程就是分布式选举。ZooKeeper 正是为了解决这一系列问题应运而生的。

7.8.1 ZooKeeper 服务启动

ZooKeeper 服务的启动方式分为 3 种，即单机模式、伪分布式模式和分布式模式。

1. 单机模式

采用单机模式，意味着只有一台计算机或一个节点，因此流程较为简单。首先，在 conf 目录下通过自创建 zoo.cfg 文件完成 ZooKeeper 的配置，其代码如下。ZooKeeper 服务会读取该配置文件。

```
[root@localhost zookeeper-3.4.7]# cdconf
[root@localhostconf]# ls -rlt
total 12
-rw-rw-r--. 1 1000 1000  922 Nov 10 22:32 zoo_sample.cfg
-rw-rw-r--. 1 1000 1000 2161 Nov 10 22:32 log4j.properties
-rw-rw-r--. 1 1000 1000  535 Nov 10 22:32 configuration.xsl
[root@localhostconf]# catzoo_sample.cfg
# The number of milliseconds of each tick
tickTime=2000
# The number of ticks that the initial
# synchronization phase can take
initLimit=10
# The number of ticks that can pass between
# sending a request and getting an acknowledgement
syncLimit=5
# the directory where the snapshot is stored.
# do not use /tmp for storage, /tmp here is just
# example sakes.
dataDir=/tmp/zookeeper
# the port at which the clients will connect
clientPort=2181
# the maximum number of client connections.
# increase this if you need to handle more clients
#maxClientCnxns=60
#
# Be sure to read the maintenance section of the
# administrator guide before turning on autopurge.
#
# http://zookeeper.apache.org/doc/current/zookeeperAdmin.html#sc_maintenance
#
# The number of snapshots to retain in dataDir
#autopurge.snapRetainCount=3
# Purge task interval in hours
# Set to "0" to disable auto purge feature
#autopurge.purgeInterval=1
```

上面是自带的示例配置，与用户相关的 3 个配置项是 tickTime、dataDir 和 clientPort。

① tickTime：这个参数主要是用来针对 ZooKeeper 服务端和客户端的会话控制，包括心跳控制。一般来说，会话超时时间是该值的两倍，这里设置为 2000ms。

② dataDir：这个目录用来存放数据库的镜像和操作数据库的日志。注意，如果该文件夹不存在，

需要手动创建一个并赋予读写权限；这里设置为 /tmp/zookeeper，不用手动创建该文件夹，系统运行后会自动创建或覆盖。

③ clientPort：ZooKeeper 服务端监听客户端的端口，默认为 2181，这里沿用默认设置。

通过 bin 目录下的 zkServer.sh 脚本启动 ZooKeeper 服务，如果不清楚具体参数，可以直接调用脚本查看输出，ZooKeeper 采用的是 Bourne Shell，其代码如下。

```
[root@localhost bin]# ./zkServer.sh
ZooKeeper JMX enabled by default
Using config: /home/zhoumingyao/zookeeper/zookeeper-3.4.7/bin/../conf/zoo.cfg
Usage: ./zkServer.sh {start|start-foreground|stop|restart|status|upgrade|
print-cmd}
```

从上述输出中可以看到有 start 等选项，其他选项还有 start-foreground、stop、restart、status、upgrade、print-cmd 等，从名称上已经可以看出代表意义，这里使用 start 选项启动 ZooKeeper 服务，其代码如下。

```
[root@localhost bin]# ./zkServer.sh start
ZooKeeper JMX enabled by default
Using config: /home/zhoumingyao/zookeeper/zookeeper-3.4.7/bin/../conf/zoo.cfg
Starting zookeeper ... STARTED
```

ZooKeeper 服务是否启动成功，可以通过 ps 或 jps 命令查看，其代码如下。

```
[root@localhost bin]# jps
2737 QuorumPeerMain
2751 Jps
[root@localhost bin]# ps -ef | grep zookeeper | grep -v grep | awk '{print
$2}'
2608
```

上述输出中进程号为 2737 的进程 QuorumPeerMain 代表了 ZooKeeper 服务。用户也可以通过 ZooKeeper 启动脚本自带的参数 status 来查看 ZooKeeper 进程状态，代码如下。

```
[root@localhost bin]# ./zkServer.sh status
ZooKeeper JMX enabled by default
Using config: /home/zhoumingyao/zookeeper/zookeeper-3.4.7/bin/../conf/zoo.cfg
Mode: standalone
```

ZooKeeper 服务运行以后，可以通过命令行工具去访问它，默认是 Java 命令行脚本。也可以通过以下命令方式启动 ZooKeeper 命令行 Shell，运行输出代码如下。

```
[root@localhost bin]# ./zkCli.sh -server localhost:2181
Connecting to localhost:2181
2015-12-20 23:22:10,620 [myid:] - INFO  [main:Environment@100] - Client
environment:zookeeper.version=3.4.7-1713338, built on 11/09/2015 04:32 GMT
2015-12-20 23:22:10,645 [myid:] - INFO  [main:Environment@100] - Client
environment:host.name=localhost
2015-12-20 23:22:10,645 [myid:] - INFO  [main:Environment@100] - Client
environment:java.version=1.8.0_51
welcome to Zookeeper!
```

```
    2015-12-20 23:22:10,953 [myid:] - INFO  [main-SendThread(localhost:2181):
ClientCnxn$SendThread@1032] - Opening socket connection to server
localhost/0:0:0:0:0:0:0:1:2181. Will not attempt to authenticate using SASL
(unknown error)
    JLine support is enabled
    2015-12-20 23:22:11,342 [myid:] - INFO  [main-SendThread(localhost:2181):
ClientCnxn$SendThread@876] - Socket connection established to
localhost/0:0:0:0:0:0:0:1:2181, initiating session
    2015-12-20 23:22:11,672 [myid:] - INFO  [main-SendThread(localhost:2181):
ClientCnxn$SendThread@1299] - Session establishment complete on server
localhost/0:0:0:0:0:0:0:1:2181, sessionid = 0x151c241c15b0000, negotiated
    timeout = 30000
    WATCHER::
    WatchedEventstate:SyncConnectedtype:Nonepath:null
    [zk: localhost:2181(CONNECTED) 0]
```

光标停留在 [zk: localhost:2181(CONNECTED) 0] 这一行，用户可以通过 help 请求来查看所有的支持命令。

2. 伪分布式模式

用户可以在一台计算机上创建模拟的 ZooKeeper 集群服务。假如需要 3 个节点，要创建 3 个 .cfg 文件，分别命名为 zoo1.cfg、zoo2.cfg 和 zoo3.cfg，此外，还要创建 3 个不同的数据文件夹，分别是 zoo1、zoo2 和 zoo3，目录为 /var/lib/zookeeper。其中一个配置文件 zool 的内容如下，其他的两个类似。

```
[root@localhostconf]# cat zoo1.cfg
# The number of milliseconds of each tick
tickTime=2000
# The number of ticks that the initial
# synchronization phase can take
initLimit=10
# The number of ticks that can pass between
# sending a request and getting an acknowledgement
syncLimit=5
# the directory where the snapshot is stored.
# do not use /tmp for storage, /tmp here is just
# example sakes.
dataDir=/var/lib/zookeeper/zoo1
# the port at which the clients will connect
clientPort=2181
# the maximum number of client connections.
# increase this if you need to handle more clients
#maxClientCnxns=60
#
# Be sure to read the maintenance section of the
# administrator guide before turning on autopurge.
#
```

```
# http://zookeeper.apache.org/doc/current/zookeeperAdmin.html#sc_maintenance
#
# The number of snapshots to retain in dataDir
#autopurge.snapRetainCount=3
# Purge task interval in hours
# Set to "0" to disable auto purge feature
#autopurge.purgeInterval=1
server.1=localhost:2666:3666
server.2=localhost:2667:3667
server.3=localhost:2668:3668
```

注意，每一台虚拟计算机都对应一个自己的 zoo{$}.cfg，其中的“{$}”需要通过以下命令来进行 myid 设置。

```
[root@localhostconf]# echo 1 > /var/lib/zookeeper/zoo1/myid
[root@localhostconf]# echo 2 > /var/lib/zookeeper/zoo2/myid
[root@localhostconf]# echo 3 > /var/lib/zookeeper/zoo3/myid
```

启动 ZooKeeper 的 3 个实例，需要调用 3 次 zkServer.sh 的 start 命令，其输出代码如下。

```
[root@localhost bin]# ./zkServer.sh start /home/zhoumingyao/zookeeper/
zookeeper-3.4.7/conf/zoo1.cfg
ZooKeeper JMX enabled by default
Using config: /home/zhoumingyao/zookeeper/zookeeper-3.4.7/conf/zoo1.cfg
Starting zookeeper ... STARTED
[root@localhost bin]# ./zkServer.sh start /home/zhoumingyao/zookeeper/
zookeeper-3.4.7/conf/zoo2.cfg
ZooKeeper JMX enabled by default
Using config: /home/zhoumingyao/zookeeper/zookeeper-3.4.7/conf/zoo2.cfg
Starting zookeeper ... STARTED
[root@localhost bin]# ./zkServer.sh start /home/zhoumingyao/zookeeper/
zookeeper-3.4.7/conf/zoo3.cfg
ZooKeeper JMX enabled by default
Using config: /home/zhoumingyao/zookeeper/zookeeper-3.4.7/conf/zoo3.cfg
Starting zookeeper ... STARTED
```

使用 jps 命令查看服务，代码如下。

```
[root@localhost bin]# jps
5537 QuorumPeerMain
5617 Jps
5585 QuorumPeerMain
```

确认服务都正常启动，用户就可以通过 zkCli.sh 脚本方式连接到 ZooKeeper 集群，命令为 ./zkCli.sh -server localhost:2181,localhost:2182,localhost:2183，效果和单机模式一样。

3. 分布式模式

ZooKeeper 单机模式不支持单点失败保护，所以不推荐在生产环境下使用。ZooKeeper 有另外一种支持多台计算机的模式，即真正的分布式模式，这多台被包含在一个集群内的所有计算机被称为 quorum。就数量而言，集群内部最小配置为 3 台、最佳配置为 5 台，其中包含 1 台 Leader（领导者）计算机，由 5 台计算机内部选举产生；另外 4 台就立即成为 Follower（跟随者）计算机。一旦 Leader 宕机，剩余的 Follower 就会重新选举出 Leader。

从配置文件内部的字段定义上来说，分布式模式的 ZooKeeper 与单机模式的 ZooKeeper 有一些差距，如下面 3 个字段。

① initLimit：Follower 对于 Leader 的初始化连接 timeout 时间。

② syncLimit：Follower 对于 Leader 的同步 timeout 时间。

③ timeout：计算公式是 initLimit*tickTime，syncLimit*tickTime。

此外，用户需要把组成 quorum 的所有计算机也都列在这个配置文件中。假设有两个端口，第一个端口 2889 用于 Follower 和 Leader 之间的通信，通信方式是采用 TCP 方式；第二个端口 3889 是为选举 Leader 用的，用于 quorum 内部的 Leader 选举响应。该分布模式配置文件如下。

```
server.1=node1:2889:3889
server.2=node2:2889:3889
server.3=node3:2889:3889
```

注意，分布式模式也需要设置 myid，这与伪分布式模式基本一样，只需要在每一台计算机上实现一个 myid，如第一台设置为 1、第二台设置为 2、第三台设置为 3，以此类推。

分布式模式的启动方式和单机模式唯一的差距是每一台计算机上都需要启动 ZooKeeper 服务，即运行命令 ./zkServer.sh start。

ZooKeeper 服务端运行后，用户可以通过在每台计算机上运行 ./zkServer.sh status 来查看选举结果，其中 Follower 节点的运行结果和 Leader 节点的运行结果分别如下。

Follower 节点的运行结果：

```
[root@node3 bin]# ./zkServer.sh status
JMX enabled by default
Using config: /usr/lib/zookeeper-3.4.6/bin/../conf/zoo.cfg
Mode: follower
```

Leader 节点的运行结果：

```
[root@node2 bin]# ./zkServer.sh status
JMX enabled by default
Using config: /usr/lib/zookeeper-3.4.6/bin/../conf/zoo.cfg
Mode: leader
```

通过 zkCli 命令行访问 ZooKeeper 服务，假如用户访问 node2 节点，代码如下。

```
    [root@localhost bin]# ./zkCli.sh -server node2:2182
    Connecting to node2:2182
    2016-01-19 16:15:06,702 [myid:] - INFO  [main:Environment@100] - Client
environment:zookeeper.version=3.4.7-1713338, built on 11/09/2015 04:32 GMT
    2016-01-19 16:15:06,710 [myid:] - INFO  [main:Environment@100] - Client
environment:host.name=node2
    2016-01-19 16:15:06,710 [myid:] - INFO  [main:Environment@100] - Client
```

```
environment:java.version=1.7.0_79
    WatchedEventstate:SyncConnectedtype:Nonepath:null
    [zk: node2:2182(CONNECTED) 0] help
    ZooKeeper -server host:portcmdargs
    connecthost:port
    get path [watch]
    ls path [watch]
    set path data [version]
    rmr path
    delquota [-n|-b] path
    quit
    printwatcheson|off
    create [-s] [-e] path data acl
    stat path [watch]
    close
    ls2 path [watch]
    history
    listquota path
    setAcl path acl
    getAcl path
    sync path
    redocmdno
    addauth scheme auth
    delete path [version]
    setquota -n|-b val path
    [zk: node2:2182(CONNECTED) 1]
```

以上就证明分布式模式启动成功。与伪分布式方式基本一样。

注意，调试过程建议尽量使用分布式模式，单机模式不推荐在生产环境下使用，伪分布式模式实质上是在一个进程内派生多个线程模拟分布式形态，由于操作系统的内部结构设计容易造成一些问题，建议与其解决问题不如切换到分布式模式。生产环境下建议一定采用分布式模式，如果计算机不够用，推荐采用虚拟机方式。

7.8.2 流程及源代码解释

ZooKeeper 的启动由 zkServer.sh 发起，真正的起源是 Java 类 QuorumPeerMain 进行一系列配置后启动负责 ZooKeeper 服务的线程，具体调用过程如图 7-22 所示。

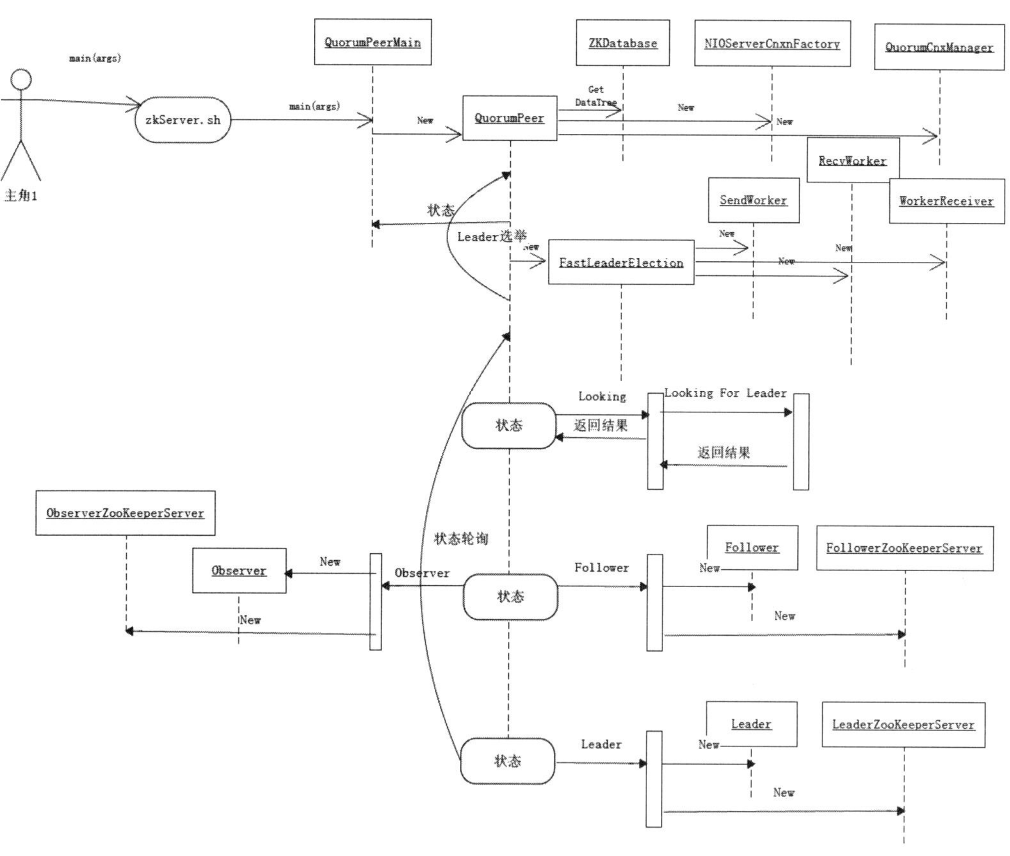

图 7-22 启动 ZooKeeper 服务时序图

1. zkServer.sh

zkServer.sh 脚本用于启动 ZooKeeper 服务，第一个参数有 7 种选择，包括 start、start-foreground、print-cmd、stop、upgrade、restart、status 等。

这里主要讲解 start 方法，脚本使用 nohup 命令提交作业，代码如下。

```
    nohup "$JAVA" "-Dzookeeper.log.dir=${ZOO_LOG_DIR}" "-Dzookeeper.root.
logger=${ZOO_LOG4J_PROP}" \
    -cp "$CLASSPATH" $JVMFLAGS $ZOOMAIN "$ZOOCFG" > "$_ZOO_DAEMON_OUT" 2>&1 < /
dev/null &
```

变量 ZOOMAIN 为类 QuorumPeerMain.java 进行如下设置，这是启动服务的第一个入口类。

```
    ZOOMAIN="-Dcom.sun.management.jmxremote -Dcom.sun.management.jmxremote.
port=$JMXPORT -Dcom.sun.management.jmxremote.authenticate=$JMXAUTH -Dcom.sun.
management.jmxremote.ssl=$JMXSSL -Dzookeeper.jmx.log4j.disable=$JMXLOG4J org.
apache.zookeeper.server.quorum.QuorumPeerMain"
```

2. QuorumPeerMain

QuorumPeerMain 类的 main 函数较为简单，直接调用了 initializeAndRun 方法，参数就是 zkServer.sh 传入的参数，这里是 start。在 initializeAndRun 方法内部，首先启动的是定时清除镜像任务，默认设置为保留 3 份。由于 purgeInterval 参数默认设置为 0，因此不会启动镜像定时清除机制，代码如下。

```
if (purgeInterval<= 0) {
LOG.info("Purge task is not scheduled.");
return;
}
// 如果间隔大于 0，启动定时任务机制
timer = new Timer("PurgeTask", true);
TimerTask task = new PurgeTask(dataLogDir, snapDir, snapRetainCount);
timer.scheduleAtFixedRate(task, 0, TimeUnit.HOURS.toMillis(purgeInterval));
```

如果配置的 ZooKeeper 服务器大于 1 台，调用 runFromConfig 方法进行集群信息配置，并启动 QuorumPeer 线程。

每个 QuorumPeer 线程启动前都会先启动一个 cnxnFactory 线程，初始化 ServerCnxnFactory 用来接收来自客户端连接，即这里启动的是一个 TCP 服务器。在 ZooKeeper 中提供了两种 TCP 服务器的实现方式：一个是使用 Java 原生 NIO 方式（默认方式），一个典型的 Reactor 模型；另一个是使用 NETTY 方式。代码如下。

```
// 首先根据配置创建对应 factory 的实例 :NIOServerCnxnFactory 或者
NettyServerCnxnFactory
static public ServerCnxnFactorycreateFactory() throws IOException {
String serverCnxnFactoryName =
System.getProperty(ZOOKEEPER_SERVER_CNXN_FACTORY);
if (serverCnxnFactoryName == null) {
serverCnxnFactoryName = NIOServerCnxnFactory.class.getName();
}
try {
return (ServerCnxnFactory) Class.forName(serverCnxnFactoryName)
                                                    .newInstance();
} catch (Exception e) {
IOExceptionioe = new IOException("Couldn't instantiate "
                        + serverCnxnFactoryName);
ioe.initCause(e);
throwioe;
}
}
```

接下来开始针对 QuorumPeer 实例进行参数配置，QuorumPeer 类代表了 ZooKeeper 集群内的一个节点，所以每个节点打印的日志会有所区别，在后面会介绍。QuorumPeer 的参数较多，比较关键的是 setQuorumPeers（设置集群节点信息，如 {1=org.apache.zookeeper.server.quorum.QuorumPeer$QuorumServer@19856a0a, 2=org.apache.zookeeper.server.quorum.QuorumPeer$QuorumServer@5f4c39d, 3=org.apache.zookeeper.server.quorum.QuorumPeer$QuorumServer@8567b79}，这里显示有 3 个节点）、setMyid（每一个 ZooKeeper 节点对应有一个 MyId）、setCnxnFactory（TCP 服务）、setZKDatabase（ZooKeeper 自带的内存数据库）、setTickTime（ZooKeeper 服务端和客户端的会话控制）等，

代码如下。

```
quorumPeer = new QuorumPeer();
quorumPeer.setClientPortAddress(config.getClientPortAddress());
quorumPeer.setTxnFactory(new FileTxnSnapLog(
new File(config.getDataLogDir()),new File(config.getDataDir())));
quorumPeer.setQuorumPeers(config.getServers());
QuorumPeer
```

调用同步方法 start，正式进入 QuorumPeer 类。start 方法主要包括 4 个，即读取内存数据库、启动 TCP 服务、选举 ZooKeeper 的 Leader 角色、启动自己的线程，代码如下。

```
@Override
public synchronized void start() {
loadDataBase();
cnxnFactory.start();
startLeaderElection();
super.start();
    }
```

其中，loadDataBase 方法用于恢复数据，即从磁盘读取数据到内存，调用了 addCommittedProposal 方法，该方法维护了一个提交日志的队列，用于快速同步 Follower 角色的节点信息。日志信息默认保存 500 条，所以选用了 LinkedList 队列用于快速删除数据溢出时的第一条信息。addCommittedProposal 方法代码如下。

```
public void addCommittedProposal(Request request) {
WriteLockwl = logLock.writeLock();
try {
wl.lock();
// 采用 LinkedList 作为提交日志的存储单元
if (committedLog.size() >commitLogCount) {// 数量限制在 500，如果超过 500，移除第
一条
committedLog.removeFirst();
minCommittedLog = committedLog.getFirst().packet.getZxid();
}
if (committedLog.size() == 0) {
minCommittedLog = request.zxid;
maxCommittedLog = request.zxid;
}

ByteArrayOutputStreambaos = new ByteArrayOutputStream();
BinaryOutputArchive boa = BinaryOutputArchive.getArchive(baos);
try {
request.hdr.serialize(boa, "hdr");
if (request.txn != null) {
request.txn.serialize(boa, "txn");
}
baos.close();
```

```
} catch (IOException e) {
LOG.error("This really should be impossible", e);
}
QuorumPacket pp = new QuorumPacket(Leader.PROPOSAL, request.zxid,
baos.toByteArray(), null);
Proposal p = new Proposal();
p.packet = pp;
p.request = request;
committedLog.add(p);
maxCommittedLog = p.packet.getZxid();
} finally {
wl.unlock();
}
}
```

为了保证事务的顺序一致性，ZooKeeper 采用了递增的事务 id 号（ZXID）来标识事务。所有的提议（Proposal）都在被提出时加上了 ZXID。实现中 ZXID 是一个 64 位的数字，高 32 位 EPOCH 用来标识 Leader 节点是否改变，每次一个 Leader 被选出来以后，它都会有一个新的 EPOCH 值，标识当前属于哪个 Leader 的统治；低 32 位用于递增计数。读取 ZXID 值和 EPOCH 值的代码如下。

```
// 读取 EPOCH
long lastProcessedZxid = zkDb.getDataTree().lastProcessedZxid;
// 从最新的 ZXID 恢复 EPOCH 变量，ZXID 为 64 位，前 32 位是 epoch 值，后 32 位是 zxid 值
long epochOfZxid = ZxidUtils.getEpochFromZxid(lastProcessedZxid);
```

如果当前保存的 EPOCH 与最新获取的不一样，那就说明 Leader 重新选举过了，用最新的值替换，其代码如下。

```
currentEpoch = readLongFromFile(CURRENT_EPOCH_FILENAME);
LOG.info("currentEpoch="+currentEpoch);
if (epochOfZxid>currentEpoch&&updating.exists()) {
LOG.info("{} found. The server was terminated after " +
"taking a snapshot but before updating current " +
"epoch. Setting current epoch to {}.",UPDATING_EPOCH_FILENAME, epochOfZxid);
setCurrentEpoch(epochOfZxid);
if (!updating.delete()) {
throw new IOException("Failed to delete " +updating.toString());
}
}
```

接下来进入选举过程，初始所有节点都为一样的状态，通过提交自己的申请，然后开始进入投票流程，这个过程中和完成后部分节点（选为 Leader 或 Observer）会发生状态切换，其代码如下。

```
2016-05-10 17:12:40,339 [myid:3] - INFO
[QuorumPeer[myid=3]/0:0:0:0:0:0:0:0:2181:QuorumPeer@780] -
getPeerState()=LOOKING
2016-05-10 17:12:46,215 [myid:3] - INFO
```

```
    [QuorumPeer[myid=3]/0:0:0:0:0:0:0:0:2181:QuorumPeer@780] -
getPeerState()=LEADING
    2016-05-10 17:18:37,988 [myid:2] - INFO
    [QuorumPeer[myid=2]/0:0:0:0:0:0:0:0:2181:QuorumPeer@780] -
getPeerState()=LOOKING
    2016-05-10 17:18:38,338 [myid:2] - INFO
    [QuorumPeer[myid=2]/0:0:0:0:0:0:0:0:2181:QuorumPeer@780] -
getPeerState()=FOLLOWING
```

从上述输出日志中可以看出，myid 为 3 的这台计算机一开始是 LOOKING 状态，6 秒以后被选举为 LEADER，状态改为 LEADING。对应地，myid 为 2 的计算机从 LOOKING 状态转变为 FOLLOWING 状态，即作为 Follower 计算机。

选举过程较为复杂，下面来查看调用过程。startLeaderElection 方法调用了 createElectionAlgorithm 方法进行选举，由于参数 electionType 值为 3，因此进入以下代码中。

```
case 3:
qcm = new QuorumCnxManager(this);
QuorumCnxManager.Listener listener = qcm.listener;
if(listener != null){
listener.start();
le = new FastLeaderElection(this, qcm);
} else {
LOG.error("Null listener when initializing cnx manager");
}
break;
```

上述代码中，首先启动已绑定 3888 端口的选举线程，等待集群其他计算机连接，然后调用基于 TCP 的选举算法 FastLeaderElection，这里已经通过 FastLeaderElection 的构造函数启动了 WorkerReceiver 线程，等待后续所有节点上报申请完成。在等待其他节点提交自己申请的过程中，进入了 QuorumPeer 的线程，由于当前获取 getPeerState 返回的状态为“LOOKING”，因此进入 LOOKING 代码块，如下所示。

```
while (running) {
LOG.info("getPeerState()="+getPeerState());
switch (getPeerState()) {
case LOOKING:
LOG.info("LOOKING");
if (Boolean.getBoolean("readonlymode.enabled")) {
LOG.info("Attempting to start ReadOnlyZooKeeperServer");
// Create read-only server but don't start it immediately
finalReadOnlyZooKeeperServerroZk = new ReadOnlyZooKeeperServer(
logFactory, this,newZooKeeperServer.BasicDataTreeBuilder(),this.zkDb);
}
}
}
```

启动的线程会一直监听其他两个节点发出的申请，如果接收到则开始投票过程，其监听代码如下。

```
    while (!shutdown) {
    Socket client = ss.accept();
    setSockOpts(client);
    LOG.info("Received connection request "+ client.getRemoteSocketAddress());
    receiveConnection(client);
    numRetries = 0;
    }
```

在选举过程中，每两台之间只会建立一个选举连接，发送线程 SendWorker 启动，开始发送选举消息，其他计算机通过 I/O 线程 RecvWorker 收到消息，添加到接收队列，后续业务层的接收线程 WorkerReceiver 负责取消息，代码如下。

```
    while (running &&!shutdown && sock != null) {
       /**
       * Reads the first int to determine the length of the
       * message
       */
    int length = din.readInt();
    if (length <= 0 || length > PACKETMAXSIZE) {
    throw new IOException(
       "Received packet with invalid packet: "+ length);
    }
       /**
       * Allocates a new ByteBuffer to receive the message
       */
    byte[] msgArray = new byte[length];
    din.readFully(msgArray, 0, length);
    ByteBuffer message = ByteBuffer.wrap(msgArray);
    addToRecvQueue(new Message(message.duplicate(), sid));
    }
```

在 WorkServer 的选举过程中，如果节点是 Observer 节点，则返回当前选举结果；如果自己也在 LOOKING 中，则放入业务接收队列，选举主线程会消费该消息；如果自己不在选举中，而对方服务器在 LOOKING 中，则向其发送当前的选举结果，当有服务器加入一个集群时需要发送给它，告诉选举结果。WorkServer 通信代码如下。

```
    Vote current = self.getCurrentVote();
    LOG.info("Vote current="+current);
    if(ackstate == QuorumPeer.ServerState.LOOKING){
    if(LOG.isDebugEnabled()){
    LOG.debug("Sending new notification. My id =  " +self.getId() + " recipient="
+response.sid + " zxid=0x" +
    Long.toHexString(current.getZxid()) +" leader=" + current.getId());
    }
    ToSendnotmsg;
    if(n.version> 0x0) {
    notmsg = new ToSend(
```

```
ToSend.mType.notification,
current.getId(),
current.getZxid(),
current.getElectionEpoch(),
self.getPeerState(),
response.sid,
current.getPeerEpoch());
} else {
Vote bcVote = self.getBCVote();
notmsg = new ToSend(
ToSend.mType.notification,
bcVote.getId(),
bcVote.getZxid(),
bcVote.getElectionEpoch(),
self.getPeerState(),
response.sid,
bcVote.getPeerEpoch());
  }
sendqueue.offer(notmsg);
}
```

采用 Fast Paxos 选举算法，在选举过程中，某服务器首先向所有 Server 提议自己要成为 Leader，当其他服务器收到提议以后，解决 EPOCH 和 ZXID 的冲突，并接受对方的提议，然后向对方发送接受提议完成的消息，重复这个流程，最后一定能选举出 Leader。这个过程的流程图如图 7-23 所示。

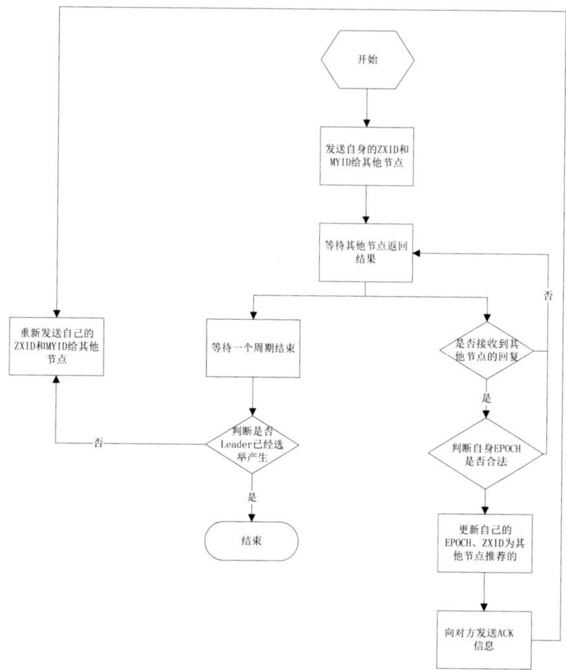

图 7-23 Fast Paxos 算法流程图

本节首先介绍了如何采用单机、伪分布式、分布式 3 种方式分别启动 ZooKeeper 服务，然后从启动脚本开始解释启动过程，从脚本深入到 QuorumPeerMain 主类，再到 QuorumPeer 线程，接着介绍了启动 SendWorker、RecvWorker、WorkServer 等多个子线程，最后是对 Fast Paxos 算法的介绍。通过本节可以基本了解 ZooKeeper 服务的启动流程。

7.9 ZooKeeper Watcher 机制

上一节介绍了 ZooKeeper 服务启动原理和源代码剖析，本节讲解 ZooKeeper Watcher 机制。

7.9.1 集群状态监控示例

为了确保集群能够正常运行，可以用 ZooKeeper 来监视集群状态，这样就可以提供集群高可用性。使用 ZooKeeper 的瞬时（ephemeral）节点概念可以设计一个集群计算机状态检测机制。

每一个运行了 ZooKeeper 客户端的生产环境计算机都是一个终端进程，用户可以在它们连接到 ZooKeeper 服务端后，在 ZooKeeper 服务端创建一系列对应的瞬时节点，用 /hostname 来进行区分。这里还是采用监听（Watcher）方式来完成对节点状态的监视，通过对 /hostname 节点的 NodeChildrenChanged 事件的监听来完成这一目标。监听进程是作为一个独立的服务或进程运行的，它覆盖了 process 方法来实现应急措施。由于是一个瞬时节点，因此每次客户端断开时 ZNode 会立即消失，这样就可以监听到集群节点异常。NodeChildrenChanged 事件触发后，用户可以调用 getChildren 方法来查看哪台计算机发生了异常。

（1）ClusterMonitor 类监控示例

```
import java.io.IOException;
import java.util.List;
import org.apache.zookeeper.CreateMode;
import org.apache.zookeeper.KeeperException;
import org.apache.zookeeper.WatchedEvent;
import org.apache.zookeeper.Watcher;
import org.apache.zookeeper.ZooDefs.Ids;
import org.apache.zookeeper.ZooKeeper;

public class ClusterMonitor implements Runnable{
private static String membershipRoot = "/Members";
private final Watcher connectionWatcher;
private final Watcher childrenWatcher;
private ZooKeeperzk;
boolean alive = true;
public ClusterMonitor(String HostPort) throws
IOException,InterruptedException,KeeperException{
connectionWatcher = new Watcher(){
```

```
    @Override
    public void process(WatchedEvent event) {
          // TODO Auto-generated method stub
       if(event.getType() == Watcher.Event.EventType.None&&event.getState() ==
Watcher.Event.KeeperState.SyncConnected){
       System.out.println("\nconnectionWatcher Event Received:%s"+event.
toString());
       }
       }
    };

    childrenWatcher = new Watcher(){
    @Override
    public void process(WatchedEvent event) {
          // TODO Auto-generated method stub
       System.out.println("\nchildrenWatcher Event Received:%s"+event.
toString());
       if(event.getType()==Event.EventType.NodeChildrenChanged){
          try{
          //Get current list of child znode and reset the watch
          List<String> children = zk.getChildren(membershipRoot, this);
          System.out.println("Cluster Membership change,Members: "+children);
          }catch(KeeperException ex){
             throw new RuntimeException(ex);
          }catch(InterruptedException ex){
             Thread.currentThread().interrupt();
             alive = false;
             throw new RuntimeException(ex);
             }
          }
       }
    };

       zk = new ZooKeeper(HostPort,2000,connectionWatcher);
          //Ensure the parent znode exists
       if(zk.exists(membershipRoot, false) == null){
             zk.create(membershipRoot, "ClusterMonitorRoot".getBytes(), Ids.
OPEN_ACL_UNSAFE, CreateMode.PERSISTENT);
          }
          //Set a watch on the parent znode
          List<String> children = zk.getChildren(membershipRoot,
childrenWatcher);
       System.err.println("Members:"+children);
        }

    public synchronized void close(){
       try{
```

```
        zk.close();
    }catch(InterruptedException ex){
        ex.printStackTrace();
    }
  }

    @Override
  public void run() {
          // TODO Auto-generated method stub
        try{
                synchronized(this){
                        while(alive){
                                wait();
                        }
                }
        }catch(InterruptedException ex){
                ex.printStackTrace();
                Thread.currentThread().interrupt();
        }finally{
                this.close();
            }
    }

  public static void main(String[] args) throws
IOException,InterruptedException,KeeperException{
        if(args.length != 1){
                System.err.println("Usage:ClusterMonitor<Host:Port>");
                System.exit(0);
            }
            String hostPort = args[0];
        newClusterMonitor(hostPort).run();
    }
}
```

（2）ClusterClient 类监控示例

```
import java.io.IOException;
import java.lang.management.ManagementFactory;
import org.apache.zookeeper.CreateMode;
import org.apache.zookeeper.KeeperException;
import org.apache.zookeeper.WatchedEvent;
import org.apache.zookeeper.Watcher;
import org.apache.zookeeper.ZooDefs.Ids;
import org.apache.zookeeper.ZooKeeper;

public class ClusterClient implements Watcher,Runnable{
private static String membershipRoot = "/Members";
```

```
    ZooKeeperzk;
    public ClusterClient(String hostPort,Longpid){
        String processId = pid.toString();
        try{
                zk = new ZooKeeper(hostPort,2000,this);
        }catch(IOException ex){
                ex.printStackTrace();
        }
        if(zk!=null){
                try{
                        zk.create(membershipRoot+'/'+processId, processId.
getBytes(), Ids.OPEN_ACL_UNSAFE, CreateMode.EPHEMERAL);
                }catch(KeeperException | InterruptedException ex){
                        ex.printStackTrace();
                }
        }
     }

    public synchronized void close(){
        try{
                zk.close();
        }catch(InterruptedException ex){
                ex.printStackTrace();
        }
     }

     @Override
    public void process(WatchedEvent event) {
            // TODO Auto-generated method stub
            System.out.println("\nEvent Received:%s"+event.toString());
    }

    @Override
    public void run() {
            // TODO Auto-generated method stub
            try{
                    synchronized(this){
                            while(true){
                                    wait();
                            }
                    }
            }catch(InterruptedException ex){
                    ex.printStackTrace();
                    Thread.currentThread().interrupt();
            }finally{
                    this.close();
```

```
            }
    }

    public static void main(String[] args){
            if(args.length!=1){
                    System.err.println("Usage:ClusterClient<Host:Port>");
                    System.exit(0);
            }

            String hostPort=args[0];
            //Get the process id
            String name = ManagementFactory.getRuntimeMXBean().getName();
            int index = name.indexOf('@');
            Long processId = Long.parseLong(name.substring(0,index));
            newClusterClient(hostPort,processId).run();
    }
}
```

（3）Eclipse 运行输出

```
    childrenWatcher Event
    Received:%sWatchedEventstate:SyncConnectedtype:NodeChildrenChanged path:/
Members
    Cluster Membership change,Members: [dweref0000000009, test100000000003,
    dsdawqeqw0000000008, test11110000000004, test22220000000005,
dsda32130000000007, dsda0000000006, test10000000002]
```

通过 zkCli 方式对被监听的 /Members 这个 ZNode 操作，增加一个子节点，可以在 zkCli 中看到如下输出。

```
    [zk: localhost:2181(CONNECTED) 0] create -s /Members/dweref rew23rf
    Created /Members/dweref0000000009[zk: localhost:2181(CONNECTED) 4]
```

上面的示例演示了如何发起对于一个 ZNode 的监听。当该 ZNode 被改变后，会触发对应的方法进行处理，这类方式可以被用在数据监听、集群状态监听等方面。

7.9.2 回调函数

由于 Watcher 机制涉及回调函数，因此下面来介绍回调函数的基础知识。

例如，有一家旅馆提供叫醒服务，但是要求旅客自己决定叫醒的方法，如可以打客房电话，也可以派服务员去敲门。这里，“叫醒”这个行为是旅馆提供的，相当于库函数；叫醒的方式是由旅客决定并告诉旅馆的，也就是回调函数；而旅客告诉旅馆怎样叫醒自己的动作，也就是把回调函数传入库函数的动作，称为登记回调函数。

回调看似只是函数间的调用，但仔细观察，可以发现两者之间有一个关键的不同：在回调中，可以利用某种方式，把回调函数像参数一样传入中间函数。可以这么理解，在传入一个回调函数之前，中间函数是不完整的。也就是说，程序可以在运行时通过登记不同的回调函数，来决定、改变中间函数的行为。这就比简单的函数调用要灵活多了。

回调实际上有两种：阻塞式回调和延迟式回调。两者的区别在于，阻塞式回调中，回调函数的调用一定发生在起始函数返回之前；而延迟式回调中，回调函数的调用有可能是在起始函数返回之后。下面来看一个简单的示例。

（1）Caller 类

```
public class Caller
{
public MyCallInterface mc;
public void setCallfuc(MyCallInterface mc) {
       this.mc= mc;
    }
public void call(){
this.mc.method();
    }
}
```

（2）MyCallInterface 接口

```
public interface MyCallInterface {
   public void method();
}
```

（3）CallbackClass 类

```
public class CallbackClass implements MyCallInterface{
public void method()
   {
     System.out.println(" 回调函数 ");
   }

public static void main(String args[])
   {
     Caller call = new Caller();
     call.setCallfuc(new CallbackClass());
     call.call();
   }
}
```

运行后输出结果如下。

```
回调函数
```

7.9.3 实现原理及源代码解释

1. 实现原理

ZooKeeper 允许客户端向服务端注册一个 Watcher 监听，当服务端的一些指定事件触发了这个 Watcher，就会向指定客户端发送一个事件通知来实现分布式的通知功能。

ZooKeeper 的 Watcher 机制主要包括客户端线程、客户端 WatchManager 和 ZooKeeper 服务器三部分。在具体工作流程上，简单地讲，客户端在向 ZooKeeper 服务器注册 Watcher 的同时，会将 Watcher 对象存储在客户端的 WatchManager 中。当 ZooKeeper 服务器端触发 Watcher 事件后，会向客户端发送通知，客户端线程从 WatchManager 中取出对应的 Watcher 对象来执行回调逻辑。代码如下所示，WatchManager 创建了一个 HashMap，被用来存放 Watcher 对象。

```
private final HashMap<String, HashSet<Watcher>>watchTable =
new HashMap<String, HashSet<Watcher>>();
public synchronized void addWatch(String path, Watcher watcher) {
HashSet<Watcher> list = watchTable.get(path);
if (list == null) {
            // don't waste memory if there are few watches on a node
            // rehash when the 4th entry is added, doubling size thereafter
            // seems like a good compromise
list = new HashSet<Watcher>(4);
watchTable.put(path, list);
   }
list.add(watcher);

HashSet<String> paths = watch2Paths.get(watcher);
if (paths == null) {
            // cnxns typically have many watches, so use default cap here
paths = new HashSet<String>();
watch2Paths.put(watcher, paths);
   }
paths.add(path);
}
```

整个 Watcher 注册和通知流程如图 7-24 所示。

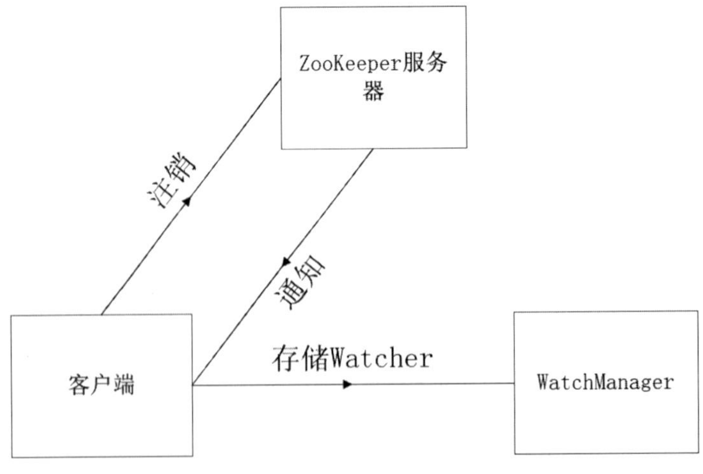

图 7-24　Watcher 注册和通知流程图

2. Watcher 接口

Watcher 的理念是启动一个客户端去接收从 ZooKeeper 服务端发过来的消息并同步地处理这些信息。ZooKeeper 的 Java API 提供了公共接口 Watcher，具体操作类通过实现这个接口相关的方法来实现从所连接的 ZooKeeper 服务端接收数据。如果要处理这个消息，需要为客户端注册一个 CallBack 对象。Watcher 接口定义在 org.apache.zookeeper 包中，代码如下。

```
public interface Watcher {
abstract public void process(WatchedEvent event);
}
```

在 Watcher 接口中，除了回调函数 process 以外，还包含 KeeperState 和 EventType 两个枚举类，分别代表了通知状态和事件类型，如表 7-2 所示。

表 7-2　Watcher 通知状态和事件类型表

KeeperState	EventType	触发条件	说明
SyncConnected(3)	None(-1)	客户端与服务器成功建立会话	此时客户端和服务器处于连接状态
	NodeCreated(1)	Watcher 监听的对应数据节点被创建	
	NodeDeleted(2)	Watcher 监听的对应数据节点被删除	
	NodeDataChanged(3)	Watcher 监听的对应数据节点的数据内容发生变更	
	NodeChildrenChanged(4)	Watcher 监听的对应数据节点的子节点列表发生变更	
Disconnected(0)	None(-1)	客户端与 ZooKeeper 服务器断开连接	此时客户端和服务器处于断开连接状态
Expired(-112)	None(-1)	会话超时	此时客户端会话失效，通常同时也会收到 SessionExpiredException 异常
AuthFailed(4)	None(-1)	通常有两种情况： 1. 使用错误的 scheme 进行权限检查；2.SASL 权限检查失败	通常同时也会收到 AuthFailedException 异常
Unknown(-1)	—	—	从 3.1.0 版本开始已经被废弃了
NoSyncConnected(1)	—	—	

process 方法是 Watcher 接口中的一个回调方法，当 ZooKeeper 向客户端发送一个 Watcher 事件通知时，客户端就会对相应的 process 方法进行回调，从而实现对事件的处理。process 方法包含 WatcherEvent 类型的参数，WatchedEvent 包含了每一个事件的 3 个基本属性：通知状态（KeeperState）、事件类型（EventType）和节点路径（Path），ZooKeeper 使用 WatchedEvent 对象来封装服务端事件并传递给 Watcher，从而方便回调方法 process 对服务端事件进行处理。

WatchedEvent 和 WatcherEvent 表示的是同一个事物，都是对一个服务端事件的封装。不同的是，WatchedEvent 是一个逻辑事件，用于服务端和客户端程序执行过程中所需的逻辑对象，而 WatcherEvent 因实现了序列化接口，所以可以用于网络传输。

服务端在线程 WatchedEvent 后，会调用 getWrapper 方法将自己包装成一个可序列化的 WatcherEvent，以便通过网络传输到客户端，其代码如下。客户端在接收到服务端的这个事件对象后，首先会将 WatcherEvent 还原成一个 WatchedEvent，并传递给 process 方法处理，回调方法 process 根据入参就能够解析出完整的服务端事件了。

```
public WatcherEvent getWrapper() {
return new WatcherEvent(eventType.getIntValue(),
keeperState.getIntValue(),
path);
}
```

3. 客户端注册 Watcher 流程

7.9.1 小节“Cluster Monitor 类”代码中采用了 ZooKeeper 构造函数来传入一个 Watcher，如代码 zk = new ZooKeeper(HostPort,2000,connectionWatcher); 在这行代码中，第三个参数是连接到 ZooKeeper 服务端的 connectionWatcher 事件监听，这个 Watcher 将作为整个 ZooKeeper 会话期间的默认 Watcher，会一直被保存在客户端 ZKWatchManager 的 defaultWatcher 中。

客户端的请求均是在 ClientCnxn 中进行操作。当收到请求后，客户端会对当前客户端请求进行标记，将其设置为使用 Watcher 监听，同时会封装一个 Watcher 的注册信息 WatchRegistration 对象，用于暂时保存数据节点的路径和 Watcher 的对应关系，其代码如下。

```
public byte[] getData(final String path, Watcher watcher, Stat stat)
throws KeeperException, InterruptedException
{
final String clientPath = path;
PathUtils.validatePath(clientPath);

// the watch contains the un-chroot path
WatchRegistration wcb = null;
if (watcher != null) {
wcb = new DataWatchRegistration(watcher, clientPath);
    }
final String serverPath = prependChroot(clientPath);
RequestHeader h = new RequestHeader();
h.setType(ZooDefs.OpCode.getData);
GetDataRequest request = new GetDataRequest();
request.setPath(serverPath);
request.setWatch(watcher != null);
GetDataResponse response = new GetDataResponse();
ReplyHeader r = cnxn.submitRequest(h, request, response, wcb);
if (r.getErr() != 0) {
```

```
    throw KeeperException.create(KeeperException.Code.get(r.getErr()),
    clientPath);
        }
    if (stat != null) {
    DataTree.copyStat(response.getStat(), stat);
        }
    return response.getData();
    }
```

在 ZooKeeper 中，Packet 是一个最小的通信协议单元，即数据包。Pakcet 用于进行客户端与服务端之间的网络传输，任何需要传输的对象都需要包装成一个 Packet 对象。在 ClientCnxn 中 WatchRegistration 也会被封装到 Pakcet 中去，然后由 SendThread 线程调用 queuePacket 方法把 Packet 放入发送队列中等待客户端发送，这又是一个异步过程，分布式系统采用异步通信是一个普遍认同的观念。随后，SendThread 线程会通过 readResponse 方法接收来自服务端的响应，异步地调用 finishPacket 方法从 Packet 中取出对应的 Watcher 并注册到 ZKWatchManager 中去，其代码如下。

```
    private void finishPacket(Packet p) {
    if (p.watchRegistration != null) {
    p.watchRegistration.register(p.replyHeader.getErr());
        }

    if (p.cb == null) {
    synchronized (p) {
    p.finished = true;
    p.notifyAll();
        }
    } else {
    p.finished = true;
    eventThread.queuePacket(p);
        }
    }
```

除了上面介绍的方式以外，ZooKeeper 客户端也可以通过 getData、getChildren 和 exist 3 个接口来向 ZooKeeper 服务器注册 Watcher，无论使用哪种方式，注册 Watcher 的工作原理是一致的。如以下代码，getChildren 方法调用了 WatchManager 类的 addWatch 方法添加了 watch 事件。

```
    public ArrayList<String> getChildren(String path, Stat stat, Watcher
watcher) throws KeeperException.NoNodeException {
    DataNodeV1 n = nodes.get(path);
    if (n == null) {
    throw new KeeperException.NoNodeException();
        }
    synchronized (n) {
    ArrayList<String> children = new ArrayList<String>();
    children.addAll(n.children);
```

```
if (watcher != null) {
childWatches.addWatch(path, watcher);
   }
return children;
}
}
```

如以下代码，现在需要从这个封装对象中再次提取出 Watcher 对象，在 register 方法中客户端将 Watcher 对象转交给 ZKWatchManager，并最终保存在一个 Map 类型的数据结构 dataWatches 中，用于将数据节点的路径和 Watcher 对象进行一一映射后管理起来。

注意，WatcherRegistation 除了 Header 和 Request 两个属性被传递到了服务端外，其他都没有到服务端，否则服务端就容易出现内存紧张，甚至溢出的危险，因为数据量太大了。这就是 ZooKeeper 为什么适用于分布式环境的原因，它在网络中传输的是消息，而不是数据包实体。

```
public void register(int rc) {
if (shouldAddWatch(rc)) {
Map<String, Set<Watcher>> watches = getWatches(rc);
synchronized(watches) {
   Set<Watcher> watchers = watches.get(clientPath);
if (watchers == null) {
watchers = new HashSet<Watcher>();
watches.put(clientPath, watchers);
   }
watchers.add(watcher);
   }
   }
}
```

4. 服务端处理 Watcher 流程

图 7-25 所示为服务端处理 Watcher 的一个完整序列图。

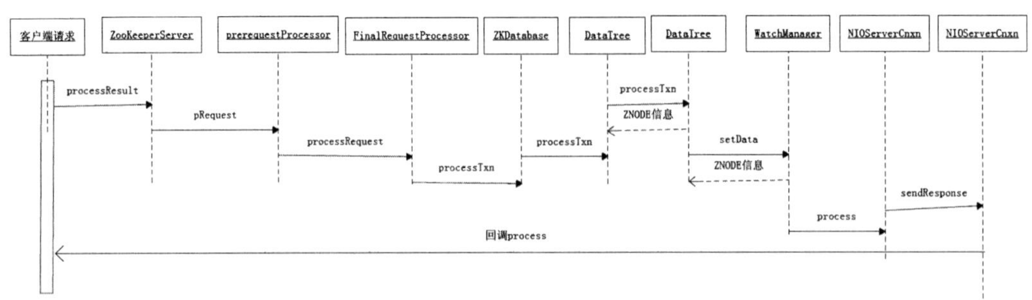

图 7-25　服务端处理 Watcher 序列图

注意，以下所有代码均为精简版，去除了日志、判断分支，只在源码上保留了主线代码。

FinalRequestProcessor 类接收到客户端请求后，会调用 processRequest 方法进行处理，再转向 ZooKeeperServer 的 processRequest 进行进一步处理，处理结果由 ZKDatabase 类

返回，其代码如下。

（1）processRequest 代码

```
public void processRequest(Request request) {
if (request.hdr != null) {
TxnHeaderhdr = request.hdr;
Record txn = request.txn;

rc = zks.processTxn(hdr, txn);
}
```

（2）ZooKeeperServer 代码

```
public ProcessTxnResult processTxn(TxnHeader hdr, Record txn) {
ProcessTxnResult rc;
int opCode = hdr.getType();
long sessionId = hdr.getClientId();
rc = getZKDatabase().processTxn(hdr, txn);
if (opCode == OpCode.createSession) {
if (txninstanceofCreateSessionTxn) {
CreateSessionTxn cst = (CreateSessionTxn) txn;
sessionTracker.addSession(sessionId, cst.getTimeOut());
} else {
LOG.warn("*****>>>>> Got "+ txn.getClass() + " "+ txn.toString());
   }
} else if (opCode == OpCode.closeSession) {
sessionTracker.removeSession(sessionId);
}
return rc;
}
```

（3）ZKDatabase 代码

```
public ProcessTxnResult processTxn(TxnHeader header, Record txn)
    {
switch (header.getType()) {
case OpCode.setData:
SetDataTxn setDataTxn = (SetDataTxn) txn;
rc.path = setDataTxn.getPath();
rc.stat = setData(setDataTxn.getPath(), setDataTxn
                        .getData(), setDataTxn.getVersion(), header
                        .getZxid(), header.getTime());
break;
}
}
```

（4）判断是否注册 Watcher 代码

对于注册 Watcher 请求，FinalRequestProcessor 的 processRequest 方法会判断当前请

求是否需要注册 Watcher，如果为 true，就会将当前的 ServerCnxn 对象和数据节点路径传入 getData 方法中去。ServerCnxn 是一个 ZooKeeper 客户端和服务器之间的连接接口，代表了一个客户端和服务器的连接，后面讲到的 process 回调方法，实际上也是从这里回调的，所以可以把 ServerCnxn 看作一个 Watcher 对象。数据节点的节点路径和 ServerCnxn 最终会被存储在 WatchManager 的 watchTable 和 watch2Paths 中。

```
case OpCode.getData: {
lastOp = "GETD";
GetDataRequest getDataRequest = new GetDataRequest();
ByteBufferInputStream.byteBuffer2Record(request.request,
getDataRequest);
DataNode n = zks.getZKDatabase().getNode(getDataRequest.getPath());
if (n == null) {
throw new KeeperException.NoNodeException();
}
Long aclL;
synchronized(n) {
aclL = n.acl;
}
PrepRequestProcessor.checkACL(zks, zks.getZKDatabase().convertLong(aclL),
ZooDefs.Perms.READ,request.authInfo);
Stat stat = new Stat();
byte b[] = zks.getZKDatabase().getData(getDataRequest.getPath(), stat,
getDataRequest.getWatch() ? cnxn : null);
rsp = new GetDataResponse(b, stat);
break;
}
```

（5）WatchManger 两个队列代码

如前所述，WatchManager 负责 Watcher 事件的触发，它是一个统称，在服务端 DataTree 会托管两个 WatchManager，分别是 dataWatches 和 childWatches，分别对应数据变更 Watcher 和子节点变更 Watcher。

```
private final HashMap<String, HashSet<Watcher>> watchTable =
new HashMap<String, HashSet<Watcher>>();

private final HashMap<Watcher, HashSet<String>> watch2Paths =
new HashMap<Watcher, HashSet<String>>();
```

回到主题，如以下代码所示，当发生 Create、Delete、NodeChange（数据变更）事件后，DataTree 会调用相应方法去触发 WatchManager 的 triggerWatch 方法，该方法返回 ZNode 的信息，自此进入回调本地 process 的序列。

processTxn 代码：

```
public ProcessTxnResult processTxn(TxnHeader header, Record txn)
    {
```

```
ProcessTxnResult rc = new ProcessTxnResult();
try {
switch (header.getType()) {
case OpCode.setData:
SetDataTxn setDataTxn = (SetDataTxn) txn;
rc.path = setDataTxn.getPath();
rc.stat = setData(setDataTxn.getPath(), setDataTxn.getData(),
 setDataTxn.getVersion(), header.getZxid(), header.getTime());
break;
}
}
}
```

setData 代码：

```
public Stat setData(String path, byte data[], int version, long zxid,
long time) throws KeeperException.NoNodeException {
   Stat s = new Stat();
   DataNodeV1 n = nodes.get(path);
if (n == null) {
throw new KeeperException.NoNodeException();
}
synchronized (n) {
n.data = data;
n.stat.setMtime(time);
n.stat.setMzxid(zxid);
n.stat.setVersion(version);
n.copyStat(s);
}
dataWatches.triggerWatch(path, EventType.NodeDataChanged);
return s;
}
```

triggerWatch 代码：

```
    public Set<Watcher> triggerWatch(String path, EventType type,
Set<Watcher> supress) {
    WatchedEvent e = new WatchedEvent(type,
    KeeperState.SyncConnected, path);
    //将事件类型（EventType）、通知状态（WatchedEvent）、节点路径封装成一个 WatchedEvent
对象
    HashSet<Watcher> watchers;
    synchronized (this) {
    //根据数据节点的节点路径从 watchTable 中取出对应的 Watcher。如果没有找到 Watcher 对象，
说明没有任何客户端在该数据节点上注册过 Watcher，直接退出。如果找到了 Watcher 就将其提取出来，
同时会直接从 watchTable 和 watch2Paths 中删除 Watcher，即 Watcher 是一次性的，触发一次就失效
了
    watchers = watchTable.remove(path);
    for (Watcher w : watchers) {
```

```
HashSet<String> paths = watch2Paths.get(w);
    }
}
for (Watcher w : watchers) {
if (supress != null &&supress.contains(w)) {
continue;
}
//对于需要注册Watcher的请求，ZooKeeper会把请求对应的ServerCnxn作为一个Watcher存储，
所以这里调用的process方法实质上是ServerCnxn的对应方法
w.process(e);
}
return watchers;
}
```

从上面的代码可以总结出，如果想要处理一个 Watcher，需要执行的步骤如下。

①将事件类型（EventType）、通知状态（WatchedEvent）、节点路径封装成一个 WatchedEvent 对象。

②根据数据节点的节点路径从 watchTable 中取出对应的 Watcher。如果没有找到 Watcher 对象，说明没有任何客户端在该数据节点上注册过 Watcher，直接退出。如果找到了 Watcher 就将其提取出来，同时会直接从 watchTable 和 watch2Paths 中删除 Watcher，即 Watcher 是一次性的，触发一次就失效了。

③对于需要注册 Watcher 的请求，ZooKeeper 会把请求对应的 ServerCnxn 作为一个 Watcher 存储，所以这里调用的 process 方法实质上是 ServerCnxn 的对应方法，如以下代码所示。在请求头标记“-1”表示当前是一个通知，将 WatchedEvent 包装成 WatcherEvent 用于网络传输序列化，向客户端发送通知，真正的回调方法 process() 在客户端。

```
synchronized public void process(WatchedEvent event) {
ReplyHeader h = new ReplyHeader(-1, -1L, 0);
if (LOG.isTraceEnabled()) {
ZooTrace.logTraceMessage(LOG, ZooTrace.EVENT_DELIVERY_TRACE_MASK,
    "Deliver event " + event + " to 0x"+ Long.toHexString(this.sessionId)
+ " through " + this);
}
// Convert WatchedEvent to a type that can be sent over the wire
WatcherEvent e = event.getWrapper();
sendResponse(h, e, "notification");
}
```

客户端收到消息后，会调用 ClientCnxn 的 SendThread.readResponse 方法来进行统一处理，其代码如下。如果响应头 replyHdr 中标识的 Xid 为 02，表示是 ping；如果为 -4，表示是验证包；如果是 -1，表示这是一个通知类型的响应，然后进行反序列化、处理 chrootPath、还原 WatchedEvent、回调 Watcher 等步骤，其中回调 Watcher 步骤将 WacthedEvent 对象交给 EventThread 线程，在下一个轮询周期中进行 Watcher 回调。

```
class SendThread extends ZooKeeperThread {
```

```
private long lastPingSentNs;
private final ClientCnxnSocket clientCnxnSocket;
private Random r = new Random(System.nanoTime());
private boolean isFirstConnect = true;

void readResponse(ByteBuffer incomingBuffer) throws IOException {
ByteBufferInputStream bbis = new ByteBufferInputStream(
incomingBuffer);
BinaryInputArchive bbia = BinaryInputArchive.getArchive(bbis);
ReplyHeader replyHdr = new ReplyHeader();
replyHdr.deserialize(bbia, "header");
if (replyHdr.getXid() == -2) {
...
```

SendThread 接收到服务端的通知事件后，会通过调用 EventThread 类的 queueEvent 方法将事件传给 EventThread 线程。queueEvent 方法根据该通知事件，从 ZKWatchManager 中取出所有相关的 Watcher。EventThread 线程代码如下。

```
class EventThread extends ZooKeeperThread {
public void queueEvent(WatchedEvent event) {
if (event.getType() == EventType.None
&&sessionState == event.getState()) {
return;
}
sessionState = event.getState();
// materialize the watchers based on the event
WatcherSetEventPair pair = new WatcherSetEventPair(
watcher.materialize(event.getState(), event.getType(),
event.getPath()),event);
// queue the pair (watch set & event) for later processing
waitingEvents.add(pair);
}
```

客户端在识别出事件类型（EventType）后，会从相应的 Watcher 存储中删除对应的 Watcher；获取到相关的 Watcher 后，会将其放入 waitingEvents 队列（一个待处理队列），线程的 run 方法会不断对该队列进行处理，这是一种异步处理思维的实现。

ZKWatchManager 取出 Watcher 的代码如下。

```
public Set<Watcher> materialize(Watcher.Event.KeeperState state,
Watcher.Event.EventType type,String clientPath)
{
Set<Watcher> result = new HashSet<Watcher>();
case NodeCreated:
synchronized (dataWatches) {
addTo(dataWatches.remove(clientPath), result);
}
synchronized (existWatches) {
```

```
addTo(existWatches.remove(clientPath), result);
}
break;
}
```

EventThread 线程的 run 方法代码如下。

```
public void run() {
    try {
      isRunning = true;
      while (true) {
        Object event = waitingEvents.take();
        if (event == eventOfDeath) {
        wasKilled = true;
      } else {
      processEvent(event);
     }
     if (wasKilled)
        synchronized (waitingEvents) {
          if (waitingEvents.isEmpty()) {
            isRunning = false;
            break;
          }
        }
}
```

7.9.4 ZooKeeper Watcher 特性

1. 注册只能确保一次消费

无论是服务端还是客户端，一旦一个 Watcher 被触发，ZooKeeper 都会将其从相应的存储中移除。因此，开发人员在 Watcher 的使用上要记得要反复注册。这样的设计能有效地减轻服务端的压力。如果注册一个 Watcher 后一直有效，那么针对更新非常频繁的节点，服务端会不断地向客户端发送事件通知，这无论是对网络还是对服务端性能，影响都非常大。

2. 客户端串行执行

客户端 Watcher 回调的过程是一个串行同步的过程，这保证了执行的顺序。同时，需要开发人员注意的是，千万不要因为一个 Watcher 的处理逻辑影响了整个客户端的 Watcher 回调。

3. 轻量级设计

WatchedEvent 是 ZooKeeper 整个 Watcher 通知机制的最小通知单元，这个数据结构中只包含通知状态、事件类型和节点路径三部分的内容。也就是说，Watcher 通知非常简单，只会告诉客户端发生了事件，而不会说明事件的具体内容。例如，针对 NodeDataChanged 事件，ZooKeeper 的 Watcher 只会通知客户指定数据节点的数据内容发生了变更，而对于原始数据及变更后的新数据都无法从这个事件中直接获取到，而是需要客户端主动重新去获取数据，这也是

ZooKeeper Watcher 机制的一个非常重要的特性。另外，客户端向服务端注册 Watcher 时，并不会把客户端真实的 Watcher 对象传递到服务端，仅仅只是在客户端请求中使用 boolean 类型属性进行标记，同时服务端也仅仅只是保存了当前连接的 ServerCnxn 对象。这样轻量级的 Watcher 机制设计，在网络开销和服务端内存开销上都是非常廉价的。

7.10 HBase 数据导入方式

7.10.1 启动 HBase

在向 HBase 导入数据之前，首先启动 HBase 服务，具体代码如下。

（1）修改 hosts 文件

```
[root@node1:2 hbase-0.96.1.1-cdh5.0.1]# cat /etc/hosts
10.17.139.186 node1
10.17.139.185 scheduler2
```

（2）启动 HBase 服务

```
[root@node1:2 bin]# ./start-hbase.sh
starting master, logging to /home/zhoumingyao/hbase-0.96.1.1-cdh5.0.1/
bin/../logs/hbase-root-master-node1.out
[root@node1:2 bin]# jps
2981 SchedulerServer
46776 Jps
29242 org.eclipse.equinox.launcher_1.1.0.v20100507.jar
2686 IvmsSchedulerDog
46430 HMaster
[root@node1:2 bin]# ps -ef | grep hbase
root     46415     1  0 09:34 pts/2    00:00:00 bash /home/zhoumingyao/
hbase-0.96.1.1-cdh5.0.1/bin/hbase-daemon.sh --config /home/zhoumingyao/hbase-
0.96.1.1-cdh5.0.1/bin/../conf internal_start master
root     46430 46415 91 09:34 pts/2    00:00:19 /usr/share/jdk1.8.0_45/
bin/java -Dproc_master -XX:OnOutOfMemoryError=kill -9 %p -Xmx1000m
-XX:+UseConcMarkSweepGC -Dhbase.log.dir=/home/zhoumingyao/hbase-0.96.1.1-
cdh5.0.1/bin/../logs -Dhbase.log.file=hbase-root-master-node1.log -Dhbase.
home.dir=/home/zhoumingyao/hbase-0.96.1.1-cdh5.0.1/bin/.. -Dhbase.
id.str=root -Dhbase.root.logger=INFO,RFA -Dhbase.security.logger=INFO,RFAS org.
apache.hadoop.hbase.master.HMaster start
root     47464  1078  0 09:34 pts/2    00:00:00 grep hbase
```

（3）插入若干数据

```
hbase(main):002:0> put 'test', 'row1', 'cf:a', 'value1'
0 row(s) in 0.1180 seconds
```

```
    => ["test"]
    hbase(main):004:0> scan 'test'
    ROW                                                    COLUMN+CELL
    row1                                                   column=cf:a,
timestamp=1439861879625, value=value1
    1row(s) in 0.0380 seconds
    hbase(main):005:0> put 'test', 'row2', 'cf:b', 'value2'
    0 row(s) in 0.0170 seconds
    hbase(main):006:0> put 'test', 'row3', 'cf:c', 'value3'
    0 row(s) in 0.0130 seconds
    hbase(main):007:0> scan 'test'
    ROW                                                    COLUMN+CELL
    row1                                                   column=cf:a,
timestamp=1439861879625, value=value1
    row2                                                   column=cf:b,
timestamp=1439861962080, value=value2
    row3                                                   column=cf:c,
timestamp=1439861968096, value=value3
    3 row(s) in 0.0270 seconds
    hbase(main):008:0> put 'test', 'row2', 'cf:b', 'value2'
    0 row(s) in 0.0080 seconds
    hbase(main):009:0> scan 'test'
    ROW                                                    COLUMN+CELL
    row1                                                   column=cf:a,
timestamp=1439861879625, value=value1
    row2                                                   column=cf:b,
timestamp=1439861984176, value=value2
    row3                                                   column=cf:c,
timestamp=1439861968096, value=value3
    3 row(s) in 0.0230 seconds

    hbase(main):013:0> put 'test','row1','cf:a','value2'
    0 row(s) in 0.0150 seconds
    hbase(main):014:0> scan 'test'
    ROW                                                    COLUMN+CELL
    row1                                                   column=cf:1,
timestamp=1439862083677, value=value1
    row1                                                   column=cf:a,
timestamp=1439862100401, value=value2
    row2                                                   column=cf:b,
timestamp=1439861984176, value=value2
    row3                                                   column=cf:c,
timestamp=1439861968096, value=value3
```

7.10.2 向 HBase 导入数据

注意：本小节代码基于 HBase 0.94 版本。

数据导入 HBase，必须考虑分布式环境下的数据合并问题，而数据合并问题一直是 HBase 的难题，因为数据合并需要频繁执行写操作任务。解决方案是用户可以通过生成 HBase 的内部数据文件，直接把数据文件加载到 HBase 数据库对应的数据表中。这样的做法确实写入 HBase 的速度很快，但是如果合并过程中 HBase 的配置不是很正确，可能会造成写操作阻塞。常用的数据导入方法包括 HBase Client API 方式、MapReduce 方式、Bulk Load 方式和 Sqoop 方式。下面逐一展开讲解。

下面的几种方式都可以通过 HFile 的帮助做到快速导入数据。这里先给出生成 HFile 的 Java 代码，后面针对各个方法再按照各自方式插入 HFile 文件到 HBase 数据库。具体代码如下。

```
    import org.apache.hadoop.conf.Configuration;
    import org.apache.hadoop.fs.Path;
    import org.apache.hadoop.hbase.HBaseConfiguration;
    import org.apache.hadoop.hbase.KeyValue;
    import org.apache.hadoop.hbase.client.HTable;
    import org.apache.hadoop.hbase.io.ImmutableBytesWritable;
    import org.apache.hadoop.hbase.mapreduce.HFileOutputFormat;
    import org.apache.hadoop.hbase.mapreduce.KeyValueSortReducer;
    import org.apache.hadoop.io.LongWritable;
    import org.apache.hadoop.io.Text;
    import org.apache.hadoop.mapreduce.Job;
    import org.apache.hadoop.mapreduce.Mapper;
    import org.apache.hadoop.mapreduce.lib.input.FileInputFormat;
    import org.apache.hadoop.mapreduce.lib.output.FileOutputFormat;

    import java.io.IOException;

    public class generateHFile {
        public static class generateHFileMapper extends Mapper<LongWritable,
Text, ImmutableBytesWritable, KeyValue> {
            @Override
            protected void map(LongWritable key, Text value, Context context)
                throws IOException, InterruptedException {
                String line = value.toString();
                String[] items = line.split(",", -1);
                ImmutableBytesWritable rowkey = new
ImmutableBytesWritable(items[0].getBytes());
                KeyValue kvProtocol = new KeyValue(items[0].getBytes(),
"colfam1".getBytes(), "colfam1".getBytes(), items[0].getBytes());
                if (null != kvProtocol) {
                    context.write(rowkey, kvProtocol);
                }
            }
        }

        public static void main(String[] args) throws IOException,
InterruptedException, ClassNotFoundException {
```

```
            Configuration conf = HBaseConfiguration.create();
            System.out.println("conf="+conf);
            HTable table = new HTable(conf, "testtable1");
            System.out.println("table="+table);
            Job job = new Job(conf, "generateHFile");
            job.setJarByClass(generateHFile.class);
            job.setOutputKeyClass(ImmutableBytesWritable.class);
            job.setOutputValueClass(KeyValue.class);
            job.setMapperClass(generateHFileMapper.class);
            job.setReducerClass(KeyValueSortReducer.class);
            job.setOutputFormatClass(HFileOutputFormat.class);// 组织成 HFile 文
件
            HFileOutputFormat.configureIncrementalLoad(job, table);// 自动对 job
进行配置，SimpleTotalOrderPartitioner 是需要先对 key 进行整体排序，然后划分到每个 reduce 中，
保证每一个 reducer 中的 key 最小与最大值区间范围不会有交集
            FileInputFormat.addInputPath(job, new Path(args[0]));
            FileOutputFormat.setOutputPath(job, new Path(args[1]));
            System.exit(job.waitForCompletion(true) ? 0 : 1);
        }
    }
```

1. Client API 方式

使用 HBase API 中的 Put 方法是最直接的数据导入方式，第 7.10.1 小节中就是采用 HBase 自带的 Shell 工具，调用 put 命令插入了几条数据。该方式的缺点是当需要将海量数据在规定时间内导入 HBase 中时，需要消耗较大的 CPU 和网络资源，所以该方式适用于数据量较小的应用环境。

使用 Put 方法将数据插入 HBase 中的方式，由于所有的操作均是在一个单独的客户端执行的，因此不会使用到 MapReduce 的 Job 概念，即没有任务的概念，所有的操作都是逐条插入数据库中的。大致的流程可以分解为 HBase Client → HTable → Hmastermanager/ZK(获取 -root-,--meta--) → HRegionServer → HRegion → Hlog/Hmemstore → HFile。也就是说，HBase Client 调用 HTable 类访问到 HMaster 的原数据保存位置，然后通过找到相应的 Region Server，并分配具体的 Region，最后操作到 HFile 这一层级。当连接上 HRegionServer 后，首先获得锁，然后调用 HRegion 类对应的 put 命令开始执行数据导入操作，数据插入后还要写时间戳、写 Hlog，以及 WAL(Write Ahead Log) 和 Hmemstore。下面尝试插入了 10 万条数据，打印出插入过程消耗的时间，具体实现代码如下。

```
import org.apache.hadoop.conf.Configuration;
import org.apache.hadoop.hbase.HBaseConfiguration;
import org.apache.hadoop.hbase.client.HTable;
import org.apache.hadoop.hbase.client.Put;
import org.apache.hadoop.hbase.util.Bytes;

import java.io.IOException;

public class PutDemo {
```

```
    public static void main(String[] args) throws IOException {
        // 创建 HBase 上下文环境
        Configuration conf = HBaseConfiguration.create();
        System.out.println("conf="+conf);
        int count=0;

        HBaseHelper helper = HBaseHelper.getHelper(conf);
        System.out.println("helper="+helper);
        helper.dropTable("testtable1");
        helper.createTable("testtable1", "colfam1");

        HTable table = new HTable(conf, "testtable1");
        long start = System.currentTimeMillis();
    for(int i=1;i<100000;i++){
    // 设置 rowkey 的值
            Put put = new Put(Bytes.toBytes("row"+i));
    // 设置 family:qualifier:value
            put.add(Bytes.toBytes("colfam1"), Bytes.toBytes("qual1"),
                        Bytes.toBytes("val1"));
                      put.add(Bytes.toBytes("colfam1"), Bytes.toBytes("qual2"),
                        Bytes.toBytes("val2"));
          // 调用 put 方法，插入数据导 HBase 数据表 testtable1 里
            table.put(put);
            count++;
            if(count%10000==0){
                  System.out.println("Completed 10000 rows insetion");
            }
        }

        System.out.println(System.currentTimeMillis() - start);
      }
    }
```

HBase Client 方式代码运行输出如下。

```
    conf=Configuration: core-default.xml, core-site.xml, hbase-default.xml,
hbase-site.xml
    2015-08-20 18:58:18,184 WARN  [main] util.NativeCodeLoader
    (NativeCodeLoader.java:<clinit>(62)) - Unable to load native-hadoop library
for your platform... using builtin-java classes where applicable
    2015-08-20 18:58:18,272 INFO  [main] zookeeper.ZooKeeper (Environment.
    java:logEnv(100)) - Client environment:zookeeper.version=3.4.5-cdh4.6.0--1,
built on 02/26/2014 09:15 GMT
    Completed 10000 rows insetion
    Completed 10000 rows insetion
    Completed 10000 rows insetion
    Completed 10000 rows insetion
    Completed 10000 rows insetion
```

```
Completed 10000 rows insetion
Completed 10000 rows insetion
Completed 10000 rows insetion
Completed 10000 rows insetion
127073ms
```

整个插入 10 万条数据的耗时达到了 127 秒，约 2 分钟。上述代码中用到的 HBaseHelper 类源代码如下。

```
import org.apache.hadoop.conf.Configuration;
import org.apache.hadoop.hbase.HBaseConfiguration;
import org.apache.hadoop.hbase.HColumnDescriptor;
import org.apache.hadoop.hbase.HTableDescriptor;
import org.apache.hadoop.hbase.KeyValue;
import org.apache.hadoop.hbase.client.Get;
import org.apache.hadoop.hbase.client.HBaseAdmin;
import org.apache.hadoop.hbase.client.HTable;
import org.apache.hadoop.hbase.client.Put;
import org.apache.hadoop.hbase.client.Result;
import org.apache.hadoop.hbase.util.Bytes;
import java.io.IOException;
import java.util.ArrayList;
import java.util.List;
import java.util.Random;

/**
 * Used by the book examples to generate tables and fill them with test data.
 */
public class HBaseHelper {
// 在 Java 代码中，为了连接到 HBase，首先创建一个配置（Configuration ）对象，使用该对象创
建一个 HTable 实例。这个 HTable 对象用于处理所有的客户端 API 调用
  private Configuration conf = null;
  private HBaseAdmin admin = null;

  protected HBaseHelper(Configuration conf) throws IOException {
    this.conf = conf;
    this.admin = new HBaseAdmin(conf);
  }

  public static HBaseHelper getHelper(Configuration conf) throws IOException
{
    return new HBaseHelper(conf);
  }
  public void put(String table, String row, String fam, String qual, long
ts,String val) throws IOException {
    HTable tbl = new HTable(conf, table);
    Put put = new Put(Bytes.toBytes(row));
```

```
        put.add(Bytes.toBytes(fam), Bytes.toBytes(qual), ts,
                Bytes.toBytes(val));
        tbl.put(put);
        tbl.close();
    }

    public void put(String table, String[] rows, String[] fams, String[]
quals,long[] ts, String[] vals) throws IOException {
        HTable tbl = new HTable(conf, table);
        for (String row : rows) {
          Put put = new Put(Bytes.toBytes(row));
          for (String fam : fams) {
            int v = 0;
            for (String qual : quals) {
              String val = vals[v < vals.length ? v : vals.length];
              long t = ts[v < ts.length ? v : ts.length - 1];
              put.add(Bytes.toBytes(fam), Bytes.toBytes(qual), t,
                Bytes.toBytes(val));
              v++;
            }
          }
          tbl.put(put);
        }
        tbl.close();
    }

    public void dump(String table, String[] rows, String[] fams, String[]
quals)throws IOException {
        HTable tbl = new HTable(conf, table);
        List<Get> gets = new ArrayList<Get>();
        for (String row : rows) {
          Get get = new Get(Bytes.toBytes(row));
          get.setMaxVersions();
          if (fams != null) {
            for (String fam : fams) {
              for (String qual : quals) {
                get.addColumn(Bytes.toBytes(fam), Bytes.toBytes(qual));
              }
            }
          }
          gets.add(get);
        }
        Result[] results = tbl.get(gets);
        for (Result result : results) {
          for (KeyValue kv : result.raw()) {
            System.out.println("KV: " + kv +
```

```
                ", Value: " + Bytes.toString(kv.getValue()));
            }
          }
        }
    }

    public void dropTable(String table) throws IOException {
        if (existsTable(table)) {
          disableTable(table);
          admin.deleteTable(table);
        }
      }

    public void put(String table, String row, String fam, String qual, long ts,
String val) throws IOException {
        HTable tbl = new HTable(conf, table);
        Put put = new Put(Bytes.toBytes(row));
        put.add(Bytes.toBytes(fam), Bytes.toBytes(qual), ts,
                Bytes.toBytes(val));
        tbl.put(put);
        tbl.close();
      }
```

2. MapReduce 方式

如果需要通过编程来生成数据，那么用 importtsv 工具不是很方便，这时可以使用 MapReduce 向 HBase 导入数据。但海量的数据集会让 MapReduce Job 变得很繁重，若处理不当，则可能使得 MapReduce Job 运行时的吞吐量很小。由于 MapReduce 在写入 HBase 时采用的是 TableOutputFormat 方式，这样容易对写入块进行频繁的刷新、分割、合并操作，这些操作都是较为耗费磁盘 I/O 的操作，最终会导致 HBase 节点的不稳定。

前面介绍过生成 HFile 的代码。生成 HFile 后，可以采用 MapReduce 方式把数据导入 HBase 数据表中，具体代码如下。

```
import java.io.IOException;
import org.apache.commons.logging.Log;
import org.apache.commons.logging.LogFactory;
import org.apache.hadoop.conf.Configuration;
import org.apache.hadoop.conf.Configured;
import org.apache.hadoop.hbase.HBaseConfiguration;
import org.apache.hadoop.hbase.client.HTable;
import org.apache.hadoop.hbase.client.Put;
import org.apache.hadoop.hbase.util.Bytes;
import org.apache.hadoop.io.LongWritable;
import org.apache.hadoop.io.NullWritable;
import org.apache.hadoop.io.Text;
import org.apache.hadoop.mapreduce.Job;
```

```
    import org.apache.hadoop.mapreduce.Mapper;
    import org.apache.hadoop.mapreduce.lib.input.TextInputFormat;
    import org.apache.hadoop.mapreduce.lib.output.NullOutputFormat;
    import org.apache.hadoop.util.GenericOptionsParser;
    import org.apache.hadoop.util.Tool;
    import org.apache.hadoop.util.ToolRunner;

    public class HBaseImportByMapReduce extends Configured implements Tool {
       static final Log LOG = LogFactory.getLog(HBaseImportByMapReduce.class);
       public static final String JOBNAME = "MapReduceImport";
       public static class Map extends Mapper<LongWritable , Text, NullWritable,
NullWritable>{
           Configuration configuration = null;
           HTable xTable = null;
            static long count = 0;

           @Override
           protected void cleanup(Context context) throws
    IOException,InterruptedException {
               // TODO Auto-generated method stub
               super.cleanup(context);
               xTable.flushCommits();
               xTable.close();
           }

           @Override
           protected void map(LongWritable key, Text value, Context context)
throws IOException, InterruptedException {
                String all[] = value.toString().split("/t");
               Put put = new Put(Bytes.toBytes(all[0]));
               put.add(Bytes.toBytes("colfam1"),Bytes.toBytes("value1"), null);
                xTable.put(put);
                if ((++count % 100)==0) {
                    context.setStatus(count +" DOCUMENTS done!");
                    context.progress();
                    System.out.println(count +" DOCUMENTS done!");
                }
           }

           @Override
           protected void setup(Context context) throws
    IOException,InterruptedException {
                // TODO Auto-generated method stub
               super.setup(context);
                configuration = context.getConfiguration();
               xTable = new HTable(configuration,"testtable2");
```

```
                xTable.setAutoFlush(false);
                 xTable.setWriteBufferSize(12*1024*1024);
            }

        }

        @Override
        public int run(String[] args) throws Exception {
              String input = args[0];
             Configuration conf = HBaseConfiguration.create(getConf());
              conf.set("hbase.master", "node1:60000");
             Job job = new Job(conf,JOBNAME);
             job.setJarByClass(HBaseImportByMapReduce.class);
             job.setMapperClass(Map.class);
             job.setNumReduceTasks(0);
             job.setInputFormatClass(TextInputFormat.class);
             TextInputFormat.setInputPaths(job, input);
              job.setOutputFormatClass(NullOutputFormat.class);
              return job.waitForCompletion(true)?0:1;
        }

        public static void main(String[] args) throws IOException {
             Configuration conf = new Configuration();
             String[] otherArgs = new GenericOptionsParser(conf, args).
getRemainingArgs();
             int res = 1;
             try {
                 res = ToolRunner.run(conf, new HBaseImportByMapReduce(),
otherArgs);
             } catch (Exception e) {
                 e.printStackTrace();
             }
             System.exit(res);
        }
    }
```

以上示例采用 MapReduce 方式，启动任务需要一些时间，如果数据量较大，整个 Map 过程也会消耗较多时间。

其实一般来说，MapReduce 方式和后面要介绍的 Bulk Load 方式是配合使用的，MapReduce 负责生成 HFile 文件，Bluk Load 负责将其导入 HBase 表中。

3. Bulk Load 方式

总的来说，使用 Bluk Load 方式利用了 HBase 的数据信息是按照特定格式存储在 HDFS 中的这一特性，直接在 HDFS 中生成持久化的 HFile 数据格式文件，然后完成海量数据快速导入库的操作，配合 MapReduce 完成这样的操作，不占用 Region 资源，不会产生海量的 I/O 操作，所以只需要较少的 CPU 和网络资源。Bluk Load 的实现原理是通过一个 MapReduce Job 来实现的，通过 Job 直接生成一个 HBase 的内部 HFile 格式文件，用来形成一个特殊的 HBase 数据表，然后直接将数据文件加载到运行的集群中。使用 Bulk Load 功能最简单的方式就是使用 importtsv 工具，importtsv 是 HBase 的一个内置工具，目的是从 TSV 文件直接加载内容至 HBase 表中。它通过运行一个 MapReduce Job，将数据从 TSV 文件中直接写入 HBase 表或一个 HBase 的自有格式数据文件中。

importtsv 本身是一个在 HBase JAR 文件中的 Java 类。下面使用 importtsv 工具创建一个 data.tsv 文件，其中包含 4 条数据。

```
[root@node3 zhoumingyao]# vi data.tsv
1001    name1    17  00000000001
1002    name2    16  00000000002
1003    name3    16  00000000003
1004    name4    16  00000000004
```

由于 importtsv 工具只支持从 HDFS 中读取数据，因此一开始需要将 TSV 文件从本地文件系统复制到 HDFS 中。在 HDFS 中新建文件夹后上传 data.tsv 文件到该文件夹中，由于读和写的操作是在多台服务器上并行执行，因此相比从单台节点读取速度快很多。需要指定输出 (-Dimporttsv.bulk.output)，否则默认会采用 HBase API 方式插入数据。调用 importtsv 的具体代码如下。

```
$HADOOP_HOME/bin/hadoop fs -mkdir /user/test
创建数据表
create 'student', {NAME => 'info'}
调用 importtsv 命令导入数据，
$HADOOP_HOME/bin/hadoop jar /usr/lib/cdh/hbase/hbase-0.94.15-hdh4.6.0.jar
importtsv -Dimporttsv.columns=HBASE_ROW_KEY,info:name,info:age,info:phone
-Dimporttsv.bulk.output=/user/test/output/ student /user/test/data.tsv
```

注意，需要启动 YARN，否则会报错，其代码如下。

```
15/08/21 13:41:27 INFO ipc.Client: Retrying connect to server:
node1/172.10.201.62:18040. Already tried 0 time(s); retry policy is RetryUp
ToMaximumCountWithFixedSleep(maxRetries=10, sleepTime=1 SECONDS)
```

importtsv 工具默认使用了 HBase 的 Put API 将数据插入 HBase 表中，在 Map 阶段使用的是 TableOutputFormat。但是当 -Dimporttsv.bulk. 输入选项被指定时，会使用 HFileOutputFormat 来代替在 HDFS 中生成 HBase 的自有格式文件（HFile）。而后能够使用 completebulkload 来加载生成的文件到一个运行的集群中。根据以下代码，可以使用 bulk 输出及加载工具。

```
创建生成文件的文件夹：
$HADOOP_HOME/bin/hadoop fs -mkdir /user/hac/output
开始导入数据：
$HADOOP_HOME/bin/hadoop jar /usr/lib/cdh/hbase/hbase-0.94.15-
hdh4.6.0.jar importtsv -Dimporttsv.bulk.output=/user/hac/output/2-1
-Dimporttsv.columns= HBASE_ROW_KEY,info:name,info:age,info:phone student /
user/hac/input/2-1
```

```
完成 bulk load 导入
$HADOOP_HOME/bin/hadoop jar /usr/lib/cdh/hbase/hbase-0.94.15-hdh4.6.0.jar
completebulkload /user/hac/output/2-1 student
```

completebulkload 工具读取生成的文件，判断它们归属的 Resgion Server 族群，然后访问适当的族群服务器。族群服务器会将 HFile 文件转到自身存储目录中，并且为客户端建立在线数据。

Bluk Load 方式分为以下两个主要步骤。

①使用 HFileOutputFormat 类通过一个 MapReduce 任务方式生成 HBase 的数据文件，即名称为“StoreFiles”的数据文件。由于输出时按照 HBase 内部的存储格式来输出数据，因此后面读入 HBase 集群时就非常高效了。为了保证高效性，HFileOutputFormat 借助 configureIncrementalLoad 函数，基于当前 Table 的各 Region 边界自动匹配 MapReduce 的分区类 TotalOrderPartitioner，这样每一个输出的 HFile 都会在单独的 Region 中。为了实现这样的设计，所有任务的输出都需要使用 Hadoop 的 TotalOrderPartitioner 类去对输出进行分区，按照 Regions 的主键范围进行分区。HFileOutputFormat 类包含了一个快捷方法，即 configureIncrementalLoad()，它自动基于数据表的当前 region 间隔生成一个 TotalOrderPartitioner。

②将数据导入 HBase。当所有的数据都以 HFileOutputFormat 方式准备好后，可以使用 completebulkload 将文件读入集群。这个命令行工具迭代循环数据文件，对于每一个数据文件迅速找到属于它的 Region，然后 Region 服务器会读入这些 HFile。如果在生成文件的过程中 Region 被修改了，那 completebulkload 工具会自动切分数据文件到新的区域，这个过程需要花费一些时间。如果数据表 (此处是 mytable) 不存在，工具会自动创建该数据表。

如以下代码，用户也调用方法直接载入 HFile 文件到 HBase 表中，采用 Bulk Load 方式完成这个实验。

```
import org.apache.hadoop.conf.Configuration;
import org.apache.hadoop.fs.Path;
import org.apache.hadoop.hbase.HBaseConfiguration;
import org.apache.hadoop.hbase.client.HTable;
import org.apache.hadoop.hbase.mapreduce.LoadIncrementalHFiles;

public class loadIncrementalHFileToHBase {

   public static void main(String[] args) throws Exception {
         Configuration conf = HBaseConfiguration.create();
         HBaseHelper helper = HBaseHelper.getHelper(conf);
         helper.dropTable("testtable2");
         helper.createTable("testtable2", "colfam1");
         HTable table = new HTable("testtable2");
         LoadIncrementalHFiles loader = new LoadIncrementalHFiles(conf);
         loader.doBulkLoad(new Path(args[0]), table);
   }

}
```

特别提醒：

①一定记得创建 HBase 数据表时做 Region 的预切分，HFileOutputFormat.configureIncrementalLoad 方法会根据 Region 的数量来决定 Reduce 的数量及每个 Reduce 覆盖的 RowKey 范围，否则单个 Reduce 过大，容易造成任务处理不均衡。造成这个的原因是，创建 HBase 表时，默认只有一个 Region, 只有等到这个 Region 的大小超过一定的阈值后，才会进行分割。所以为了利用完全分布式加快生成 HFile 和导入 HBase 中及数据负载均衡，用户需要在创建表时预先进行分区，而进行分区时要利用 startKey 与 endKey 进行 RowKey 区间划分（因为导入 HBase 中，需要 RowKey 整体有序）。解决方法是，在数据导入之前，自己先写一个 MapReduce 的任务求最小与最大的 RowKey，即 startKey 与 endKey。

②单个 RowKey 下的子列不要过多，否则在 Reduce 阶段排序时会造成内存溢出异常。有一种办法是通过二次排序来避免 Reduce 阶段的排序，这个解决方案需要视具体应用而定。

4. Sqoop 方式

Sqoop 是 Apache 顶级项目，主要用于在 Hadoop(Hive) 与传统的数据库 (MySQL、PostgreSQL 等）之间进行数据的传递，可以将一个关系型数据库（如 MySQL、Oracle、PostgreSQL 等）中的数据导入 Hadoop 的 HDFS 中，也可以将 HDFS 的数据导入关系型数据库中。Sqoop 支持多种导入方式，包括指定列导入、指定格式导入、支持增量导入（有更新才导入）等。Sqoop 的一个特点就是可以通过 Hadoop 的 MapReduce 把数据从关系型数据库中导入数据到 HDFS。

Sqoop 的架构较为简单，通过整合 Hive，可以实现 SQL 方式的操作；通过整合 HBase，可以向 HBase 写入数据；通过整合 Oozie，拥有了任务流的概念。而 Sqoop 本身是通过 MapReduce 机制来保证传输数据的，从而提供并发特性和容错机制。Sqoop 系统架构示意图如图 7-26 所示（来源 Apache 官方网站）。

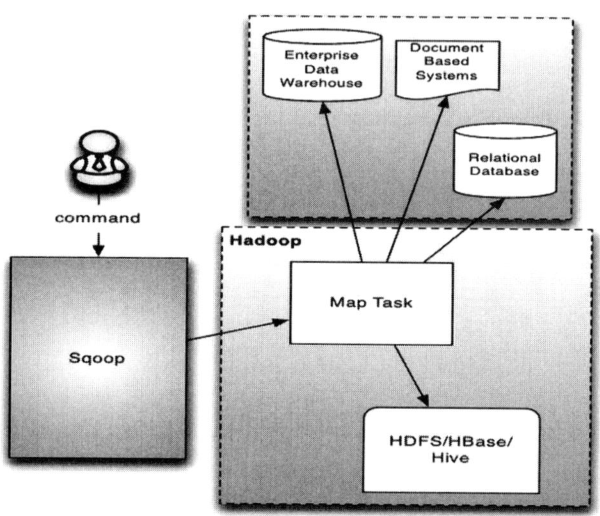

图 7-26　Sqoop 系统架构示意图

在使用上，Sqoop 对外提供了一组操作命令，只需要简单配置就可以进行数据的转移。

首先配置 Sqoop，代码如下，对 /etc/profile 文件添加两行，然后执行命令。

（1）配置 Sqoop

```
export SQOOP_HOME=/home/zhoumingyao/sqoop2-1.99.3-cdh5.0.1
export PATH = $SQOOP_HOME/bin:$PATH
source /etc/profile
```

下面的实验使用了 Sqoop 的 import 功能，用于将 Oracle 中的人员信息导入 HBase。在 Hadoop 和 HBase 正常运行的环境中，首先需要配置好 Sqoop，然后调用如下的命令，即可将 Oracle 中的表导入 HBase，代码如下。

（2）利用 Sqoop 导入 Oracle 数据到 HBase

```
sqoop import
  --connect jdbc:oracle:thin:@172.7.27.225:1521:testzmy  //JDBC URL
  --username SYSTEM              //Oracle username（必须大写）
  --password hik123456            //Oracle password
  --query 'SELECT RYID, HZCZRK_JBXXB.ZPID, HZCZRK_JBXXB.GMSFHM, HZCZRK_
 JBXXB.XM, HZCZRK_JBXXB.XB, HZCZRK_JBXXB.CSRQ, HZCZRK_ZPXXB.ZP AS ZP FROM
HZCZRK_JBXXB JOIN HZCZRK_ZPXXB USING(RYID) WHERE $CONDITIONS'
 // Oracle 数据，Sqoop 支持多表 query
  --split-by RYID                 // 指定并行处理切分任务的列名，通常为主键
 --map-column-java ZP=String    //ZP 为 LONG RAW 类型，sqoop 不支持，需要映射成
String
  --hbase-table TESTHZ            //HBase 中的 Table
  --column-family INFO            //HBase 中的 column-family
```

上述代码实现了从两张数据表 HZCZRK_JBXXB 和 HZCZRK_ZPXXB 读取数据并写入 HBase 数据表 TESTHZ 中，该数据表有一个列族 INFO，在 VMWare CentOS 5.6 单节点伪分布式环境下进行了测试。测试结果显示，单表（HZCZRK_ZPXXB）导入 90962 条数据耗时约 27min，两表（HZCZRK_JBXXB 和 HZCZRK_ZPXXB）关联导入 90962 条数据耗时约 50min。

该实验显示 Sqoop 使用过程中的局限性如下。

① Import 中进行多表查询（query）的方式效率会受到影响。

②不支持从数据库的视图导出数据。

③不支持 BLOB、RAW 等大数据块类型直接导入 HBase，需要通过“--map-column-java”将对应的列映射到 Java 的基本类型 String 来处理。

④每次 import 只能导入 HBase 的一个 Column Family。

总的来说，Sqoop 类似于其他 ETL 工具，使用元数据模型来判断数据类型，并在数据从数据源转移到 Hadoop 时确保类型安全的数据处理。Sqoop 专为大数据批量传输设计，能够分割数据集并创建 Hadoop 任务来处理每个区块。

除了上面介绍的 4 种方法外，这里再提一些关于数据分布、合并的注意事项。HBase 数据库不适用于经常更新的应用场景，写操作很频繁的任务可能引起的另一个问题是将数据写入了单一的族群服务器 (Region Server)，这种情况经常出现在将海量数据导入一个新建的 HBase 数据库中

时。一旦数据集中在相同的服务器上，整个集群就变得不平衡，并且写速度会显著降低。

7.11 HBase 优化策略

7.11.1 HBase 数据表概述

HBase 数据库是一个基于分布式、面向列、主要用于非结构化数据存储的开源数据库。其设计思路来源于 Google 的非开源数据库“BigTable”。

HDFS 为 HBase 提供底层存储支持；MapReduce 为 HBase 提供计算能力；ZooKeeper 为 HBase 提供协调服务和 failover（失效转移的备份操作）机制；Pig 和 Hive 为 HBase 提供了高层语言支持，使其可以进行数据统计（可实现多表 JOIN 等）；Sqoop 则为 HBase 提供 RDBMS 数据导入功能。

HBase 不能支持 where 条件、Order by 查询，只支持按照主键 RowKey 和主键的 Range 来查询，但是可以通过 HBase 提供的 API 进行条件过滤。

① RowKey：指数据行的唯一标识，必须通过它进行数据行访问，目前有按行键访问、行键范围访问和全表扫描访问 3 种访问方式。数据按行键访问方式为排序存储，依次按位比较，数值较大的排列在后。例如，int 方式的排序为 1，10，100，11，12，2，20，…，906，…。

② ColumnFamily：“列族”，属于 schema 表，在建表时定义，每个列属于一个列族，列名用列族作为前缀，如 ColumnFamily：qualifier，访问控制、磁盘和内存的使用统计都是在列族层面进行的。

③ Cell：指通过行和列确定的一个存储单元，值以字节码存储，没有类型。

④ Timestamp：指区分不同版本 Cell 的索引，64 位整型。不同版本的数据按照时间戳倒序排列，最新的数据版本排在最前面。

HBase 在行方向上水平划分成 N 个 Region，每个表开始都只有一个 Region，当数据量增多时，Region 自动分裂为两个，不同 Region 分布在不同 Server 上，但同一个 Region 不会拆分到不同 Server 上。

Region 按 ColumnFamily 划分为 Store，Store 为最小存储单元，用于保存一个列族的数据，每个 Store 包括内存中的 memstore 和持久化到 disk 上的 HFile。

图 7-27 所示为 HBase 数据表示例，数据分布在多台节点计算机上。

Name	Region Server	Start Key	End Key
f7f18d0.	node20:60030		task32e24862c3a5f41352015021604001000000003
03742,1424890806138.6e96260d39ebd30bac68fa807bed1768.	node20:60030	task32e24862c3a5f41352015021604001000000003742	task3ad9a9b88b38a44a820150215134622000000
00031,1424890809951.4af18d88ff819bdee78a49f6f9921afa.	node20:60030	task3ad9a9b88b38a44a820150215134622000000000031	task3ad9a9b88b38a44a8201502151508260000000
01339,1424890809951.340b9432388a57fbc1a802fd0b43c961.	node20:60030	task3ad9a9b88b38a44a820150215150826000000001339	task3b7c0f72baa754f39201502151349490000000
00090,1424890806503.47cf41d5b925111e1c7f68f544253d07.	node17:60030	task3b7c0f72baa754f39201502151349490000000000090	task3ca1926690d5a4c0c2015021514124600000000
00665,1424890806503.9f2d2471757da2c24d46ddf0ab77ce8b.	node17:60030	task3ca1926690d5a4c0c20150215141246000000000665	task3ca1926690d5a4c0c2015021514312000000000
00817,1425150011539.82736e761cd899cf6be4aedf5a8b9162.	node19:60030	task3ca1926690d5a4c0c20150215143120000000000817	task3ca1926690d5a4c0c2015021514434300000000

图 7-27　HBase 数据表示例

7.11.2 HBase 调用 API 示例

类似于操作关系型数据库的 JDBC 库，HBase client 包本身提供了大量可以供操作的 API，帮助用户快速操作 HBase 数据库。下面提供了一个笔者封装的 HBase API 操作工具类代码，包括操作数据表、读取数据、存入数据、导出数据等方法。

```
import org.apache.hadoop.conf.Configuration;
import org.apache.hadoop.hbase.HColumnDescriptor;
import org.apache.hadoop.hbase.HTableDescriptor;
import org.apache.hadoop.hbase.KeyValue;
import org.apache.hadoop.hbase.client.Get;
import org.apache.hadoop.hbase.client.HBaseAdmin;
import org.apache.hadoop.hbase.client.HTable;
import org.apache.hadoop.hbase.client.Put;
import org.apache.hadoop.hbase.client.Result;
import org.apache.hadoop.hbase.client.ResultScanner;
import org.apache.hadoop.hbase.client.Scan;
import org.apache.hadoop.hbase.util.Bytes;
import java.io.IOException;
import java.util.ArrayList;
import java.util.List;

public class HBaseUtil {
   private Configuration conf = null;
   private HBaseAdmin admin = null;
   protected HBaseUtil(Configuration conf) throws IOException {
       this.conf = conf;
       this.admin = new HBaseAdmin(conf);
   }

   public boolean existsTable(String table)throws IOException {
       return admin.tableExists(table);
   }

   public void createTable(String table, byte[][] splitKeys, String...
colfams)throws IOException {
           HTableDescriptor desc = new HTableDescriptor(table);
           for (String cf : colfams) {
                  HColumnDescriptor coldef = new HColumnDescriptor(cf);
                  desc.addFamily(coldef);
       }
           if (splitKeys != null) {
                  admin.createTable(desc, splitKeys);
           } else {
                  admin.createTable(desc);
       }
```

```
    }

    public void disableTable(String table) throws IOException {
          admin.disableTable(table);
    }

    public void dropTable(String table) throws IOException {
        if (existsTable(table)) {
                disableTable(table);
                admin.deleteTable(table);
        }
    }

    public void fillTable(String table, int startRow, int endRow, int numCols,
int pad, boolean setTimestamp, boolean random,String... colfams) throws
IOException {
          HTable tbl = new HTable(conf, table);
          for (int row = startRow; row <= endRow; row++) {
              for (int col = 0; col < numCols; col++) {
                  Put put = new Put(Bytes.toBytes("row-"));
                  for (String cf : colfams) {
                      String colName = "col-";
                      String val = "val-";
                      if (setTimestamp) {
                          put.add(Bytes.toBytes(cf), Bytes.toBytes(colName),
                          col, Bytes.toBytes(val));
                      } else {
                          put.add(Bytes.toBytes(cf), Bytes.toBytes(colName),
                          Bytes.toBytes(val));
                      }
                  }
                  tbl.put(put);
              }
          }
          tbl.close();
    }

    public void put(String table, String row, String fam, String qual,String
val) throws IOException {
        HTable tbl = new HTable(conf, table);
        Put put = new Put(Bytes.toBytes(row));
        put.add(Bytes.toBytes(fam), Bytes.toBytes(qual), Bytes.toBytes(val));
        tbl.put(put);
        tbl.close();
    }
```

```
    public void put(String table, String row, String fam, String qual, long
ts,String val) throws IOException {
        HTable tbl = new HTable(conf, table);
        Put put = new Put(Bytes.toBytes(row));
        put.add(Bytes.toBytes(fam), Bytes.toBytes(qual), ts, Bytes.
toBytes(val));
        tbl.put(put);
        tbl.close();
    }

    public void put(String table, String[] rows, String[] fams, String[]
quals,long[] ts, String[] vals) throws IOException {
        HTable tbl = new HTable(conf, table);
        for (String row : rows) {
            Put put = new Put(Bytes.toBytes(row));
            for (String fam : fams) {
                int v = 0;
                for (String qual : quals) {
                    String val = vals[v < vals.length ? v : vals.length];
                    long t = ts[v < ts.length ? v : ts.length - 1];
                    put.add(Bytes.toBytes(fam), Bytes.toBytes(qual), t,
                    Bytes.toBytes(val));
                    v++;
                }
            }
            tbl.put(put);
        }
        tbl.close();
    }

    public void dump(String table, String[] rows, String[] fams, String[]
quals)throws IOException {
        HTable tbl = new HTable(conf, table);
        List<Get> gets = new ArrayList<Get>();
        for (String row : rows) {
            Get get = new Get(Bytes.toBytes(row));
            get.setMaxVersions();
            if (fams != null) {
                for (String fam : fams) {
                    for (String qual : quals) {
                        get.addColumn(Bytes.toBytes(fam), Bytes.
toBytes(qual));
                    }
                }
            }
            gets.add(get);
        }
```

```
            Result[] results = tbl.get(gets);
            for (Result result : results) {
                for (KeyValue kv : result.raw()) {
                    System.out.println("KV: " + kv +
                        ", Value: " + Bytes.toString(kv.getValue()));
                }
            }
        }

        private static void scan(int caching, int batch) throws IOException {
             HTable table = null;
            final int[] counters = {0, 0};
            Scan scan = new Scan();
            scan.setCaching(caching);  // co ScanCacheBatchExample-1-Set Set
caching and batch parameters.
            scan.setBatch(batch);
            ResultScanner scanner = table.getScanner(scan);
            for (Result result : scanner) {
              counters[1]++; // co ScanCacheBatchExample-2-Count Count the
number of Results available.
            }
            scanner.close();
            System.out.println("Caching: " + caching + ", Batch: " + batch +
              ", Results: " + counters[1] + ", RPCs: " + counters[0]);
        }
    }
```

操作表的 API 都由 HBaseAdmin 提供，这里重点讲解 Scan 的操作步骤。

HBase 的表数据分为多个层次，HRegion → HStore → [HFile,HFile,...,MemStore]。

在 HBase 中，一张表可以有多个 Column Family，在一次扫描的流程中，每个 Column Family(Store) 的数据读取由一个 StoreScanner 对象负责。每个 Store 的数据由一个内存中的 MemStore 和磁盘上的 HFile 文件组成，对应的 StoreScanner 对象使用一个 MemStoreScanner 和 *N* 个 StoreFileScanner 来进行实际的数据读取。

因此，读取一行的数据需要以下两个步骤。

①按照顺序读取每个 Store。

②对于每个 Store，合并 Store 下面的相关 HFile 和内存中的 MemStore。

以上两步都是通过堆来完成的。RegionScanner 的读取通过下面的多个 StoreScanner 组成的堆完成，用 RegionScanner 的成员变量 KeyValueHeap storeHeap 表示。一个 StoreScanner 一个堆，堆中的元素就是底下包含的 HFile 和 MemStore 对应的 StoreFile Scanner 和 MemStoreScanner。堆的优势是建堆效率高，可以动态分配内存大小，不必事先确定生存周期。

接着调用 seekScanners() 对 StoreFileScanner 和 MemStoreScanner 分别进行 seek 操作。seek 是针对 KeyValue 的，seek 的语义是查找指定 KeyValue，如果指定 KeyValue 不存在，

则查找指定 KeyValue 的下一个。

Scan 类常用方法说明如下。

① scan.addFamily()/scan.addColumn()：指定需要的 Family 或 Column，如果没有调用任何 addFamily 或 Column，会返回所有的 Columns。

② scan.setMaxVersions()：指定最大的版本个数。如果不带任何参数调用 setMax Versions，表示取所有的版本。如果不调用 setMaxVersions，只会取到最新的版本。

③ scan.setTimeRange()：指定最大的时间戳和最小的时间戳，只有在此范围内的 Cell 才能被获取。

④ scan.setTimeStamp()：指定时间戳。

⑤ scan.setFilter()：指定 Filter 来过滤不需要的信息。

⑥ scan.setStartRow()：指定开始的行。如果不调用，则从表头开始。

⑦ scan.setStopRow()：指定结束的行（不含此行）。

⑧ scan. setCaching()：每次从服务器端读取的行数（影响 RPC）。

⑨ scan.setBatch()：指定最多返回的 Cell 数目。用于防止一行中有过多的数据，导致 OutofMemory 错误，默认无限制。

7.11.3 HBase 数据表优化

HBase 是一个高可靠性、高性能、面向列、可伸缩的分布式数据库，但当并发量过高或已有数据量很大时，读写性能会下降，可以采用如下方式逐步提升 HBase 的检索速度。

1. 预先分区

默认情况下，在创建 HBase 表时会自动创建一个 Region 分区。当导入数据时，所有的 HBase 客户端都向这一个 Region 写数据，直到这个 Region 足够大了才进行切分。一种可以加快批量写入速度的方法是通过预先创建一些空的 Regions，这样当数据写入 HBase 时，会按照 Region 分区情况，在集群内做数据的负载均衡。

2. RowKey 优化

HBase 中 RowKey 是按照字典排序存储的，设计 RowKey 时要充分利用排序特点，将经常一起读取的数据存储到一起，将最近可能会被访问的数据放在一起。

此外，RowKey 若是递增的生成，建议不要使用正序直接写入 RowKey，而要采用 Reverse 的方式反转 RowKey，使得 RowKey 大致均衡分布，这样设计的好处是能将 RegionServer 的负载均衡，否则容易产生所有新数据都在一个 RegionServer 上堆积的现象，这一点还可以结合表的预切分一起设计。

3. 减少 ColumnFamily 数量

不要在一张表中定义太多的 ColumnFamily。目前 HBase 并不能很好地处理超过两个 ColumnFamily 的表。因为某个 ColumnFamily 在 flush 时，它邻近的 ColumnFamily 也会因关联效应被触发 flush，最终导致系统产生更多的 I/O 操作。

4. 缓存策略 (setCaching)

创建表时，可以通过 HColumnDescriptor.setInMemory(true) 将表放到 RegionServer 的缓存中，保证在读取时被 cache 命中。

5. 设置存储生命期

创建表时，可以通过 HColumnDescriptor.setTimeToLive(int timeToLive) 设置表中数据的存储生命期，过期数据将自动被删除。

6. 硬盘配置

每台 RegionServer 管理 10~1000 个 Regions，每个 Region 为 1~2GB，则每台 Server 至少要 10GB，最大要 2TB，考虑 3 个备份，则要 6TB。方案一是用 3 个 2TB 硬盘，方案二是用 12 个 500GB 硬盘。带宽足够时，后者能提供更大的吞吐率、更细粒度的冗余备份、更快速的单盘故障恢复。

7. 分配合适的内存给 RegionServer 服务

在不影响其他服务的情况下，内存分配越大越好。例如，在 HBase 的 conf 目录下 hbase-env.sh 的最后添加 export HBASE_REGIONSERVER_OPTS="-Xmx16000m $HBASE_REGIONSERVER_OPTS"。

其中，16000 为分配给 RegionServer 的内存大小。

8. 写数据的备份数

备份数与读性能成正比，与写性能成反比，且备份数影响高可用性。写数据的备份有两种配置方式，一种是将 hdfs-site.xml 复制到 HBase 的 conf 目录下，然后在其中添加或修改配置项 dfs.replication 的值为要设置的备份数，这种修改对所有的 HBase 用户表都生效；另一种是改写 HBase 代码，让 HBase 支持针对列族设置备份数，在创建表时设置列族备份数，默认为 3，此种备份数只对设置的列族生效。

9. WAL（预写日志）

WAL 可设置开关，表示 HBase 在写数据前用不用先写日志，默认是打开，关掉会提高性能，但如果系统出现故障 (负责插入的 RegionServer 挂掉)，数据可能会丢失。配置 WAL 在调用 Java API 写入时，设置 Put 实例的 WAL，调用 Put.setWriteToWAL(boolean)。

10. 批量写

HBase 的 Put 支持单条插入，也支持批量插入，一般来说批量写更快，节省来回的网络开销。在客户端调用 Java API 时，先将批量的 Put 放入一个 Put 列表，然后调用 HTable 的 Put(Put 列表) 函数来批量写。

11. 客户端一次从服务器拉取的数量

通过配置一次拉取的较大数据量可以减少客户端获取数据的时间，但是它会占用客户端内存。有 3 个地方可进行配置。

①在 HBase 的 conf 配置文件中进行配置 hbase.client.scanner.caching。

②通过调用 HTable.setScannerCaching(int scannerCaching) 进行配置。

③通过调用 Scan.setCaching(int caching) 进行配置。

12. RegionServer 的请求处理 IO 线程数

较少的 IO 线程，适用于处理单次请求内存消耗较高的 Big Put 场景 (大容量单次 Put 或设置了较大 cache 的 Scan，均属于 Big Put) 或 RegionServer 内存比较紧张的场景。

较多的 IO 线程，适用于单次请求内存消耗低、每秒事务处理量 (TransactionPerSecond，TPS) 要求非常高的场景。设置该值时，以监控内存为主要参考。

在 hbase-site.xml 配置文件中配置项为 hbase.regionserver.handler.count。

13. Region 的大小设置

配置项为 hbase.hregion.max.filesize，所属配置文件为 hbase-site.xml，默认大小为 256MB。

在当前 RegionServer 上单个 Region 的最大存储空间，单个 Region 超过该值时，这个 Region 会被自动 split 成更小的 Region。小 Region 对 split 和 compaction 友好，因为拆分 Region 或 compact，小 Region 中的 StoreFile 速度很快，内存占用低。缺点是 split 和 compaction 会很频繁，特别是数量较多的小 Region 不停地 split、compaction，会导致集群响应时间波动很大，Region 数量太多不仅给管理上带来麻烦，甚至会引发一些 HBase 的 bug。一般 512MB 以下的都算小 Region。大 Region 则不太适合经常 split 和 compaction，因为做一次 compact 和 split 会产生较长时间的停顿，对应用的读写性能冲击非常大。

此外，大 Region 意味着较大的 StoreFile，compaction 时对内存也是一个挑战。如果应用场景中某个时间点的访问量较低，那么在此时做 compact 和 split，既能顺利完成 split 和 compaction，又能保证绝大多数时间平稳的读写性能。compaction 是无法避免的，split 可以从自动调整为手动。只要通过将这个参数值调大到某个很难达到的值，如 100GB，就可以间接禁用自动 split(RegionServer 不会对未到达 100GB 的 Region 做 split 操作)。再配合 RegionSplitter 工具，在需要 split 时，手动 split。手动 split 在灵活性和稳定性上比自动 split 要高很多，而且管理成本增加不多，比较推荐 online 实时系统使用。内存方面，小 Region 在设置 memstore 的大小值上比较灵活，大 Region 则过大过小都不行，过大会导致 flush 时 app 的 IO wait 增高，过小则因 StoreFile 过多影响读性能。

14. HBase 配置

建议 HBase 的服务器内存至少 32GB，表 7-3 是通过实践检验得到的分配给各角色的内存建议值。

表 7-3　HBase 相关服务配置信息

模块	服务种类	内存需求
HDFS	HDFS NameNode	16GB
	HDFS DataNode	2GB

HBase	HMaster	2GB
	HRegionServer	16GB
ZooKeeper	ZooKeeper	4GB

HBase 的单个 Region 大小建议设置大一些，推荐 2GB，RegionServer 处理少量的大 Region 比大量的小 Region 更快。对于不重要的数据，在创建表时将其放在单独的列族内，并且设置其列族备份数为 2（默认值既保证了双备份，又可以节约空间、提高写性能；代价是高可用性比备份数为 3 时的设置稍差，且读性能不如默认备份数时）。

15. 实际案例

项目要求可以删除存储在 HBase 数据表中的数据，数据在 HBase 中的 RowKey 由任务 ID（数据由任务产生）加上 16 位随机数组成，任务信息由单独一张表维护。图 7-28 所示为数据删除流程图。

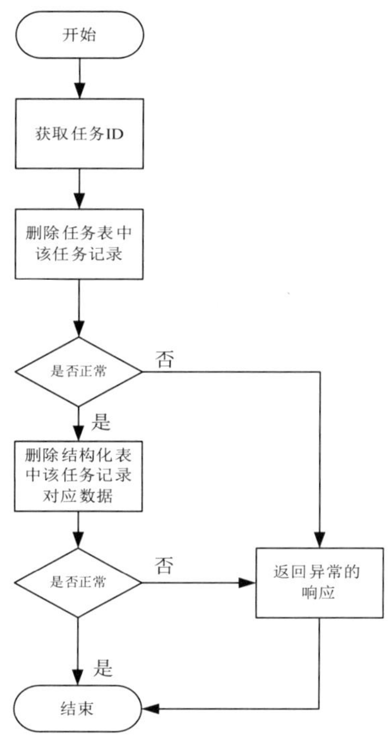

图 7-28　数据删除流程图

最初的设计是在删除任务的同时按照任务 ID 删除该任务存储在 HBase 中的相应数据。但是 HBase 数据较多时会导致删除耗时较长，同时由于磁盘 I/O 较高，会导致数据读取、写入超时。

查看 HBase 日志发现删除数据时，HBase 在做 Major Compaction 操作。Major Compaction 操作的目的是合并文件，并清除过期、多余版本的数据。Major Compaction 时 HBase 将合并 Region 中 StoreFile，该动作如果持续长时间会导致整个 Region 都不可读，最终导致所有基于 Region 的查询超时。

如果想要解决 Major Compaction 问题，需要查看它的源代码。通过查看 HBase 源码发现

RegionServer 在启动时，有一个 CompactionChecker 线程在定期检测是否需要做 Compact。源代码如图 7-29 所示。

```
protected void chore() {
 for (HRegion r : this.instance.onlineRegions.values()) {
  if (r == null)
   continue;
  for (Store s : r.getStores().values()) {
   try {
    if (s.needsCompaction()) {
     // Queue a compaction. Will recognize if major is needed.
     this.instance.compactSplitThread.requestCompaction(r, s, getName()
        + " requests compaction", null);
    } else if (s.isMajorCompaction()) {
     if (majorCompactPriority == DEFAULT_PRIORITY
        || majorCompactPriority > r.getCompactPriority()) {
      this.instance.compactSplitThread.requestCompaction(r, s, getName()
         + " requests major compaction; use default priority", null);
     } else {
      this.instance.compactSplitThread.requestCompaction(r, s, getName()
         + " requests major compaction; use configured priority",
       this.majorCompactPriority, null);
     }
```

图 7-29　CompactionChecker 线程代码图

isMajorCompaction 中会根据 hbase.hregion.majorcompaction 参数来判断是否做 Major Compact。如果 hbase.hregion.majorcompaction 为 0，则返回 false。修改配置文件 hbase.hregion.majorcompaction 为 0，禁止 HBase 的定期 Major Compaction 机制，通过自定义的定时机制（在凌晨 HBase 业务不繁忙时）执行 Major 操作，这个定时可以通过 Linux cron 定时启动脚本，也可以通过 Java 的 timer schedule，在实际项目中使用 Quartz 来启动，启动的时间配置在配置文件中给出，可以方便地修改 Major Compact 启动的时间。通过这种修改，可以发现在删除数据后仍会有 Compact 操作。这样流程进入 needsCompaction = true 的分支，查看 needsCompaction 判断条件为 (storefiles.size() − filesCompacting.size()) > minFilesToCompact 时触发。同时，当需紧缩的文件数等于 Store 的所有文件数，Minor Compact 自动升级为 Major Compact。但是 Compact 操作不能禁止，因为这样会导致数据一直存在，最终影响查询效率。

基于以上分析，用户必须重新考虑删除数据的流程，如图 7-30 所示。如果只需要删除该条任务记录，那么与该任务相关联的数据不需要立马进行删除。当系统空闲时再去定时删除 HBase 数据表中的数据，并对 Region 做 Major Compact 操作，清理已经删除的数据。通过对任务删除流程的修改，达到项目的需求，同时这种修改也不需要修改 HBase 的配置。

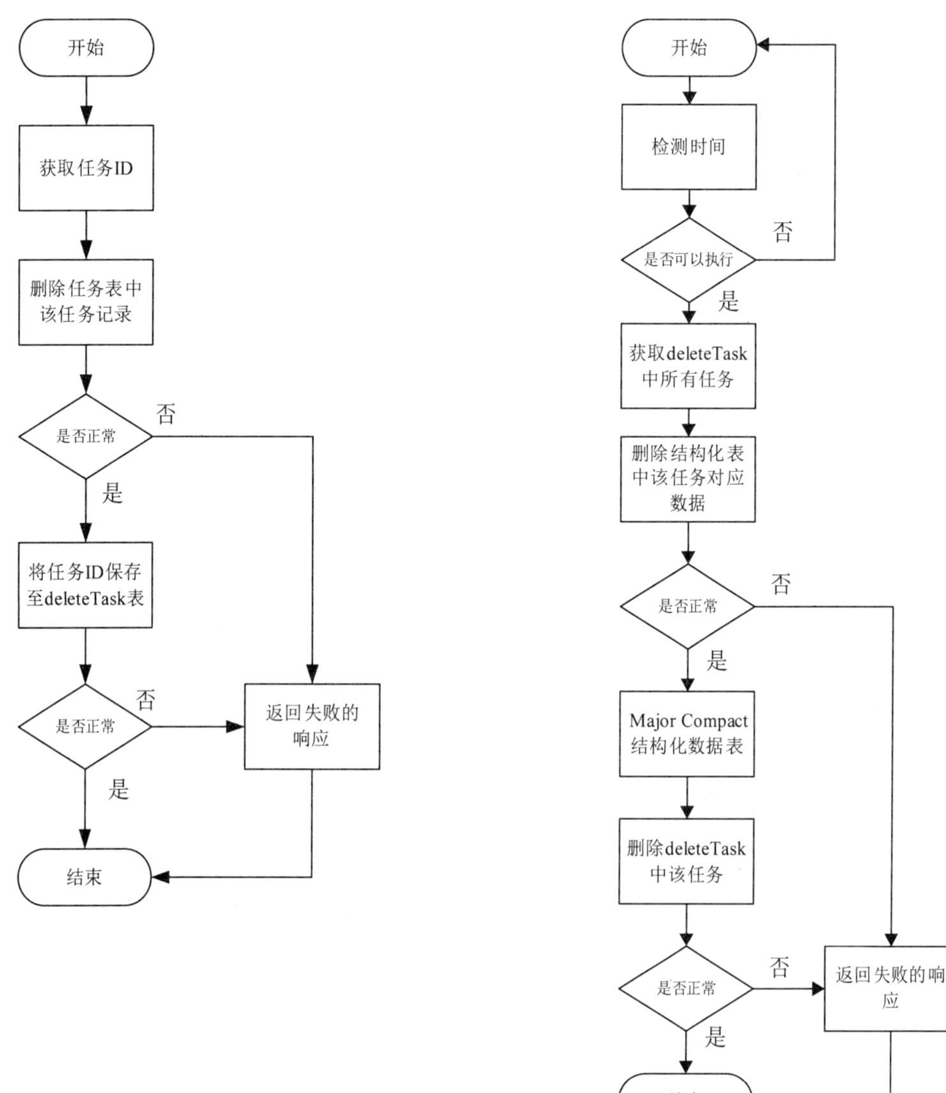

图 7-30　数据删除流程对比图

检索、查询、删除 HBase 数据表中的数据本身存在大量的关联性，需要查看 HBase 数据表的源代码才能确定导致检索性能瓶颈的根本原因及最终解决方案。

HBase 数据库的使用及检索优化方式均与传统关系型数据库存在较多不同，本节从数据表的基本定义方式出发，通过 HBase 自身提供的 API 访问方式入手，举例说明优化方式及注意事项，最后通过实例来验证优化方案的可行性。检索性能本身是数据表设计、程序设计、逻辑设计等的结合产物，需要程序员深入理解后才能做出正确的优化方案。

7.12 CGroup 技术

7.12.1 CGroup 介绍

CGroup（Control Groups）是 Linux 内核提供的一种可以限制、记录、隔离进程组所使用的物力资源（如 cpu memory i/o 等）的机制。2007 年进入 Linux 2.6.24 内核，CGroup 不是全新创造的，它将进程管理从 cpuset 中剥离出来，作者是 Google 的 Paul Menage。CGroup 也是 LXC 为实现虚拟化所使用的资源管理手段。

1. CGroup 功能及组成

CGroup 是将任意进程进行分组化管理的 Linux 内核功能，它本身是提供将进程进行分组化管理的功能和接口的基础结构，I/O 或内存的分配控制等具体的资源管理功能是通过这个功能来实现的。这些具体的资源管理功能称为 CGroup 子系统或控制器。CGroup 子系统包括控制内存的 Memory 控制器、控制进程调度的 CPU 控制器等。运行中的内核可以使用的 CGroup 子系统由 /proc/CGroup 来确认。

CGroup 提供了一个 CGroup 虚拟文件系统，作为进行分组管理和各子系统设置的用户接口。要使用 CGroup，必须挂载 CGroup 文件系统。这时通过挂载选项指定使用哪个子系统。

2. CGroup 支持的文件种类

CGroup 支持的文件种类如表 7-4 所示。

表 7-4　CGroup 支持的文件种类

文件名	R/W	用途
Release_agent	RW	删除分组时执行的命令，这个文件只存在于根分组
Notify_on_release	RW	设置是否执行 release_agent。为 1 时执行
Tasks	RW	属于分组的线程 TID 列表
CGroup.procs	RW	属于分组的进程 PID 列表。仅包括多线程进程的 leader 的 TID，这点与 tasks 不同
CGroup.event_control	RW	监视状态变化和分组删除事件的配置文件

3. CGroup 相关概念解释

①任务（Task）。在 CGroup 中，任务就是系统的一个进程。

②控制族群（Control Group）。控制族群就是一组按照某种标准划分的进程。CGroup 中的资源控制都是以控制族群为单位实现的。一个进程可以加入某个控制族群，也可以从一个进程组迁移到另一个控制族群。一个进程组的进程可以使用 CGroup 以控制族群为单位分配的资源，同时受到 CGroup 以控制族群为单位设定的限制。

③层级（Hierarchy）。控制族群可以组织成 Hierarchical 的形式，即一棵控制族群树。控制

族群树上的子节点控制族群是父节点控制族群的孩子，继承父控制族群的特定属性。

④子系统（Subsystem）。一个子系统就是一个资源控制器，如 CPU 子系统就是控制 CPU 时间分配的一个控制器。子系统必须附加（Attach）到一个层级上才能起作用，一个子系统附加到某个层级以后，这个层级上的所有控制族群都受到这个子系统的控制。

4. 相互关系

①每次在系统中创建新层级时，该系统中的所有任务都是那个层级的默认 CGroup（又称为 Root CGroup，此 CGroup 在创建层级时自动创建，后面在该层级中创建的 CGroup 都是此 CGroup 的后代）的初始成员。

②一个子系统最多只能附加到一个层级。

③一个层级可以附加多个子系统。

④一个任务可以是多个 CGroup 的成员，但是这些 CGroup 必须在不同的层级。

⑤系统中的进程（任务）创建子进程（子任务）时，该子任务自动成为其父进程所在 CGroup 的成员。然后可根据需要将该子任务移动到不同的 CGroup 中，但开始时它总是继承其父任务的 CGroup。

图 7-31 所示为 CGroup 层级图，CPU 和 Memory 两个子系统有自己独立的层级系统，而又通过 Task Group 取得关联关系。

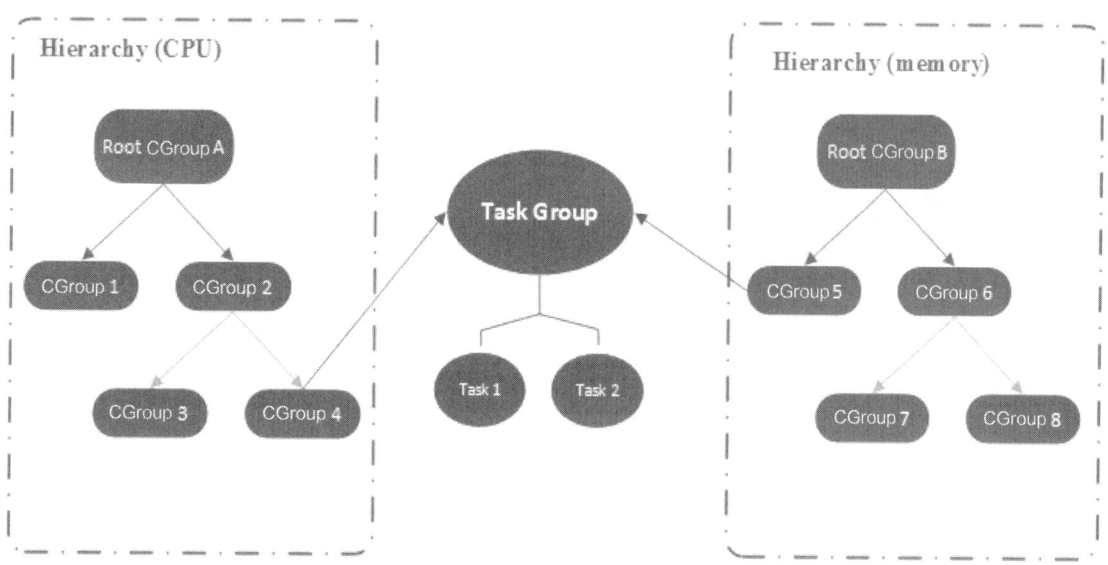

图 7-31　CGroup 层级图

5. CGroup 应用架构

如图 7-32 所示，CGroup 技术可以被用来在操作系统底层限制物理资源，起到 Container 的作用。图中每一个 JVM 进程对应一个 Container CGroup 层级，通过 CGroup 提供的各类子系统，可以对每一个 JVM 进程对应的线程级别进行物理限制，这些限制包括 CPU、内存等许多种类的资源。

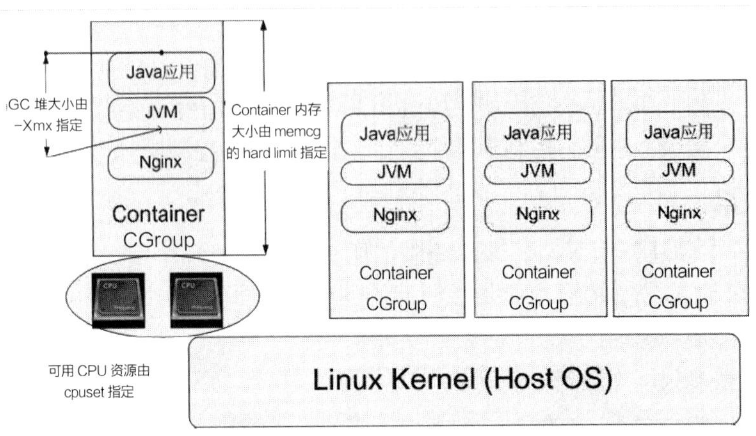

图 7-32　CGroup 典型应用架构图

7.12.2　CGroup 部署及应用实例

介绍 CGroup 设计原理前，首先来做一个简单的实验。实验基于 Linux Centosv 6.5（64 位）版本，JDK 1.7。实验目的是运行一个占用CPU的Java程序，如果不用CGroup物理隔离CPU核，那么程序会由操作系统层级自动挑选 CPU 核来运行程序。由于操作系统层面采用的是时间片轮询方式随机挑选 CPU 核作为运行容器，因此会在本机器上 24 个 CPU 核上随机执行。如果采用 CGroup 进行物理隔离，可以选择某些 CPU 核作为指定运行载体。

1.　运行一个占用 CPU 的 Java 程序

（1）Java 程序代码

```
// 开启 4 个用户线程，其中一个线程大量占用 CPU 资源，其他 3 个线程则处于空闲状态
public class HoldCPUMain {
public static class HoldCPUTask implements Runnable{

        @Override
        public void run() {
              // TODO Auto-generated method stub
              while(true){
                     double a = Math.random()*Math.random();// 占用 CPU
                     System.out.println(a);
              }
        }
    }
public static class LazyTask implements Runnable{

        @Override
        public void run() {
              // TODO Auto-generated method stub
```

```
                    while(true){
                           try {
                                  Thread.sleep(1000);
                           } catch (InterruptedException e) {
                                  // TODO Auto-generated catch block
                                  e.printStackTrace();
                           }// 空闲线程
                    }
             }
        }
    public static void main(String[] args){
       for(inti=0;i<10;i++){
              new Thread(new HoldCPUTask()).start();
       }
        }
}
```

上述程序会启动 10 个线程，这 10 个线程都在做占用 CPU 的计算操作，它们可能会运行在一个 CPU 核上，也可能运行在多个核上，由操作系统决定，稍后会在 Linux 计算机上通过命令在后台运行上述程序。

（2）创建层级

本实例需要对 CPU 资源进行限制，所以在 cpu_and_set 子系统上创建自己的层级“zhoumingyao”。

```
[root@facenode4 cpu_and_set]# ls -rlt
总用量 0
-rw-r--r-- 1 root root 0  3月 21 17:21 release_agent
-rw-r--r-- 1 root root 0  3月 21 17:21 notify_on_release
-r--r--r-- 1 root root 0  3月 21 17:21 cpu.stat
-rw-r--r-- 1 root root 0  3月 21 17:21 cpu.shares
-rw-r--r-- 1 root root 0  3月 21 17:21 cpuset.sched_relax_domain_level
-rw-r--r-- 1 root root 0  3月 21 17:21 cpuset.sched_load_balance
-rw-r--r-- 1 root root 0  3月 21 17:21 cpuset.mems
-rw-r--r-- 1 root root 0  3月 21 17:21 cpuset.memory_spread_slab
-rw-r--r-- 1 root root 0  3月 21 17:21 cpuset.memory_spread_page
-rw-r--r-- 1 root root 0  3月 21 17:21 cpuset.memory_pressure_enabled
-r--r--r-- 1 root root 0  3月 21 17:21 cpuset.memory_pressure
-rw-r--r-- 1 root root 0  3月 21 17:21 cpuset.memory_migrate
-rw-r--r-- 1 root root 0  3月 21 17:21 cpuset.mem_hardwall
-rw-r--r-- 1 root root 0  3月 21 17:21 cpuset.mem_exclusive
-rw-r--r-- 1 root root 0  3月 21 17:21 cpuset.cpus
-rw-r--r-- 1 root root 0  3月 21 17:21 cpuset.cpu_exclusive
-rw-r--r-- 1 root root 0  3月 21 17:21 cpu.rt_runtime_us
-rw-r--r-- 1 root root 0  3月 21 17:21 cpu.rt_period_us
-rw-r--r-- 1 root root 0  3月 21 17:21 cpu.cfs_quota_us
-rw-r--r-- 1 root root 0  3月 21 17:21 cpu.cfs_period_us
```

```
-r--r--r-- 1 root root 0  3月 21 17:21 CGroup.procs
drwxr-xr-x 2 root root 0  3月 21 17:22 test
drwxr-xr-x 2 root root 0  3月 23 16:36 test1
-rw-r--r-- 1 root root 0  3月 25 19:23 tasks
drwxr-xr-x 2 root root 0  3月 31 19:32 single
drwxr-xr-x 2 root root 0  3月 31 19:59 single1
drwxr-xr-x 2 root root 0  3月 31 19:59 single2
drwxr-xr-x 2 root root 0  3月 31 19:59 single3
drwxr-xr-x 3 root root 0  4月  3 17:34 aaaa
[root@facenode4 cpu_and_set]# mkdirzhoumingyao
[root@facenode4 cpu_and_set]# cdzhoumingyao
[root@facenode4 zhoumingyao]# ls -rlt
总用量 0
-rw-r--r-- 1 root root 0  4月 30 14:03 tasks
-rw-r--r-- 1 root root 0  4月 30 14:03 notify_on_release
-r--r--r-- 1 root root 0  4月 30 14:03 cpu.stat
-rw-r--r-- 1 root root 0  4月 30 14:03 cpu.shares
-rw-r--r-- 1 root root 0  4月 30 14:03 cpuset.sched_relax_domain_level
-rw-r--r-- 1 root root 0  4月 30 14:03 cpuset.sched_load_balance
-rw-r--r-- 1 root root 0  4月 30 14:03 cpuset.mems
-rw-r--r-- 1 root root 0  4月 30 14:03 cpuset.memory_spread_slab
-rw-r--r-- 1 root root 0  4月 30 14:03 cpuset.memory_spread_page
-r--r--r-- 1 root root 0  4月 30 14:03 cpuset.memory_pressure
-rw-r--r-- 1 root root 0  4月 30 14:03 cpuset.memory_migrate
-rw-r--r-- 1 root root 0  4月 30 14:03 cpuset.mem_hardwall
-rw-r--r-- 1 root root 0  4月 30 14:03 cpuset.mem_exclusive
-rw-r--r-- 1 root root 0  4月 30 14:03 cpuset.cpus
-rw-r--r-- 1 root root 0  4月 30 14:03 cpuset.cpu_exclusive
-rw-r--r-- 1 root root 0  4月 30 14:03 cpu.rt_runtime_us
-rw-r--r-- 1 root root 0  4月 30 14:03 cpu.rt_period_us
-rw-r--r-- 1 root root 0  4月 30 14:03 cpu.cfs_quota_us
-rw-r--r-- 1 root root 0  4月 30 14:03 cpu.cfs_period_us
-r--r--r-- 1 root root 0  4月 30 14:03 CGroup.procs
```

通过 mkdir 命令新建文件夹 zhoumingyao，由于已经预先成功加载 cpu_and_set 子系统，因此当文件夹创建完毕的同时，cpu_and_set 子系统对应的文件夹也会自动创建。运行 Java 程序前，需要确认 cpu_and_set 子系统安装的目录，如下所示。

（3）确认目录

```
[root@facenode4 zhoumingyao]# lsCGroup
cpuacct:/
devices:/
freezer:/
net_cls:/
blkio:/
memory:/
```

```
memory:/test2
cpuset,cpu:/
cpuset,cpu:/zhoumingyao
cpuset,cpu:/aaaa
cpuset,cpu:/aaaa/bbbb
cpuset,cpu:/single3
cpuset,cpu:/single2
cpuset,cpu:/single1
cpuset,cpu:/single
cpuset,cpu:/test1
cpuset,cpu:/test
```

输出显示 cpuset_cpu 的目录是 cpuset,cpu:/zhoumingyao，由于本实例所采用的 Java 程序是多线程程序，因此需要使用 cgexec 命令来帮助启动，而不能如网络上有些材料所述，采用 java - jar 命令启动后，将 pid 进程号填入 tasks 文件即可的错误方式。

（4）运行 Java 程序

采用 cgexec 命令启动 java 程序，需要使用上述代码定位的 cpuset_cpu 目录地址。

```
[root@facenode4 zhoumingyao]# cgexec -g cpuset,cpu:/zhoumingyao java -jar
test.jars
```

（5）CPU 核限制

在 cpuset.cpus 文件中需要设置限制只有 0~10 这 11 个 CPU 核可以被用来运行上述启动的 Java 多线程程序。当然，CGroup 还可以限制具体每个核的使用百分比，这里不再做过多的描述。

```
[root@facenode4 zhoumingyao]# catcpuset.cpus
0-10
```

（6）设置线程 ID

接下来，通过 TOP 命令获得上述启动的 Java 程序的所有相关线程 ID，将这些 ID 写入 Tasks 文件。

```
[root@facenode4 zhoumingyao]# cat tasks
2656
2657
2658
2659
2660
2661
2662
2663
2664
2665
2666
2667
2668
2669
```

```
2670
2671
2672
2673
2674
2675
2676
2677
2678
2679
2680
2681
2682
2683
2684
2685
2686
2687
2688
2689
2714
2715
2716
2718
```

全部设置完毕后，可以通过 TOP 命令查看具体的每一个 CPU 核上的运行情况，发现只有 0~10 这 11 个 CPU 核上有计算资源被调用，可以进一步通过 TOP 命令确认全部都是上述所启动的 Java 多线程程序的线程，其运行结果代码如下。

```
top - 14:43:24 up 44 days, 59 min,  6 users,  load average: 0.47, 0.40, 0.33
Tasks: 715 total,   1 running, 714 sleeping,   0 stopped,   0 zombie
Cpu0  :  0.7%us,  0.3%sy,  0.0%ni, 99.0%id,  0.0%wa,  0.0%hi,  0.0%si,
0.0%st
Cpu1  :  1.0%us,  0.7%sy,  0.0%ni, 98.3%id,  0.0%wa,  0.0%hi,  0.0%si,
0.0%st
Cpu2  :  0.3%us,  0.3%sy,  0.0%ni, 99.3%id,  0.0%wa,  0.0%hi,  0.0%si,
0.0%st
Cpu3  :  1.0%us,  1.6%sy,  0.0%ni, 97.5%id,  0.0%wa,  0.0%hi,  0.0%si,
0.0%st
Cpu4  :  0.0%us,  0.0%sy,  0.0%ni,100.0%id,  0.0%wa,  0.0%hi,  0.0%si,
0.0%st
Cpu5  :  1.3%us,  1.9%sy,  0.0%ni, 96.8%id,  0.0%wa,  0.0%hi,  0.0%si,
0.0%st
Cpu6  :  3.8%us,  5.4%sy,  0.0%ni, 90.8%id,  0.0%wa,  0.0%hi,  0.0%si,
0.0%st
Cpu7  :  7.7%us,  9.9%sy,  0.0%ni, 82.4%id,  0.0%wa,  0.0%hi,  0.0%si,
0.0%st
Cpu8  :  4.8%us,  6.1%sy,  0.0%ni, 89.1%id,  0.0%wa,  0.0%hi,  0.0%si,
0.0%st
```

```
    Cpu9  :  0.0%us,  0.0%sy,  0.0%ni,100.0%id,  0.0%wa,  0.0%hi,  0.0%si,
0.0%st
    Cpu10 :  0.0%us,  0.0%sy,  0.0%ni,100.0%id,  0.0%wa,  0.0%hi,  0.0%si,
0.0%st
    Cpu11 :  0.0%us,  0.0%sy,  0.0%ni,100.0%id,  0.0%wa,  0.0%hi,  0.0%si,
0.0%st
    Cpu12 :  0.0%us,  0.0%sy,  0.0%ni,100.0%id,  0.0%wa,  0.0%hi,  0.0%si,
0.0%st
    Cpu13 : 0.0%us,  0.0%sy,  0.0%ni, 72.8%id,  0.0%wa,  0.0%hi,  4.3%si,
0.0%st
    Cpu14 :  0.0%us,  0.0%sy,  0.0%ni,100.0%id,  0.0%wa,  0.0%hi,  0.0%si,
0.0%st
    Cpu15 :  0.0%us,  0.0%sy,  0.0%ni,100.0%id,  0.0%wa,  0.0%hi,  0.0%si,
0.0%st
    Cpu16 :  0.0%us,  0.0%sy,  0.0%ni,100.0%id,  0.0%wa,  0.0%hi,  0.0%si,
0.0%st
    Cpu17 :  0.0%us,  0.0%sy,  0.0%ni,100.0%id,  0.0%wa,  0.0%hi,  0.0%si,
0.0%st
    Cpu18 :  0.0%us,  0.0%sy,  0.0%ni,100.0%id,  0.0%wa,  0.0%hi,  0.0%si,
0.0%st
    Cpu19 :  0.0%us,  0.0%sy,  0.0%ni,100.0%id,  0.0%wa,  0.0%hi,  0.0%si,
0.0%st
    Cpu20 :  0.0%us,  0.0%sy,  0.0%ni,100.0%id,  0.0%wa,  0.0%hi,  0.0%si,
0.0%st
    Cpu21 :  0.3%us,  0.3%sy,  0.0%ni, 99.3%id,  0.0%wa,  0.0%hi,  0.0%si,
0.0%st
    Cpu22 :  0.0%us,  0.0%sy,  0.0%ni,100.0%id,  0.0%wa,  0.0%hi,  0.0%si,
0.0%st
    Cpu23 :  0.0%us,  0.0%sy,  0.0%ni,100.0%id,  0.0%wa,  0.0%hi,  0.0%si,
0.0%st
    Mem:  32829064k total,  5695012k used, 27134052k free,   533516k buffers
    Swap: 24777720k total,         0k used, 24777720k free,  3326940k cached
```

总的来说，CGroup 的使用方式较为简单，目前主要的问题是网络上已有的中文材料缺少详细的配置步骤。

2. CGroup 设计原理分析

CGroup 的源代码较为清晰，可以从进程的角度出发来剖析 CGroup 相关数据结构之间的关系。在 Linux 中，管理进程的数据结构是 task_struct，其中与 CGroup 有关的代码如下。

```
#ifdef CONFIG_CGroupS
/* Control Group info protected by css_set_lock */
struct css_set *CGroups;
/* cg_list protected by css_set_lock and tsk->alloc_lock */
structlist_headcg_list;
#endif
```

其中，CGroup 指针指向了一个 css_set 结构，而 css_set 存储了与进程有关的 CGroup 信息；cg_list 是一个嵌入的 list_head 结构，用于将连到同一个 css_set 的进程组织成一个链表。下面来看 css_set 的结构，其代码如下。

```
struct css_set {
atomic_trefcount;
struct hlist_nodehlist;
struct list_head tasks;
struct list_headcg_links;
struct CGroup_subsys_state *subsys[CGroup_SUBSYS_COUNT];
struct rcu_headrcu_head;
};
```

其中，refcount 是该 css_set 的引用数，因为一个 css_set 可以被多个进程公用，只要这些进程的 CGroup 信息相同。比如，在所有已创建的层级中都有同一个 CGroup 中的进程；hlist 是嵌入的 hlist_node，用于把所有 css_set 组织成一个 hash 表，这样内核可以快速查找特定的 css_set；tasks 指向所有连到此 css_set 的进程连成的链表；cg_links 指向一个由 struct_cg_CGroup_link 连成的链表。subsys 是一个指针数组，存储一组指向 CGroup_subsys_state 的指针。一个 CGroup_subsys_state 就是进程与一个特定子系统相关的信息。通过这个指针数组，进程就可以获得相应的 CGroup 控制信息了。CGroup_subsys_state 代码如下。

```
structCGroup_subsys_state {
structCGroup *CGroup;
atomic_trefcnt;
unsigned long flags;
structcss_id *id;
};
```

CGroup 指针指向了一个 CGroup 结构，也就是进程属于的 CGroup。进程受到子系统的控制，实际上是通过加入特定的 CGroup 实现的，因为 CGroup 在特定的层级上，而子系统又是附和到上面的。通过以上 3 个结构，进程就可以和 CGroup 连接起来了：task_struct → css_set → CGroup_subsys_state → CGroup。CGroup 代码如下。

```
struct CGroup {
unsigned long flags;
atomic_t count;
struct list_head sibling;
struct list_head children;
struct CGroup *parent;
struct dentry *dentry;
struct CGroup_subsys_state *subsys[CGroup_SUBSYS_COUNT];
struct CGroup fs_root *root;
struct CGroup *top_CGroup;
struct list_head css_sets;
struct list_head release_list;
struct list_head pidlists;
struct mutexpidlist_mutex;
struct rcu_head rcu_head;
struct list_head event_list;
spinlock_tevent_list_lock;
```

```
    };
```

sibling,children 和 parent 嵌入的 list_head 负责将统一层级的 CGroup 连接成一棵 CGroup 树。

① subsys 是一个指针数组，存储一组指向 CGroup_subsys_state 的指针。这组指针指向了此 CGroup 与各个子系统相关的信息，它与 css_set 代码中的道理是一样的。

② root 指向了一个 CGroupfs_root 的结构，就是 CGroup 所在层级对应的结构体。这样一来，之前谈到的几个 CGroup 概念就全部联系起来了。

③ top_CGroup 指向了所在层级的根 CGroup，也就是创建层级时自动创建的那个 CGroup。

④ css_set 指向一个由 struct_cg_CGroup_link 连成的链表，与 css_set 代码中的 cg_links 一样。

下面分析 css_set 和 CGroup 之间的关系，cg_CGroup_link 代码如下。

```
struct cg_CGroup_link {
struct list_head cgrp_link_list;
struct CGroup *cgrp;
struct list_head cg_link_list;
struct css_set *cg; };
```

cgrp_link_list 连入 CGroup → css_set 指向的链表，cgrp 则指向与 cg_CGroup_link 相关的 CGroup；cg_link_list 则连入 css_set → cg_lonks 指向的链表，cg 则指向与 cg_CGroup_link 相关的 css_set。CGroup 和 css_set 是一个多对多的关系，必须添加一个中间结构来将两者联系起来，这就是 cg_CGroup_link 的作用。cg_CGroup_link 中的 cgrp 和 cg 就是此结构体的联合主键，而 cgrp_link_list 和 cg_link_list 分别连入 CGroup 和 css_set 相应的链表，使得从 CGroup 或 css_set 都可以进行遍历查询。

那为什么 CGroup 和 css_set 是多对多的关系呢?

一个进程对应一个 css_set，一个 css_set 存储了一组进程 (有可能被多个进程共享，所以是一组) 与各个子系统相关的信息，但这些信息有可能不是从一个 CGroup 处获得的，因为一个进程可以同时属于几个 CGroup，只要这些 CGroup 不在同一个层级。例如，创建一个层级 A，A 上面附加了 CPU 和 Memory 两个子系统，进程 B 属于 A 的根 CGroup；再创建一个层级 C，C 上面附加了 ns 和 blkio 两个子系统，进程 B 同样属于 C 的根 CGroup；那么进程 B 对应的 CPU 和 Memory 的信息是从 A 的根 CGroup 获得的，ns 和 blkio 信息则是从 C 的根 CGroup 获得的。因此，一个 css_set 存储的 CGroup_subsys_state 可以对应多个 CGroup。另外，CGroup 也存储了一组 CGroup_subsys_state，这一组 CGroup_subsys_state 则是 CGroup 从所在的层级附加的子系统获得的。一个 CGroup 中可以有多个进程，而这些进程的 css_set 不一定都相同，因为有些进程可能还加入了其他 CGroup。但是同一个 CGroup 中的进程与该 CGroup 关联的 CGroup_subsys_state 都受到该 CGroup 的管理 (CGroup 中进程控制是以 CGroup 为单位的)，所以一个 CGroup 也可以对应多个 css_set。

从前面的分析可以看出，从 task 到 CGroup 是很容易定位的，但是从 CGroup 获取此 CGroup 的所有 task 就必须通过这个结构。每个进程都会指向一个 css_set，而与这个 css_ set 关联的所有进程都会连接到 css_set → tasks 链表，而 CGroup 又通过一个中间结构 cg_CGroup_link 来寻找与其关联的所有 css_set，从而可以得到与 CGroup 关联的所有进程。最后看一下层级和子系统对应的结构体。层级对应的结构体是 CGroupfs_root，其代码如下。

```
struct CGroupfs_root {
struct super_block *sb;
unsigned long subsys_bits;
inthierarchy_id;
unsigned long actual_subsys_bits;
struct list_head subsys_list;
struct CGroup top_CGroup;
int number_of_CGroups;
struct list_head root_list;
unsigned long flags;
char release_agent_path[PATH_MAX];
char name[MAX_CGroup_ROOT_NAMELEN];
};
```

sb 指向该层级关联的文件系统数据块；subsys_bits 和 actual_subsys_bits 分别指向将要附加到层级的子系统和现在实际附加到层级的子系统，在子系统附加到层级时使用；hierarchy_id 是该层级唯一的 ID；top_CGroup 指向该层级的根 CGroup；number_of_CGroup 记录该层级 CGroup 的个数；root_list 是一个嵌入的 list_head，用于将系统所有的层级连成链表。子系统对应的结构体是 CGroup_subsys，其代码如下。

```
struct CGroup_subsys {
struct CGroup_subsys_state *(*create)(struct CGroup_subsys *ss, struct CGroup *cgrp);
int (*pre_destroy)(struct CGroup_subsys *ss, struct CGroup *cgrp);
void (*destroy)(struct CGroup_subsys *ss, struct CGroup *cgrp);
int (*can_attach)(struct CGroup_subsys *ss, struct CGroup *cgrp, struct task_struct *tsk, boolthreadgroup);
void (*cancel_attach)(struct CGroup_subsys *ss, struct CGroup *cgrp, struct task_struct *tsk, boolthreadgroup);
void (*attach)(struct CGroup_subsys *ss, struct CGroup *cgrp, struct CGroup *old_cgrp, struct task_struct *tsk, boolthreadgroup);
void (*fork)(struct CGroup_subsys *ss, struct task_struct *task);
void (*exit)(struct CGroup_subsys *ss, struct task_struct *task);
int (*populate)(struct CGroup_subsys *ss, struct CGroup *cgrp);
void (*post_clone)(struct CGroup_subsys *ss, struct CGroup *cgrp);
void (*bind)(struct CGroup_subsys *ss, struct CGroup *root);
int subsys_id;
int active;
int disabled;
int early_init;
booluse_id;
#define MAX_CGroup_TYPE_NAMELEN 32
const char *name;
```

```
    struct mutexhierarchy_mutex;
    struct lock_class_keysubsys_key;
    struct CGroup fs_root *root;
    struct list_head sibling;
    struct idr idr;
    spinlock_tid_lock;
    struct module *module;
    };
```

CGroup_subsys 定义了一组操作，让各个子系统根据各自的需要去实现。这个相当于 C++ 中的抽象基类，然后各个特定的子系统对应 CGroup_subsys 则是实现了相应操作的子类。类似的思想还被用在了 CGroup_subsys_state 中，CGroup_subsys_state 并未定义控制信息，而只是定义了各个子系统都需要的共同信息，如 CGroup_subsys_state 从属的 CGroup。然后各个子系统再根据各自的需要去定义自己的进程控制信息结构体，最后在各自的结构体中将 CGroup_subsys_state 包含进去，这样通过 Linux 内核的 container_of 等宏就可以通过 CGroup_subsys_state 来获取相应的结构体。

从基本层次顺序定义上来看，由 task_struct、css_set、CGroup_subsys_state、CGroup、cg_CGroup_link、CGroupfs_root、CGroup_subsys 等结构体组成的 CGroup 可以基本从进程级别反映它们之间的响应关系。后续章节会针对文件系统、各子系统做进一步的分析。

就像大多数开源技术一样，CGroup 不是全新创造的，它将进程管理从 cpuset 中剥离出来。通过物理限制的方式为进程间资源控制提供了简单的实现方式，为 Linux Container 技术、虚拟化技术的发展奠定了技术基础，本节的目标是让初学者可以通过自己动手的方式简单地理解技术，将起步门槛放低。

7.13 Go 语言

从历史说起，Go 语言的作者是 Robert Griesemer、Rob Pike 和 Ken Thompson，其中 Ken Thompson 在 UNIX 和 C 语言开发中的巨大贡献为程序员所熟知。到目前为止，用 Go 语言编写的软件有很多，如容器软件 Docker、基础软件 ETCD 和 Kubernetes、数据库软件 TiDB 和 InfluxDB、消息系统 NSQ、缓存组件 GroupCache。可以看到，几乎在基础架构软件的每一个领域，都出现了由 Go 语言编写的新软件，而且这些软件的市场占有率持续攀高。除了作为基础架构软件的语言之外，Go 语言作为服务器端通用语言的机会也越来越多，从 Beego、Gorilla 等 Go 语言 Web 框架的热门程度也可以看出一些发展趋势。

7.13.1 示例程序

下面通过一个简单的示例程序看看该语言的编码风格。

```
Package main
import "fmt"
```

```
func main(){
    fmt.Println("hello,world");
}
```

如何运行上述代码呢？Go 语言是编译型语言，Go 的工具链将程序的源文件转换成机器相关的原生指令（二进制），最基础的工具是 run 命令。它可以将一个或多个 go 源文件（以 .go 为后缀）进行编译、链接，链接后就开始运行生成的可执行文件，其代码如下。

```
$go run helloworld.go
打印：hello,world
```

上面的编译、链接、运行都是一次性工作，也就是说，下次运行 go run 命令时，内部流程会全部重做。也可以通过 go build 命令生成二进制程序，随后就可以任意调用了，其代码如下。

```
$go build helloworld.go
$./helloworld
hello,world
```

这里提到了编译型语言，那么什么是编译型语言呢？如果编译型语言编写的程序需要被机器认识，它需要经过编译和链接两个步骤，编译是把源代码编译成机器码，链接是把各个模块的机器码和依赖库串联起来生成可执行文件。编译型语言的优点是，由于预编译过程的存在，对代码可以进行优化，也只需要一次编译，运行时效率也会较高，并且可以脱离语言环境独立运行；缺点是修改后的整个模块需要编译。相对编译型语言，解释型语言只有在运行程序时才逐行翻译。那么什么是链接呢？准确地说是链接和装入，即在编译后执行这两个步骤，程序才能在内存中运行。链接是通过连接器完成的，它将多个目标文件链接成一个完整的、可加载的、可执行的目标文件，整个过程包括了符号解析（将目标文件内的应用符号和该符号的定义联系起来）和将符号定义与存储器的位置联系起来两个步骤。

7.13.2 命名规范

Go 语言中的函数、常量、变量、类型、语句、标签、包的名称有较统一的命名规则，名称的开头是一个字母或下画线，后面可以是任意数量的字符、数字或下画线。注意，Go 语言是区分大小写的，并且关键字不可以作为名称。当遇到由单词组成的名称时，Go 程序员一般使用“驼峰式”的风格。

以“$”为例，Oracle 官网建议不要使用“$”或“_”开始为变量命名，并且建议在命名中完全不要使用“$”字符；百度认为虽然类名可以支持使用“$”，但只在系统生成中使用（如匿名类、代理类），编码不能使用。

以上问题在 StackOverFlow 上有很多人提出，大多数人认为不需要过多关注，只需要关注原来的代码是否存在“_”，如果存在就继续保留，如果不存在则尽量避免使用。也有人提出尽量不使用“_”的原因是低分辨率的显示器，肉眼很难区分“_”（一个下画线）和“__”（两个下画线）。

在 C 语言中，系统头文件中将宏名、变量名、内部函数名用“_”开头，这些文件中的名称都有了定义，当定义 #include 系统头文件时，如果与这些名称冲突，就可能引起各种奇怪的现象。综合各种信息，建议不要使用“_”“$”、空格作为命名开始，以免不利于阅读或产生奇怪的问题。

对于类名，俄罗斯 Java 专家 Yegor Bugayenko 给出的建议是尽量采用现实生活中实体的抽象，如果类的名称以“-er”结尾，这是不建议的命名方式。他指出针对这一条有一个例外，那就是工具类，如 StringUtils、FileUtils、IOUtils。对于接口名称，不要使用 IRecord、IfaceEmployee、Record：nterface，而是要使用现实世界的实体命名。

当然，上述都是针对 Java 的，与 Go 无关，Go 语言受 C 语言的影响更多。

7.13.3 变量概述

Go 语言包括 4 种主要的声明方式：变量（var）、常量（const）、类型（type）和函数（func）。下面介绍与变量相关的声明方式。

① var 声明创建一个具体类型的变量，然后给它附加一个名称，并且设置它的初始值，每一个声明有一个通用的形式：var name type = expression。需要注意的是，Go 语言允许空字符串，不会报空指针错误。

②可以采用 name:=expression 方式声明变量，注意：“=”表示声明，“=”表示赋值。

如果一个变量声明为 var x int，表达式 & *x*（*x* 的地址）获取一个指向整型变量的指针，它的类型是整型指针（*int）。如果值为 *p*，就可以说 *p* 指向 *x*，或者 *p* 包含 *x* 的地址。*p* 指向的变量写成 **p*。表达式 **p* 获取变量的值（此例为整型），因为 **p* 代表一个标量，所以它也可以出现在赋值操作符左边，用于更新变量的值。

x:=1

p:=&*x*//*p* 是整型指针，指向 *x*

fmt.Println(**p*)// 输出 "1"

**p*=2// 等同于 *x*=2

fmt.Println(*x*)// 输出 "2"

注意，相较于 Java 的 null，Go 表示指针类型的零值是 nil。

③使用内置的 new 函数创建变量，表达式 new(T) 创建一个未命名的 T 类型变量，初始化为 T 类型的零值，并返回其地址（地址类型为 *T）。使用 new 创建的变量和取其地址的普通局部变量没有区别，只是不需要引入（或声明）一个虚拟的名称，通过 new(T) 就可以直接在表达式中使用。

```
func newInt() *int{
    return new(int)
}
```

等同于

```
func newInt() *int{
    var dummy int
    return &dummy
}
```

7.13.4 gofmt 工具

Go 语言提供了很多工具，如 gofmt，它可以将代码格式化。gofmt 会读取程序并进行格式化，如 gofmt filename 命令，它会打印格式化后的代码。下面来看一个示例程序（程序名 demo.go）。

```
package main
import fmt
// this is demo to format code
// with gofmt command
 var a int=2;
var b int=5;
var c string= `hello world`;
func print(){
   fmt.Println("Value for a,b and c is : ");
   fmt.Println(a);
   fmt.Println((b));
   fmt.Println(c);
}
```

运行 gofmt demo.go 后，输出的代码如下。

```
package main

import "fmt"

// this is demo to format code
// with gofmt command
var a int = 2
var b int = 5
var c string = `hello world`

func print() {
        fmt.Println("Value for a,b and c is : ")
        fmt.Println(a)
        fmt.Println((b))
        fmt.Println(c)
}
```

7.13.5 垃圾回收

对于高级语言的垃圾回收器，如何知道一个变量是否应该被回收？基本思路是每一个包级别的变量，以及每一个当前执行函数的局部变量，都可以作为追溯变量的路径源头，通过指针和其他方式的引用可以找到变量。如果变量的路径不存在，那么标量变得不可访问，因此它不会影响任何其他的计算过程。因为变量的生命周期是通过它是否可达来确定的，所以局部变量可以在包含它的循环的一次迭代之外继续存在。

Go 语言的垃圾回收器设计的目标就是非阻塞式回收器，Go 1.5 实现了 10ms 内的回收（注意，根据实验证明，这种说法只有在 GC 有足够 CPU 时间的情况下才能成立）。从设计原理上来看，Go 的回收器是一种并发的、三基色的、标记并清除回收器。它的设计理念是由 Dijkstra 在 1978 年提出的，目标与现代硬件的属性和现代软件的低延迟需求非常匹配。

综上所述，每一门新语言的出现都是有原因的，主要表现在两个方面：出现了当前主流语言无法解决的复杂场景或具体问题，需要性价比更高的语言。

正如 Rob Pike 所说，“复杂性是以乘积方式增长的”，为了解决某个问题，一点一点地将系统的某个部分变得更加复杂，不可避免地也给其他部分增加了复杂性。在不断要求增加系统功能、选项和配置，以及快速发布的压力下，简单性往往被忽视了。要实现简单性，就要求在项目的一开始就浓缩思想的本质，并在项目的整个生命周期制定更具体的准则，以分辨出哪些变化是好的，哪些变化是不好的或致命的。只要足够努力，好的变化就能够实现目的，又不损害 Fred Brooks 软件设计上的“概念完整性”。不好的变化就做不到这一点，致命的变化则会牺牲简单性而换取方便性。但是，只有通过设计上的简单性，系统才能在增长过程中保持稳定、安全和自治。Go 语言不仅包括语言本身及其工具和标准库，也保持了极端简单的行为文化。

本章列举了除了 Java、Sping、数据库以外的知识点，以分布式技术为主，辅助列举了 Docker 技术的底层实现技术（CGroup）、Google 的 Go 语言基本介绍等，希望能够帮助读者拓展阅读面，并能够在面试时让面试官眼前一亮。

第 8 章

预见未来的自己

这里选择使用“预见”，而不是“遇见”，是因为现在正在看书的读者，可能还没有出现本章所讨论的这些问题，但是将来迟早会遇到这些问题、挑战或选择，所以有针对性地编写了本章，希望对广大读者有所帮助。

通过阅读本章，可以学习以下内容。

- 如何平静看待挫折
- 如果遇到了不懂技术的领导
- 关于跳槽的那些事
- 技术选型的相关方法论
- 一位资深架构师（17 年工作经验）的个人总结

8.1 遇到 Bug 时的态度

开发应用程序是一项非常有压力的工作。在这个行业中，代码中出现 Bug 是相当普遍的现象。面对 Bug，一些程序员会生气、会沮丧、会心烦意乱，甚至会灰心丧气，而另一些程序员会依然保持冷静、沉着。因此，修复 Bug 的过程也是值得细细琢磨的。一般有以下几种。

1. 不知道是要删除还是要重写它

回顾从前老的源代码，会有一种想要返工写成较大块的冲动和诱惑。丑陋的逻辑语句，还有冗长的语法，导致代码非常难以阅读！但话又说回来，如果代码没有坏掉，那就不要去修复它。这种汹涌澎湃的斗争是经常要面对的，而且显然会困扰许多软件开发人员。

2. 对于起始框架应该查看 Github

我想大多数开发人员都知道 Github，上面每天都有数量惊人的开源项目发布。任何语言的程序员都可以通过互联网借鉴现有项目，加入维基讨论，或者创建自己的代码仓库。它是各种项目所需插件和模板的优良资源。

3. 为什么这个脚本需要很多库?

尤其是一些比较大众化的语言，如 Java 和 Objective-C，库的数量可能变得异常凶猛。当构建一个需要大量基础的框架时，所需库的数量就变得很多。即使是一些适用于 JavaScript 的插件，也会额外需要无数的文件。有时，这会让人觉得烦恼，但至少是有用的！

4. 在互联网的某个地方一定已经有了解决方案

我面对棘手问题的第一反应是上网查。程序员会将他们遇到的问题通过帖子发布到论坛上，然后这个问题最终得到解决并归档。谷歌搜索是很好的帮手，可以指点你往正确的讨论方向走。

5. 有没有这个功能的插件?

插件是扩大任何程序或网站用户界面的伟大资源。此外，它们还为开发人员提供了一些自定义和独特的选项。如果真的没有可用插件，可以自己构建一个。

6. 虽然网站可以工作，但害怕 IE 浏览器

在 Internet Explorer 中渲染网页的历史充满着艰辛考验，是大家有目共睹或亲身体验过的。从 IE 5.5 版本升级到 IE 9~IE 10，总是需要争取到更高级浏览器的支持。Web 开发人员可能会害怕调试网页，因为在 IE 6 中打开页面是一个噩梦。值得庆幸的是，这样的日子正在慢慢成为过去。

7. 对于逻辑表达式而言，这似乎并不怎么合乎逻辑

对于 if ... else 循环、for 循环、while 循环、do 循环等，都有逻辑表达式。当浏览示例代码时，我试图指出我的逻辑是如何工作的。NOT 运算符和比较标记的数量又是如此之多。我经常更新自己的逻辑，以便更好地适应未来的做法。

8. 我用 30 分钟写函数，花 2 个小时让它工作

你正在兴致勃勃地构建着什么时，突然间函数输出了一个致命的错误。所以你必须回过头去删除一些代码块，以找出错误发生的行号。当你终于找到并解决问题后，虽然有种精疲力竭的感觉，但也充满欣慰。

9. 在阅读多篇博客文章之后，我意识到之前全都是错的

我常常会一开始就根据自己的编程思想，一头扎进去研究，但是这可能会导致麻烦，如果事情不像原先设想得那样顺利。已经有很多次在我启动一个项目之后，陷入了困境，只好寻求博客和其他论文的支持。然后发现我的整个方法实际上是错误的，而且从头开始研究更容易。如果我开始能先做一番研究，从长远来说，反而节省时间。

10. Stack Overflow 上和善的人或许愿意帮助我

我已经数不清有多少次通过 Stack Overflow 解决了难题。社区里都是和善、聪明的人，他们非常愿意提供帮助，只要你迈出第一步。在所有的在线论坛中，Stack Overflow 绝对是对软件编程及前端 / 后端 Web 开发支持最广泛的网络。

11. 花费大力气才找出问题的原因是缺少了右括号

调试是必须要采取的步骤。进两步，退一步。盯着代码数个小时，以为函数名或变量作用域中有哪里写错了，最后才发现是遗漏了一个括号，所有这些时间都因为一个小小的语法错误而浪费。

12. 喝杯咖啡，休息一下！

有时候，你只是需要站起来，远离显示器。将鼠标指针悬停在键盘数个小时，反而有助于打破常规。大多数健康指导都会建议我们每隔 30~60 分钟休息一会。但是这一切都取决于你的需要，如果你觉得在程序中间休息会令人懊恼，那就不要中断。

13. 我应该把这个项目束之高阁，以后再来处理它

休息的另一个选择是离开你的项目，而不仅仅是远离你的计算机。如果还有其他工作需要做，那么不妨去做其他工作。相对于已经花费了 5 个小时来解决问题依然不得入门而言，这将能更好地分配时间和资源。

14. 我很怀疑古典音乐能否激发我的编程能力

有一种说法是，古典音乐可以在生命的早期阶段促进植物生长。我个人非常喜欢在写复杂笔记时聆听古典音乐，优雅的音乐在全世界的人类文化中都有一席之地。那么，在编程的同时倾听智慧的音乐真的能够让你更智慧吗？可能不会，不过希望它不会让你变得更笨拙。

15. 喝点酒，也许现在是检验鲍尔默峰值理论的好时机

很多读者都听说过鲍尔默的峰值理论，它是根据一个特殊 XKCD 漫画而得出。简单地说，这个理论认为程序员的编码能力在喝了一定量的酒之后，会达到一个峰值。作者名为史蒂夫 · 鲍尔默，他的行为古怪，就像是一个醉汉，这有一定的讽刺意味，因为鲍尔默在微软从来就不是一名真正的程序员。也许我们需要等待别人来用实践证明这个理论吧。

16. 是不是有人动过了我的源代码

这听起来有点妄想和偏执，但有时你会不由自主地怀疑，是不是有人在你补觉的时候，写过这些代码。回顾过去几周或几个月做的项目会让你的心不断往下沉。有时候你会发现一些你已经不记得的添加的东西，甚至这个项目你最近一周才刚刚浏览过！我为代码而疯狂，但你永远不会知道。

17. 我不知道这意味着什么

你能遇到的最坏情况是，你对正在浏览的源代码完全不知道该怎么做。可能是你自己的项目，也可能是其他人的项目，但问题的根源是相同的。现在，你必须决定是否值得花更多的时间去搜索替代方案，或者仔细检查脚本以了解它是如何工作的。

18. 我需要 Google 中的错误信息

在 PHP 中工作多年后，我不得不说，Google 是我调试问题时最好的朋友。使用 Objective-C、C++、Java、Python 和其他主要语言时也是如此。错误信息非常有帮助，但是除非你记得不同的代码意味着什么，否则它读起来更像是翻译过的计算机语言。值得庆幸的是，有很多在线支持可以帮助我们确定这些错误信息的真正含义。

19. 我应该停下来，但我真的很想解决它

我们都有过极度灰心丧气、想要放弃的感受，但总感觉半途而废不是正确的选择。于是，你继续埋头钻研，并尝试新的解决方案来调试。但是，如果这还是意味着另几个小时的浪费呢？对于这样的情况我并不陌生，令人非常沮丧。

20. 我以前为什么不写点注释呢？

当涉及比较基础的前端 HTML / CSS / JS 时，我们没有必要写注释。但更复杂的脚本和程序却需要一定形式的条理组织，当你在几个月后，甚至若干年之后需要再回过头来看时。有时会忘记注释函数及其参数、输出格式和其他的必要数据。这在一段时间之后无疑会导致混乱，而且，当 Bug 开始出现时，你必须调试整个脚本来寻找解决方案。因此，要是有一些有帮助的注释就会让你获益良多。

21. 20 分钟前它还可以工作的……

在构建程序时，可能最令人沮丧的就是，它从能工作到不能工作——而你没有更新代码的任何部分！而且这是没有任何意义的事情——也许是其他程序正在运行缓存版本？有很多次你更新了一点点代码，却导致了整个程序崩溃出错，完全停止了工作。恢复到最近可工作的复制文件，然后从那里开始一步步前进。

22. 只是忘记了一个分号，然而整个程序却因此而轰然倒下

几乎所有我使用的编程语言都需要结束符。虽然不是所有的语言都有，但在 C/C ++ 中是很常见的。忘记添加结束符，不过是一个很显然的错误！但是解析器不知道这一点，它会抛出一个致命错误。于是，你不得不额外花 20 分钟去搜索技术故障，而原本只需要用 1 秒钟补上那个缺少的分号即可。这就是调试软件的乐趣。

23. 我不知道让别人来修复我的代码，需要花费多少

聘请另一个开发人员的点子是挺诱人的，但从财政上看显然没有那么可行。而且如果你不亲身体验，又怎么能从这些错误中学到东西呢？当你在经历多次失败后，终于理解了某个编程概念时，那感觉真是棒极了。尽管如此，我的脑海里依然时不时地有一种“让别人来修复代码”的冲动。

24. 快速浏览 Hackers News 可以提高我的工作效率

很多程序员阅读有关软件和创业公司等社会新闻最喜欢的选择是 Hackers News 头版。它有很多关于自由职业、时间管理、软件开发创业发布和融资的信息。虽然 HN 可以通过自我教育让你感觉自己变得更有效率了，但同时它也会浪费你的时间。每隔几小时去快速浏览下 Hackers News 也是不错的。

25. 这个 API 怎么没有文档？

在使用带有坏文档的插件或框架时，最令人沮丧的是，你必须靠自己去深入钻研源代码。我喜欢开发人员花时间去专门设计可用文档页面的项目。所有的参数和选项都解释得清清楚楚，甚至可

能会被用在一些示例代码片段中。但可悲的是，事实并非总是如此。所以最简单的方法是远离不良文档，不要自找麻烦。

26. 我真希望我保存了那个数据库的备份副本……

在编写和调试代码时，我不会想到要备份。然而，数据备份提供了允许我们回过头去修改的踏脚石。这在实时的服务器环境中尤为有用，因为有什么变化会立即执行。以防万一，我们应该记得保存网站文件和数据库的本地副本。虽然这会是一个恼人的任务，但其恼人程度远远比不上重建损坏的 SQL 数据库。

27. 让它正常工作的最快解决办法是什么？

在花费数个小时苦苦思考自定义的解决方案后，很明显你需要一种新的方法。在设计漂亮的界面之前，程序员率先想到的是让功能正常工作。确定最快、最准确的解决方案，并实施这个解决方案让其工作，才是 100%利用了时间。然后，再转移到漂亮、美观方面。

28. 我敢打赌更新我的软件将解决这个问题

管理编程语言依赖和插件的团队并不需要经常发布版本。有时，在你从计算机传输文件到实时服务器时，更新 PHP /Ruby/ Python / SQL 版本可以解决调试问题。本地更新一般能够帮助修复源代码中的 Bug，除非你的版本已经过时得无可救药。所以，值得一试！

29. 我应该更有条理并且去学习 Git……下周就去研究它

开源版本控制包 Git 在程序员中非常受欢迎。相对于其他的竞争对手，它提供了更容易的学习曲线，并且被许多在线代码仓库（如 Github 和 Bitbucket）使用。开发人员很容易拖延去学习 Git 的行动，因为它对于初学者而言显然是有难度的。但是一旦知道了基本命令，那么学习 Git 就非常轻松，而且它还能使调试版本控制更加清晰。

30. 算了，我还是从头再开始吧！

有时候，在你绞尽脑汁花费数个小时后，可能要做的只是将你的工作文件移动到归档目录（或删除它们），再从头开始就可以了。但是，考虑到先前已经耗费的时间，你很难下定这个决心。一筹莫展时，我往往会选择从头开始，因为这样才有可能找到完成项目的正确道路。

8.2 平静看待挫折

没有哪一个聪明人会否定痛苦与忧愁的锻炼价值。

——阿道司 · 赫胥黎

我的一位研究生同学，毕业后工作数年，辗转回到了苏州创业，几年后关了自己的公司。关闭公司的当晚，他坐在阳台上，一夜无眠。我没有创过业，不是很清楚其中的困难和艰辛，但我是孩子的父亲，是一家的脊梁，理解男人需要承担的家庭责任，知道职场的挫折对于男人来说影响很大。我认为，职业上的挫折不仅是创业者特有的必经过程，还是所有人都会经历的。挫折并不仅是失败，它也和瓶颈相关联。很多时候并不是主动挫折，而是因为出现了瓶颈，被动地感觉到了挫折。

本节将列举一些工程师容易遇到的几类挫折，并与大家分享一下对于这些挫折的应对方法。可能会引起挫折的主要原因包括公司危机、与领导气场不合、不受重视、同僚挖坑、被架空、下属“造反”、下岗（被辞退），以及自我瓶颈。

1. 公司危机

一家公司如果遇到了危机，那么它应采取的措施通常有两种，一是裁员，二是业务转型。

2008 年的金融危机影响了很多以海外业务为主的公司，特别是外包公司。例如，危机爆发后的一年，一家公司准备大裁员，接近高层的人也在裁员范围内，陆陆续续都被劝退了。

对于那些严重依赖单一收入来源，技术含量又不高的 IT 公司来说，一旦出现危机，首先能做的，也可能是唯一的方式，就是裁员。这个措施根据股东制定的策略针对的可能是收入、年龄均较高的员工，可能是普通员工，还可能是高管。

业务转型可能是单纯业务方向、产品的转移，也可能会涉及具体技术方向。当然，两者都需要的也很正常。转型看似没有裁员这么直接，其实对员工的影响也不小，毕竟每一个人都有自己擅长的技能、感兴趣的业务和技术方向，如果业务出现大范围转型，意味着员工需要学习新的技能，而且是快速学习、上手，不然可能会被裁员。对于学习能力、自我调节能力较差的员工来说，内心会很不愿意做这样的转变，甚至可能出现抵触情绪。例如，公司业务转型要求原来编写 Java 代码的员工，用 Python 编程，这时就会有一些工程师，不想轻易丢弃积累了多年的技能。无论是什么原因，如果不按照管理层指定的策略转型，最后的结果都是被辞退。

对于这类情况，既然从一开始就选择了工程师职业，就应该做好终身学习的思想准备并付诸实际行动。毕竟外部环境在不断变化。公司是否转型，都需要工程师具备较强的自我学习能力，不断强化自己的综合能力，跟上技术的变迁，为自己的转型提前做好准备。

2. 与领导气场不合

我的一位长辈，年轻时也风光过一阵子，跟着厂长一路高升为大型国有企业厂办主任，作为厂长的亲信、厂子的中层干部，各个科室的领导还要主动和他打招呼，看起来一帆风顺。后来老厂长退休，来了新厂长，他的风光日子也就结束了。新厂长对他百般刁难，他努力了几年，终于选择了放弃，主动要求停薪留职。

这里不去分析这种情况的根本原因，只是假设一种情况，当与领导气场不合、想法不同，怎么都谈不拢，不断被排挤，这时候怎么办？这种情况在 IT 企业也不少见，原本做得好好的工程师、技术管理层，忽然有一天发邮件说要离职了，其中多半都有故事。

我有一个朋友在阿里工作过几年，技术很好，刚到新的公司时备受重视，后来公司来了一位不懂技术的领导。作为工程师，大家都知道，如果领导不懂技术，工作中会出现很多问题。一次，他和领导发生了矛盾，会议上还出现了激烈的冲突，结果他自己得到两次季度差价。他非常生气，想一走了之，只要技术还在，出去不怕找不到工作。但冷静下来后转念一想，如果就这样走了，这类情况到了其他公司可能也会遇到，为什么不尝试在这里解决呢？就当积累经验了，实在不行再走不迟。后来，他开始尝试和这位领导沟通，了解领导的难处，然后开始他们独特的相处办法，每次技术会议召开前，他私下会与领导看一遍方案，指出存在的问题，帮助领导修改不足，会议中大家自然提不出问题了，领导很开心，他又受到了重视，与领导关系也很好。

遇到这类问题，建议主动找领导私下沟通，倾听对方的想法。与领导的关系处理，是技术人员向上管理能力的体现。技术人员可以非常好地管理团队并完成项目，但如果没有领导的护航，职业前途必然坎坷。

3. 不受重视

很好的方案，为什么别人会提出一大堆问题？为什么领导把重要项目交给了 A？为什么自己不能参与技术方向、产品方向的战略规划？为什么这次晋升经理的是 B？诸如此类内心的疑问，都是自己不受重视的内心感受的体现。

每个人都希望自己受到重视，都希望别人对自己的评价是正面的、积极的。一位做测试的朋友，接到了测试分布式系统的任务，信心满满地做完了测试方案、用例的设计，然后开始测试。测试结果出来后领导也没说什么，从研发经理那里得到的反馈也挺好的，年度考核时却拿了一个差评，问直接领导，得到的答复是，“你测得也就那样”，实质是整个过程中领导并没有参与进来。

另一种情况是：一位技术经理在会议上介绍他的设计方案，与会人提了很多意见，其实大多是中肯的，希望他的设计更加贴合大家实际使用方式，结果争来争去，最后他说：“我这个设计就是给自己用的，你们懂了吧！”然后，鸦雀无声。会后了解到他一直认为自己不受重用，满腹怨言，辗转了几个部门都没有改变他认为的局面，后来听说他离职了。

当别人提出问题或看到别人晋升时，首先要自我反思，是不是可以做得更好，而不是一味地认为自己不受重用。也不用刻意关注别人对自己的看法，或是别人的工作状态、成绩，而是应该更多地把精力放在自身的能力提升上，努力做好每一天的工作，烦恼一小时，不如自我提升一小时。

4. 同僚挖坑

同僚挖坑的情况比较容易发生在大型公司，各部门关系复杂，各自有自己的关系和方式，可能稍微不注意，自己的言行就会触犯别人的利益，莫名其妙被排挤或投诉。

工程师性格耿直的人比较多，说话比较直接。我的一位朋友在前一家公司离职的原因是，自己说错了话。其实他只是开玩笑，并不是认真的。事情的起源是自己所在的小组不太受领导重视，年底评奖什么都没有，和组长聊天时随口说了句：“那么我们明年做得差一点，反正也没人重视”，这只是句气话，但组长却直接汇报给了领导，他就被辞退了。

做技术的人一般都希望环境单纯，能够让自己在积极向上的环境中努力实现自己的技术梦想，做出成绩后希望能够被公平对待，无论是薪资还是晋升，都觉得应该是公平的。对于技术团队来说，也需要这样的公平氛围，不然容易出现团队站队、技术骨干离职的情况。

公司的氛围一般的工作人员影响微弱，但是可以在入职之前做好调查。例如现在网络发达，完全可以通过各种社交媒体提前做些了解，了解清楚这个公司的发展方向、组织关系、人员氛围。

5. 被架空

管理技术团队的领导者，一定希望系统的设计、实现能够按照自己的想法执行，也希望团队成员直接接受自己的管理、指导。现实中，有没有遇到过你的领导直接找你的下属，不再通过你的情况？应该会有人遇到过这种情况。

对于技术团队的掌控，不仅是自我的岗位体现，也是个人情怀、技术梦想的实现。如果出现被架空的情况，绝大多数人的情绪都不会好。出现这种情况，给大家的建议：首先直接去找领导沟通，沟通一定没有错，无论效果如何，都会让自己更加明白当前的状况、自身的不足、未来的方向。

有时确实沟通了也没有作用。如果技术能力很强、做事很认真，那么总能在公司内找到适合自己的领导，毕竟工作中的快乐情绪是很重要的。即便在公司内找不到去处，如果能力还在，去其他公司也有机会，别让自己的时间被耽误在了无谓的烦恼和斗争中。

6. 下属“造反”

听说过这么一件事，一个组长自己每天按时下班，要求下属每天加班，周六、周日也要过来加班，而且每天还要替他打卡，冒充加班。更过分的是，项目出现延期后，组长一把推出这两个组员，让他们承担处罚。终于有一天，这两个员工组团去找了最高领导。

这种“造反”案例是技术团队管理者自身的原因，既然坐了这个位置，就应该明白带领团队一起前进是自己的责任，也是自己必须去做的事情。只有尽可能地提升自己的综合能力，没有明显的弱点，在这条路上才能走得比别人长。技术团队管理者需要具备的能力有很多，下面简单列举一些。

①技术尊重。成功地管理程序员最重要、最关键的因素是，得到自己管理的下属的技术尊重。如果没有技术尊重，那么自己的每一个具体想法都可能会遇到主动或被动的阻碍。正是由于这个原因，那些在职业生涯的某个时期没有做过程序员的团队管理者，才会觉得有效地管理程序员是极其困难的事情。

②团队组成。电影《冲锋陷阵》 的最后一幕，四分卫拿着球向对方阵地冲去，周围一群队友阻拦对手球员，能力弱的以自己的身躯直接和对方一对一比拼，能力强的打败一个又一个对手，直到四分卫冲过对方底线。同样地，杰出的程序员需要一群称职的程序员来配合，依赖这些程序员来完成日常的开发工作，设计出好的系统和产品。

③进度管理。例如，我自己有一块小白板，每天早上都要写上今天需要参加的会议、自己要做的事情；此外，每天上午半天时间都会和每一个项目（产品开发、预研、调研等）的团队成员看一遍当前进展。

④引导工作。团队管理者工作中的一个重要部分是引导事情走向正确的方向，并确保团队成员之间及团队之间有正确的沟通方式。需要注意的是，引导的最终目的是让事情完成，而不是把关注点放在如何完成上。

⑤保护成员。要学会保护团队成员，让他们免受组织中每日泛滥不绝的各种问题、争议和“机会”的干扰。在一些大公司内部，会通过各种文书工作来忽略或缓冲每天的各种请求和问题。

团队管理者要学习和掌握的技能很多，需要自己通过高效地运用时间，也需要长期的时间积累才能真正有所提升，这不仅是纯技术的能力，也是一份综合能力要求很高的工作。遇到了挫折，就要检讨，想办法提升，不要去埋怨下属，错的人一般都是自己。

7. 下岗（被辞退）

现在很多 IT 公司都有末位淘汰的管理办法辞退。如果出现这种状况，首先进行自我思考，为什么被淘汰的人是自己，而不是别人，是不是自己在工作能力方面存在严重弱项，是不是自己在做事情时出现了不负责任的行为，是不是自己在为人处事（情商）方面有严重缺陷等，这些都可能会影响领导做出这个决定。检讨自己，并不是说一定是自己的责任，但是只有自我检讨，才是对自身的尊重，才能真正解决问题，避免职业生涯中再一次出现这样的悲剧。

如果出现了这种情况，首先思考一下这个行业是否适合自己。自己如果喜欢，那就坚持下去，不断弥补自己的弱点，为下一份工作做好准备，机会总是有的，事在人为。

8. 自我瓶颈

前几天有位读者给我留言，“从今年开始，我一直处于很烦躁的状态，每天都在努力学习，但是发现怎么都学不完，感觉自己进步太慢，越来越烦躁，越来越看不进书了”。他应该是进入了自我瓶颈期。

自我瓶颈主要有以下两类情况。

一是自己真的遇到了瓶颈，同样的工作内容重复了十几年，会觉得每天都过得很没意思。针对这类情况，可以想想自己除了这份工作以外，还能做什么？如果答案很多，可以尝试选择；如果可选项几乎没有，那么自己需要加强学习，为后面的突破、转型积累实力。

二是由于自我心理暗示造成的。心理暗示不会仅是短时间的或较低频率的事件，它应该是一个长期的、高频率的事件。有些人是否一直在对自己说：“你很强，你要做到什么岗位，你要一年赚多少钱……”，这些实质上都是心理暗示。这类持续性的心理暗示，在学习、工作遇到重大挑战时，可能会起到较为积极的作用，但是对于一名工作已经很多年的工程师来说，会严重影响他的情绪。这种强烈的心理暗示，结合实际情况所造成的落差，会让他感觉非常失落。这种情况，要能够正确地看待自己的能力，自我鼓励也是需要有限度的，人活着不是仅为了赚钱、升职，自己的家人也很需要关心，放下对自我的无限度要求，过好每一天，每天都有进步才是真的前进。

职场是漫长的，每个人长短不一，一般来说长达几十年，谁能保证当下的一帆风顺就是未来的发展方式，有时也会来一次打击。面对打击，只有不断自我反思，找到自己的弱点，积极主动地提升自己的专业及综合能力，才能不断击败挫折。挫折是躲不开的，只能接受、改进、击败。当然，如果工作了几十年都没有出现上面提到的挫折，证明自己一直在不断地自我学习、调整。

大多数人都是普通人，都在努力让自己的生活变得更好，方式有很多种。只要生活还有希望，就应该抓住它。

8.3 当遇到了不懂技术的领导

管理人员是与人打交道，其任务是使员工能够协同工作、扬长避短。

——管理学大师 Peter Drucker

正如 Drucker 所说，作为管理者的目标已经清晰了。既然需要帮助员工实现以上目标，那么管理人员至少要能够明白员工的工作流程、内容，清晰地知道当前工作方式和模式下存在的优缺点。如果管理人员自身就是这一领域的“大牛”，那么他既能理解问题，也能解决问题，自然是最好的。那么，如果实际情况不是这样，突然之间从其他部门调过来一位领导，而这位领导又完全不懂技术，那么情况会怎么样呢？下面逐一讨论。

1. 研发团队领导职责

有一个朋友是 BAT 出身，习惯了在技术“大牛”领导带领下工作，而后工作换到了现在的公司，刚开始还好，忽然有一天换了基本不懂技术的领导来带他，两人见解不同，而对于技术方案看法的差异，成了直接的导火索，导致他们之间发生了激烈的争执。他一度想主动离开，但转念一想，这种情况可能在其他地方也会出现，即便回到过去的环境，也不能保证不会碰上。既然现在碰到了，就应想办法应对，当积累经验了。换位思考后，他开始不断自我调整，摆正心态，积极主动地与领导沟通，了解他的困难。现在，工作上他成了领导的技术顾问，领导也把他当成自己的左膀右臂。但是，很多人是不愿意这么做的，他们会认为是委曲求全。此外，这种情况下也容易让员工出现“天花板”现象，因为那位领导可能不太会有上升空间。

进一步扩展 Drucker 的想法，作为研发团队领导，其主要职责是组织整个团队的工作，合理安排、高效协调。同时，当他们出现任何问题时，无论是技术问题，还是管理问题，或者是个人问题，都要能够给予有力支撑，让他们感觉背后有人站着，而不是背后就是悬崖，这样才能做到高质量、高效率地输出成果。综合这些要求，不懂技术的人如果做了研发团队的领导，很容易出现严重的问题。

2. 理解研发团队领导工作

研发团队领导实质上在做的是技术管理工作。技术管理是一种组织团队一起进行研发的工作，它是一门细分工种。随着社会的进步、人类思维的开放、经济水平的提升，被管理者（工程师）逐渐从单纯为了解决物质矛盾转为追求工作的归属感、参与感、技术尊重感，他们逐渐地对跟着谁一起工作、采用哪种工作方式、解决了什么样的技术问题、做出了什么样的产品感兴趣，而不是仅满足于金钱的多少。同时，被管理者之间还存在紧密的社交媒体关联关系，能够保持沟通，共享在该公司 / 组织工作的感受和对于管理者的能力、品德认识。每位技术团队管理者，也正在像书一样被摆放在被管理者面前，如果别人懒得翻，就证明不能给予他们指导，他们不会有归属感，最终就会匆匆离职。

3. 可能会出现的问题

不懂技术的领导在日常工作中会出现哪些问题呢？举几个例子，如团队举办的各种技术会议、产品需求、总体设计评审会议、调研项目技术选型会议、预研项目预研报告评审会议等，诸如此类技术类的会议，基本上是一个研发团队的大部分工作内容。因此，如果他不懂技术，在召开会议时，这位领导到底需不需要参加？如果是一位技术专家出身的人，问题就变得简单了，毫无疑问他需要参加，因为很多技术设计环节需要他把关或批准，一些技术难题他可以牵头解决。如果情况不是这样，这时就会出现麻烦。他参加或不参加，都会引起麻烦，如果参加，可能给不出任何意见，有时可能会乱指挥；如果不参加，时间长了他自己会感觉被架空，有可能会引起团队内部的大清洗。这是单纯从日常的技术工作上去考虑问题。工程师每天需要应对的事情，也正是整个团队需要应对的，大家要在一个层次上，不然沟通起来确实很麻烦，增加沟通成本的同时也在消耗内部资源。

下面介绍研发过程管理。对于整个研发过程的管理，不懂技术的人很容易完全从产品角度出发，忽略研发团队面临的困难和风险，忽略技术人员对于技术的憧憬，造成团队超负荷工作、技术团队缺少技术愿景等情况发生。例如，遇到业务方提出的需求完成时间过短的情况（其实这是一个压力传导问题，业务方收到了客户的压力，本来可以通过向客户解释等方式减少研发的压力和风险，但是选择直接施压研发）。这时，这位不懂技术的团队领导可能会说，“没关系，我们一开始并不需要一个完美的系统，你先上了再说，先解业务的渴（怎么解渴其实他也说不清楚），我们后面有时间再重构再完善（当然有的技术人员也会用‘架构和设计是逐步演化出来的’这句话来证明‘故障驱动’开发是值得的）”，这样的想法本质上是错误的。不应该把责任全部推卸到产品思维上去，因为一名合格的研发团队领导，他本身就必须具备一定的产品思维，这样才能更好地让技术为产品服务，做好技术的落地工作。我们需要担心的是，也是很多时候容易出现的情况，这位领导的产品思维也是半桶水，这时候他口中的用户需求，是否准确我们得打问号，是否能够与研发体系融合在一起就更需要质疑，也许正是因为他本人的能力问题，造成产品牵着技术往前赶，而不是有条不紊地落地。

继续回到技术。不懂技术的研发领导，虽然他不懂技术，但是他肯定懂别的，如产品、运营等。去年有一次和一位通信运营商高管聊天，他说自己所在的企业，选择的高管一般会来自产品、运营、技术三个领域。无论他来自哪一个领域，他一定不会放弃自己所熟悉的领域，否则就会做不好，而对于自己不懂的领域。例如技术领域，他就会迅速地寻找自己在团队内的技术代言人，只有找到这样的人，他才能真正对团队进行掌控，不让自己在技术上落虚。但是如果短时间内找不到，或者没有人愿意担当这样的角色，这时他可能会开始转向软件开发流程，因为这一点上的管理模式似乎和其他部门的管理方式差不多，如取得需求、工作、输出给用户、接受反馈意见，看起来好像差不多，是吗？不是的，科技行业研发项目的产品需求不等同于用户需求，它是对用户需求的产品化转换，而工作之前，一定需要对系统进行设计，无论是瀑布式开发模型还是 XP、敏捷，都没有否定设计环节，而是对实现方式、模块划分方式进行切分，通过对系统架构的树形结构进行有效切分，达到快速需求收集、设计、实现、验证、需求再收集、设计修改、实现、再验证，这样的快速重复过程，实现高效的迭代，满足各个行业用户的需求。

有位读者向我反映了一个问题，微服务设计完毕后公司内部出现了分歧，有些团队不愿意按照分配的功能分头工作，坚持要把一些不属于别人的功能硬分配过去，造成了僵持，而领导又不懂技术，希望大家能够内部协调。我反问他，“你觉得为什么会有微服务架构产生？”我认为，除了可以快速水平扩展之外，更多的原因是软件开发发展到一定程度，就如人类的所有行业分工一样，具备了具体细分的能力，所以现在不仅是三百六十行，早已细分为成千上万个工作类别。这就是微服务架构的魅力，它的出现解决了功能之间的高耦合，让每个服务可以存在的更加纯粹，这也就是为什么 FaceBook 会有数千个微服务同时存在。而当微服务架构深入人心并被广泛使用之后，一定会出现微服务建设标准，包括设计模式、编程规范、测试规范，都是进一步的细分，这是人类万物的发展历程，也是软件开发工作的发展必经之路。回到主题，作为研发团队的领导，不能够有方向上的错误，尤其是系统架构方向上的错误，对于微服务架构的理解需要是清晰的，不该这个服务做的工作绝对不能退让，作为最后一道关口，必须把控好。这么看来，不懂技术的领导，无论如何都不可能避免错误了，除非他什么都放权。

需要注意的是，无论对于懂或不懂技术的研发领导而言，任何的软件工程模型都不会允许在需求完全不明确、描述不清楚的情况下，开始进行技术方案设计，也不会鼓励在方案设计缺失情况下开始编码，因为这时没有人知道究竟如何编码。

4. 我的理解

如果没有外界的干扰，许多程序员在独自面对自己的设备时通常都会很投入地写代码，一边写一边设计。研发团队管理者必须培养软件开发文化，而文化又是建立在可靠的开发实践基础上的，否则程序设计项目就可能会失败。

研发领导需不需要编码。如果是一家成熟的科技公司，它应该从多个维度评审技术团队管理者的工作过程和成绩，而不是采用单一化规则进行评判。关键是输出是否需要编码，编码是否是验证输出或贡献的关键环节，如果是关键环节，那么就需要编码；如果编码的价值没有技术全局把握的价值大，那么研发领导需要把时间用在编码以外的方面。因为，对于技术团队管理者，产品研发、技术调研和预研、系统架构设计、未来技术方向明确、团队管理等，都属于他们的工作内容。

团队领导完全可以不是对口技术专业出身，甚至可以不是理工科毕业，但是他必须对技术有热情，之前工作经历包括了开发工程师经历（这其实是必要条件）。懂不懂技术和是不是专业出身没有任何关系，事在人为，关键看他有没有认真去做积累。有一个同事，以前是学法律的，后来转行写代码，写出的代码比编代码多年的人还好。他的缜密思维很快地从法律相关转移到了代码逻辑的缜密上，不学自通，这就是程序员。研发领导需要对技术有敬畏之心，需要能够有效地掌控团队的技术输出，总结为以下几点。

①基础知识和理论知识非常重要。不懂技术的领导应该利用业余时间多学习，不断弥补自己的弱点，慢慢地跟上团队的研发节奏。勤能补拙的道理大家都懂，就看会不会真正去实践了，保持终身学习的状态。例如，巴菲特每天的学习时间都会超过 6 个小时，可见每一个人都需要不断学习、思考。

②多使用已有的成熟方案是稳定当前状态的关键手段。不懂技术的领导需要在团队内培养技术代言人，通过与他交流，逐渐明确对于技术方案的意见、理解，慢慢地也就有了对于技术的抓手，可以有效开展工作。

③对技术要有一颗严谨和敬畏的心。只有这样，才能够真正和技术人员打成一片。毕竟，没有他们的帮助，最终领导的绩效也不会好，互相尊重非常重要。

④想清楚了再做，坚持高标准。任何的软件开发流程，都是基于软件工程模型推导得来的，都是为了解决某一类特定问题而演化得来的，所以要深入理解方法论，只有理解了才能用好。

⑤明确技术愿景。这对于研发团队的稳定性和成长性非常重要，不懂技术的领导很难在短时间内明确技术愿景，因为他自己不懂，所以要么轻视，要么无从下手。这时，团队内部技术“大牛”的作用就显现出来了，领导需要积极主动地与这些“大牛”沟通，通过分派任务、搭建团队梯队等形式，让这项愿景明确的工作能有实质性进展，避免研发团队出现纯粹的支撑产品状态。

8.4 写给未来跳槽的你

你觉得孤独就对了，那是让你认识自己的机会。你觉得不被理解就对了，那是让你认清朋友的机会。你觉得黑暗就对了，那样你才分辨得出什么是你的光芒。你觉得无助就对了，那样你才能明白谁是你的贵人。你觉得迷茫就对了，谁的青春不迷茫。

——《谁的青春不迷茫》

前段时间有位读者联系我，提出了他的问题：“为什么我想跳槽，而且愿望非常强烈，但是我又说不清楚为什么想换工作，说不清楚自己未来的发展方向”。一位同事她虚岁 30，前几天和我一起开会，会后午餐时我们也聊起了工作，她对领导不满意、对现状不满意，总之，有很多不满意，有了离职的想法。

这个话题涉及的人群较广，因此我当时回复了这位读者，并希望能写一篇文章做出详细回复。真的动笔后，我又有点疑惑了，为什么是 30 岁，而不是 25 岁或 40 岁？这点疑惑，让我迟迟没有下笔。一次和老同事一起吃饭，其中一位大哥 40 岁了，和我聊了很多，让我忽然明白了很多。“胜负已定，现在是 NBA 比赛里的垃圾时间。有没有你，没人在乎，至于你能干到什么时候，已经不重要了，能干一天是一天，不能干了，后面怎么办，根本不知道”，这是他的原话。40 岁，人到中年，确实处于一个比较尴尬的年龄，没有站在一定级别，这个岁数让人感觉未来很迷茫，而你的上级也似乎已经把你从重点培养对象范围内排除了，转而培养那些比你年纪小的工程师。所以我有了答案，正是对未来不确定性的担忧，如对于自己 40 岁时的担忧，造成了 30 岁的工程师陷入纠结、迷茫，也就出现了 30 岁的工程师容易跳槽的情况。

我观察了一下身边的工程师，确实是30岁上下的人比较容易跳槽。除了前面列举的笼统原因外，我相信可以找出很多的理由，每个人的理由可能都会不同，但主要因素包括年龄、经验、物质、现状、技术领导力、外界评价、外界宣传等。下面逐一展开详述。

①年龄适中。去年我的一位同事离职了，去了某通信大厂，离职前我问他，“为什么要走？你可有很多的股票没有解禁，再等两年不行吗？”他的回答是，“再等几年就老了，怕走不了啦。”也真凑巧，去年他离职的时候刚好 30 岁。身处 IT 行业，很多情况下收入不是随着年龄而保持增长的，一定会有拐点，只不过每个人的拐点出现的时间不一样。对于 30 岁左右的人，想要找到满意的工作是非常容易的，几乎所有公司都喜欢招聘这个年龄的人；再大几岁，35 岁或 40 岁，那对应的招聘岗位就不太会是普通工程师了。30 岁，正是工程师体力最旺盛的年纪，做事已经趋于沉稳，技术能力达到要求的年龄，为人处世能力也有所积累，这些符合对于资深工程师的定位和要求，因此说年龄适中。这里需要说明的是，在中国，确实 30 岁适中，但是在美国，从现有的劳动力情况、IT 岗位需求来看，这个年龄可以是一个较大的范围，如 30~45 岁，情况有些不同。

②足够迷茫。为什么是足够迷茫？可以理解为人很容易迷茫，可能每隔一两年就会迷茫一段时间。30 岁，工作 4~5 年了，几次迷茫积累到一定程度了，势必需要大规模地发泄一次，而换个环境是发泄的最直接手段。这里分为两个问题，一是为什么会迷茫，二是为什么会积累迷茫。首先，人对于时间的不确定，导致了迷茫的出现，不知道未来什么时间会做什么事，也无法掌控。想要避免迷茫，最重要的是不要放弃目标，不要怀疑自己的未来，要坚信时间是站在自己这一边的。其次，足够迷茫是由于每一次迷茫时并没有真正地解决问题，而是让问题暂时平息了，或者生活中没有良师益友，能够在需要的时候站在自己身后，引导自己、开导自己，导致一次次地迷茫后，决定出去走走。迷茫期与年龄无关，30 岁会迷茫，40 岁也会迷茫，甚至有人到老都会迷茫。迷茫期对应的是一个长久的思考过程，当你注意到了，就开始进入迷茫期。在迷茫期，需要思考很多，直到有一天，你得出一些感悟，而那些感悟就是用来回答迷茫的问题的，才算走出了迷茫期。“程序员鼓励师”这个岗位，会不会是为了解决程序员的迷茫应运而生的呢。

③经验积累。正如前面提到的，30 岁时已有 4~5 年工作经验了。在 20 多岁刚进入社会时，扮演的是一个候补队员的角色，甚至可能连候补队员都不是，只是一个足球爱好者。到了 30 岁，才成了一个候补队员，甚至时不时可以出现在主力阵容中，因此自己希望能够获得更好的机会。而现在科技行业迅猛发展，对于一位想做事又有经验的工程师来说，找一个满意的工程师工作，应该不难。企业想要应对这一点，确实需要想很多办法，解决工程师随着经验积累之后的上升瓶颈问题，也许大家都很强，但是没有了上升通道，就一定会有人主动或被动地退出。

④物质压力。我的一位同事，得知妻子忽然怀孕后，他失眠了好几天。为什么会失眠？因为他没有房子，没有太多存款，孩子的意外来临让他从二人世界的男孩，一夜间成了需要负重前进的男

人，压力接踵而至。面对物质压力，一点办法也没有，各大城市的房价不断上涨，驱使年轻人快速赚钱。他们没有办法任时间流逝，也没有办法任工资上涨，技术团队管理者能够做的是在绩效考核时保持公正，让做事的人能够尽可能多地获得奖励，我的态度一直是“我不关心你是否有钱，即便你富可敌国，你做得好，应该给你的奖金还是要给，一分都不能少。即便你穷困潦倒，你做得不好，一分都不能多给。你做得很好，同时经济上也很困难，那我会尽最大可能向你倾向”。杭州这几年不断出台的应届毕业生补贴项目，也是为了解决大家的物质压力。精神压力会受到物质压力影响，而物质压力基本不受精神压力影响。当代社会，物质压力总会有个范围内的容纳点（少数极端情况除外），而精神压力则是无上限的。

⑤不满现状。30 岁的工程师，一般来说处在团队中核心成员的位置，是工作的主力，上有领导，下有新员工。作为主力，他们是最忙碌的人，也需要不断面对新老问题，因此他们会希望能够得到领导的直接支援，而领导如果给不了这样的帮助，就会产生不满。这一因素其实是（除了物质因素以外）最常见的。因为不满，所以感觉自己遇到了瓶颈。我的建议是，静下来想一想，面对现在遇到的问题，首先你有没有和领导沟通，然后是不是换一个环境就可以解决当前的不满了？如果新的环境中遇到的领导还是现在这个风格的，怎么办？想清楚以后再行动，主动去解决当前问题比将不满全部推卸到别人身上，更有作用。我相信“事在人为”这个词，自己希望突破的技术瓶颈、业务瓶颈，其实都可以通过和领导的沟通、自己的努力来达到。

⑥缺乏被技术领导。这里没有打错字，确实是“被领导”。为什么“被领导”也成了理由之一？从工作方面来看，程序员比较喜欢跟着有技术领导力的领导干活，只有感觉对方比自己强，并且对方还尊重自己，他们才会从内心去尊重这个领导，愿意留下来一起共事。有朋友和我讲过，团队空降了一位领导，当天团队内几位骨干就交离职信了，一点不给新来的领导面子，这就是工程师的性格。有些人喜欢用情商高低评判这类事情，但是这并不是全部，这与工程师的家庭背景、生活环境，以及个人当时的心态、技术能力等都是直接相关的。我也曾经由于这个原因和领导发生过冲突，后来想明白了，大家只是目标不一样罢了。

⑦渴望自由。30 岁这个年纪，一般来说还没有达到财务自由，这里所说的自由分为精神自由和物质自由。精神上的自由，更多的是人在一个环境待久后，可能会感觉压抑，也可能会觉得单一，渴望能够出去看看别样的世界。工程师的性格大多比较内向，在沉闷的环境下待久了，难免会渴求内心深处的那份自由，或者说是不断给予自我暗示的自由，以及对于自己的界定。于是会想如果可以在家工作，每个月继续赚着那几万元钱，那多自由。那你要反问自己，“如果真的辞职回家了，是否真的能保持现在的收入？”人的自由，更多的是在能力基础上的自由，因为有了技术能力的支撑，去哪里都能做下去，不用对领导无底线地奉承、屈服，所以真正的自由是内心的，而不是身体在何处。再来看看物质自由，我的一位朋友跳槽去了创业公司，他的理由是只有那样才有可能将来实现真正的物质自由。在一家稳定的公司，稳定也就意味着不容易出现财务爆发的可能性，而渴望物质自由的人，对这一点是不满的。

⑧逃离安逸。记得我 30 岁的时候，想要离开的那家公司，并不是待遇不好，而是因为没什么事情可以做；领导为了挽留我，和我说：“你只要不走，随便你几点上班几点下班，随便你上班做什么。”谢谢领导对我的赏识，但我不喜欢安逸，我喜欢做事有冲劲。30 岁这个年纪，有时间、有未来、有理想、有健康的身体，不怕失败，可以做无数次的尝试，等待最后那一次的成功。现实中其实有很多这样的例子，体制内的领导，前期一直很顺利地在体制内成长，人到中年后忽然走出舒适区，走入企业进一步锻炼自己，这种行为不是一般人可以模仿的，能够成功的人一般都具有很

强工作能力基础上的职业规划，“没有三两三，不敢上梁山”。

⑨外界评价。快乐的感觉是一种自我体验，当然，也要有社会的评价。如果自己的体验和社会的评价能平衡，那快乐分值就会比较高。例如，你认为自己很“牛”，大家也吹捧你很“牛”，这就说明你的自我体验和社会对你的评价是一致的。一位朋友从小在最好的学校读书，在浙江大学竺可桢学院毕业后去了新加坡工作，工作几年后依然做着普通工程师工作，不是因为他能力不够，而是确实没有上升空间。对比留在国内的同学，不是升到了管理层，就是自己开了公司，准备上市了，或者获得了天使轮，总之，各个都很光鲜。反观自己，当年的“学霸”，Title 还是“Engineer”，这对他来说，是耻辱。我觉得适度的比较是可以的，但是要避免过于关注外界评价。人生其实是非常公平的，在每个阶段，得到的快乐大多来自自我的评价和社会的评价。极度爱慕虚荣的人内心是极其虚弱的，自我评价系统很弱，完全靠社会的评价系统来支撑自己。

⑩外界宣传。记得朋友转发的一篇文章中有一句话特别醒目“没有哪个公司会用 30 岁以上的人做中层”，这是不可信的。这类文章网上很多，相信确实有一些行业是这样的，但绝不可能是科技相关的行业，科技本身的复杂性较大，变化也较快，产品、技术很多相关知识是需要积累的，大学刚毕业就已经掌握了别人十几年或更长时间所积累的能力，几乎不可能。这种误导式的宣传，加剧了年轻人的不安，这是在制造浮躁和负能量。需要做的是，认准自己的目标，规划自己的职业发展方向和技术积累方向，做好每一天的积累。

从上面这些分析可以看出，很多人离职并不一定是在物质驱动下进行的，可能是因为不知道自己后续的发展，对未来过于迷茫或恐慌，也可能是太清楚自己当前的能力和现状了，希望能有所突破，所以就想换个环境试试。对于除了金钱以外的原因，每个人在做出决定之前，可以问一下自己，是不是去了新的公司，或者自己创业，问题就解决了？如果回答非常肯定，当然可以换工作；如果不是，那么首先要解决的是这个问题，而不是换一个工作。这种状态下的换工作，仅仅是在逃避现状，而不是为了解决自己的问题。对于技术团队的管理者来说，这里讨论的各个原因，归纳起来就是内因和外因，做好对员工的内因和外因管理，他就会留下来。

对程序员来说，唯有保持自己的持续学习能力，不断提升自己的技能，不断扩展自己的眼界，才能避免出现频繁跳槽的情况。

最后说一句我个人的理解：世界上的事，很多都急不来，你得等它熟。

8.5 技术选型的注意事项

软件开发领域的变化实在是太快了。在 JavaScript 中，几乎每天都有新框架诞生，如 Node.js（关键词：事件编程）、React 编程、Meteor.js（关键词：共享状态）、前端 MVC、React.js 等。软件工程领域中新概念也层出不穷，如领域驱动开发、六边形架构理论、DCI 架构（数据 - 场景 - 交互）。

洛克希德 · 马丁公司的著名飞机设计师凯利 · 约翰逊所提出的 KISS 原则，指出架构设计能简单绝不复杂，因而不需要任何华而不实的设计，不要因为 3 年后可能怎样甚至是一些现实中根本无法出现的场景，加入当下的架构设计中，导致系统无比复杂。有时看似引入的是一个很简单、很容易解决的问题，可能会在具体的执行过程中带来一系列不必要的麻烦。技术选型其实遇到的问题和系统架构设计类似，也容易出现人为因素导致的偏差，进而出现和系统架构过度设计类似的麻烦。

对于技术选型，有以下几个建议。

1. 选择自己最熟悉的技术

一篇文章中曾提到“一个新项目最好不要使用超过 30% 的新技术”，这有一定道理。因为对于自己完全不知道的技术，不可能控制使用过程中出现的风险。任何一位技术管理者，如果不能得到下属的技术尊重，必将受到惩罚。

也不能说完全不能使用新技术。前几天和朋友聊天，他提到了另外一位总监下属有几个人转岗了，都是技术“牛人”，最主要的原因是这位总监坚决排斥新技术，坚持自己熟悉的十年前的框架和编写代码规范。他对于一个新技术天然不信任，在技术接受程度还不够高，并且认为公司内没有人能掌握这个技术的情况下，不愿意让自己的业务做第一个吃螃蟹的，这种做法不能说完全错误，至少对于他自己来说很稳健，却压制了一些有追求人的内心。

谨慎是个美德，但是如果在一个非常追求速度的业务中，这可能也意味着过于保守，会延误时机。

应该怎样做到选择技术呢？在选择技术时有两个大原则：第一，要取其长避其短；第二，要关注技术的发展前景。每种技术都有它特定的适用场景，开发者经常犯的错误就是盲目追新，当一个新语言、框架、工具出现后，特别是开发者自己学会了这种新技术后，就会有种“拿着锤子找钉子”的感觉，将新技术滥用于各种项目。

记住，技术选型是稳定压倒一切的。

2. 选择拥有强大社区支撑的开源技术

没有人喜欢独自在黑暗中的感觉，同样，也很少有工程师喜欢孤独地面对代码缺陷。工程师之所以喜欢在 Apache 上挑选合适的新框架尝试使用，是因为 Apache 始终保持运作着强大的社区，每天都有很多新建的框架，也设计了一整套生命周期管理标准，让一个项目能够从孵化项目逐渐走向顶级项目。除了像 Apache 这样的社区，也可以评估是否存在一些商业公司提供针对该技术或框架的有偿支撑。一般来说，有公司愿意围绕该技术布局，也能说明确实存在使用空间。例如，Apache Cassandra，目前就有 Datastax 和 LastPickle 两家公司对它提供技术指导和有偿辅助软件支撑。

一项技术活不活跃，只要去 StackOverflow 这样的网站查看提问的人数就得到了答案。

3. 确保技术前进步伐

选择一个技术的最低标准是技术的生命周期必须显著长于项目的生命周期。

为什么需要确保所选择的技术不断前进？因为这个世界是发展的，科技发展更是非常快速。成功的科技公司都是因为跑在了别人前面，而不是慢悠悠的工作态度，这就是科技界的残酷，也正是为什么 FaceBook 办公室里贴着“要么做到最好，要么死亡”。

技术的前进不仅仅取决于它本身，还与大环境发展、上下游用户密切相关。例如 AI，20 世纪 60 年代其实就已经提出了相应概念，为什么直到今年才进入发展元年？因为芯片的计算效率、数据样本规模没有达到要求。而 Functional Language 为什么这么多年一直默默无闻，而从前几年开始逐渐盛行？因为机器学习来了，AI 来了，它们有了用武之地。

总体来说，需要使用自己所选择的软件技术，快速地实现应用程序的构建。记住一句话：好的技术栈永远跑在用户需求前面。

4. 学会从业务端开始思考

技术选型必须根据业务来选择，不同业务阶段会有不同的选型方式。处于初创期的业务，选型的基准是灵活的。只要一个技术够用且开发效率足够高，那么就可以选择它。初创的业务往往带有风险性和不确定性，朝令夕改、反复试错是常态，技术必须适应业务的节奏，然后才是其他方面。只有业务进入稳定期，选型的基准才是可靠的。技术始终是业务的基石，当业务稳定了技术不稳定，那就会成为业务的一块短板，就必须要修正。当业务进入维护期，选型的基准是妥协。代码永远有变乱的趋势，一般经过一两年就有必要对代码来一次大一点的重构。这时，必须正视各种遗留代码的迁移成本，如果改变技术选型会带来遗留代码重写，这背后带来的代价，业务无法承受，那么就不得不考虑在现有技术选型之上做一些小修小补或螺旋式上升的重构。

正因为技术选型和业务相关，一些很明显的现象：新技术往往被早期创业团队或大公司的新兴业务使用；中大型公司的核心业务则更倾向于用一些稳定了几年的技术；一个公司如果长期使用一种技术，就会倾向于一直使用下去，甚至连版本都不更新的使用下去。这种现象背后都是有道理的。

学会从业务端思考，首先需要充分地理解业务，理解用户需求，理解当下需要解决的首要问题，以及可能的风险有哪些。再将目标进行分解，进行具体的技术选型、模型设计、架构设计。

例如，假设需要解决的核心问题是并发的，则可以通过各种缓存手段（本地缓存、分布式缓存）来提高查询的吞吐，这样虽然一定程度上需要在数据一致性上做出牺牲，由强一致性变为最终一致性，但是如果数据一致性不是核心需要解决的问题，那么此问题的优先级则可以先放一放；反过来，如果核心问题变为数据的一致性，如交易系统，那么再怎么强调数据的一致性都不为过，由于分布式环境下为了应对高并发的写入及海量数据的存储，通常需要对关系型数据库进行分库分表扩展，这也给数据一致性带来了很大的挑战，原本的单库事务的强一致性保障，在这时升级为跨库的分布式事务，而通过二阶段或三阶段提交所保障的分布式事务，由于分布式事务管理器与资源管理器之间的多次网络通信成本，吞吐及效率上很难满足高并发场景下的要求，而实际上对于交易系统来说，又是一个很难回避的问题，因此，大家又想出很多方法来解决这个问题，通过可靠消息系统来保障也是一种方式，变同步为异步。但是，又引入新的问题，消息系统为保证不丢失消息，则很难保证消息的顺序性及是否重复投递，这样作为消息的接收方，则需要保障消息处理的幂等性，以及对消息去重。

5. 先验证，后使用

对于未经验证的新技术、新理念的引入一定要慎重，一定要在全方位的验证过后，再大规模的使用。新技术、新理念的出现，自然有它的诱惑，慎重并不代表保守，技术总是在不断前进，拥抱变化本身没有问题，但是引入不成熟的技术看似能带来短期的收益，它的风险或后期的成本可能远远大于收益。

6. 重视经验

技术选型是个很需要经验的工作，要有大量的信息积累和输入，再根据具体现实情况输出一个结果。在选型时最忌讳的是临时抱佛脚、用网上收集一些碎片知识来决策，这是非常危险的。工程师要确保自己所有思考都是基于以前的事实，还要弄清楚这些事实背后的假设，这都需要让知识内化形成经验。

经验的本质是什么，有什么方法能够确定自己的经验增长了，而不是在不断重复一些很熟悉的东西。因此经验等于知识索引的完备程度。

人的一生中会积累很多的知识，如果把大脑比作数据库，那么一定有一部分脑存储贡献给了内容的索引。它能将关联知识更快地提取出来，并且辅助决策。经验增长等同于知识索引的增长，意味着能轻易地调动更多的关联知识来做更全面的决策。

要想建立好这个知识索引，就要保持技术敏感性和广度，也就是要做到持续的信息输入、内化，并发现信息之间的关联性，建立索引，记下来。

难点在于信息输入量大，很容易忘记。人的大脑不是磁盘，不常用的知识就会忘记。因此一定要对知识进行压缩，记住最关键的细节，并且反复地去回味这个细节。

7. 我的实际案例

2017 年第三季度，我做了一次对于分布式数据库的选型工作。为什么要做这次选型? 因为存在明确的需求，需要解决大规模高并发数据存储，单次数据不大，但是存储频率、读取频率都很高，并且要确保不丢失数据，这样的需求对于关系型数据库来说，出现了性能瓶颈。

我对于技术选型有自己的一套方法论，我的步骤是“列出需求”→“细分需求”→“明确搜索方向”→“网络搜索”→“明确评判标准”→“分头执行”→“汇总材料”→“初步选择”→“进一步调研”→“会议评审”→“做出决定”。这些步骤太多，需求已经介绍了，这里具体介绍一下这一次是如何进入下一步选型的，也就是“初步选择”→“进一步调研”之间的过程。

通过网络搜索（进入 Google，搜索 Distributed Database、NoSQL Database 等关键词），找到了国内外专家推荐的分布式数据库，基本描述如下所示。

① HyperTable：一款开源、高性能、可伸缩的数据库，它采用与 Google 的 BigTable 相似的模型。该数据库数据按主键在物理上排序，适用于数据分析领域，采用 C++ 编写，可以运行在 HDFS 上。该数据库受到 GPLV3 协议约束，考虑到它和 HBase 从系统架构上来说很相似，但是协议约束较多，所以放弃调研，转而调研 HBase。

② HBase：Hadoop Database，是一款高可靠性、高性能、面向列、可伸缩的分布式存储系统，采用主/从架构设计，利用 HBase 技术可在廉价 PC Server 上搭建起大规模结构化存储集群。它是 Google BigTable 的开源实现。

③ VoltDB：一款内存数据库，提供了 NoSQL 数据库的可伸缩性和传统关系型数据库系统的 ACID 一致性，支持单节点 53000TPS/s。该数据库受到 GPLV3 协议约束。VoltDB 有两个版本，一个开源社区版本和一个付费企业版本。付费企业版本除包含了所有开源社区版的功能外，还有些其他特点，诸如计算机集群管理控制台、系统性能仪表盘、数据库宕机恢复、在线数据库 Schema 修改、在线数据库节点重新加入、JDBC 和 OLAP 导出支持、命令日志。由于该框架开源社区不活跃，主导者更加希望使用付费版本，因此决定放弃它，转而调研类似的 Redis。

④ CloudData：一款结构化数据库，没有中文资料，从系统架构、功能上分析，类似于 MongoDB。

⑤ Gridool：一种基于 MapReduce 原理设计的网格计算引擎，不支持数据存储，因此放弃。

⑥ Ddb-query-optimizer：由于找不到资料，因此放弃。

⑦ Cages：基于 ZooKeeper 实现数据协调 / 同步，不支持数据分布式存储，所以放弃。

⑧ Redis：一款开源的基于键值对和存储系统，具备高性能特征。支持主从复制（master-slave replication），并且具有非常快速的非阻塞首先同步（non-blockingfirst synchronization）、网络断开自动重连等功能。同时 Redis 还具有其他一些特征，其中包括简单的 check-and-set 机制、pub/sub 和配置设置等，以便使 Redis 能够表现得更像缓存。绝大部分主流编程语言都有官方推荐的客户端。

⑨ MongoDB：一款开源的 C++ 编写的面向集合且模式自由的文档型数据库，是 NoSQL 中功能最丰富、最像关系型数据库的产品。功能特点是二级索引、地理位置索引、aggregate、map-reduce、OridFS 支持文件存储。

核心优势：灵活文档模型 + 高可用复制集 + 可扩展分片集群。

不足之处：不支持事务，仅支持简单 Left Join。

⑩ Spanner：Google 的可扩展、多版本、全球分布式的同步复制方式数据库。Spanner 是第一个支持全球规模的分布式数据、外部一致性分布式事务的分布式数据库。它是一款在遍布全球范围的数据中心内部通过多套 Paxos 状态机器共享数据的数据库。复制被用于全局可用性和地理位置；客户在副本之间自动切换。当数据量或服务器数量发生变化时，Spanner 在机器之间自动共享数据，并且 Spanner 在机器之间自动迁移数据（甚至在数据中心之间），用以负载均衡和响应失败。Spanner 被设计为在几百万台机器之上横向扩展，这些扩展穿过了数百个数据中心和万亿行数据。功能很强大，可以没有开源。

⑪ ElasticSearch：一款基于 Lucene 的搜索服务器，它提供了一个分布式多用户能力的全文搜索引擎，基于 RESTful Web 接口。ElasticSearch 是用 Java 开发的，并作为 Apache 许可条款下的开放源码发布，是当前流行的企业级搜索引擎。

最终通过这些技术之间的相似度对比设定了一些规则，如开源协议的约束，查看 FaceBook 针对 Reactor 的专利约束给大家造成的麻烦就明白了。最终，选择了 Cassandra、MongoDB、Redis、MySQL、HBase 等几款进入下一步深入调研。

8.6 架构师之路

以下内容来自海康威视资深系统架构师季怡，在征得他的同意后纳入本书，希望能够给大家带来帮助。

8.6.1 软件行业，苦乐自知

今年是我从事软件开发的第 17 年。从非科班出身的业余计算机爱好者，到成为走过无数弯路的“老码农”，或者偶尔也被人称为架构师。回顾我成为架构师的道路，可能要追溯到最初的工作阶段，做过“码农”、做过美工、当过项目经理，这些经历让我幸运地在实践中体会了从酝酿诞生到后期维护的整个阶段，然而当时苦于没有经过系统的训练和学习，对整个软件工程和架构的认知是懵懂的。十余年前，我参加并通过了系统分析员的考试（当年软件架构师认证还没有从系统分析师中分离出来），然后又陆续作为“架构师”被某些大公司聘用（然而自认其实还不够资格），在一些大型项目的历练和个人业余作品的开发中，逐渐弥补了我技术上的短板。

回首十余年软件从业的道路，从开发到项目经理再到部门管理，然后回归开发，到最后成为架构师，其间的坎坷真是苦乐自知。而让我能在这个行业一直坚持下来，并且不断适应这个行业的变化，最多的是来自同事和前辈的指导，其次就是不断地自我反省和总结教训。因为走弯路好比交学费，工作就是不断地在错误中前行，必须时刻警惕不要让自己犯下相同的错误——如果一次次掉到同样的坑里，是很难在这个行业的研发岗位上坚持下来的。

为此，我愿意分享我的经验和教训，或许有缘者能从中体会一二。

8.6.2 如何做好一个架构师

1. 关注用户行为动机和利益

软件工程的源头，在于用户需求，而用户需求恰恰是软件项目中最难的，也是很容易被大家忽视的。架构师必须从源头来引导软件开发这条河流，不要让它流到沟里去。

首次明白业务分析的重要性，是在我工作不久时。当时，我负责某省厅档案系统的项目开发，第一次作为主力程序员，在走访了几个业务员后，很快便开发出了第一个版本，当时内心还是挺得意的。开发完成后我便去给用户报告，刚见到用户，还没来得及把软件打开给对方看，用户表示上次谈的需求只是一点点，复杂的问题还没和我说呢，然后张嘴说出一大堆业务名词和术语，把我说得云里雾里，感觉好像已经完成的软件功能不到实际业务需求的 1/3。如此往复、修改下来，才粗略了解到用户业务的概况。这才发现要实际开发一款被用户接受的软件，并不如预期的那么容易。

真正的磨炼还在后面。当我终于将自认为完整的功能上线拿给用户试用，得到的是“几乎没办法使用”的评价。用户一改过去积极配合的态度，产生了诸多抱怨。例如，多余的输入框，要求输入框有记忆功能（就是后来的“自动完成”功能，也就是希望将 Excel 表格的操作方式搬到软件上来，当时的 Web 开发技术几乎不能支持）等，很多需求以当时的技术能力很难实现。这简直没法做，我几乎要放弃了，这个问题最终被上级领导反映给了负责建设这套系统的厅办公室主任（多年以后，我终于知道，他是“客户”而不是“用户”）。在主任安排下，次日我坐在用户办公室观察他的日常工作。原来用户上午要处理的文书案卷有一百多份，我们的档案系统不但需要用户逐个浏览所有待填写字段，还要求用户将档案扫描后输入系统（主任要求的），用户的工作量不但没有降低，反而大为增加。

这里有两个问题：第一，由于数量原因，输入效率要求非常高，但在设计开发中没有得到重视；第二，系统上线后反而加重了工作负担，用户有了抗拒心理。但业务的框架是主任定的，这是用户“不愿意”说出口的原因。

很多时候用户诉求犹如冰山，访谈和书面上的需求说明能获得的只有冰山浮在水面上的部分，大量的潜在诉求隐藏在水面之下，不深入学习用户业务细节是无法真正掌握用户诉求的。在分析用户需求时，需要关注用户的动机和出发点，而这往往是与用户利益息息相关的，我们需要分析清楚这种动机和利益关系。

在知道原因后就好解决了，主任很快就根据系统上线后的工作负载情况，从另一个工作量大幅减少的岗位上安排人员来负责文档输入，同时我们也对软件交互进行了大幅改进。最后系统再次上线后，整个软件的实施就变得非常顺利了。

多年后，我终于知道分析业务全貌的工作是“业务建模”，如果说反映冰山浮在水面上的部分是需求，那么“业务建模”就勾勒出整个冰山的全貌。构造业务模型是架构师的基本功之一，一个好的架构师一定会做“涉众利益分析”，将产品设计得符合用户真正的需要。

很多朋友可能认为，用户需求主要来自用户（代表）的口述或访谈意见，其实这是个误解。在另一个省厅做无纸化办公的项目时，为了得到这些“隐含”的业务信息，在征得同意后，我采取了以下方法。

①观察关键岗位，记录操作人员的日常行为。

②查阅了两年内所有文书档案材料（绝密除外）。在文书材料的手迹中，我们看到了很多不在“明面上”的东西。例如，过程中的周期性工作（如一年才发生一次），这种用户在反馈中遗漏的事项。进一步地，我们还看到了矛盾、争论、政治因素等这些用户不会说出口的部分。

分析这些业务数据，并勾勒出了业务的全貌后，我发现来自直接收集的“明面”需求包括用户访谈和需求描述材料中的业务信息不到 20%，大约 80% 以上的业务需求来自各种观察和材料检索分析。这是一个令人吃惊的比例，但足以说明业务建模工作的重要。

2. 让软件真正地“灵活可塑”

将业务模型化，不仅可以把需求做深入，更重要的是可以引导我们做出好的软件设计。做产品也好，做项目也好，研发人员厌恶的事情会有很多，如赶进度、调错、维护别人的代码等。但是，最为深恶痛绝的事情，无疑就是变更需求。只有符合用户业务模型的设计，才能在频繁的需求变更下保持稳定。就如上面提到的无纸化办公项目中，一样碰到了需求的复杂变化，以及用户的业务多变。最终，我们丢掉了数百页的需求和流程描述；放弃了之前开发好的所有功能（这些功能曾被反复诟病不够灵活）；放弃了过去那种按局长、处长、科长等分别设置角色进行授权的权限模型，这些头衔仅仅只是人员的属性。人员的权限实际上是受任务决定的，这才是真实的业务模型（若干年后，才知道那是 TBAC 权限模型，也就是基于任务的权限模型，早已作为理论被国外软件科学家提出）。

而基于不变的用户责任模型，我们抽象出了基本的职责行为模型，然后将可变的业务归纳到了一个配置层中。也就是说，不是直接去实现业务功能，也不假定用户具有什么职务就能做什么，而是将复杂的业务功能拆解成几个基本行为。然后用配置层将这些行为组合起来供用户使用，就像搭积木一样。这样开发出来的软件，做到了原先根本不敢想象的事情——用户上午找我谈新的业务流程和想法，下午两点上班后，立刻就在系统中能够使用这个功能。这种敏捷和响应能力，堪比“飞机在飞行中更换发动机”，这让用户非常满意。

更为难得的是，数年后，包括我在内的几名开发骨干陆续离开了那家软件公司，这家软件公司也不复存在了。然而，这套没有人维护的系统一直被用户保留了下来，至今已连续工作了近 15 年，其间没有经过大的升级和开发。现在依然每天有数百人在操作和使用，累计运行数据也有了几十 TB。软件没有针对用户的“具体需求”来设计，而是通过抽象的模型来设计开发。能够十几年无须升级而满足各种业务变化，无疑是那套抽象了所有业务模型的配置层带来的。

然而并不是所有的项目和产品都能像这个项目一样完美收工。在项目过程中，我们还认识到要实现业务灵活性的重大代价。因此，不要让完美主义耽误了时机，毕竟很多时候客户需要的是及时响应，而不是完美无缺。

3. 非功能性的问题也对架构有着高要求

随着系统规模越来越大，单纯做好业务模型和业务设计，并不足以保证软件的成功。随着架构工作的深入，架构师需要或不得不更多考虑非功能性的设计要点。

2011 年，我参加了某省移动通信公司 BOSS 系统升级和重构项目。所谓 BOSS 系统，是行内的一个叫法，正式名称是 Business&Operation Support System。在通信行业，一般分为 4 个部分，即计费及结算系统、营业与账务系统、客户服务系统和决策支持系统。

这样的一个系统，是由我当时所在的公司杭州、南京两个研发中心加上北京研发中心的部分专家，数十个团队参与开发和测试，近百人在现场进行系统集成的。我当时负责的是营业与账务系统和部分计费系统的核心框架设计。

我们对营业与账务系统的交易链路进行压力测试。测试的结果不容乐观，服务整体并发性能未达到客户要求的数据，接下来要推动整个系统的性能优化。这个任务的困难在于大型分布式系统关系错综复杂，整个营业与账务系统的链路是一条很长的集群，涉及另外两个系统的调用，同时每个系统内部都有好多组件，彼此形成了复杂的调用关系。而大多数组件来自不同团队，我们团队提供的 RPC 框架和基础框架只覆盖了 65% 的组件，剩余的来自其他省市研发团队的组件架构不明，设计也完全不了解。在这种情况下，我认为需要解决以下问题。

①搞清楚每个测试案例的调用链顺序。在核心调用链上，应该将非核心的系统剔除。

②造成整体链路性能不佳的短板在哪里。

③找到存在性能短板的组件后，如何发现性能瓶颈。

针对问题①，我们基于 RPC 框架输出结果的分析，初步完成了一个调用关系图，然后配合软件设计文档，编写流量转发代理工具补充完整了调用链路图。

针对问题②，我们在 RPC 框架基础上增加了分析模块，自动对每次吞吐的数据量进行记录，还用于分析响应时长排名、报文长度等 Top10 等，根据排名情况列出了一大堆所谓“慢接口”，但是我们不能因为一个接口慢，就认为它有问题。我们针对数据库的访问研发了自己的 ORM 框架，解决了一部分慢性能问题。

针对问题③，我们发现慢的接口往往集中在几个组件上，与这些组件的设计质量有一定关系。

这个故事告诉我们，大部分研发团队在项目之初对非功能性的特性考虑往往不多，架构师在设计技术架构时，需要成为软件质量底线的保障者，让软件具备足够的自我纠错能力，以及一致的可集成、可维护的能力。

8.6.3 走出成为架构师的关键道路

1. 追根、抽象、把握事物本质

在过去的经历中，促使我从普通的编程者向架构师转变的根本因素，我认为是一种试图追寻事

物本质的好奇心。这种好奇心是促使人思考和训练思维的源泉。人类的大脑在记忆力和理解力上是有其局限的，因此人不得不通过抽象，屏蔽事务的无关要素和细节，才能把握事物的本质。

中国古代哲学中，有很多这一类思辨，如“时有风吹幡动。一僧曰风动，一僧曰幡动。议论不已。惠能进曰：非风动，非幡动，仁者心动。”对于进修禅心者来说，直指人心的思辨，毫无疑问抓住了问题的本质。因为在参照系为“人心和佛性”的禅学中，世界的本质已经“不在你的心外”。参照系的不同，带来的结论也就不同。哲学中相对与绝对、运动与静止、唯心与唯物、存在与虚无都有很多对思维的训练。通过思辨，能提升个人的思维抽象能力，因为抽象是哲学思维的基本特征。

2. 不停地学习和传播知识

在技术架构中，各种架构方法可能是大家容易关注到的——面向对象、面向模式、自顶向下分解、自底向上分层等，从冯·诺依曼体系到通信协议、UML 等有很多设计方法和架构理念可以学习。

那么在做业务分析和设计时，如何考虑业务模型，如何兼顾涉众利益呢？大家都知道人性是复杂的，但是在组织内部，人的行为和动机是有轨迹的，人类所表现出来的无外乎正常成年人的社会人格和动机，而这正是普通心理学和组织行为学的研究范围。所以做业务架构的伙伴要去学一些这方面的知识。其实前辈们早就告诉过我们，“世事洞明皆学问，人情练达即文章”就是这个道理。

架构师无法“独善其身”，缺少了实现架构的研发和项目团队，架构就会成为空中楼阁。因此，成功的架构师只有让组织成功才能真正地成功。架构师要乐于将自己的知识、想法与同事或朋友分享。如果孤芳自赏，那就没有了用武之地。

3. 追求简约与平衡的架构之美

大多称为架构师的人，都有追求完美的偏好，但实际在项目和产品开发中，既没有机会，也没有必要实现完美的架构与软件。因为完美就意味着脱俗，脱俗就意味着无先例、无参照，这往往会带来巨大的风险和不可控因素。

KISS 原则是架构师要注意遵循的一个原则，因为越复杂的东西就越精密，越精密的东西在工程中就越不可靠。尤其是在分布式系统设计中，异常和故障的可能性太多了。将系统设计得丝丝入扣而没有任何预防措施，那么一旦出现任何意外，异常情况就会像滚雪球那样蔓延开来，直到整个系统崩溃。在“二战”中，德国的坦克大量使用交错式负重轮。这是一种非常复杂的机械构造，性能优良，稳定性好。然而就是生产复杂，维修烦琐，产量输给对手一大截，而且容易出故障。据记载，虎式、豹式坦克的战损率和机械故障发生率几乎相等。种种因素下，性能强悍的虎式、豹式最终只能被湮没在廉价坦克 T-34 的海洋之中。

架构师最终需要脚踏实地，才能仰望天空。平衡好成熟技术和新技术之间的关系、平衡好硬编码和业务引擎之间的取舍、平衡好性能与资源占用之间的矛盾等，这些都是架构师需要把握的。这种平衡往往来自环境需求，而不应当是架构师的个人喜好。例如，在预研性的项目中，可以适当采取更激进的技术策略，但是对于有紧迫上线时间要求的产品，就需要更保守和稳妥的解决方案。

所谓平衡，并不是平均，更不是平庸。而是在所处场景中，态度鲜明地取舍——在性能中取舍，在功能中取舍等。这种存乎于心的取舍最终会形成架构师独特的审美，这种审美源自环境（或场景）与架构的和谐。这种和谐之美体现在业务整体，而不是来自某项高精尖的局部构造，就像我们在山林中搭建的小木屋和在都市中搭建的混凝土大厦一样，如果交换了场所，那就失去了和谐之美。

8.6.4 回顾与总结

在软件行业中工作，就是在多变的需求、紧凑的工期、古怪的bug中不断挣扎的过程，回首过往，十余年来很多同事在这样的颠簸中或转型管理、或转型售前、或离开了这个行业，这是非常遗憾的。对于很多人来说，在迈过所有这些坎坷后，就会发现软件开发工作是“踏遍青山人未老，风景这边独好”“回首向来萧瑟处，也无风雨也无晴”。当真正体会了这个行业的酸甜苦辣之后，还有什么原因能让你放弃这个职业呢?

——是“枯燥的编码生活”吗? 不，怎么会有人觉得编码枯燥呢? 多年来，我内心一直以作为“码农”自豪，坚持每天写代码。最能体现软件从业人员“像上帝一样”编排一切工作的，无疑就是编码了。或者，你从哪里还能得到创造一个世界那样的满足感?

——是“用户频繁的变更需求”吗? 不，每个用户都是理性的体验者，他们追求的一直都是更好地完成业务，流水般变动的只是业务的形态，始终如一的是管理学、组织行为学和普通心理学作用下的业务本质。领会到这一点，就会从用户的微笑和感谢中找到前进的动力。

——是“繁重到不加班就完成不了的任务”吗? 不，任何成就哪有不经过汗水和痛苦就能达到的呢? 辛苦和汗水带来的不仅是疲劳，还有荣誉和满足感。

坚持走技术发展的道路，用技术手段解决客观世界的问题，然后在软件设计和编码的汪洋大海中寻找乐趣，这是所有软件技术人的最好归宿。最后，我希望有志于成为架构师的年轻人能在技术软件研发和架构的道路上坚持下去，直到体会到真正的乐趣。